Sarah Maria Teresa Goeth

Analogie zwischen Wissenschaft und Ästhetik

Literatur- und Naturwissenschaften

Publikationen des
Erlangen Center for Literature and Natural Science/
Erlanger Forschungszentrums für Literatur-
und Naturwissenschaften (ELINAS)

Herausgegeben von
Aura Heydenreich, Christine Lubkoll und Klaus Mecke

Band 7

Sarah Maria Teresa Goeth

Analogie zwischen Wissenschaft und Ästhetik

Eine Vermittlungsfigur der Moderne bei Kant, Novalis und Goethe

DE GRUYTER

ISBN 978-3-11-099808-5
e-ISBN (PDF) 978-3-11-098696-9
e-ISBN (EPUB) 978-3-11-098698-3
ISSN 2365-3434

Library of Congress Control Number: 2022945940

Bibliografische Information der Deutschen Nationalbibliothek
Die Deutsche Nationalbibliothek verzeichnet diese Publikation in der Deutschen Nationalbibliografie; detaillierte bibliografische Daten sind im Internet über http://dnb.dnb.de abrufbar.

Einbandabbildung: Johannes Kepler, *Somnium seu Opus de astronomia lunari* / akg-images
Druck und Bindung: CPI books GmbH, Leck

www.degruyter.com

Für Florian

Vorwort

Dieses Buch ist die leicht überarbeitete Fassung meiner Dissertation, die im Wintersemester 2020 an der Fakultät für Geisteswissenschaften der Universität Hamburg abgeschlossen wurde.

Eine Dissertation ist eine ganz besondere Arbeit und nicht ohne die Hilfe anderer zu bewerkstelligen und ich freue mich an dieser Stelle, all meinen Unterstützern endlich meinen Dank aussprechen zu dürfen.

An erster Stelle ist meine Betreuerin, Cornelia Zumbusch, zu nennen. Für die Anteilnahme, die vielen Gespräche und Treffen, die über den wissenschaftlichen Beistand weit hinausgingen, möchte ich ihr (und auch ihrer Familie) an dieser Stelle vielmals danken. Martin Schäfer hat meine Zweitbetreuung übernommen und die Arbeit durch hilfreiche Anregungen in dem von Cornelia Zumbusch und ihm geleiteten Kolloquium »Ästhetik und Poetik« gefördert. Besonders erwähnen möchte ich zudem Aura Heydenreich, die sich immer wieder die Zeit genommen hat, über verschiedene Stellen der Arbeit ausführlich zu diskutieren. Für ihr tiefes und gründliches Nachdenken möchte ich ihr an dieser Stelle meinen großen Dank aussprechen. Ebenso Christine Lubkoll für ihre Unterstützung und den fachlichen Austausch. Aura Heydenreich, Klaus Mecke und Christine Lubkoll danke ich zudem für die Aufnahme in ihre schöne Publikationsreihe. Im Doktorandenkolleg »Das Bild als Artefakt« bei *eikones* haben wertvolle Diskussionen die Arbeit vorangebracht. Speziell danken möchte ich dem Kollegleiter Arno Schubbach und meinen Kolleg:innen, allen voran Agnes Hoffmann und Julian Genner, die immer wieder Anteil an meiner Arbeit genommen haben. In Hamburg konnte ich meine Arbeit im Kolloquium von Claudia Benthien und Doerte Bischoff diskutieren. Wertvolle Gesprächspartner waren dabei Sebastian Schirrmeister, Claudia Röser und Julia Freytag. Birgit Recki hat es mir ermöglicht, an ihren wunderbaren Kant-Seminaren teilzunehmen, die der Arbeit wichtige Denkanstöße gegeben haben. Ebenso sei Frank Fehrenbach an dieser Stelle für den gedanklichen Austausch gedankt. Auch meine Ansprechpartnerinnen beim Verlag de Gruyter, Charlotte Webster und Stella Diedrich, möchte ich erwähnen, denn ohne ihre Hilfen wäre das vorliegende Buch nicht möglich gewesen.

Immer für mich dagewesen ist meine Familie, ohne deren Hilfe und Unterstützung diese Arbeit nicht vollendet werden hätte können. Mein großer Dank gilt meiner Schwester Mirjam für ihre geschichtswissenschaftliche Sicht, ihre altphilologischen Kenntnisse und ihre tolle Unterstützung bei der Vorbereitung zur Disputation. Meinem Bruder David danke ich herzlich für seine unermüdliche Geduld, mit mir Euklid-Beweise zu erörtern, mathematische Probleme zu diskutie-

https://doi.org/10.1515/9783110986969-202

ren und mich immer wieder zu ermutigen und aufzubauen. Ein außerordentlicher Dank gilt meiner Mama, die mir nicht nur mit ihrem kritischen Denken und den viel geführten Gespräche über die Jahre immer wieder eine neue Sicht auf die Dinge ermöglichte, sondern die auch regen Anteil an der Arbeit in Form von zahlreichen Diskussionen, Korrekturen und emotionalem Zuspruch genommen hat. Ein herzliches Dankeschön an dieser Stelle! Mein größter Dank gilt Florian Duschl, dessen Unterstützung beim Schreiben der Arbeit und im Leben an dieser Stelle nicht genug gewürdigt, aber zumindest versucht werden kann: Lieber Flo, ich danke Dir für alles von Herzen!

Sarah Maria Teresa Goeth
München, August 2022

Inhalt

Widmung — V
Vorwort — VII

1 Analogie – Einleitung — 1
1.1 Analogie und Moderne — **8**
1.1.1 Die Analogie – Ein modernes Erkenntnisinstrument? — **8**
1.1.2 Die Gefahr der Analogie für die Erkenntnis — **14**
1.2 Zwischen Wissenschaft und Ästhetik – Die Analogie in der Forschung — **20**
1.2.1 Das Ende der Analogie in der französischen Epistemologie — **20**
1.2.2 Das Verfallsdatum der Analogie in der Wissenschaftsgeschichte — **31**
1.2.3 Das Versprechen der ästhetischen Ähnlichkeitsfigur — **37**
1.3 Analogie als Vermittlungsfigur der Moderne — **46**

2 Die Analogie – Geschichte und Systematik — 57
2.1 Die mathematisch-philosophische Analogie — **64**
2.1.1 Zwischen Logos und Eidos — **75**
2.1.2 ›Heuristische Analogien‹ als Evidenzpraktiken — **80**
2.1.3 ›Physische Analogien‹ als Erfahrungsstrukturierung — **85**
2.1.4 Zwischenbilanz — **91**
2.2 Die rhetorisch-ästhetische Analogie (Analogie – Metapher – Ähnlichkeit) — **94**
2.2.1 Aristoteles und die Tradition der Analogie-Metapher — **97**
2.2.2 Die Analogie von Kosmos und Sprache — **101**
2.2.3 Die *ars inveniendi* der Analogie in der Moderne — **109**
2.2.4 Analogie als Darstellungspraktik — **114**
2.2.5 Zusammenfassung und weiterführende Fragen — **119**

3 Die Analogie zwischen formaler Struktur und ästhetischer Lust – Immanuel Kant — 121
3.1 Die Harmonie des Kosmos — **124**
3.1.1 Harmonie und Proportion der Weltordnung — **127**
3.1.2 Kette der Wesen und Schwingen der Zeit — **143**
3.1.3 Ästhetisches Vergnügen und ästhetische Erkenntnis — **155**
3.2 Die Harmonie der Vernunft — **163**

3.2.1 Analogie und Verwandtschaft (affinitas) der Verstandesvermögen I — **166**
3.2.2 Harmonie und Proportion der Verstandesvermögen — **173**
3.2.3 Ästhetischer Weltbezug — **180**

4 Die analogische »Construction« von Welt und Subjekt – Friedrich von Hardenberg — 193
4.1 Analogistik und Enzyklopädistik — **197**
4.1.1 Progression – Unendliche Reihe – Infinitesimale Proportionen — **208**
4.1.2 Metawissenschaft und freies System — **218**
4.1.3 Wechselerweis – Konstruktion – Darstellung — **224**
4.2 Poetisierung der Wissenschaften — **233**
4.2.1 »Die Kunst analogisch zu construiren« — **233**
4.2.2 Potenzreihen und analogische Vermittlung — **234**
4.2.3 Ästhetische Lust an der Erfindungskunst — **246**
4.2.4 Universale Poetik — **251**

5 Das analogische Paradoxon von Episteme und Aisthesis – J. W. von Goethe — 265
5.1 Die Analogie des Widerspruchs – Natur — **266**
5.1.1 Der methodische Wert der Analogie – Zwischen überlebendig und getötet — **276**
5.1.2 Strukturvermittlung des Paradoxen – Die Analogie von Idee und Erfahrung — **288**
5.2 Der Widerspruch von Freiheit und Notwendigkeit – Sozialität — **297**
5.2.1 Der Analogiebegriff in den *Wahlverwandtschaften* — **297**
5.2.2 Das Verhältnis von Liebe und Gesetz — **300**
5.2.3 (Wahl-)Verwandtschaft, Affinitas und Analogie II — **305**
5.2.4 Die Kunst als ›ganzes Verhältnis‹ — **316**

6 Schluss: Analogie – Zwischen Wissenschaft und Ästhetik — 321
6.1 Die mathematische Analogie als Relationsbegriff — **321**
6.2 Analogie zwischen Subjekt und Objekt — **329**
6.3 Analogie als ästhetische Reflexion — **334**

Siglen- und Abbildungsverzeichnis — 339

Bibliographie — 341

Namensregister — 375

1 Analogie – Einleitung

»Du gleichst dem Geist, den Du begreifst«,[1] lässt Goethe den Erdgeist zu Faust sprechen. Für eine Erkenntnis des Anderen muss man diesem, nach Aussage des Erdgeistes, zumindest in irgendeiner Weise gleichen. Auf den ersten Blick ist es aber nicht unbedingt offensichtlich, inwiefern sich Mensch (Faust) und Natur (Erdgeist) entsprechen sollen. Gleichzeitig ist die Vorstellung einer Entsprechung von Mensch und Natur schon so lange Teil der westlich tradierten Kulturerzählung, dass man Goethes Worte an dieser Stelle unhinterfragt annimmt. Die Natur spiegle sich nach diesen alten Erzählungen im Mikrokosmos Mensch wider und beide stehen in einem engen Bezug der Entsprechung, der Teilhabe, der Verhältnisbeziehung, der Analogie, der Ähnlichkeit oder der Verwandtschaft. Foucault charakterisiert diese Form von Wissensstruktur als eigenständige Episteme der gleichen Erscheinung (*ressemblance*) und Ähnlichkeit (*similitude*), die das Denken seit der Antike geprägt habe, aber gegen Ende des 17. Jahrhunderts durch ein Denken der Repräsentation langsam verdrängt wurde.[2] Goethes Drama *Faust* scheint auf den ersten Blick Foucaults These zu bestätigen, wenn der Erdgeist den wissenshungrigen Forscher gleich im nächsten Satz zurückweist: »Du gleichst dem Geist, den Du begreifst / Nicht mir!«[3] Die Forschung erkennt in Faust

1 Johann Wolfgang von Goethe: Faust I. Eine Tragödie, FA I, Bd. 7/1, S. 38, V 512.

2 Michel Foucault: Les mots et les choses. Une archéologie des science humaines. Paris 1966, S. 33. Man muss an dieser Stelle Foucaults ›Episteme der Ähnlichkeit‹ stets in Bezug zu seiner Argumentation in *Les mots et les choses* interpretieren, da man ansonsten Gefahr läuft, dessen Ähnlichkeitsbegriff zu weit zu fassen. Denn Foucault unterstreicht mit den beiden Begriffen von *ressemblance* und *similitude* ein ganz bestimmtes Konzept von Ähnlichkeit, das er vor allem als eine Ähnlichkeit der Oberfläche bezeichnet, wonach sich im Denken der Renaissance die Dinge hinsichtlich äußerer Merkmale gleichen. Dabei sind beide Begriffe, die sich vom lateinischen *similare* (ähnlich sein, gleichen, scheinen) herleiten lassen, auf die Welt der Erscheinungen zu beziehen. Vgl. hierzu auch die Herleitung der beiden französischen Begriffe: Walter von Wartburg: Französisches Etymologisches Wörterbuch, Bd. 11, hg. von R. G. Zbinden. Basel 1964, S. 623ff. Vor diesem Hintergrund ist das Ähnlichkeitsdenken an eine bestimmte Vorstellung der Erscheinung geknüpft, das bei einem Paradigmenwechsel von der Oberfläche zur Tiefe notwendigerweise ihr Ende finden muss. Vgl. Foucault: Les mots et les choses, S. 190. Foucault übersieht jedoch, dass neben den rein oberflächlichen und ontologischen Ähnlichkeiten, bereits seit der Antike andere Vermittlungsfiguren zur Verfügung stehen, die gerade um 1800 eine neue Renaissance erleben und die auch für seine Analyse immer wieder Pate stehen – ohne jedoch eine spezielle Kennzeichnung zu erfahren. Diese fehlende Auseinandersetzung und Differenzierung seines Ähnlichkeitsbegriffes führt dann auch zu Ungereimtheiten in der eigenen Argumentation (siehe weiter unten).

3 Goethe: Faust I, FA I, Bd. 7/1, S. 38, V 513.

https://doi.org/10.1515/9783110986969-001

eine Figur, die nicht mehr über den alten Zugang zur Natur verfüge, sodass er modellhaft für die Zeit der Moderne stehe, die nicht durch die Episteme der Ähnlichkeit, sondern durch die der Differenz geprägt sei.[4] Es gilt jedoch zu fragen, ob sich diese einseitige Darstellung der Moderne als zutreffend erweist und der um 1800 diagnostizierte epistemische Wandel lediglich ein differenzierendes Begriffsdenken vorantreibt. Denn auch Goethes Faust scheint nur auf den ersten Blick den Prototyp eines modernen Subjekts darzustellen, das sich vor dem Hintergrund eines stetigen Ausdifferenzierungsprozesses von seiner Umwelt immer mehr losgesagt, und zwar »Philosophie, / Juristerei und Medizin/ Und leider auch Theologie / Durchaus studiert«[5] und somit alle Bildungsfakultäten des damaligen Hochschulstudiums durchlaufen hat, aber am Ende »so klug als wie zuvor« die dringliche Frage, was die »Welt / Im Innersten zusammenhält«,[6] nicht beantworten kann. Jedoch treten neben dieser werkimmanent anklingenden Kritik an einer pathogenen und krisenhaft erfahrenen Moderne auch andere Momente zutage,[7] die neben der Entzweiung implizite Konziliationen andeuten. Schließlich gelingt Faust trotz seiner Differenz zum Erdgeist an bedeutender Stelle eine momentane Zusammenschau des Naturganzen und der darin wirkenden Kräfte:

> Wie alles sich zum Ganzen webt,
> Eins in dem andern wirkt und lebt!
> Wie Himmelskräfte auf und nieder steigen
> Und sich die goldnen Eimer reichen!

---

4 Zu Lesarten der Moderne in Goethes Faust vgl. Manfred Osten: »Alles veloziferisch« oder Goethes Entdeckung der Langsamkeit. Zur Modernität des Klassikers im 21. Jahrhundert. Frankfurt/M. 2003; Michael Jaeger: Global Player – Oder das Verschwinden der Gegenwart. Zur Aktualität Goethes. Berlin 2008, Ders.: Wanderers Verstummen – Goethes Schweigen. Fausts Tragödie. Oder: Die große Transformation der Welt. Würzburg 2014; zur Kritik zu Jaeger siehe Thomas Anz: Goethe, das antike Glück und die teuflische Moderne. Michael Jaegers konservative Revolution des Faust-Bildes zweihundert Jahre nach Erscheinen der »Tragödie erster Teil« (http://literaturkritik.de/public/rezension.php?rez_id=12096; letzte Änderung am 02.07.2008); Gernot Böhme: Goethe und die moderne Zivilisation. In: Goethe Yearbook 22 (2015), S. 133–143.

5 Goethe: Faust I, FA I, Bd. 7/1, S. 33, V. 354–356

6 Ebd., S. 33–34, V. 382–383.

7 Zum Begriff der ›Krise‹ als ›pathogenes‹ Symptom der Moderne vgl. Reinhart Koselleck: Art. Krise. In: Otto Brunner, u.a. (Hg.): Geschichtliche Grundbegriffe. Historisches Lexikon zur politisch-sozialen Sprache in Deutschland. Bd. 3. Stuttgart 1982, S. 617–650; Reinhart Koselleck: Kritik und Krise. Ein Beitrag zur Pathogenese der bürgerlichen Welt. München 1969; Henning Grunwald und Manfred Pfister (Hg.): Krisis! Krisenszenarien, Diagnosen und Diskursstrategien. München 2007; Carla Meyer, Katja Patzel-Mattern und Gerrit Jasper Schenk (Hg.): Krisengeschichte(n). »Krise« als Leitbegriff und Erzählmuster in kulturwissenschaftlicher Perspektive. Stuttgart 2013.

Mit segenduftenden Schwingen
Vom Himmel durch die Erde dringen
Harmonisch all' das All durchklingen![8]

Die »Webe-Metapher«, die sich häufig in Goethes Werk als Sinnbild einer tätigen und zusammenhängenden Natur findet,[9] kann im *Faust* nach Werner Keller als Zugang zur Natur verstanden werden, der weder esoterisch-magisch noch ironisch konnotiert ein modernes Wissenschaftsideal kennzeichnet, das sich gerade wegen der vielfältigen empirischen Entdeckungen und ihrer unterschiedlichen wissenschaftlichen Behandlungen um ein Verständnis eines tiefgründigen Zusammenhanges bemüht. Wenn dabei »eins in dem anderen wirkt und lebt«, scheint auch die alte Entsprechungslogik wieder aufgerufen, die um 1800 eine neue Bedeutung erlangt. Es lassen sich im *Faust* insofern zwei unterschiedliche Betrachtungsweisen erkennen, die mitunter in Zusammenhang stehen: Die Naturbeherrschung am Ende von *Faust II* reflektiert einerseits eine Kritik an der Moderne, die Horkheimer und Adorno auf einen speziellen Rationalitätstypus der Herrschaft und Selbsterhaltung zurückführen, gemäß dessen sich das moderne Subjekt kraft seiner eigenen Vernunft von allen Abhängigkeiten und damit seiner Umwelt losgesagt habe.[10] Gleichzeitig finden sich im *Faust* zeitgenössische Überlegungen, die nicht die Differenz, sondern die Verbindung von Subjekt und Umwelt betonen. Das Moderneverständnis, speziell das der philosophisch-kulturwissenschaftlichen Tradition, scheint an dieser Stelle einer Revision zu bedürfen und nach einer differenzierenden Analyse der epistemischen Veränderungen zu verlangen.[11]

---

8 Goethe: Faust I, FA I Bd. 7/1, V. 447–453.

9 Vgl. zum Einsatz der Webemetapher in Goethes Werk Werner Keller: Goethes dichterische Bildlichkeit. Eine Grundlegung. München 1972, S. 189–198.

10 Vgl. dazu Max Horkheimer und Theodor W. Adorno: Dialektik der Aufklärung. Frankfurt/M. 2016, S. 42.

11 Vor dem Hintergrund der Arbeit wird hier besonders auf das ›Moderneverständnis‹ der philosophisch-kulturwissenschaftlichen Tradition rekurriert, das den Beginn des ›Moderneprojektes‹ im späten 18. Jahrhundert verortet. Wenn insofern der ›Startschuss‹ der ›Moderne‹ in den epistemischen, sozialen und wissenschaftlichen Neuanfängen im Anschluss an die Aufklärung gesehen und daraus folgend ›Moderne‹ sowohl zeitlich als auch theoretisch bestimmt wird, geschieht dies im Bewusstsein einer eingeschränkten Darstellung des begriffsgeschichtlichen und semantischen Bedeutungsspektrums des Terminus ›Moderne‹. Jedoch gibt es für das der Arbeit zugrunde gelegte Moderneverständnis gute Gründe, die einerseits begriffshistorischer und andererseits theoriekonzeptioneller Art sind. Denn der Begriff erlebt in den ästhetischen Auseinandersetzungen gerade in Deutschland im Anschluss an die französischen »Querelles des Anciens et des Modernes« gegen Ende des 18. Jahrhunderts eine besondere Konjunktur, wo sich die Gegenwart erstmals selbst als »modernes Zeitalter« gegenüber der normgebenden Antike versteht

In der Philosophie und Kulturwissenschaft wird seit Kants kopernikanischer Wende des Denkens ein philosophisches Moderneverständnis tradiert, das als Kernproblem den Riss von Subjekt und Umwelt postuliert. In der Philosophie sei dort die »moderne Welt in einem Gedankengebäude« zum ersten Mal ausgedrückt und zum philosophischen Thema erhoben. Seither werde jenes spezifisch moderne Dilemma verhandelt, »ob sich aus Subjektivität und Selbstbewußtsein Maßstäbe gewinnen lassen, die der modernen Welt entnommen sind und gleichzeitig zur Orientierung in ihr [...] taugen.«[12] Die Probleme der Moderne und der Postmoderne zeichnen sich nach dieser Vorstellung durch die Entzweiung von Subjekt und Umwelt und dem »Fehlen einer einheitlichen Weltbeschreibung, einer für alle verbindlichen Vernunft oder auch nur einer gemeinsam-richtigen Einstellung zur Welt« aus und eröffnen einen Horizont vielfältiger Probleme, die nach Lösungen verlangten.[13] Besonders die deutsch-französische Philosophie, Wissenschaftstheorie und Soziologie seit den 1980er nimmt sich dieser Aufgabe vermehrt an, denn das »Projekt der Moderne«, das mit Kant und Hegel begann, erscheint in ihren Augen als unvollendet, wenn die Versöhnung der dualistischen Systeme bislang zu keinem Abschluss gekommen sei. Wenn die Differenzierungstheorie als unabdingbar für ein Verständnis der modernen Welt gelte – wonach ein einendes »metanarratives Dispositiv« (Lyotard) bis auf Weiteres infrage stehen müsse –, gilt es jedoch zu fragen, ob die ›Versöhnungsstrategien‹ im späten 18. Jahrhundert (und darüber hinaus) nicht allzu leichtfertig übergangen werden und damit Moderne- bzw. Modernisierungstheorien zu einseitig auf eine »identitätstheoretische Lagerung des Differenztheorems« setzen, die einen wichtigen Prozess moderner Konstituierungsbedingungen außer Acht lassen.[14]

---

und damit die philosophische Erfassung dieses neuen Gegenwartsbewusstseins der folgenden Jahrzehnte beeinflusst. (Vgl. hierzu Hans Ulrich Gumbrecht: Art. Modern. Modernität. Moderne. In: Otto Brunner, Werner Conze und Reinhart Koselleck (Hg.): Geschichtliche Grundbegriffe. Historisches Lexikon zur politisch-sozialen Sprache in Deutschland. Bd. 4 Mi – Pre. Stuttgart 1978, S. 93–133, hier S. 100ff.). Die theoretischen Ansätze werden im Laufe der Arbeit verhandelt.

12 Jürgen Habermas: Der philosophische Diskurs der Moderne. Zwölf Vorlesungen. Frankfurt/M. 1988, S. 31.

13 Niklas Luhmann: Das Moderne der modernen Gesellschaften. In: Ders.: Beobachtungen der Moderne. Opladen 1992, S. 42.

14 Vgl. hierzu Andreas Langenohl: Ähnlichkeit als differenztheoretisches Konzept. Zur Reformulierung der Modernisierungstheorie. In: Anil Bhatti und Dorothee Kimmich (Hg.): Ähnlichkeit. Ein kulturtheoretisches Paradigma. Konstanz 2015, S. 105–129, hier: S. 109. Vgl. auch Bruno Latours Ansicht zu den Vermittlungsstrategien der Moderne. Bruno Latour: Wir sind nie modern gewesen. Versuch einer symmetrischen Anthropologie. Frankfurt/M. 2008.

Vor diesem Hintergrund möchte die vorliegende Arbeit das einseitige Differenztheorem der Moderne gerne auf seine unbedachten und vernachlässigten Vermittlungsstrategien hin untersuchen. Ziel ist es, die inhärenten Prozesse der Zeit näher zu betrachten und eine neue Lesart der Moderne in Anschluss an Bruno Latour oder Anil Bhatti zu entwickeln,[15] die entgegen eines Differenzierungsgeschehens auf eine äquilibrische Arbeit der Moderne hinweist. Dabei gilt es auch, Foucaults Argument eines Endes des Ähnlichkeitsdenkens in *Les mots et les choses* genauer in den Blick zu nehmen. Denn obwohl er an unterschiedlichen Stellen dessen Ableben konstatiert, argumentiert er gleichzeitig für seine Fortdauer und rekurriert dabei immer wieder auf die »immense Kraft der Analogie«.[16] Qua der inhärenten Kraft sei diese in der Lage, unterschiedlichste Gebiete zueinander in Beziehung zu setzen und Differenzen zu überwinden. Foucault arbeitet seine Gedanken zur Renaissance der Analogie seit Beginn der Moderne zwar nicht weiter aus und torpediert damit mitunter seine eigene Argumentation des epistemischen Wechsels,[17] jedoch zeigt seine interpretatorische Inkonsequenz, dass er Differenzierungs- und Individualisierungsprozesse innerhalb der Moderne nur in Verbindung mit impliziten Annahmen von Zusammenhängen und Verhältnisbeziehungen beschreiben kann. Vor dem Hintergrund dieses Befundes ist es auch nicht weiter erstaunlich, dass Foucault von einem ›Netz von Analogien‹ spricht, das zu Beginn des 18. Jahrhunderts auftrete und das nicht nur von ihm 200 Jahre später, sondern bereits innerhalb der zeitgenössischen Diskurse eifrig thematisiert wird. Denn es werden in jener Zeit nicht nur Analogien zwischen Gegenständen, Sachgebieten, Natur und Mensch verhandelt, sondern die Figur selbst wird Gegenstand in philosophischen, wissenschaftlichen und ästhetischen Auseinandersetzungen. Die ungemeine Faszination mag an ihrer speziellen Vermittlungsqualität liegen, die ihr durch ihre antike mathematisch-logische Prägung zuteilwird. Schon dort wird die Analogie genutzt, um verschiedene Größen wie Zahlengrößen, Flächen oder Volumen zu einander in Beziehung zu

15 Bruno Latour: Wir sind nie modern gewesen. Frankfurt/M. 2009; Anil Bhatti und Dorothee Kimmich (Hg.): Ähnlichkeit. Ein kulturtheoretisches Paradigma. Konstanz 2015.

16 Foucault: Les mots et les choses, S. 36.

17 Insofern möchte ich entgegen den Forschungsansätzen, die für ein Fortleben oder Wiederaufleben der ›Ähnlichkeit‹ plädieren, die Figur der Analogie als zentrale moderne Vermittlungsfigur untersuchen. Vgl. zur Episteme der Ähnlichkeit: Bhatti und Kimmich (Hg.): Ähnlichkeit sowie die Forschergruppe von Matthias Bauer, Iulia-Karin Patrut, Reto Rössler und Nadjib Sadikou in Flensburg, die die Arbeit von Anil Bhatti weiterführen. Vgl. zudem Hans-Ernst Schiller, der Ähnlichkeit und Analogie in seinem historischen Überblick gleichsetzt, der Ähnlichkeit aber den Vorzug gib. Hans-Ernst Schiller: Ähnlichkeit und Analogie. Zur Erkenntnisfunktion des mimetischen Vermögens. Berlin 2021.

setzen, sodass sie in der Lage ist, eine »geregelte[] Identifikation von Verschiedenem«[18] anzugeben. Die Analogie kann deshalb im Gegensatz zur vagen Ähnlichkeit nicht nur qualitative Eigenschaften in Verbindung bringen, sondern formale Beziehungen zwischen unterschiedlichen Dingen und Strukturen herstellen, was sie für eine im Zeichen der Ausdifferenzierung stehende Moderne besonders attraktiv erscheinen lässt. Die Analogie findet man in jener Zeit an scheinbar nicht mehr zueinander in Beziehung zu setzenden Bruchstellen, wie an den oppositionellen Seiten von Sinnlichkeit und rationaler Vernunft, von Empirie und Theorie, von Fakt und Fiktion oder von Subjekt und Objekt, wo sie als vermittelndes Element agiert. Dass der Analogie in jener Zeit in unterschiedlichen Diskursen eine besondere Aufmerksamkeit zukommt, weist insofern auf eine Suchbewegung einer Zeit hin, die sich infolge der nachidealistischen Erkenntniskrise und der Ausdifferenzierung der Wissenschaften einer großen Verunsicherung ausgesetzt sieht.

Man scheint sich zu Beginn der Moderne von der Analogie und ihrer mediativen ›Kraft‹, zwischen konfligierenden Parteien zu vermitteln, so einiges zu versprechen. Gleichzeitig wird dieser Vermittlungsfunktion misstraut, wenn exakte Erkenntnisse und wahrheitsfähige Aussagen das Ziel einer modernen Wissenschaftlichkeit darstellen und die Entsprechungslogik der Analogie keine identitären Aussagen garantiert. Dies scheint sie dem Bereich der Rhetorik und Ästhetik nahe zu bringen, indem sie in der Antike auch ihren zweiten Definitionsbereich hat. Auch hier gibt sie Verhältnisse zwischen Dingen an, jedoch erfolgen die Übertragungen auf sprachlicher Ebene zwischen verhältnismäßig weit auseinanderliegenden Dingen, was ihr schnell den Vorwurf der Relativität einbringt. Dass jedoch auch diesem Prinzip eine durchaus logische Komponente zugrunde liegt, gerät um 1800 wieder in den Fokus und findet bis heute im Kontext der Metapherntheorie, der Kognitionspsychologie oder auch in Fragen einer ästhetischen Episteme ihren Wiederhall.

Die beiden ursprünglichen, scheinbar konträren, Definitionen der Analogie, – die sie einmal als mathematisch-logisch Operation und einmal als rhetorische Figur auffassen, – bieten immer wieder Anlass für Diskussionen. Sie scheint weder der Logik noch der Ästhetik eindeutig zuordenbar und ihr Status schwankt zwischen mathematischer Ordnungs-, Wissens- und ästhetischer Konstruktionsfigur. Diesen kontroversen Status bildet die Analogieforschung bis in die jüngste Zeit ab, sodass für den Philosophen Manuel Bachmann »das Auftreten kontradiktorischer Einschätzungen den niedrigen Entwicklungsstand der Theoriebildung

18 Karen Gloy: »Kalkulierte Absurdität – Die Logik des Analogiedenkens«. In: Dies. (Hg.): Rationalitätstypen. München 1999, S. 213–243, hier: S. 243.

[bezeugt, S.G.], auf dem die Extrempositionen noch einer Vermittlung harren.«[19] Bachmanns impliziten Appel möchte die vorliegende Arbeit gerne nachkommen und zeigen, inwiefern die »kontradiktorischen Einschätzungen« zur Analogie im 18./19. Jahrhundert auf eine intensive Diskussion hinweisen, in welcher die Tauglichkeit einer alternativen Denk- und Darstellungsform auf dem Prüfstand steht.

Die epistemischen Veränderungen in jener Zeit bedeuten eine Herausforderung, die nicht mehr allein das Hoheitsgebiet der rationalen Erkenntnis, sondern in besonderem Maße das Gebiet der empirisch-sinnlichen Wahrnehmung und damit das der ästhetischen Erkenntnis betreffen. Insofern, und dies macht den Gegenstand der Analogie vor dem Hintergrund einer kulturwissenschaftlichen Arbeit so spannend, gilt es den sich in jener Zeit formierenden Zusammenhang beider Erkenntnisweisen in Augenschein zu nehmen und das Verhältnis von Wissenschaft und Ästhetik genauer zu untersuchen. Als relationale Vermittlungsform scheint die Analogie nämlich nicht nur in der Lage, neuartige Brücken zwischen unterschiedlichen Wissensgebieten sowie zwischen verschiedenen Erkenntnissphären zu schlagen, sondern das Verhältnis von Wissenschaft und Ästhetik selbst zu begründen. Dabei gilt es zu fragen, in welchem Verhältnis logische und ästhetische Strukturen stehen, wenn beide durch die Analogie organisiert werden und was dies generell über die von Charles Percy Snow konstatierte ›Unterscheidung der zwei Kulturen‹ aussagt.[20] Denn es scheint, dass vor dem Hintergrund der relationalen Verhältnisstiftung, wie sie die Analogie leistet, beide Kulturen sowohl epistemische als auch ästhetische Momente aufweisen und damit in einem viel grundlegenderen Zusammenhang stehen, als vielfach angenommen. Dass dieser Zusammenhang seit der Moderne reflektiert, diskutiert, erprobt und infrage gestellt wird, macht deutlich, dass das paradigmatische ›Moderne-Credo‹ eines Differenzdenkens ab dem 17. Jahrhundert à la Foucault nicht mehr allzu überzeugend erscheint. Und speziell für die Analogie um 1800 deutet sich eine ganz andere Lesart an: Es wird nicht ihr Ende, sondern vielmehr ihr zweiter Frühling besungen.

19 Manuel Bachmann: Brücken zu einer vergessenen Denkform. In: Karen Gloy und Manuel Bachmann (Hg.): Das Analogiedenken. Vorstöße in ein neues Gebiet der Rationalitätstheorie. München 2000, S. 11–24, hier: S. 12.

20 Charles Percy Snow: The Two Cultures and the Scientific Revolution. Cambridge 1959.

1.1 Analogie und Moderne

1.1.1 Die Analogie – Ein modernes Erkenntnisinstrument?

Die Analogie verschwindet um 1800 nicht von der Bildfläche, sondern entwickelt eine ganz eigene Strahlkraft. In der Forschung gibt es inzwischen bereits mehrere Studien zum Fortwirken der Analogie über das von Foucault skizzierte Ende des Analogiegebrauchs hinaus. Alle zeigen ihre wichtige Funktion in epistemischen, naturwissenschaftlichen und rhetorisch-poetischen Bereichen.[21] Dabei konzentrieren sich die einzelnen Arbeiten jedoch meist auf die Wirkung der Analogie in einem einzelnen Bereich, wohingegen die vorliegende Arbeit die enge Verbindung von Erkenntnistheorie, Naturwissenschaft und Ästhetik vor dem Hintergrund einer Entsprechungslogik herausarbeiten möchte. Dabei grenzt sich die Analogie der Moderne durchaus gegen frühere Bestimmungen, speziell die der Frühen Neuzeit ab, sodass Foucault mithin eine wichtige Zäsur zu Beginn der Moderne erfasst. Gleichzeitig behält sie ihre grundlegende Definition seit der Antike als Verhältnisfigur bei, womit nicht das Denken in Analogien, sondern der metaphysische Bezugsrahmen sein Ende in der Moderne findet. War es die Aufgabe der Analogie bis ins 16. Jahrhundert hinein, die substantiell-ontologische Entsprechung der Welt auszudrücken – wonach sich alle Dinge des Kosmos aufgrund ihrer Zugehörigkeit zu einem geschlossenen Organismus als wesensgleich auszeichneten –, so werden ab dem 18. Jahrhundert mehr und mehr die strukturell-logischen Entsprechungsstrukturen einer als offen aufgefassten Welt erkundet.

Anhand eines Aphorismus von Goethe kann man diese neu entdeckte Funktion der Analogie erkennen: »Nach Analogien zu denken ist nicht zu schelten; die Analogie hat den Vortheil, daß sie nicht abschließt und eigentlich nichts Letztes will.«[22] Im Gegensatz zum geschlossenen Kosmos substantieller Beziehungen der Frühen Neuzeit zeigt sich hier bereits eine neue Denkart. Die Analogie steht für eine Wissensform ein, die, wie Rüdiger Campe darstellt, nicht mehr auf ein geschlossenes Weltbild und eine unumstößliche Wahrheit referiert, sondern mit Wahrscheinlichkeiten, Unabwägbarkeiten, Annäherungen und Zufällen umgehen muss.[23] Im Gegensatz zu anderen Beweisformen liefert die Analogie keine endgültigen Ergebnisse, sondern betrachtet die Dinge in ihren unterschiedlichen

---

21 Vgl. für eine Übersicht in dieser Arbeit Kap. 2.

22 Goethe: Sprüche in Prosa. Sämtliche Maximen und Reflexionen. FA I, Bd. 13, S. 77.

23 Vgl. Rüdiger Campe: Spiel der Wahrscheinlichkeit. Literatur und Berechnung zwischen Pascal und Kleist. Göttingen 2002.

Verhältnissen, sodass sie sich für die neuen epistemischen Herausforderungen geradezu als prädestiniert erweist. Trotzdem wird sie von Goethe vorsichtig eingeführt, was andeutet, dass sich diese Wissensfigur noch in einer gewissen Testphase befindet, was auch ein Blick in die unterschiedlichen Wörterbücher der Zeit bestätigt. Denn dort findet man die Analogie zunächst nicht im Bereich von Wissenschaft und Erkenntnis, sondern immer noch im Sinne ihrer theologischen Verwendung der frühzeitlichen Scholastik als *analogia fidei*. Jedoch hält die rezente philosophische und wissenschaftliche Begriffsverhandlung relativ schnell Einzug in die Nachschlagewerke der Zeit und verdrängt nach und nach die religiös-ontologische Bedeutung. So findet man die Analogie bereits in Joachim Heinrich Campes *Wörterbuch der deutschen Sprache* von 1807 unter dem Begriff der ›Ähnlichkeit‹ gleich in vier Verwendungsweisen, die keinen theologischen Bezug mehr haben:

> Der Ähnlichkeitsbeweis: [...] ein Beweis, der von der Ähnlichkeit mit einer anderen Sache hergenommen ist (analogischer Beweis). ›Der aus der Natur geschöpfte Ähnlichkeitsbeweis, wodurch die Wahrheit unmittelbarer Offenbarungen erwiesen werden soll.‹
> Das Ähnlichkeitsgesetz: [...] das Gesetz der Ähnlichkeit, nach welchem ähnliche Dinge und Fälle zu beurtheilen sind (Gesetz der Analogie). [...]
> Der Ähnlichkeitsgrund: [...] ein Grund, der auf der Ähnlichkeit mit etwas anderem beruht (analogischer Grund). [...]
> Die Ähnlichkeitsregel: [...] die Regel, nach welcher ähnliche Dinge und Fälle beurtheilt werden müssen (Analogie). ›Der Ähnlichkeitsregel gemäß (analogisch)‹.[24]

Mit den vier Komposita ›Beweis‹, ›Gesetz‹, ›Grund‹ und ›Regel‹ eröffnet Campe das Feld moderner Wissenschaftlichkeit und lässt die Analogie sogar die Führung über alle vier Grundprinzipien übernehmen, womit sie sich – wie später auch zu zeigen sein wird – zum szientifischen ›Grundwerkzeug‹ *par excellence* nobilitiert. Auch bei *Johann Heinrich Zedlers Grosse[m] Vollständige[n] Universal-Lexicon aller Wissenschaften und Künste* (1731–1754) findet sich der Hinweis, dass die Analogie bereits als Teil des wissenschaftlichen Kanons verstanden wird, denn

> [i]n den Wissenschaften bedient man sich dieses Worts, wenn ein Satz mit den gemeinen Regeln übereinstimmet, und man andere ausführen kann, die mit diesen eine Aehnlichkeit haben. Also beweisen wir eine Sache ex analogia juris, wenn sie den übrigen Verordnungen der Gesetze gleich kömmt. In der Grammatica haben wir Analogiam Conjugationis und Declinationis, wenn sich ein Wort nach andern conjugiren und dekliniren läßt. Insonderheit

24 Joachim Heinrich Campe: Art. Ähnlichkeit. In: Ders.: Wörterbuch der Deutschen Sprache. Erster Theil. A – bis – E. Braunschweig 1807, S. 93.

> aber ist die Analogia significationis zu mercken, wenn man die abstammenden Redensarten mit dem Ursprung zusammen hält. [...] Analogismus ist ein Vernunft-Schluß, welcher von einer offenbaren Wahrheit seinen Ursprung nimmt, dadurch man hinter die Wahrheit einer duncklen oder verborgenen Sache kommt. [...] Analogia heißt also bey den Medicis eine Vergleichung der Kranckheit, ihrer Ursachen und Zufälle, mit den dazu dienlichen Hülfffs-Mitteln.[25]

Zedler führt den Analogiegebrauch in den verschiedenen wissenschaftlichen Disziplinen der Rechts- und Sprachwissenschaft sowie in der Philosophie und Medizin auf und zeigt damit, dass die Analogie in allen universitären Fakultäten der damaligen Zeit eine dominante Rolle einnimmt und sogar ein neues szientifisches Verständnis vertritt, das sich dem Bereich des Nicht-Wissens anzunähern vermag.[26] Dies bestätigt unter anderem auch Schlegel in seinen *Logikvorlesungen* von 1806, denn für ihn ist die Analogie für den »Zweck und Bedürfnis der Philosophie ebenso wichtig, ja vielleicht noch notwendiger [...] wie der gewöhnliche Syllogismus.«[27] Die Stärke der Analogie besteche dadurch, dass sie keine »absolute Gewissheit« herbeiführe, aber »Annäherungen zur höchsten Wahrheit« erlaube.[28] Selbst Kant, der in seinen Kritiken stets um die Grenzen der menschlichen Erkenntnis bemüht ist, möchte auf das offene Verfahren der Analogie nicht verzichten wollen. Insofern hebt er sie in seiner Verteidigungsschrift der Metaphysik sogar eigens hervor: »Man kann sich [...] von zwei ungleichartigen Dingen

---

25 Johann Heinrich Zedler: Art. Analogie. In: Ders.: Grosses vollständiges Universal-Lexicon Aller Wissenschaften und Künste. Bd. 2. Leipzig/Halle 1732–1754, Repr. Graz 1961ff., Sp. 35–36.

26 Allgemein zählte man bis ins 19. Jahrhundert die vier Fakultäten der Philosophie, der Theologie, der Jurisprudenz und der Medizin zum Kernbestand einer Universität. Dass Zedler nun auch die Sprachwissenschaft in den Bereich der wissenschaftswürdigen Disziplinen aufnimmt, deutet auf die aufkeimende Relevanz hin, die eigene Sprache zum Forschungsgegenstand zu erheben. Dies wird dazu führen, dass die Germanistik als eigenständige Universitätsdisziplin zu Beginn des 19. Jahrhunderts an deutschen Hochschulen Einzug erhält. Vgl. hierzu Rainer Kolk: Professionalisierung und Disziplinentwicklung in der Germanistik. In: Jürgen Fohrmann und Wilhelm Voßkamp (Hg.): Wissenschaft und Nation. München 1991, S. 127–140; Uwe Meves: Zum Institutionalisierungsprozess der Deutschen Philologie. Die Periode der Lehrstuhleinrichtung. In: Jürgen Fohrmann und Wilhelm Voßkamp (Hg.): Wissenschaftsgeschichte der Germanistik im 19. Jahrhundert. Stuttgart 1994, S. 115–204. Zur Entwicklung des modernen Systems wissenschaftlicher Disziplinen zu Beginn des 19. Jahrhunderts vgl. die einschlägige Studie von Rudolph Stichweh: Zur Entstehung des modernen Systems wissenschaftlicher Disziplinen. Physik in Deutschland 1740–1890. Frankfurt/M. 1984.

27 Friedrich Schlegel: Propädeutik und Logik. In: Ders.: Kritische Friedrich-Schlegel-Ausgabe, hg. von Ernst Behler unter Mitwirkung von Jean-Jacques Anstett und Hans Eichner. Philosophische Vorlesungen (1800–1807). Zweiter Teil. Abt. II, Bd. 13. München 1964, S. 177–384, hier: S. 315.

28 Ebd., S. 314.

eben in dem Punkte ihrer Ungleichartigkeit, eines derselben doch nach einer Analogie mit dem anderen denken«, sodass man auch Zugang zu Gebieten, wie dem »Übersinnlichen, z.B. von Gott«, erhalten kann, von dem man »zwar eigentlich kein theoretisches Erkenntniß, aber doch ein Erkenntniß nach der Analogie, und zwar die der Vernunft zu denken notwendig ist, haben« kann.[29]

Vermutungen, Hypothesen und Spekulationen scheinen einen gewissen Reiz für eine Zeit darzustellen, in der man der Welt die Wahrheit nicht mehr einfach abschauen kann, sondern in der man sich zunehmend auf ein wahrscheinliches, unsicheres und offenes Wissen einlassen muss.[30] Gleichzeitig befördert diese neue Offenheit auch die wissenschaftliche Neugierde, sich den weißen Flecken der Erde und der Vernunft anzunehmen. Und die Analogie scheint das geeignete Rüstzeug zu bieten, sich in derart unbekanntes Terrain vorzuwagen. Der Naturforscher Georg Christoph Lichtenberg hält deshalb fest:

> Ohne Witz wäre eigentlich der Mensch gar nichts, denn Ähnlichkeit in den Umständen ist ja alles was uns zur wissenschaftlichen Erkenntnis bringt, wir können ja bloß nach Ähnlichkeiten ordnen und behalten. Die Ähnlichkeiten liegen nicht in den Dingen, vor Gott gibt es keine Ähnlichkeiten [...].[31]

Das Feststellen von Ähnlichkeiten scheint in der Moderne besonders wichtig zu werden, wenn »vor Gott nur *Eine* Natur«[32] besteht, aber »der Mensch [...] daraus isolirte Capitel«[33] macht. Dennoch resigniert Lichtenberg nicht an der erkenntniskritischen Aufgabe der Zeit, schließlich könne der Mensch die einzelnen parzel-

29 Immanuel Kant: Preisschrift über die Fortschritte der Metaphysik, AA XX, S. 280.

30 Vgl. hierzu Hans Blumenberg: Paradigmen zu einer Metaphorologie. Frankfurt/M. 1998, S. 118–143; Rüdiger Campe: Spiel der Wahrscheinlichkeit, S. 10.

31 Georg Christoph Lichtenberg: Sudelbuch Heft J (1789–1793). In: Ders.: Schriften und Briefe in vier Bänden und zwei Kommentarbänden. Bd. 1, hg. von Wolfgang Promies. Neuauflage Frankfurt/M. 1971, Aphorismus 959, S. 788.

32 Ebd.

33 Lichtenberg: Vorrede. In: Johann Christian Polycarb Erxleben: Anfangsgründe der Naturlehre. Antworten von Johann Christian Polycarb Erxleben. Vorrede (zu dieser sechsten Auflage). Mit Verbesserungen und vielen Zusätzen von G. C. Lichtenberg. Göttingen 1794, S. XXI–XLVII, hier: S. XXXIV. Das ganze Zitat an der Stelle lautet: »Unsere ganze Naturlehre bestehe nur aus Bruchstücken, die der menschliche Verstand noch nicht zu einem einförmigen Ganzen zu vereinigen wisse. Vor Gott ist nur Eine Naturwissenschaft, der Mensch macht daraus isolirte Capitel und muß sie nach seiner Eingeschränktheit machen. So lange als die Capitel nicht zusammen passen wollen, liegt irgendwo ein Fehler, in den einzelnen besonders, oder in allen.«

lierten Ähnlichkeitsmomente auch wieder zu einem großen Ganzen zusammenfügen.[34] Helfen kann dabei, so Lichtenberg, eine spezielle Entdeckungs- und Strukturlogik, sodass man »[z]u der Zeit, da man sich mit einer Sache beschäftigt, da sie einem völlig geläufig und gegenwärtig nach allen ihren Teilen ist, [...] sie allem anzupassen auch often den entferntesten Gegenständen, durch [...] Analogien« zu erläutern suchen muss.[35] Erst mit Hilfe der Analogie scheint man nach Lichtenberg überhaupt eine geeignete Methode an der Hand zu haben, Ähnlichkeiten und Unterschieden zwischen entfernten Gegenständen feststellen zu können. Im Umfeld der neuen empirischen Wissenschaften soll die Analogie deshalb nichts weniger leisten, als in die unübersehbaren Datenmengen der sammlungswütigen Moderne wieder Ordnung zu bringen.[36] Forscher, die trotz aller Differenzierungsprozesse dennoch vom Zusammenhang der Naturphänomene ausgehen, setzen demnach vermehrt auf die vielversprechende Methode, die zwischen den entferntesten Gegenständen, Gattungen und Arten Bezüge herstellen kann.[37]

Es wird deutlich, dass die erkenntnistheoretische Aufgabe der Analogie entgegen der in der Forschung etablierten Verdrängungsgeschichte im Bereich der Erkenntnis und Wissensorganisation durchaus erhalten bleibt. Neben Lichtenberg ist auch Herder davon überzeugt, dass der Mensch eigentlich erst durch die

---

34 Vgl. zur »Relativität der Erkenntnis« bei Lichtenberg das gleichnamige Kapitel von Albrecht Beutel. In: Ders.: Lichtenberg und die Religion. Aspekte einer vielschichtigen Konstellation. Tübingen 1996, S. 35.

35 Lichtenberg: Sudelbuch Heft J, Aphorismus 1446, S. 266. Vgl. zu Lichtenbergs Analogiegebrauch Holger Steinmann: »Die Schlüsse aus der Analogie sind sehr unsicher.« Die offenen Enden analoger Rede in Lichtenbergs Notaten. In: Jens Schröter (Hg.): Analog/Digital. Opposition oder Kontinuum? Zur Theorie und Geschichte einer Unterscheidung. Bielefeld 2004, S. 215–229.

36 Der Soziologe Wolf Lepenies beschreibt in seiner Studie *Das Ende der Naturgeschichte* einen tiefgreifenden Wandel des Naturverständnisses in der Zeit um 1800, wo durch ein neues Forschungsinteresse und vielfach unternommene Forschungsreisen eine Unmenge an neuen empirischen Forschungsdaten zusammengetragen wurden, die nicht nur einer neuen Systematisierung bedurften, sondern auch ein neues Verständnis von der Geschichtlichkeit der Natur evozierten. Wolfgang Lepenies: Das Ende der Naturgeschichte. Wandel kultureller Selbstverständlichkeit in den Wissenschaften des 18. und 19. Jahrhunderts. München 1976.

37 Vgl. Hans-Jörg Rheinberger: Aspekte des Bedeutungswandels im Begriff organismischer Ähnlichkeit vom 18. zum 19. Jahrhundert. In: History and Philosophy of the Life Sciences 8 (1986), S. 237–250; Philip F. Rehbock: »Transcendental Anatomy«. In: Andrew Cunningham und Nicholas Jardine (Hg.): Romanticism and the Sciences. Cambridge, MA 1990, S. 145–160; Michael Eggers: Vom Wissen zur Wissenschaft. Vergleich, Analogie und Klassifikation als wissenschaftliche Ordnungsmethoden im 18. und 19. Jahrhundert – zur Einleitung. In: Ders. (Hg.): Von Ähnlichkeiten und Unterschieden. Vergleich, Analogie und Klassifikation (18./19. Jahrhundert). Heidelberg 2011, S. 7–33, hier: S. 11.

»analogische[n] *Erfindungskraft* [Hervorhebung S.G.]« in der Lage ist, »den Zusammenhang der Dinge einzusehen«,[38] womit er der Analogie sogar die grundlegende Strukturform unserer Erkenntnis zuschreibt. Damit scheint sich bei Herder noch ein weiterer Aspekt des Analogiedenkens anzukündigen, der die epistemische Leistung der Analogie radikal ernst nimmt und darin ein schöpferisches Potential entdeckt. Denn für Herder steht fest: »Was wir wissen, wissen wir nur aus Analogie, von der Kreatur zu uns und von uns zum Schöpfer.«[39] Die Krise der Erkenntnis der nachaufklärerischen Philosophie, wo sich die Vernunft »auf die Nadelspitze des ›Ich‹«[40] zurückzieht, scheint eine andere Art der Erkenntnis zu befördern, die die verschiedene Gebiete nicht mehr ontologisch oder begrifflich, sondern analogisch-relational zueinander in Beziehung setzt. Erkenntnis wird dabei »gewissermaßen eine Poetik«, denn »[...] wir tragen, wie bei einzelnen Bildern unsern Sinn, so bei Reihen von Bildern unsre Empfindungs- und Denkart in die Gegenstände hinüber und dies Gepräge der Analogie, wenn es Kunst wird, nennen wir Dichtung.«[41] Neben der epistemischen Funktion wird insofern ein weiteres Moment der Analogie geschätzt, das den zuvor eher verächtlich betrachteten Bereich des Sinnlichen betrifft. Dass dies »Gepräge der Analogie« einen eigenen Stellenwert erhält, der zwischen innerer Empfindung und äußeren Gegenständen vermittelnd auftritt, deutet insbesondere vor dem Hintergrund der idealistischen Erkenntniskrise auf einen neuen Lösungsansatz hin. Herder nennt diese Vermittlungsleistung Kunst und macht deutlich, dass dem Bereich der Ästhetik neue Aufgaben zufallen, die nicht mehr allein die schöne Nachahmung der Wirklichkeit, sondern auch Bereiche der Erkenntnis betreffen. Hardenberg wird in diesem Zusammenhang der Analogie eine besondere Bedeutung zusprechen: »Geheimnisse der Kunst jede Naturerscheinung, jedes Naturgesetz zur *Formel* zu gebrauchen – oder die Kunst *analogisch zu construiren.*«[42] Rhetorische Übertragungen zwischen weit entlegenen Dingen bilden insofern nicht nur Verbindungen ab, sondern kreieren neue Zusammenhänge, womit die ästhetische Leistung auch eine konstruktive Seite aufweist. Durch die neuen Ansätze von Hardenberg und Herder etabliert sich allmählich eine Vorstellung von Wissen, die dieses nicht mehr länger als mimetisch-passiver Vorgang,

---

38 Johann Gottfried Herder: Ueber Bild, Dichtung und Fabel. Zerstreute Blätter 3 (1787), SWS 15, S. 523–568, hier: S. 552.

39 Herder: Vom Erkennen und Empfinden der menschlichen Seele. Bemerkungen und Träume (1778), SWS 8, S. 165–263, hier: S. 170.

40 Stephan Otto: Das Wissen des Ähnlichen. Michel Foucault und die Renaissance. Frankfurt/M. 1992, S. 47.

41 Herder: Ueber Bild, Dichtung und Fabel, S. 526 und S. 532–533.

42 Friedrich von Hardenberg: Fragmente und Studien I (1799/1800), N III, Nr. 40, S. 561.

sondern als aktiv-kreative Konstruktion begreifen möchte. Obwohl Hardenbergs und Herders Ansichten von Seiten der rational vorgehenden Wissenschaften der Zeit, die sich exakten Aussage- und Messwerten verschrieben haben, argwöhnisch beäugt werden, scheint ihr Verweis auf sinnlich-phänomenologische und kreative Erkenntnisformen ein Desiderat der bisherigen epistemischen Ansichten offen zu legen und auch Zeitgenossen zu unterschiedlichen Reflexionen und eigenen Ansätzen anzuregen. Die ›szientifisch-poetischen Mischprodukte‹[43] von Hardenberg und Herder scheinen demnach keine allzu isolierten Darstellungen zu sein, wie oft angenommen, sondern Ausdruck eines Denkens, das sich nicht mehr eindeutig als logisch oder als ästhetisch versteht.

1.1.2 Die Gefahr der Analogie für die Erkenntnis

Die weitgefassten ›Analogiekonstruktionen‹, wie sie dann etwa Hardenberg anstellt, um philosophische Denkart und materiellen Nervensystem zu vergleichen und Natur und Geist als Einheit zu begreifen,[44] erfreuen sich insbesondere im Umfeld der spekulativen Romantiker einer besonderen Beliebtheit. Es scheint sich um eine neue Form von Rationalität zu etablieren, die zwar durchaus Gegenstandsbestimmungen durch In-Beziehungs-Setzungen vornimmt, hierbei jedoch in einer freien Art und Weise immer neue Beziehungen zwischen verschiedenen Gegenständen herstellt. Diese neue Denkweise trifft jedoch nicht überall auf offene Ohren. Vor allem in Kreisen, in denen man sich noch der Vorherrschaft der begrifflichen Vernunftslogik verpflichtet sieht, wird die Analogie skeptisch beäugt. Hegel beanstandet dann auch den überbordenden Analogiegebrauch der romantischen Naturphilosophen, allen voran den von Schelling und seinen Nachfolgern. Er glaubt, dass deren Hinwendung zur Anschauung einen alten, frühneuzeitlichen Analogiegebrauch der eikonisch-externen Ähnlichkeiten befördere, denn

> das Ding eben angucken, und daran eine oberflächliche Analogie und Bestimmtheit aufgegriffen, und damit die Natur desselben ausgesprochen zu haben meinen, [heißt, S.G.] in der Tat aber alle Wissenschaftlichkeit verbannen [...], daß sie z.B. sagen, der Fisch unter den

---

43 Herbert Uerlings: Einleitung. In: Ders. (Hg.): Novalis und die Wissenschaften. Tübingen 1997, S. 1–22, hier: S. 13.

44 Hardenberg: »ANAL[OGISCHE] PHYSIOL[OGIE]. Geistige Muskelbewegung – ihre Absonderung- Pflichtmäßige Reflexion (Ausdehnung) und Abstraction (Contraction.) Geistige Muskelstärke.« Hardenberg: Allgemeines Brouillon (1789/99), N II, Nr. 371, S. 307.

> Vögeln ist der Strauß, weil er einen langen Hals hat, – Fisch wird zu etwas Allgemeinen aber nicht zu einem Begriff.[45]

Der Analogiegebrauch der Naturphilosophie weise nach Hegel keine begriffliche Strenge auf, da er Allgemeinheiten zwischen völlig heterogenen Dingen lediglich aufgrund von äußerlichen Übertragungen herbeiführe, was die Aufgabe der philosophischen Erkenntnis als auch der Wissenschaft völlig verfehle. Denn hier gelte es, durch Abgrenzungen eindeutige Begriffe zu erlangen, um sich damit im Denken zu orientieren. Bei der Übertragung nach der Analogie werden jedoch die begrifflichen Grenzen durchbrochen

> [u]nd dadurch hat sich die Natur-Philosophie besonders in Mißkredit gesetzt, [...]. Dieser Unfug, Formen, die aus einem Kreis der Natur genommen sind, auf einen anderen Kreis anzuwenden, ist weit gegangen; Oken nennt z.B. die Holzfaser Nerven, das Gehirn der Pflanze. Das ist Spiel der Analogie, aber um Gedanken ist es zu tun! Nerven sind keine Gedanken, ebenso nicht die Ausdrücke. [...] Dieser Formalismus [...] nimmt dieß Schema selbst aus der Phantasie.[46]

Für Hegel ist die Natur-Philosophie, allen voran die von Schelling, ein Spiel der Analogie, das sich nicht um begrifflich und gedankliche Präzision bemüht, sondern aus dem Reich der Phantasie und des Imaginären schöpft. Auch Kant kritisiert einen solchen Analogiegebrauch und stellt in seiner Rezension zu Herdes *Ideen zur Philosophie der Menschheit* von 1785 fest, dass der Geist des Verfassers hier eine »schon anerkannte Eigenthümlichkeit«[47] zeige. Herder habe in seinem Text »nicht etwa eine logische Pünktlichkeit in Bestimmung der Begriffe, oder sorgfältige Unterscheidung und Bewährung der Grundsätze« erkennen lassen, sondern einen »nicht lang verweilende[n] viel umfassende[n] Blick, eine in Auffindung von Analogien fertige Sagazität, im Gebrauche derselben aber kühne Einbildungskraft« vorgezogen, die jedoch »als vielbedeutende Winke, mehr von sich vermuten lassen, als kalte Beurteilung wohl gerade zu in denselben antreffen würde.«[48]

---

45 Georg Wilhelm Friedrich Hegel: Vorlesungen über die Geschichte der Philosophie. Dritter Teil: Neuere Philosophie. Schelling. In: Ders.: Werke. Auf der Grundlage der *Werke* von 1832–1845 neu edierte Ausgabe. Redaktion Eva Moldenhauer und Karl Markus Michel. Frankfurt/M. 1986, S. 444.

46 Ebd., S. 673–674.

47 Kant: Recensionen von J.G. Herders Ideen zur Philosophie der Geschichte der Menschheit. Theil 1. (1785), RezHerder, AA VIII, S. 45.

48 Ebd.

Anhand von Kants Rezension wird die ›Eigentümlichkeit‹ des analogischen Denkens offensichtlich, das nicht das begriffliche Urteil der Identität, sondern ein Denken von Verhältnisbeziehungen anstrebt. Dass diese neue logische Form vor dem Hintergrund der bisherigen begrifflich-gattungslogischen Ausrichtung der Philosophie zunächst auf Misstrauen stößt, scheint dabei durchaus nachvollziehbar. So sei die Analogie bei Herder nach Kant der »Mittheilung weniger fähig«, weil sie dem in »immer dunklere Ferne gehaltenen Gegenstand« nicht mit »kalter Beurtheilung« begegne.[49] Die philosophischen Voraussetzungen für eine klare und distinkte Gegenstandserfassung, wie sie seit Descartes Festsetzungen für eine wahrhaftige Erkenntnis gelten, sind nicht mehr das Anliegen eines Denkens, das nicht die Grenzen des einzelnen Gegenstandes, sondern den Zusammenhang zwischen den Gegenständen erfassen möchte. Wird das neue relationale Denken der Analogie, wie im Falle Herders, jedoch nicht mit Hilfe logischer Validitäten begründet, dann erscheinen die Zusammenhänge, die das neue Denken anbietet, lediglich willkürliche Erfindung zu sein:

> Aber ebenso wenig wollen wir hier untersuchen, ob nicht der poetische Geist, der den Ausdruck belebt, auch zuweilen in die Philosophie des Verfassers eingedrungen; [...] ob nicht statt nachbarlicher Übergänge aus dem Gebiete der philosophischen in den Bezirk der poetischen Sprache zuweilen die Grenzen und Besitzungen von beiden völlig verrückt seien; [...].[50]

Herder hat für Kant durch seinen Analogiegebrauch genau diese Grenze der Analogie zwischen Philosophie und freier Erdichtung überschritten, weshalb Herders Text nicht mehr in den Bereich ernster Wissenschaft, sondern in dem »fruchtbaren Felde der Dichtungskraft« angesiedelt werden müsse.[51] Wird Dichtung jedoch in Bezug zu einem überzeugenden Referenzsystem gestellt, dann scheint auch Kant die rhetorische Analogie zu schätzen (vgl. Kap. 3).

---

49 Ebd.

50 Ebd., S. 60.

51 Hans Dietrich Irmscher: Die geschichtsphilosophische Kontroverse zwischen Kant und Herder. In: Hamann – Kant – Herder, Acta 4. Internationales Hamann-Kolloquium im Herder-Institut zu Marburg/Lahn 1985, hg. von B. Gajek. Frankfurt/M. 1987, S. 111–192, hier: S. 162. Gideon Stiening zeigt in seinem Aufsatz »Dieser »große Künstler von Blendwerken«. Kants Kritik an Herder«, dass die Kontroverse so harsch geführt wurde, da hier grundsätzlich wissenschaftstheoretische und kulturpolitische Differenzen ausgetragen wurden, wonach für Kant Herders poetischer Analogiegebrauch als gegenaufklärerisch einzustufen sei. Gideon Stiening: Dieser »große Künstler von Blendwerken«. Kants Kritik an Herder. In: Mario Egger (Hg.): Philosophie nach Kant. Neue Wege zum Verständnis von Kants Transzendental- und Moralphilosophie. Berlin/Boston 2014, S. 473–499. Zur Abgrenzung von Wissenschaft und Poesie vgl. Hans Adler: Äs-

Kants und Hegels Kritiken summieren die allgemeine Einschätzung zeitgenössischer (und auch späterer) Erkenntnis- und Wissenskritik eines gängigen Vorbehalts gegenüber der Analogie. So findet man bei Zedler in seinem Wörterbuch sogar eine Warnung vor der Analogie, denn sie sei »offtmahls ein Deckmantel der Unwissenheit« und deshalb »ist also keinem zu trauen, der sich auf die Analogie beziehet, sondern es müssen die gleichen oder die widrigen Sätze ins besondere angeführet werden, daß man daraus die Gleichheit oder Ungleichheit erkennen könne.«[52] Der Schweizer Mediziner Albrecht von Haller bemängelt bei seiner Untersuchung der reizbaren und empfindlichen Teile des Körpers, »daß die größte Ursache der Irrthümer diese gewesen, daß sich die meisten Aerzte weniger, oder auch wohl gar keiner Erfahrung bedienet, sondern anstatt derer die Analogie zu Hülfe genommen.«[53] Und auch Alexander von Humboldt warnt vor ungeprüften Übertragungen im wissenschaftlichen Kontext: »Unbestimmtheit der Sprache, Uebertragung der Nomenclatur aus einer Wissenschaft in die andere haben zu irrigen Ansichten, zu täuschenden Analogien geführt.«[54] Noch 1878 hält der Mediziner und Philosoph Johann Ignaz Hoppe fest: »Die Analogie hingegen ist [im Gegensatz zur Induktion, Einfügung S.G.] nicht bloss ein unklares Geschwätz des Geistes, sondern auch solch eine wirre Denkoperation, dass sie in der Logik ganz gestrichen werden muss.«[55] Obwohl Hoppe die Analogie aus dem Kanon der logischen Denkschlüsse verbannen möchte, scheint sie ihn selbst ungemein zu faszinieren und er widmet ihrer Widerlegung ein Buch von knapp 70 Seiten, worin er zugeben muss, dass sie neben der Induktion als eine der »großen Operationen [gerühmt worden sei, S.G.], mittels welcher die Naturforschung ihre mächtigen Eroberungen mache.«[56]

---

thetische und anästhetische Wissenschaft. Kants Herder-Kritik als Dokument moderner Paradigmenkonkurrenz. In: Deutsche Vierteljahresschrift für Literaturwissenschaft und Geistesgeschichte 68 (1994), S. 66–76; sowie Wolfgang Pross: »Ein Reich unsichtbarer Kräfte«. Was kritisiert Kant an Herder? In: Scientia Poetica 1 (1997), S. 62–119.

52 Zedler: Art. Analogie. In: Ders.: Grosses vollständiges Universal-Lexicon, Sp. 34.

53 Albrecht von Haller: Untersuchung von den empfindlich (sensibiles) und reizbaren (irritabiles) Theilen des menschlichen Körpers. In: Der Königlich Schwedischen Akademie der Wissenschaften neue Abhandlungen aus der Naturlehre, Haushaltungskunst und Mechanik 15 (1756), aus dem Schwedischen übersetzt von Abraham Gotthelf Kästner., Hamburg/Leipzig 1756, S. 14–39 und 96–127.

54 Alexander von Humboldt: Kosmos. Entwurf einer physischen Weltbeschreibung, Bd. 2. Stuttgart/Tübingen 1847, S. 405.

55 Johann Ignaz Hoppe: Die Analogie. Eine allgemein verständliche Darstellung aus dem Gebiete der Logik. Berlin 1873, S. 1.

56 Ebd., S. 63.

Die Analogie provoziert und fasziniert zugleich. Neben feurigen Kritiken findet man deshalb im Anschluss stets beschwichtigende Verteidigungen wie in Zedlers Wörterbuch (siehe weiter oben), wenn er sie als grundlegende Operation in den unterschiedlichen Wissenschaften wie Philosophie, Rechts-, Sprach- und Medizinwissenschaften versteht. Auch Kant, der zwar vordergründig Herders Werk kritisiert, lässt durch die Adjektiv-Umschreibungen durchblicken, dass sich seines Erachtens die rhetorische Analogie durchaus als ›fruchtbar‹ und ›belebend‹ erweisen könne, wohingegen die ›kalte‹ Beurteilung der begrifflichen Erkenntnis als starr und unbeweglich gelten müsse und er wird sich, wie noch zu zeigen sein wird, auch mit der grenzüberschreitenden ästhetischen Analogie eigens befassen (siehe Kap. 3). Dennoch gilt für ihn, dass sich nicht alle Analogien auf gleicher Ebene befinden. Und letztlich schätzt auch Alexander Humboldt die Analogie, speziell in seinem Werk *Kosmos*, wo er angibt: »Was durch Beobachtung und Experiment erlangt ist, führt, auf Analogien und Induction gegründet, zur Erkenntniß empirischer Gesetze.«[57]

Es wird deutlich, dass die Analogie eine besondere Anziehung auf Denker ausübt, die sich mehr und mehr von einer Logik verabschieden, die allein auf eine begriffliche Abstraktion vordergründiger Daseinseinteilungen setzt. Im Gegensatz dazu fragen diese Denker nach einer Logik, die sich für die Verhältnisbeziehungen zwischen den Dingen interessiert. Ernst Cassirer wird diesen Wechsel in der Erkenntnistheorie als einen von einem substantiellen Denken hin zu einem funktionalen beschreiben und diagnostiziert einen eigenen Paradigmenwechsel. Jedoch erst mit Aufkommen der exakten Wissenschaften im 19. Jahrhundert.[58] Die dargelegten Überlegungen weisen jedoch darauf hin, dass sich bereits im 18. Jahrhundert Überlegungen zu einer alternativen Erkenntnisform entwickeln. Dass dieser Wechsel von allerhand Zweifeln begleitet wird und hier immer wieder neue Justierungsversuche unternommen werden, zeugt aber nicht von einer allgemeinen Infragestellung des Analogiedenkens, sondern von einer intensiven Beschäftigung mit einer als produktiv empfundenen Denkform.

Mit dieser ersten Übersicht zur Analogie in äußerst unterschiedlichen Diskursen um 1800 zeigt sich nicht nur deren breites Spektrum, das von anthropologi-

57 Humboldt: Kosmos, Bd. 1. Stuttgart 1845, S. 86.

58 Ernst Cassirer: Substanzbegriff und Funktionsbegriff. Untersuchungen über die Grundfragen der Erkenntniskritik. In: Ders.: Gesammelte Werke. Band 6, hg. von Birgit Recki. Hamburg 2000. Dabei muss jedoch angeführt werden, dass sich Cassirer bereits in seiner Dissertationsschrift mit den mathematischen Überlegungen von Leibniz auseinandersetzt und dort die Frage nach der Relation durchspielt, die er als grundlegend für die Entwicklung des wissenschaftlichen Denkens hält.

schen Fragen hin zu naturwissenschaftlichen Problemlösungen und philosophisch-ästhetischen Verhandlungen reicht, sondern auch die Verhandlung einer modernen Erkenntnis. Denn dass die Analogie als alternative Erkenntnismethode erprobt wird, zeigt sich, wie Manuel Bachmann beobachtet, daran, dass sie stets auf ihre »epistemologische Leistung«[59] hin befragt und in verschiedenen Fällen als erfolgversprechende Methode angesehen wird. Sie bringt entfernte Dinge in unmittelbare Nähe und setzt diese in eine Beziehung der strukturellen Entsprechung und eröffnet damit ein Modell verflochtener Beziehungen anstelle abgrenzender hierarchischer Einteilungen. Damit stellt sie eine alternative Methode zu den etablierten Formen des Syllogismus oder der Induktion dar und eröffnet vor dem Hintergrund der philosophischen Erkenntniskrise sowie der sich neu etablierenden Naturwissenschaften eine Möglichkeit eines dynamischen und relationalen Wissens. Die Erprobung der Analogie als eigenständige Erkenntnisfigur in der Zeit scheint damit auf eine Leerstelle innerhalb der epistemischen Umwälzungen aufmerksam zu machen, wo alte Modelle und Strukturen der Wissenserfassung und -zuordnung nicht mehr ausreichen und man zusehends in den Bereich einer offenen Erkenntnis vordringt. Gleichzeitig wird dieser relationalen Episteme zögerlich begegnet. Denn wenn die analogen Übertragungen so weit gehen, dass alles zu allem in Beziehung gesetzt werden kann, stellt das eine Bedrohung der gesicherten Erkenntnis dar. Klare-distinkte Erkenntnisse und dichterisch-kreative Erfindungen scheinen dann plötzlich ununterscheidbar. »An der Analogie«, meint deshalb Michael Eggers, »scheiden sich also die Geister: der ›wissenschaftliche‹, durch Empirismus und Rationalismus begründete, vom Geist der Romantik, des Idealismus und der Naturphilosophie.«[60] Diese Demarkationslinie der Analogie zwischen Wissenschaft und Erfindungskraft scheint meines Erachtens jedoch nicht so eindeutig zu verlaufen wie von Eggers angenommen, denn eine besondere Faszination scheint genau die Frage ihrer Vermittlung zu betreffen. Und die in jener Zeit geäußerten kritischen Stimmen auf rationaler und empirischer Seite deuten bei einer genaueren Betrachtung auch nicht auf eine eindeutige Ablehnung des offenen Vorgehens hin, sondern zeugen vielmehr von einer intensiven Auseinandersetzung mit einem neuen Erkenntnisverfahren.

---

59 Bachmann: Brücken zu einer vergessenen Denkform, S. 12.
60 Eggers: Vom Wissen zur Wissenschaft, S. 15.

Als Grenzgänger zwischen Wissenschaft und Ästhetik ist die Analogie in beiden Feldern zu Hause und evoziert damit in jener Zeit erstmals die Fragen nach dem Verhältnis der ›zwei Kulturen‹. Die Analogie fungiert als diskursiver Index, indem sie innerhalb beider Kontexte auftaucht und beide gegeneinander abgrenzt, aber auch aufeinander bezieht. Insofern scheint es lohnenswert, Fragen nach dem epistemischen und ästhetischen Selbstverständnis einer Epoche zu stellen, die als Umbruchs- und Etablierungszeit beider Felder gilt. Eine Untersuchung der Analogie anhand der Grenzlinie von Wissenschaft, Philosophie und Kunst kann diesem Zweck demnach besonders dienlich sein, da die Analogie nicht nur alle Felder bestreitet, sondern auch die Trennlinie von Wissen und Ästhetik als ›Maulwurf der Vernunft‹[61] immer schon zu untergraben scheint.

1.2 Zwischen Wissenschaft und Ästhetik – Die Analogie in der Forschung

1.2.1 Das Ende der Analogie in der französischen Epistemologie

Die Analogie scheint um 1800 eine derart wichtige Stellung innerhalb des wissenschaftlichen Austausches einzunehmen, dass sie einen neuralgischen Punkt generiert, der speziell die diskursübergreifenden Verhandlungen von Wissen (-schaft) und Ästhetik betrifft. Damit stößt die Frage nach der Analogie grundlegende Verhandlungen von Wahrheits- und Wirklichkeitsproblemen sowie Darstellungs- und Ausdrucksproblemen innerhalb einer Zeit großer Veränderungen an und es erscheint trotz einiger neuerer Arbeiten umso erstaunlicher, dass sich bisher immer noch hartnäckig die Vorstellung hält, die Analogie wäre zu Beginn der Moderne von der Bildfläche verschwunden. Vielfach wurde in der Forschung darauf verwiesen, dass sich diese Einschätzung besonders seit Michel Foucaults bereits erwähnter Aussage in seiner Untersuchung *Les mots et les choses* (1966) entwickelt hätte, die das Ähnlichkeitsdenken, und mit ihm das Analogiedenken,

---

61 Vgl. zur Metapher des Maulwurfes in der Philosophie David Farell Krell: Der Maulwurf. Die philosophische Wühlarbeit bei Kant, Hegel und Nietzsche. In: Boundary 2 9/10 (1981), S. 155–167. Krell argumentiert, dass die Figur des Maulwurfs eingesetzt wird, um das Eindringen in die verborgenen Tiefen und Fundamente der eigenen Philosophie zur Darstellung zu bringen. Damit ist die Tätigkeit Grundlage philosophischen Denkens, obwohl sie selbst lange Zeit nicht sichtbar wird. Ähnlich verhält es sich mit der Analogie, die sich in unbekanntes Terrain vorwagt, um Begründungs- und Vermittlungsarbeit zu leisten, jedoch erst spät in das epistemische Instrumentarium aufgenommen wird.

der Renaissance und des Barocks im 17. Jahrhundert durch eine Episteme der Repräsentation abgelöst sieht. Foucaults Ablöseparadigma steht jedoch – und dies wird meist übersehen – nicht isoliert, sondern ist Teil einer ganzen Forschungsbewegung, die mit seinem Lehrer Gaston Bachelard ihren Anfang nimmt und seither nicht nur die erkenntnistheoretische Philosophie, sondern auch die Wissenschafts- und Kulturgeschichte beeinflusst. Nur vor dem Hintergrund dieser forschungsgeschichtlichen Entwicklung ist das Moderne-Paradigma eines ›Endes der Analogie‹ in seinem ganzen Umfang allererst zu verstehen, weshalb sie hier kurz dargestellt werden soll.

Der Epistemologe Gaston Bachelard geht in den 40er Jahren des vergangenen Jahrhunderts den Prozessen einer Neuordnung des Wissens im 18. Jahrhundert nach und diagnostiziert dort einen »epistemologischen Bruch«, der »eine kollektive, kognitive Reorganisation der Wissensordnung«[62] markiere. Bachelard ist damit der erste, der die wissenschaftliche Entwicklung nicht als kontinuierlich aufbauende Verifikation szientifischer Ergebnisse, sondern als diskontinuierliche Bruchgeschichte von Falsifikationen beschreibt.[63] Die Entstehung der Wissenschaften sei demnach von einer »permanente[n] Reinigungsarbeit« durchdrungen, bei der sich das rationale Denken gegen »unbewusste[] Hemmungen, libidinöse[] Besetzungen und Verstrickungen im vorwissenschaftlichen Denken zu befreien hat.«[64] Zu den wissenschaftlichen Hindernissen zählt Bachelard insbesondere das naiv-magische Bilddenken der Analogie:

> Aussi l'esprit scientifique doit-il sans cesse lutter contre les images, contre les analogies, contre les métaphores. [...] Est-il besoin d'ajouter que ces *analogies* ne favorisent aucune recherche? Au contraire elles entraînent à des *fuites* de pensée; elle empêche cette *curiosité homogène* qui donne la patience de suivre un ordre de faits bien défini. A tout moment les preuves sont *transposées*. [...] Préciser, rectifier, diversifier, ce sont là des types de pensées dynamiques qui s'évadent de la certitude et de l'unité et qui trouvent dans les systèmes

62 Rainer Diaz-Bone: Die französische Epistemologie und ihre Revisionen. Zur Rekonstruktion des methodologischen Standortes der Foucaultschen Diskursanalyse [65 Absätze]. Forum Qualitative Sozialforschung/Forum: Qualitative Social Research 8 (2), 2000), Art. 24, [S. 19] http://nbnresolving.de/urn:nbn:de:0114-fqs0702241.

63 Vgl. Lepenies: Vergangenheit und Zukunft der Wissenschaftsgeschichte – Das Werk Gaston Bachelards. Einleitung. In: Gaston Bachelard. Die Bildung des Wissenschaftlichen Geistes. Übersetzt von Michael Bisehoff. Mit einer Einleitung von Wolf Lepenies. Frankfurt/M. 1987, S. 7–37, hier: S. 14ff.

64 Christina von Braun, Dorothea Dornhof und Eva Johach: Einleitung. In: Dies. (Hg.): Das Unbewusste. Krisis und Kapital der Wissenschaften. Bielefeld 2000, S. 9–27, hier: S. 16.

> homogènes plus d'obstacles que d'impulsions. En résumé, l'homme animé par l'esprit scientifique désire sans doute savoir, mais c'est aussitôt pour mieux interroger.[65]

Das Analogiedenken der Vormoderne findet sich gemäß Bachelard nicht nur im unreflektierten Alltagsdenken, sondern auch in den missbräuchlich angewendeten Analogie-Metaphern der Wissenschaft. Nach und nach distanziere sich aber der wissenschaftliche Geist im Laufe seiner Entwicklung von seinem anfänglich naiven Ähnlichkeitsdenken und erreiche schließlich im 18. Jahrhundert eine Form der abstrakten Stufe, wodurch sich theoretische Wissenschafts- und analogische Alltagssprache endgültig voneinander trennen. Bachelard konfiguriert mit seinen Schriften das immer wieder zitierte Argument des ›Ende des Analogiedenkens‹ um 1800 und des damit einhergehenden epistemischen Bruches, das seither die französische Epistemologie auch in ihrem eigenen Selbstverständnis bestimmt. Denn möchte man nicht mit einem substantiell-naturalisierenden, entlang von ikonischen Similaritäten und mythischen Spiegelanthropomorphismen agierendem Denken der Vormoderne gleichgesetzt werden, gilt es, eine eigene Distanzierung anzustellen. Bruno Latour spitzt dann folgerichtig die Absetzungs-Tendenzen der Epistemologie pointiert in seinem Aufsatz *Wir sind nie modern gewesen* zu:

> Die Vergangenheit war ein Durcheinander von Dingen und Menschen; Zukunft ist, was sie nicht mehr durcheinanderbringen wird. Modernisierung heißt, immer wieder aus einem die gesellschaftlichen Bedürfnisse mit der wissenschaftlichen Wahrheit vermengenden dunklen Zeitalter hinauszugelangen, um einzutreten in ein neues Zeitalter, das endlich klar unterscheidet zwischen dem, was zur zeitlosen Natur gehört, und dem, was von den Menschen kommt; zwischen dem, was von den Dingen abhängt, und dem, was zu den Zeichen gehört.[66]

---

65 Gaston Bachelard: La formation de l'esprit scientifique. Contribution à une psychoanalyse de la connaissance objective. Paris 1938, S. 38, S. 88 und S. 16. (»Deshalb muss der wissenschaftliche Geist ständig gegen Bilder, Analogien und Metaphern ankämpfen. [...] Muß noch eigens erwähnt werden, daß diese Analogien keinerlei Forschungen anregen? Sie führen im Gegenteil zu einer Flucht vor dem Denken; sie verhindern jene homogene Neugier, aus der die Geduld erwächst, einen wohldefinierten Bereich von Tatsachen zu verfolgen. [...] Präzisieren, Berichtigen, Differenzieren, das sind Typen dynamischen Denkens, die der Gewißheit und Einheit entgegen und die in den homogenen Systemen mehr Hindernisse als Anstöße finden. Insgesamt wünscht der vom wissenschaftliche Geist beseelte Mensch mit Gewißheit mehr zu wissen, aber dies, um sogleich besser fragen zu können.« Gaston Bachelard: Die Bildung des wissenschaftlichen Geistes. Beitrag zur Psychoanalyse der objektiven Erkenntnis. Übersetzt von Michael Bischoff. Frankfurt/M. 1987, S. 80, S. 147 und S. 50.)

66 Latour: Wir sind nie modern gewesen, S. 96.

Die ›Kampfansage‹ der Moderne gegen ein Ähnlichkeits- und Analogiedenken kann man deshalb in Anschluss an Bachelard in allen epistemologischen Folgetexten finden. Besonders prominent treten sie allerdings bei seinem Schüler Michel Foucault zutage, der in seiner Analyse zu den Strukturen der Erkenntnis und des Wissens festhält, dass das Denken in Ähnlichkeiten (wobei für Foucault unter Ähnlichkeit ganz unterschiedliche Begriffe wie *analogia*, *conventia*, *aemulatio*, *sympathie* etc. gefasst werden) im Mittelalter und in der Renaissance eine grundlegende Form der Wissensstrukturierung dargestellt habe, dann aber von einer Episteme der Repräsentation abgelöst worden sei:

> Jusqu'à la fin du XVIe siècle, la ressemblance a joué un rôle bâtisseur dans le savoir de la culture occidentale. C'est elle qui a conduit pour une grande part l'exégèse et l'interprétation des textes: c'est elle qui a organisé le jeu des symboles, permis la connaissance des choses visibles et invisibles, guidé l'art de les représenter. Le monde s'enroulait sur luimême: la terre répétant le ciel [...]. Et la représentation – qu'elle fût fête ou savoir – se donnait comme répétition: théâtre de la vie ou miroir du monde, c'était là le titre de tout langage, sa manière de s'annoncer et deformuler son droit à parler.[67]

Wie Bachelard kommt auch Foucault zu dem Ergebnis, dass diese Ähnlichkeitsepisteme im 17. Jahrhundert verschwindet und »la pensée cesse de se mouvoir dans l'élément de la ressemblance.«[68] Fortan wird Ähnlichkeit »n'est plus la

67 Foucault: Les mots et les choses, S. 32. (»Bis zum Ende des sechzehnten Jahrhunderts hat die Ähnlichkeit im Denken (*savoir*) der abendländischen Kultur eine tragende Rolle gespielt. Sie hat zu einem großen Teil die Exegese der Interpretation der Texte geleitet, das Spiel der Symbole organisiert, die Erkenntnis der sichtbaren und unsichtbaren Dinge gestattet und die Kunst ihrer Repräsentation bestimmt. Die Welt drehte sich in sich selbst: die Erde war die Wiederholung des Himmels [...]. [...] und die Repräsentation, war sie nun Fest oder Wissenschaft (*savoir*), gab sich als Wiederholung: Theater des Lebens oder Spiel der Welt, so lautete der Titel jeder Sprache, ihre Art, sich anzukündigen, und ihr Recht auf Sprache zu formulieren.« Michael Foucault: Die Ordnung der Dinge. Eine Archäologie der Humanwissenschaften. Aus dem Französischen von Ulrich Köppen. Frankfurt/M. 1971, S. 46.)

68 Ebd., S. 65 (»[...] das Denken [hört] auf, sich im Element der Ähnlichkeit zu bewegen.« Michel Foucault: Die Ordnung der Dinge, S. 83.) Diese Foucault'sche Leitthese zu einem Modernitätsdiskurs, die eine moderne Episteme nur vor der Folie eines ›Bruches‹ entfaltet, ist bereits von Stephan Otto dekonstruiert worden. Otto kritisiert den in der Foucault-Nachfolge gelesenen Bruch zwischen Renaissance und Klassik und versucht eine Kontinuität des ›Ähnlichkeitswissens‹ aufzuzeigen, das zugleich die »Idee des kontinuitätsstiftenden Subjekts« verhandelt. Entgegen Foucaults Annahme einer Subjektgenese der Moderne zeigt Otto auf, dass bereits die Renaissance das Subjekt als autonomen Akteur versteht. Ähnlichkeit (von Dingen in der Welt, aber auch von Subjekt und Welt) ist dann auch kein Gesetz der Natur, sondern eine heuristische Er-

forme du savoir, mais plutôt l'occasion de l'erreur«, sodass »on tiendra les signes qui les marquaient pour rêveries et charmes d'un savoir qui n'était pas encore devenu raisonnable.«[69] Das repräsentative Denken »dénonçant en elle [la ressemblance S.G.] un mixte confus qu'il faut analyser en termes d'identité et de différences, de mesure et d'ordre.«[70] Ähnliche Gedanken finden sich auch bei Roland Barthes und Claude Lévi-Strauss, die nun aber speziell ein Ende des *Analogie*denkens diagnostizieren und dieses erstmals als dominante Denkform der Vormoderne charakterisieren. Für Roland Barthes ist das Analogiedenken eine Wissensform, die bis ins 19. Jahrhundert hinein die Naturvorstellung und das Geschichtsdenken prägte und dann von einem kritischen Denken abgelöst worden sei:

> Une telle méthode date probablemant du XIXe siècle [...]: ce fut l'analogie. Ce que les historiens ou les philosophes non cartésiens ont appris à Quinet et à Michelet, vers 1830, c'est à construire l'Histoire en rapprochant les éléments semblables. Michelet a ainsi reconstitué les origines de Rome, par une série d'analogies, induisant l'inconnu du connu. [...] Cette sécurité était aux yeux des historiens d'alors celle même de la science: l'analogie était la méthode scientifique par excellence, parce qu'au XIXe siècle, la Science, dominée par l'exigence d'une Nature composée (comme une tableau), [...]: partout la Nature, minérale, animale, humaine ou historique, se découvre lieé, rassemblé dans les limites d'une variation continue, á l'intérieur de laqualle les caractères se font echo.[71]

kenntniskategorie: »Ähnlichkeit bleibt damit auch nicht mehr epistemisch, sondern sie erschließt sich allererst der Epistemologie.« (Vgl. Stephan Otto: Das Wissen des Ähnlichen, S. 38 und S. 105.)

69 Foucault: Les mots et les choses, S. 65 (»Die Ähnlichkeit ist nicht mehr die Form des Wissens, sondern eher die Gelegenheit des Irrtums, [...]«, sodass man »[...] die sie markierenden Zeichen künftig für Träumereien und Zauber eines Wissens halten [wird], das noch nicht vernünftig geworden war.« Michel Foucault: Die Ordnung der Dinge, S. 83 und S. 84.)

70 Ebd., S. 66 (»[...] [denunziert] in ihr [der Ähnlichkeit, S.G.] eine konfuse Mischung [...], die man in Termini der Identität und des Unterschiedes, des Maßes und der Ordnung analysieren muß.« Michel Foucault: Die Ordnung der Dinge, S. 85.)

71 Roland Barthes: A propos d'une métaphore. In: Ders.: Œvres complètes. Livres, Textes, Entretiens I (1942–1961), hg. von Éric Marty. Paris 1993, S. 135–137. S. 135f. (»Eine solche Methode stammt wahrscheinlich aus dem 19. Jahrhundert [...]: Es war die Analogie. Was Quinet und Michelet um 1830 von nichtkartesianischen Historikern oder Philosophen lernten, war, die Geschichte zu konstruieren, indem man ähnliche Elemente miteinander in Verbindung bringt. Michelet rekonstruierte auf diese Weise die Ursprünge Roms durch eine Reihe von Analogien, die das Unbekannte aus dem Bekannten ableiteten. [...] Diese Sicherheit war in den Augen der damaligen Historiker die Sicherheit der Wissenschaft selbst: die Analogie war die wissenschaftliche Methode par excellence, denn im 19. Jahrhundert wurde die Wissenschaft von der Forderung nach einer zusammengesetzten Natur (wie ein Gemälde) beherrscht, [...]: überall wird die Natur,

Diese hergestellten Analogien seien Ähnlichkeiten an der Oberfläche oder wie Claude Lévi-Strauss meint, nur ›äußere Analogien‹[72], die für Barthes »n'explique rien, elle ne relie rien, elle ne dépasse pas l'ordre du pathétique; elle reste une objectivité rhétorique.«[73] Das Problem der Analogie bestünde für Barthes darin, dass sie zwischen den verglichenen Gegenständen eine substantielle Verbindung des *quid pro quo* suggeriere, womit die Gefahr der gegenständlichen Nivellierung lauere. Dagegen müsse sich der kritische Diskurs zur Wehr setzen:

> Lorsque je résiste à l'analogie, c'est en fait à l'imaginaire que je résiste: à savoir: la coalescene du signe, la similtude du signifiant et du signifié, l'homéomorphisme des images, le Miroir, le leurre captivant. Toutes les explications scientifiques qui ont recours à l'analogie – et elles sont légion – participent du leurre, elles forment l'imaginaire des la Science.[74]

Die von Bachelard, Foucault, Lévi-Strauss und Barthes diagnostizierten Umbrüche innerhalb der Wissensstrukturierung im langen 18. Jahrhundert scheinen somit gleichzeitig auch als metamethodologische Überlegungen der eigenen Theoriegenese zu fungieren und das Denken der Differenz (in den Naturwissenschaften, aber auch in den (post-)strukturalistischen Ansätzen) als neue Wissensform gegenüber einem substantiellen bzw. einem naturphilosophischen Analogiedenken der Einheit fixieren zu wollen. Im Gegensatz zum dunklen ›Ähnlichkeitsgemurmel‹ und den ›Täuschungsmanövern‹ der Analogie zeichne sich der ›Geist der Differenz‹ durch mathematisch-strukturelle Ordnungsstrukturen des Abstandes und des Unterschiedes aus und präge damit die neuen Forschungsprogramme der Epistemologie und des Strukturalismus.

Entgegen der argumentativen Abgrenzung gegen ein substantielles Denken erscheint jedoch die ursprünglich mathematische Verhältnisform der Analogie

---

ob halbnatürlich, tierisch, menschlich oder historisch, gebunden, in den Grenzen einer kontinuierlichen Variation zusammengefasst, innerhalb derer sich die Charaktere echoartig herausbilden.«)

72 Claude Lévi-Strauss: Das Ende des Totemismus. Frankfurt/M. 1965, S. 101.

73 Barthes: A propos d'une métaphore, S. 137 (»[...] sie erklärt nichts, verbindet nichts, geht nicht über die Ordnung des Pathetischen hinaus; sie bleibt eine rhetorische Objektivität.« Übers. S.G.)

74 Barthes: Le démon de l'analogie. In: Ders.: Œvres complètes. Livres, Textes, Entretiens IV (1972–1976), hg. von Éric Marty. Paris 1994, S. 624–625 (»Wenn ich der Analogie widerstehe, widersetze ich mich in Wirklichkeit dem Imaginären, nämlich der Koaleszenz des Zeichens, der Ähnlichkeit von Singifikantem und Signifikat, dem Homeomorphismus der Bilder, dem Spiegel, der Täuschung, die in ihren Bann schlägt. Alle wissenschaftlichen Erklärungen, die auf die Analogie zurückgreifen – und sie sind Legion –, haben Teil an der Täuschung, sie bilden das Imaginarium der Wissenschaft.« Roland Barthes: Über mich selbst. Aus dem Französischen von Jürgen Hoch. München 1978, S. 48.)

als Entsprechungslogik immer wieder als Metastruktur des Strukturalismus selbst herangezogen zu werden. Und sogar Foucault kann trotz seines Diktums eines ›Ende des Ähnlichkeitsdenkens‹ die Analogie nicht aus der Ordnung der Dinge und des Denkens verabschieden und sieht in den Wissenschaften um 1800

> ein *Netz von Analogien* deutlich werden, das die traditionellen Nachbarschaften überschritt: in den Wissenschaften der Klassik findet man zwischen der Klassifikation der Pflanzen und der Geldtheorie, zwischen dem Begriff des gattungsmäßigen Merkmals und der Analyse des Handels Isomorpheme, die die außerordentliche Vielfalt der in Betrachtung gestellten Objekte zu ignorieren scheinen (Herv. S.G.).[75]

Foucaults Aussage zur Analogie findet sich in seinem *Vorwort zur deutschen Ausgabe* von *Die Ordnung der Dinge* von 1971, also knapp sechs Jahre nach der Erstveröffentlichung von *Les mots et les choses* in Frankreich, und lässt sie in einem völlig neuen Licht erscheinen. Galt sie Foucault in seiner Erstausgabe noch als Figur der alten Ähnlichkeitsepisteme, so agiert sie nun als das eigentliche und grundlegende Strukturmoment des modernen Wissensraums. Denn es trete einem nach Foucault bei der Analyse der Zeit nicht nur von selbst ein ›Netz von Analogien‹ vor Augen, sondern man könne dieses auch im Nachhinein methodisch-strukturell mit Hilfe der Entsprechungslogik von Isomorphemen, und dies sind Analogien, erfassen. Foucault hat seine Gedanken nicht weiter ausgearbeitet und seine ambivalente Haltung der Analogiefigur gegenüber mag mitunter der Nichtbeachtung des mathematischen Diskurses im 17./18. Jahrhundert in *Les mots et les choses* geschuldet sein. Denn dort betrachtet Foucault zwar die sich neu entwickelnde Wissenschaften der Sprachtheorie, der Biologie und der Ökonomie als moderne Wissensformen, übersieht dabei aber die sich in jener Zeit rasant entwickelnde Mathematik, die vor dem Hintergrund seiner betrachteten Repräsentationslogik unbedingt Beachtung hätte finden müssen. Dass hierbei die mathematische Analogie eine neue Renaissance erfährt, wie an spätere Stelle zu zeigen sein wird, hätte womöglich auch Foucault in seinen eigenen metamethodologischen Überlegungen, die im *Vorwort zur deutschen Ausgabe* nur angedeutet sind, weitergebracht.

Neben Foucault muss schließlich auch Barthes die Analogie über Umwege als grundlegendes Element einer ›interpretativen Analytik‹[76] bzw. einer struktu-

---

75 Foucault: Vorwort zur deutschen Ausgabe. In: Ders.: Die Ordnung der Dinge. Frankfurt/M. 1971, S. 11.

76 Der Begriff der ›interpretativen Analytik‹ ist ein Vorschlag von Hubert Dreyfuß und Paul Rabinow zur methodologischen Verortung von Foucaults Arbeiten. Vgl. Hubert Dreyfuß und

ralistischen Tätigkeit anerkennen, denn dass »la simple correspondance structurale: *l'Homologie*, qui réduit le rappel a premier objet à une allusione proportionelle«, sich einer ontologischen Einheitsvorstellung widersetze und dagegen eine logisch-strukturelle Beschreibung von Korrespondenzen ermögliche, sei im Grunde der methodologische Kern einer neuen strukturalistischen Episteme. Dabei sei die Homologie, so führt Barthes in Klammern aus, »étymologiquement, c'est-à-dire en des temps heureux du langage, *analogie* voulait dire *proportion*.«[77] (Herv. im Original).

Paul Rabinow: Michel Foucault. Jenseits von Strukturalismus und Hermeneutik. Frankfurt/M. 1987. Unter ›interpretativer Analytik‹ versteht man eine Beobachtungs- und Reflexionsmethode, die mit Hilfe des Vergleichs verschiedener Wissensformen, Gesellschaftsstrukturen oder gesellschaftlichen Umgangsformen und -praktiken (bspw. Sprache) versucht, den Gesetzmäßigkeiten der sozialen Konstruktion auf die Spur zu kommen. Auch wenn sich Foucaults Diskursanalyse nicht durch eine verbindliche Methodik auszeichnet, haben Deryfuß und Rabinow gezeigt, dass Foucaults Arbeiten dennoch einen methodologischen Standpunkt aufweisen, der sich gegenüber anderen abgrenzen lässt. Der Soziologe Diaz-Bone zeigt dann im Anschluss an Dreyfuß und Rabinow, dass die ›interpretative Analytik‹ mehr oder minder ein »Resultat des französischen Feldes der Geistes- und Sozialwissenschaften in den 1960er und dann 1970er Jahren ist«, in die nicht nur Foucaults Diskursanalyse, sondern ausgehend von der Epistemologie Bachelards auch die strukturalistische Ethnographie von Claude Lévi-Strauss, der linguistische Strukturalismus (Roland Barthes) sowie der sozialwissenschaftliche Strukturalismus (Pierre Bourdieu) etc. eingebettet ist. Vgl. Diaz-Bone: Die interpretative Analytik als methodologische Position. In: Brigitte Kerchner und Silke Schneider (Hg.): Foucault: Diskursanalyse der Politik. Wiesbaden 2006, S. 68–84; Diaz-Bone: Die französische Epistemologie und ihre Revisionen. Dabei möchte ich betonen, dass Foucault und seine Nachfolger nicht den Vergleich, sondern die Analogie ins Zentrum ihrer ›interpretativen Analytik‹ stellen.

77 Barthes: Le démon de l'analogie, S. 624. (»[...] einfache strukturelle Übereinstimmung: Homologie, die die Erinnerung an das erste Objekt auf eine proportionale Anspielung reduziert«/ etymologisch, d. h. in glücklichen Zeiten der Sprache, drückte die Analogie die Proportion aus.« Übers. S.G.). Dass mit der Homologie lediglich eine Begriffsersetzung stattfindet, die den in der französischen Philosophie verpönten Analogiebegriff zu umgehen versucht, fällt insofern auch bei anderen Vertretern der Strömung auf, wenn für die Homologie die ursprünglich mathematische Definition der Analogie herangezogen wird. So definiert bspw. Michael Titzmann mit Bezug auf Claude Lévi-Strauss die Homologie folgendermaßen: »*Homologie* = Relation der Äquivalenz zwischen (mindestens) zwei (mindestens) zweistelligen Relationen, die jeweils beliebige Terme derselben oder verschiedener Klassen verknüpfen [...] Wir schreiben eine Homologie als a : b :: c : d. [...] ›Die Beziehung zwischen mütterlichen Onkel und Neffen verhält sich zur Beziehung zwischen Bruder und Schwester wie die Beziehung zwischen Vater und Sohn zur Beziehung zwischen Gatten und Gattin‹ (aus einer Mythenanalyse Lévi-Strauss, 1973a, S. 74) = (a:b) : (c:d) :: (e:f) : (g:h).« Michael Titzmann: Strukturale Textanalyse. Theorie und Praxis der Interpretation. München 1977, S. 152ff. (Vergleiche zur mathematischen Definition der Analogie Kap. 2.)

Neben diesen undifferenzierten metamethodologischen Überlegungen des kritischen Diskurses, die immer wieder auf die logische Struktur der Analogie rekurrieren ohne dies wirklich zu reflektieren, scheint sich zudem ein sublimes Faszinosum an den als überwunden geltenden ästhetischen Entsprechungsfiguren und speziell an der Analogie zu entwickeln, das in unmittelbarer Abhängigkeit zum untersuchten Modernenarrativ steht: Denn die Analogie reizt als ästhetisches Gegenmodell zum diagnostizierten Differenzdenken der Moderne sowie als integrative Vergleichsmethode. Insofern sprechen die Erkenntnistheoretiker im Bereich des Ästhetischen den Figuren der Entsprechung – worunter Bilder, Metaphern und Analogien gleichermaßen gezählt werden – eine hohe Bedeutung als hermetische Widerstandskraft gegen das rationale Denken zu. So schreibt Foucault:

> de Hölderlin à Mallarmé, à Antonin Artaud –, la littérature n'a existé dans son autonomie, elle ne s'est détachée de tout autre langage par une coupure profonde qu'en formant une sorte de ›contre-discours‹, et en remontant ainsi de la fonction représentative ou signifiante du langage à cet être brut oublié depuis le XVIe siècle.[78]

Die Literatur biete nach Foucault ein Denken, das über die Repräsentation und Bedeutung hinausgehen könne und demnach durch eines der Zusammenhänge und Bezüglichkeiten ergänzt scheint. Foucault skizziert damit ein ästhetisches Pharmakon, das zu Beginn der Moderne eine Kompensation des in Einzelteile zu zerfallen drohenden Differenzdenkens biete und das auch für die eigene Untersuchung als attraktive Neutralisierung zu gelten scheint.[79] Auch Bachelard lassen die diskreditierten Denkhindernisse – ›die Bilder, die Analogien, die Metaphern‹ – nicht los und er erkennt in ihnen zum Teil eine tiefere und umfassendere Form menschlicher ›Wahrheit‹. Nicht nur liegen gemäß Bachelard in den »Quellen des wissenschaftlichen Irrtums [...] die schöpferischen Kräfte der Kunst«[80], sondern

78 Foucault: Les mots et les choses, S. 59. (»[...] von Hölderlin zu Mallarmé, zu Antonin Artaud – hat die Literatur nun aber nur in ihrer Autonomie existiert, von jeder andern Sprache durch einen tiefen Einschnitt nur sich losgelöst, in dem sie eine Art ›Gegendiskurs‹ bildete und indem sie so von der repräsentativen oder bedeutenden Funktion der Sprache zu jenem rohen Sein zurückging, das seit dem sechzehnten Jahrhundert vergessen war.« Michel Foucault: Die Ordnung der Dinge, S. 76.)

79 Foucault selbst überlegt in seinem Vorwort zur deutschen Ausgabe *Die Ordnung der Dinge* von 1971, dass die Analogie seinen Untersuchungsgegenstand und damit auch seine Methode strukturiere.

80 Vgl. Lepenies: Vergangenheit und Zukunft der Wissenschaftsgeschichte, S. 21. Da sich Bachelard nicht nur für die wissenschaftlichen Entdeckungen interessiert, sondern auch für die

sie bilden sogar die Grundlage wissenschaftlicher Begriffsbildung. Wenn der Ausdruck ›Lebendigkeit‹ im 18. Jahrhundert mit der Elektrizität im Sinne einer elektrischen Entzündung in Zusammenhang gebracht wird, ist dies für Bachelard ein begrifflich-anschaulicher Zusammenhang, der auf einer Analogie beruht und Anstoß für eine ganze Bandbreite wissenschaftlicher Untersuchungen darstellt.[81] Der Erkenntnistheoretiker Ludwik Fleck erklärt diese Analogie von Feuer und Leben zu jener Zeit folgendermaßen:

> Der Glaube an eine Analogie von Feuer und Leben ist nicht als logischer Schluß aus einer gewissen Anzahl von Prämissen entstanden, sondern er ist Ausdruck des Erlebens dieser Analogie. [...] Es ist eine Vision des Denkkollektivs, von der sein Geistesleben so tief erschüttert wurde, daß man sie nicht mehr verwerfen kann. An sich ohne festen Sinn, denn sie gibt die gegenseitige Beziehung der Begriffe an, deren Inhalt noch nicht festgesetzt worden ist, wird sie Leitlinie zur Festsetzung dieses Inhalts.[82]

Damit scheint Bachelard trotz seiner anfänglich getroffenen Aussagen weder die Metaphorizität bzw. Analogizität der Wissenschaftssprache, noch das Analogisieren als wissenschaftliche Methode an sich infrage zu stellen, sondern setzt diese für die theoretische Begriffsbildung sogar voraus. In seinem Kapitel zu ›unmittelbaren und chemischen Analogien‹ aus dem Buch zur Kohärenz der chemischen Forschung stellt er bereits mit seinem Eröffnungssatz fest, dass die Analogie eine der primären Methoden darstelle, um die Vielfalt der Natur zu ordnen: »[i]l est indéniable que le premier facteur de la réduction du divers est l'analogie.« Jedoch müsse man sich im Bereich von wissenschaftlichen Untersuchungen von den unmittelbaren und anschaulichen Naturdingen lösen, um den verborgenen Gesetzmäßigkeiten auf die Spur zu kommen. Als Beispiel dient ihm hierfür die Chemie, wo Analogien niemals unmittelbar aus der Anschauung erstellt werden können, sondern stets ›korrigierte‹ Erfahrungen darstellen:

---

psychologische Motivation, die diese bedingen und er zudem in den wissenschaftlichen Irrtümern Anstöße für die ästhetische Produktion erblickt, ist Bachelard für Lepenies ein »Philosoph der künstlerischen Schöpfung, Tag- und Nachtmensch zugleich, der die Bedeutung von Begriff *und* Bild, von Vernunft *und* Traum zu erkennen vermag.« Ebd. Vergleiche zu Bachelards ästhetischen Überlegungen, die sich besonders mit poetischen Bildern beschäftigen auch Sandra Pravica: Gaston Bachelard. In: Kathrin Busch und Iris Dämmrich (Hg.): Bildtheorien aus Frankreich. Ein Handbuch. München 2011, S. 15–25.

81 Vgl. hierzu Heinz Otto Sibum: Physik aus ihrer Geschichte verstehen. Entstehung und Entwicklung naturwissenschaftlicher Denk- und Arbeitsstile in der Elektrizitätsforschung des 18. Jahrhunderts. Wiesbaden 1990, S. 105ff.

82 Ludwik Fleck: Erfahrung und Tatsache. Gesammelte Aufsätze. Mit einer Einleitung, hg. von Lothar Schäfer und Thomas Schnelle. Frankfurt/M. 1983, S. 103.

> Autrement dit, une analogie chimique n'est, par fonction, jamais une analogie superficielle. Elle se présente toujours, même sous des formes en apparence naïves, comme une *analogie rectifiée*. [...] Voilà donc le chimiste devant une diversité qui, à première vue, semble devoir plutôt se multiplier que se réduire. Voyons maintenant comment l'analogie va jouer sur ce domaine *immédia*t et cons-tatons qu'elle n'arrive pas à s'organiser, à devenir réellement une analogie chimique. [...] Même à l'égard d'une étude plus profonde et plus précise, l'analogie de premier examen a besoin d'être rectifiée.[83]

Für Bachelard ist es wichtig, Analogien richtig zu deuten, wofür ein wissenschaftlich-reflexives Bewusstsein von Nöten sei, um den Übertragungsvorgang als solchen zu erfassen. Dafür muss einerseits der Standard einer qualitativen Überprüfung alltäglicher Analogien und andererseits der Konstruktionscharakter szientifischer Analogien – wie sie vor allem für unanschauliche Elemente, wie bspw. in der Chemie, gebildet werden – jedem Wissenschaftler bewusst sein. Dass er aber gerade in der Analogie des 18./19. Jahrhunderts eine produktive Form von Wissenschaftlichkeit erkennt, die er auch seinem eigenen Wissenschaftsverständnis zugrunde legt, lässt sein Ablösungsschema vom Ähnlichkeitsdenkens seit dem Beginn der Moderne theorieintern nicht mehr als allzu überzeugend erscheinen[84] und man muss sich die Frage stellen, ob nicht gerade die neue Analogiekonstitution um 1800, – die eine bereits weitzurückreichende Verbindung zwischen Wissenschaft und Ästhetik wieder aufgreift (siehe weiter unten) und damit Wissenschaft und Ästhetik nicht gegeneinander ausspielt, sondern aufeinander bezieht, – für die Theorieentwicklung der epistemologischen Konzepte des letzten Jahrhunderts von entscheidender Bedeutung ist.

---

83 Bachelard: Analogie immédiate et analogie chimique. In: Ders.: Le pluralisme cohérent de la chimie modern. Paris 1929 [Paris 1973], S. 29ff. (»Mit anderen Worten: Eine chemische Analogie ist ihrer Funktion nach niemals eine oberflächliche Analogie. Sie ist immer, selbst in scheinbar naiven Formen, eine korrigierte Analogie. [...] Der Chemiker steht also vor einer Vielfalt, die auf den ersten Blick eher mehr als weniger zu werden scheint. Sehen wir uns nun an, wie sich die Analogie in diesem unmittelbaren Bereich auswirkt, und stellen wir fest, dass es ihr nicht gelingt, sich zu organisieren und wirklich zu einer chemischen Analogie zu werden. [...] Selbst in Bezug auf eine tiefere und genauere Untersuchung muss die Analogie der ersten Prüfung korrigiert werden.« Übers. S.G.)

84 Vgl. zu Bachelards Überlegungen zum rationalen Gehalt von Metaphern und Analogien Bernhard Debatin: Die Rationalität der Metapher. Eine sprachphilosophische und kommunikationstheoretische Untersuchung. Berlin/New York 1995, bes. S. 159ff.

1.2.2 Das Verfallsdatum der Analogie in der Wissenschaftsgeschichte

Ein ähnliches konträres Bild wie die französische Epistemologie verzeichnet auch die an den Praktiken orientierte Wissenschaftsgeschichte in Hinblick auf die Analogie. Es soll im Folgenden kurz deren eigene Argumentation nachgezeichnet werden, da sich die vorliegende Arbeit vor dem Hintergrund von ›Literatur und Wissen‹ mit wissenschaftsgeschichtlichen Fragestellungen beschäftigt und in diesem Sinne auch wissenschaftliche Texte der Zeit untersucht. In der Wissenschaftsgeschichte wird die Analogie einerseits in jüngeren Forschungsansätzen als eigene seit der Antike durchgängig praktizierte Forschungsmethode regelrecht gefeiert, andererseits wird gleichzeitig an der Verdrängungsgeschichte im Sinne der epistemologischen Wissensentwicklung festgehalten. Meist überwiegt dabei letztere Einschätzung, die den Analogiegebrauch in der Zeit um 1800 lediglich als romantisch spekulative Sonderform darzustellen und ihr Ableben spätestens seit Beginn des 19. Jahrhunderts zu verzeichnen sucht.

Das Ableben wird dabei sogar mit einer Begriffssubstitution abgebildet, die sich jedoch weder begriffshistorisch noch kontextuell in der Zeit um 1800 belegen lässt, sondern von Seiten der Wissenschaftsgeschichte vorgenommen wird. Ersetzt wird die Analogie durch den biologischen Begriff der Homologie, wofür die Wissenschaftstheorie auf einen Spezialdiskurs der begrifflichen Abgrenzung innerhalb der Biologie um 1800 referiert. Dort führt Richard Owen neben dem Begriff der Analogie den Begriff der Homologie 1849 erstmals ein, um die Entstehung ähnlicher Merkmale unterschiedlicher Tierarten zu erläutern. Im Falle von analogen Merkmalen handelt es sich um eine konvergente Entwicklung der Arten, im Falle von homologen Merkmalen um einen gemeinsamen evolutionären Ursprung. In der Wissenschaftsgeschichte führte die Etablierung des neuen Begriffes der Homologie jedoch dazu, dass man rückwirkend eine Verdrängung des Analogiebegriffes annahm und aufgrund dieser künstlich erzeugten Begriffskrise die Analogie schlicht durch die Homologie ersetzte. Infolgedessen wurde unter anderem bei Autoren wie Étienne Geoffroy Saint-Hilaire ein Homologie-Konzept postuliert, obwohl jener seine Theorie sogar explizit als eine *Theorie des analogues* verstanden wissen wollte.[85] Problematisch ist in diesem Zusammenhang einerseits die fälschliche Annahme eines Verfallsdatums der Analogie in der Zeit um 1800 und andererseits die ungenaue Differenzierung der Begriffe, die unter anderem sogar dem bewanderten Wissenschaftstheoretiker Hans-Jörg Rheinberger unterläuft. Rheinberger stützt seine Unterscheidung auf die Definition von

85 Vgl. Étienne Geoffroy Saint-Hilaire: Principes de Philosophie Zoologique. Discutés en mars 1830 au sein de l'Académie Royale des Sciences. Paris 1830, S. 81ff.

Richard Owen und leitet daraus ein Konzept der Analogie bzw. der Homologie für das gesamte beginnende 19. Jahrhundert (und darüber hinaus) ab. Gemäß der Argumentation von Rheinberger habe sich für die Erstellung von Klassifikationssystemen in jener Zeit ein neuer Ansatz durchgesetzt, wonach nicht mehr phänomenale Merkmale, sondern typusartige Entsprechungen gelten, die nun mit dem Begriff der Homologie zu bezeichnen sind: »Was an verborgener Identität teilhat, braucht, das ist die Lehre, noch lange nicht ähnlich zu sein. [...] Dergleichen verborgene Identität von Strukturen [...] hat durch Owen endgültig den Namen der *Homologie* erhalten.«[86] Die Analogie sei demnach nur noch im Kontrast zur Homologie als Funktionsähnlichkeit von Organen »fixierbar« und erhalte damit einen wissenschaftlich untergeordneten Status. Diese Einschätzung trifft jedoch weder die zeithistorische Begriffsverwendung noch die Owen'sche und rezente Definition der beiden Begriffe. Denn Owen selbst versteht die Begriffe nicht als einander ausschließend, sondern im Gegenteil

> Homologues parts are always, indeed, analogues parts in one sense, in as much as, being repetitions of the same parts of the body, they bear in that respect the same relation to different animals. But homologues parts may be, and often are, also analogues parts in a fuller sense, viz. as performing the same function.[87]

Bis heute wird an Owens Einschätzung einer wechselweisen Überschneidung der Begriffe in der evolutionären Biologie festgehalten, weshalb die in der Wissensgeschichte skizzierte Begriffsverdrängung falsch ist.[88] Gleichwohl hat die Einschätzung einer Substitution in der Wissenschaftsgeschichte weitreichende Wellen in der Forschung geschlagen, wodurch im Zuge dieser Begriffsauffassung sämtliche isomorphen Strukturen unterschiedlichster Gebiete mit dem Begriff der *Homologie* bezeichnen werden, was zum Teil wie weiter unten gezeigt wird, zu einer völligen Verdrehung der historischen Begriffsverwendung führte.[89]

---

86 Ebd., S. 245.

87 Richard Owen: Report on the Archetype and Homologies of the Vertebrate Skeleton. In: Report of the Sixteenth Meeting of the British Association for the Advanced Science, hg. Richard and John E. Taylor. London 1847, S. 169–340, hier: S. 175. Vgl. hierzu auch Georg Toepfer: Art. Analogie. In: Ders.: Historisches Wörterbuch der Biologie. Geschichte und Theorie der biologischen Grundbegriffe. Stuttgart 2011, Band 1 A – Ga, S. 1–12, hier: S. 3.

88 Vgl. hierzu Douglas F. Futuyma: Evolutionsbiologie. Basel 1990, S. 334f. und S. 346f.

89 Vgl. Rheinberger: Aspekte des Bedeutungswandels im Begriff organismischer Ähnlichkeit im 18. und 19. Jahrhundert. In: History and Philosophy of Life Sciences 8 (1986), S. 237–250. Auch Simone Roggenbuck erklärt die »Analogie als Homologie von Proportionen« innerhalb der Sprachwissenschaft um 1800 und verdreht damit die Bedeutung beider Begriffe. Vgl. Simone Roggenbuck: Analogie als Ausgangspunkt für Vergleich und Klassifikation. Mit Beispielen aus

Neben dieser forschungsbedingten Begriffssubstitution hält sich zudem, trotz des faktischen Gebrauches der Analogie um 1800, in den Kulturwissenschaften und der Wissenschaftsgeschichte hartnäckig das von der französischen Epistemologie übernommene Diktum ihres epistemischen Verfallsdatums. Das Denken in Analogien entspräche einer alten Episteme der Mythen, der Alchemie und der Astrologie, die im Bereich moderner Wissenschaftlichkeit nur noch als obskure »pseudo-science«[90] verstanden werden könne. Besonders die spekulativen Überlegungen innerhalb der romantischen Naturphilosophie werden in der Forschung als Rückfall in ein altes Ähnlichkeitsdenken verbucht, das einer linearen Erfolgsgeschichte eines sich ausbildenden rationalen Geistes widersprechen würde. So lässt sich sogar Hans Dietrich Irmscher dazu hinreißen, zu schreiben, dass Kants

> Kritik [...] indessen nicht verhindern [konnte, S. G.], daß sehr bald, gegen Ende des Jahrhunderts und am Anfang des neuen, der ›Zauberstab der Analogie‹ bedenkenloser als Herder je es gewagt hätte, als Instrument spekulativer Erkenntnis mißbraucht wurde. Die haltlosen Analogien in denen einige Romantiker, vor allem aber die Anhänger der Schellingschen Naturphilosophie, sich verloren, provozierten schließlich Hegel zu der seit Kant heftigsten Kritik am Verfahren der Analogie.[91]

Irmschers Urteil gegenüber dem Analogiegebrauch der Naturphilosophie im Kreise der idealistisch denkenden Romantiker entspricht, wie Klaus Hentschel

der Sprachwissenschaft des 19. Jahrhunderts. In: Michael Eggers (Hg.): Von Ähnlichkeiten und Unterschieden, S. 79–91.

90 Vgl. dazu Aussagen Brian Vickers, der in unterschiedlichen Schriften das Denken in Analogien als vorwissenschaftliches oder pseudowissenschaftliches Denken bis zum 17. Jahrhundert einer okkulten Weltanschauung der Alchemie, Magie und Astrologie zuschreibt, das sich gemäß der Vorstellung einer teleologischen Entwicklung des Geistes ab dem 17. Jahrhundert zu einem Denken in Identitäten entfaltet. Brian Vickers: Analogy versus Identity. The Rejection of Occult Symbolism, 1580–1680. In: Ders.: Occult and Scientific Mentalities in the Renaissance. Cambridge 1984, S. 65–163; Brian Vickers: On the Function of Analogy in the Occult. In: Hermeticism and the Renaissance. Intellectual History and the Occult in Early Modern Europe. Washington 1988, S. 265–292.

91 Irmscher: »Weitstrahlsinniges« Denken. Studien zu Johann Gottfried Herder, hg. von Marion Heinz und Violetta Scholz. Würzburg 2009, S. 234. Irmschers Kritik überrascht hier umso mehr, da er selbst Herders Analogiegebrauch erstmals als Weiterentwicklung der kritischen Philosophie Kants begreift, wonach Herder die Bereiche von Natur und Geist wechselseitig aufeinander zu beziehen wüsste. Gemäß dieser Lesart wären die Analogieschlüsse der romantischen Naturphilosophie in der Herder'schen Weiterentwicklung des kantischen Gedankenerbes zu sehen. Vgl. hierzu: John H. Zammito: Herder, Kant, Spinoza und die Ursprünge des deutschen Idealismus. In: Marion Heinz (Hg.): Herder und die Philosophie des deutschen Idealismus. Amsterdam/Atlanta 1997, S. 107–145.

beobachtet, einer bestimmten Abgrenzungsrhetorik, wonach man die dem wissenschaftlichen Ideal verpflichteten Vertreter einer quantifizierenden Naturforschung seit dem 19. Jahrhundert von romantisch-spekulativen Denkern unterscheiden möchte. Dergestalt wird der Analogiegebrauch der Romantik als Ausnahme innerhalb einer »quasi-heglianischen Makroperspektive« auf den empirischen Fortschritt verstanden, sodass sich für Michael Eggers im Rückblick auf die methodologische Genese in den Naturwissenschaften zu Beginn der Moderne letztlich doch der differenzierende Vergleich als modernes Forschungsinstrument durchsetzen konnte:[92]

> Die Notwendigkeit, doch genauer hinzusehen und zu trennen, was nicht zusammengehört, drängt sich also im Rückblick sehr deutlich auf [...]. Die intellektuelle und wissenschaftliche Entwicklung, die zeitgenössisch kritische Positionen gegenüber der Analogie hervorbringt, zieht denn auch ein rationales, streng durch Orientierung an begrifflichen Kriterien oder Merkmalen eingegrenztes Vergleichen dem Denken in Ähnlichkeiten vor. [...] Das Verknüpfen von Wissen mittels Analogie fällt hier in Misskredit [...].[93]

Gegenüber dieser Verdrängungsgeschichte des Analogiebegriffs um 1800 gibt es jedoch in der Wissenschaftstheorie neue Ansätze, die die Analogie sogar als Wegbereiter moderner empirischer Wissenschaft verstehen. Dies haben unter anderem die Beiträge in den Sammelbänden von Klaus Hentschel *Analogien in Naturwissenschaften, Medizin und Technik* von 2012 sowie von Michael Eggers *Von Ähnlichkeiten und Unterschieden* von 2011 auf anschauliche Weise gezeigt. Mit Rekurs auf Francis Bacon als ersten Methodologen zeige sich nach Hentschels Meinung die systematische Bedeutung der Analogie, sodass keine moderne Naturwissenschaft ohne sie auskommen könne:

---

92 Klaus Hentschel: Die Funktion von Analogien in den Naturwissenschaften, auch in Abgrenzung zu Metaphern und Modellen. In: Ders. (Hg.): Analogien in Naturwissenschaften, Medizin und Technik. Stuttgart 2010, S. 13–66, hier: S. 59, vgl. auch Michael Eggers umfassende Studie: Vergleichendes Erkennen. Zur Wissenschaftsgeschichte und Epistemologie des Vergleichs und zur Genealogie der Komparatistik. Heidelberg 2016. Eggers analysiert die wissenschaftliche Methode des Vergleichs in unterschiedlichen Gebieten wie der Philosophie, der Naturwissenschaft, der Ästhetik, der Sprachwissenschaft und der Literatur und meint aber, dass sich die differenzierende Methode nicht ohne ihr Komplement, die Analogie, hätte entwickeln können.

93 Eggers: Vom Wissen zur Wissenschaft, S. 17.

> Men's labour therefore should be turned to the investigation and observation of the resemblances and analogies of things, as well as in wholes as in parts. For these it is which detect the unity of nature, and lay a foundation for the constitutions of the sciences.[94]

Besonders der Philosoph und Wissenschaftstheoretiker Olaf Breidbach widmet sich dem analogen Denken in den empirischen Wissenschaften und resümiert ähnlich wie Bacon 400 Jahre vor ihm: »Analogien stehen am Beginn unserer Orientierung nicht nur in einer alltäglichen Welt, sondern auch in dem Bereich einer klassifizierenden und systematisierenden Wissenschaft.«[95] Demnach sei der Analogieschluss nach Breidbach im 18. und beginnenden 19. Jahrhundert »in den sich neu etablierenden Naturwissenschaften nicht in den Orkus des Vergessens geworfen [worden, S.G.], er bleibt vielmehr auch in der induktiv ansetzenden Wissenschaft Grundmodul des induktiv explorierenden Sicherns neuer Erfahrungen.«[96]

Im induktiven Vorgehen der Naturwissenschaften wird der heuristische Wert des Analogieschlusses deutlich, da nur mit Hilfe eines bekannten Schemas überhaupt das empirisch neu zu erforschende Wissen zu diesem in Bezug gesetzt werden könne. Die Analogie bereite demnach die Grundlage für ein systematisierendes Denken, indem sie im Bereich der Naturwissenschaften ein »methodisch auszuweisender Bestandteil der Datensicherungsverfahren und der Datenidentifikation« sei.[97] Dass die Analogie aufgrund ihrer heuristischen Stärke besonders für das 18. Jahrhundert als Zeitalter der Exploration neuer Wissensgebiete eine besondere Bedeutung erlangt, erkennen neben Breidbach unter anderem mehrere Einzelstudien, die auf den Analogiegebrauch innerhalb der experimental-

---

94 Schon Francis Bacon verbindet die Findungslogik der Analogie mit der der Imagination (wie später auch Baumgartner), die die empfangenen Sinnesdaten nach ihren Ähnlichkeiten vergleicht, um regelmäßige Muster in der Natur zu erkennen. Somit wird hier wiederum nicht nur die Frage nach den Analogien der Natur, sondern auch die nach den Analogien der sie repräsentierenden Gedanken aufgeworfen, was um 1800 und darüber hinaus den Zusammenhang von subjektiven Verstandesstrukturen und Naturstrukturen in den Fokus der Überlegung bringt. Vgl. dazu Katharine Park: Bacon's »Enchanted Glass«. In: Isis 75 (2) (June 1984), S. 290–302.

95 Olaf Breidbach: Analoge Anthropologien. Zur Reanimierung des Mikro-Makrokosmos-Denkens im 19. Jahrhundert. In: Michael Eggers (Hg.): Von Ähnlichkeiten und Unterschieden, S. 33–57, hier: S. 37.

96 Ebd., S. 34.

97 Breidbach: Analoge Anthropologien, S. 37.

physischen Analysen eingehen: Dieser findet sich in Untersuchungen zu Magnetismus und Elektrizität von Georg Christoph Lichtenberg,[98] in anatomischen Überlegungen zu einer Systematik der Naturformen von Étienne Geoffroy Saint-Hilaire und Georges Cuvier,[99] in der vergleichenden Anatomie in Hinblick auf anthropologische Fragestellungen von Lorenz Oken, Carl Gustav Carus und Emil Huschke[100] sowie in den naturphilosophischen Überlegungen von Schelling und Ritter[101] und damit bei all jenen Naturforschern, die die »große faktische Bedeutung von Analogien bei der Findung von neuen Wissens«[102] nutzen. Problematisch an solchen Ansätzen ist teilweise der Verzicht auf eine explizite begriffsgeschichtliche und kontextuelle Auseinandersetzung mit dem Analogiebegriff um 1800, sodass hier zwar nachträglich eine implizite analogische Vorgehensweise

---

98 Vgl. Gerhard Wiesenfeldt und Olaf Breidbach: »Könnte nicht also auch die Erdkugel ein großer Turmalin sein?« Ein Kristall, Lichtenberg und die Polaritätsdiskussion vor 1800. In: Sudhoffs Archiv 96 (1) (2012), S. 95–109; Steinmann: »Die Schlüsse aus der Analogie sind sehr unsicher.«

99 Anhand der unterschiedlichen Verwendung des Analogiebegriffs von George Cuvier und Geoffroy Saint-Hilaire zeigt sich deren gegenteilige Auffassung der Entstehung bestimmter Naturformen. Cuvier fasst Analogie und Ähnlichkeit mehr oder minder als synonym auf und sieht deshalb Ähnlichkeiten zwischen Tieren nur in Hinblick auf eine gleiche Funktion bestimmt, während Saint-Hilaire an eine evolutionsbedingte Verwandtschaft aller Tiere glaubt. Dabei verstand Saint-Hilaire diese nicht als Abstammungsverwandtschaft, was dem heutigen Begriff der Homologie entspräche, sondern als durchgängig morphologische Ähnlichkeitsverwandtschaft, die sich einem gemeinsamen Grundbauplan verschreibt. Ihre konträren Ansichten wurden bereits zu Lebzeiten u. a. von Goethe verfolgt und seither in der Forschung immer wieder aufgegriffen: Johann Wolfgang Goethe: Principes de Philosophie Zoologique. Discutés en Mars 1830 au Sein de L'Académie Royale des Sciences par Mr. Geoffroy de Saint-Hilaire Paris 1830, FA I, Bd. 24, S. 810–842; Änne Bäumer: Die Entstehung des modernen biologischen Analogiebegriffes im 19. Jahrhundert. In: Sudhoffs Archiv 73 (2) (1989), S. 156–175; Toby A. Appel: The Cuvier-Geoffroy Debate. French Biology in the Decades before Darwin. New York/Oxford 1987.

100 Vgl. Nancy Stephan: Race and Gender. The Role of Analogy in Science. In: Isis 77 (1968), S. 261–277; Claudia Honegger: Die Ordnung der Geschlechter. Die Wissenschaft vom Menschen und das Weib 1750–1850. München 2006; Kerstin Palm: Mit dem »Zauberstab der Analogie«. Romantische Anthropologien der Verachtung. In: Eggers (Hg.): Von Ähnlichkeiten und Unterschieden, S. 57–79.

101 Vgl. hierzu Jürgen Daiber: Die Suche nach der Urformel. Zur Verbindung von romantischer Naturforschung und Dichtung. In: Aurora 60 (2000), S. 75–103; Klaus Stein: »Die Natur, welche sich in Mischungen gefällt«. Philosophie der Chemie: Arnim, Schelling und Ritter. In: Walther Christoph Zimmerli (Hg.): »Fessellos durch die Systeme«. Frühromantisches Naturdenken im Umfeld von Arnim, Ritter und Schelling. Stuttgart/Bad Cannstatt 1997, S. 143–203.

102 Klaus Hentschel: Die Funktion von Analogien in den Naturwissenschaften, S. 39. Vgl. zudem generell zum Analogieschluss in den Naturwissenschaften Breidbach: Der Analogieschluß in den Naturwissenschaften oder die Fiktion des Realen. Bemerkungen zur Mystik des Induktiven. Frankfurt/M. 1987.

festgestellt wird, diese jedoch vor dem Hintergrund eines heutigen Wissenschaftsverständnisses erfolgt. Zudem ergibt sich durch die fehlende Begriffsanalyse keine rechte Abgrenzung zu anderen Begriffen wie ›Versuch‹, ›Vergleich‹, ›Ähnlichkeit‹, ›Witz‹ etc., die ebenfalls zutreffend wären und sich im Wortschatz der untersuchten Wissenschaftler wiederfinden. Von Seiten der Wissenschaftsgeschichte wird demnach zwar der Versuch unternommen, das analogische Vorgehen als Forschungsmethode nachzuweisen, jedoch ohne eine zeithistorische Begriffsauseinandersetzung, sodass der Eigenwert der Analogie häufig nicht kenntlich wird. Dies mag unter anderem daran liegen, dass man die Erkenntnisleistung der Analogie zwar anerkennt, aber vor dem Hintergrund des Modernediktums mit ihrer begrifflich-differenzierenden Logik stets als propädeutisch einstuft. Der Logik der Analogie komme demnach in den analysierten Texten nur ein untergeordneter Status zu, der der Induktion oder der Identitätsbehauptung des Begriffes vorangeht, aber dann doch einer genaueren Erforschung bedarf. Ihre Annahmen müssten in einem folgenden Schritt entweder widerlegt oder bestätigt werden, um verlässliche wissenschaftliche Aussagen treffen zu können. Das Denken in Analogien und Ähnlichkeiten stellt Niklas Dommaschk deshalb schlussfolgernd fest, erfährt als heuristische Kategorie seit der Moderne »also eine Aufwertung hinsichtlich ihres wissenschaftlichen Potentials, bleibt jedoch letztlich als defizitärer Erkenntnismodus charakterisiert, der weiterer Präzisierung bedürftig ist.«[103]

1.2.3 Das Versprechen der ästhetischen Ähnlichkeitsfigur

Im Gegensatz zur Einschätzung der Analogie als lediglich prä-begriffliche Findungslogik, hat sie innerhalb des Ähnlichkeitsdenken in jüngeren Forschungsansätzen der Kultur- und der Literaturwissenschaft eine Aufwertung als ästhetische Ähnlichkeitsfigur erfahren. Das Ähnlichkeitsdenken wird dort als eigene ästhetische Denkform wahrgenommen, das als Gegenpol zu jenem begrifflich differenzierenden Denken der modernen Wissenschaft erscheint. Dabei wird die Analogie im Bereich der kulturwissenschaftlichen und ästhetischen Analysen stets unter dem Begriff der Ähnlichkeit verhandelt, was den Gehalt der Analogie verfälscht, da beide Begriffe zwar in Verbindung stehen, aber, wie weiter unten zu zeigen sein wird, ganz unterschiedlich definiert sind. Im Folgenden soll je-

103 Niklas Dommaschk: Ähnlichkeit und ästhetische Erfahrung. Eine Konstellation der Moderne. Kant, Benjamin, Valéry und Adorno. Würzburg 2017, S. 29.

doch der Diskussion um die Rolle der Ähnlichkeit nachgegangen werden, um bereits einen ersten Überblick zur ästhetischen Funktion zu erhalten, die man in diesen Diskursen integrativ auch der Analogie zuschreibt.

Dass es neben den dichotomischen Einteilungen der Moderne bereits immer schon Vernetzungen und Vermittlungen der getrennten Bereiche gab, zeigen die bereits erwähnten Arbeiten des Soziologen Bruno Latours auf: »Erst mit dem Kantianismus erhält unsere Verfassung [die moderne, S.G.] ihre wahrhaft kanonische Formulierung. Was bloße Unterscheidung war, wird hier zur totalen Trennung«, aber »Erkenntnis ist nur möglich in der mittleren Position [...].«[104] Für Latour ist diese »Arbeit der Vermittlung« jedoch »unsichtbar, unvorstellbar, undenkbar gemacht«[105], womit diese gleich einer der Psychoanalyse gemäßen Verdrängung selbst nicht in Erscheinung trete:

> Alles spielt sich in der Mitte ab, alles passiert zwischen den beiden Polen, alles geschieht durch Vermittlung, Übersetzung und Netz, aber dieser Ort der Mitte existiert nicht, dafür ist kein Platz vorgesehen. Hier liegt das Ungedachte, das Unbewusste der Modernen.[106]

Latour fällt an dieser Stelle jedoch hinter seine eigene Argumentation zurück, wenn er der Moderne ihre eigene Selbsterkenntnis verweigert und damit ihre reflexiven Diskurse zu einem Vermittlungsdenken schlicht übergeht. Anil Bhatti und Dorothee Kimmich versuchen diese Latour'sche Leerstelle zu füllen, indem sie in ihren Untersuchungen darauf hinweisen, dass »die Funktion der Ähnlichkeit in einer der Moderne angemessenen Weise« in den Diskurs einer Vermittlungstheorie »exemplarisch implementiert werden«[107] kann, denn

> Ähnlichkeit markiert ein Wissensfeld, das zwischen wahrnehmungstheoretischen, erkenntnistheoretischen, medientheoretischen und kulturanthropologischen Fragestellungen vermittelt und zudem den Bogen zu einer anthropologisch konnotierten Ästhetik schlägt. Damit kann man den Ähnlichkeitsdiskurs gewissermaßen als eine Art ›Leitfossil‹

104 Latour: Wir sind nie modern gewesen, S. 77.

105 Ebd., S.49.

106 Ebd., S. 53. In eine ähnliche Richtung argumentieren auch Hartmut und Gernot Böhme in ihrer Studie *Das Andere der Vernunft. Zur Entwicklung von Rationalitätsstrukturen am Beispiel Kants*. Frankfurt/M. 1985. Sie entwerfen eine Kritik der Vernunft aus der Sicht des ›Anderen‹, der als ungedachter und unbewusster Gegenpart der Vernunft das Denken der Aufklärung mitbestimmt. ›Das Andere der Vernunft‹ ist all das, was sich die Vernunft nicht hat aneignen können: das Irrationale, das Alogische, die Natur, der menschliche Leib, die Phantasie und die Gefühle. Es stellt sich als Metakritik der Kantischen Theorie dar und postuliert eine neue Philosophie, die vernunftkritisch das Andere als Ungedachtes nicht mehr ausgrenzt, sondern integriert.

107 Anil Bhatti und Dorothee Kimmich (Hg.): Ähnlichkeit. Ein kulturtheoretisches Paradigma, S. 238.

durch moderne Diskursformationen hindurch verfolgen und erhält dann eine Profillinie, die den modernen Umgang mit existentieller Vagheit und fundamentaler Diffusität nachzeichnet.[108]

Diese Vagheit und Unbestimmtheit aller Ähnlichkeitsbegriffe, worunter ihrer Meinung nach auch die der Analogie zu zählen ist,[109] hat jedoch lange zu ihrer reflexiven Verdrängung geführt, denn »[v]age Begriffe, so lautet das Verdikt der Philosophiegeschichte von Aristoteles bis Quine, sind philosophisch nicht akzeptabel.«[110] Dergestalt haben sich zur Beschreibung der Moderne meist Begriffe des ›Unterschiedes‹ oder der ›Differenz‹ durchsetzen können, die im Gegensatz zu den vagen Aussagen der Ähnlichkeit und der Analogie klare Einteilungen von Natur und Kultur, Subjekt und Objekt, Innen und Außen etc. vornehmen und aus den unterschiedenen Begriffen theoretisch eindeutige Erkenntnisse ziehen können. Gerald Funk und Gert Mattenklott sehen in der Kunstphilosophie und Poetik von Hardenberg, Baudelaire, Valéry und Benjamin ein »Ähnlichkeitsdenken«, das »nicht nur die Dichotomie von Identität und Differenz außer Kraft setzen [will, S.G.], sondern auch die Vereinfachungen eines szientifischen Paradigmas, das sich auch auf diese Alternativen festgelegt hatte und dabei ausgrenzen mußte, was in diesem einfachen Schema nicht aufging.«[111]

Dass die Episteme der Ähnlichkeit keine wissenschaftlich-begriffliche, sondern eine ästhetische sei, stellt Niklas Dommaschk im Anschluss an Bhatti und Kimmich in seiner Arbeit *Ähnlichkeit und ästhetische Erfahrung* als besonderes Signum der Moderne seit Kant dar. Die Unbestimmtheit des Ähnlichkeitsdenkens überschreite nach Dommaschk geradezu die gewöhnlichen begrifflichen Denotationsverhältnisse und ziele auf eine Erfassung der Welt, die sich als ästhetische Erfahrung beschreiben lässt:

108 Ebd., S. 12.
109 Ebd., S. 7.
110 Ebd., S. 10.
111 Gerald Funk, Gert Mattenklott und Michael Pauen: Symbole und Signaturen. Charakteristik und Geschichte des Ähnlichkeitsdenkens. In: Dies. (Hg.): Ästhetik des Ähnlichen. Zur Poetik und Kunstphilosophie der Moderne. Frankfurt/M. 2001, S. 7 34, hier: S. 7. In der Arbeit übernehme ich einen Vorschlag der Forschung, zwischen dem Autor Friedrich von Hardenberg und seinem Pseudonym ›Novalis‹ zu differenzieren. Sein Pseudonym ›Novalis‹ wird vor allem für seine ab 1798 veröffentlichten Schriften bzw. für die geplanten Veröffentlichungen genutzt, da er dieses selbst verwendet hat. Vgl. zur Thematik der Namensunterscheidung in der Forschung u.a. Herbert Uerlings: »Die Welt muß romantisiert werden.« Ein Nachwort. In: Novalis (Friedrich von Hardenberg). Gedichte und Prosa, hg. von Herbert Uerlings. Düsseldorf/Zürich 2001, S. 512–533.

> Der für die Vagheit des Ähnlichen verantwortliche Bezugsreichtum ist in der Klassischen Moderne zum Triebmittel dafür geworden, Ähnlichkeit als Mittel einer weniger reglementierten Denkbewegung zu sehen, die sich der starren Dichotomie von Identität und Differenz nicht unterwirft. In diesem Zuge kann die Relation der Ähnlichkeit als Element rationalisierungskritischer Argumentationen auftreten, die beklagen, fortschreitende Rationalisierung unterdrücke das Einzelne, Besondere, Nichtidentische (Adorno) durch dessen begriffliche Identifikation.[112]

Dommaschks Befunde finden auch in Einzelanalysen der Literaturwissenschaft eine Bestätigung, wobei dem ästhetischen Ähnlichkeitsdenken im Bereich poetischer Vermittlung von Wirklichkeit sogar eine besondere Relevanz zugesprochen wird. Hier wird neben anderen Ähnlichkeitsfiguren auch immer wieder die Analogie als eigenständige Figur bedacht, was man anhand von Herder und Hardenberg erkennen könne, die seit den 1980er Jahren in der Forschung als Analogiedenker *avant la lettre* jene »Kultur- und Erkenntniskritik [vorbereiten würden, S.G.], die den Siegeszug der empirischen Wissenschaften seit dem Beginn des neunzehnten Jahrhunderts begleitet hat.«[113]

Ulrich Gaier ist einer der ersten, der in seiner Studie zu *Herder Sprachphilosophie* die neu auftretenden Analogiediskurse im 18. Jahrhundert untersucht und deren Bedeutung im Bereich einer ästhetischen Denkungsart verortet sieht:

> Mit dieser Ästhetik ist eine auf Metapher, Vergleich, Gleichnis, Allegorie, Parabel aufgebaute poetische Sprachauffassung verbunden, wie sie sich z.B. in Johann Breitingers Werk ›Critische Abhandlung von der Natur, den Absichten und dem Gebrauche der Gleichnisse‹ (1740) spiegelt. Erkenntnistheoretisch wichtig ist das im Zusammenhang mit dem relationalen Vergleich wieder ›zugelassene‹ Denken in Analogien, in welches alsbald die neuplatonische Tradition der strukturellen Analogien (z.B. Mikrokosmos-Makrokosmos Bezug), der funktionalen Analogie (z.B. Staat – Organismus) Einzug hält und durch die wirkungspsychologische Analogie (z.B. offener Horizont – Freiheit) im 18. Jahrhundert ergänzt wird.[114]

Leider belässt es Gaier bei dieser schlaglichtartigen Beleuchtung einiger ästhetischer Figuren, worunter die Analogie zwar als eigene Denkart aufgeführt, aber nicht näher erläutert wird, sodass hier auch nicht ein direkter Gegenentwurf zu den rationalistischen Tendenzen der Zeit erkannt werden kann. Hans Dietrich Irmscher und André Rudolph untersuchen den ästhetischen Analogiegebrauch Herders (und Hamanns) dann erstmals umfangreich. Für Irmscher ist die Analo-

112 Dommaschk: Ähnlichkeit und ästhetische Erfahrung, S. 275.
113 Funk, Mattenklott und Pauen: Symbole und Signaturen, S. 7.
114 Ulrich Gaier: Herders Sprachphilosophie und Erkenntniskritik. Stuttgart 1988, S. 22

gie bei Herder ein Instrument, um »ein unbekanntes Terrain wenigstens in Umrissen zu entdecken. [...] Die Analogie bringt *Ganzheiten* oder *Strukturen* in ein Verhältnis zu einander.«[115] Im Gegensatz zu einem gegenstandskonstituierenden Begriffsdenken, das die Zusammenhänge der Natur oder der Geschichte nur ›zergliedere‹, erkennt Herder laut Irmscher im Analogiedenken eine ästhesiologische Denkform des Ganzen.[116] André Rudolphs Analyse zu *Figuren der Ähnlichkeit* im 18. Jahrhundert schließt an Irmschers Überlegungen an und erstellt erstmals eine systematische und detailgetreue Übersicht verschiedener Analogiemodelle in jener Zeit. Dabei untergräbt Rudolph jedoch seine eigene Arbeit, wenn er die Analogie einfach im weiten Feld der ›Figuren der Ähnlichkeit‹ verortet, womit die Analogie lediglich ein Begriff im Begriffscluster von »Verähnlichung, Entsprechung, Übereinstimmung, aber auch Gleichnis und Bild«[117] ausmache und ihr strukturell-funktionalen Eigenwert übergangen wird. Am Ende wird die Analogie dann auch gänzlich der Metapher untergeordnet, um in Einklang mit Hans Blumenbergs Paradigma ein ästhetisches Gegenmodell zu liefern, wonach der ›Metaphorologe‹ Hamann »einen in seinem Jahrhundert genuinen *performativen* Beitrag zur metaphorischen Argumentationstechnik der Analogie« liefere, die »[g]egen die ›Begriffsskelette‹ der Philosophie [...] die lebendige ›Fruchtbarkeit‹ der Bilder« bewahren möchte.[118] Dass die Analogie jedoch nicht allein als rhetorische Figur verstanden und insofern im rhetorischen Arsenal unterschiedslos ausgetauscht werden kann, versucht Jürgen Daiber ausgehend von Herders Analogieverständnis für die romantische Naturphilosophie, insbesondere für Friedrich von Hardenberg, zu zeigen. Denn die Analogie erweise sich dort nicht lediglich als anschauliches Erfahrungselement, sondern als eigenes logisches Schlussinstrument:

> Das Schließen per Analogie wird zum Königsweg der romantischen Naturphilosophie. Ausgehend von der Prämisse, daß sowohl zwischen den einzelnen Stufen der Natur als auch zwischen dem Bauplan der Natur und dem Bauplan des Geistes eine Übertragbarkeit von Strukturen besteht, erfährt die Analogie ihre Legitimation als beherrschende Erkenntnisoperation der romantischen Naturforschung.[119]

115 Irmscher: Weitstrahlsinniges Denken, S. 209 und S. 210.

116 Ebd., S. 210ff., sowie S. 274.

117 André Rudolph: Figuren der Ähnlichkeit. Johann Georg Hamanns Analogiedenken im Kontext des 18. Jahrhunderts. Tübingen 2006, S. 241.

118 Ebd., S. 247.

119 Daiber: Die Suche nach der Urformel, S. 88.

Mit Irmschers, Rudolphs und Daibers Überlegungen zur Bedeutung der Analogie im Bereich der Naturphilosophie kündigt sich bereits eine Bedeutung der Analogie zu Beginn der Moderne an, die als eigenständige ästhetische Denk- und Darstellungsart in jener Zeit auftritt und nicht nur als traditionsreiches Relikt einer anderen Zeit weiterlebt.

Häufig dominiert jedoch auch im Bereich ästhetischer und literaturwissenschaftlicher Untersuchungen die epistemologische Einschätzung einer anachronistischen Figur. So resümiert etwa Waldemar Fromm: »Die Anleihen bei Ähnlichkeitskonzepten der Philosophie und Literatur des Mittelalters sowie der Renaissance sind ein gängiges Verfahren der Zeit, um Entgegengesetztes zu verbinden.«[120] Hier wird die Analogie im Sinne des Ähnlichkeitsdenkens der Renaissance als *analogia entis* verstanden, wonach ontologisch alles Seiende miteinander verwandt sei, da es durch einen gemeinsamen Ursprung zueinander in Beziehung steht.[121] Dergestalt erscheint Hardenbergs Analogiegebrauch jedoch als eine Art gedankliche Regression, wenn sein »Denken in Analogien [...als, S.G.] ein Erbe der griechischen Antike, des Mittelalters und der Renaissance« verstanden wird, auf das Hardenberg, »der sich zeitweise in diese vergangene Ideenwelt versenkt«, Bezug nähme.[122] Mit diesen Einschätzungen wird das progressive Analogiedenken der Romantik, welches einerseits neue philosophische Wege im Anschluss an Kant und Fichte zu erproben sowie andererseits innovative und dynamische Formen der Wissensgenerierung innerhalb naturwissenschaftlicher Studien auszuprobieren sucht, übergangen und die Analogie wird an ein substantielles Denken rückgebunden, das nicht mehr Teil einer modernen Episteme sein kann. Ulrich Stadler wehrt sich gegen solch eine rückwärtsgewandte Lesart und versucht den Analogiegebrauch im romantischen Umfeld, besonders den von Hardenberg, als eigenständige kreative Leistung zu lesen, jedoch weicht er ebenso wie die Wissenschaftstheorie im Zuge einer kritischen Distanzierung auf den biologischen Terminus der *Homologie* aus. Damit wird einerseits, wie in den anderen Disziplinen auch, das traditionsreich-semantische Erbe der Analogie

120 Waldemar Fromm: Die Sympathie des Zeichens mit dem Bezeichneten. Ähnlichkeit in Literatur und Sprachästhetik um 1800. In: Funk, Mattenklott und Pauen (Hg.): Ästhetik des Ähnlichen. S. 35–69, hier: S. 38.

121 Vgl. Uerlings: Einleitung. In: Herbert Uerlings (Hg.): Novalis und die Wissenschaften. Tübingen 1997, S. 12.

122 Lothar Pikulik: Frühromantik. Epoche – Werke – Wirkung. München 1992, S. 113. Auch Daiber rekurriert auf diesen substantiellen Analogiegebrauch: »Grundlage dieser Konzeption ist die Vorstellung der *analogia entis*, der Gedanke, die Welt sei als ein Komplex von Beziehungen zu begreifen, in dem alles mit allem verbunden ist. Die Analogie verweist auf diesen gemeinsamen Ursprung allen Seins, der verbürgt ist [...].« Daiber: Auf der Suche nach der Urformel, S. 89.

verkannt und andererseits die konkrete Begriffsverwendung bei Hardenberg ignoriert.[123]

Insgesamt scheint somit auch in der literaturwissenschaftlichen Forschung die Vorstellung zu dominieren, dass sich die Analogie um 1800 zwar noch mancherorts finden lasse, sie aber entweder eine vereinzelte Sonderfunktion[124] oder eine Art Rückfall in vormoderne Denkweisen[125] darstelle, sodass erlaubte »Spielarten des analogischen Denkens in den mittleren Jahren des 18. Jahrhunderts [...] immer nur individuell und relational zu bestimmen« seien.[126] Im Bereich der spekulativen Naturphilosophie erfahre sie als *ars inveniendi* noch eine gewisse Bedeutung, jedoch werde sie vor dem Hintergrund eines differenzierenden Denkens schließlich zurückgedrängt. Goethe, der all die unterschiedlichen Forschungsansätze des langen 18. Jahrhunderts miterlebt und reflektiert hat, gilt dann auch Armin Westhoff als ultimativer Wendepunkt innerhalb der epistemischen Veränderung:

> In der poetischen Verwendung der Analogie als Denkform und in der von der Analogie geleiteten Darstellungspraxis liegt die Bedeutung der *Wanderjahre* für die historische Zuordnung. Goethes Altersroman ist ein Schlüsseltext für die Herausbildung einer nachidealistischen, aber weiterhin erkenntnisaufschließenden Poetik mit Affinitäten zu neuplatonischen und idealistischen Ganzheitsentwürfen. Mit anderen Worten: Am Beispiel des Umgangs mit der Analogie läßt sich zeigen, inwiefern Goethes Altersroman besondere Bedeutung als Dokument des Übergangs zukommt. Dieser Übergang ist der des Ganzheitsdenkens zum Differenzdenken: Goethes Text hält dabei [...] die ganzheitlichen (›älteren‹) Positionen wach, weist aber, mit der Hellsichtigkeit seines Verfassers, auch auf die ›neu‹ bekannt werdenden Differenzen erkenntnistheoretischer und sozialer Natur hin.[127]

123 Ulrich Stadler: »Ich lehre nicht, ich erzähle«. Über den Analogiegebrauch im Umkreis der Romantik. In: Athenäum 3 (1993), S. 83–105.

124 Caroline Torra-Mattenklott: Metaphorologie der Rührung. Ästhetische Theorie und Mechanik im 18. Jahrhundert. München 2002, S. 55.

125 So fasst Klaus Hentschel den Vorwurf gegen den Analogiegebrauch in Hinblick auf die spekulative romantische Naturphilosophie in der Forschung treffend zusammen. Hentschel: Die Funktion von Analogien in den Naturwissenschaften, S. 59.

126 Torra-Mattenklott: Metaphorologie der Rührung, S. 56. Vgl. hierzu auch Rudolph: Figuren der Ähnlichkeit, S. 20.

127 Armin Westerhoff: Zwischen Ganzheits- und Differenzdenken. Goethes Analogieverständnis mit Blick auf »Wilhelm Meisters Wanderjahre«. In: Hans-Jürgen Schrader und Katharine Weder (Hg.): Von der Pansophie zur Weltweisheit. Goethes analogisch-philosophische Konzepte. Tübingen 2004, S. 129–147, hier: S. 131.

Goethes Analogiegebrauch, als auch der des romantischen Kreises, wird als transitorisches Phänomen eingestuft, das sich vor dem Hintergrund eines neuen Denkens als schwacher Nachhall einer vergangenen Zeit verstehen lässt und demnach seinen Platz nur in einer ästhetischen Darstellungspraxis findet.

Anhand der Forschungslage in den Kontexten der Epistemologie, der Wissenschaftsgeschichte, der Kultur- und Literaturwissenschaft wird nochmals das von Bachmann benannte kontradiktorische Spannungsfeld deutlich, in dem die Analogie entweder verachtend in die Ecke fragwürdiger Vorwissenschaftlichkeit gestellt oder als neue und ungewöhnliche Rationalitäts- und Ästhetik-Theorie gefeiert wird.[128] Besonders Fragestellungen in Bezug auf die Entwicklung moderner epistemischer Kategorien und Überzeugungen sehen den epistemologischen Deutungsstatus der Analogie um 1800 vor dem Hintergrund der klassischen Philosophie und der sich etablierenden Empirie schwinden. Abgedrängt als poetisches Instrument erhält die Analogie dann eine Aufwertung im Bereich ästhetischer und kulturtheoretischer Ansätze, die den Vorwurf der Vagheit geradezu zum Kriterium eines modernen Kohärenzdenkens erheben. Gemäß solchen Lesarten übernimmt der Raum des Ästhetischen eine Art kompensatorische Funktion, der die Lücken der differenzierenden Rationalität zu überbrücken sucht. Bereits anhand von Foucault konnte eine derartig ästhetische Neutralisierungsstrategie moderner Differenzlogiken angedeutet werden, die in den Literaturwissenschaften eine breite Resonanz erfährt. Renate Lachmann löst dergestalt die Verdrängungsthese des Ähnlichkeitsdenkens in einer ästhetischen Transformation auf, die ihrer Ansicht nach bereits im 17. Jahrhundert ein rationales Ordnungssystem ausbalancieren musste:

> In der poetologischen Theorie und poetischen Praxis des *acumen*, die das Finden und Erfinden von Ähnlichkeiten, Korrespondenzen und Analogien als zentrales Verfahren propagieren, wird diese Krise [d.i. die Ähnlichkeitskrise, S. G.] intellektuell und ästhetisch transformiert. Der Verlust der Ähnlichkeit wird in ihrer Fiktion aufgehoben. Die Phantasia löst die Mimesis ab. Der Zerfall der auf Ähnlichkeiten begründeten Welt wird auf der Weltbühne der Similaritäten vorgespielt.[129]

128 Eine erste nach Epochen gegliederte Forschungsübersucht liefert Manuel Bachmann: Brücken zu einer vergessenen Denkform, S. 24–34. In dieser Forschungsübersicht sind bereits viele Anwendungsgebiete der Analogie verzeichnet, die Beiträge fokussieren sich dabei hauptsächlich auf philosophisch- bzw. kulturwissenschaftliche Kontexte und verfolgen daher speziell Fragen epistemologischer und rationalitätskritischer Art, die immer wieder den Gebrauch von Analogien aufzeigen, jedoch eine begriffliche Definition meist vermissen lassen.

129 Renate Lachmann: Die Zerstörung der schönen Rede. Rhetorische Tradition und Konzepte des Poetischen. München 1994, S. 103.

Auch die Literaturwissenschaftlerin Caroline Torra-Mattenklott liest Ähnlichkeitsfiguren im ästhetischen Diskursfeld um 1800 in gleicher Weise und vermutet deren funktionelle Aufgabe in einer subversiv agierenden Entlastungsstrategie für die an der dichotomischen Differenzlogik leidenden Subjekte:

> Metaphern in psychologischen und ästhetischen Theorien könnten dann als kompensatorische Enklaven innerhalb eines diskursiven Herrschaftsgebiets verstanden werden, dessen reguläre *épistémè* ihre Auflösung in ein System von Identitäten und Differenzen vorsieht. In der bildhaften bzw. analogischen Rede würde sich – nostalgisch oder subversiv – ein verdrängtes Begehren des Subjekts artikulieren.[130]

Im Kontext einer literaturwissenschaftlichen Untersuchung scheint die argumentative Stärke eines ästhetischen Kompensationsmodelles deutlich auf der Hand zu liegen, dennoch erscheint mir die Analogie nicht, wie häufig angenommen, einfach mit den rhetorisch-ästhetischen Ähnlichkeitsfiguren wie der Metapher oder dem Gleichnis in eins zu fallen und lediglich als ästhetischer Gegenentwurf zur *épistémè* der Differenzen und Identitäten zu fungieren. Denn bereits der dargelegte Analogiegebrauch in den Naturwissenschaften und der Philosophie zeigt ihre Erprobung als alternative logische Figur, die nicht nur die neue Relevanz um 1800, sondern auch die der ästhetischen Funktion zu beeinflussen scheint. Die Analogie besitzt demnach einen rationalen Kern, der auch ihre ästhetische Konzeption bedingt, wodurch die Ästhetik in jener Zeit allererst ihre epistemische Funktion entfalten kann. Die Bedeutung der Analogie um 1800 lässt sich deshalb meines Erachtens nicht als ästhetische Kompensation fassen, sondern als eigene logische und ästhetische Reflexionsform: Sie übernimmt im Bereich von Wissen und Erkenntnis Aufgaben der Strukturierung und Generierung und nutzt hier mitunter ihre veranschaulichende-heuristische Komponente. Im Bereich der Ästhetik fallen ihr Aufgaben der Darstellung zu, die zugleich aufgrund ihrer logischen Struktur eine epistemische Funktion haben. In beiden Fällen erscheint die Analogie als eine Form der Wissensgenese und Wirklichkeitsreflexion, die einerseits eine Metaebene zur Wirklichkeit darstellt und damit in Cassirers Sinne als eine Form zweiter Ordnung fungiert und andererseits eine Darstellung der Zusammenhänge der Dinge der ersten Ordnung liefert.[131] Insofern erscheint es mir an dieser Stelle nicht sinnvoll, die beiden Gebiete von Rationalität und Ästhetik gegeneinander auszuspielen, sondern hier die zentrale Frage nach ihrer Vermittlung anhand der Figur der Analogie in den Fokus zu rücken. Denn inwiefern sowohl die mathematische als auch die ästhetische Analogie auf einer Metaebene

---

130 Torra-Mattenklott: Metaphorologie der Rührung, S. 52.
131 Cassirer: Substanzbegriff und Funktionsbegriff, S. 30.

Wirklichkeit strukturieren und reflektieren und gleichzeitig diese Wirklichkeit darstellen, scheint auf einen intrinsischen Zusammenhang zu verweisen, den es erstmals aufzuarbeiten gilt.

1.3 Analogie als Vermittlungsfigur der Moderne

Angesichts der widersprüchlichen Forschungslage, die die Analogie als überkommene Wissensfigur darstellt und ihr Ableben mit dem Beginn der Moderne zusammenfallen sieht, erscheint die Analogie geradezu als Figur *der* Moderne, oder um mit der Philosophin Karen Gloy zu sprechen, als »Symptom der Moderne«. Gloy versteht die Analogie als eine Alternative zur »klassischen Logik und ihren Denkformen«, erkennt sie aber vor allem als einen Rationalitätstypus der Renaissance, der seine Bedeutung in die Moderne verlängere, wohingegen ich aufzuzeigen versuche, dass die Analogie durch die griechische Mathematik und Aristoteles geprägt durchaus zur klassischen Logik zu zählen ist und von dort aus ihre Strahlkraft als moderne logisch-ästhetische Figur entfaltet. Jedoch stimme ich Gloys Ansatz zu, in der Analogie als eine »geregelte[] Identifikation von Verschiedenem«[132] einen symptomatisch neuen Ansatz der Moderne zu erblicken. Neben der Bedeutung der Analogie im Bereich der logischen Erkenntnis gibt auch Olaf Breidbach im Bereich der szientifischen Forschung zu bedenken, dass

> das analogische Denken weit über 1800 hinaus auch in den Wissenschaften bedeutsam [bleibt]. Es setzt bis ins 20. Jahrhundert den methodischen Rahmen einer vergleichenden Betrachtung zumindest im Bereich der Biowissenschaften, Anthropologie und Psychologie.[133]

Die Arbeit möchte gerne an beide Ansätze anschließen und der neuen Vermittlungsarbeit der Analogie vor dem Hintergrund der epistemischen Umbruchszeit um 1800 genauer nachgehen. Dass der Analogie auch im Bereich der Ästhetik eine neue Bedeutung zuteilwird, kann anhand der Arbeiten zur ›Ähnlichkeit‹ erahnt werden, jedoch muss die Analogie hier nochmals einer eigenen Begriffsanalyse unterzogen werden. Bereits der Forschungsüberblick hat gezeigt, dass sich die Analogie im Bereich der Logik, der wissenschaftlichen Forschung und der Ästhetik bewegt, jedoch wurden bisher die einzelnen Gebiete als isolierte Markie-

132 Gloy: »Kalkulierte Absurdität – Die Logik des Analogiedenkens«, hier S. 243.
133 Breidbach: Analoge Anthropologie, S. 34.

rungen betrachtet, die zu den kontradiktorischen Annahmen beisteuerten. Insofern erscheint es an dieser Stelle nicht nur äußerst vielversprechend, sondern auch geradezu nötig, das epistemische Feld der Analogie als Ganzes in den Blick zu nehmen.

Die vorliegende Arbeit versucht dies erstmals zu leisten und betrachtet hierfür verschiedene Textformen und Ansätze um 1800, wie die philosophischen Kritiken von Kant, seine Naturstudien sowie naturwissenschaftliche Arbeiten von Hardenberg und Goethe als auch deren literarische Arbeiten. Die Analogie soll dabei nicht nur innerhalb der heterogenen Schriftstücke in ihrer Funktion und Struktur untersucht, sondern es soll auch ihrer Vermittlungsarbeit zwischen den wissenschaftlichen Gebieten und den verschiedenen Ausdrucksformen nachgegangen werden, um die Koordinaten von Naturwissenschaft, Philosophie und Literatur auf einer zusammenhängenden Landkarte anzugeben. Die Arbeit folgt damit einem Ansatz, der von Joseph Vogl als ›Poetologie des Wissens‹ bezeichnet werden kann und der von der These ausgeht, »daß jede Wissensordnung bestimmte Repräsentationsweisen ausbildet und privilegiert, und [...] sich demnach für Regeln und Verfahren [interessiert, S.G.], nach denen sich ein Äußerungszusammenhang ausbildet [...].«[134] Die Analogie fungiert meines Erachtens in besonderer Weise als eine solche grundierende Figur von unterschiedlichen Wissensgenerierungen und -ordnungen, die auch als erkenntnistheoretische und rhetorische Figur eine wechselseitige Neuperspektivierung von Wissenschaft und Kunst erlaubt. Insofern möchte sich die Arbeit entgegen der von Charles Percy Snows propagierten ›Unterscheidung der zwei Kulturen‹[135] für einen analogischen Ansatz der Untersuchung aussprechen, der in einer komplementären Zusammenschau die ästhetische Verfasstheit wissenschaftlicher Texte und die Episteme der Kunst zu ergründen sucht.

Die Arbeit möchte nicht die Omnipräsenz der Analogie in den wissenschaftlichen, gelehrten und literarischen Diskursen um 1800 abbilden – auch wenn dies anhand der Datenfülle durchaus möglich wäre –, da ein solches Vorhaben lediglich überblicksartige Stichproben zuließe, sondern in einem kleinteiligen *close reading*-Verfahren einzelne Autoren und ihre Schriften heranziehen, um daraus ein spezielles Erklärungsmodell für die Analogieverwendung in jener Zeit abzuleiten. (1) Dieses setzt sich aus einem tradierten antiken Begriffsgefüge zu-

134 Joseph Vogl: Einleitung. In: Ders. (Hg.): Poetologien des Wissens um 1800. München 1999, S. 7–16, hier: S. 13.

135 Snow: The Two Cultures.

sammen, das zugleich eine bestimmte (2) Denk- und Strukturform für die ›Ordnung der Dinge‹ etabliert und (3) eine ästhetische Darstellungspraktik konstituiert.

(1) Ganz allgemein wird die Analogie bereits in der Antike als Begriff definiert und obwohl ihr Begriffsumfang bereits dort aufgrund unterschiedlicher disziplinärer Bestimmungen weit gefasst ist, kann man immer wiederkehrende Hauptelemente finden, sodass es sich lohnt, diese in ihrer frühen historischen Entfaltungsphase zu untersuchen und deren Tradierung zu verfolgen. Denn die Analogie durchwandert bereits aufgrund ihrer zwei grundlegenden Definitionen in der Mathematik und der Rhetorik/Poetik die Koordinatenpunkte der disziplinären Landkarte von Philosophie – (Natur-)Wissenschaft – Rhetorik/Ästhetik, aus deren Textkorpora die vorliegende Arbeit schöpft und es wird zu zeigen sein, inwiefern bereits die strukturelle Anlage der Analogie als Voraussetzung für die Vermittlungsarbeit der verschiedenen Disziplinen gelten kann.

In besonderem Maße ist es vor dem Hintergrund der oftmals unkundigen Einschätzungen, die die Analogie entweder mit der Ähnlichkeit, dem Vergleich, dem Bild, der Metapher oder der Homologie zusammenfallen lassen, nötig, sie in ihrer eigenen Bestimmung ernst zu nehmen und den Zusammenhang ihrer beiden ursprünglichen Definitionen aufzuzeigen. Exemplarisch werden diese anhand der mathematischen, philosophischen und rhetorisch-poetischen Überlegungen von Euklid, Archytas von Tarent, Platon und Aristoteles erörtert werden. Letztgenannter versucht in seinen unterschiedlichen Schriften den Analogiebegriff sowohl im epistemischen als auch im ästhetischen Sinn fruchtbar zu machen und es sind vor allem seine Ansätze, die bis in die Moderne und darüber hinaus fortwirken.

Wenn sich die Analogie damit bereits *per definitionem* selbst unentscheidbar in dem ›kontradiktorischem Spannungsfeld‹ von Rationalität und Ästhetik, von begrifflicher Logik und anschaulichem Bild, von Differenz und Ähnlichkeit bewegt, wird ihr besonderer Reiz für die dichotomisch denkende Moderne deutlich, die sich um eine Vermittlung bemüht.

(2) Die Arbeit möchte deshalb an eine Überlegung Foucaults anschließen, die davon ausgeht, dass sich eine Analyse der Moderne um zwei Richtungen bemühen müsse: Zum einen um die Grundstruktur des Subjektes in Form seiner menschlichen Erkenntnis (speziell der Einbildungskraft) und zum anderen um die Grundstruktur der Natur:

> De là, deux directions d'analyse [...]: analyse de l'impression, de la réminiscence, de l'imagination, de la mémoire, de tout ce fond involontaire qui est comme la mécanique de l'image [de la raison humaine, S.G.] dans le temps. De l'autre, il y a l'analyse qui rend compte de la ressemblance des choses [de la nature], – de leur ressemblance avant leur mise en

> ordre, [...]. Nature et nature humaine permettent, dans la configuration générale de l'*épistémè*, l'ajustement de la ressemblance et de l'imagination, qui fonde et rend possibles toutes les sciences empiriques de l'ordre.[136]

Anhand der ›zwei Richtungen der Analyse‹ um 1800 wird deutlich, dass Fragen nach der menschlichen Erkenntnis und der Natur immer auch Fragen nach deren Verhältnis aufwerfen. Dass seit Kant die Vorstellung besteht, dass zwischen Vernunft und Sinnlichkeit eine unüberwindbare Kluft besteht, scheint in der Forschung zum Binnenkonsens zu gehören. Dabei scheint aber Kant in seinen Kritiken durchaus Vermittlungsstrategien zu entwickeln, wofür er insbesondere die Analogie heranziehen wird, sodass sich die Arbeit im *zweiten Kapitel des Hauptteiles* seinen Überlegungen widmen möchte. Kant wird bereits in seinen Frühschriften das antike Potential des mathematischen Proportionsbegriffes und der rhetorischen Analogie-Figur nutzen, um sich in die Bereiche des unendlichen Kosmos vorzuwagen und diese frühen Gedanken in seiner kritischen Phase fortführen, wenn es darum geht, die Einheit der Erkenntnis zu retten.

In den folgenden *Kapiteln des Hauptteiles* möchte die Arbeit der *Analogie als Denk- und Strukturform* weiter nachgehen und dies anhand der angesprochenen empirischen Naturordnung untersuchen. Hierfür sollen das *Allgemeine Brouillon* von Hardenberg sowie die *Morphologischen Studien* von Goethe im Mittelpunkt stehen. Ausgehend von Stefan Willers Überlegung zu einer engen Verbindung zwischen den Begriffen des ›Vergleichs‹ und der ›Allgemeinheit‹ um 1800, wenn die vergleichende Denkform zur Auffindung allgemeiner Begriffe in unterschiedlichen Disziplinen herangezogen wird, möchte die Arbeit in Hinblick auf die Analogie auf ein ähnliches Begriffstandem hinweisen, das sich quer durch die Textkorpora der Wissenschaften zieht.[137] Dieses Tandem setzt sich aus den Begriffen ›Analogie‹ und ›Einheit‹ zusammen. Auf den ersten Blick mag zwischen ›Allgemeinheit‹ und ›Einheit‹ zwar eine Ähnlichkeit bestehen, doch zielt die Analogie nicht auf den identitären Allgemeinbegriff im Gegensatz zum Individualbegriff,

---

136 Foucault: Les mots et les choses, S. 83–85. (»Daher gibt es zwei Richtungen der Analyse [...]: Analyse des Eindrucks, der Erinnerung, der Imagination, des Gedächtnisses, des ganzen unfreiwilligen Hintergrundes, der gewissermaßen die Mechanik des Bildes in der Zeit ist. Auf der anderen Seite gibt es die Analyse, die von der Ähnlichkeit der Dinge berichtet, von ihrer Ähnlichkeit, bevor sie geordnet werden, von ihrer Zerlegung in identische und unterschiedene Elemente, von der Aufteilung in Tableaus ihrer ungeordnetetn Ähnlichkeiten.« Foucault: Die Ordnung der Dinge, S. 104–105.)

137 Stefan Willer: Die Allgemeinheit des Vergleichs. Ein komparatistisches Problem und seine Entstehung um 1800. In: Eggers (Hg.): Von Ähnlichkeiten und Unterschieden, S. 143–167.

sondern auf eine integrative Kraft, die in der Lage ist, heterogene Elemente zueinander in Beziehung zu setzen. In Bezug auf die große Anzahl von Formen und Gestalten des Lebendigen stellt sich um 1800 die berechtigte Frage, inwieweit hier noch Zusammenhänge zwischen den verschiedenen Lebewesen auszumachen sind. Um von punktuellen Ähnlichkeiten überhaupt auf so etwas wie eine Einheit zu gelangen, braucht es eine spezifische Methode, die in der Zeit scheinbar speziell die Analogie zu erfüllen versteht, denn wie Kant resümiert, schließt die Analogie »von particularer Ähnlichkeit zweier Dinge auf totale, nach dem Princip der Specifikation«[138] ohne etwas »Letztes zu wollen«.[139]

Inwiefern die Analogie zwischen diesen beiden Extremen als Strukturform überhaupt Wissen generieren kann, kann anhand von Hardenbergs *Allgemeinen Brouillon* anschaulich dargelegt werden. Hardenbergs Überlegungen zu einer kombinatorischen Wissenschaftslehre und einer approximativen Annäherung an den Wissensbegriff wurden zwar in der Forschung schon öfter mit dem Analogiebegriff in Verbindung gebracht, jedoch fehlt bisher immer noch eine systematische Aufarbeitung, sodass die Arbeit mit der Analogie nicht nur seiner Methodologie auf die Spur kommen, sondern auch die Genese seiner Denk- und Arbeitspraxis nachvollziehen möchte. Hierfür steht die Untersuchung von Hardenbergs mathematischen Analogiebegriff im Zentrum, denn dieser scheint erstmals eine Erklärung für die in der Forschung bedachten Begriffen des ›Infinitesimalkalküls‹, der ›Progression‹, der ›kombinatorische Analysis‹ oder der ›Konstruktion‹ zu liefern. Im Zusammenhang mit dem mathematischen Analogiebegriff der ›Konstruktion‹ stehen auch Fragen der Darstellung, die Hardenberg speziell hinsichtlich einer adäquaten Repräsentation von Wissen zu beantworten sucht und es wird zu zeigen sein, inwiefern er hierfür die ›Kunst der analogischen Konstruktion‹ nutzt.

Während Hardenberg der Struktur des Wissens und der Wissenschaften mit Hilfe der Analogie auf den Grund gehen möchte, versucht Goethe in seinen *Morphologischen Heften* der ›Ordnung der Natur‹ und ihrer Erkenntnis auf die Spur zu kommen. Dass Goethe dabei den »Genius der Analogie«[140] als wichtigstes wissenschaftliches und erkenntnistheoretisches Instrument einschätzt, wurde bisher in der Forschung so noch nicht bedacht. In Anlehnung an Robert Spaemanns »Philosophie der Ähnlichkeit«, die »in eine[r] Ontologie [...] des Nahen und des

138 Kant: Kritik der reinen Vernunft, § 84, Anm. 1, AA III, S. 133.
139 Goethe: Sprüche in Prosa. FA I, Bd. 13, S. 77.
140 Goethe: Principes de Philosophie, FA I, Bd. 24, S. 832.

Fernen, der Distanz und der Entfernung«[141] münden müsste, möchte die Arbeit gerne die Goethe'schen Analogiekonnotationen untersuchen, die in ähnlicher Art und Weise auf ein räumliches und zeitliches Denken bezogen sind. Die Analogie als Entsprechungslogik setzt verschiedene Dinge zueinander in eine Beziehung der Nachbarschaft, die jedoch nicht mehr die Nachbarschaft der zweidimensionalen Merkmalsähnlichkeit einer tableauartigen Systematik meinen kann, wenn Goethe sich für die Morphologie der Natur interessiert. Dabei scheint sich die Analogie geradezu für Goethes wissenschaftliches Denken anzubieten, denn »[s]on pouvoir [d'analogie, S.G.] est immense«, wie Foucault meint,

> car les similitudes qu'elle traite ne sont pas celles, visibles, massives, des choses elles-mêmes; il suffit que ce soient les ressemblances plus subtiles des rapports. Ainsi allégée, elle peut tendre, à partir d'un même point, un nombre indéfini de parentés.[142]

Dass die Kraft der Analogie immens erscheint, wird Goethe vor allem dann bewusst, wenn er ihre paradoxale Anlage, die auf Einheit ausgerichtet ist und doch nichts Letztes will, das erste Mal ernst nimmt. Wie vor dem Hintergrund des Paradoxons von Theorie und sinnlicher Erfahrung dennoch eine ›naturgemäße Wissenschaft‹ gelingen kann, scheint dabei im Zentrum seiner Überlegung zu stehen und es wird zu zeigen sein, wie er diesen Widerspruch produktiv zu nutzen weiß. Mit Goethes Überlegungen zur paradoxalen Anlage der Erkenntnis und Hardenbergs Approximationsprinzip deutet sich bereits an, dass beide keinen traditionellen Wissensbegriff mehr verfolgen, sondern mit der heuristischen Funktion der Analogie das Gebiet des Wissens und ›Nicht-Wissens‹ zu umfassen suchen.[143] Es handelt sich demnach um ein relationales und bewegliches Wissen, das in der

141 Robert Spaemann: Ähnlichkeit. In: Ders.: Schritte über uns hinaus. Gesammelte Reden und Aufsätze. Bd. 2. Stuttgart 2011, S. 50–57, hier: S. 57.

142 Foucault: Les mots et les choses, S. 36. (»Ihre Kraft ist immens, denn die Ähnlichkeiten, die sie behandelt, sind nicht jene sichtbaren und massiven der Dinge selbst; es genügt, daß es die subtileren Ähnlichkeiten der Verhältnisse (*rapports*) sind. Dadurch erleichtert, kann sie von einem einzigen Punkt aus eine unbeschränkte Zahl von Verwandtschaften herstellen.« Foucault: Die Ordnung der Dinge, S. 51.)

143 Hier sei auf die Arbeiten verwiesen, die das Phänomen des ›Nicht-Wissens‹ als Komplement zu der Produktion von exaktem Wissen um 1800 als besonders dominant einschätzen, indem es sich in Folge der Ausdifferenzierung der Wissenschaften stets vermehrt und gleichzeitig neue Wissensgebiete erschließt. Vgl. hierzu Hans Adler und Rainer Godel (Hg.): Formen des Nichtwissens der Aufklärung. München 2010; Michael Bies und Michael Gamper (Hg.): Nicht-Wissen und Literatur. Historische Konstellationen 1730–1930. Berlin 2012; Jill Bühl und Antonia Eder (Hg.): Das unnütze Wissen in der Literatur. Freiburg/Br. 2015.

Forschung dem Bereich der Ästhetik zugeordnet wird, da es im Gegensatz zur Naturwissenschaft »seine Referenten eher analog nachbildet, als dass es sie in ein disjunktes Zeichensystem fasst.«[144] Hier gilt es zu fragen, inwieweit diese Einordnung der Forschung zutreffend ist und *wie* die Analogie auf begrifflicher und darstellerischer Ebene ihre Gegenstände zu erfassen sucht, womit nicht nur Fragen nach einer inhaltlichen Gegenstandserfassung, sondern auch die Bedingungen der Herstellung von Wissen anhand der Analogie in den Fokus rücken.[145]

(3) Die beiden ersten Problemfelder stehen in einem engen Zusammenhang mit dem Begriff der Darstellbarkeit, sodass sich die Arbeit auch der *Analogie als Darstellungspraktik* widmen möchte. Alle drei Autoren thematisieren dabei den um 1800 omnipräsenten Begriff der ›Darstellung‹ sogar ausführlich, sei es im Falle Kants die Darstellung des Nicht-Sinnlichen, bei Hardenberg die Repräsentation der Metastruktur des Wissens oder bei Goethe die lebendige Form der Natur. Damit kreist die Frage der Darstellung stets um eine Versinnlichungsstrategie von Dingen, die sich entweder der Wahrnehmung entziehen oder die die begriffliche Repräsentation sprengen. Hardenberg hält diesbezüglich fest: »Die Idee der Philosophie [...] ist eine unbestimmte Wissensch[aft] der Wissenschaften [...] – mithin undarstellbar – als im Bilde [...].«[146] Die von Hardenberg aufgeworfene Frage nach einer Darstellung der Philosophie, »läßt sich in Gestalt der Frage formulieren, wie zeichenhaft auf etwas verwiesen werden kann, das möglicherweise gar nicht adäquat wiederzugeben ist, jedoch ohne den Akt des Bezeichnens vollkommen in Absenz bliebe.«[147] Der Begriff der Darstellbarkeit referiert auf ein Problem begrifflicher Repräsentation um 1800, das sich einerseits als Mangel einer sinnlich-lebendigen Erfassung des Gegenstandes und andererseits als Unmöglichkeit einer Abbildung heterogener Vielheit begreifen lässt.

---

144 Bies: Im Grunde ein Bild. Die Darstellung der Naturforschung bei Kant, Goethe und Alexander von Humboldt. Göttingen 2012, S. 13.

145 Vgl. zu den Austauschprozessen von Literatur und Wissen Vogl (Hg.): Poetologien des Wissens um 1800; Vogl: Für eine Poetologie des Wissens. In: Karl Richter, Jörg Schönert und Michael Titzmann (Hg.): Die Literatur und die Wissenschaften 1770–1930. Stuttgart 1997, S. 107–127; Ralf Klausnitzer: Literatur und Wissen. Zugänge – Modelle – Analysen. Berlin 2008; Thomas Klinkert und Monika Neuhofer (Hg.): Literatur, Wissenschaft und Wissen seit der Epochenschwelle um 1800. Theorie – Epistemologie – komparatistische Fallstudien. Berlin 2008; Tilmann Köppe (Hg.): Literatur und Wissen. Theoretisch-methodische Zugänge. Berlin/New York 2011; Roland Borgards u.a. (Hg.): Literatur und Wissen. Ein interdisziplinäres Handbuch. Berlin 2013; Nicola Gess und Sandra Janßen (Hg.): Wissensordnungen. Zu einer historischen Epistemologie der Literatur. Berlin/Boston 2014.

146 Friedrich von Hardenberg: Fragmente und Studien (1799–1800). N III, Nr. 605, S. 666.

147 Claudia Albes: Einleitung. In: Dies. und Christiane Frey (Hg.): Darstellbarkeit. Zu einem ästhetisch-philosophischen Problem um 1800. Würzburg 2003, S. 9–29, hier: S. 9.

Fragen nach einer ästhetischen Darstellung anhand der Analogie scheinen sich deshalb anzubieten, um auf die Frage nach einer Episteme der Moderne einzugehen, die sich der Aufgabe gegenübersieht, wieder Einheit her- und darzustellen – und zwar eine Einheit der Natur, aber auch eine von Subjekt und Natur. Foucault scheint, wie bereits angedeutet, in *Les mots et les choses* diese Vermittlungsarbeit in der Literatur zu erkennen, indem sie »formant une sorte de ›contre-discours‹, et en remontant ainsi de la fonction représentative ou signifiante du langage à cet être brut oublié depuis le XVIe siècle.«[148] (Siehe weiter oben). Peter Bürger und Achim Geisenhanslüke überlegen, dass in der Annahme eines selbstbezüglichen Diskurses der Literatur wohl Foucaults eigener anvisierter Fluchtpunkt einer getilgten Subjekt-Objekt-Konstellation läge, den er für seine Theorie in Anschlag zu bringen sucht. Eine autonome Literatur, die nur auf sich selbst referiert und damit keine Trennung zwischen Zeichen und Bezeichnetem hervorruft, würde insofern auch eine Trennung von Sein (Natur/Objekt) und Sprache (Subjekt) unterwandern. Dann könne nach Foucault auch wieder ein ›homogenes Netz substantieller Analogiebeziehungen‹[149] entstehen, da sich im ästhetischen Kosmos alles mit allem verbunden erwiese. An dieser Stelle möchte die vorliegende Arbeit jedoch eine andere Lesart entwickeln und eine ›Episteme der Analogie‹ für die Moderne skizzieren, die weder eine Tilgung des Subjekt-Objekt-Verhältnisses anstreben noch zu einem alten substantiellen Denken der Allverbundenheit zurückkehren muss. Denn auch der Blick auf die Zeit um 1800 zeigt, dass sich die Literatur nicht als Gegendiskurs zum epistemischen Umbruch versteht, sondern sich selbst als Teil davon begreift.[150] Nicht von ungefähr sind in jener Zeit viele Literaten mit wissenschaftlichen Fragestellungen und Experimenten beschäftigt und verarbeiten diese Erkenntnisse in ihren Werken. Damit scheint sich die Literatur selbst im epistemischen Feld zu positionieren und es wird in der Arbeit zu fragen sein, wie die Literatur die Möglichkeit einer ›Seins-Darstellung‹ in einer Zeit auslotet, die von der Unmöglichkeit ihrer Repräsentation überzeugt scheint. Die Literatur kreiert insofern keinen Gegendiskurs, sondern einen Metadiskurs, der, ähnlich wie der mathematische geprägte, eine Reflexionsebene darstellt, die genutzt wird, um Verhältnisse der Wirklichkeit und

148 Foucault: Les mots et les choses, S. 59.

149 Peter Bürger: Die Wiederkehr der Analogie. Ästhetik als Fluchtpunkt in Foucaults *Die Ordnung der Dinge*. In: Christa und Peter Bürger (Hg.): Postmoderne. Alltag, Allegorie und Avantgarde. Frankfurt/M. 1987, S. 114–122, hier: S. 116.

150 Heinz Brüggemann und Günter Oesterle: Einleitung. In: Dies. (Hg.): Walter Benjamin und die literarische Moderne. Würzburg 2009, S. 17–18.

des eigenen Selbst darin zu betrachten. Damit kann die Literatur sowohl der Subjekt- als auch der Objekt-Ebene eine eigene Aufmerksamkeit zukommen lassen und deren Verhältnis in Augenschein nehmen, ohne der Gefahr eines Differenzdenkens oder einer Annullierung der Sphären ausgeliefert zu sein. Die vorliegende Untersuchung möchte deshalb auf eine andere Überlegung von Foucault zurückkommen wollen, die, wie Geisenhanslüke zeigt, der Literatur diese Art von Reflexivität zuspricht:

> Die poetische Bedeutung der Archäologie als Erinnerung der Sprache [an das ursprüngliche Sein, S.G.] durch die Sprache führt demnach nicht zum Verschwinden des Subjekts, sondern umgekehrt zu dessen Sammlung in der Zerstreuung [...] nichts aber ist listiger als die Sprache, mag man von Foucault berichten: Sie verwandelt das Niemandsland der Subjektivität durch die Erinnerung in ein Land der Sprache, in der das Subjekt der Moderne einen neuen, wenn auch fremden Platz findet.[151]

Wird das eigene wissenschaftliche Projekt, Foucaults archäologische Arbeit, im Sinne einer poetischen Bedeutung gefasst, dann deutet sich mitunter noch eine andere Funktion von Literatur im weitesten Sinne an. Denn die (poetische) Sprache stellt dann keinen Kontrast zum wissenschaftlichen Differenzierungsgeschehen dar, sondern kann mit Hilfe einer archäologischen Zusammenschau und Erinnerung des Vergangenen das Zusammenhängende in der Zerstreuung entdecken. Somit kann die Einheit der Natur und gleichzeitig auch die von Natur und Subjekt zur Erscheinung kommen, wenn die (poetische) Sprache auf einer Metaebene der Reflexion bzw. der Erinnerung eine Synopsis als ›Sammlung der Zerstreuung‹ ermöglicht. Dass diese poetische ›Sammlung in der Zerstreuung‹ jedoch einer bestimmten logischen Grundierung der Relationsstiftung bedarf, scheint auf ein moderne Episteme hinzuweisen, auf die auch Foucault (wenn auch implizit) referiert. Denn, ob sich die modernen Subjekte mit Hilfe ihrer Sprach-Werke, die sowohl ästhetischer als auch szientistischer Art sein können,

151 Achim Geisenhanslüke: Die Philosophie auf der Schwelle zur Literatur. Über Michel Foucault. In: Richard Faber und Barbara Naumann (Hg.): Literarische Philosophie – Philosophische Literatur. Würzburg 1999, S. 169–185, hier: S. 181. Vgl. zu Foucaults Auseinandersetzung mit der Literatur auch Geisenhanslüke: Foucault und die Literatur. Eine diskurskritische Untersuchung. Opladen 1997. Hier weist Geisenhanslüke nach, dass Foucault mit seinem Gewährsmann Mallarmé eine schlechte Wahl für seine Argumentation der Literatur der Moderne als Gegendiskurs getroffen hat, denn Mallarmé versucht mit seiner Poesie gleich Novalis nicht ein rohes Sein der Sprache zur Darstellung zu bringen, sondern in negativer Weise »ein die Sprache durchwirktes Absolutes dichterisch zu evozieren.« (Ebd., S. 215) Damit etabliere Mallarmé keine Gegenposition zu Kant, sondern bestätige geradezu in einer negativen Darstellung dessen in der *Kritik der Urteilskraft* entworfenen Theorie einer Annäherung an das Absolute.

wieder einen Raum erschreiben, der Beziehungen stiftet, scheint eine Frage der Relation zu sein, die nicht nur zwischen Wissenschaft und Ästhetik, sondern auch zwischen Subjekt und Umwelt Beziehungen herstellt.

2 Die Analogie – Geschichte und Systematik

Im Gegensatz zur Metapher, die bereits einen etablierten Forschungsschwerpunkt in der Philosophie, der Theologie, der Literaturwissenschaft, der Linguistik und der Psychologie bildet,[152] scheint die Analogie im wissenschaftlichen Kontext immer noch den Status eines »schillernde[n] Begriff[s]«[153] zu haben. »There is no word, however, which is used more loosley, or in a greater variety of senses, than analogy.«[154] John Stuart Mills Einschätzung zu Beginn des 19. Jahrhunderts zeigt nochmals das gängige Verdikt gegenüber der Analogie, das sie nicht nur als methodisches Instrument (vgl. Einleitung), sondern auch als Forschungsgegenstand diskreditiert. Die Analogie ist zwar Akteur in zahlreichen historischen und systematischen Analysen, wird dort aber häufig nur äußerst vage als ›Entsprechung‹ oder ›Ähnlichkeit‹ umschrieben, sodass man eine erstaunliche Diskrepanz zwischen ihrer langen Wirkmächtigkeit und ihrer theoretischen Erfassung feststellen kann.[155] Es scheint an dieser Stelle notwendig, der impliziten Auffor-

152 Eine umfassende Überblicksdarstellung zum Forschungsfeld der Metapher bietet u.a. Maarten Josephus Franciscus Maria Hoenen: Art. Analogie. In: Historisches Wörterbuch der Rhetorik, hg. von Gert Ueding, Bd. 1, A – Bib. Tübingen 1992, Sp. 498–514; Sabine Maasen und Peter Weingart: Metaphor and Dynamics of Knowledge. London/New York 2000; Eckhard Rolf: Metaphertheorien. Typologie – Darstellung – Bibliographie. Berlin/New York 2005; Dieter Lau: Metaphertheorien der Antike und ihre philosophischen Prinzipien. Frankfurt/M. 2006; Ralf Konsermann: Wörterbuch der philosophischen Metaphern. Darmstadt 2007; Stefan Willer: Art. Metapher/metaphorisch. In: Ästhetische Grundbegriffe. Historisches Wörterbuch in sieben Bänden, Bd. 7. Stuttgart/Weimar 2005, S. 89–148.

153 Gunnar Berg: Eröffnung. In: Klaus Hentschel (Hg.): Analogien in Naturwissenschaften, S. 7–13, hier: S. 8.

154 John Stuart Mill: A System of Logic. Ratiocinative and Inductive. Being a Connected View of the Principles of Evidence, and the Methods of Scientific Investigation. Part I (1843). In: The Collected Works of John Stuart Mill in 33 Volumes, hg. von John M. Robson. Toronto 1974, Vol. VII, S. 554. Dabei definiert Mill die Analogie dann selbst wiederum sehr eindeutig, wenn er versucht Aussagen über unbekannte Natur-Systeme bzw. menschliches Verhalten zu treffen. Denn die Analogie ermögliche neben der Induktion Vorhersagen über Korrespondenzen in verschiedenen Systemen. Insofern setzt Mill die Analogie als rationales Aussageinstrument ein, das auch heute noch zur statistischen Auswertung beobachtbaren Verhaltens in der Psychologie genutzt wird. Vgl. hierzu Bradley Rodgers und David Landy: Investigating Rational Analogy in the Spirit of John Stuart Mill: Bayesian Analysis of Confidence about Inferences across Aligned Simple Systems. In: CogSci 2016, S. 1301–1306.

155 Schon der Mathematikhistoriker Árpád Szabó verweist darauf, dass die Analogie bzw. die Proportion keine Erfindung der Griechen sei, sondern, dass man die »Anfänge wohl auch schon in dem primitivsten menschlichen Denken nachweisen« könne. Vgl. Árpád Szabó: Anfänge der

https://doi.org/10.1515/9783110986969-002

derung von Mill nachzugehen und in einem ersten Überblickskapitel den begrifflichen Ursprung der Analogie zu klären, um ihre konzeptuelle Anlage und ihre funktionelle(n) Aufgabe(n) aus ihrer geschichtlichen Genese heraus zu verstehen.

Entwickelt hat sich der Analogiebegriff in der Antike, speziell in der griechischen Mathematik, deren Terminologie auch für ihren Namen verantwortlich ist. Dem wortwörtlichen Sinne nach bedeutet Analogie nichts anderes als eine Erweiterung des mathematischen λόγος(Logos)-Begriffs, der ein Verhältnis von zwei Größen angibt, sodass der erweiterte Terminus ἀνα λόγον demzufolge »verhältnisgleich« bzw. »dem Logos gleich« meint.[156] Die Analogie ist in der Antike kein alltäglicher Begriff, sondern wurde speziell für die Mathematik bzw. die Musiktheorie eingeführt, hatte aber außerhalb davon zunächst keine besondere Bedeutung.[157]

griechischen Mathematik. München/Wien 1969, S. 138. Thomas Schneider bestätigt diesen Befund und zeigt den Gebrauch der Analogie in altägyptischen Darstellungen auf, wo die Analogie zwischen singulären alltäglichen Ereignissen und dem universellen Ganzen, d.h. »zwischen der Gegenwart und der (z.B. im Mythos vorgelegten) sinnvollen Kohärenz des Kosmos«, eine sinnhafte Ordnung stiftet. Dies ist besonders der Fall, wenn es sich um Ereignisse handelt, die die gegenwärtige Ordnung bedrohen. Dann werden diese »in ihrer Stabilität tangierten Systeme durch die Analogie an die sinnhafte Ordnung zurück[gebunden, S.G.] und restituier[en, S.G.] ihre Stabilität«. Thomas Schneider: Die Waffe der Analogie. Altägyptische Magie als System: In Karen Gloy und Manuel Bachmann (Hg.): Das Analogiedenken. Vorstöße in ein neues Gebiet der Rationalität. Freiburg/München 2000, S. 37–86, hier: bes. S. 61 und S. 82.

156 Vgl. zu den Ausführungen des mathematischen Begriffs der Analogie Szabó: Anfänge der griechischen Mathematik, bes. S. 47 und S. 193ff.; sowie Karl Bärthlein: Der Analogiebegriff bei den griechischen Mathematikern und bei Platon [Dissertation 1967], hg. von Josip Talanga, Würzburg 1996, bes. S. 17ff.

157 Für den Mathematikhistoriker Szabó ist die mathematische Proportionslehre der Griechen entscheidend durch deren musiktheoretischen Experimente beeinflusst, wonach musikalische Intervalle als Zahlenverhältnisse ausgedrückt werden, die man sich als Streckenabschnitte einer klingenden Saite vorstellte. Seiner Ansicht nach haben die für die Proportionslehre und den Analogiebegriff wichtigen Begriffe wie λόγος (Zahlenverhältnis) und διάστημα (Streckenabschnitt/Intervall) ihren Ursprung in der griechischen Musiktheorie und werden dann von der Geometrie übernommen. Vgl. Szabó: Anfänge der griechischen Mathematik, S. 131ff. Gleichzeitig muss jedoch bedacht werden, dass die Musiktheorie auf mathematischen Gesetzmäßigkeiten beruht, sodass hier wohl mehr eine gleichzeitige Entwicklung angenommen werden kann. Zudem ist der Analogiebegriff nicht allein durch die Proportion bestimmt, sodass man auch diese Herleitung mit Einschränkungen betrachten muss.

Jedoch wird sie schnell im Zuge eines mathematischen Weltverständnisses von der antiken Philosophie entdeckt und wandert von dort aus in andere Disziplinen.[158] Insgesamt kann man aber festhalten, dass die Analogie stets, und dies zeigt sich noch im Jahre 1888 anhand des Lemmas in *Pierers Konversationslexikon*, »ein Kunstausdruck fast in allen Wissenschaften«[159] bleibt, was ihren Status als *terminus technicus* seit ihrer ursprünglichen Definition verdeutlicht.

Dass die Analogie vor allem aufgrund ihrer mathematischen Prägung als logisches Erkenntnisinstrument genutzt wird, lässt sich anhand ihrer weiteren Begriffstradition erkennen. Diese Beobachtung widerspricht insofern der in der Forschung weitverbreiteten Annahme, die Analogie hätte seit dem Beginn der frühen Neuzeit als *analogia entis* ihren ursprünglich mathematisch-logischen Gehalt verloren und würde von da an lediglich als ›Ähnlichkeit‹ und ›Entsprechung‹ auf sprachlicher Ebene wirken.[160] Zwar wird die Analogie seit dem 11. Jahrhundert in der scholastisch-christlichen Tradition im Spannungsfeld von Univokation (auch Synonymie; zwei Gegenstände haben den gleichen Namen und die gleiche Bedeutung) und Äquivokation (zwei Dinge haben den gleichen Namen, sind aber wesensverschieden) vorwiegend als rhetorische Figur verstanden, die in der Lage ist, ontologische Ähnlichkeitsstrukturen zu erfassen,[161] jedoch lässt sich bereits

---

158 Tatsächlich nutzt bereits Sokrates die Analogie in einer ›strengen wissenschaftlichen Form‹, was ebenso von Platon übernommen wird. Siehe Erhard-Wolfram Platzeck: Von der Analogie zum Syllogismus. Paderborn 1954, S. 11. Aristoteles ist jedoch der erste, der den Begriff der Analogie bzw. das Verfahren des Analogieschlusses auch außerhalb des philosophisch-metaphysischen Kontextes innerhalb seiner rhetorisch-poetischen sowie seiner naturwissenschaftlichen Schriften gebraucht. Vgl. Wilfried Fiedler: Analogiemodelle bei Aristoteles. Untersuchungen zu den Vergleichen zwischen den einzelnen Wissenschaften und Künsten. Amsterdam 1978. Historisch wichtig ist neben dieser speziell durch Aristoteles geprägten Tradition auch die Übernahme in die Grammatik als »Entsprechung« im Sinne einer gleichmäßigen Wortbildung unterschiedlicher Wörter, wie sie zum Teil auch im 18. Jahrhundert gebraucht wird. Vgl. hierzu Wolfgang Kluxen: Art. Analogie. In: Historisches Wörterbuch der Philosophie, hg. von Joachim Ritter. Bd. 1 A – C, Sp. 214–227, hier: Sp. 216ff. Siehe dazu auch die Ausführungen weiter unten.

159 Pierer's Universal-Lexikon der Vergangenheit und Gegenwart oder Neuestes encyklopädisches Wörterbuch der Wissenschaften, Künste und Gewerbe: Art: Analogie. Altenburg 1857. Bd. 1 A – Aufzwingen, S. 448.

160 Vgl. hierzu die Tagungsankündigung: Analogie. Zur Aktualität eines philosophischen Grundbegriffes. Die Tagung fand am 4. und 5. Juli 2013 an der Universität Tübingen statt und wurde von Alina Noveanu, Dietmar Koch und Niels Weidtmann veranstaltet. (Der Tagungsband ist bis dato noch nicht erhältlich und kann deshalb für die vorliegende Publikation nicht mehr beachtet werden.)

161 Vgl. zum scholastischen Prinzip der Analogie Erich Przywara: Analogia entis. Metaphysik. Einsiedeln 1962; Lorenz Bruno Puntel: Analogie und Geschichtlichkeit. Freiburg/Br. 1969, bes. S. 171–303; Wolfhart Pannenberg: Analogie und Offenbarung. Eine kritische Untersuchung zur

dort die Einschätzung eines Verlustes der alten mathematischen Definitionen disziplinintern widerlegen. Denn Thomas von Aquins Einteilung in eine *analogia attributionis* (ein Begriff wird abgeleitet, attributiv auf einen anderen übertragen. Der Heiltrunk ist gesund, weil sich ›gesund‹ von der ›Gesundheit‹ des Menschen ableitet) und *analogia proportionalis* (Gleichheit der Verhältnisse. Das leibliche Sehen des Menschen verhält sich zur geistigen Einsicht gleich) verweist auf begrifflicher Ebene immer noch auf den mathematischen Ursprung einer distribuierenden und proportionalen Form und bestätigt die Fortführung der mathematischen Analogiemodelle (die sich, wie weiter unten zu zeigen sein wird, genau auf jene zwei Konzepte zurückführen lassen). Deshalb muss die in den Aufklärungs-, Idealismus- und Romantikforschungen immer wieder angeführte Tradition der scholastischen *analogia entis* für die Analogiekonzepte um 1800 hier differenzierter betrachtet werden. Schließlich beruht auch das *analogia entis* Konzept vorwiegend auf einer mathematischen Struktur, die durch die ursprüngliche Analogiedefinition präfiguriert wird.

Trotz des logischen Gehalts erfährt die scholastische Analogie immer wieder Zurückweisungen. Grund dafür mag ihre ontologische Grundierung sein, die die Verhältnisbeziehungen der Dinge durch ein einheitliches Sein erklärt. Für den Naturwissenschaftler Francis Bacon werden hier (onto-)logische Schlüsse vorschnell auf die Natur angewandt, wodurch alles zu allem in Beziehung treten könne. Losgelöst von einem ontologischen Rahmen schätzt Bacon die Analogie jedoch als szientistische Methode, da durch sie neue Erkenntnisse in der Wissenschaft möglich werden. Es wird deutlich, dass die Analogie ihre logische Grundform durchgängig beibehält, jedoch vor dem Hintergrund der jeweiligen Wirklichkeitsannahme unterschiedliche Dinge beweisen soll. Ist nach der ontologisch-scholastischen Theorie der Zusammenhang der Wesen bereits durch einen göttlichen Seinsgrund vorgegeben, macht sich eine empirische Naturwissenschaft (im Sinne Bacons) zuallererst auf die Suche nach den Zusammenhängen. Durch Bacon erhält die Analgie ab dem 17. Jahrhundert wieder eine grundlegende szientistische Funktion und ist dann in Folge ein wichtiger Bestandteil

Geschichte des Analogiebegriffs in der Lehre von der Gotteserkenntnis. Göttingen 2007. Vgl. zum Mikro-Makrokosmos-Denken Matthias Gatzemeier und Helmut Holzhey: Art. Makrokosmos/Mikrokosmos. In: Historisches Wörterbuch der Philosophie. Band 5. L – Mn, hg. von Joachim Ritter, Karlfried Gründer und Gottfried Gabriel. Basel 1980, Sp. 640–649; Frank Fehrenbach: ›Mikrokosmos‹ und ›zweite Natur‹ – Krise einer naturphilosophischen Analogie. In: Hans-Werner Ingensiep und Richard Hoppe-Sailer (Hg.): Naturstücke. Zur Kulturgeschichte der Natur. Ostfildern 1996, S. 42–68.

des Rationalisierungsprozesses von Philosophie und Wissenschaft.[162] Inwiefern sich dieser Prozess im Kontext des späten 18. Jahrhunderts fortsetzt und um neue Impulse der spekulativen und erkenntnistheoretischen Fragestellungen der Zeit erweitert wird, soll deshalb auch im Zusammenhang des historisch-systematischen Überblicks mitverhandelt werden.

Neben der Funktion, Verhältnisse zwischen bekannten Gegenständen abzubilden, zeigt sich bereits bei Bacon noch eine weitere Funktion der Analogie. Als *scientia analogia* ist sie in der Lage unbekannte Gegenstände durch Vergleich mit bekannten zu erläutern.[163] Die Verhältnisstruktur der Analogie zeichnet sie somit als logisch-formales und kreativ-heuristisches Instrument gleichermaßen aus. Ihre Fähigkeit, unbekanntes Terrain zu ergründen, wird um 1800 für die Frage nach der Struktur der Erkenntnis selbst von Interesse, wenn dort die dunklen sinnlichen Verstandesvermögen erstmals mit Bezug auf die bekannten rationalen beleuchtet werden. Denn es ist der Analogie zu verdanken, dass sie die neue Disziplin der Ästhetik zuallererst ins Leben ruft – und zwar *per analogiam* zur Logik. Wenn sich die Ästhetik auf diese Weise wieder an der Logik orientiert, belebt sie eine bis dahin verschüttete Tradition der antiken Rhetorik. Und bereits dort vermittelt die Analogie zwischen den beiden Bereichen. Es soll deshalb im

162 Dedre Gentner und Michael Jeziorsky: The Shift from Metaphor to Analogy in Western Science. In: Andrew Ortony (Hg.): Metaphor and Thought. Cambridge 1993, S. 447–480. Neben den in dieser Studie im Fokus stehenden Wissenschaftlern Sadi Carnot (1796–1832) und Robert Boyle (1627–1691) haben bereits auch einige Untersuchungen zu Francis Bacons *Novum Organon* (1620) zeigen können, dass dieser den wissenschaftlichen Nutzen der Analogie eigens betont und sich die folgende wissenschaftliche Erkenntnistheorie immer wieder auf ihn beruft. So schreibt Bacon: »Itaque convertenda plane est opera ad inquirendas & notandas rerum Similitudines & Analoga, tam in integralibus quam partibus. Illae enim sunt quae Naturam uniunt, & constituere Scientias incipiunt.« (»Daher muss die ganze Arbeit auf die Untersuchung und Kennzeichnung der Ähnlichkeiten und Analogien der Dinge gewendet werden, sowohl in den Teilen als auch im Ganzen. Diese nämlich sind es, welche die Natur vereinigen und die Grundlage der Wissenschaft konstituieren«, übers. S.G.) Francis Bacon: Novum Organum Scientiarum, Amstelodamum 1660, Aph. XXVII, S. 231, Vgl. hierzu William Hilton Leatherdale: The Role of Analogy, Model and Metaphor in Science. Amsterdam 1974, S. 4–8; Bacon lehnt die scholastischen ›Methode der Antizipation‹ ab, die allein aufgrund logischer Schlüsse vorschnell auf die Natur angewendet würde, und möchte dagegen eine ›Methode der Interpretation‹ etablieren, die sich der sinnlichen Beobachtung der Dinge widmet. Vgl. Wolfgang Krohn: Francis Bacon. München 1987, S. 98ff.

163 Vgl. Claus Zittel: »Truth is the daughter of time«. Zum Verhältnis von Theorie der Wissenskultur, Wissensideal, Methode und Wissensordnung bei Bacon. In: Ders. und Wolfgang Detel (Hg.): Wissensideale und Wissenskulturen in der Frühen Neuzeit. Ideals and Cultures of Knowledge in Early Modern Europe. Berlin 2002, S. 213–239, hier: S. 227.

Folgenden diese Verbindung von logischem und rhetorischem Gehalt der Analogie eine besondere Aufmerksamkeit zuteilwerden. Denn im Gegensatz zum Substitutionsnarrativ der Forschung lässt sich anhand der antiken Definition zeigen, dass gerade in der Verbindung von Logik und Rhetorik die Eigentümlichkeit des Analogiebegriffes begründet liegt, die wiederum die Verschränkung der beiden Disziplinen als analoge bedingt. Kann man die Analogie entlang ihrer eigenen konzeptionellen Anlage als mathematisch-logische, philosophisch-epistemische, wissenschaftlich-heuristische und rhetorisch-ästhetische Figur bestimmen, dann wird die spezielle Mediationsleistung der Analogie im funktionalen Differenzierungsprozesses der Moderne deutlich, die Erkenntnis nicht mehr intra-, sondern interdisziplinär bestimmt.

Damit bereitet die Zeit um 1800 jene moderne Funktionalisierung des Analogiebegriffes als mediative Tätigkeit im wissenschaftlichen Kontext vor, die den von Hegel in der *Phänomenologie des Geistes* erstmals eingeführten Begriff der ›Vermittlung‹ vor dem Hintergrund einer als parzelliert wahrgenommenen Moderne praktisch vorführt. Denn obwohl die Analogie stets Gegenstand kontroverser Diskussionen ist und das »analogische Denken *prima facie*«[164] in der theoretischen Auseinandersetzung der induktiv vorgehenden Wissenschaften als »invalides Argument«[165] oder »als bloß heuristische[s] Instrumentari[um]«[166] herabgesetzt erscheint, darf nicht übersehen werden, dass sie sich trotz aller Vorbehalte seit dem 19. Jahrhundert zwar nicht im theoretischen, aber im praktischen Sinne, zu einem epistemischen Grundbegriff und zu einer gängigen Forschungspraxis in so unterschiedlichen Disziplinen wie der Biologie, der Linguistik, der Kognitionspsychologie oder auch der Physik etablieren konnte. In diesen Fächern übernimmt sie eine grundlegende Funktion, wenn sie konvergente Entwicklungen, Anpassungsvorgänge, mentale Übertragungsprozesse oder Zusammenhänge dynamischer Systeme beschreiben und allererst zugänglich machen kann.[167] Die neuerliche Wertschätzung der Analogie, die in der jüngsten For-

164 Olaf Breidbach und Frederico Vercellone: Anschauung denken. Zum Ansatz einer Morphologie des Unmittelbaren. München 2011, S. 132.

165 Vgl. Mario Bunge: Analogy in Quantum Theory. From Insight to Nonsense. In: British Journal for the Philosophy of Science 18 (1967), S. 265–286 (1967), hier: S. 267.

166 Olaf Breidbach und Frederico Vercellone: Anschauung denken, S. 132.

167 Zur Analogie in der Biologie sowie auch in Abgrenzung zur Homologie vgl. Toepfer: Art. Analogie, S. 1ff. In diesem Kontext beschreibt die Analogie die Ähnlichkeit von Strukturen oder Funktionen bei unterschiedlichen Lebewesen als Ergebnis einer Umweltanpassung, was zum Teil auch als konvergente Evolution verstanden wird. In der Sprachwissenschaft erfährt die Ana-

schung bei Kognitionswissenschaftlern wie Douglas R. Hofstadter und Emmanuel Sander oder auch der Philosophin Karen Gloy, sogar dazu führt, sie zur grundlegenden Denkform zu stilisieren, lässt sich meines Erachtens nur vor dem Hintergrund eines modernen Analogiebegriffes verstehen, der seine wichtigste Konturierung in der Zeit um 1800 erfährt. Damit versucht die vorliegende Arbeit nicht nur eine wichtige zeitliche Lücke innerhalb der Analogieforschung zu

logie bereits seit Wilhelm von Humboldts Analysen eine gewisse Prominenz. Die Analogie übernimmt zu jener Zeit zwei Funktionen, einerseits beschreibt sie die Angleichung von Lautformen an bereits existierende Laute in der Entwicklung der Sprache, andererseits dient sie zur Untersuchung verschiedener Sprachen in Hinblick auf ihre Ähnlichkeit. Vgl. hierzu Roggenbuck: Analogie als Ausgangspunkt für Vergleich und Klassifikation. Sprachwissenschaft des 19. Jahrhunderts. In: Eggers (Hg.): Von Ähnlichkeiten und Unterschieden; besonders die erste Bedeutung dominiert seit dem 19. Jahrhundert die Analogieforschung der Sprachwissenschaft in Hinblick auf Wortbildungs- und Sprachwandelkonventionen (vgl. Ferdinand de Saussure: Grundfragen der allgemeinen Sprachwissenschaft, hg. von Charles Bally und Albert Sechehaye. Berlin/New York [3]2001, S. 192ff.; Hans Helmut Christmann: Zum Begriff der Analogie in der Sprachwissenschaft des 19. Jahrhunderts. In: Festschrift Kurt Baldinger 17. November 1979, hg. von Manfred Höfler, Henri Vernay und Lothar Wolf. Tübingen, 1979. Bd. 1, S. 102–115; Yali Gao: Analogie und Wortbildung. Eine Wortbildungstheoretische Anwendung des Analogiebegriffs Wilhelm von Humboldts. Dissertation. Universität Passau 2000; Damaris Nübling, in Zusammenarbeit mit Antje Dammel, Janet Duke und Renate Szczepaniak: Historische Sprachwissenschaft des Deutschen. Eine Einführung in die Prinzipien des Sprachwandels. Tübingen 2006, S. 44ff.). Im Bereich der Kognitionspsychologie wird die Analogie als mentale Funktion bestimmt, indem das analoge Zuordnen neuer Fakten und Konzepte als elementarer Mechanismus unseres Denkens verstanden wird (vgl. hierzu Gentner: Mechanisms of Analogical Learning. In: Stella Vosniadou und Andrew Ortony (Hg.): Similarity and Analogical Reasoning. Cambridge 1989, S. 199–241; David E. Rumelhart und Donald A. Norman: Analogical Processes in Learning. In: John R. Anderson (Hg.): Cognitive Skills and their Acquisition. Hillsdale, NJ 1981, S. 335–361), uns neue wissenschaftliche Prinzipien erschließen lässt (vgl. dazu Mary B. Hesse: Models in Physics. In: British Journal for the Philosophy of Science 4 (1954), S. 198–214; Michael Haider: Der Stellenwert von Analogien für den Erwerb naturwissenschaftlicher Erkenntnisse. Bad Heilbrunn 2010) und uns beim Verstehen und Interpretieren von alltäglichen Situationen hilft (Keith J. Holyoak und Pauk Thagard: Analogical Mapping by Constraint Satisfaction. In: Cognitive Science 13 (1989), S. 295–355; Douglas R. Hofstadter: Epilogue. Analogy as the Core of Cognition. In: Dedre Gentner, Keith J. Holyoak und Boicho N. Kokinov (Hg.): The Analogical Mind. Perspectives from Cognitive Science. Cambridge, MA 2001, S. 499–531; Douglas R. Hofstadter und Emmanuel Sander: Die Analogie. Das Herz des Denkens, aus dem Amerikanischen von Susanne Held. Stuttgart 2014). Auch die Physik nutzt für die Beschreibung dynamischer Systeme Analogien, um die Ähnlichkeit der tieferliegenden Gesetzmäßigkeiten zu beschreiben (vgl. Marry B. Hesse: Models in Physics; Michael Ruse: The Value of Analogical Models in Science. In: Dialogue 12 (1973), S. 246–253).

schließen, sondern auch ein besseres begriffliches und theoretisches Verständnis dieses bedeutsamen Begriffes in seiner modernen Etablierungszeit und weiteren Entwicklung zu liefern.

2.1 Die mathematisch-philosophische Analogie

Strukturanalogie

Ursprünglich ist die Analogie ein Begriff der griechischen Mathematik der Antike. Es entwickeln in jener Zeit gleich mehrere mathematische Analogiemodelle, wovon, wie ich im Folgenden herausarbeiten möchte, sich vor allem zwei Modelle im Laufe der Zeit durchsetzen werden. Heutzutage ist meist nur noch eine Form, die sogenannte *geometrische Analogie*, bekannt, die den Verhältnisbegriff λόγος von zwei Zahlen auf drei bis vier erweitert. Damit ergibt sich das bekannte Schema der *geometrischen Analogie*, die auch als *Proportionalitätsanalogie* oder als *Proportion* bezeichnet wird, als Entsprechung von a : b = c : d.[168] Warum jedoch gerade diese Form der Verhältnisgleichheit für die nachfolgende Geschichte der Analogie eine so grundlegende Bedeutung erhält, soll an dieser Stelle kurz erläutert werden.

Bereits im 4. Jahrhundert v. Chr. beschäftigen sich Mathematiker wie Hippokrates von Chios, Archytas von Tarent, Eudoxos von Knidos oder auch Euklid mit der Analogie, wobei besonders letztgenannter eine umfassende Lehre dazu erstellt, die im fünften und sechsten Buch seiner Στοιχεία (Elemente) überliefert ist. Wenn die Analogie ganz allgemein nach dem ›Verhältnis‹ von Größen fragt, scheint dies, wie Stefan Gerlach angibt, vor dem Hintergrund eines modernen mathematischen Verständnisses nicht allzu bedeutsam zu sein, da die mathematische Erkenntnis hier nicht über eine einfache Bruchrechnung hinausgeht bzw. diese zum Teil nicht einmal erfüllt. Führt man sich aber nach Gerlach vor Augen, dass die Griechen weder die Null, noch negative und rationale Zahlen kannten, dann wird deutlich, dass einem solch vergleichenden Betrachten vor dem Hinter-

168 Vor allem durch Ciceros Übersetzung hat sich neben dem griechischen auch der lateinische Begriff ›Proportion‹ für die Verhältnisgleichheit durchgesetzt: »Id optime adsequitur, quae Graece ἀναλογία, Latine (audendum est enim, quoniam haec primum a nobis novantur) comparatio proportione dici potest.« (»Dies erzielt am besten das, was auf Griechisch αναλογία (Analogie), Lateinisch (nun ist Kühnheit vonnöten, da dieser Ausdruck von mir neu geschaffen wird) comparatio (›Verbindung des Gleichen mit Gleichem‹) oder proportio (›ausgewogenes Verhältnis‹) genannt werden kann.«) Cicero: Timaeus De Universitate, IV 12, S. 24–25, Lateinisch-Deutsch, hg. und übersetzt von Karl und Gertrud Bayer. Düsseldorf 2006.

grund der beschränkten mathematischen Operationen der Antike die grundlegende Aufgabe zukommt, Angaben über die qualitative Beschaffenheit der Beziehung von Größen zu machen und wesentliche Fragen nach ihrer Vereinbarkeit zu beantworten.[169] Um zwei Größen miteinander zu vergleichen, braucht es mindestens eine dritte, auf die man sie beziehen kann. Und dies ist der Schritt, an dem sich die λόγος-Frage in eine ἀνα λόγον-Frage (*je nach Logos gleich*, d.i. auf den Logos bezogen gleich) verwandelt. Kann man mit Hilfe der dritten Größe zeigen, dass die zwei verglichenen Größen einen Bezug zueinander aufweisen, kann ihre Beziehung als *verhältnisgleich* (die Beziehung von zwei Größen zueinander) bestimmt werden:

> ς' Τὰ δὲ τόν αὐτὸν ἔχοντα λόγον μεγέθη, ἀνάλογον καλείσθω. [...]
> η' Ἀναλογία δὲ ἐν τρισὶν ὅροις ἐλαχίστη ἐστίν.
> ι' Ὅταν δὲ τρία μεγέθη ἀνάλογον ᾖ, τὸ πρῶτον πρὸς τὸ τρίτον διπλασίονα λόγον ἔχειν λέγεται ἤπερ πρὸς τὸ δεύτερον.
> (6. Deswegen werden Größen, die dasselbe Verhältnis haben, analog genannt. [...]
> 8. Analog sind drei Glieder in einer Reihe mit dem kleinsten Abstand.
> 9. Drei Größen stehen immer dann im gleichen Verhältnis, wenn sich die erste zu der dritten in dem Verhältnis verhält wie die verdoppelte erste zur verdoppelten zweiten. Übers. S.G.)[170]

Die hier beschriebene kontinuierliche Analogie mit drei Elementen $a : b = b : c$ $(1 : 2 = 2 : 4)$ reicht für die Frage nach der Verhältnisgleichheit bereits aus und deutet die Grundgestalt der *tertium comparationis* Struktur an, die später für logische, sprachlogische und rhetorische Fragestellungen übernommen wird. Der Zusammenhang und damit die Kontinuität zwischen zwei Bereichen wird durch die Vermittlung einer dritten Größe erreicht, die einen geregelten Abstand zwischen beiden und einen Bezugspunkt für beide herstellt. Mit Hilfe dieser Analogieform wird bereits die grundlegende Frage eines Verhältnisses zwischen zwei Gegenständen verhandelt, was sie als grundlegende Form jeglichen Erkennens

---

169 Stefan Gerlach: Die Fügung der Welt. Mathematik und Ontologie der Proportionslehre im platonischen *Timaios*. In: Philosophisches Jahrbuch 115 (2008), S. 21–43; siehe außerdem Otto Toeplitz: Das Verhältniß von Mathematik und Ideenlehre bei Plato. In: Otto Becker (Hg.): Zur Geschichte der griechischen Mathematik. Darmstadt 1965, S. 44–75, hier: S. 48f.

170 Euklids Elemente zitiert nach der griechischen Ausgabe: Ευκλείδου Γεωμετρία Θεωρία 'Αριθμών. Στοιχείων βιβλία V, VI, VII, VIII, IX, hg. von Ευαγγέλου Σ. Σταμάτη. ΤΟΜΟΣ II. Βιβλία V. Athen 1953 (Euklids geometrische Zahlentheorie. Elemente Buch V, VI, VII, VIII, hg. von Evangelos Stamatis Athen 1953), S. 24.

stilisiert. Die heutzutage bekannte viergliedrige Analogie wird im mathematischen Sinne nur dann nötig, wenn man auch eine mathematische Demonstration der Größengleichheit über ein größtes gemeinsames Vielfaches anstrebt:

> ε᾽ Ἐν τῷ αὐτῷ λόγῳ μεγέθη λέγεται εἶναι πρῶτον πρὸς δεύτερον καὶ τρίτον πρὸς τέταρτον, ὅταν τὰ τοῦ πρώτου καὶ τρίτου ἰσάκις πολλαπλάσια τῶν τοῦ δευτέρου καὶ τετάρτου ἰσάκις πολλαπλασίων καθ' ὁποιονοῦν πολλαπλασιασμὸν ἑκάτερον ἑκατέρου ἢ ἅμα ὑπερέχῃ ἢ ἅμα ἴσα ᾖ ἢ ἅμα ἐλλείπῃ ληφθέντα κατάλληλα.
> ι᾽ Ὅταν δὲ τέσσαρα μεγέθη ἀνάλογον ᾖ, τὸ πρῶτον πρὸς τὸ τέταρτον τριπλασίονα λόγον ἔχειν λέγεται ἤπερ πρὸς τὸ δεύτερον, καὶ ἀεὶ ἑξῆς ὁμοίως, ὡς ἂν ἡ ἀναλογία ὑπάρχῃ
> (5. Es wird gesagt, dass Größen im gleichen Verhältnis stehen, die erste zur zweiten und die dritte zur vierten, wenn von dem gleichen Vielfachen des ersten und dritten dem gleichen Vielfachen des zweiten und vierten entsprechend, bei beliebiger Multiplikation, entweder beide sowohl größer oder beide sowohl kleiner oder beide gleich sind.
> 10. Vier Größen stehen immer dann im gleichen Verhältnis, wenn sich die erste zur vierten im Verhältnis verhält wie die verdreifachte erste zur verdreifachten zweiten, und wenn jedes Mal die Reihe durch ein gleiches Glied, das durch das gleiche Verhältnis bestimmt ist, hinzukommt. Übers. S.G.)[171]

Die viergliedrige Analogie ist nur dann wichtig, wenn Verhältnisbeziehungen miteinander verglichen werden sollen, um eine strukturelle Gleichheiten verschiedener Dinge zu überprüfen. Hier liegt der Fokus nicht mehr auf dem Verhältnis der Gegenstände, sondern auf dem Verhältnis ihres strukturellen Aufbaus. Dass die Analogieform der *Verhältnisgleichheit* insofern Größen als strukturierte Gebilde, d.h. als Figuren (μεγέθη) und nicht als Zahlen (ἀριθμοι) begreift, verdeutlicht den geometrischen Bezug dieses Analogiebegriffes.[172] Dergestalt kann man nicht nur geometrisch selbstähnliche Figuren, wie unterschiedliche große Quadrate hinsichtlich ihrer Flächengröße in geometrischen Folgen vergleichen (1 : 2, 2 : 4, 4 : 8 etc. = 1, 2, 4, 8),[173] sondern auch ganz unterschiedliche Größen wie Strecken, Flächen oder Volumen zueinander in Beziehung bringen.

---

171 Ebd.

172 Insofern widerspreche ich an dieser Stelle Karl Bärthlein, der davon ausgeht, dass Euklid nur die geometrische Analogie im Sinn hat, denn meines Erachtens unterscheidet Euklid ganz bewusst zwischen einer geometrischen und arithmetischen Form. Vgl. Bärthlein: Der Analogiebegriff bei den griechischen Mathematikern, S. 35.

173 Die Quadratfläche wird durch die Multiplikation der Quadratseiten berechnet: $x \cdot x$. Im Fall der Quadratverdoppelungen erkennt man, dass sich dahinter ein Reihen- bzw. im modernen mathematischen Sinn eine Folgebeziehung verbirgt, die durch einen Faktor bestimmt ist. Man spricht deshalb auch von der *Geometrischen Folge* bzw. *Geometrischen Progression*: $1, 1 \cdot 2, 1 \cdot 2^2, 1 \cdot 2^3$, etc. Siehe hierzu die Ausführungen zu Friedrich von Hardenberg.

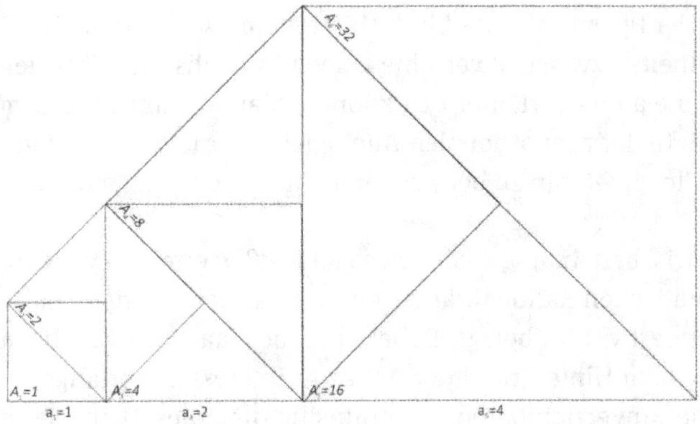

Abb. 1: Geometrische Folge 1 : 2 :: 2 : 4 (Bilderstellung: Florian Duschl)

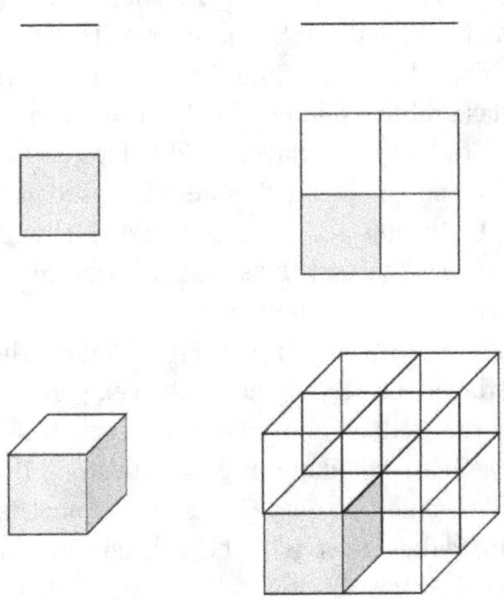

Abb. 2: Proportionsverhältnisse zwischen Strecke 1 : 2 :: Fläche 1 : 4 :: Volumen 1 : 8 (Reihe: 1, 2, 4, 8) (Bilderstellung: Florian Duschl)

Dies führt soweit, dass der Physiker James Clerk Maxwell im 19. Jahrhundert gesetzliche Strukturgleichheiten zwischen verschiedenen physikalischen Theorien angibt, um eine durch die andere erläutern zu können. Man erkennt in diesem Zusammenhang die Stärke der proportionalen Analogieform, die darin besteht, Heterogenes auf seine Gleichheit hin zu befragen und damit Kohärenz auf höherer Ebene herzustellen.

Mit Hilfe der geometrischen Analogie können sogar Größen ermittelt werden, die jenseits der mathematischen Rationalität liegen, wie das Beispiel der Irrationalzahlen im 5. Jahrhundert v. Chr. belegt. Dabei, und dies macht das Problem der Irrationalzahlen vor dem Hintergrund der Arbeit so interessant, erlangt die Analogie den Status eines unverzichtbaren Erkenntnisinstrumentes. Denn sie ist in der Lage zwischen Wissen und Nicht-Wissen eine Beziehung herzustellen und verhilft damit nicht nur der in die ›Krise‹ geratene Mathematik zu einer einmaligen Lösung.[174] Platon schätzt das innovative Vorgehen der Mathematik und erkennt in der Analogie zugleich ein genuin philosophisches Werkzeug.[175] Im Dialog *Θεαίτητος* (Theaitetos) erklärt der gleichnamige Mathematiker Theaitetos

---

174 Helmut Hasse und Heinrich Scholz: Die Grundlagenkrise der griechischen Mathematik. Charlottenburg 1928; Hans Wußing: Vorlesungen zur Geschichte der Mathematik. Berlin 1979, S. 57; Dirk Struik: Abriß der Geschichte der Mathematik. Berlin 1980, S. 56. Gleichzeitig wird jedoch von anderen Forschungen herausgestellt, dass die sogenannte ›Krise‹ nicht so erschütternd gewesen sein konnte, da die Mathematik das Problem relativ schnell zu beheben wusste. Vgl. Walter Burkert: Weisheit und Wissenschaft. Studien zu Pythagoras, Philolaos und Platon. Nürnberg 1962, S. 431–440. Zum selben Ergebnis kommen Leonid Zhmud: Wissenschaft, Philosophie und Religion im frühen Pythagoreismus. Berlin 1997, S. 170–175, David H. Fowler: The Mathematics of Plato's Academy. Oxford 1987, S. 302–308 und Hans-Joachim Waschkies: Anfänge der Arithmetik im Alten Orient und bei den Griechen. Amsterdam 1989, S. 311.

175 Szabó: Anfänge der griechischen Mathematik, S. 38–131; Kurt von Fritz: Platon. Theaetet und die antike Mathematik. Darmstadt 1969; Gerlach: Die Fügung der Welt; vgl. generell zum Einfluss der pythagoreischen Mathematik auf Platons Denken und speziell auf seine Ideenlehre Toeplitz: Das Verhältnis von Mathematik und Ideenlehre bei Plato; Jürgen Mittelstraß: Die griechische Denkform. Von der Entstehung der Philosophie aus dem Geiste der Geometrie. Berlin/Boston 2014, bes. S. 72–93; Luc Brisson: Platon, Pythagore et les Pythagoriciens. In: Monique Dixsaut und Aldo Brancacci (Hg.): Platon, Source des Présocratiques. Exploration. Paris 2002, S. 21–46. Vgl. zu Platons Auseinandersetzung mit dem Inkommensurabilitätsproblem Erich Frank: Platon und die Pythagoreer. Halle 1923; Helmut Hasse und Heinrich Scholz: Die Grundlagenkrisis der griechischen Mathematik. Charlottenburg 1928, S. 10ff.; Fritz: Grundprobleme der Geschichte antiker Wissenschaft, Berlin 1971, S. 546ff.; Szabó: Die Anfänge der griechischen Mathematik, S. 61ff., S. 79ff. und S. 123. Gustav Adolf Seeck: Platons Theaitetos. Ein kritischer Kommentar. München 2010, S. 145ff.; Jörg Hardy: Platons Theorie des Wissens im »Theaitet«. Göttingen 2001, bes. S. 24ff; David Sedley: The Midwife of Platonism. Oxford 2004, S. 19–27; Zina Giannopoulou: Plato's Theaetetus as a Second Apology. Oxford 2013, S. 29–37.

zunächst anhand eines Quadrats das Auftreten von Irrationalzahlen: Bildet nämlich in einem Quadrat die Seitenlänge eine natürliche Zahl, ergibt sich für die dazugehörige Diagonale eine irrationale Wurzelzahl. Nach dem pythagoreischen Lehrsatz entspricht die Diagonale der Hypotenuse eines gleichschenklig-rechtwinkligen Dreiecks. Bei der Berechnung der Diagonale eines Quadrats folgt aus diesem Lehrsatz, dass hier Größen auftreten, die als »Wurzeln« und zwar als quadratische Irrational-Wurzeln zu bezeichnen sind, die sich nicht mehr als rationale Zahlen darstellen lassen. Im Falle eines Quadrats mit Seitenlängen aus natürlichen Zahlen ist dies $\sqrt{2}$, denn aus $a^2+a^2= d^2$ folgt $d =\sqrt{2a^2} = a\sqrt{2}$ [176] (vgl. Abb. 3).

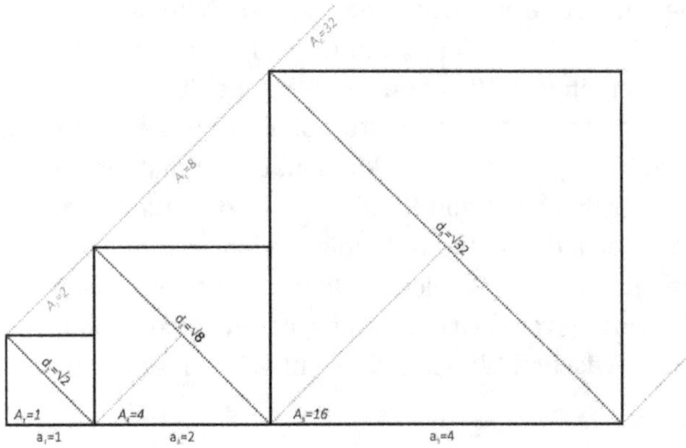

Abb. 3: Quadratverdoppelung mit der Flächengröße A, der Seitenlänge a und der Diagonale d. (Bilderstellung: Florian Duschl)

Die irrationalen Wurzeln, die sich nicht mehr als ganze Zahlen ausdrücken lassen (Irrationalität) und mit den anderen Zahlgrößen des Quadrats kein gemeinsame

---

176 Hierbei gilt zu beachten, dass Platon im *Θεαίτητος* das Problem differenzierter erklärt. Theaitetos berichtet von einer Unterrichtsstunde bei seinem Lehrer Theodoros, wo dieser erläutert, dass ein Quadrat mit dem Flächeninhalt 3 der Länge nach zu einem Quadrat mit dem Flächeninhalt 1 inkommensurabel sei. Theodoros beweist dies auch für Quadrate mit dem Flächeninhalte 5 bis 17 usw. (ohne 9 und 16). Quadrate mit den Flächeninhalten 1,4,9, 16 der Länge nach usw. verhalten sich kommensurabel. Theaitetos schließt daraus, dass gewisse Seitenlängen nicht rational darzustellen sind, jedoch als quadrierte Seitenlängen eine darstellbare Flächenzahl ergeben. Vgl. Gernot Böhme: Platons theoretische Philosophie. Stuttgart 2000, S. 125ff. Zur genaueren Analyse vgl. besonders Szabó: Anfänge der griechischen Mathematik, S. 79ff., sowie Ders.: Die Entfaltung der griechischen Mathematik. Mannheim 1994, S. 212–236.

Maß mehr teilen (Inkommensurabilität), übersteigen die bisher geltenden mathematischen und d.h. für Platon allgemein logischen Prämissen, was das erste Mal den epistemischen Raum eines ἄλογος (ohne Verhältnis, ohne Logos) eröffnet,[177] denn

> [w]enn also der *Logos* und das Rationale eine Philosophie bezeichnen, die durch ein Kalkül oder eine Methode zur richtigen Lösung kommen kann, dann stellen der *a-Logos* und das Irrationale eine Vorstellung dar, welche nicht auf eine klassifizierende und endliche Bestimmung des Denkens reduzierbar ist.[178]

Auch wenn die Spannung der beiden Sphären in der Geschichte des Wissens erhalten bleibt, kündigt bereits die antike Mathematik eine methodische Handhabe an, das Problem des *A-Logos* mit Hilfe eines *Ana-Logos* zu beheben: Denn es wird bereits, wie Theaitetos angibt, anhand der Quadratverdoppelungen sichtbar, dass das Verhältnis von Seitenlänge zu (irrationaler) Diagonallänge in den folgenden Figuren stets gleich bleibt und dass die irrationalen Wurzeln über das Verhältnis zu den Flächenzahlen gefasst werden können. Dieser mathematische Kunstgriff, der eine Verhältnisgleichheit von Rationalem und Irrationalem aufzeigen kann, wird für den Bereich der Metaphysik folgenreich sein, wie man bereits anhand Platons Überlegungen zum Bereich der Ideen sehen kann (siehe unten).[179] Die veränderte Präfigierung von ἀ zu ἀνα veranschaulicht damit nicht nur die spannungsreiche Grenze zwischen Wissen und Nicht-Wissen, sondern auch

177 Fritz: Die Entdeckung der Inkommensurabilität durch Hippasos von Metapont. In: Oskar Becker (Hg.): Zur Geschichte der griechischen Mathematik. Berlin/New York 1971, S. 271–307, hier: S. 301–303, vgl. auch Szabó: Anfänger der griechischen Mathematik, S. 112–119. Für den Hinweis zur Doppelbedeutung der Irrationalzahlen, die sowohl irrational als auch inkommensurabel sind, was sich im Wort ἄλογος ausdrückt, danke ich an dieser Stelle David Goeth.

178 Lidia Gasperoni: Die irrationale Wurzel bei Maimon. Ein Problem zwischen Mathematik und Philosophie. In: Christoph Asmuth und Simon Gabriel Neuffer (Hg.): Irrationalität. Würzburg 2015, S. 9–27, hier: S. 11.

179 Einerseits besteht eine Verhältnisähnlichkeit des Verhältnisses von Seite zu Diagonale $\frac{a}{d}$ (wobei $d=\sqrt{2a^2}$) zum Verhältnis der Quadratflächen $\frac{A_1}{A_2}$ und andererseits zwischen dem Verhältnis der sich exponentiell verdoppelnden Seitenlängen und dem Verhältnis der dazugehörigen Diagonallängen ($\frac{a_2}{a_1} = \frac{d_2}{d_1}$ zum Beispiel $\frac{2}{1} = \frac{\sqrt{8}}{\sqrt{2}}$). Vgl. hierzu auch Gerlach: Die Fügung der Welt, S. 36. Dass nun ein Verhältnis zwischen kommensurablen und inkommensurablen Größen möglich wird, zeigt die bereits angeführte fünfte Definition im fünften Buch von Euklid. Vgl. dazu außerdem Fritz: Grundprobleme der Geschichte der antiken Wissenschaft, S. 574; Heinrich Vogt: Zur Entdeckungsgeschichte des Irrationalen. In: Bibliotheca Mathematica. Zeitschrift für Geschichte der mathematischen Wissenschaft, hg. von Gustaf Enerström. Leipzig Folge 3. Band 14 (1913–1914), S. 9–29, hier: S. 22; Gernot Böhme: Platons theoretische Philosophie, S. 127.

deren Austarierung in der Analogie, die beide Sphären zueinander in Beziehung setzt und damit die Spaltung letztlich transzendiert.

Die geometrische Analogie bietet den großen Vorteil, heterogene Größen miteinander zu vergleichen, selbst, wenn sich ein Teil der Größen einer rationalen Erfassung widersetzt. Damit wird sie nicht nur zum »wichtigste[n] und nahezu ausschließlichste[n] Operationsschema der griechischen Mathematik«,[180] sondern auch zur grundlegenden philosophischen Denkfigur. Denn wenn sie in der Lage ist, Einheit in der Differenz herzustellen, dann berücksichtigt sie, um mit Karen Gloy zu sprechen, Gegenstände, die »sich als inkompatibel mit der klassischen zweiwertigen Logik«[181] erweisen und reagiert auf die »lexikalische Lücke«[182] mit Hilfe einer Referenz auf bekannte Systeme. Zum anderen ermöglicht sie mit ihrem Vorstoß in unbekanntes und unfassbares Terrain einen Zugang zum Bereich eines latenten Wissens. Die geometrische Analogie ist mit ihrer Frage nach der strukturellen Gleichheit unterschiedlicher Größen zwar auf einen λόγος ausgerichtet, womit sie eine vertikal-begriffliche Einheit anvisiert, um diese aber gleichzeitig, wenn sie das Gleiche im Verschiedenen zu ergründen sucht, zu transzendieren.

Reihenanalogie

Dennoch ist die hier beschriebene geometrische Analogie nicht die einzige Analogieform und es entwickeln sich in der antiken Mathematik noch viele andere. Mir scheint dabei vor allem neben der geometrischen die weitaus ältere und gehaltvollere Analogieform der Arithmetik für die weitere Tradierung von Bedeutung zu sein. Diese zeichnet sich in ihrer Grundstruktur ebenfalls durch den Vergleich von Verhältnissen aus, jedoch nicht mehr durch den von geometrischen Größen, sondern von arithmetischen Zahlen, was die Intention dieses Analogiebegriffes, wie im Folgenden zu zeigen sein wird, völlig anders erscheinen lässt. Lange vor Euklid findet sich bereits bei dem Mathematiker Archytas von Tarent im 4. Jahrhundert v. Chr. eine Definition der Analogie, die nicht einzelne Größen

180 Gerlach: Die Fügung der Welt, S. 28.

181 Karen Gloy unterscheidet nicht zwischen verschiedenen Analogieformen und bezieht diese auch nicht auf ihre mathematischen Unterschiede zurück, sondern untersucht generell das Analogiedenken als Alternative zu einem herkömmlichen rationalen Denken. Wenn hier ihre Aussagen den verschiedenen Analogieformen zugeordnet werden, dann geschieht dies in Hinblick auf die der Arbeit zugrundeliegenden Differenzierung des Analogiebegriffes, der sich an vielen Stellen anbietet, ohne jedoch Gloy vor dem Hintergrund einer kategorialen Einteilung lesen zu wollen. Vgl. Gloy: Das Analogiedenken, S. 308.

182 Hofstadter und Sander: Die Analogie. Das Herz des Denkens, S. 191.

in Beziehung setzt, sondern zwei gleichlange Streckenabschnitte von einem Mittelpunkt aus vergleicht.[183] Die Analogie bestimmt hier einerseits die Mitte (μέσον) und andererseits die Grenzpunkte (ὅροι) zweier Strecken. Veranschaulicht an einem Zahlenstrahl würde dies nach Pannenberg bedeuten, dass man von einem beliebigen Punkt aus den gleichen Streckenabschnitt nach links und rechts veranschlagt, sodass der gemeinsame λόγος beiden Streckenabschnitten von einem Mittelpunkt aus zukommt.[184] Diese Form des Verhältnisses z −x = x −y wird *arithmetische Analogie* genannt, da hier ein gleiches Verhältnis ›der Zahl nach‹ (ἀριθμῶ) betrachtet wird: »τὸ δ' ἶσον μέσον ἐστί τῆς μείζονος καί ἐλάττονος κατά τήν ἀριθμητικήν ἀναλογιαν.« (»Das Gleiche ist die Mitte von Mehrsein oder Wenigersein gemäß der arithmetischen Analogie.«)[185]

Im Zentrum steht in diesem Zusammenhang die Frage nach geregelten Zahlenfolgen und damit die grundlegende Überlegung der Analysis zu Reihenbeziehungen.[186] Wenn sich Euklid im achten Buch der Elemente mit Fragen der Reihe (ἑξῆς) von Zahlen (ἀριθμοι) beschäftigt, wird er diese in den Definitionen 1, 2, 3, 6 und 7 stets mit der Analogie beantworten, womit Analogie hier in Bezug auf die Frage von arithmetischen Zahlenbeziehungen nicht mehr Verhältnisgleichheit, sondern »je nach Logos gleich« (was in diesem Fall so viel bedeutet, wie »je nach Abstand« gleich) meint.[187] Damit liefert die arithmetische Analogie die wichtigste Voraussetzung für die spätere moderne mengentheoretische Definition der natürlichen Zahlenreihe, da in der arithmetischen Folge die Erweiterung der Reihe bereits als additives Verfahren angelegt ist.

> Ἐὰν δύο ἀριθμῶν ἑκατέρου καὶ μονάδος μεταξὺ κατὰ τὸ συνεχὲς ἀνάλογον ἐμπίπτωσιν ἀριθμοί, ὅσοι ἑκατέρου αὐτῶν καὶ μονάδος μεταξὺ κατὰ τὸ συνεχὲς ἀνάλογον ἐμπίπτουσιν ἀριθμοί, τοσοῦτοι καὶ εἰς αὐτοὺς μεταξὺ κατὰ τὸ συνεχὲς ἀνάλογον ἐμπεσοῦνται.
> (Wenn jede von zwei Zahlen und die Eins nachlaufend durch hinzugefügte Zahlen zu einer fortlaufenden Proportion ergänzt werden, dann können dieselben beiden Zahlen durch hinzugefügte Zahlen auch zu einer fortlaufenden Proportion ergänzt werden. Übers. S.G.)[188]

183 Vgl. hierzu Ernst Hermann Hänssler: Zur Theorie der Analogie und des sogenannten Analogieschlusses. Diss. Basel 1927, S. 13ff.

184 Pannenberg: Analogie und Offenbarung, S. 12ff.

185 Aristoteles: Ἠθικων Νικομάχειων V (Nikomachische Ehtik), 1132a 29. Aristoteles Werke werden allesamt nach der Ausgabe *Aristotelis Opera* von Immanuel Bekker. Berlin 1831 zitiert.

186 Vgl. hierzu auch Bärthlein: Der Analogiebegriff bei den griechischen Mathematikern, S. 42.

187 Vgl. Euklids Elemente zitiert nach der griechischen Ausgabe Στοιχεία, Βιβλίον VIII, S. 182–194 (siehe Fußnote 172). Vgl. hierzu Szabó: Anfänge der griechischen Mathematik, S. 205ff.

188 Euklid: Στοιχεία, Βιβλίον VIII (Stoicheia Buch VIII), S. 198.

Hinter dieser etwas kryptischen Definition verbirgt sich die Annahme, dass mit der Eins beginnend die natürliche Folge der Zahlen als fortlaufende Proportion angegeben werden kann, wenn der Abstand zwischen den Zahlen (in diesem Fall 1) je gleichbleibt (diese Folgenbildung mit gleicher Differenz wird auch als *Arithmetische Folge* oder *Arithmetische Progression* beschrieben, die im Falle der natürlichen Zahlen um die Differenz 1 erweitert wird). Ähnlich wird das Axiom der natürlichen Zahlen dann im 19. Jahrhundert von dem Mathematiker Giuseppe Peano als Folge definiert. Jedes Element einer Reihe besitzt demzufolge einen bestimmten natürlichen Nachfolger.[189] Die bekannteste Definition, wonach die natürlichen Zahlen ausdrücklich als additive Reihung verstanden werden, liefert dann John von Neumann im 20. Jahrhundert mit dem mengentheoretischen Modell: $n' = n+1$.[190] Mit dem Prinzip einer Zahlenfolge, die durch das Prinzip einer gleichbleibenden Addition (bzw. in moderner Folgendefinition wäre dies die Differenz durch die Subtraktion) bestimmt ist, erfassen die antiken Mathematiker im Grunde also schon das erst Jahrhundert später definierte Problem von Reihen und Folgen (wie die natürliche Zahlenreihe $a_n = a_1 + (n - 1)\, d$).

Im Falle des arithmetischen Analogiegebrauches steht insofern nicht der Strukturvergleich von Größen im Vordergrund, sondern die Frage nach der Regel, die die gesamte Struktur in ihrem kontinuierlichen Zusammenhang regiert. Aristoteles definiert dazu in seiner Τῶν μετά τά Πυσικά (Physik) den Begriff der ›Größe‹ (ποσόν) auf zweierlei Arten: einmal ist sie als πλῆτος, als Menge, aufzufassen, die gezählt werden kann (ἀριθμητόν) und einmal als μέγεθος, als Größe, die gemessen werden kann (μετρητόν).[191] In Bezug auf die Analogie bedeutet dies, dass sie im Falle der geometrischen Größen-Vergleiche den Wert der Größen im Blick hat, während sie im Falle der arithmetischen Analogie die Menge als kontinuierliche Einheit von abzählbaren Elementen betrachtet.

Die Frage nach einem geregelten Zusammenhang von Größen umfasst zugleich eine epistemische Grundfrage im Kern. Schon der griechische λόγος-Begriff trägt, wie Árpád Szábó herleitet, neben seiner Bedeutung von »Wort«, »Rede«, »Gespräch« oder »Vernunft«, auch die von »Zahl«, »Anzahl« und »*eine Reihe* oder *Gesamtheit* von gewissen Dingen [Hervorhebung, S.G.]« in sich, [192] sodass sich die Vorstellung von ›Vernunft‹ in dieser Konzeption bereits eng mit der

---

189 Vgl. Guiseppe Peano: Opere Scelte. Volume III Geometria e Fondamenti Meccanica Razionale. Rom 1959, S. 225.

190 John Neumann: Eine Axiomatisierung der Mengenlehre. In: Journal für die reine und angewandte Mathematik 145 (1925), S. 219–240, hier: S. 238f.

191 Vgl. Aristotles: Τῶν μετά τά Φυσικά (Physik) V 13, 1020, 7ff.

192 Szabó: Ein Exkurs zu der Wortgeschichte des λόγος. In: Ders.: Anfänge der griechischen Mathematik, S. 222ff.

Annahme einer ›Verbundenheit der Dinge‹ verknüpft. Ohne die Vorgabe eines Zusammenhanges der Dinge scheint nämlich keine Erkenntnis möglich und die Analogie ist ein Faktor, der diesen Zusammenhang garantiert. Wiederum ist Platon einer der ersten, der auch die arithmetische Analogie für seine philosophischen Fragen nutzt. Im *Τίμαιος* (Timaios) führt er für die einheitliche Verbindung des Kosmos aber auch der menschlichen Seele die arithmetische Analogie als »schönstes Band« an, denn dieses könne die verschiedenen Elemente am besten miteinander verknüpfen.[193] Dass auch für Platon die Frage nach der Verbindung der naturalen Elemente und der menschlichen Seelenanteile an erster Stelle steht, ist vor dem Hintergrund seiner Erkenntnisfrage besonders einleuchtend, denn nur unter der Prämisse einer Einheit der Natur und einer der Vernunft kann Erkenntnis gewonnen werden.[194] Hier zeigt sich der grundlegende epistemische Topos, der im Zusammenhang mit der Analogie steht und sich in späteren philosophischen Überlegungen stets wiederholen wird. Speziell die Frage eines ›Mehr‹ oder ›Weniger‹ als grundlegendes Prinzip der Verbindung als Folge, Reihe, aber

193 Damit sich verschiedene Bestandteile verbinden, braucht es immer ein Mittelglied zwischen beiden, wobei die schönste Verbindung die Analogie schaffe: »Δύο δὲ μόνον καλῶς συνίστασθαι τρίτου χωρίς οὐ δυνατον δεσμὸν γὰρ ἐν μέσῳ δεῖ τινα ἀμφοῖν σθναγωγὸν γίγνεσθαι. Δεσμῶν δὲ κάαλιστος ὃς ἂν αὑτὸν καὶ τὰ σθνδούμενα ὅτι μάλιστα ἓν μοιῇ τοῦτο δὲ πέφθκεν ἀναλογία κάλλιστα ἀποτελεῖν.« (»Daß sich zwei Bestandteile allein ohne einen dritten wohl verbinden, ist nicht möglich; denn ein bestimmtes Band in der Mitte muß die Verbindung zwischen beiden schaffen. Das schönste aller Bänder ist aber das, welches sich selbst und das Verbundene zu einem macht. Das aber vermag ihrer Natur nach am besten die Proportion.«) Dass Platon bei der Zusammensetzung der Natur besonders die arithmetische Analogie im Auge hatte, zeigt sich neben dem durchlaufenden Band, das die Dinge aneinanderreiht, noch an anderer Stelle. Hier spricht Platon von der Zusammensetzung der Natur aus den Teilen ›des Selben, des Verschiedenen und dem Sein‹: »μετὰ δὲ ταῦτα συνεπληροῦτο τά τε διπλάσια καὶ τριπλάσια διαστήματα, μοίρας ἔτι ἐκεῖθεν ἀποτέμνων καὶ τιθεὶς εἰς τὸ μεταξὺ τούτων, ὥστε ἐν ἐκεῖθεν διαστὴματι δύο εἶναι μεσότητας, τὴν μὲν ταὐτῷ μέρει τῶν ἄκρων αὐτῶν ὑπερέχμουσαν καὶ ὑπερεχομένην, τὴν δὲ ἴσῳ μὲν κατ'ἀριθμὸν ὑπερέχουσαν ἴσῳ ὑπερεχομένην.« (»Darauf füllte er die zweifachen und dreifachen Abstände dadurch aus, daß er noch mehr Teile von dort abschnitt und sie zwischen dieselben stellte, so daß sich zwischen jedem Abstand zwei Mittelglieder befanden, das eine, das um den gleichen Bruchteil der Außenglieder sie selber übertrifft und von ihnen übertroffen wird, das anderer dagegen, das um den gleichen zahlenmäßigen Betrag das eine übertraf und von dem anderen übertroffen wird.«) Platon: Τίμαιος. Timaios. In: Ders.: Werke in acht Bänden. Bearbeitet von Klaus Widdra. Griechischer Text von Klaus Widdra und Auguste Diés, deutsche Übersetzung von Hieronymos Müller und Friedrich Schleiermacher. Darmstadt 1972. Bd. VII, 31 b–c und 32 a. Vgl. zu Platons Verwendung der arithmetischen Analogie auch die Ausführungen der Übersetzer ebd., S. 49ff.

194 Ebd., 36d–37c.

auch als Linie, findet als spezielle Analogiecharakteristik in der weiteren Tradition immer wieder Beachtung, selbst wenn der Bezug zur ursprünglichen Definition häufig verloren gegangen scheint. So spricht Karen Gloy in Hinblick auf die *Logik des Analogiedenkens* von linearen Formen, die es zulassen, verschiedene Gegenstände in Hinblick auf ihre Anschlussfähigkeit zu anderen Gegenständen zu untersuchen, worin sich meines Erachtens eindeutig die Form der arithmetischen Analogie erkennen lässt. Gloy hält fest, dass die »Verbindung, sei es in Form von Verweis oder Transitus, [...] hier entlang von Linien [erfolgt, S. G.], die quer durch die Systeme hindurchgehen. Auf diese Weise lassen sich diverse Gattungen, diverse Arten, diverse Individuen miteinander verbinden«,[195] womit diese vordergründig horizontal agierende Analogieform eine grundlegende Bedeutung erlangt, wenn es gilt, Zusammenhänge innerhalb der empirischen Welt herzustellen.

2.1.1 Zwischen Logos und Eidos

Die mathematische Analogie scheint demnach die begriffliche Logik zu erweitern, sich jedoch auch an dieser zu orientieren. Demgegenüber wurde die rhetorische Analogie, welche weiter unten eine ausführliche Behandlung erfährt, als Strategie verstanden, unsinnliche Dinge zu veranschaulichen. Dass jedoch bereits die mathematische Analogie in ihrer ursprünglichen Definition eine bildliche Komponente enthält, die auch die Rhetorik übernimmt, wurde in der Forschung bisher meist übersehen.

Der Mediziner und Philosoph Johann Ignaz Hoppe stört sich genau an dieser doppelten Anlage der Analogie und widmet ihr im Jahre 1873 eine ganze Widerlegungsschrift. Ausgehend von der begrifflichen Orientierung der Analogie, denn »›Analogie‹ ist eine Denkhandlung ἀνὰ λόγον d.h. nach dem Begriffe. [...] ›Analog‹ heisst nach demselben Begriffe gemacht, wie ein Anderes«,[196] sei es völlig unverständlich, dass die Analogie auch noch in eine andere Kategorie, nämlich in die der »sogenannten bildlichen Vergleiche« eingereiht wird. Dies scheint für Hoppe eine völlige Begriffsverfehlung, die lediglich den »Umfang dessen, was man ›Analogie‹ nannte« vergrößern und ihr dadurch den »Schein von etwas Besonderem« verleihen sollte.[197] Die Analogie hätte damit aber »als Denkoperation

195 Gloy: Das Analogiedenken, S. 320
196 Hoppe: Die Analogie, S. 2 und S. 21.
197 Ebd., S. 8.

eine Berechtigung« gewonnen, die ihr »gar nicht zukam«.[198] Die ›Eigentümlichkeit‹ der Analogie als eigene Denkform zwischen begrifflicher und bildlicher Sphäre zu vermitteln, scheint dem strengen Logiker Hoppe, der jegliches Bilddenken unter der Autorität des Begriffes gebändigt sehen möchte, gehörig ›gegen den Strich‹ zu gehen. Dabei übersieht Hoppe, wenn er für seine Widerlegung auf bildliche Analogien von Medizin und Naturwissenschaften zurückgreift,[199] dass er nicht nur ein bereits praktiziertes Anwendungsgebiet der Analogie verleugnet, sondern auch ihren eigentümlichen Kern *ex negativo* beschreibt. Und zwar findet sich die bildliche Ausrichtung der Analogie, die Hoppe für die exakte »Wissenschaft ganz verwerflich« findet,[200] genau in den Anfangsgründen der logischen, und d.h. ›exakten‹, Wissenschaft der pythagoreisch-griechischen Mathematik.

In der antiken Mathematik sind weder geometrische Darstellungen noch Zahldarstellungen einfach zeichengestützte Repräsentationen abstrakter Gegenstände, sondern Begriff und Anschauung sind hier noch auf das engste verbunden. Bärthlein formuliert in diesem Kontext deshalb vorsichtig die Vermutung:

> Meint aber der Ausdruck ἀνὰ λόγον (im weiteren Sinne) zugleich ein ἀνα τὴν ἰδέαν, dann spielt die Analogie wohl eine viel größere Rolle im griechischen Denken, als man bei Beschränkung auf den Terminus ἀνα λόγον annehmen möchte.[201]

---

198 Ebd., S. 2.

199 Hoppe zitiert in seiner Schrift den Logiker Karl Friedrich Bachmann, der seiner Ansicht nach völlig zu Unrecht von einem Analogieschluss in der Medizin spräche, wenn von visuellen Merkmalen eines Körpers die Ursachen ermittelt würden: »Der Amtsphysikus schließt nach der Analogie von den Zeichen am Körper eines Toten auf eine gewaltsame Verletzung, und der Schluß wird wahrscheinlich, wenn die, bei einem als Mörder Verdächtigen gefundenen, Werkzeug zu den Wunden des Toten passen.« Für Hoppe sei dies keine wirkliche Analogie, weil hier nur begriffliches Denken vonnöten sei und man von einem Einzelnen (Merkmal) auf den allgemeinen Begriff schlösse. Als weitere unrechtmäßige Analogie stuft Hoppe die vieldiskutierte Analogie von elektrischem Funken und Blitz ein, wonach die Beobachtung der elektrisch-magnetischen Anziehung Benjamin Franklin sogar zur Erfindung des Blitzableiters inspirieren konnte: »Der elektrische Funke und der Blitz sind sich in vielen Beziehungen ähnlich, also wohl auch darin, daß der Blitz gleichfalls, wie der elektrische Funke, von Metallspitzen angezogen wird.« Für Hoppe würde auch hier der Analogiebegriff nicht rechtmäßige gebraucht. Hoppe: Die Analogie, S. 10 und S. 15. Zu letzterer Analogie von Blitz, Donner und Elektrizität in den Debatten der Gelehrten um 1800 vgl. Flemming Schock: Donnerstrahl und Eisenstangen. Die Debatte über den Blitzableiter in den Journalen der Gelehrtenrepublik. In: Aufklärung 26 (2014), S. 67–99, hier: S. 86.

200 Ebd., S. 13.

201 Ebd., S. 72.

Bärthleins Vermutung würde ich an dieser Stelle nicht nur zustimmen, sondern mit Blick auf die begriffshistorische Entwicklung sogar zur grundlegenden Definition des Analogiebegriffs erheben. Es scheint nämlich gerade jenes Zusammenspiel der Analogie zwischen λόγος (Logos) und εἶδος (Eidos, Bild) zu sein, das sie nicht nur als eigene Denkform an der Schnittstelle von logischen und ästhetischen Konzeptionen auszeichnet, sondern das auch ihre nachhaltige Relevanz begründet.

Anhand der geometrischen Analogie ist die Ausrichtung auf ein gleiches εἶδος besonders einleuchtend, wenn, wie im Falle der Quadratverdoppelung, Proportionsvergleiche innerhalb einer *gleichbleibenden Figur* stattfinden (siehe Abb. 3). Dass auch im Falle der arithmetischen Analogie eine gleichbleibende figurale Ausrichtung vorliegt, scheint auf den ersten Blick nicht sofort ersichtlich zu sein, doch auch hier zeigt sich der eigentümliche Charakter der analogen Doppelfunktion. Denn abstrakte Zahlbegriffe haben sich die Griechen, wie der Philosoph und Mathematiker Oskar Becker aufzeigt, anhand von Rechensteinchen (ψῆφοι) veranschaulicht.[202] Eine Zahl besteht aus einzelnen Steinen, die in einem geometrischen Muster angeordnet werden, sodass ›Zahl‹ und ›zählen‹, wie Aristoteles in seiner Physik angibt,[203] bei den Pythagoreern unter das Gesetz der anschaulichen Konstruktion fallen.[204] Besonders anhand der Vieleckzahlen (wie Dreiecks-, Quadrat- und Rechteckzahlen) wird der Zusammenhang von Zahlbegriff und Zahlfigur erprobt, indem man sich einer speziellen Technik bediente. Mit Hilfe eines γνώμον(Gnomom)-Winkels[205] wird die Zahlfigur um eine bestimmte Steinanzahl erweitert, ohne ihre Grundgestalt zu verändern. Der Winkel

---

202 Oskar Becker: Das mathematische Denken der Antike, S. 40ff. Vgl. zur Steinrechenkunst in der Antike außerdem die Hinweise von John Burnet: Die Anfänge der griechischen Philosophie, übers. von Else Schenkl, Leipzig/Berlin 1913, S. 88; Francis McDonald Cornford: Plato and Parmenides. London 1939, S. 8–11; John Earl Raven: Pythagoreans and the Eleatics. Cambridge 1948, S. 54 und 120; Thomas Heath: Mathematics in Aristotle. New York 1949, S. 46ff; Wolfgang Lefévre: Rechensteine und Sprache. In: Ders. und Peter Damerow (Hg.): Rechenstein, Experiment, Sprache. Historische Fallstudien zur Entstehung der exakten Wissenschaft. Stuttgart 1981, S. 134ff.; Waschkies: Anfänge der Arithmetik im alten Orient, S. 186; Bärthlein: Der Analogiebegriff bei den griechischen Mathematikern, S. 70–71; Sybille Krämer: Berechenbare Vernunft. Kalkül und Rationalismus im 17. Jahrhundert. Berlin/Boston 1991, S. 14.

203 Vgl. Aristoteles: Φυσικῆς Ακροάσεως (Physik) III, 203 a 13–15.

204 Vgl. Sybille Krämer: Berechenbare Vernunft, S. 28.

205 Das γνώμον (Gnomon) bezeichnete ursprünglich den Schattenzeiger der Sonnenuhr und konnte zudem als astronomisches Instrument geografische Breiten, Nordrichtungen und dergleichen angeben. Es fand aber als universales Recheninstrument auch schnell in die geometrischen Mathematik Eingang. Vgl. zur Geschichte des Gnomons: René R. J. Rohr: Die Sonnenuhr. Geschichte, Theorie, Funktion. München 1982; Dieter Lelgemann, Eberhard Knobloch, Andreas

ergibt dann bei jeder Erweiterung eine abzählbare arithmetische Reihe (je nach Figur eine gerade, ungerade oder natürliche Zahlenreihe) (siehe Abb. 4):[206]

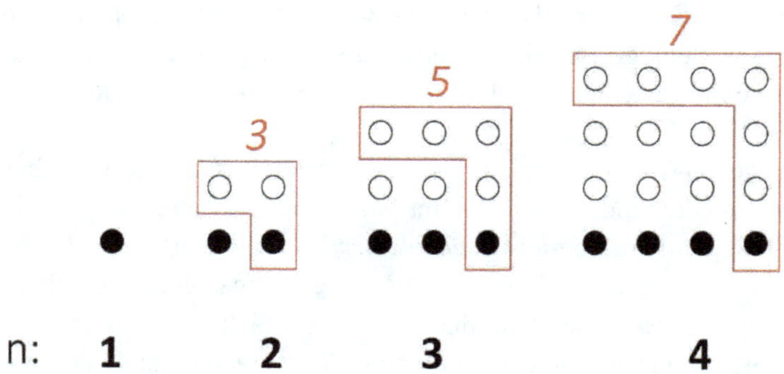

Abb. 4: Gnomone von Quadratzahlen mit der ungeraden natürlichen Zahlenreihe 1,3,5,7 etc. (Bilderstellung: Florian Duschl)

Sowohl die arithmetische als auch die geometrische Analogie bestimmt durch gleichbleibende Abstände, die sich entweder durch eine Differenz oder durch einen Faktor ergeben, die *Ähnlichkeit der Größen* (Quadratzahlen sind den Quadratzahlen ähnlich, aber nicht den Dreieckszahlen etc.) und zugleich die *Ähnlichkeit der Figur* und stellt damit einen Zusammenhang von λόγος und εἶδος her.[207]

Fuls und Andreas Kleineberg: Zum antiken astro-geodätischen Messinstrument Skiotherikós Gnomon. In: ZfV. Zeitschrift für Geodäsie, Geoinformation und Landmanagement 130 (4) (2005), S. 238–247. Zur Anwendung in der geometrischen Mathematik vgl. Becker: Das mathematische Denken der Antike, bes. S. 53ff.

206 Vgl. dazu Heath: A History of Greek Mathematics. Vol. 1. Oxford 1921, S. 78ff.; Becker: Das Mathematische Denken der Antike, S. 53ff; Wilbur Richard Knorr: The Evolution of the Euclidean Elements. A Study of the Theory of Incommensurable Magnitudes and its Significance for Early Greek Geometry. Dordrecht 1978, S. 145; Sybille Krämer: Berechenbare Vernunft, S. 16ff.

207 Aristoteles verwendet den Terminus des Gnomons dementsprechend zweifach: Einmal in einem geometrischen Sinne, wenn er auf das Quadrat als Figur referiert: »ἀλλ'ἔστι τινὰ αὐξανόμενα ἁ ὀυκ ἀλλοιουθται, οἷον τὸ τετράγωνον γνώμονος περιτεθέντος ηὔξηται μέν, ἀλλοιότερον δὲ οὐδὲν γεγένηται.« (»So nimmt ein Quadrat, wenn man das Gnomon um es legt, zwar zu, aber es ist nicht anders geworden, was auch für andere Fälle dieser Art gilt«, übers. S.G.) Aristoteles: Κατηγοριαι (Kategorien), 15a 30. Und einmal in einem arithmetischen Zusammenhang, wenn er die Herstellung von quadratischen und rechtwinkligen Zahlen behandelt: »περιτιθεμένων γὰρ τῶν γνωμόνων περὶ τὸ ἓν καὶ χωρὶς ὁτὲ ἄλλο ἀεὶ γίγνεσθαι τὸ εἶδος, ὁτὲ δὲ ἕν.« (»Wenn man die ungeraden Zahlen von der eins aus durch das Gnomon erweitert, und wenn

Wenn die Analogie nicht allein auf eine begriffliche Erfassung hin ausgerichtet ist, sondern auch auf eine eidetische Figur, dann umfasst sie neben quantitativen Fragen der (Größen-)Gleichheit auch qualitative der (Gegenstands-)Beschaffenheit. Damit zeigt die Analogie wiederum ihr grundlegendes Operationsschema. Denn wenn sich ein derartiges Prinzip auch für Strukturen, Formen, Muster, Schemen sowie für Gestalten und Figuren von Gegenständen bzw. Gegenstandssystemen interessiert und damit vorwiegend qualitative statt quantitative Relationen in den Blick nimmt, scheint hier ein Grundphänomen menschlichen Denkens aufzuscheinen.[208] Olaf Breidbach stellt deshalb fest:

> In der Analogie wird nicht ein festes begriffliches Instrumentarium, sondern eine Ansicht, ein Gefüge, eine Struktur mit einer anderen Struktur verglichen. Es werden zwei Gestalten nebeneinandergesetzt. In diesem Nebeneinandersetzen werden die Gestalten der so verglichenen Strukturen aufgelöst, es finden sich Einpassungen, Gemeinsamkeiten und Differenzen in der Gesamtsicht.[209]

Dass diese Fähigkeit das menschliche Denken von Grund auf prägt und eine entscheidende Leistung bei der Informationsverarbeitung darstellt, zeigt sich heute im Forschungsbereich der künstlichen Intelligenz, die gerade mit dieser Anforderung an ihre Grenzen stößt. Computer müssen deshalb eine Fähigkeit erlernen, »die sie bis dato viel schlechter beherrschen als Menschen: Analogien ziehen.«[210]

---

man es ohne tut, dann wird es einmal immer eine Figur, beim anderen nicht«, übers. S.G.) Aristoteles Φυσικῆς Ακροάσεως (Physik) III, 203 a 10. Vgl. hierzu Knorr: The Evolution of the Euclidean Elements, S. 143. Wenn Aristoteles im Falle der Heteromeke davon ausgeht, dass hier eine »andere Figur« entstünde, so bezieht sich das auf die unterschiedlichen Seitenverhältnisse dieser. Vgl. hierzu die Ausführungen von Bärthlein: Der Analogiebegriff bei den griechischen Mathematikern, S. 54 und S. 72.

208 Interessanterweise verweist darauf auch Karen Gloy, auch wenn sie den mathematisch-bildlichen Gehalt der Analogie nicht untersucht. Gloy: Das Analogiedenken, S. 321.

209 Breidbach: Anschauung denken, S. 134.

210 Thomas Ramge: Entscheidungs-Maschinen. Dank großer Datenmengen und Mustererkennung sollen Computer in komplexen Situationen bessere Entscheidungen treffen als Menschen. Stimmt das wirklich? https://www.brandeins.de/magazine/brand-eins-wirtschaftsmagazin/2019/komplexitaet/entscheidungs-maschinen (zuletzt abgerufen am 20.09.2022). Für den Hinweis danke ich an dieser Stelle Florian Duschl.

2.1.2 ›Heuristische Analogien‹ als Evidenzpraktiken

Die Tradition der geometrischen Analogie

Das logisch-anschauliche Denken der Analogie umfasst damit, wie gezeigt werden konnte, zwei äußerst spezielle Funktionen, die sich aus den beiden diskutierten Analogieformen ergeben und die im Bereich der Erkenntnistheorie eine wichtige Rolle übernehmen. Besonders für Gegenstände, die nicht sinnlich zu erfassen sind, wird die Analogie als Methode genutzt, um die Grenzen des Beobachtbaren zu überschreiten. Hier zeigt sich die Funktion der geometrischen Analogie, deren Grundstruktur man in Anlehnung an Sybille Krämers Studie als »symbolische Differenz«[211] verstehen kann.

Wie bereits gezeigt, sieht sich schon die antike Mathematik mit dem Problem konfrontiert, Rechenoperationen und Beweise nicht mehr auf »empirische[m] Wege«[212] lösen zu können. Führt man sich nochmals die irrationalen Diagonalgrößen im Quadrat vor Augen, so ergibt sich dort nämlich die paradoxe Situation, dass eine Größe zwar als Strecke veranschaulicht jedoch nicht als Zahlfigur ausgedrückt werden kann. »Die geometrische Darstellung«, hat deshalb für Sybille Krämer,

> nur noch eine subsidäre, veranschaulichende, symbolische Funktion. ›Symbolische Funktion‹ in dem Sinne, daß die Strecken zwar Zahlen darstellen, die Schritte des mathematischen Gedankenganges jedoch ausschließlich bezogen sind auf die Zahlen selbst, nicht aber auf das Medium ihrer Veranschaulichung. Die Unterscheidung zwischen dem Mittel und dem Gegenstand einer symbolischen Darstellung ist hier also vollzogen.[213]

Dass diese von Krämer diagnostizierte symbolische Differenz nicht nur den Zahlbegriff als solchen, sondern auch den Analogiebegriff und insbesondere den geometrischen Analogiebegriff betrifft, erscheint sich meines Erachtens wechselseitig zu bedingen. Denn wenn der sinnlich anschauliche Bereich als Vergegenwärtigung eines rational nicht fassbaren Bereichs gelten kann, dann ist die Analogie jene Repräsentationsmethode, die zwischen beiden Bereichen über eine Verhältnisgleichheit eine Beziehung zuallererst herstellt. Insofern scheint gerade die geometrische Analogie schnell als Plausibilisierungsmethode auch für andere Disziplinen an Bedeutung zu gewinnen, sodass die Kunsthistorikerin Barbara Maria Stafford festhält, die Analogie sei in diesem Fall »a demonstrative or evidentiary practice – putting the visible into relationship with the invisible and

211 Krämer: Berechenbare Vernunft, S. 52.
212 Szabó: Anfänge der griechischen Mathematik, S. 288.
213 Krämer: Berechenbare Vernunft, S. 52.

manifesting the effect of the momentary unison«[214] Diese Art der Hypothesenbildung, bei der ein »Vorgang nichtanschaulicher Art durch einen Vergleich mit einem Vorgang anschaulicher Art erklärt wurde«,[215] findet man in äußerst unterschiedlichen Zeiten und unterschiedlichen Bereichen.

Allen voran entdeckt die *Meta*-Physik die Analogie für sich, um sich Dinge nicht sinnlicher Art, wie das Wissen als solches oder auch das Sein, zugänglich zu machen. Waren es im Bereich der Mathematik nicht darstellbare Irrationalzahlen, so sind es im Bereich der Philosophie ideell-abstrakte Bereiche, die der Erkenntnis entzogen sind. Platon ist wiederum einer der ersten, der die mathematische Erkenntnis als »symbolisch vermittelte Erkenntnis konzipiert«[216] und damit der analogen Vermittlung zwischen sinnlich wahrnehmbaren Dingen und intelligiblen Ideen einen erkenntnistheoretischen Status zuweist. In seinem berühmten Liniengleichnis am Ende des sechsten Buches der Πολιτεία (Politeia) fordert Sokrates seinen Gesprächspartner Glaukon auf, eine Strecke in zwei ungleiche Teil zu teilen und die einzelnen Abschnitte mit γένους νοουμένου (A: Denkbares) und γένους ὁρομένου (B: Sichtbares)[217] zu bezeichnen. In einem weiteren Schritt soll er die beiden Bereiche ein weiteres Mal unterteilen und zwar in genau dem gleichen Verhältnis wie zuvor νοητά (die Denkbaren) und ὅρατα (die Sichtbaren). Dadurch ergibt sich eine proportionale Unterteilung in vier Teile, die einmal die Sinnenwelt unterteilt (Spiegelbilder zu wirklichen Dingen) und einmal dazu korrespondierend die Erkenntnisregion (mathematische Begriffe zu Ideen). Insgesamt können dann die Erkenntnisregionen der δόχα (Vermutungen abgeleitet aus den sinnlichen Gegenständen) zu der der νόησις (abstraktes Denken) in ein Verhältnis gebracht werden.[218] Der Erkenntnisweg ist demnach auf die

214 Barbara Maria Stafford: Visual Analogy. Consciousness as the Art of Connecting. Cambridge, MA 2001, S. 23–24.

215 Axel Bühler: Art. Analogie. In: Antike Medizin. Ein Lexikon, hg. von Karl-Heinz Leven. München 2005, Sp. 41.

216 Krämer: Berechenbare Vernunft, S. 56.

217 Platon: Πολιτεία. Der Staat. In: Ders. Werke in acht Bänden. Bearbeitet von Dietrich Kurz. Griechischer Text von Émile Chambry, deutsche Übersetzung von Friedrich Schleiermacher. Darmstadt 1990. Bd. IV, 509 e.

218 Ebd., 511 d–e. Vgl. Hampus Lyttkens: The Analogy between God and the World. An Investigation of its Background and Interpretation of its Use by Thomas of Aquino. Uppsala 1952, S. 22ff. Im Τίμαιος (Timaios) wird Platon ebenfalls das Analogieprinzip nutzen, um zwischen sinnlichen und intelligiblen Bereichen zu vermitteln. Dabei ist nicht nur der gesamte Kosmos nach Verhältnissen geordnet (Platon spricht hier von der Analogie als schönstem Band, das die verschiedenen Bestandteile miteinander verbindet Tim. 31c), sondern auch die Weltseele, die den Kosmos als vernünftig erscheinen lässt. Diese wird von dem Schöpfergott Demiurg wiederum mit Hilfe der Analogie in einem Verhältnis zusammengemischt, das sich aus Teilen der verflüchtigenden

repräsentative Analogieform angewiesen, indem sinnliche Gegenstände eine Anschauung für den unverfügbaren Logos-/Ideen-Bereich liefern. In diesem Sinne wird die Analogie über die Antike hinaus in der neuplatonischen Philosophie, in der christlichen Scholastik, sowie in der modernen Philosophie immer wieder herangezogen, um zwischen dem Bereich des Sinnlichen und dem des Un- bzw. Übersinnlichen Bezüge herzustellen:

> With Plato, Aristotle, the Neoplatonists, Aquinas, Kant, Mill, Nietzsche, Heidegger, and the late Wittgenstein this elastic knot of unity assumed a wider epistemological meaning than numerical equidistance and logical symmetry. It emerged as a form of dialectics attempting to bridge the seen and the unseen, the known and the unknown. Proportionality, or the like and reciprocal relation between two proportions, is distinct from mere identity, the illusion of full adequacy in the explication of one term by means for another.[219]

Gerade im Anschluss an die rationale Philosophie des 18. Jahrhunderts scheint eine neuerliche Vermittlung zwischen Sinnlichkeit und Verstand, zwischen Rationalität und Irrationalität sowie zwischen Einheit und Mannigfaltigkeit nötig zu sein. Und auch hier scheint sich für den Erkenntnisgang das Lösungsmodell der Analogie anzubieten, denn »[k]nowledge is a heuristic system always in pursuit of equivalences for one thing or another. It results when abstractions are made concrete, when family ties between distant or seperates events are exposed.«[220] Mit dieser heuristischen Funktion erobert die Analogie auch die empirischen Wissenschaften, die immer wieder mit dem Problem der Unzugänglichkeit bzw. des Nicht-Wissens konfrontiert sind. Bereits in der antiken Medizin werden im Bereich der rationalistischen Ärzteschulen aufgrund des Sezierverbotes am menschlichen Körper, tierische aber auch andere beobachtbare Naturvorgänge herangezogen, um diese auf den Menschen zu projizieren.[221] Seit dem 18. Jahrhundert wird jedoch der Analogieschluss eine bedeutende Aufwertung erhalten,

---

Sinnenwelt und der ewigen intelligiblen Welt zusammensetzt (Tim. 37a). Dass Platon dem Menschen ein gleiches Mischungsverhältnis wie der Weltseele zuspricht (Tim. 41d), scheint eine weitere Erklärung dafür zu sein, dass jener in der Lage ist, die vernünftige Struktur des Kosmos zu erkennen. Dabei zeigt sich Platons Vorstellung eines analogen Verhältnisses von Mensch und Kosmos, das in einem identischen Logos gründet.

219 Stafford: Visual Analogy, S. 8.

220 Ebd.

221 Vgl. zum Analogiegebrauch in der antiken Medizin Bühler: Art. Analogie; Ders.: Analogieverfahren bei den empirischen Ärzten der Antike. Der Übergang zum Ähnlichen. In: Lutz Dannenberg u.a. (Hg.): Metapher und Innovation. Die Rolle der Metapher im Wandel von Sprache und Wissenschaft. Stuttgart 1995, S. 22–38; Volker Langholf: Frühe Fälle der »Verwendung« von Analogien in der altgriechischen Medizin. In: Berichte zur Wissenschaftsgeschichte 12 (1989), S. 7–18.

wenn die empirischen Naturwissenschaften mehr und mehr in den Vordergrund drängen. So wird mit Hilfe der Analogie bspw. die Bestäubung der Pflanzen als sexuelles Vereinigungsgeschehen in Vergleich mit den Menschen erklärt, [222] wobei Pflanzen dann ähnlich wie Mann und Frau vor einen Brautaltar treten und sich im geschmückten Hochzeitsbett vereinigen (vgl. Kap. 5). Oder es wird der unsichtbare Erdmagnetismus anhand von piezoelektrischen Gesteinseigenschaften gedeutet, wenn Schelling ganz in kantischer Manier das Polaritätsprinzip der Natur mit Hilfe des Piezokristalls Turmalin erläutert und hierfür den wirkenden Magnetismus des Gesteins per Analogie auf die Erde überträgt. Denn so wie der Turmalin bei Erwärmung in der Lage ist, Ascheteilchen anzuziehen, so müsse sich analog die Polarität der Erde im Ganzen verhalten:

> Es ist gewiß, daß der Turmalin, solange er in einerlei Grad der Wärme erhalten wird, keine Spur von Elektricität zeigt, daß er aber elektrisch wird, wenn man ihn erwärmt oder erkältet. [...] Wirklich zeigen sich die entgegengesetzten Elektricitäten am Turmalin niemals auf seiner ganzen Oberfläche, sondern nur in der Gegend zweier entgegengesetzter Punkte, die man seine Pole nennen kann. [...] Die bisher vorgetragenen Ideen auf die Erde angewandt, muß der Grund ihrer Polarität in ihrer ursprünglichen Bildung gesucht werden. Wenn es erlaubt ist, vom Kleinen aufs Große analogisch zu schließen, so muß der ursprüngliche Grund in einer Ungleichförmigkeit ihrer Bildung gesucht werden. Wie ungleichförmige Erschütterung, Erkältung usw., dem Eisen magnetische Eigenschaften mitteilt, so ist es glaublich, daß die Erde einer ähnlichen Ursache, z.B. daß sie bei ihrer ursprünglichen Bildung an einem Pol schneller als am andern erkaltete, ihre Polarität verdankt.[223]

Wenn der Teil das Ganze erklären kann, dann nur deshalb, weil zwischen beiden eine gleiche Organisation angenommen wird, die sich auf den unterschiedlichen Ebenen wiederholt und die das Einzelne als auch das Ganze integriert. Auf diese Weise wird der Analogieschluss auch noch im 19. Jahrhundert genutzt, um in der

---

222 Vgl. hierzu Londa Schiebinger: Nature's Body. Gender in the Making of Modern Science. New Brunswick 1993; sowie Dies.: Das Private Leben der Pflanzen. Geschlechterpolitik bei Carl von Linné und Erasmus von Darwin. In: Michael Hagner (Hg.): Ansichten der Wissenschaftsgeschichte. Frankfurt/M. 2001, S. 107–133.

223 Friedrich Wilhelm Schelling: Von der Weltseele. In: Ders.: Sämmtliche Werke. Erste Abtheilung. Zweiter Band. Stuttgart/Augsburg 1857, S. 345–583, hier: S. 476ff.; vgl. zur Polaritätsdiskussion um 1800 und der wichtigen Bedeutung des Turmalins als Anschauungsobjekt Wiesenfeldt und Breidbach: »Könnte nicht also auch die Erdkugel ein großer Turmalin sein?« Außerdem Breidbach: Analogie Anthropologien. Zur Reanimierung des Mikro-Makrokosmos-Denkens im 19. Jahrhundert; Breidbach: Begriff und Praxis am Beispiel der Elektrizitätslehre um 1800. In: Ernst Müller und Falko Schmieder (Hg.): Begriffsgeschichte der Naturwissenschaften. Zur historischen und kulturellen Dimension naturwissenschaftlicher Konzepte. Berlin 2008, S. 345–365.

Physik die unsichtbaren elektromagnetischen Ströme mit Hilfe von Flüssigkeitsbewegungen des Wassers zu erläutern. Der Physiker James Clerk Maxwell erklärt dergestalt die elektromagnetischen Felder als Feldlinien, indem er diese in Analogie zu Fließeigenschaften des Wassers setzt, um zumindest hypothetisch eine Veranschaulichung für seine Überlegungen zu haben, denn

> a truly scientific illustration is a method to enable the mind to grasp some conception or law in one branch of science, by placing before it a conception or a law in a different branch of science, and directing the mind to lay hold of that mathematical form which is common to the corresponding ideas in the two sciences, leaving out of account for the present the difference between the physical nature of the real phenomena. [...] When this condition is fulfilled, the illustration is not only convenient for teaching science in a pleasant and easy manner, but the recognition of the formal analogy between the two systems of ideas leads to a knowledge of both, more profound than could be obtained by studying each system separately.[224]

Sichtbarkeit der Objekte und Unsichtbarkeit der gedanklichen Strukturen, phänomenale Welt und deren Gesetzmäßigkeiten, Empirie und Metaphysik stehen in einem engen Dependenzverhältnis. Es gilt deshalb in diesem Zusammenhang nach der Vermittlungsmöglichkeit der Analogie zu fragen, wenn im Gegensatz zur Antike die Einheit des Seins und der Zusammenhang von Sein und Erkenntnis zu Beginn der Moderne nicht mehr unhinterfragt gegeben scheinen. Gleichwohl scheint man diese immer noch anzunehmen, wie man anhand Gotthilf Heinrich Schuberts Aussage in seiner *Allgemeinen Naturgeschichte* von 1826 feststellen kann: »Die Geschichte der Natur hat nicht blos mit einzelnen endlich bald vergänglichen Wesen zu tun, sondern mit einem unvergänglichen allvereinenden und beseelenden Grund der ganzen Sichtbarlichkeit.«[225] Dass dieser Grund

---

224 James Clerk Maxwell: Address to the Mathematical and Physical Sections of the British Association. James Clerk Maxwell [From the British Association Report, Vol. XL.] [Liverpool, September 15, 1870.] Hierzu benutzt er die Vorstellung von idealen Flüssigkeitsströmen, die er in Analogie zu elektrischen Fließeigenschaften setzt. Noch heute ist diese Analogie im Sprachgebrauch wirksam, wenn vom ›Stromfluss‹ die Rede ist. Vgl. Wilfried Kuhn: Ideengeschichte der Physik. Eine Analyse der Entwicklung der Physik im historischen Kontext. Heidelberg 2001, S. 333ff.; Kevin Lambert: The Uses of Analogy: James Clerk Maxwell's ›On Faraday's Lines of Force‹ and early Victorian Analogical Argument. In: The British Journal for the History of Science 44, (1) (2011), S. 61–88, bes. S. 84.

225 Gotthilf Heinrich Schubert: Allgemeine Naturgeschichte oder Andeutungen zur Geschichte und Physiognomik der Natur. Erlangen 1826, S. 4. Vgl. dazu Dietrich von Engelhardt: Naturforschung im Zeitalter der Romantik. In: Zimmerli, Stein und Gerten (Hg.): »Fessellos durch die Systeme«, S. 19–49, hier: S. 37.

der ›Sichtbarlichkeit‹ selbst nicht sichtbar, sondern nur noch konstruktiv anzunehmen ist, um zwischen sichtbarer Welt und unsichtbarem Grund, zwischen Natur und Subjekt zu vermitteln, ist Teil einer Philosophie und einer Naturwissenschaft, die neue epistemische Wege erprobt und Bereiche des Nicht-Fasslichen zulässt.

2.1.3 ›Physische Analogien‹ als Erfahrungsstrukturierung

Die Tradition der arithmetischen Analogie

Neben den Bereichen des Nicht-Fasslichen und Nicht-Sinnlichen interessiert ab dem 18. Jahrhundert jedoch auch zusehends der phänomenale Raum als solcher. Hegel spricht in Bezug auf den Gebrauch der Analogie in der Physik des 18./19. Jahrhunderts von einer »sinnliche[n] Bilder Anwendung«[226] und umschreibt ihren anschaulichen Gehalt vor dem Hintergrund der erfahrungsorientierten Wissenschaften der Zeit. Dieses »Analogie-Sehen«[227] entwickelt sich, wie zu zeigen sein wird, um 1800 mit einem Rückbezug auf die arithmetische Analogietradition und hält seither Einzug in die Naturwissenschaft.

Jenseits ihrer mathematischen Funktion fragt die Analogie nach gleichbleibenden Grundgestalten der empirischen Welt und übernimmt immer wieder die Aufgabe einer räumlichen Strukturierung. Der Physiker James Clark Maxwell spricht sinnigerweise von der »Methode der Physischen Analogie«,[228] denn mit ihrer Hilfe sei es möglich, verschiedene Erscheinungsgebiete wechselweise zu ›illustrieren‹:

> In order to obtain physical ideas without adopting a physical theory we must make ourselves familiar with the existence of physical analogies. By a physical analogy I mean that

226 Hegel: Vorlesungen über die Geschichte der Philosophie, Bd. 19, S. 316.

227 Joseph Schumacher: Antike Medizin. Die naturphilosophischen Grundlagen in der Medizin der griechischen Antike. Berlin 1963, S. 73

228 Michael Heidelberger berücksichtigt hier in der Übersetzung des Maxwell'schen Terminus »Physical Analogy« als »Physische Analogie« Maxwells Anliegen, sich an den empirischen Phänomenen zu orientieren und nicht bereits physikalisch-theoretische Gesetzmäßigkeiten apriori auf diese anzuwenden. Vgl. Michael Heidelberger: Analogie und Quantifizierung. Von Maxwell über Helmholtz zur Messtheorie. In: Hentschel (Hg.): Analogien in Naturwissenschaft, S. 255–279, hier: S. 260.

partial similarity between the laws of one science and those of another which makes each of them *illustrate* the other. [Herv. S. G.][229]

Mit Verweis auf Maxwell nimmt auch Ernst Mach auf den Aspekt des *Analogie-Sehens* Bezug und stuft ihn sogar als wichtigste Eigenschaft des Naturforschers ein:

> Unter einer physikalischen Analogie verstehe ich jene teilweise Aehnlichkeit zwischen den Gesetzten des *Erscheinungs*gebietes mit jenen eines anderen, welches bewirkt, daß jedes das andere *illustriert.* [...] Es liegt übrigens die Bemerkung nahe, daß auch Objekte deren Aehnlichkeit der *sinnlichen Beobachtung* unmittelbar auffällt, Analogie, Beziehungsgleichheit zwischen den Merkmalen des einen Objektes untereinander und jenen des anderen untereinander darbieten können, welche als selbstverständlich oft unbeachtet bleiben. [...] Das Leitmotiv der Aehnlichkeit und Analogie erweist sich in mehrfacher Hinsicht als treibend und fruchtbar für die Erweiterung der Erkenntniß. Ein noch wenig geläufiges Thatsachengebiet N offenbare in irgend einer Weise seine Analogie zu einem uns geläufigeren, der *unmittelbaren Anschauung* zugänglicheren Gebiet M. [Herv. S. G.][230]

Die Analogie soll hier den phänomenalen Erfahrungsraum über eine Zusammenschau der Dinge strukturieren. Michael Heidelberger stellt fest, dass der Begriff der Analogie eine so entscheidende Rolle in der Naturwissenschaft des 19. Jahrhunderts einnimmt, da hier zum einen die Frage nach einem Realitätsbezug einer theoretisch agierenden Wissenschaft auftritt und zum anderen die Vorstellung eines ›strukturellen Realismus‹ geprägt wird. Dieser sei nicht um den Beweis der Existenz einzelner Entitäten, sondern um die von »strukturellen Gegebenheiten« bemüht.[231]

229 James Clark Maxwell: On Faraday's Lines of Force. [Read Dec. 10, 1855, and Feb. 11, 1856]. In: The Transactions of the Cambridge Philosophical Society 10 (1) (1855/56), S. 27–83, hier: S. 28.
230 Ernst Mach: Die Aehnlichkeit und Analogie als Leitmotiv der Forschung. In: Annalen der Naturphilosophie, hg. von Wilhelm Ostwald. Erster Band, Leipzig 1902, S. 5–14, hier: S. 5–6 und S. 10.
231 Michael Heidelberger: Analogie und Quantifizierung, S. 261. Dass Maxwells Denken in Analogien jedoch nicht nur den phänomenalen Raum erfasst, sondern auch einen analogen Zusammenhang zwischen physischen Gegebenheiten und numerischen Zahlen annimmt, zeigt, wie Heidelberger ausführt, seine Aussage, »that the aim of exact science is to reduce the problems of nature to the determination of quantities by operations with numbers.« Maxwell: On Faraday's Lines of Force, S. 28. Helmholtz wird diese Überlegungen übernehmen und dabei das Gesetz der arithmetischen Analogie fast wortwörtlich wiedergeben, denn um physikalische Größen in Hinblick auf quantitative Eigenschaften hin zu messen, muss man diese gemäß ihrer *Gleichheit* und ihrer *additiven Verbindung* hin untersuchen. Heidelberger: Analogie und Quantifizierung, S. 268. Vgl. zudem Joseph Turner: Maxwell on the Method of Physical Analogy. In: Britisch Journal for the Philosophy of Science VI (23) (1955), S. 226–238.

Die von Heidelberger festgestellte Adaption der Analogie von der Empirie im 19. Jahrhundert ist jedoch ein Resultat der *mathesis universalis* des 17./18. Jahrhunderts. Vor allem Leibniz Vorstellung eines kontinuierlichen Naturzusammenhangs, der durch proportionale Zusammenhänge entsteht, prägt, wie im Folgenden zu zeigen sein wird, die Naturvorstellungen der Zeit und darüber hinaus (vgl. Kap. 3 und Kap. 4). Johann Nicolas Tetens hält in Anschluss an Leibniz in seiner Abhandlung *Philosophische Versuche über die menschliche Natur und ihre Entwickelung* von 1777 fest:

> Von welcher Größe von Aehnlichkeit läßt sich auf eine völlige oder doch auf eine noch weitere sich erstreckende, und von welcher Gattung von Aehnlichkeiten auf eine andere fortschließen? [...] Es gibt in den einzelnen Beyspielen allgemeine Gründe der Analogie; und es gibt besondere. Solche mit einer Vollständigkeit zu übersehen, dient die Spekulation des Metaphysikers als das Eine Auge, und die Beobachtung der Natur als das zweyte. [...] Schließt man nach der Analogie, so wird vorausgesetzt, daß die Natur einförmig und sich im Innern ähnlich sey, von der wir doch zugleich wissen, daß sie die Abwechslung und Mannigfaltigkeit bis ins Unendliche liebet. Das letztere offenbaret sich im ersten und häufigsten in den *Größen* und *Graden* und *Stufen*; die Einförmigkeit findet mehr in den *absoluten Qualitäten* Statt. Je mehr man die Wirkungen der Natur studiert, je mehr nähert man sich der großen *leibnizischen* Idee, die Mannigfaltigkeit in den Dingen bestehe nur in einem *Mehr* und *Weniger* in den Größen der Grundkräfte, wobey die Kräfte selbst einerleyartig sind, und dieselben allgemeinen Gesetze befolge. Aber bis dahin kann man nicht hinaufgehen [...]. Eine solche Analysis bleibt dem Verstand des Unendlichen vorbehalten.[232]

Mit dem Vokabular von ›Größen‹, ›Graden‹ und ›Stufen‹, die nach einem quantitativen Prinzip des ›Mehr‹ oder ›Weniger‹ die Natur graduell strukturieren, umreißt Tetens nochmals im Nukleus die durch Leibniz vermittelte Vorstellung eines mathematisch gestützten Analogieprinzips kontinuierlicher Übergänge, das dann um 1800 seine volle Entfaltung erfahren wird, wie man bei Kant und Friedrich von Hardenberg feststellen kann.

Das lineare Analogie-Prinzip der arithmetischen Analogie findet sich dann auch in der immer noch prominenten Vorstellung der *scala naturae* oder der

232 Johann Nicolas Tetens: Philosophische Versuche über die menschliche Natur und ihre Entwickelung, Band 1. Leipzig 1777, S. XXIII. André Rudolph erkennt in Tetens Reaktion auf Leibniz einen Zusammenhang von empirischer Naturforschung und metaphysischer Systembildung, wobei letztere als spekulative Methode seiner Ansicht nach einen Bedeutungsverlust erfahre. Vgl. Rudolph: Figuren der Ähnlichkeit, S. 65. Ich würde an dieser Stelle jedoch eine andere Lesart vorschlagen, die den Analogieschluss über die Grenzen der menschlichen Vernunft hinaus geradezu als symptomatisch für die nachidealistischen Ansätze veranschlagt und damit den Leibniz'schen Theismus transzendiert.

Kette der Wesen, jedoch nicht mehr im wörtlichen, sondern nur noch im übertragen-bildlichen Sinne als Ausdruck für die relationale Grundstruktur der Natur (vgl. Kap. 3).[233] So geben in den anatomischen Studien um 1800 die »Betrachtung der sonderbaren Analogie zwischen einer großen Menge Geschöpfe« Auskunft über »Gestaltveränderungen der Menschen von der Geburt bis zum höchsten Lebensalter; d[ie] Unterschied[e] der Gesichtszüge in verschiedenen Ländern, die scheinbare Aehnlichkeit einiger Menschengattungen mit Affen«, um das großangelegte Natursystem in seiner Kohärenz zu bestätigen.[234] Derart hält es der Sohn Adriaan Gilles Camper in der Biographie über seinen Vater Peter Camper fest. Peter Camper erlangte in seiner Zeit besonders durch seine Arbeiten zur menschlichen Gesichtsform eine große Bekanntheit. Er nutzt hierfür horizontale und vertikale Gesichtslinien (Abb. 5 und 6), die den Physiognomen Johann Casper Lavater dazu inspirierten, eine »Animalitätslinie« in einer hierarchischen Rangfolge vom Frosch bis zum Apoll nachzuzeichnen (Abb. 7), die die antike Stufenlehre auf dem Boden empirischer Daten bringen sollte.[235]Aufgrund der Vorstellung einer durchgängig waltenden Analogie können überhaupt erst die verschiedenen Lebewesen zueinander in Beziehung gesetzt werden, womit das Analogieprinzip für Lavater die nach »Weisheit und Ordnung« handelnde Natur widerspiegele.[236]

So enthält das Analogieprinzip neben einem empirischen erfassbaren Bereich stets auch einen übersinnlich-abstrakten Teil, der, wie dies Tetens ausdrückt, der ›Analysis‹ des ›unendlichen Verstandes‹ vorbehalten bleibt und damit bereits integratives Moment einer neuen nachidealistischen Episteme ist. Es sind hier nicht, wie Philipp Rehbock und Michael Eggers zeigen, rein ikonische

233 Zur Entwicklung der *scala naturae*-Vorstellung aus den platonisch und aristotelischen Naturkonzeptionen, die bis weit ins 19. Jahrhundert fortgewirkt haben vgl. Arthur O. Lovejoy: The Great Chain of Being. A Study of the History of an Idea. Cambridge/London 1978; zu *scala naturae*-Diskurse um 1800 Margrit Wyder: Goethes Naturmodell. Die Scala Naturae und ihre Transformationen. Böhlau 1998.

234 Vgl. Adriaan Gilles Camper: Lebensgeschichte des verewigten Petrus Camper. Aus dem Holländischen übersetzt von Johann Bernhard Reupp. Stendal 1792, S. 30.

235 Vgl. dazu Annette Graczyck: Vom Frosch zu den Engeln (Kapitel). In: Dies.: Die Hieroglyphe im 18. Jahrhundert Theorien zwischen Aufklärung und Esoterik. Berlin u.a. 2015, S. 185–196; Uwe Schlögl: Ikonische Kompositionalität. Gedanken zu Johann Lavaters Bilddenken. In: Librarium. Zeitschrift der Schweizerischen Bibliophilen-Gesellschaft 55 (2012), S. 108–124. Zum Stufenleitergedanken, der sich neben Camper auch bei dem Mediziner Albrecht Haller und sogar bei Friedrich Schlegel wiederfindet vgl. zudem Eggers: Von Pflanzen und Engeln. Friedrich Schlegels Sprachdenken im Kontext der frühen Biologie. In: Erich Kleinschmidt (Hg.): Die Lesbarkeit der Romantik. Material, Medium, Diskurs. Berlin 2009, S. 159–183.

236 Ebd., S. 46.

Merkmalsähnlichkeiten, die Verbindungen zwischen verschiedenen menschlichen Physiognomien oder Himmelskörper bedingen, sondern schematische Konzeptionen, anhand derer »hier Analogien noch einmal im großen Maßstab hergestellt werden.«[237] Dergestalt kann man für die Strukturierung des Erfahrungsraumes zwar sehen, dass die Analogie an den Erscheinungen interessiert ist, jedoch nur in Verbindung mit einem strukturellen Grundmuster, sodass auch stets innerhalb der eidetischen Analogieverwendung eine logische Ausrichtung vorhanden bleibt. In der wiederholt aufgegriffenen Metapher der *Kette der Wesen*, die die Natur in Grade und Stufen eines ›Mehr‹ oder ›Weniger‹, in diesem Fall gemäß der Entwicklungsvollkommenheit, einteilt, erkennt man die Prägung des quantitativen Größenvergleichs und der horizontalen Aneinanderreihung, aber auch die Ausrichtung »auf einen Logos« und damit die Strukturvorgabe der arithmetischen Analogie.

237 Eggers: Vom Wissen zur Wissenschaft, S. 14.

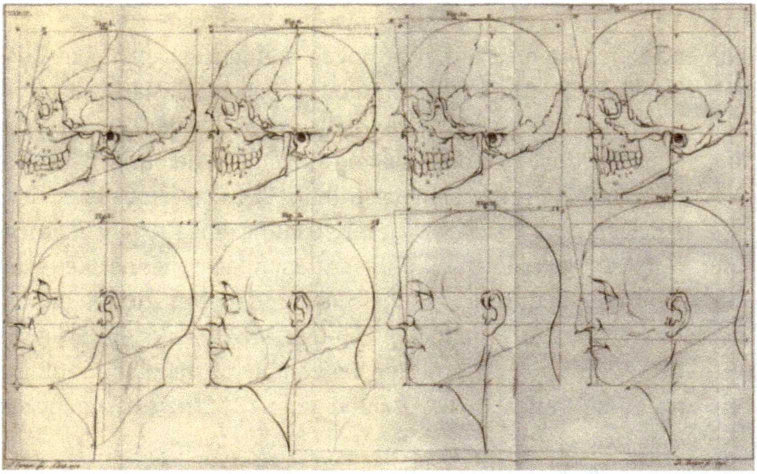

Abb. 5: Peter Camper: Über den natürlichen Unterschied der Gesichtszüge in Menschen verschiedener Gegenden und verschiedenen Alters; über das Schöne antiker Bildsäulen und geschnittener Steine; nebst Darstellung einer neuen Art. Allerlei Menschenköpfe mit Sicherheit zu zeichnen, hg. von Adrian Gilles Camper, übersetzt von S. Th. Sömmering. Mit zehn Kupfertafeln. Berlin 1792, Kupfertafel 1.

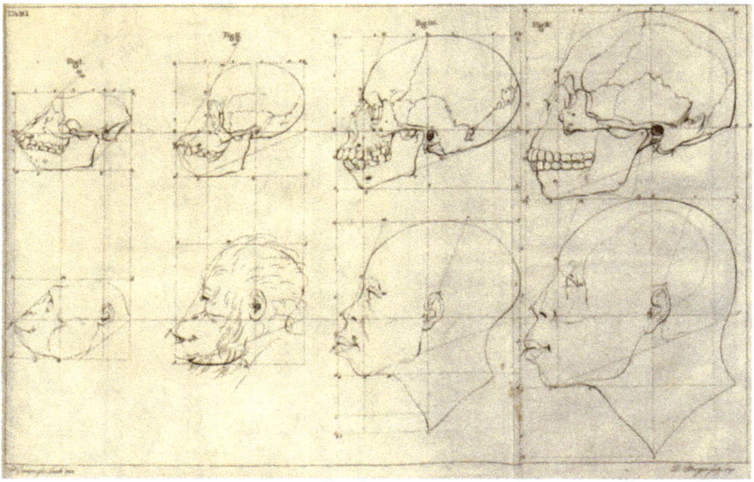

Abb. 6: Peter Camper: Über den natürlichen Unterschied der Gesichtszüge, Kupfertafel 2.

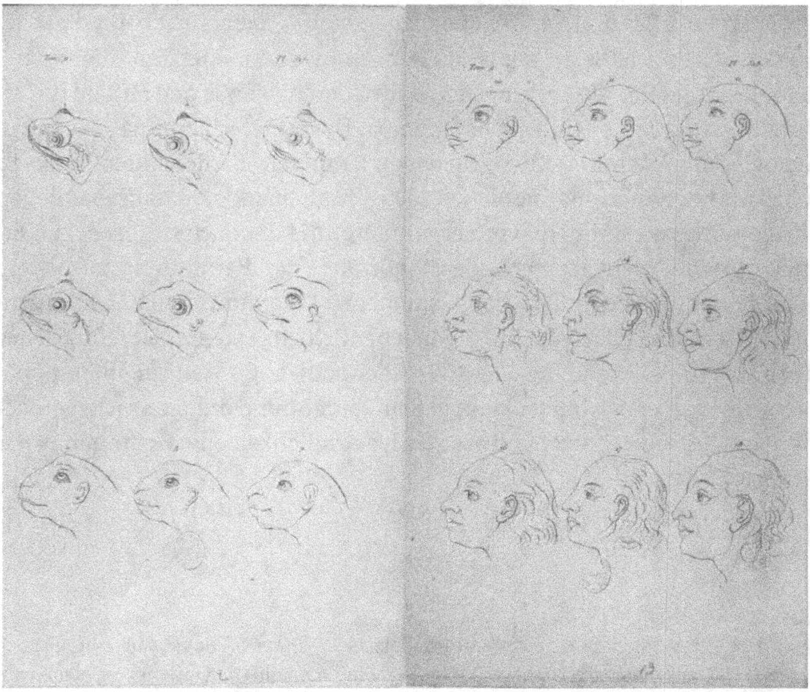

Abb. 7: Johann Caspar Lavater: Des lignes d'animalité. La transition d'une tête de grenouille à celle de l'Apollon. In: Ders.: L'art de connaître les hommes par la physionomie, Tome 9. Paris 1820, Planches 527 und 528.

2.1.4 Zwischenbilanz

In den bisher aufgezeigten mathematischen Analogiekonzeptionen und in ihren unterschiedlichen Adaptionen zeigt sich, dass die Analogie als beweisendes Verfahren benutzt wird, womit ihr ein spezieller Erkenntniswert zufällt, der jedoch nicht mit einer eindeutig begrifflichen Logik gleichzusetzen ist. Sie bildet eine eigene Form der Erkenntnis, die Einheit in einer spannungsreichen Form zwischen Ähnlichkeit und Differenz herzustellen vermag. Bereits in der Antike wird der Analogie deshalb eine autonome epistemologische Leistung zugesprochen, die letztlich die grundlegende Funktion übernimmt, Einheit auch noch oberhalb der logischen Begriffs- und Seinsebenen zu denken.[238] Damit erscheint die Analogie bereits dort als äußerst moderne Figur und wird in einer Zeit, die vor der Herausforderung steht, die Organisation der Wirklichkeit aus den Mitteln des eigenen Denkens zu begreifen, wieder entdeckt. Denn hier scheint das Vorgehen der Analogie, Allgemeines im Verschiedenen zu finden, partielle Identitäten zu entdecken und zwischen anschaulichen Sachverhalten und nicht-anschaulichen Wissensregionen zu vermitteln, vor dem Hintergrund der nachidealistischen Erkenntniskrise eine vielversprechende Möglichkeit der Vermittlung zu bieten. Dazu gehört es auch, die Kluft der oppositionellen Erkenntnisentitäten Sinnlichkeit und Verstand zu überbrücken, die in jener Zeit ein erkenntnistheoretisches Problem darstellt. Während die begrifflich-identitäre Logik den singulären Phänomenen, die in jener Zeit immer mehr in den Vordergrund drängen nicht gerecht wird, scheint die unbestimmte und assoziative Ähnlichkeit eine Bestimmung der Dinge zu verhindern.

238 Vgl. hierzu die Studie von Erhard-Wolfram Platzeck: Von der Analogie zum Syllogismus. Darin beweist Platzeck, dass sich bereits Sokrates und Platon mit ihren Relationsvergleichen auf einen allgemeinen λόγος um eine »saubere Trennung zwischen Gleichem und Ungleichem im Ähnlichen bemühen«, was der Analogieargumentation in der Antike erstmals eine logische Funktion einräumt (S. 39). Sokrates und Platon unternehmen seiner Ansicht nach damit erstmals den Versuch, den »allgemeinen Ähnlichkeitsgrund ähnlicher Objektbeziehungen« herauszuarbeiten und die begrifflich-logische Erfassung von Dingen anzugeben. Bei Platon schlägt sich dies in seiner dihairetischen Begriffsteilung nieder, die jedoch auch mit Hilfe der Analogie in umgekehrter Richtung vonstatten gehen kann: Versucht man in jener von einem allgemeinen Begriff zu den einzelnen Inhalten hinabzusteigen, so kann man auch in entgegengesetzter Richtung durch das Zusammensuchen des strukturell Ähnlichen zu einem Allgemeinbegriff hinaufsteigen. Für Platon ist jedoch der begriffliche Logos zwischen den Gegenständen (auch zwischen intelligiblen und sinnlichen) ein identischer, der ontologisch begründet ist. Die Wesenheit der in Beziehung stehenden Gegenstände ist von gleicher Art. Insofern ist die Analogie ein beweisend-logischer Vorgang, der auf den einen vorgegebenen vorhandenen Logos ausgerichtet ist (S. 40). Bei Aristoteles wird sich der Analogiebegriff dann in dessen *Metapyhsik* vollkommen ändern. Die Einheit des Seins kann bei Aristoteles nur noch durch das Prinzip der Analogie begründet werden, wodurch die Analogie als Strukturform der Seinsform vorgeordnet ist. Aristoteles: »Τὰ δ'αΐτια καὶ αἱ ἀρχαί ἆλλα ἒστιν ὣς, ἒστι δ'ὡς, ἂν καθόλου λέγῃ τις καὶ κατ' ἀναλογίαν, ταὐτὰ πάντων.« (»Die Ursachen und die Prinzipien sind in einem Sinne bei Verschiedenem verschieden, in anderem Sinne dagegen, wenn man nämlich im Allgemeinen und der Analogie nach von ihnen spricht, bei allen dieselben.«) Aristoteles: Τῶν μετά τά Φυσικά Δ 4, 1070a 31–33. Übersetzung von Herman Bonitz. In: Aristoteles Metaphysik. Zweiter Halbband: Bücher VII (Z) – XIV (N). Griechisch – Deutsch, hg. von Horst Seidl. Hamburg 1991, S. 240–241). Damit hat der Analogiebegriff bei Aristoteles jene entscheidende Wende zu einer rein logischen Funktion hin vollzogen, die auch für das moderne Analogiedenken von Bedeutung sein wird.

Die Analogie, soweit sie bisher dargestellt wurde, scheint aufgrund ihrer Konzeption genau zwischen diesen beiden Momenten vermitteln zu können, denn wo man sich mit »›ähnlich‹ auf die Beschaffenheiten«[239] der Dinge bezieht, meint die Analogie

> mehr als nur eine bloße Relation. Mit ihr expliziert sich ein Ganzes, das in Bezug auf bestimmte Merkmale einem anderen Ganzen zugeordnet wird als etwas, das, da es in Teilbereichen zuordenbar ist, eben auch als Ganzes dem anderen Ganzen entspricht.[240]

Die Analogie ist insofern in der Lage, Ähnlichkeiten und Unterschiede »über eine analogisierende Objektebeziehung«[241] erst zu generieren und damit dem Ähnlichkeitsdenken eine Regel an die Hand zu geben (siehe auch weiter unten). Gleichzeitig hat sie das Strukturganze im Blick und agiert damit »auf Ebene des Gattungs-, Art- und Individualbegriff[s]«,[242] ohne die Dinge zu vereinheitlichen. Es wird demnach in den folgenden Kapiteln zu überprüfen sein, ob und wie ihr die Vermittlung zwischen beiden Denkformen gelingen kann, um eine Basis für einen Wissens- bzw. Erkenntnisbegriff eigener Art zu liefern.

Betrifft diese Überlegung vor allem die Frage nach der empirischen Erkenntnis, deren Problem in einer Vermittlung von Sinnlichkeit und Verstand vorliegt, so ergibt sich in jener Zeit auch ein Problem mit der transzendenten Erkenntnis. Alles, was außerhalb der Erfahrung liegt, wird vor dem Hintergrund einer zusehends auf empirische Evidenz setzenden Wissenschaft zum Problem. In der Antike konnte hier die Analogie helfen, wie man anhand der Irrationalzahlen sehen konnte, indem sie Unbekanntes auf ein bekanntes Referenzsystem zurückführt. Um 1800 scheint jedoch mit Kants Frage nach den Vernunftbegriffen, die die Einheit der Natur, Gott, Freiheit etc. umfassen, kein geeigneter Gegenstandsbezug mehr gefunden zu werden und es wird zu fragen sein, ob und wie die Analogie hier in ihrer logisch-analytischen Rolle noch vermittelnd wirken kann. Sie scheint in diesem Fall auf ihre »Infrastruktur bildlicher Rede«[243] angewiesen zu sein, die in kreativer Weise Bezugssysteme zuallererst kreiert.

---

239 Hoppe: Die Analogie, S. 20.

240 Breidbach: Anschauung denken, S. 136.

241 Ursula Brandstätter: Grundfragen der Ästhetik. Bild – Musik – Sprache – Körper. Köln 2008, S. 22.

242 Breidbach: Anschauung denken, S. 21.

243 Hans-Georg Coenen: Analogie und Metapher. Grundlegung einer Theorie bildlicher Rede. Berlin/New York 2002, S. 1.

Hierfür gilt es den zweiten Begriffsursprung der Analogie genauer zu betrachten, denn sie besitzt, wie bereits angesprochen, neben ihrer logischen Funktion, auch eine rhetorische. In dieser Traditionslinie wird die Analogie nicht nur in der Antike, sondern durch die Geschichte hindurch zusammen mit Metaphern und anderen Tropen als Teil des rhetorischen Redeschmuckes aufgefasst. Schon Platon macht der Rhetorik den Vorwurf einer ›täuschenden Redekunst‹, der dann auch die Analogie trifft, wie man an den Aussagen im einleitenden Kapitel sehen konnte. Dass sich jedoch bei einem genaueren Verständnis der antiken Rhetorik (vor allem der durch Aristoteles geprägten) ein ganz anderes Bild als das eines dekorativen Blendwerkes ergibt, soll im Folgenden gezeigt werden. Denn in ihrer ursprünglichen Konzeption ist die Rhetorik eng mit der Erkenntnistheorie verbunden. Diese wechselseitige Abhängigkeit wird dann im 18. Jahrhundert wiederentdeckt, wenn die Logik auf Methoden der Rhetorik zurückgreift, um kreativ und anschaulich neue Wissensgebiete zu erschließen.

2.2 Die rhetorisch-ästhetische Analogie (Analogie – Metapher – Ähnlichkeit)

Bei den dargelegten Übertragungen der Analogie in andere Disziplinen fällt auf, dass zwar stets ihr mathematischer Ursprung erkennbar bleibt, sich aber mit dem Kontextwechsel von einem strukturell-theoretischen hin zu einem anschaulich-sprachlichen nicht nur die betrachteten Gegenstände, sondern auch die Verhältnisbeziehungen ändern. Kant formuliert diesbezüglich:

> In der Philosophie bedeuten Analogien etwas sehr Verschiedenes, von demjenigen, was sie in der Mathematik vorstellen. In dieser sind es Formeln, welche die Gleichheit zweier Größenverhältnisse aussagen, [...]. In der Philosophie aber ist die Analogie nicht die Gleichheit zweier quantitativen, sondern qualitativen Verhältnisse.[244]

Damit bedeutet die »Analogie, welche nicht etwa, wie man das Wort gemeiniglich nimmt, eine unvollkommene Ähnlichkeit zweener Dinge, sondern eine vollkommene Ähnlichkeit zweener Verhältnisse zwischen ganz unähnlichen Dingen [...].«[245] Zwar übernimmt Kant die mathematische Definition einer Verhältnisgleichheit, jedoch herrscht diese im Kontext der Philosophie zwischen ›unähnlichen Dingen‹, womit deutlich wird, dass der Analogie hier eine weit größere Freiheit eingeräumt wird. Dass im 18. Jahrhundert die veranschaulichende Analogie

---

244 Kant: Kritik der reinen Vernunft, AA III, S. 160.
245 Kant: Prolegomena AA IV, S. 357.

insbesondere genutzt wird, um Fragen des Unzugänglichen in den Wissenschaften und der Philosophie zu klären, führt Kant exemplarisch immer wieder selbst vor. In einer beigefügten Fußnote in den *Prolegomena* beschreibt er die noch neue und für den ungebildeten Leser schwer vorstellbare mechanisch-physikalische Naturkraftlehre mit Hilfe von Rechtsverletzungen aus dem Alltag:

> So ist eine Analogie zwischen dem rechtlichen Verhältnisse menschlicher Handlungen und dem mechanischen Verhältnisse der bewegenden Kräfte: ich kann gegen einen andern niemals etwas thun, ohne ihm ein Recht zu geben, unter den nämlichen Bedingungen eben dasselbe gegen mich zu thun; eben so wie kein Körper auf einen andern mit seiner bewegenden Kraft wirken kann, ohne dadurch zu verursachen, daß der andre ihm eben so viel entgegen wirke. Hier sind Recht und bewegende Kraft ganz unähnliche Dinge, aber in ihrem Verhältnisse ist doch völlige Ähnlichkeit.[246]

Das Beispiel rechtlicher Handlungen dient Kant als anschauliches Bild, um dem Leser den physikalischen Kraftbegriff nahezubringen. So wie ein Mensch gegenüber einem anderen ein Unrecht begeht, so lassen sich auch die Gesetze der Mechanik verstehen: wenn ein Körper durch eine Bewegung (Stoß) eine Veränderung eines anderen Körpers bewirkt, dann verliert er an Bewegungsenergie (Widerstand).[247] Da hier der gemeinsame λόγος zwischen Naturgesetzten und Normativität mitunter nicht sofort einleuchtet, erfordert dieser Transfer eine kreative Leistung des Lesers, die anzeigt, dass die Übertragungen gemäß der Analogie hier in den Bereich eines rhetorisch-sprachlichen Konstruktivismus fallen.[248]

---

246 Ebd.

247 Vgl. zu Kants Auseinandersetzungen mit den physikalischen Theorien seiner Zeit, insbesondere mit den Kraftkonzepten von Newton und Leibniz, Michael Friedman: Metaphysical Foundations of Newtion Science. In: Ders.: Kant and the Exact Sciences. Cambridge/London 1992, S. 136–165; Gernot Böhme: Kants Begriff der Materie. In: Ders.: Philosophieren mit Kant. Frankfurt/M. 1986, S. 173–196; Martin Carrier: Kraft und Wirklichkeit. Kants späte Theorie der Materie. In: Übergang. Untersuchungen zum Spätwerk Immanuel Kants, hg. von Forum für Philosophie Bad Homburg. Frankfurt/M. 1991, S. 208–230; Martin Carrier: Kants Theorie der Materie und ihre Wirkung auf die zeitgenössische Chemie. In: Kant-Studien. Philosophische Zeitschrift der Kant-Gesellschaft 81 (2) (1990), hg. von Manfred Baum, Bernd Dörflinger und Heiner F. Klemme, S. 170–210.

248 Vgl. hierzu Gerhard Schröders Überlegungen in Hinblick auf Ansätze der Medientheorie, die Fragen nach der Kohärenz des Wissens stets mit einem dialektischen Wechselspiel von Medieninnovationen und darauf respondierenden Kulturtechniken zu klären suchen. Sowohl philosophische und rhetorische Strategien wären demgemäß Kompensationslogiken für einen Überschuss an Sinn im Zuge kultureller Innovationsleistungen (wie die Erfindung der alphabetischen Schrift), sodass man nach dieser Logik auch vermuten darf, dass die Entwicklung der mathematischen *arithmetica universalis* im 18. Jahrhundert ihre eigenen operativen Grundlagen

Die Analogie ist hier das Ergebnis einer ingeniös-kreativen Tätigkeit, die von Aristoteles als εὐφυΐα bezeichnet, später mit *ingenium* übersetzt und mit Spontanität, Witz und schöpferischer Gabe in Zusammenhang gebracht wird.[249] Damit wird deutlich, dass das Analogiedenken nicht mehr dem Reich der strengen Gesetzmäßigkeiten der Mathematik unterliegt, sondern dem der Poetik und der Rhetorik, wo es durch das Aufspüren von strukturellen Ähnlichkeiten neue und ungewohnte Zusammenhänge aufzuzeigen vermag; jedoch nicht unter der Regie der Wahrheit, sondern unter der der Glaubhaftigkeit und Anschaulichkeit.[250]

André Rudolph sieht in dieser rhetorischen Tradition sogar die eigentliche Prägung des Analogiebegriffs, die dafür sorge, dass die Analogie als Ähnlichkeitsfigur bis in die Moderne hinein eine der (logischen) Philosophie entgegengesetzte metaphorische Argumentationstechnik entfalte.[251] Es wären demnach

---

auszugleichen sucht. Vgl. Gerhart Schröder: Die Kunst, anzufangen. Philosophie und Literatur in der Frühen Neuzeit. München 2013, S. 38f.

249 Zur Geschichte des *ingenium*-Begriffes vgl. auch Ekkehard Knörer: Entfernte Ähnlichkeiten. Zur Geschichte von Witz und ingenium. München 2007.

250 Schröder: Die Kunst, anzufangen, S. 44ff.

251 Vgl. Rudolph: Figuren der Ähnlichkeit, S. 26ff. Rudolph greift hier scheinbar auf eine sehr spezielle Traditionslinie von rhetorischen Figuren zurück, die sich in der ersten rhetorischen Prosaschrift *Rhetorica ad Herennium* in lateinischer Sprache wiederfindet. Dort führt der unbekannte Verfasser drei auf ›Ähnlichkeit‹ gründende Gedankenfiguren auf, die er mit *exemplum, imago* und *similitudo* betitelt: Rhetorica ad Herennium. Lateinisch-Deutsch, hg. und übers. von Theodor Nüßlein. Düsseldorf/Zürich 1998, Buch IV, S. 59 und S. 62. Dabei gilt jedoch zu beachten, dass die *similtudo* eine rhetorische Bezeichnung für den Analogievergleich darstellt und vier Arten des beweisenden Vergleichens beinhaltet: den Gegensatz, die Negation, das Zusammenstellen und den kurzen Vergleich. Damit zeigt sich, dass die Analogie im Gegensatz zu den anderen Figuren eindeutig eine logische Form meint, die nicht mit der Ähnlichkeit per se zusammenfällt, sondern als Verfahren Ähnlichkeiten bzw. Unähnlichkeiten erst zueinander in Beziehung setzt bzw. diese erst generiert (ebd.) Auch bei Quintilian findet sich zu der Figur der *similitudo* eine ähnliche Definition. Quintilian weist zwar der *similitudo* eine argumentative und eine stilistische Funktion zu, jedoch erhält sich in beiden Auffassungen ihre logisch-beweisende Form, sodass die *similitudo* stets unter die *probatio*, die Beweisführung, fällt. Vgl. Quintilian: De institutione oratoria. Tomus I. Lipisae 1829, bes. Liber quintus, X und. XI, S. 245ff. Damit zeigt sich auch an dieser Stelle, dass die Analogie bzw. der Analogievergleich zwar mit der Ähnlichkeit in Verbindung steht, jedoch dieser als Funktion vorgeordnet ist, was man auch anhand des eigentlichen *analogia*-Begriffes bei Quintilian sehen kann, den er als linguistische Vergleichsfunktion definiert, mit deren Hilfe man Wörter auf Ähnlichkeiten hin untersuchen kann. (Ebd. Liber primum, VI 4, S. 38ff.) Vgl. zur *similitudo* im Allgemeinen Ekkehard Eggs: Art. Metapher, Art. Metapher. In: Historisches Wörterbuch der Rhetorik, hg. von Gert Ueding. Bd. 5. Tübingen 2001, Sp. 1099–1183, hier: Sp. 1112ff.; zu Quintilians *similitudo*-Verständnis: Claudia Schindler: Untersuchungen zu den Gleichnissen im römischen Lehrgedicht. Lukrez – Vergil – Manilius. Göttingen 2000, S. 27ff.; Frauke Berndt: Die Kunst der Analogie. A.G. Baumgartens literarische

nicht so sehr die mathematischen Verhältnisgleichheiten der Pythagoreer, sondern die Tradition der poetischen Gleichnisse, die die Analogie präfigurieren. Mit Bezug auf Bruno Snells und Ernst Cassirers These zu einer Entwicklung des mythisch-metaphorischen Denkens hin zu einem logoszentrierten philosophischen Denken erkennt Rudolph in der Analogie eine erste Rationalisierungsform älterer Denkweisen.[252] Die Analogie gäbe seiner Ansicht nach jedoch nicht den mythopoetischen Rest preis, sodass sie »mit der Ähnlichkeit und dem Gleichnis (simile, similtudo) zumindest partiell zusammenfallen« und »auf metaphorische Ähnlichkeit überhaupt bezogen« würde.[253] Diese Engführung von Metapher, Ähnlichkeit und Analogie findet sich nicht nur bei Rudolph, sondern dominiert die gesamte Rhetorik-Forschung, was schließlich in einer mehr oder weniger synonymen Verwendung der Begriffe mündet.[254] An dieser Stelle lohnt es sich jedoch, dem ursprünglichen Wechselspiel der Begriffe, speziell bei Aristoteles, nochmals genauer nachzugehen. Denn es lassen sich dort nicht nur Begriffsgrenzen, sondern auch theoretische Konzeptionen aufzeigen, die einer unreflektierten Kondensation des Analogiekonzeptes aus ehemals mythisch-poetischen Darstellungsformen widersprechen und den Einfluss bzw. die Fortführung der ursprünglich mathematisch-logischen Denktradition bestätigen. Damit ergibt sich nicht nur eine andere Sichtweise auf die Episteme des Mythos, sondern auch auf die Traditionsgeschichte der Analogie bis in die Moderne.

2.2.1 Aristoteles und die Tradition der Analogie-Metapher

Am Anfang einer jeglichen Metapher- und Analogietheorie in rhetorisch-poetischer Hinsicht steht Aristoteles, der erstmals beide Begriffe konzeptionell bestimmt und sie in einen begriffshistorisch wirksamen Zusammenhang bringt.

Epistemologie. In: Andrea Allerkamp und Dagmar Mirbach (Hg.): Schönes Denken. A.G. Baumgarten im Spannungsfeld zwischen Ästhetik, Logik und Ethik. Hamburg 2016, S. 183–201, hier: S. 187.

252 Vgl. Bruno Snell: Gleichnis, Vergleich, Metapher, Analogie. Die Entwicklung vom mythischen zum logischen Denken. In: Ders.: Die Entdeckung des Geistes. Studien zur Entstehung des europäischen Denkens bei den Griechen. Hamburg 1948, S. 181–216; sowie Ernst Cassirer: Philosophie der symbolischen Formen. In: Ders: Gesammelte Werke. Philosophie der symbolischen Formen. Zweiter Teil: Das mythische Denken. Band 12, hg. von Birgit Recki und bearbeitet von Claus Rosenkranz. Hamburg 2002, S. 83ff

253 Rudolph: Figuren der Ähnlichkeit, S. 28.

254 Vgl. Hentschel: Die Funktion von Analogien, S. 16.

Seine Metapherndefinition ist dabei äußerst komplex, weil er sie in enger Auseinandersetzung mit seinen philosophischen Ideen entwickelt. Genau dies scheint aber die große Faszination in der Metaphernforschung und -theorieentwicklung darzustellen.[255] Schon in den frühen Überlegungen zur Metapher fällt auf, dass Aristoteles sie mit dem Prinzip der Analogie verknüpft. In seinen Τόποι (Topoi) überlegt er, wie man innerhalb eines Streitgespräches überzeugende Argumente gegenüber seinem Gesprächsgegner geltend machen könnte und führt aus:

> Ἔτι τὸ ἐπιχειρεῖν, μεταφέροντα τοὔνομα κατά τὸν λόγον, ὠσ μᾶλλον προςῆκον ἐκλαμβάνειν ἢ ὡς κε˜εται τοὔνομα [...]. (Ferner lässt sich damit angreifen, wenn man für ein Wort ein anderes gemäß der Analogie einsetzt, sodass man dem Anspruch hat, es sei angemessener, das Wort auf diese Weise zu verstehen, als nach dem herkömmlichen Sinne [...]. Übers. S.G.)[256]

Um seinen Standpunkt klarzumachen, ist es gemäß Aristoteles sinnvoll, einen Begriff nicht wörtlich zu gebrauchen, sondern in einer übertragenen Bedeutung. Die Wortübertragung ist dabei κατά τὸν λόγον, also analogisch, vorzunehmen.[257] Die Analogie ist damit schon in dieser frühen konzeptionellen Phase das grundlegende Funktionsprinzip der Metapher und wird auch bis zur berühmten Meta-

---

255 Dergestalt wird, wie Eggs ausführt, Aristoteles auch fast zum ausschließlichen Anknüpfungspunkt für spätere epistemisch orientierte Metapherntheorien, speziell des 20. Jahrhunderts, die sich wesentlich von der Tradition unterscheiden, die die Metapher durch die lateinische Rhetorik entwickelte Figuren- und Tropenlehre bestimmt sehen. Während bei Aristoteles die vierte Übertragungsart, die vor allem die Metapherntheorie im 20. Jahrhundert im Sinn hat, durch die Analogie bestimmt wird und damit Analogie und Metapher mehr oder weniger synonym werden, wird in der lateinischen Tradition der Unterschied zwischen einer analogiebasierten Metapher oder einer metaphorischen Ähnlichkeitsfigur durchaus reflektiert. Eggs: Art. Metapher, Sp. 1099f.

256 Aristoteles: Τοπικών (Topik) I, 112a 32–33.

257 Vgl. zum Analogiebegriff in der Antike, der sich sowohl mit κατά (τὸν) λόγον als auch mit ἀνα (τὸν) λόγον wiedergeben lässt Platzeck: Von der Analogie zum Syllogismus, S. 40; sowie Lyttkens, der die beiden Angaben auch für Platon nachweist: The Analogy between God and the World, S. 27; und auch die Überlegungen von Szábo, der zwar in den Quellen eine mehr oder minder synonyme Verwendung der Vorsilben κατά und ἀνα erkennt, wenn sie darauf abzielen, etwas ›gemäß‹ dem Logos darzustellen, jedoch in der Vorsilbe ἀνα eine speziell mathematische Wendung vermutet, die in einem distribuierenden Sinn das Verhältnis von Zahlenpaaren in Bezug zu einem gemeinsamen Logos setzt, sodass sie nach Szábo etwas spezifischer mit ›je nach Logos‹ zu übersetzen sei. Szábo: Die Anfänge der griechischen Mathematik, S. 201ff. Dass Aristoteles hier nun die offenere Variante κατά wählt, erscheint in Hinblick auf die Wortübertragung nur konsequent.

herndefinition in der *Περὶ Ποητικῆς* (Poetik) das Kerncharakteristikum der aristotelischen Metapher bleiben.[258] In der späten Metapherndefinition gibt Aristoteles dann vier Möglichkeiten der Übertragung an. Die Übertragung ist eine

> δε ἐστιν ὀνόματος ἐπιφορὰ ἢ ἀπὸ τοῦ γένους ἐπι εἶδος, ἢ ἀπο τοῦ εἶδους ἐπι τὸ γένος, ἢ ἀπὸ τοῦ εἶδους ἐπὶ εἶδος, ἢ κατὰ ἀνάλογον (entweder von der Gattung auf die Art oder von der Art auf die Gattung, oder von einer Art auf die andere, oder nach der Regel der Analogie).[259]

Dass die erstgenannten Übertragungen erst in dieser späten Schaffensphase mitaufgenommen werden, scheint das Analogieprinzip jedoch nicht abzuschwächen, denn Aristoteles betont auch später noch an anderer Stelle, dass er die Übertragung nach der Analogie für die wichtigste hält.[260] In der Forschung führt die letztgenannte Einschätzung dazu, die Metaphernbildung unter einer reinen Analogietheorie zu lesen. Bereits Karl Bühler vertritt die These, dass die »Metapher im strikten Wortsinn [...] nach Aristoteles nur die Analogie« meine.[261] Auch Max Black zählt zu den Anhängern einer Analogietheorie, denn für ihn gilt: »every metaphor may be said to mediate an analogy or structural correspondence.«[262] In der jüngeren Forschung ist es besonders Hans Georg Coenen, der sich für eine universelle Analogietheorie der Metapher einsetzt. So behauptet er: »Nicht jede Analogie begründet eine Metapher, aber jede Metapher setzt eine Analogie voraus.«[263] Dass sich in der Theoriegeschichte der Metapher besonders die vierte aristotelische Übertragungsart gemäß der Analogie wirksam durchsetzen konnte, lässt sich von struktureller Seite aus begründen. Denn die ersten Übertragungsformen stellen, wie Dieter Lau erläutert, mehr oder weniger nur synonyme Wortersetzungen dar und werden damit in heutiger Sicht gar nicht als

---

258 Vgl. Anselm Haverkamp: Beispiel, Metapher, Äquivalenz. Poetik nach Aristoteles. In: Armen Avanessian und Jan Niklas Howe (Hg.): Poetik. Historische Narrative und aktuelle Positionen. Berlin 2014, S. 15–30, hier: S. 18f. Haverkamps Ansatz wird weiter unten noch ausführlich erklärt werden, vgl. zudem Goldmann: Phänomen und Begriff der Metapher. Vorschlag zur Systematisierung der Theoriegeschichte. Berlin/Boston 2018, S. 23.

259 Aristoteles: Περὶ Ποεητικῆς (Poetik), 1447a–1457 b.

260 Ebd.

261 Karl Bühler: Sprachtheorie. Die Darstellungsfunktion der Sprache. Stuttgart/New York 1978 (Nachdruck der Erstausgabe von 1934), S. 342.

262 Max Black: More about Metaphor. In: Andrew Ortony (Hg.): Metaphor and Thought. Cambridge 1979, S. 19–43, hier: S. 31. Vgl. außerdem Black: Metaphor. In: Models and Metaphors. Studies in Language and Philosophy. Ithaca/NY 1962, S. 25–47.

263 Coenen: Analogie und Metapher, S. 1. Neben Coenen verweist in jüngerer Zeit auch Eckard Rolf darauf. Vgl. Rolf: Metaphertheorien, S. 77–85.

Metaphern wahrgenommen – sie besitzen folglich gar keine echte »Metaphernqualität«.[264] Dagegen erfüllt die Analogie-Metapher das Kriterium einer echten Übertragung von einem Bedeutungsbereich auf einen anderen, wofür Aristoteles auf das Vorgehen der geometrischen Analogie zurückgreift und damit seine vierte Metapherndefinition eindeutig an der mathematischen Proportionslehre (speziell an der von Eudoxos von Knidos) ausrichtet. Dies zeigt sich unter anderem in Περὶ Ποεητικής (Poetik):

> Τὸ δὲ ανάλογον λέγω, ὅταν ομοίως ἔχη τὸ δεύτερον πρὸς τὸ πρῶτον καὶ τὸ τέταρτον πρὸς τὸ τρίτον ἐρεῖ γὰρ ἀντί τοῦ δευτέρου τὸ τέταρτον ἢ ἀντί τοῦ τετάρτου τὸ δεύτερον. καὶ ἐνίοτε προστιθέασιν ἀνθ' οὗ λέγει προς ὃ ἐστιν. λέγω δὲ οἶον ὁμοίως ἔχει φιάλη προς Διόνυσον καὶ ἀσπίς πρὸς Ἄρην. ἐρεί τοίνυν τὴν φιάλην ἀσπίδα Διονύσου καὶ τὴν ἀσπίδα φιάλην Ἄρεος. ἢ ὃ γῆράς πρὸς βίον, καὶ ἑσπέρα πρὸς ἡμέραν. ἐρεί τοίνυν τὴν ἑσπέραν γῆρας ἡμέρας καὶ τὸ γή ρας ἑσπέραν βίου ἢ ὥσπερ Ἐμπεδοκλῆς δυσμάς βίου.
> (Unter einer Analogie verstehe ich eine Beziehung, in der sich die zweite Größe zur ersten ähnlich verhält wie die vierte zur dritten. Dann verwendet der Dichter statt der zweiten

264 Demgegenüber gibt es in der Forschung jedoch Positionen, die auch die anderen aristotelischen Übertragungsformen auf das Analogieprinzip hin überprüfen. So meint Eggs, es würde bei Aristoteles nicht wie gemeinhin angenommen die Verhältnisgleichheit allein ein Analogieschema darstellen, sondern auch die dritte Form der Übertragung gemäß der Analogie erfolgen. Sowohl die Übertragung von der Art auf die Art (dritte Form), als auch die Übertragung nach der Analogie (vierte Form) hätten seiner Ansicht nach im Grunde die gleiche Eigenschaft, die sich dadurch auszeichnet, heterogene Bereiche zueinander in Beziehung zu setzen. Vgl. dazu Eggs: Art. Metapher, S. 1106. Auch Rolf Klausnitzer teilt Eggs Einschätzung, wenn er schreibt: »Die Bedeutungsübertragung »gemäß der Analogie«, von der aus auch die Metapher »von Art zu Art« gedacht ist.« Klausnitzer: Inventio/Elocutio. Metaphorische Rede und die Formierung wissenschaftlichen Wissens. In: Jürgen Fohrmann (Hg.): Rhetorik. Figuration und Performanz. Stuttgart 2014, S. 81–131, hier: S. 109. Salvatore Cariati und Vicenzo Cicero argumentieren sogar, dass sich alle drei Übertragungsformen in die Analogie auflösen lassen. Vgl. Salvatore Cariati und Vincenzo Cicero: τὸ μεταφορικόν. Una interpretazione della definizione aristotelica della metafora. Ferrara 1992, S. 58f. Und Coenen führt extra den Begriff der Analogiewurzel ein, um zum Ausdruck zu bringen, dass beiden Metapher-Partnern ein gemeinsamer Beschreibungsinhalt zukäme. Coenen versteht die Analogiewurzel als Verallgemeinerung der aristotelischen Analogie-Metapher und erkennt in der Analogie die eigentliche Struktur einer jeglichen Metapher. Dafür führt er zwei Analogiekonzepte ein, die er einmal als »mehrstellige« oder ein andermal als »einstellig« beschreibt. Coenen: Analogie und Metapher, S. 26ff. Vgl. dazu Eckhard Rolf, der Aristoteles zusammen mit Coenen für einen Vertreter der Analogietheorie der Metapher hält, wobei Rolf ähnlich meiner Lesart bei Coenen zwei historische Analogiemodelle annimmt, die Coenen in seiner Lesart für sich vereinnahmt. Rolf vermute, dass sich Coenen auf die mittelalterlich scholastischen Unterscheidungen von Thomas von Aquin beruft und seine mehrstelligen und einstelligen Analogien gemäß der Proportions- und Attributionsanalogie unterscheidet. Vgl. Rolf: Analogietheorie der Metapher. Aristoteles; Coenen. In: Ders.: Metaphertheorien. Typologie – Darstellung – Bibliographie. Berlin/New York 2005, S. 77–85.

> Größe die vierte oder statt der vierten die zweite; und manchmal fügt man hinzu, auf was sich die Bedeutung bezieht, für die das Wort eingesetzt ist. So verhält sich z.B. eine Schale ähnlich zu Dionysos wie ein Schild zu Ares; der Dichter nennt also die Schale ›Schild des Dionysos‹ und den Schild ›Schale des Ares‹. Oder: das Alter verhält sich zum Leben, wie der Abend zum Tag; der Dichter nennt also den Abend ›Alter des Tages‹, oder, wie Empedokles, das Alter ›Abend des Lebens‹ oder ›Sonnenuntergang des Lebens‹.)[265]

Aristoteles Analogie-Metaphern, welche durch proportionale Verhältnisbeziehungen zustande kommen, scheinen die Grundlage für alle Ansätze einer kognitionstheoretischen Auseinandersetzung mit der Metapher darzustellen, da das mathematische Fundament der Analogie die Passfähigkeit der zueinander in Beziehung gesetzten Begriffe auch im Bereich der Sprache begründet. Insofern stützt sich die kognitive Metaphernforschung, insbesondere im angelsächsischen Raum, auf den Analogiebegriff, um dadurch die von ihr anvisierte epistemische Funktion der Metapher zu demonstrieren.[266]

2.2.2 Die Analogie von Kosmos und Sprache

Die analoge Zusammenschau des Differenten ist bei Aristoteles, wie gezeigt werden konnte, durch ein logisches Prinzip bestimmt, womit deutlich wird, dass er die Analogie nicht als rhetorische Leistung versteht, denn es ging ihm prinzipiell

> als Philosoph in keinem seiner Werke primär um die Sprache als Sprache. Das mag aus heutiger Sicht überraschen, ist aber ein Faktum. Es ging Aristoteles nicht um die Sprache, sondern um die Sache, die in der Sprache zur Darstellung gebracht wird. [...] Wie überall bei Aristoteles zielen [...] die Untersuchungen des sprachlichen Ausdrucks auf die zugrunde

265 Aristoteles: Περὶ Ποεητικῆς, XXI,1457b 16–25. In: Aristoteles. Poetik. Griechisch-Deutsch, hg. und übersetzt von Manfred Fuhrmann. Stuttgart 1982, S. 69.

266 Vgl. dazu die bahnbrechende Studie von Ivor Amstrong Richards *The Philosophie of Rhethoric*, in welcher dieser die Doppeleinheit der Metapher aus *tenor* und *vehicel* auf eine zugrundeliegende Analogie zurückführt. Diese kognitive Basis der Metapher aufgrund ihrer Analogiestruktur findet sich dann ebenso bei Max Black und Mark Turner, die im Vorgang der Metapherbildung und deren kognitiven Erfassung jeweils die Analogie als theoretische Grundlage anführen. Vgl. Ivor Amstrong Richards: The Philosophie of Rhethoric. New York/London 1936, bes. S. 116ff.; Black: More about Metaphor; Mark Turner: Categories and Analogies. In: D.H. Helman (Hg.): Analogcial Reasoning. Dordrecht 1988, S. 3–24; Auch im deutschsprachigen Raum findet sich die Analogie als Grundlage der kognitiven Metapher. Vgl. dazu Petra Drewer: Die kognitive Metapher als Werkzeug des Denkens. Zur Rolle der Analogie bei der Gewinnung und Vermittlung wissenschaftlicher Erkenntnisse. Tübingen 2003.

liegenden logischen und noematischen Strukturen und schließlich auf die für ihn fundamentalen ontischen Gegebenheiten.[267]

Sprache ist für Aristoteles eine Funktion, die Logik des Seienden auszudrücken, sodass seine Konzeption metaphorischer Wortübertragungen stets vor dem Hintergrund einer (onto-)logischen Grundlage gelesen werden muss. Die Analogie tritt dann auf, wenn zwischen den eingeteilten Gattungs- und Artbegriffen Beziehungen hergestellt werden sollen, womit die Analogie als Prinzip nach Laus Lesart auf der obersten logischen Prinzipien-Ebene, auf der der Seins-Prinzipien, agiert.[268] Insofern übernimmt die Analogie, und dies wird in der Forschung meist übersehen, eine wichtige Funktion in Hinblick auf die Frage nach der Seins-Einheit, die Aristoteles ausgehend von der empirischen Vielheit im Gegensatz zu Platon nicht einfach auf einen ideellen Begriff reduzieren möchte. Nicht ein Begriff, sondern vier Grundprinzipien sollen die Einheit, (und Eines und Seiendes sind identisch »Εἰ δή τὸ ἓν καὶ τὸ ὂν ταὐτόν καὶ μία φύσις«),[269] erklären: »Ἔτι δὲ τὰ μὲν κατ᾽ ἀριθμόν ἐστιν ἓν, τὰ δὲ κατ᾽ εἶδος, τὰ δὲ κατὰ γένος, τὰ δὲ κατ᾽ αναλογιαν.« (»Seinseinheit sei gedacht als numerische Einheit, als Arteinheit, als Gattungseinheit und schließlich als Einheit gemäß der Analogie.«)[270] Wenn die Analogie als letztgenannte in der hierarchisch aufsteigenden Reihe allen anderen vorgeordnet ist, dann ist Einheit nicht mehr begriffsidentisch (und das heißt auch, nicht mehr ontologisch) gedacht: »Das Gefüge der analogen Beziehungen ist etwas gleichsam in sich selbst Ruhendes geworden. [...] Der in solcher Weise verwandelte Analogiebegriff liegt vor, wenn Aristoteles davon spricht, daß die letzten metaphysischen Prinzipien nur der Analogie nach einheitlich sind.«[271] Dass hier, wie in der Forschung mitunter vermutet wird, der mathematische Analogiebegriff verlassen und quantitative Identität gegenüber qualitativer Ähnlichkeit

267 Klaus Oehler: Einleitung. In. Aristoteles Kategorien. Übersetzt und erläutert von Klaus Oehler. Aristoteles. Werke in deutscher Übersetzung, hg. von Hellmut Flashar. Bd. 1, Teil 1. Berlin 2006, S. 41–183, hier: S. 102. Diese Art eines onomasiologischen Denkens bildet dann bei Aristoteles, wie Wolfram Ax untersucht, »ein oft irritierendes, kaum trennbares Ineinander einer linguistischen, begrifflichen und ontologischen Perspektive, was übrigens keineswegs bedeutet, daß er sie nicht im Prinzip klar geschieden hätte.« Damit erschiene die Metaphernkonzeption von Aristoteles äußerst komplex, was aber gleichzeitig die besondere Faszination für künftige Ansätze verständlich werden ließe. Wolfram Ax: Aristoteles (384–322). In: Ders.: Lexis und Logos. Studien zur antiken Grammatik und Rhetorik, hg. von Farouk Grewing. Stuttgart 2000, S. 50.

268 Vgl. Lau: Metaphertheorien der Antike, S. 155–209.

269 Aristoteles: Τῶν μετά τά Φυσικά (Physik), III, 1003b 22–24.

270 Ebd., 1016b 31–32.

271 Pannenberg: Analogie und Offenbarung, S. 24.

ausgespielt wird, würde ich an dieser Stelle nicht unterstreichen – schließlich nutzt auch die mathematische Analogie beide Formen –, sondern würde die entscheidende Modifikation in Anschluss an Pannenbergs und Haverkamps Lesart an anderer Stelle diagnostizieren:[272] Nicht mehr begriffliche Ontologie, sondern Logik regiert den aristotelischen Kosmos, denn »statt wesensmäßiger Verwandtschaft konstituiert hier die Ähnlichkeit der Verhältnisse die Erkenntnisgrundlage.«[273]

Wenn hierbei Sprache Wirklichkeit abbildet, und dies nicht mehr in einem einheitlichen Substanzbegriff, sondern in einer Art Funktionsbegriff geschieht – den Ernst Cassirer erst in der modernen mathematisch-gestützten Naturerkenntnis feststellt[274] –, dann ergibt sich bereits bei Aristoteles ein spannungsreiches

---

272 Besonders Hänssler vertritt die Ansicht, dass mit Übernahme des Analogiebegriffs in die Philosophie der ursprüngliche Begriff der quantitativen Logosidenität seine Klarheit verliere und nun unter der philosophischen Ähnlichkeit subsumiert werden müsste. Vgl. Hänssler: Zur Theorie der Analogie und des sogenannten Analogieschlusses, S. 44f. Demgegenüber widerspricht bereits Pannenberg dieser Ansicht, denn auch die Mathematik nutze bereits den Begriff der Ähnlichkeit in Zusammenhang mit der Analogie, sodass die ›Logosidentitä‹ nicht deren einziges Kriterium darstelle. Pannenberg: Analogie und Offenbarung, S. 24. Trotzdem hält sich Hänsslers Gedanke einer klaren Unterscheidung von mathematischer und philosophischer Analogie äußerst hartnäckig, sodass er immer wieder Eingang in die Forschung findet. Luzia Goldmann gibt in Hinblick auf Aristoteles Einheit des Seins bspw. an, dass dort der Analogiebegriff seine (mathematisch) begriffliche Klarheit aufgäbe und es »beginnt die philosophische Analogie sich in ihrer Struktur von der mathematischen zu scheiden.« Luzia Goldmann: Phänomen und Begriff der Metapher, S. 28.

273 Ebd., S. 29.

274 Cassirer sieht im Gegensatz zu neueren Ansätzen die Aristotelische Logik noch ausschließlich von einer Abstraktionstheorie durchdrungen, die auf einen obersten und allgemeingültigen Substanzbegriff abziele, wohingegen die moderne Naturwissenschaft einen Funktionsbegriff benutze, der die einzelnen Gegenstände in einem Relationsgebilde zueinander in Beziehung setze. In Absetzung zu einer solchen Vorstellung entwickelt Cassirer selbst eine am Funktionsbegriff orientierte Philosophie. Er versucht den Funktionsbegriff anhand des physikalischen Systems zu explizieren, wonach alle Aussagen der Physik einander bestimmen und sich erst in dieser Zuordnung ›wahre‹ Aussagen ergeben, die nicht mehr durch ein ›Dasein‹ bestätigt, sondern durch eine funktionelle Zuordnung gestützt werden: »Der einzelne Begriff kann daher niemals für sich allein an der Erfahrung gemessen und beglaubigt werden, sondern er erhält diese Bestätigung stets nur als Glied eines theoretischen Gesamtkomplexes. Seine ›Wahrheit‹ bekundet sich zunächst in den Folgerungen, zu denen er hinführt; in dem Zusammenhang und der systematischen Geschlossenheit der Erklärungen, die er ermöglicht.« Cassirer: Substanzbegriff und Funktionsbegriff, S. 194–195. Vgl. dazu Jean Seidengart: Symbolische Konfiguration und Realität in der modernen Physik. Ein Beitrag zur Philosophie Ernst Cassirers. In: Enno Rudolph und Bernd-Olaf Küppers (Hg.): Kulturkritik nach Ernst Cassirer. Hamburg 1995, S. 197–219; Christiane Schmitz-Rigal: Die offene Kunst des Wissens. Cassirers Epistemologie und Deutung der

Wechselspiel zwischen Erkenntnistheorie und Rhetorik. Denn auch wenn Aristoteles noch keine dezidierte Darstellungstheorie entwickelt, scheint er sich, wie Haverkamp herausarbeitet, bereits der Problematik der Komplexitätsreduktion des Seins durch eine begriffliche Abstraktionstheorie bewusst zu sein und möchte sie durch ein funktionsorientiertes Prinzip ausgleichen, das Haverkamp in der Metapher zu erkennen glaubt:

> Was aber in der Funktion an der Stelle einer stabilen Substanz mit zu begreifen ist, erfordert nicht nur einen anderen Haushalt in der begrifflichen Latenthaltung dessen, was zu begreifen ist an einem Sein, das nicht länger als Substanz zu sistieren, festzustellen und zu bearbeiten ist, sondern das sich öffnet auf Möglichkeiten in einer aus dieser Öffnung heraus anders konstituierten, anders zu begreifenden ›Wirklichkeit‹ [...].[275]

Meines Erachtens kann Haverkamps Ansatz durchaus beigestimmt werden, jedoch nicht anhand der Metapher, sondern anhand der ihr vorgeordneten Analogie, womit die Attraktivität der aristotelischen Analogiekonzeption für die moderne Episteme umso überzeugend erscheint.

Die rhetorische Analogiekonzeption von Aristoteles steht in engem Zusammenhang mit einer logischen (und nicht ontologischen) Wirklichkeitserfassung und *vice versa*, wodurch sich bereits hier ein anderes Verhältnis von Sprache und Wirklichkeit als das der vertikal ausgerichteten begrifflichen Logik auf ein Sein ergibt. Die Analogie als logisch-strukturelles Instrument bestimmt die Welt und die Sprache damit nicht hierarchisch-substantiell, sondern referentiell. Insofern scheint die Analogie bereits in der Antike aufgrund ihrer mathematischen Prägung die Momente des von Cassirer vorgeschlagenen Funktionsbegriffes zu ent-

---

modernen Physik. Hamburg 2002, bes. S. 220–225. Cassirers erkenntnis- und wissenstheoretischer Ansatz bestimmt sich durch eine Relationalität und Relativität menschlicher Erkenntnis, welcher sich nicht erst in seinem Hauptwerk *Symbolische Formen*, sondern bereits in *Substanzbegriff und Funktionsbegriff* zeigt: »Die schärfere Fassung des Prinzips der Relativität der Erkenntnis stellt dieses Prinzip nicht als bloße Folge aus der allseitigen Wechselwirkung der Dinge hin, sondern erkennt in ihm eine vorausgehende Bedingung für den Begriff des Dinges selbst. [...] Es gibt somit freilich im strengen Sinne kein absolutes, sondern immer nur *relatives* Sein.« Ebd., S. 321ff.; Vgl. Hans Jörg Sandkühler: ›Ex analogia hominis‹ – Theorie der Erkenntnis und des Wissens. In: Kultur und Symbol. Ein Handbuch zur Philosophie Ernst Cassirers, hg. von Hans Jürgen Sandkühler und Detlev Pätzold, S.70–85; Arno Schubbach: Die Genese des Symbolischen. Zu den Anfängen von Ernst Cassirers Kulturphilosophie. Hamburg 2016, bes. S. 54–63.

275 Haverkamp: Beispiel, Metapher, Äquivalenz. Poetik nach Aristoteles. In: Avanessian und Howe (Hg.): Poetik, S. 15–30, hier: S. 18f. Natürlich darf bei einer solch konzeptionellen Anlage nicht vergessen werden, dass Aristoteles durchaus an der der Vorstellung der Substanz festhält, aber die Einheit des Seins scheinbar der funktionalen Analogie unterstellt.

halten, da sie die Mannigfaltigkeit des Seins weder reduziert, noch mimetisch kopiert, sondern strukturell als »theoretische[n] Gesamtkomplex«[276] fasst, womit sie sowohl den einzelnen Teilmomenten, als auch der Gesamtheit gleichermaßen gerecht wird.

Ist die Analogie damit in erster Linie als logisches Instrument bestimmt, das zwischen Begriffen Beziehung herstellt, dann wird ihre Funktion im Bereich der Sprache deutlich. Sie ist als grundlegende Verhältnisoperation den übrigen Übertragungs- und Vergleichsakten, zu denen die Metapher, die Ähnlichkeit oder auch der Vergleich zählen, vorgeordnet. In Hinblick auf metaphorische Übertragungen heißt dies, dass der Vorgang der In-Beziehung-Setzung von Dingen durch die Vorgabe einer Logos-Ausrichtung strukturiert wird. Dabei kann die Analogie mitunter als komparative Methode verstanden werden, denn sie weist mit der παραβολή bzw. der *comparatio* strukturelle Gleichheiten auf, jedoch ist sie funktional weitaus komplexer. Im Gegensatz zum Vergleich, der alles nebeneinanderstellt und in der Gleichsetzung Ähnlichkeiten oder Unterschiede festzustellen kann, agiert die Analogie, wie ich zeigen konnte, aufgrund ihrer λόγος-Ausrichtung bereits im Vergleichsakt selektiv, indem sie ›Verhältnisgleichheiten‹ proportional, quantitativ oder qualitativ überprüft und Ähnlichkeiten und Unterschiede zuallererst generiert. Insofern ist der Vergleich auf eine analoge Überprüfung in einem Folgeschritt angewiesen und steht zu diesem stets in einer funktionalen Abhängigkeit, wohingegen die Analogie als autonom gelten kann.[277] Auch hinsichtlich der Übertragungen der Metapher gibt die Analogie aufgrund der Logos-Ausrichtung Reglementierungen an die Hand, welche die freien Ähnlichkeitsassoziationen in systematische Bahnen lenkt. Damit geht die Analogie als Einheitsfunktion nicht nur dem operativen Vorgang der Übertragung (›Metapher‹), sondern auch den qualitativen Eigenschaftsinhalten (›Ähnlichkeit‹) voraus.[278] Aufgrund dieser bei Aristoteles angelegten epistemischen Leistung wird

276 Ernst Cassirer: Substanz- und Funktionsbegriff, S. 194.

277 Bemerkenswerterweise ist Terminus des ›Vergleichs‹ im Gegensatz zur Analogie kein fester Bestandteil der Philosophie und Wissenschaft, sondern nur Teil des rhetorischen Arsenals, sodass er erst von dort aus seine Bedeutung erlangt. Diese untergeordnete Stellung führt mitunter auch dazu, dass er im *Historischen Wörterbuch der Rhetorik* keinen Eintrag findet und die Aussage zur Metapher als ›verkürzter Vergleich‹ hinsichtlich ihrer Analogiestruktur getätigt wird. Eggs: Art. Metapher. In: Historisches Wörterbuch der Rhetorik, Sp. 1106.

278 Vgl. für die Einfügung der Ähnlichkeit in die unterschiedlichen ›Einheitsreihen‹ von Art, Gattung und Analogie Christof Rapp: Ähnlichkeit, Analogie und Homonymie bei Aristoteles. In: Zeitschrift für philosophische Forschung 46 (4) (1992), S. 526–544. Siehe zu dieser Einschätzung der Bildungsregel der Wortübertragungen bei Aristoteles Luzia Goldmann: Phänomen und Begriff der Metapher, S. 28.

die Analogie-Metapher immer wieder mit dem Prinzip der logischen Schlüsse gleichgestellt, wobei ihr Vorteil darin gesehen wird, keine vollständigen Beweise erbringen zu müssen, sondern neue Erkenntnisse auf kreative Weise zu Tage fördern zu können.[279] Ralf Klausnitzer zeigt in seiner Untersuchung *Inventio/Elocutio. Metaphorische Rede und die Formierung wissenschaftlichen Wissens*, inwiefern der Analogieübertragung eine besondere Relevanz bei der »Erzeugung, Darstellung und Verbreitung von Wissensansprüchen« zukommt, [280]

---

279 Dies zeigt sich für Dieter Lau in seiner Untersuchung zu den antiken Metaphern auch daran, dass es sich bei den Analogie-Metaphern, um eine andere grammatikalische Grundform handelt. Bedeuten die ersten zwei Übertragungsarten lediglich eine Begriffsersetzung, wird bei der analogischen Übertragungsart die Form eines Urteils angestrebt: »In der Tat haben die Texte, die Aristoteles zur Illustration der nach der Analogie gebildeten Metapher anführt, die Struktur des Urteils, indem B von A ausgesagt wird, obwohl logischerweise das eine vom anderen nicht widerspruchsfrei prädizierbar erscheint.« Lau: Metaphertheorien, S. 160. Insofern deutet die Analogiemetapher zwar ein logisches Urteil an, gleichwohl findet hier keine Urteilsprädikation im klassischen Sinne statt, da der Übertragungsakt stets erhalten bleibt. Vgl. dazu auch Gerhard Kurz, der ebenso darauf verweist, dass die Metapher keine Ähnlichkeit artikuliert, sondern vielmehr sagt »dies ist das«. Gerhard Kurz: Allegorie, Symbol. Göttingen 1982, S. 19–21. Vor diesem Hintergrund lassen sich auch Abgrenzungsversuche zwischen Metapher und Analogie in den neueren Forschungen lesen. So zeichnen sich für Klaus Hentschel Übertragungen gemäß der Analogie im Gegensatz zur Metapher besonders durch einen ›Strukturtransfer‹ und eine ›schematische Systematizität‹ aus. Mit Bezug auf Stanley Jevons, Harald Høffding und Dedre Gentner unterscheidet er Metaphern und Analogien deshalb hinsichtlich ihrer Transferdichte. Die Analogie »geht über den punktuellen Vergleich einzelner Attribute (wie sie laut Hentschel für die Metapher typisch sind, S.G.) weit hinaus und setzt typischerweise ganze ›Netze›‹ von Relationen miteinander in Beziehung.« Hentschel: Die Funktion von Analogien, S. 25. Diese Abgrenzung ist demnach bereits in Aristoteles Metaphernunterscheidung angelegt, wonach die ersten Übertragungen tatsächlich nur Ersetzungen von Begriffen und damit punktuelle Vergleiche vornehmen, die in naher sachlicher Verwandtschaft stehen, wohingegen die Analogie-Metaphern verschiedene Bereiche als Ganzes zueinander in Beziehung setzen. Deshalb wurden die beiden ersten Übertragungen in der Folge meist als Metonymie bzw. als Synekdoche bestimmt, während die letzten beiden Arten als Analogie-Metapher definiert wurden. Vgl. dazu Eggs: Art. Metapher, Sp. 1104.

280 Ralf Klausnitzer: Inventio/Elocutio, S. 81. Dass besonders die Metapher in der Forschung als eigenständige, der begrifflichen Logik entgegengesetzte Erkenntnis, erkannt wird, muss an dieser Stelle wohl nicht mehr extra betont werden. Besonders den zahlreichen Arbeiten von Hans Blumenberg ist es zu verdanken, dass diese Art der Erkenntnis auch als philosophisch relevant erachtet wird, insofern Metaphern nicht nur ›Restbestände‹ von noch nicht beweisbaren Tatsachen auffangen, sondern auch ›Grundbestände‹ der philosophischen Sprache darstellen, die jeweils dort einspringen, wo begriffliche Logiken versagen. Blumenberg: Paradigmen zu einer Metaphorologie. Frankfurt/M. 1998, hier: bes.: S. 10. Blumenbergs Feststellung der metaphorischen Bemühung, das Unsagbare darstellbar zu machen, war im 20. Jahrhundert Anlass für

> denn beide Formen der Übertragung (dritte und vierte Übertragung gemäß der Analogie, Ergänzung S.G.) können nur gebildet und verstanden werden, indem Dinge aus heterogenen Erfahrungsbereichen als ähnlich, d.h. in bestimmten Aspekten als identisch erkannt worden sind. Die Verbindung unterschiedlicher Seinsbereiche aufgrund ihrer ad hoc nicht einsichtigen Similarität setzt einen Zugewinn an Wissen frei.[281]

Das ›Auffinden von Ähnlichkeiten‹ ist deshalb für Aristoteles von entscheidender Bedeutung:

> Μόνον γὰρ τοῦτο οὔτε παρ' ἄλλου ἔστι λαβεῖν εὐφυίας τε σημεῖόν ἐστι· τὸ γὰρ εὖ μεταφέρειν τὸ ὅμοιον θεωρεῖν ἐστιν. (Denn dies ist das Einzige, das man nicht von einem anderen erlernen kann, und ein Zeichen von Begabung. Denn gute Metaphern zu bilden bedeutet, daß man Ähnlichkeiten zu erkennen vermag.)[282]

Dass die Analogie die Regel für das Auffinden von Ähnlichkeiten darstellt, zeichnet für Aristoteles deren speziell kognitive Konzeption aus,[283] weshalb man die

---

zahlreiche theoretische Auseinandersetzungen, die in unterschiedlicher Art und Weise die Referenzproblematik einer begrifflichen Sprache erkennen. Die Metapher ist hier nicht mehr nur Erweiterung der begrifflichen Logik, sondern zeigt in einer unbegrenzten Denkbewegung eine Alternative zum propositional Entschiedenen auf (Davidson) oder stellt zuallererst den Ort für metaphorische und begriffliche Bildungen dar (Derrida). Vgl. hierzu die versammelten Beiträge in Anselm Haverkamp: Die paradoxe Metapher. Frankfurt/Main 1998; sowie Anselm Haverkamp: Metapher. Die Ästhetik in der Rhetorik. München 2007. Dass hier die Metapher einen derart wichtigen Stellenwert einnimmt, jedoch die häufig darin vorgefundenen Funktionen der ursprünglichen Analogiekonzeption nicht bedacht werden, zeugt noch immer von einem großen Mangel innerhalb der Analogieforschung.

281 Ebd., S. 107.

282 Aristoteles: Περὶ ποιητικῆς (Poetik), XXII, 1459a 6–8, S. 76f.

283 Im Zuge der durch Mark Johnson und George Lakoff angestoßenen Überlegungen zur somatischen Dimension von Erkenntnis und der damit in Zusammenhang stehenden Funktion der Analogie als Erkenntnisgewinnungsinstrument (Mark Johnson und George Lakoff: Metaphors we live by. Chicago/London 1980), bemühen sich die jüngsten Forschungen von Dedre Gentner, Brian Bowdle u.a. darum, diese Funktion auf neuronaler Ebene nachzuweisen. Besonders die unkonventionellen Metaphern, die auf dem Prinzip eines ›divergenten Denkens‹ beruhen und damit im Gegensatz zu konventionellen Metaphern neue und ungewöhnliche Zusammenhänge aufzuspüren vermögen, bringt die Forschergruppe ganz im aristotelischen Sinne mit dem Prinzip der Analogie in Verbindung. Vgl. Gentner, Bowdle u.a.: Metaphor is like Analogy. In: Dies. (Hg.): The Analogical Mind. Perspectives from Cognitive Science. Cambridge, MA 2001, S. 199–255. »Wenn Gentner, Bowdle u.a. das kreative Extrem des metaphorischen Spektrums mit der Analogie in Verbindung bringen, so bestätigen sie den Zusammenhang zwischen der Metapher und dem ›Erkennen von Ähnlichkeiten‹, das Aristoteles für die Metapher verantwortlich macht [...]. Mit der Fähigkeit des Erkennens von Ähnlichkeiten – die Aristoteles zufolge auf natürlicher Begabung beruht – ist offenbar ein kognitiver Komplex bezeichnet, der ein weitreichendes Po-

Analogie bei ihm auch immer wieder hierarchisch an höchster Position aller Organisationsprinzipien finden kann. Aufgrund dieser außerordentlichen Stellung kann die Analogie meines Erachtens als grundlegendes Erkenntnismittel von Aristoteles angesehen werden, denn die heuristische Findungskunst der Analogie ist seiner Meinung nach nicht nur die Grundregel des Dichters, wenn er Metaphern bildet, sondern auch die des Redners, wenn er Argumente für seine Rede auswählt,[284] und auch die des Philosophen, wenn er seine Begriffe und Schlüsse formuliert.[285]

---

tenzial für eine besondere Art der Kreativität hat und der wiederum Aufschluss über die Funktionsweisen der Metapher sowie ihren besonderen Beitrag zur Sprache geben kann.« Katrin Kohl: Poetologische Metaphern. Formen und Funktion in der deutschen Literatur. Berlin/New York 2007, S. 157ff.

284 Eine rhetorische Argumentation ist demnach auf zwei Bedingungen angewiesen: Zum einen muss der Redner die logischen Beweise der Argumentation, die *Topoi*, gut wählen. Diese liegen gemäß Aristoteles in einer persuasiven Ähnlichkeitsbeziehung zwischen dem behandelten Redegegenstand und den allgemein bekannten Fällen, denn mit Hilfe des bereits Bekannten lässt sich die Zuhörerschaft besser auf den unbekannten Redeinhalt ein. Zum anderen müssen die figurativen Ausgestaltungen der Rede überzeugen. Hier hat Aristoteles vor allem an die Metapher gedacht, die es schafft auf kreative Weise den Zuhörer über Ähnlichkeitsbeziehungen ganz ungewöhnlicher Art zu fesseln. In beiden Fällen, und dies hat Martin Paul Schittko in seiner Dissertation *Analogien als Argumentationstyp* (Göttingen 2003) untersucht, beruhen die Ähnlichkeitsargumente auf dem Prinzip der Analogie. Schittko versucht in so unterschiedlichen Begriffen wie *paradigma, similtudo, imago, exemplum, comparabile* das vergleichende und übertragende Prinzip der Analogie nachzuweisen, jedoch fehlt an entscheidender Stelle eine begriffliche Auseinandersetzung mit dem Begriff ›Analogie‹, der im Falle von Aristoteles, Quintilian und Cicero im Zentrum ihrer Überlegungen steht. Insofern weist die Arbeit, wie viele Forschungsarbeiten zur Rhetorik, zwar den Analogiegebrauch nach, ohne diesen jedoch von anderen rhetorischen Figuren abzugrenzen.

285 Nicht nur in der Poetik erkennt Aristoteles im Auffinden von Ähnlichkeiten eine grundlegende kognitive Leistung, sondern auch in seinen philosophischen Schriften. In den Τόποι (Topoi) heißt es: »Τὴν δὲ ὁμοιότητα σκεπτέον ἐπί τε τῶν ἐν ἑτέροις γένεσιν, ὡς ἕτερόν τι, ὅυτως ἄλλο προς ἄλλο.« (»Die *Ähnlichkeit* dagegen ist zu untersuchen, erstens bei den (Dingen, die) in verschiedenen Gattungen (vorkommen): Wie Verschiedenes zu einem von ihm Verschiedenen (sich verhält), so entspricht auch ein Anderes zu einem wieder anderen.«) Aristoteles: Τόπκων, A XVII, 108a 7ff. Übersetzt von Hans Günter Zekl. In: Topik. Topik, neuntes Buch oder Über die sophistischen Widerlegungsschlüsse. Griechisch – Deutsch, hg. und übers., mit Einleitung und Anmerkung von Hans Günter Zekl. Hamburg 1997, 108a 7ff. Dass hier Dinge gemäß der Analogie zueinander in Beziehung gesetzt werden, zeigt eine weitere Stelle in den Τόποι (Topoi), wonach die Ähnlichkeiten, die »ἐκ τῶν ὁμοίως [...] κατ᾽ ἀναλγίαν« zu betrachten sind. (Aristoteles: Τόπικων, E IX, 138b 23ff.) Vgl. dazu Wilfried Fiedler: Analogiemodelle bei Aristoteles. Untersuchungen zu den Vergleichen zwischen den einzelnen Wissenschaften und Künsten. Amsterdam 1978, S. 23; Nicht nur in den Τόποι verweist Aristoteles auf die wichtige Funktion der Analogie zur Begriffsbestimmung, auch in seiner Τῶν μετά τά Φυσικά (Physik) meint er: »δῆλον δ'έπι τῶν

Damit fungiert die Analogie in seinem Werk nicht nur als maßgebliche Operation von Darstellung und Erkenntnis, sondern obendrein als Verbindungselement von Poetik, Rhetorik und Philosophie.[286]

2.2.3 Die *ars inveniendi* der Analogie in der Moderne

Die kognitive und erkenntnistheoretische Konzeption der Analogie, wie sie Aristoteles entworfen hat, geht bereits in den römisch-lateinischen Rhetoriklehren verloren. Zwar erhält sich bei Cicero noch die Analogiegrundlage der Metapher, wenn diese als verkürzter Vergleich Übertragungen vornimmt,[287] jedoch seien hier gemäß Eggs die aristotelischen Bedingungen der Metapher nur formelhaft wiedergegeben. Für die Aristoteles Nachfolge ist demnach wesentlich,

> daß immer mehr rhetorisch-stilistische Gütemerkmale und Gründer zur Bestimmung der M. angeführt werden, die tendenziell die kognitiv-erkenntnistheoretische Dimension der M.

καθ'ἕκαστα τῇ ἐαγωγῇ ὃ βουλόμεθα λέγειν, και οὐ δεῖ μαντός ὅρον ζητεῖν ἀλλὰ και τὸ ἀναλογον συνορᾶν [...].« (»Was wir meinen, wird beim Einzelnen durch Induktion deutlich werden, und man muß nicht für jedes eine Begriffsdefinition suchen, sondern auch das Analoge in einem Blick zusammenschauen.«) Aristoteles: Τῶν μετά τά Φυσικά (Physik) 1048a 35ff.

286 Die oft in Widerspruch stehenden Bereiche Philosophie und Rhetorik sind bei Aristoteles durch die *Topik* verbunden. Die Topik versteht Aristoteles als propädeutisches Theorieverfahren, worin allererst Argumente aufgrund von bereits bestehenden Themen und logischen Regeln eruiert bzw. überprüft werden sollen. Sowohl philosophische Schlüsse als auch rhetorische Argumente müssen sich diesen vorbereitenden Anweisungen zum Schlussfolgern stellen, um ihre Beweise auf Stichhaltigkeit und Überzeugungskraft hin zu überprüfen. Im Gegensatz zur Philosophie verbleibt die Rhetorik jedoch bei den unvollständigen Wahrscheinlichkeitsurteilen der Topik, den Enthymen. Die Analogie-Metapher stellt dabei ein Enthymen *par excellence* dar, da sie in ihrer angedeuteten Urteilslogik und ihrer topischen Regel der analogen Zusammenschau (vgl. Anm. 130) eine unmittelbare Glaubwürdigkeit garantiert. Vgl. zum Zusammenhang von Analogie und Topik bei Aristoteles Christoph Hubig: Analogie und Ähnlichkeit. Probleme einer theoretischen Begründung vergleichenden Denkens. In: Gerd Jüttermann (Hg.): Komparative Kasuistik. Asanger 1990, S. 133–142, hier: S. 134ff; sowie Rapp: Ähnlichkeit, Analogie und Homonymie bei Aristoteles, S. 534ff; Klausnitzer: Inventio/Elocutio.

287 »Tralata dico, ut saepe iam, quae per similitudinem ab alia re aut suavitatis aut inopiae causa transferuntur.« (»Ich sage, wie schon oft, ›übertragene‹ Metaphern für jene, die infolge ihrer Ähnlichkeit von irgendeinem Gegenstand her übertragen werden, sei es um einen angenehmen Effekt zu erzielen, sei es aufgrund eines Mangels.«) Marcus Tullius Cicero: Orator. Lateinisch – Deutsch, hg. von Bernhard Kytzler. München/Zürich 1988, 27, 92.

> verdecken. Ein Indiz für dieses Verdecken und Vergessen ist, daß in den angeführten M.-Definitionen die Analogie verschwunden ist.[288]

Wird die Analogie jedoch in der rhetorischen Tradition ohne Bezug zu ihren epistemisch-logischen Wurzeln gelesen, wird der Vorbehalt ihr gegenüber mitunter verständlich. Denn wenn sie lediglich als rhetorisches Mittel auftritt, das scheinbar willkürlich Gegenstände zueinander in Beziehung setzt, scheint ihre epistemische Leistung in Frage zu stehen. Gleichzeitig, und dies räumt auch Eggs ein, ist die Aristotelische Analogieprägung mit ihrer epistemisch-kognitiven Funktion grundlegend und wird durchaus weiterhin rezipiert, sodass ihre erneute und bedeutende Renaissance im 18. Jahrhundert nicht allzu unvermittelt geschieht. Denn nach dem von Paul Ricœur diagnostizierten zwischenzeitlichen »Tod der Rhetorik«[289] wagt sich diese, und mit ihr die Analogie, wieder aus der Ecke der handwerklichen Regelkunst und vollzieht mit Alexander Gottlieb Baumgarten als *ars analogia rationis* »unter dem Decknamen ›Ästhetik‹ eine erkenntnistheoretische Transformation rhetorischer Anliegen«.[290] Baumgarten wird mit seinem Werk *Meditationes philosophicae de nonnullis ad poema* von 1735 erstmals philosophische Erkenntnisfragen in Zusammenhang mit poetisch-sinnlichen Erfahrungsweisen bringen und Erkenntnis generell neu fassen. Damit einhergehend bestimmt er die Poetik als Ästhetik disziplinär neu, wonach diese einerseits eine neuerliche Anbindung an die Logik (im Sinne Aristoteles') suche und andererseits auch einstige methodologische Momente der Rhetorik übernehme. Stefanie Buchenau zeigt, inwieweit das 18. Jahrhundert einen entscheidenden Wendepunkt für Logik und Poetik bedeutet und die

> Abwesenheit dichterischer Themen im engeren Sinne [...] zunächst nicht darüber hinwegtäuschen [darf, S.G.], daß die neuzeitlichen Logiktraktate erstmals das Denkvermögen als

288 Eggs: Art. Metapher, Sp. 1109.

289 Paul Ricœur: Die lebendige Metapher. München 1991, S. 13f. Laut Ricœur trage die Rhetorik einen wesentlichen Anteil am Vorurteil ihrer beschränkt dekorativ-stilistischen Funktion, da sie seit dem Beginn der Neuzeit ihre Verbindung zur Philosophie weitestgehend selbst preisgebe. Besonders im Mittelalter und der Frühen Neuzeit verliere der Analogie-Begriff seine einstmals mathematische und logische Dimension und die Rhetorik schränke ihn auf einen ornativen Schmuck ein. Einzig in der christlich-scholastischen Tradition ist die sprachliche Wirkebene der Analogie noch mit einem logischen (da ursprünglich mathematischen) Erkenntniskonzept verbunden, wonach die Erkenntnis Gottes mit dessen Benennung mehr oder minder zusammenfällt. Vgl. dazu auch Gottfried Gabriel: Logik und Rhetorik der Erkenntnis. Zum Verhältnis von wissenschaftlicher und ästhetischer Weltauffassung. Paderborn 1997, S. 14.

290 Gabriel: Logik und Rhetorik, S. 16; vgl. zur Entwicklung der ›Ästhetik‹ als eigenständiger Disziplin im 18. Jahrhundert Joachim Ritter: Art. Ästhetik, ästhetisch. In: Historisches Wörterbuch der Philosophie. Bd. 1, Basel 1971, Sp. 555–579.

genuin dichterisch oder produktiv bestimmten, insofern es als Werkzeug zur Entdeckung bisher unbekannter Wahrheiten und zur Erforschung einer unbekannten Natur dient.[291]

Besonders die seit Francis Bacon aufgeworfene Frage, so Buchenau, nach der Logik als *ars inveniendi*, als Kunst bzw. Methode unbekannte Sachverhalte und Wissensbereiche zu entdecken, lässt die Logik nun in den Bereich der produktiven Dichtkunst vorstoßen und damit die Dichtkunst für die Wissenschaft interessant werden.[292] Ein wichtiger Aspekt der *ars inveniendi* ist die Suche nach gemeinsamen Merkmalen und die Übertragung bekannter Daten auf unbekannte Gebiete. Schon der Lehrer von Baumgarten, der rationalistisch geprägte Philosoph Christian Wolff, beschreibt die »Kunst zu erfinden« als eine gewisse »Fertigkeit unbekandte Wahrheit aus anderen bekandten heraus zu bringen [...]. Weil man durch die Kunst zu Schlüßen aus einigen bekandten Sätzen andere heraus bringet, die uns vorher nicht bekandt waren«.[293] In diesem Schlussverfahren lässt sich nach Irmscher unschwer die Analogie erkennen, die seiner Ansicht nach in der Nachfolge von Wolff durch dessen Schüler Carl Friedrich Flögel auch terminologisch wieder ihren Platz im Bereich der ästhetisch-logischen (Er-)Findungskunst erhält.[294]

In dieser Analogiekonzeption zeigt sich in meinen Augen eindeutig die von Aristoteles präfigurierte Heuristik der epistemischen (Logik und Naturwissenschaft) und poetischen (Rhetorik und Poetik) Disziplinen und bedingt geradezu den neuerlichen Schulterschluss dieser Gebiete auf operativer Ebene. Aber auch auf formaler Ebene kommt der Analogie im Bereich der Ästhetik eine entscheidende Bedeutung zu, wenn Baumgarten die Ästhetik als *ars analogia rationis* mit der Vernunft gleichgesetzt und erstmals eine ganze Disziplin mit Hilfe der Analogie-Mäeutik ins Leben ruft:

---

291 Stefanie Buchenau: Die Einbindung von Poetik und Ästhetik in die Logik der Aufklärung. In: Astrid Bauereisen, Stephan Pabst und Achim Vesper (Hg.): Kunst und Wissen. Beziehungen zwischen Ästhetik und Erkenntnistheorie im 18. und 19. Jahrhundert. Würzburg 2009, S. 71–85, hier: S. 73.

292 Ebd.

293 Christian Wolff: Vernünfftige Gedancken von Gott, der Welt und der Seele des Menschen, auch allen Dingen überhaupt: den Liebhabern der Wahrheit mitgetheilet. Halle 1720, S. 195ff.

294 Irmscher zeigt auf, dass der Zusammenhang von ›schönen‹ und ›ernsthaften Wissenschaften‹ geradezu durch die Verwendung von Ähnlichkeitsvergleichen in beiden Kontexten bestätigt wird, die bei Leibniz bereits ausdrücklich als Analogien bestimmt, bei Wolff indirekt und in Zusammenhang mit dem *Witz* aufgeführt und im Anschluss durch Flögel wieder explizit als Analogie bezeichnet werden. Irmscher: Beobachtungen zur Funktion der Analogie im Denken Herders. In: Deutsche Vierteljahrsschrift 55 (1981), S. 64–91, hier: S. 90ff.

> AESTHETICA (theoria liberalium artium, gnoseologia inferior, ars pulchre cogitandi, ars analogi rationis) est scientia cognitionis sensitivae. (Die Ästhetik als Theorie der freien Künste, als untere Erkenntnislehre, als Kunst des schönen Denkens und als Kunst des der Vernunft analogen Denkens ist die Wissenschaft der sinnlichen Erkenntnis).[295]

Die Ästhetik wird als unteres und sinnliches Erkenntnisvermögen den oberen logischen per Analogie gleichgestellt, womit beide in ein Verhältnis der formalen Äquivalenz gebracht werden.[296] Auch hier zeigt sich die aristotelische Prägung der analogen Einheitsfunktion, zwar nicht mehr in Hinblick auf einer relationalen Einheit des Seins, aber in Hinblick auf einer Einheit heterogener Erkenntnisvermögen. Die hierdurch nahegelegte Vermutung, dass der Ästhetik in ihrem Verhältnis zur Logik eine nicht nur analoge und gleichberechtigte, sondern darüber hinaus sogar eine primäre und grundlegende Bedeutung zuzusprechen ist, ist insofern durch ihre Konstituierung als wissenschaftliche Disziplin in Baumgartens posthum veröffentlicher *Philosophia generalis* erstmals angedacht.[297] Mit der Einschätzung eines vernunftanalogen »Sinn des Gefühls«[298] als Grundlage

---

295 Alexander Gottlieb Baumgarten: Theoretische Ästhetik. Die grundlegenden Abschnitte aus der »Aesthetica« (1750/58), übers. und hg. von Rudolf Schweizer. Hamburg 1988, S. 2–3.

296 Vgl. hierzu Berndt: Die Kunst der Analogie. Berndt zeigt dabei auf, dass Baumgartens Analogiestruktur mehrere Ebene umfasst. Zum einen setzt er in einer ersten Analogie logische und sinnlich Erkenntnis gleich, um in einem zweiten Schritt Erkenntnis und Darstellung aufeinander zu beziehen. Als *tertium comparationis* dient ihm hierfür das rhetorische Verfahren des Beispiels. Nicht nur fungiert der literarische Text als Beispiel von sinnlicher Erkenntnis, sondern die rhetorische Figur des ›Beispiels‹ veranschaulicht *beispielhaft* den literarischen Text. Über eine mehrfach gestaffelte Analogiebeziehung lässt sich somit eine Epistemologie des Exemplarischen ausmachen, die ihre neuerliche Bedeutung in der Philosophie des 20. Jahrhunderts erfährt, wo nach Berndt, nicht induktive oder deduktive Begriffe, sondern exemplarische Analogiebeziehungen das Denken regieren.

297 Hans Adler: Die Prägnanz des Dunklen. Gnoseologie – Ästhetik – Geschichtsphilosophie bei Johann Gottfried Herder. Hamburg, 1990, S. 33.

298 Herder: Journal meiner Reise im Jahr 1769, SWS 4, S. 446. Vgl. zu Herders Ambitionen einer Ausarbeitung der Ästhetik als Lehre des Gefühls Irmscher: Zur Ästhetik des jungen Herder. In: Gerhard Sauder (Hg.): Johann Gottfried Herder 1744–1803. Hamburg 1987, S. 43–76; Adler: Die Prägnanz des Dunklen; Marion Heinz: Sensualistischer Idealismus. Untersuchungen zur Erkenntnistheorie des jungen Herder (1763–1778). Hamburg 1994; Inka Mülder-Bach: Im Zeichen Pygmalions. Das Modell der Statue und die Entdeckung der »Darstellung« im 18. Jahrhundert. München 1998, bes. S. 49–102; Ralf Simon: Das Gedächtnis der Interpretation. Gedächtnistheorie als Fundament für Hermeneutik, Ästhetik und Interpretation bei Johann Gottfried Herder. Hamburg 1998; Ulrike Zeuch: Umkehr der Sinneshierarchie. Herder und die Aufwertung des Tastsinns seit der frühen Neuzeit. Tübingen 2000; Mülder-Bach: Kommunizierende Monaden. Herders literarisches Universum. In: Caroline Welsh, Christina Dongowski und Susanna Lulé

von Erkenntnis wird in der Folgezeit die Ästhetik- und Poetik-Diskussion einen neuen Fokus erhalten und in den unterschiedlichen philosophischen Entwürfen, wie unter anderem bei Hamann, Herder sowie bei Kant eine spezielle Auseinandersetzung fordern.[299] Als besonders problematisch wird dabei die Frage nach einer adäquaten Repräsentation und Zusammenstellung der sinnlichen Daten empfunden. Denn wenn diese erst durch die menschliche Einbildungskraft summiert werden, handelt es sich nicht mehr um eine rein logische, sondern vielmehr um eine ästhetische Erkenntnisoperation:

> Der Mensch erfindet nur aus Armuth, weil er nicht hat: er wähnt und dichtet, weil er nicht weiß. [...] Was er thun kann, ist, Bilder und Gedanken paaren, sie mit dem Stempel der Analogie [...] bezeichnen; dieses kann und darf er.[300]

Dass damit auch eine nachidealistische Subjektabhängigkeit reflektiert wird, ist in jener Zeit bereits gelehrter Binnenkonsens. Lichtenberg resümiert dann folglich: »Die Ähnlichkeiten liegen nicht in [den] Dingen, vor Gott gibt es keine Ähnlichkeiten« und »unsere Kurzsichtigkeit muss sich Ähnlichkeiten aufsuchen«, denn »allein Ähnlichkeit ist subjektiv.«[301] Jedoch können wir »ja bloß nach Ähnlichkeiten ordnen und behalten« und müssen mit dem »groben Band der ekelhaften Ähnlichkeit zwei und zwei immer zusammenkuppeln«, um überhaupt eine

(Hg.): Sinne und Verstand. Ästhetische Modellierungen der Wahrnehmung um 1800. Würzburg 2001, S. 41–52, bes. S. 41f.

299 Zu Hamanns Analogiedenken, das vor allem den theologischen Offenbarungsaspekt betont, siehe Rudolf: Figuren der Ähnlichkeit. Zu Herders Analogiegebrauch als Instrument für die Entdeckung neuer Gebiete der Erkenntnis in den Bereichen seiner Naturphilosophie, der Geschichtsphilosophie und Literaturkritik und dessen Einordnung in den zeitgenössischen Kontext siehe Hans Dietrich Irmscher: Beobachtungen zur Funktion der Analogie im Denken Herders.

300 Ebd., S. 536. Vgl. zu Herders produktiver Wendung menschlicher Erkenntnisfähigkeit Adler: Aisthesis und Totalität im 18. Jahrhundert. Johann Gottfried Herder. In: Ders. in Verbindung mit Ulrike Zeuch (Hg.): Synästhesie. Interferenz, Transfer, Synthese der Sinne. Würzburg 2002, S. 205–213, hier bes.: S. 211; Silvio Vietta: Herder und der Entwurf einer Poetik der Moderne. In: Tilman Borsche (Hg.): Herder im Spiegel der Zeiten. Verwerfungen der Rezeptionsgeschichte und Chancen einer Relektüre. München 2006, S. 278–289; Lutz-Henning Pietsch: Reise zur See oder Vermessen der Heimat. Analogische Strategien geschichtsphilosophischer Darstellung bei Herder und ihre Kritik durch Kant. In: Albes (Hg.): Darstellbarkeit, S. 97–117, hier: S. 105f.; Rudolph: Figuren der Ähnlichkeit, S. 3

301 Lichtenberg: Sudelbuch Heft J (1789), Aphorismus 959, S. 788 und Sudelbuch A (1765-1770), Aphorismus 17, S. 13 sowie Sudelbuch J (1789), Aphorismus 404, S. 713.

Erkenntnis haben zu können.[302] Wenn der Mensch mit seiner kreativen Einbildungskraft die wahrgenommenen Abbilder gemäß des Platonischen ›Analogie-Bandes‹ paaren soll und dieses dann als Dichtung bezeichnet, wird die bereits im Eingangskapitel erwähnte Krise der Repräsentationslogik nochmals spürbar. Nicht mehr das repräsentierende Zeichen verweist auf die Dinge, sondern das poetische Wort. Damit deutet sich ein Problemhorizont an, der sich auf die Darstellung der Dinge bezieht und der, wie Herder es bereits ankündigt, ebenfalls dem Hoheitsgebiet der Analogie zufällt.

2.2.4 Analogie als Darstellungspraktik

Der Begriff der ›Darstellung‹ erfährt im letzten Drittel des 18. Jahrhunderts eine regelrechte Popularität und durchzieht die Gebiete der Philosophie, der Poetik und Rhetorik und auch die der Naturwissenschaften.[303] Und es scheint fast so, als

---

302 Lichtenberg: Sudelbuch Heft J (1789), Aphorismus 959, S. 788 und Sudelheft B (1768), Aphorismus 102, S. 74.

303 Vgl. zur breiten Verhandlung des ›Darstellungsbegriffes‹ um 1800 Ernst Ludwig Stahl: Darstellung. In: Richard Alewyn u. a (Hg.): Gestaltprobleme der Dichtung. Bonn 1957, S. 283–298; Winfried Menninghaus: Dichtung als Tanz – Zu Klopstocks Poetik der Wortbewegung. Comparatio. Revue Internationale de Littérature Comparée 2–3 (1991), S. 129–150; Lutz Dannenberg: Darstellungsformen in Geistes- und Naturwissenschaften. In: Geld, Geist und Wissenschaft. Arbeits- und Darstellungsformen von Literaturwissenschaft. Frankfurt/M. 1993, S. 99–137; Rodolphe Gasché: Überlegungen zum Begriff der Hypotypose bei Kant: In: Christiaan L. Hart Nibbrig (Hg.): Was heißt »Darstellen«? Frankfurt/M. 1994, S. 152–174; Winfried Menninghaus: ›Darstellung‹. Friedrich Gottlieb Klopstocks Eröffnung eines neuen Paradigmas. In: Nibbrig (Hg.): Was heißt »Darstellen«?, S. 205–226; Martha B. Helfer: The Retreat of Representation. The Concept of Darstellung in German Critical Discourse. Albany, NY 1996; Rüdiger Campe: Vor Augen Stellen. Über den Rahmen rhetorischer Bildgebung. In: Gerhard Neumann (Hg.): Poststrukturalismus. Herausforderung an die Literaturwissenschaft. Stuttgart/Weimar 1997, S. 208–225; Mülder-Bach: Im Zeichen Pygmalions; Dieter Schlenstedt: Art. Darstellung. In: Ästhetische Grundbegriffe. Historisches Wörterbuch in sieben Bänden, hg. von Karlheinz Barck u. a., Bd. 1: Absenz – Darstellung. Stuttgart/Weimar 2000, S. 831–875; Claudia Albes: Getreues Abbild oder dichterische Komposition? In: Dies. und Christiane Frey (Hg.): Darstellbarkeit; Christiane Frey: Darstellbarkeit. Zu einem ästhetisch philosophischen Problem um 1800. Würzburg 2003; Petra Bahr: Darstellung des Undarstellbaren. Religionstheoretische Studien zum Darstellungsbegriff bei A. G. Baumgarten und I. Kant. Tübingen 2004; Igor J. Polanski: Die Kunst Natur vorzustellen. Die Ästhetisierung der Pflanzenkunde um 1800. Köln 2004; Bies: Im Grunde ein Bild; Bies: Darstellung des Zwischenraumes. Vier Passagen zwischen Anschauung und Begriff in Kants *Kritik der Urteilskraft*. In: Uwe Wirth (Hg.): Bewegungen im Zwischenraum. Berlin 2012, S. 9–26.

wären gerade letztere immer wieder der Anstoß für die zeitgemäßen Darstellungsreflexionen, die sich im Kern um die Frage einer adäquaten Repräsentation der Natur drehen. So wünscht sich Herder für sein monumentales Projekt der geschichtsphilosophischen Abhandlung *Ideen zur Philosophie der Geschichte der Menschheit* von 1784, dass sein Buch in »nur einige[n] Striche[n] zur Darstellung der großen Aussicht«[304] über die »ganze Erde« und das »Ganze der Menschheit« beitrage. Humboldt versucht sich Jahre später an einem ähnlichen Vorhaben und möchte in seinem *Kosmos*, niedergeschrieben in fünf Bänden zwischen 1845–1862, den »Totaleindruck«[305] der »Gesamtheit der Naturerscheinungen» in »anschaulichen Bildern«[306] wiedergeben, was ihm bereits zu Lebzeiten das Prädikat eines mustergültigen Zeugnisses einer »ansprechender und lebendiger [...] Darstellung« seiner »umschauenden Vergleichung und Gruppierung der Erscheinungen« einbringt.[307] Und auch Goethes Anliegen ist es, die Natur in ihren »lebendigen Bildungen, als solche zu erkennen, ihre äußern sichtbaren, greiflichen Teile im Zusammenhange zu erfassen«, sodass sich »bei Darstellung des Versuchs der Pflanzen-Metamorphose« eine »naturgemäße Methode« etablieren könne.[308]

Die Darstellungsüberlegungen zielen auf eine anschauliche Repräsentation der lebendig-organischen Natur, die auch die Philosophie der Zeit beschäftigt. Dass es neben Realitätsbegriffen auch noch Begriffe der reinen Vernunft – wie den Zweck der lebendigen Natur –, gibt, die »buchstäblich genommen und logisch betrachtet [...] nicht dargestellt werden« können, soll laut Kant jedoch nicht die Möglichkeit einer implizit sinnlichen Anschauung negieren, sondern vielmehr die Suche nach solchen Möglichkeiten bestärken. Der Begriff der Darstellung umfasst in der Zeit um 1800 demnach zwei zentrale Momente: Es soll mit Hilfe der Darstellung ›etwas sinnlich vor Augen geführt werden‹ und gleichzeitig

304 Herder: Ideen zur Philosophie der Geschichte der Menschheit. Erstes Buch. Erster Theil, SWS 13, S. 5, S. 27 und S. 25; vgl. dazu Eva Axer: Was heißt Einheit in der Mannigfaltigkeit? Johann Gottfried Herders Kulturtheorie. In: Blog des Leibniz-Zentrums für Literatur und Kulturforschung (http://www.zflprojekte.de/zfl-blog/2017/05/15/eva-axer-was-heisst-einheit-in-der-mannigfaltigkeit-johann-gottfried-herders-kulturtheorie/#_ftn1)

305 Alexander Humboldt: Ideen zu einer Physiognomik der Gewächse. In: Ders.: Ansichten der Natur, mit wissenschaftlichen Erläuterungen. Tübingen 1808, S. 179. Vgl. zum Konzept der bildlichen Darstellung bei Humboldt und Goethe Bies: Im Grunde ein Bild.

306 Alexander von Humboldt: Kosmos, Bd. II, S. 94.

307 Jakob Friedrich Fries: Die mathematische Naturphilosophie nach philosophischer Methode bearbeitet. Ein Versuch. Heidelberg 1822, S. 13f.

308 Goethe: Die Absicht eingeleitet, FA I, Bd. 24, S. 391 und Zur Metamorphose der Pflanzen, FA I, Bd. 24, S. 422.

im Vorgang des ›Anschauens‹ aus den mannigfaltigen Eindrücken eine Einheit entstehen. Damit markiert die ubiquitäre Präsenz des Darstellungsbegriffes in der Zeit jene von Foucault bezeichnete Kritik und Krise am rationalistischen Paradigma der Repräsentation, die nun neuerliche ›Praktiken‹ erfordert, um zwischen Begriffen und Anschauungen, sowie zwischen den einzelnen Repräsentationsmomenten vermittelnd agieren zu können. Dass Darstellung demnach an den Begriff der ›Praxis‹ gebunden ist, wurde insbesondere von Winfried Menninghaus in seinen beiden wichtigen Aufsätzen zum Darstellungsbegriff anhand Klopstocks Überlegungen in seinen dichtungstheoretischen Schriften aufgezeigt.[309] Die enge Dependenz von Darstellung und ›Handlung‹ ist laut Menninghaus einerseits dem Versinnlichungsparadigma der ästhetischen Diskussion zuzuschreiben, das eine Adressierung der sinnlich-emotiven Anlagen durch dargestellte Handlung fordere und andererseits der Restauration antik-rhetorischer Überlegungen zur performativen πράξις (Praxis/Handlung) von Sprache. Denn diese ist »selbst eine Handlung, deren Dignität in ihr selbst besteht, ja die selbst das ist oder zumindest zu sein scheint, was sie darstellt.«[310] Damit verweist Poesie nicht mehr, wie in der repräsentativen Logik, auf etwas ihr Äußerliches, sondern bringt sich als tätige Darstellung selbst zum Ausdruck.

Dass hierbei die Analogie als wichtige Darstellungspraktik der Zeit in Hinblick auf die ›Versinnlichung‹ und die ›Einheit des Mannigfaltigen‹ zu betrachten ist, wurde in der Forschung bisher kaum oder wenn dann nur implizit beachtet. Dabei scheinen die Aussagen der Zeit im Kontext von Darstellungskonzeptionen wie Kants ›Versinnlichung vernünftiger Begriffe‹[311], Hardenbergs Formel »Poésie = *Gemüthserregungskunst*«[312] und Goethes ›Belebung der Erfahrung‹[313] stets in Bezug zur rhetorischen Analogie-Figur zu stehen. Die tätig-vitalen Begriffe von ›Versinnlichung‹, ›Erregung‹ und ›Belebung‹, die bereits den engen Bezug der Darstellung zur ›Praxis‹ andeuten, beziehen dabei ihre Vital-Kraft aus der rhetorischen Tradition der Analogie-Metaphern, die Aristoteles in seiner Τεχνῆς Ρητορικῆς (Rhetorik) prägt:

309 Vgl. Winfried Menninghaus: Dichtung als Tanz sowie: Winfried Menninghaus: ›Darstellung‹.

310 Menninghaus: ›Darstellung‹, S. 208.

311 Vgl. Kants Hypotypose Konzept, das im Falle von Begriffen, denen keine Anschauung entspricht, einspringt, um diesen mit Hilfe der Analogie zu einer Anschauung zu verhelfen. Kant: Kritik der Urteilskraft, AA V, S. 351. Siehe hierzu auch Kap. 3.

312 Friedrich von Hardenberg: Fragmente und Studien, N III, S. 639.

313 Vgl. hierzu Goethes Aussage, dass man sich an die »Analogie [halten solle, S.G.], wodurch die Erfahrung erst belebt wird, [...]«. Goethe Farbenlehre nach 1810, FA I, Bd. 25, S. 710.

δεῖ ἄρα τούτων στοχάζεσθαι τριῶν, μεταφορᾶς ἀντιθέσεως ενεργείας. τῶν δὲ μεταφορῶν τεττάρων ούσών εὐδοκιμούσι μάλιστα αἱ κατ' αναλογίαν, [...] ότι μέν οὖν τὰ αστεῖα ἐκ μεταφορᾶς τε τῆς ἀνάλογον λέγεται καὶ τῶ πρὸ ὀμμάτων ποιεῖν, εἴρηται. λεκτέον δε τί λέγομεν πρὸ ὀμμάτων, και τί ποιοῦσι γίγνεται τοῦτο. λέγω δὴ πρὸ ὀμμάτων ταῦτα ποιεῖν ὅσα ενεργοῦντα σημαίνει. οἷον τὸν ἀγαθόν ἄνδρα φὺναι εἶναι τετράγωνον μεταφορά, ἄμφω γάρ τέλεια, ἀλλ' οὐ σημαίνει ἐνέργειαν. [...] ἐν πᾶσι γάρ τούτοις διὰ τὸ ἔμψυχα εἶναι ἐνεργοῦντα φαίνεται το ἀναισχυντεῖν γὰρ καὶ μαιμᾶν καὶ τἄλλα ενέργεια. ταῦτα δὲ προςῆψε διά κατ' ἀναλογίαν μεταφορᾶς.
(Somit ist also dargelegt, daß eine geistreiche Formulierung aus der durch Analogie gebildeten Metapher und durch Augenscheinlichkeit entstehen kann. Es muß nun noch besprochen werden, was mit Augenscheinlichkeit gemeint ist und was man tun muß, um sie zu bewirken. Unter Augenscheinlichkeit verstehe ich nun, (beim Zuhörer) eine Vorstellung hervorzurufen, die etwas Tätiges bezeichnet, z. B. es ist eine Metapher, wenn man einen rechtschaffenen Mann ein Quadrat nennt, denn beides ist vollkommen, aber es drückt nichts Tätiges aus. Dagegen bezeichnet: ›Er steht in blühendem Alter‹ Tätigkeit. [...] Das aber verknüpfte der Dichter durch die in Analogie gebildete Metapher. [...] Metaphern sollen, wie oben gesagt, aus verwandten, nicht offenkundigen Dingen gebildet werden, wie es ja auch in der Philosophie Scharfsinn verrät, Ähnliches auch in weit auseinanderliegenden Dingen zu erkennen. [...] Der geistvolle Reiz kommt meist durch Metapher [...] daß nicht gemeint ist, was gesagt wird.)[314]

Für Aristoteles bestimmt sich Handlung einerseits über die Semantik der Gegenstandsebene, sodass das ›blühende Alter‹ bereits aufgrund der Prozessualität des Blühvorganges als Aktivität gelesen werden kann. Andererseits stellt das Manöver des Übertragungsvorganges der Analogie selbst eine Tätigkeit dar, die sich von der Textebene auf den Zuhörer als ›geistvoller Reiz‹ überträgt und dessen Intellekt anregt, verschiedene Vorstellungen hervorzurufen und zueinander in Beziehung zu setzen. Die Analogie besitzt damit bereits in der Antike jenen transgressiven Charakter, der über die sprachliche Ebene hinausweist, wenn sie bei bildlichen Übertragungen eine belebende Wirkung zu erzeugen vermag.

Die Arbeit verfolgt damit einen anderen Ansatz als denjenigen in der Forschung, der von einer Adaption vitaler Konzepte durch den ästhetischen Diskurs um 1800 ausgeht und nimmt Bezug auf Gedanken einer 2019 erschienenen Publikation von Nicola Gess, Agnes Hoffmann und Annette Kappeler zu *Beleblungskünsten*, der den »transgressiven Charakter ästhetischer Darstellungspraktiken gegenüber biologischen Lebensbegriffen« herausstellt:

Denn die lebendige Darstellung wird dort am greifbarsten, wo sie gezielt eingesetzt wird, um eine Transformation von ›totem‹ (Zeichen-)Material in lebendig-lebhafte Wirkung zu erzielen. Ihre ›Lebendigkeit‹ interessiert oder ›belebt‹ also nicht, weil sie den Gegenständen

314 Aristoteles: Τεχνής Ρητορικής, Γ X, 1410b 35 und 1411b 21–28 und 1412a 2–5. Übersetzung von Gernot Krapinger. In: Aristoteles. Rhetorik. Stuttgart 2007, 1411bff.

> eignet wie eine naturgegebene Qualität, sondern gerade deswegen, weil sie durch spezifische Praktiken erst erzeugt und zur Anschauung gebracht wird. [...].[315]

Dabei legt die Arbeit den Fokus jedoch nicht wie der Sammelband auf künstlerische Praktiken, sondern liest den πράξις(Praxis)-Begriff vor allem hinsichtlich einer Veränderung des rhetorischen Selbstverständnisses um 1800, das, wie bereits gezeigt, sich aus einer Verbindung antiker Anlagen und moderner Anforderungen entwickelt. Insofern erfährt der Aristotelische πράξις-Begriff, der vor allem die Darstellung *von* Handlung als dichterische Aufgabe versteht, eine Erweiterung in jener Zeit, die sowohl die Werks-, Zeichen- als auch die Subjektebene betrifft. Es entspricht dem neuen Verständnis, dass rhetorische Figuren wie die Analogie mittels ihres imaginativ-verlebendigenden Aktionscharakters nicht nur auf die Strukturen und Gegenstände der Welt, sondern auch auf sich selbst und den Prozess ihrer Darstellung verweisen. Die Analogie stellt insofern auf textlicher Ebene sowohl Beziehungen zwischen Zeichen als auch zwischen bezeichneten Dingen her und aktiviert damit auf der Subjektebene eine Tätigkeit der assoziativen Gedankenverknüpfung. Dass diese In-Beziehungs-Setzungen von Zeichen, Dingen und Gedanken eine Belebung auf Text- und Subjektebene nach sich zieht, zeigt, dass das Stiften von Verhältnissen nicht lediglich formelhaft, sondern auch prozessual-tätig zu verstehen ist, womit sich die Ebenen von Logik und Ästhetik durchkreuzen.

Wenn um 1800 mit dem Begriff der Analogie nicht nur die rhetorische Tradition der *invention* als *ars inveniendi*, sondern auch die der *elocutio* als Darstellungspraktik aufgerufen wird, zeigt sich noch einmal aus einer anderen Perspektive die grundlegende Bedeutung der Analogie: Denn während sie in der Antike von der Mathematik in die Philosophie und Rhetorik eindrang, ›invadiert‹ sie nun über die Rhetorik und Poetik die Philosophie und Naturwissenschaften und kehrt zugleich diese Invasion immer wieder um. Damit erzeugt die Analogie Abhängigkeitsverhältnisse und Neukonzeptionen zwischen und in den Disziplinen und es zeigt sich ihre grundlegende Bedeutung für trans- und intradisziplinäre Zusammenhänge auf Grundlage ihrer grenzüberschreitenden Eigenschaft.

---

315 Nicola Gess, Agnes Hoffmann und Annette Kappeler: Einleitung. Praktiken lebendiger Darstellung um 1800. In: Dies. (Hg.): Belebungskünste. Praktiken lebendiger Darstellung in Literatur, Kunst und Wissenschaft um 1800. Leiden u.a. 2019, S. 1–24, hier: S. 7–8.

2.2.5 Zusammenfassung und weiterführende Fragen

Die Betrachtung der rhetorischen Traditionslinie der Analogie hat deren komplexe Anlage deutlich werden lassen, die in ihrem ersten konzeptionellen Wurf mathematisch-logische und rhetorisch-darstellende Elemente in ein spannendes Wechselspiel zu bringen weiß. Und bei einem genaueren Hinsehen zeigt sich, dass dieses logisch-figürliche Tandem seiner Grundstruktur auch durch die Begriffshistorie hindurch treu bleibt. Nicht nur garantiert die Analogie im Bereich rhetorisch-ästhetischer Theorien ein epistemisches Fundament, sondern ergänzt auch versteift-knöcherne Logiken um einen sinnlichen Anschauungsgehalt. Dass die Analogie damit besonders um 1800 die bisher hierarchisch orientierten Systemlehren von Begriff, Induktion und Deduktion ins Wanken bringt und als moderner Begriff und zeitgemäße Praktik entgegen der hegemonialen Strukturen horizontale Verbindungen zwischen logischen und ästhetischen Disziplinen herzustellen vermag, wird in den folgenden Autorenkapiteln nochmals eigens zu zeigen sein. Denn dass in jener Zeit Wissenschaftler und Philosophen zu Dichtern werden, wie Herder resümiert, scheint vor dem Hintergrund der sich entwickelnden Vormachtstellung des szientistischen Feldes mit ihrem analytisch-rationalem Ideal dann doch immer noch erstaunlich:

> So ward Newton in seinem Weltgebäude wider Willen ein Dichter, wie Buffon in seiner Kosmogenie, und Leibniz in seiner prästabilierten Harmonie und Monadenlehre. Wie unsere ganze Psychologie aus Bildwörtern besteht, so wars meistens Ein neues Bild, Eine Analogie, Ein auffallendes Gleichniß, das die größten und kühnsten Theorien gebohren.[316]

Herders Aussage umreißt insofern pointiert die Aufgabenstellung einer modernen Analogietheorie zwischen Wissenschaft und Ästhetik: Es gilt mit Hilfe von Bildern Theorien zu erschaffen und den Bildern eine Theorie zu unterlegen. In den folgenden Kapiteln soll deshalb vor allem der Frage nachgegangen werden, inwiefern die heuristisch-empirische Beweismethode der Wissenschaft mit der rhetorischen Darstellungspraktik in Verbindung steht, wenn zwar beide die Analogie nutzen, im ersten Fall aber das Ziel die Erkenntnis und im zweiten das ästhetische Erleben darstellt. In beiden Fällen wird Evidenz mit Hilfe der Analogie evoziert, jedoch scheint es sich jeweils um eine unterschiedliche Art von Evidenzerzeugung zu handeln, wenn in einem Fall ein ›Erscheinungsgebiet das andere zu illustrieren‹ (Mach) und im anderen ›Weltgebäude dichterisch erschaffen werden‹ (Herder). Inwiefern diese Darstellungspraktiken ineinandergreifen und

316 Herder: Vom Erkennen und Empfinden, SWS 8, S. 170.

sich Wissenschaft und Ästhetik zu ergänzen vermögen, soll deshalb im Folgenden vor dem Hintergrund des Versprechens einer modernen Episteme interessieren.

3 Die Analogie zwischen formaler Struktur und ästhetischer Lust – Immanuel Kant

> Man muß nicht glauben, was man sieht – geschweige was man hört. – Wenn zwey Menschen in einer verschiedenen Lage sich befinden, müßen Sie niemals über ihre sinnlichen Eindrücke streiten. Ein Wächter auf einer Sternenwarte kann einem in dritten Stockwerk viel erzählen. Dieser muß nicht so tum seyn und ihm seine gesunden Augen absprechen, komm herunter: so wirst Du überzeugt seyn, daß Du nichts gesehen hast. Ein Mann in einer tiefen Grube, worinn kein Waßer ist, kann am hellen Mittag Sterne sehen. Der andere auf der Oberfläche leugnet die Sterne nicht – er kann eben nichts als den Herrn des Tages sehen. Weil der Mond der Erde näher ist, als der Sonne: so erzählen Sie Ihrem Monde Mährchen von der Ehre Gottes. Es ist Gottes Ehre, eine Sache verbergen: aber der Könige Ehre ist eine Sache erforschen.[317]

Kants erste Überlegungen zur Analogie finden sich im Kontext seiner kosmologischen Überlegungen, die er auch mit Freunden und Kollegen diskutiert. Johann Georg Hamanns Brief an Kant von 1759 verdeutlicht die Schwierigkeit der astronomischen Wissenschaft, einen Gegenstand zu untersuchen, der sich immer wieder der menschlichen Wahrnehmung entzieht. So kann es geschehen, dass die Sterne am Firmament zur gleichen Zeit an unterschiedlichen Standpunkten sichtbar und nicht sichtbar sind. Dass Sterne und Planeten existieren, scheint jedoch niemand ernsthaft zu bezweifeln. Die zölestische Sphäre biete aber immer wieder Raum für Spekulationen, besonders wenn auch göttliches Terrain betroffen sei. Insofern sei es nach Hamann eine ehrenvolle Aufgabe, die epistemische Demarkationslinie stetig zu erweitern, wie dies Kant in seiner vier Jahre zuvor veröffentlichten Schrift *Allgemeine Naturgeschichte und Theorie des Himmels* getan hätte. Denn Kant ist einer der ersten, der den Einfluss göttlicher Kräfte zugunsten wissenschaftlicher Erklärungen zurückgedrängt habe. Dafür greift Kant immer wieder auf die Analogie zurück. Obwohl oder gerade weil sich hier der Untersuchungsgegenstand der menschlichen Wahrnehmung entzieht, scheint sie sich als heuristisches Instrument anzubieten. Denn die »unermeßliche Größe und [...] unendliche Mannigfaltigkeit«[318] des Kosmos und der Erscheinungen darin lasse einem laut Kant gar keine andere Wahl als sich die »Analogie zu Hülfe« zu neh-

317 Johann Georg Hamann: Brief an Kant vom 27. Juli 1759. Brief 11, AA X, S. 14.

318 Kant: Allgemeine Naturgeschichte und Theorie des Himmels oder Versuch von der Verfassung und dem mechanischen Ursprunge des ganzen Weltgebäudes, nach Newtonischen Grundsätzen abgehandelt (1755), AA I, S. 306.

https://doi.org/10.1515/9783110986969-003

men, »welche uns allemal in solchen Fällen leiten muß, wo dem Verstande der Faden der untrüglichen Beweise mangelt.«[319] Hamanns einleitender Satz: »Man muß nicht glauben, was man sieht«, scheint deshalb bei Kant um den Nachsatz ergänzt zu sein: ›Und man muss nicht sehen, was man erforscht‹.

Gleichzeitig entwickelt die astronomische Wissenschaft der Zeit an der von Hamann verpönten Fabulierlust eine regelrechte Freude. Denn die epistemischen Leerstellen des Kosmos bestärken nicht nur den Wissensdrang, sondern stimulieren auch die Imagination.[320] Zu Kants Zeit ist deshalb die Erzählung *Entretiens sur la pluralité des mondes* von Bernard de Fontanelle aus dem Jahr 1686 beim sternenbegeisterten Laienpublikum beliebt, in der Fontanelle eine abenteuerliche Reise durch das Universum unternimmt und von allerlei fremden Plantenbewohnern zu berichten weiß.[321] Helfen kann Fontanelle hier ebenfalls die Analogie, mit deren Hilfe er ausgehend von Erfahrungen auf der Erde Vorstellungen von möglichen Welten im Universum entspinnt. Er versteht es, auf geschickte Weise wissenschaftliche Hypothesen mit phantastischen Erzählungen zu verbinden, sodass seine Schrift schließlich auch bei Naturwissenschaftler großen Anklang erfährt und zum Vorbild für eigene methodische und stilistische Darstellungen avanciert. Auch Kant gehört zu Fontanelles Lesezirkel und wird angestoßen von derartigen Theorien nicht nur erste Überlegungen zu einem eigenen Welt-Begriff entwickeln, sondern auch bereits erste Gedanken zur *Kritik der Vernunft* vorformulieren. Hans Blumenberg verweist auf den »wirkungsgeschichtlich kaum überbietbaren Vergleich« der »kopernikanischen Wendung« in Kants Vorrede zur zweiten Auflage der *Kritik der reinen Vernunft* von 1787, mit der Kant die Revolution seiner eigenen gedanklichen Entwicklung eindeutig auf das Forschungsfeld der Kosmologie zurückführe.[322] Die Schwierigkeiten bei der Erfassung des Universums lassen ihn, so argumentiert die Forschung, schließlich seine erkenntniskritische Wendung nehmen.[323] Dabei wird übersehen, dass er

319 Ebd., S. 315

320 Dabei ist sich die Wissenschaft zu Kants Zeit durchaus der Unsicherheit ihrer wissenschaftlichen Instrumente und Methoden bewusst und gegenüber den eigenen Ergebnissen viel kritischer eingestellt als viele Positivisten späterer Jahrhunderte, sodass sie auch die Konstruktion ihrer Ergebnisse im logischen und ästhetischen Sinne stets zu reflektieren weiß. Vgl. hierzu Paul Feyerabend: Wider den Methodenzwang. Frankfurt/M. 1980, S. 145ff.

321 Vgl. zu den ›Weltgebäude-Theorien‹ der Zeit, die sich zwischen Wissenschaft und Fiktion bewegen, die umfassende Studie von Reto Rössler: Weltgebäude. Poetologien kosmologischen Wissens in der Aufklärung. Göttingen 2020.

322 Vgl. Hans Blumenberg: Die Genesis der kopernikanischen Welt. Frankfurt/M. 1975, S. 691ff.

323 Vgl. bspw. Brigitte Falkenburg: Kants Kosmologie. Die wissenschaftliche Revolution der Naturphilosophie im 18. Jahrhundert. Frankfurt/M. 2000.

Problemstellungen und Bewältigungsstrategien aus seinem Frühwerk für die Arbeit an seinen Kritiken übernimmt, die die in der Forschung diagnostizierte Wendung mitunter nicht so drastisch erscheinen lassen wie vermutet.[324] Denn wie bereits Kopernikus mit seinem kosmologischen Umbau der planetarischen Konstellationen den Anstoß gibt, auch die Bahnen der Erkenntnis neu zu justieren,[325] so gibt auch Kant in seiner kosmologischen Frühschrift erste Anregungen für epistemologische Neuansätze. Bisher wurde der systematische Zusammenhang von Kants Frühwerk und seiner kritischen Phase meist nur am Rande behandelt, jedoch stützt sich die Vorstellung der Architektur der Vernunft, wie im folgenden Kapitel dargelegt werden soll, explizit auf die kosmologischen ›Weltgebäudetheorien‹ seiner Jugendzeit mitsamt ihrer wissenstheoretisch-synoptischen und ästhetisch-darstellenden Methode der Analogie. Die Kontinuität zwischen frühen und späten Arbeiten scheint sogar vornehmlich durch die Analogie bestimmt, wenn er sie sowohl in seinem Frühwerk als auch in seinen Kritiken als formale Struktur für den Kosmos als auch für die Vernunft nutzt. Denn wie unterschiedliche Erkenntnisformen wie Sinnlichkeit und Verstand im Bauplan der Vernunft harmonieren können, scheint sich Kant von der Architektur des Universums abzuschauen. So findet sich der Gedanke einer Einheit der Natur aus der Frühschrift von 1755, die Kant entlang des »Leitfaden[s] der Analogie«[326] zu beantworten versucht, signifikanter Weise in der kritischen Phase als Synthesis der Erscheinungen unter den *Analogien der Erfahrung* wieder. Es deutet sich damit bereits der Sonderstatus der Vermittlungsfigur in Kants Werk an, die sowohl in

---

324 Hier sei anzumerken, dass sich zwar Michael Friedman in seiner Studie *Kand and the Exact Sciences* mit Kants Frühwerk auseinandersetzt, jedoch nicht die systematische Anlage von Kants *Allgemeiner Naturgeschichte und Theorie des Himmels* von 1755 in den Blick nimmt, womit letztlich nicht deutlich wird, warum Kant in der Geometrie nach Friedman einen Lösungsansatz für die sich widersprechenden Ansätzen seiner Zeit sieht. Friedman erklärt dies nur vom Standpunkt einer aktuellen Logik, aber nicht vor dem Hintergrund der historisch mathematischen Ansätze, wo die Analogie eine entscheidende Rolle spielt. Brigitte Falkenburg ist eine der wenigen, die versucht, in Kants Kosmologie bereits grundlegende Elemente seiner späteren Kritiken anhand der Antinomien aufzuzeigen und wichtige Hinweise zur Kontinuität von Kants Methodologie zu geben, jedoch schenkt auch sie der Analogie als eigenen methodologischen Ansatz keine Aufmerksamkeit. Vgl. Michael Friedman: Kant and the Exact Sciences. Cambridge, MA/London 1992; Brigitte Falkenburg: Kants Kosmologie.

325 Vgl. dazu Nicola Zambon: Das Nachleuchten der Sterne. Konstellationen der Moderne bei Hans Blumenberg. München 2017.

326 Kant: Allgemeine Naturgeschichte, AA I, S. 235.

der Frühschrift als auch in den Kritiken auftritt, um die seit Kopernikus problematisierte Differenz von Sichtbarkeit und Realität zu bewältigen. Dass Kant aber auch einen Anschluss an Fontanelles fiktionalen Gebrauch der Analogie sucht, mag man bei dem Philosophen mit dem »grauen trockenen Packpapierstyl«[327] nicht unbedingt vermuten. Kant scheint aber gerade darin ein transzendierendes Moment zu sehen, das die Grenzen der Vernunft erweitern könne und ihm sowohl in seiner Frühschrift als auch in seinen Kritiken große Dienste erweist.

3.1 Die Harmonie des Kosmos

Kant vermutet in seiner Frühschrift der *Allgemeinen Naturgeschichte und Theorie des Himmels* mit seinem Vorhaben beim Leser den Anschein eines »Abenteuer[s]« zu erwecken, das »sehr weit die Kräfte der menschlichen Vernunft [...] überschreite[].«[328] Er beruhigt ihn aber im nächsten Atemzug wieder, dass er nicht »so viel krumme Abwege und unwegsame Hindernisse [...] antreffen werde«, als er »vielleicht anfänglich« denke.[329] Als Bürgin für sein Versprechen verweist er selbstbewusst auf die Methode der Analogie. Denn im Gegensatz zu »philosophische[n] Träume[n]« und »wahrscheinliche[n] Vermuthungen«[330] hält sie Kant für ein probates Mittel, um dem Rezipienten glaubwürdige Erkenntnisse zu liefern: »Wenn das System auf Analogien und Übereinstimmungen nach den Regeln der Glaubwürdigkeit und einer richtigen Denkungsart gegründet ist: so hat es allen Forderungen seines Objekts genug gethan.«[331] Mit dieser Bestärkung im Rücken hofft er, den Leser soweit überzeugt zu haben, das Abenteuer des »allgemeinen Entwurfe[s] von der mechanischen Erzeugungsart des Weltbaues«[332] zu wagen, denn die »Glaubwürdigkeit der Sache selber aus den Gründen der Natur und der Analogie unterstützen diese Hoffnung so gut, daß sie die Aufmerksamkeit der Naturforscher reizen können, sie in Erfüllung zu bringen.«[333]

327 Heinrich Heine: Zur Geschichte der Religion und Philosophie in Deutschland. Drittes Buch. In: Ders.: Historisch-kritische Gesamtausgabe der Werke. In Verbindung mit dem Heinrich-Heine-Institut, hg. von Manfred Windfuhr. 16 Bände. Hamburg 1973–1997, Bd. 8/1, S. 83.
328 Kant: Allgemeine Naturgeschichte, AA I, S. 234 und S. 221.
329 Ebd, S. 234.
330 Ebd.
331 Ebd., S. 235.
332 Ebd.
333 Ebd., S. 253.

Und tatsächlich wird Kants Kosmogonie trotz seines hypothetischen Entwurfscharakters bis heute geschätzt. Seine Überlegung zur Entstehung des Universums kommt der derzeit vertretenen Auffassung sogar näher als die 41 Jahre nach ihm aufgestellte These von Pierre-Simon Laplace und er wird heute zusammen mit Laplace in der Kant-Laplace-Theorie in einem Atemzug genannt. Vor diesem Hintergrund wird verständlich, dass Kants theoretische Leistungen im Kontext der Naturwissenschaften eine neue Aufwertung erfahren, da er als Kosmologe bereits »the essence of modern models«[334] erfasst habe. Laut Physikern wie Carl Friedrich von Weizsäcker oder Stephen Hawkings wird er sogar zu den großen Physikern der Weltgeschichte gerechnet. Ihrer Ansicht nach habe Kant nicht nur als einer der ersten wieder das Niveau eines Aristoteles erreicht,[335] sondern sei mit seinem »Grundgedanke[n] der historischen Entwicklung der Physik um rund 200 Jahre voraus [...].«[336] Das kosmologische Wissen Kants wäre jedoch »often been dismissed as a metyphysical jumble« und müsse deshalb in »the light of current science« gelesen werden.[337] In Folge dessen gibt es zwar derzeit eine Reihe von Untersuchungen im Bereich der Wissenschaft und Philosophie zu Kants Theorien, jedoch ist seiner Methodik bisher noch keine Aufmerksamkeit geschenkt worden. Denn erkennt man die Analogie als seine grundlegende Beweismethode an, dann finden sich schnell die gängigen Vorbehalte wieder, die man auch im Bereich der Geistes- und Literaturwissenschaften antrifft.

Dort wird Kants wissenschaftlicher Ansatz sogar wegen seines Analogiedenkens als veraltetes physiktheologisches Erbe verstanden, sodass die *Allgemeine Naturgeschichte* als ein »Höhe- und auch einen Wendepunkt innerhalb der wissenschaftlichen Diskussion um die Systematik eines kosmologischen Lehr- und ›Weltgebäudes‹« gelesen werden müsse,[338] worin das »Analogieverfahren als

---

334 Peter Coles: The Routledge Companion to the New Cosmology. London 2001, S. 240ff.

335 Vgl. Stephen Hawking: Theory of Everything. The Origin and Fate of the Universe. Beverly Hills 2003, S. 166.

336 Carl Friedrich von Weizsäcker: Große Physiker. Von Aristoteles bis Werner Heisenberg. München 1999, S. 181–203, hier: S. 199.

337 Vgl. hierzu Martin Schönfeld: Kant's Early Cosmology. In: Graham Bird (Hg.): A Companion to Kant. Oxford 2006, S. 47–62, hier: S. 47; sowie dessen Artikel zur »Allgemeinen Naturgeschichte und Theorie des Himmels«. In: Kant-Lexikon. Band 1 a priori/a posteriori – Gymnastik, hg. von Marcus Willaschek, Jürgen Stolzenberg u.a. Berlin/Boston 2015, S. 41–44.

338 Reto Rössler: Das Andere der Differenz. Paradigmen der Ähnlichkeit in der Kosmologie der Aufklärung und um 1800. In: Iulia-Karin Patrut und Reto Rössler (Hg.): Ähnlichkeit um 1800. Konturen eines literatur- und kulturtheoretischen Paradigmas am Beginn der Moderne. Bielefeld 2019, S. 27–63, S. 53.

Vorläufer des Aktualitätsprinzips« zu verstehen sei.[339] Die Analogie wird einem noch »ontologisch begründete[s] Kontinuitätsprinzip einer allgemeinen Verwandtschaft innerhalb der Stufenfolge der natürlichen Dinge« zugeordnet,[340] das Kant jedoch spätestens 1781 zugunsten einer kausal-mechanistischen Naturerklärung aufgegeben hätte.[341] Vor dem Hintergrund solcher Einschätzungen erfährt die Analogie in Kants Frühwerk auch meist keine weitere Beachtung, obwohl sie dort geradezu eine markante epistemische Neubestimmung erfährt, die nicht nur Kants weiteren Schaffensweg, sondern darüber hinaus auch den Wert der Analogie für eine moderne Episteme bestimmt. Denn Kant greift bereits in seinem Frühwerk auf verschiedene logische Analogiekonzepte zurück, bleibt jedoch nicht bei diesen stehen – und dies macht den frühen Text so spannend –, sondern erprobt die Analogie auch als rhetorisch-imaginatives Werkzeug und überschreitet damit besonders im letzten Teil der Schrift deren logischen Beweiskraft in Richtung einer ästhetisch-imaginativen Erkenntnisform.[342] Dass Kant auch das kreative Potential der Analogie zu schätzen weiß, wird in den neuen Abhandlungen der wissenschaftsgeschichtlichen Forschung zugunsten seiner theoretischen Leistungen meist verschwiegen oder aber als Indiz für Kants veralteten wissenschaftlichen Standpunkt verstanden. Dabei scheint Kants »Ausschweifung [...] in das Feld der Phantasie«[343] weder eine Kapitulation vor einer dynamisch-verzeitlichten Naturauffassung noch vor der Größe des Vorhabens,

339 Fritz Krafft: Analogie – Theodizee – Aktualismus. Wissenschaftshistorische Einführung in Kants Kosmogenie. Vortrag, gehalten im Oktober 1980 im Bereich Philosophie/Wissenschaften der Sektion Marxistisch-Leninistische Philosophie an der Humboldt-Universität Berlin. Der Vortrag stellt eine erweiterte Fassung des Nachwortes von Fritz Krafft zu *Immanuel Kant. Allgemeine Naturgeschichte und Theorie des Himmels.* München 1971, S. 179–211, dar. https://researchgate.net/publication/299470260, S. 1–41, hier: S. 11.

340 Ebd.

341 Reto Rössler: Das Andere der Differenz, S. 53.

342 Reto Rössler geht von einer ›Wendung‹ innerhalb von Kants Denken ab 1781 aus, wonach Kant zwar in seiner Frühphase noch geschult durch die ästhetischen Lehren seines Lehrers Alexander Gottlieb Baumgarten rhetorische Figuren geschätzt (siehe Rössler: Das Andere der Differenz, S. 53), mit Beginn an seiner Arbeit der Kritiken diese jedoch verlassen hätte. In seiner Dissertationsschrift *Weltgebäude* verweist Rössler deshalb als einer der wenigen in der Forschung auf Kants »imaginative Konstruktionsleistung« seiner Kosmologie, die mit Hilfe von »Hypothesen, Vermutungen und Analogien« die scheinbar nicht vorhandenen mechanischen und mathematischen Kenntnisse zu kompensieren wisse. Vgl. Reto Rössler: Poetologien kosmologischen Wissens der Aufklärung. Göttingen 2020, bes. S. 183ff. Ich möchte jedoch zeigen, dass Kant die Analogie nicht allein als rhetorische Figur, sondern auch als logisches *und* ästhetisches Werkzeug einsetzt und sie sogar – wie weiter unten zu zeigen sein wird – mathematisch nutzt.

343 Kant: Allgemeine Naturgeschichte, AA I, S. 365.

sondern eine Erprobung der ästhetischen Erkenntnis zu sein, die seinen weiteren Schaffens- und Denkweg fortan begleiten wird.

3.1.1 Harmonie und Proportion der Weltordnung

Die *Allgemeine Naturgeschichte und Theorie des Himmels* ist Kants gewagter Versuch, sich nicht nur in die kosmologischen Theorien seiner Zeit einzuschreiben, sondern sie auch zu übertreffen. Kant hat sich einiges vorgenommen, denn er muss gegen alle berühmten Aufklärungsastronomen wie Isaac Newton, Pierre Louis Maupertius, Christiaan Huygens, Edmond Halley oder Giovanni Domenico Cassini antreten. Vor allem mit Newton möchte er sich messen, der die »wahre Verfassung des Weltbaues«[344] erfasst hätte. Gleichwohl hätte auch die »Newtonsche Weltweisheit« eine Schwachstelle, die er, Kant, nun zu beheben denke. Zwar könne Newton aus den »Gesetze[n] der Bewegungen [...] das innere Triebwerk der Umläufe der Planeten«[345] bestimmen, aber er müsse im Laufe seiner Erklärung doch »den mechanischen Lehrbegriff auf[]geben« und auf eine »göttliche Anordnung« zurückgreifen.[346] Kant hingegen möchte seine Kosmologie nur mit Hilfe von Naturgesetzen erklären und die physiktheologischen Erklärungen der Zeit überwinden. Deshalb beruft er sich in seiner Schrift auf eine weitere astronomische Schule, die helfen könne, das Weltgebäude zu erklären:

> Wenn der Weltbau mit aller Ordnung und Schönheit nur eine Wirkung der ihren allgemeinen Bewegungsgesetzen überlassenen Materie ist, [...] so ist der Beweis des göttlichen Urhebers, den man aus dem Anblicke der Schönheit des Weltgebäudes zieht, völlig entkräftet, die Natur ist sich selbst genugsam, die göttliche Regierung ist unnöthig, Epikur lebt mitten im Christentume wieder auf, und eine unheilige Weltweisheit tritt den Glauben unter die Füße, welcher ihr ein helles Licht darreicht, sie zu erleuchten.[347]

In geschickter Weise argumentiert Kant an dieser Stelle in aufklärerischer Manier, sich kraft der eigenen Vernunft gegen eine christliche Deutungshoheit durchzusetzen. Und mit Epikur kann Kant exemplarisch auf jene wissenschaftliche Tradition verweisen, die bereits erfolgreich die Astronomie vorangebracht habe, ohne sich auf einen *deus ex machina* zu berufen. Und scheinbar übernimmt

344 Ebd., 229.
345 Ebd.
346 Ebd., 240.
347 Ebd., S. 222.

Kant von Epikur auch das methodische Rüstzeug, um sein Vorhaben zu bewerkstelligen. Denn Epikur bediente sich, wie im 18. Jahrhundert bekannt war, für seine Naturerkenntnisse ausschließlich der Methode der Analogie:

> Dies ist nichts anderes, als daß Epikur die Analogie zum Prinzip der Naturbetrachtung macht, – oder das sogenannte Erklären; und dies ist das Prinzip, was noch heute in der Naturwissenschaft gilt. [...] Er sagt: ›Was wir nicht selbst beobachten können, fassen wir nach Analogie auf; [...].‹ [348]

Auch Kant scheint der Analogie einiges zuzutrauen, denn man sei im Kontext der Kosmologie auf sie als heuristische Untersuchungsmethode geradezu angewiesen, weil man nur so »von Dingen, die mir absolut unbekannt sind«[349] etwas angeben könne. Kant hält sie deshalb für ebenso wichtig als den bereits für die Empirie etablierten Erfahrungsschluss der Induktion. Die Analogie schaffe zwar keine allgemeinen Begriffe, aber sie gebe Einsichten in gleiche empirische Prinzipien. Man schließt deshalb aus der Erfahrung

> entweder von vielen auf alle Dinge einer Art, oder von vielen Bestimmungen und Eigenschaften, worin Dinge von einerlei Art zusammenstimmen, auf die übrigen, sofern sie zu demselben Princip gehören. Die erstere Schlußart heißt der Schluß durch Induction, die andre der Schluß nach der Analogie.[350]

Damit es ihm mit seiner Untersuchung des Kosmos aber nicht wie dem armen Epikur ergehe, der aus einem »verkehrte[n] Verstand aus den untadelhaften Grundsätzen« die falschen Schlussfolgerungen gezogen hatte,[351] entwickelt Kant

348 Georg Wilhelm Friedrich Hegel: Vorlesungen über die Geschichte der Philosophie. In: Ders.: Werke in zwanzig Bänden. Bd. 19, hg. und editiert von Eva Moldenhauer und Karl Markus Michel. Frankfurt/M. 1979, S. 314–315.

349 Kant: Prolegomena zu einer jeden künftigen Metaphysik, die als Wissenschaft wird auftreten können § 58, AA IV, S. 357.

350 Kant: Immanuel Kant's Logik. Ein Handbuch zu Vorlesungen, AA IX, S. 132. Das Handbuch zu den von Kant in den Jahren 1755 bis 1769 gehaltenen Vorlesungen über Logik an der Königsberger Universität wurde erst 1800 von einem seiner Studenten Gottlob Benjamin Jäsche herausgegeben. Trotz dieser Einschränkung durch eine Herausgabe aus zweiter Hand gilt die Jäsche-Logik allgemein »als wichtiger Nachtrag zu Kants Schriften, also als adäquate Wiedergabe der Logikkonzeption Kants und seiner Vorlesungstätigkeit«, sodass auch die hier mit aufgeführte Definition im Sinne der damals anerkannten logischen Schlüsse angesehen werden kann. Vgl. Rainer Stuhlmann-Laeisz und Wilko Ufert: Art. Logik. Ein Handbuch zu Vorlesungen. In: Kant-Lexikon. Band 2 . Habitus – Rührung, hg. Marcus Willaschek, Jürgen Stolzenberg u.a. Berlin/Boston 2015, S. 1431–1434, hier: S. 1433.

351 Kant: Allgemeine Naturgeschichte, AA I, S. 226.

in seiner Schrift eine Art Überprüfungssystem. Denn wenn die »Analogie im großen«[352] anzutreffen sei, dann könne man davon ausgehen, dass es zwischen den Verhältnisbeziehungen im Einzelnen und im Ganzen eine Entsprechung geben müsse. Hat man für das Natursystem eine durchgängige theoretische Erklärung, die sich auf »Analogie und Beobachtung«[353] stütze, dann könne man sich aufgrund der Systemkohärenz auch in Gebiete des Spekulativen vorwagen:

> Wenn ich daher in dem siebenten Hauptstück, durch die Fruchtbarkeit des Systems und die Annehmlichkeit des größten und wunderwürdigsten Gegenstandes, den man sich nur denken kann, angelockt, zwar stets an dem Leitfaden der Analogie und einer vernünftigen Glaubwürdigkeit, doch mit einiger Kühnheit die Folgen des Lehrgebäudes so weit als möglich fortsetze; wenn ich das Unendliche der ganzen Schöpfung die Bildung neuer Welten und den Untergang der alten, den unbeschränkten Raum des Chaos der Einbildungskraft darstelle: so hoffe ich, man werde der reizenden Annehmlichkeit des Objects und dem Vergnügen, welches man hat, die Übereinstimmung einer Theorie in ihrer größten Ausdehnung zu sehen, so viel Nachsicht vergönnen, sie nicht nach der größten geometrischen Strenge, die ohnedem bei dieser Art der Betrachtungen nicht statt hat, zu beurtheilen.[354]

Kant gibt hier bereits die Argumentationsschritte seiner Schrift vor: In einem ersten Schritt möchte er ein theoretisches Erklärungsmodell des Kosmos auf Grundlage von empirischen und mechanischen Gesetzmäßigkeiten entwickeln, um in einem zweiten Fragen zu klären, die über die bisherigen mechanischen Erklärungen eines Newton hinausgehen. Hierzu zählen Fragen nach der Entstehung des Universums als auch nach dessen Erstreckung und mitunter auch die nach einer extraterrestrischen Bevölkerung.

Kants Vorhaben zeugt von einem großen Ehrgeiz und er ist sich durchaus der Kritik bewusst, die ihm der Verzicht auf eine eingreifende Hand Gottes einbringen kann.[355] Deshalb unternimmt er in seinem ersten Teil große Anstrengungen, eine stringente Theorie für das Natursystem als Ganzes zu liefern, die seine hypothetischen Analogieschlüsse auf ein sicheres Fundament stellen sollen. Hierfür stellt er die ziemlich einfache aber geniale These auf, – die bis in die rezente Naturwissenschaft Beachtung findet –, dass man vom bekannten Sonnensystem per

---

352 Ebd., S. 284.
353 Ebd., S. 255.
354 Ebd., S. 235–236.
355 Vgl. hierzu Ernst Cassirer: Kants Leben und Lehre. In: Ders.: Gesammelte Werke, Bd. 8, hg. von Birgit Recki. Hamburg 2001, S. 43.

Analogie auf andere Fixsternsysteme schließen könne.[356] Gemäß Newtons Kraftmodell geht Kant von zwei Grundkräften *Attraktion* (sowie deren Gegenteil, der *Repulsion*) und *Gravitation* aus, die dafür sorgen, dass um einen gravitativen Mittelpunkt andere Planeten in regelmäßigen Bahnen herumlaufen und dass sich diese Anordnung im Universum wiederhole:

> So haben denn alle Sonnen des Firmaments Umlaufsbewegungen entweder um einen allgemeinen Mittelpunkt oder um viele. Man kann sich aber allhier der Analogie bedienen dessen, was bei den Kreisläufen unserer Sonnenwelt bemerkt wird: [...] Nach dieser Vorstellung kann man das System der Fixsterne einigermaßen durch das planetische abschildern, wenn man dieses unendlich vergrößert.[357]

Und wenn man bereits von einer analogen Struktur zwischen verschiedenen Sonnensystemen ausgehen kann, dann könne man auch überlegen, dass ein Fixsternsystem wie die Milchstraße (die viele Sonnensysteme in sich enthält) wiederum in einer analogen Form im ganzen Universum vorkomme:[358]

> Denn da es Sterne sind, die in sehr ablangen Kreisen um andere Fixsterne als Trabanten um ihre Hauptplaneten laufen, so erfordert es die Analogie mit unserm planetischen Weltbau, in welchem nur die dem gemeinen Plane der Bewegungen nahe Himmelskörper um sich laufende Begleiter haben, daß auch nur die Sterne, die in der Milchstraße sind, um sich laufende Sonnen haben werden.[359]

Die systematische Grundstrukturen und die empirische Beobachtung führe nach Kant dazu, dass die Analogie nicht im Bereich bloßer Vermutungen oder Meinungen anzusiedeln sei, denn »wenn Muthmaßungen, in denen Analogie und Beobachtung vollkommen übereinstimmen, einander zu unterstützen, eben dieselbe Würdigkeit haben als förmliche Beweise, so wird man die Gewißheit dieser Systemen (sic!) für ausgemacht halten müssen.«[360] Aus der Erfahrung könne man

---

356 Dass diese Vorstellung Kants jedoch nicht allzu neu ist, merkt Hans Blumenberg an. Denn Kant gibt, wenn auch nur indirekt, zu, dass bereits der englische Astronom Thomas Wright die Analogie von einem Sonnensystem und der Milchstraße in seiner Schrift *An Original Theory or New Hypothesis of the Universe* (1750) vor ihm aufgestellt hat. Vgl. Blumenberg: Die Genesis der kopernikanischen Welt, S. 674.

357 Kant: Allgemeine Naturgeschichte, AA I, S. 250.

358 Kant beruft sich hierbei auf Thomas Wright, erkennt aber im Gegensatz zu diesem als einer der ersten, dass die Milchstraße als ein flaches System zu verstehen ist, das man in Wiederholungen im ganzen Universum wiederfinden müsste.

359 Kant: Allgemeine Naturgeschichte, AA I, S. 253.

360 Ebd., S. 255.

eine Übertragung in den Bereich des nicht mehr Erfahrbaren machen. Und obwohl sich der Analogieschluss auf etwas Unsicheres bezieht, hält ihn Kant für einen validen Beweis, weil er durch das System als Ganzes gestützt ist:

> [M]an trifft es also dieser weit anständiger, wenn man aus der gesammten Schöpfung ein einziges System macht, welches alle Welten und Weltordnungen, die den ganzen unendlichen Raum ausfüllen, auf einen einigen Mittelpunkt beziehend macht. [...] Man könnte diese Regel aus der Analogie unseres Sonnenbaues abnehmen, [...]. Dieses wird alsdenn mit dazu behülflich sein, die ganze Natur in der ganzen Unendlichkeit ihrer Erstreckung in einem einzigen Systema zu begreifen.[361]

Die These, dass der Kosmos ein Raum sei, in dem sich immer wieder die gleichen strukturellen Muster finden lassen, scheint zwar äußerst einfach, aber indem Kant sie mit Newtons mechanischen Kraftgesetzen in Verbindung zu bringen weiß, bringt er sie auf die Höhe des wissenschaftlichen Diskurses der Zeit.

Die Geltung der Frühschriften verdankt sich jedoch nicht nur einer Erweiterung zeitgenössischer Theorien, sondern auch den bewährten Vorstellungen eines harmonischen Universums der Antike. Denn bereits dort wird im Kreis der altmilesischen und pythagoreischen Philosophen und Naturforscher, wie Walther Kranz ausführt, »der ganze Weltbau als eine einheitliche, wohlgegliederte sphärische Schmuckordnung erfasst [...], dem deshalb der Name Kosmos gebühre.«[362] Damit sei dort die Analogie, wie Wolfgang Kluxen angibt, das »*kosmische*[] Strukturprinzip« *par excellence*, da sie die vielfältigen Dinge des Universums gemäß dem Prinzip der Verhältnisgleichheit in Verbindung bringe.[363] Kants moderne Theorie von einem »Wirkraum der Kräfte«[364] schließt insofern an alte kosmologische Vorstellungen eines Epikur an, verbindet sie jedoch in gekonnter Weise mit der modernen Mechanik, womit sein Strukturmodell gemäß dem Telos der einfachen eleganten Theorie bis heute zu überzeugen weiß. Aber Kant geht noch einen Schritt weiter und überlegt, wie das Universum entstanden sein könnte. Dass Kant bereits in seiner Frühschrift davon ausgeht, dass räumliche Strukturen mit zeitlichen zu verbinden sind, wird für seine kritische Phase folgenreich sein,

---

361 Ebd., S. 311–312.

362 Walther Kranz: Kosmos. In: Archiv für Begriffsgeschichte. Band 2, Teil 2, Bonn 1955, S. 13.

363 Wolfgang Kluxen: Art. Analogie. In: Historisches Wörterbuch der Philosophie. Band 1: A–C, hg. von Joachim Ritter. Darmstadt 1971, Sp. 214–227, hier: Sp. 215.

364 Vgl. zur Auffassung Kants des Raumes als »Wirkraum« bzw. als »Wirkungsraum« Alexander Gosztonyi: Der Raum. Geschichte seiner Probleme in Philosophie und Wissenschaft. Bd. 1, Freiburg/Br./München 1976, S. 402; Michael Dück: Der Raum und seine Wahrnehmung. Würzburg 2001, S. 63.

denn auch hier wiederholt sich der Gedanke der Frühschrift, dass der Raum immer ein »Verhältniß zu der Zeit«[365] habe.

Naturgeschichte

Die Frage, ob die Natur eine Geschichte hat, dürfte Kant von Leibniz übernommen haben. Leibniz überlegt, dass nicht nur Pflanzen und Tiere eine Entstehung hätten, sondern auch Gebirge und letztlich die ganze Erde. Spannend sei es deshalb, sich an die »prima facie terrarum« (die erste Gestalt der Erde)[366] heranzuwagen, womit nach Bernhard Sticker die »ganze Kühnheit der Fragestellung« von Leibniz' *Geographia naturalis* deutlich werde, die eine »Beschreibung der Erde in Hinblick auf das von der Natur aus Gewordene, auf natürliche Weise Gebildete« liefern möchte.[367] Hierfür stellt er seine Naturforschung unter die Maxime »naturam cognosci per analogiam«[368] und erweitert den Analogieschluss in seiner Schrift *Protogaea* erstmals um eine zeitliche Dimension. Mit Hilfe von Analogieschlüssen aus der aktuellen Zeit und des aktuellen Standortes (in seinem Fall Deutschland) will Leibniz endlich Licht ins Dunkel der Erdanfänge bringen:

> & domi nobis insignes coniecturae, & velut radii nascuntur publicae lucis, unde ad caeteras regiones aestimatio procedat. (Und man kann von uns zu Hause die bedeutenden Mutmaßungen und gleichsam die Strahlen des allgemeinen Lichtes anstellen, wodurch eine Einschätzung der übrigen Regionen gelingt. Übers. S.G.).[369]

Die Analogie in die Vergangenheit wird schließlich zum Wegbereiter ganz neuer Wissenschaften wie der Anatomie, der Petrefaktenkunde (heute Paläontologie) und der Geologie, die allesamt erst die moderne Vorstellung eines genetisch-evolutiven Weltbildes prägen. Und sie hat noch einen argumentativen Vorteil, der ungeahnte Wellen schlagen wird. Überträgt man Entwicklungen der Gegenwart

365 Kant: Allgemeine Naturgeschichte, AA I, S. 314.

366 Leibniz: Summi Polyhistoris Godefridi Guilielmi Leibnitii Protogaea. Sive De Prima Facie Telluris Et Antiquissimae Historiae Vestigiis In Ipsis Naturae Monumentis Dissertatio. Göttingen 1749, S. 1.

367 Bernhard Sticker: Naturam cognosci per analogiam. Das Prinzip der Analogie in der Naturforschung Leibniz. In: Akten des internationalen Leibniz-Kongresses. Hannover 14.–19. November 1966. Band II: Mathematik–Naturwissenschaften, hg. von Kurt Müller und Wilhelm Totok. Wiesbaden 1969, S. 176–197, hier: S. 186.

368 Leibniz: Brief an Thévenot, 24. August 1691. In: Ders.: Sämtliche Schriften und Briefe. Reihe I. Allgemeiner, Politischer und Historischer Briefwechsel, hg. von der Leibniz Archiv/Leibniz-Forschungsstelle Hannover. Band 7, bearbeitet von Günter Scheel, Kurt Müller und Georg Gerber. Berlin 1992, [Akademie Ausgabe], Nr. 171, S. 351–357.vgl. dazu auch Bernhard Sticker: Naturam cognosci per analogiam.

369 Leibniz: Protogaea, S. 1.

auf die Vergangenheit, dann können Fragen nach der ersten Entstehung erstmals wissenschaftlich beantwortet werden. Die Analogie mutiert damit zum wichtigsten Instrument, das theologisches Schöpfungsnarrativ zu überwinden.[370] Kant erkennt als einer der ersten den revolutionären Impetus und ist sich auch der Gefahren bewusst. Denn mit einer rein mechanischen Erklärung stellt er sich gegen alle gängigen Kosmologien, die noch auf eine göttliche *prima causa* verweisen.[371] An vielen Stellen in seiner Schrift kann man deshalb einen vorsichtigen Ton wahrnehmen, mit dem Kant die Neuperspektivierung der Weltentstehung angeht. Gleichwohl ist er sich bewusst, dass er zum ersten Mal eine stringente Erklärung aus rein physikalischen Gesetzmäßigkeiten liefern kann. Kant nimmt hierfür wiederum die beiden Kraftgesetze der Attraktion und Repulsion an und erklärt ausgehend von einer Art Urnebel die Entstehung des Sonnensystems als eine ›Verklumpung‹ der Materieteilchen zu unterschiedlichen Körpern, die wiederum durch das Gesetz der Anziehung wechselweise aufeinander einwirken. Diese hielten dann weiterhin kraft der beiden Gesetze eine umkreisende Bewegung aufrecht:

> Die Planeten bilden sich aus den Theilchen, welche in der Höhe, da sie schweben, genaue Bewegungen zu Zirkelkreisen haben: also werden die aus ihnen zusammengesetzte Massen eben dieselbe Bewegungen in eben dem Grade nach eben derselben Richtung fortsetzen. Dieses ist genug, um einzusehen, woher die Bewegung der Planeten ungefähr cirkelförmig und ihre Kreise auf einer Fläche sind.[372]

Kant weist vorsichtig darauf hin, seine Erklärung nur als Hypothese präsentieren zu können, da er sich nur allzu bewusst ist, im Bereich des Spekulativen zu argumentieren. Gleichwohl wäre »es ein unverantwortlicher Leichtsinn, diese Analogie einem Ungefähr zuzuschreiben«, da eine »Sache von so überzeugender Deutlichkeit, als die Entwicklung des Weltgebäudes aus den Kräften der Natur« nicht mehr Beweise benötige.[373] Kants Nebeltheorie erweist sich letztlich als richtige Erklärung und wird bis heute in seinen Grundzügen anerkannt.

---

370 Bis dato galt immer noch die biblische Schöpfungsgeschichte als Vorbild, so berechnet etwa der irische Erzbischof James Usher nach seinem detaillierten Bibelstudium die Entstehung der Erde auf den 28. Oktober 4004 vor Christus anhand von Lebensdaten biblischer Gestalten. Vgl. hierzu: Ralf Thomas Becker: Eine kurze Geschichte der Erdzeitalter. In: Veronika Jütteman (Hg.): Ewige Augenblicke. Eine interdisziplinäre Annäherung an das Phänomen Zeit. Münster u.a. 2008, S. 46–69, hier: S. 47.

371 Vgl. Gernot und Hartmut Böhme: Das Andere der Vernunft. Zur Entwicklung von Rationalitätsstrukturen am Beispiel Kants. Frankfurt/M. 1985, S. 70–80.

372 Kant: Allgemeine Naturgeschichte, AA I, S. 268.

373 Ebd., S. 345.

Auch an anderer Stelle weiß Kant die Geschichte der Erde neu zu perspektivieren. Die alte Vorstellung der Naturgeschichte als *historia naturalis,* die Naturgeschichte im narrativen Sinn versteht, erhält durch die Frage nach der Vergangenheit der Natur eine neue wissenschaftliche Bedeutung. Kant schlägt deshalb für den *historia*-Begriff als erster eine differenziertere Verwendung vor. Denn wenn bisher in der Naturwissenschaft Natur*beschreibung* und Natur*geschichte* »gemeiniglich in einerlei Sinne«[374] galten, dann müsse eine Naturwissenschaft unter dem Aspekt einer temporalen Geschichtsauffassung neue Fragestellungen entwickeln. Naturwissenschaft muss daher künftig eine synchrone Deskription und eine diachrone Geschichte umfassen. Die Naturbeschreibung ist »Zustand der Natur in der jetzigen Zeit«,[375] aber

> es ist klar, daß die Kenntniß der Naturdinge, wie sie jetzt sind, immer noch die Erkenntniß von demjenigen wünschen lasse, was sie ehedem gewesen sind, [...]. Die Naturgeschichte, woran es uns fast noch gänzlich fehlt, würde uns die Veränderung der Erdgestalt [...] lehren.[376] [...] Allein nur den Zusammenhang gewisser jetziger Beschaffenheiten der Naturdinge mit ihren Ursachen in der ältern Zeit nach Wirkungsgesetzen, die wir nicht erdichten, sondern aus den Kräften der Natur, wie sie sich uns jetzt darbietet, ableiten, nur blos so weit zurück verfolgen, als es die Analogie erlaubt, das wäre Naturgeschichte [...].[377]

Die Natur*geschichte* könne man nach Kant deshalb am besten mit Hilfe der Analogie erkunden, da man Gesetzmäßigkeiten der Vorgeschichte aus den aktuellen Beobachtungen ableiten könne. Wenn man dieselben Kräfte »der Analogie gemäß, die in unserm Weltbau herrscht, annimmt, so ist die Folge begreiflich.«[378] Ist die Folge erklärbar, kann man mit dieser Methode sogar in die Zukunft blicken, denn: »Die Schöpfung ist niemals vollendet«.[379]

Kants wegweisende Sicht in seiner Frühschrift besteht demnach in einer kühnen Transgression aller bekannten Naturnarrative, die nicht nur die theologische Lesart seiner Zeit, sondern auch die der Wissenschaft überschreitet.[380] Die Struktur des Universums »im Ganzen Umfange ihrer Unendlichkeit, sowohl dem

374 Kant: Von den verschiedenen Racen des Menschen, AA II, S. 434.
375 Ebd., S. 443.
376 Ebd., S. 434.
377 Kant: Über den Gebrauch teleologischer Principien in der Philosophie, AA VIII, S. 161–162.
378 Kant: Allgemeine Naturgeschichte, AA I, S. 330.
379 Ebd., S. 314.
380 Vgl. zu Kants revolutionärem neuem Kosmosverständnis Schönfeld: Kant's Early Cosmology, S. 56.

Raume, als auch der Zeit nach«[381] bringt er auf die einfache Formel von sich »reiterativ analog«[382] ausbildenden Strukturen aufgrund mechanischer Kräfte, in die sich sogar die Frage nach der ersten Entstehung integrieren lässt. Dass die Zeit als Entwicklung und Geschichte einen besonderen Stellenwert bei Kant einnimmt, liegt daran, dass er ihr einen privilegierten Status einräumt. Denn mit Betrachtung einer Natur*geschichte* wird nicht nur das Universum in ›seiner ersten Gestalt‹ vorstellbar, sondern sie scheint auch Grundlage aller weiteren Entwicklungen zu sein. Es ist die Zeit, die »alle Welten und Ordnungen [...] hervorgebracht hat und die Ewigkeit hervorbringen wird«[383] und es ist die Zeit, die nach Kant die »ganze Natur in der ganzen Unendlichkeit ihrer Erstreckung in einem einzigen System«[384] fassen kann, sodass ihr ein grundierender Charakter zufällt, der auch später in den Kritiken wieder auftaucht.

Welt-Architektur

Die ersten Entwürfe zu seinem Kosmos, die einmal die proportionale Grundstruktur und einmal dessen zeitliche Entstehung betreffen, scheinen zwar moderne Überlegungen zu beinhalten, jedoch insgesamt nicht weit über die antiken Erfahrungsschlüsse eines Epikur hinauszugehen. Denn ähnlich wie dieser nutzt Kant gängige Beobachtungen und Theorien, um auf unsinnliche Bereiche zu schließen. Damit will sich Kant aber nicht zufriedengeben und erweitert seinen Analogiebegriff im wissenschaftlichen Sinne, denn was »die Ferngläser zu entdecken nicht vermögen, [sei S.G.] [...] durch Rechnung zu bestimmen.«[385] Zwar scheint Kant nicht über die nötigen mathematischen Kenntnisse zu verfügen, um wirklich neue Erkenntnisse im Bereich der Newton'schen Himmelsmechanik zu liefern, jedoch kannte er zumindest Euklids Στοιχεῖα und Wolffs *Auszug aus den Anfangsgründen aller mathematischen Wissenschaften,* mit Hilfe derer er sein Weltgebäude auch mathematisch zu demonstrieren hoffte. Schließlich gilt für die Physik des 18. Jahrhunderts noch das Paradox, dass wahre-rationale Erkenntnisse auf Basis von Mathematik und Logik um einen anschaulichen Beweis verlegen sind, wohingegen empirische Beweise einer theoretischen Grundlage entbehren.[386] Der Physiker Christoph Schreiner hält bereits im 17. Jahrhundert in

381 Kant: Allgemeine Naturgeschichte, AA I, S. 306.

382 Schönfeld: Allgemeine Naturgeschichte und Theorie des Himmels, S. 43.

383 Kant: Allgemeine Naturgeschichte, AA I, S. 311.

384 Ebd., S. 312.

385 Ebd., S. 298.

386 Zur Thematik vgl. Hans-Jürgen Engfer: Empirismus versus Rationalismus? Kritik eines philosophiegeschichtlichen Themas. Paderborn 1996. Engfer zeigt dabei unter anderem auf, dass

seinem Frontspitz *Oculus hoc est fundamentung opticum* fest: Ein Blinder könne nichts sehen (Empirie ohne Vernunft) und ein armamputierter nichts erforschen (Vernunft ohne Empirie).[387] (Vgl. Abb. 8 und die Detailansichten Abb. 8-1/-2)

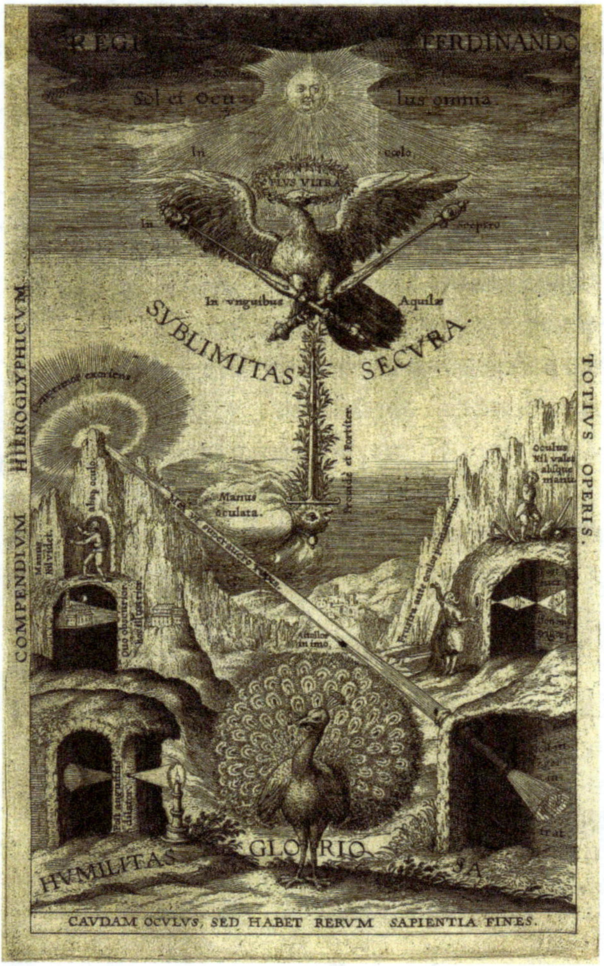

Abb. 8: Christoph Schreiner. Frontispiz. In: Ders.: Oculus hoc est fundamentum opticum. 1619, unpaginiert.

die in der Forschung beliebte Einteilung von Empiristen und Rationalisten im 18. Jahrhundert nicht so ohne weiteres zutrifft und sich Autoren wie Bacon, Descartes, Locke, Berkley, Hume und Kant alle in der ein oder anderen Weise um den Zusammenhang von Erfahrung und Vernunft bemühten.

387 Vgl. zu den eigenen Erläuterungen des Frontispiz' von Christoph Schreiner Stefano Gatteis Anmerkungen im Appendix seiner Untersuchung *On the Life of Galileo. Viviani's Historical Account and Other Early Biographies*. Princeton, NJ/Oxford 2019, S. 302.

Abb. 8-1 und 8-2: Detailansicht. Links: Manus nil videt (Die Hand sieht nicht). Rechts: Oculus nil valet absque manu (Das Auge vermag nichts ohne die Hand).

Um zwischen Logik und Empirie eine Beziehung herzustellen, die mit Brigitte Falkenburg als »Rettung der Phänomene« zu verstehen sei, möchte Kant die Naturerscheinungen deshalb auch rational bestimmen, »indem sie mittels ontologisch möglichst sparsamer theoretischer Erklärungen unter möglichst umfassende mathematische Gesetze subsumiert werden.«[388]

Als Vorbild dienen in jener Zeit immer noch die einfachen, aber universal anwendbaren Mathematikgesetze der Antike, die der Welt der Gestirne ein mathematisches Fundament verschaffen. So arbeitet zwar Johannes Kepler an neuen physikalischen Erklärungen für die Bewegungen der Himmelskörper, jedoch führt er diese immer noch auf die Proportionslehre Euklids zurück.

388 Brigitte Falkenburg: Kants Kosmologie, S. 42.

Und man erkennt in seinen »voces Geometricas analogiae«[389] unschwer die alte pythagoreische Vorstellung einer »proportionum harmonicas«,[390] einer durch Proportionen wohlgeordnete Harmonie, die Kepler dann in seinem berühmten dritten Gesetz zur Grundlage einer »in proportionibus motuum Planetariorum apparentum« (»proportionierten Bewegung der erscheinenden Planeten«, S.G.) heranzieht:

> Sed res est certissima exactissimaque, *quod proportio quae est inter binorum quorumcunque Planetarum tempora periodica, sit praecise sesquialtera proportionis* mediarum distantiarum, id est *Orbium* ipsorum. (Aber die Sache ist ganz sicher und exakt, dass die Proportion, welche zwischen den Umlaufzeiten zwischen zwei beliebigen Planeten besteht, genau das Anderthalbfache der Proportion der mittleren Distanzen ist, das ist der selben Kreise. Übers. S.G.)[391]

Neben Kepler sind es vor allem Gedanken von René Descartes und Leibniz, in denen man den Nachhall der alten Harmonielehre erkennen kann. Sie berufen sich auf eine »allgemeine Theorie von Größen und Größenverhältnissen«, um das Universum zu definieren.[392] Leibniz resümiert schließlich über die prästabilierte Harmonie: »Cela posé, il est bon de considerer que l'ordre et l'harmonie sont aussi quelque chose de mathématique qui consiste en certaines proportions.«[393] Insofern findet sich, wie Leibniz gegenüber Christiaan Huygens erklärt, »[l]'Analogie de la nature« als primäre Strukturform des Universums, die gleichermaßen Methode als auch Untersuchungsgegenstand moderner Naturwissenschaft darstelle.

389 Johannes Kepler: Astronomiae pars optica. Ad Vitellionem Paralipomena. In: Ders. Gesammelte Werke. Bd. II, hg. von Franz Hammer. München 1939, S. 92. Vgl. zum naturwissenschaftlichen Analogiegebrauch bei Kepler Eberhard Knobloch: Analogien und mathematisches Denken. In: Klaus Hentschel (Hg.): Analogien in Naturwissenschaften, Medizin und Technik. Halle 2010, S. 309–329, bes. S. 316–319.

390 Johannes Kepler: Harmonices Mundi. Libri V. Linz 1619, Liber I, S. 1.

391 Ebd., Liber V, Caput III, VIII, S. 189.

392 Jürgen Mittelstraß: Die Idee einer Mathesis Universalis, S. 192.

393 Leibniz: Leibniz für Kurfürstin Sophie und Herzogin Elisabeth Charlotte von Orléans. Hannover, Mitte August 1696. In: Ders.: Sämtliche Schriften und Briefe. Erste Reihe. Allgemeiner und historischer Briefwechsel, hg. von der Leibniz Archiv/Leibniz-Forschungsstelle Hannover. Band 13, bearbeitet von Gerda Utermöhlen und Sabine Sellschop. Berlin 1987 [Akademie Ausgabe], S. 10–12, hier: S. 11 (»Solchem zu folge ist ferner zu bedencken, daß Ordnung und Einstimmung, oder harmoni, auch etwas mathematisches oder wißkünstliches seyn, weil sie in proportionen, oder vergleichung stehen.« Ebd., S. 13). Vgl. zur Analogie in Leibniz' Kosmosstruktur Nicholas Rescher: Studies in Leibniz's Cosmology. Berlin/Boston 2013, bes. S. 155–171.

Das kosmologische Harmoniemodell erfreut sich demnach im 18. Jahrhundert immer noch einer besonderen Popularität und auch Kant übernimmt die mathematischen Vorgaben der Zeit. Auch wenn sich keine von Kants mathematischen Beweisen nachhaltig durchsetzen werden und er auf diesem Gebiet weit hinter die Errungenschaften eines Newton zurückfällt, gilt einer mathematischen Demonstration seines »Weltgebäude[s]« sein ganzer Ehrgeiz.[394] Im Laufe der Schrift stellt er deshalb die unterschiedlichsten Berechnungen an und versucht von der Masse verschiedener Planeten bis hin zur unbekannten Rotationsgeschwindigkeit des Saturns neue mathematische Erkenntnisse zu liefern. Besonders reizt es Kant mathematische Daten für den Himmelsraum jenseits des bekannten Sonnensystems zu generieren. Und hier überschneiden sich zwei argumentative Figuren, die bei Kant beide auf der Analogie basieren. Denn so wie er bereits für die Analogie zwischen verschiedenen Fixsternen den Bereich des sinnlich Erfahrbaren verlassen muss, so kann er auch im Falle der Berechnung für die Umlaufzeit des der Sonne nahestehenden Fixsternes keine empirische Evidenz vorweisen. Denn Kant berechnet für die Umlaufzeit eine Zeitspanne von anderthalb Millionen Jahre, was seine Position am Himmelsgewölbe innerhalb einer menschlichen

---

394 Kant stützte sich dabei unter anderem auf Euklids Στοιχεῖα und Wolffs *Auszug aus den Anfangsgründen aller mathematischen Wissenschaften*, die beide die Proportionslehre ausführlich thematisieren. Die Proportionslehre in Euklids Στοιχεῖα im fünften Buch wurde bereits im zweiten Kapitel erläutert. Christian Wolff erklärt in seinen *Auszug aus den Anfangsgründen aller mathematischen Wissenschaften* nicht nur die geometrische Proportion (die er über den Verhältnisbegriff einleitet), sondern auch die arithmetische sowie deren Progression, sodass Kant meiner Ansicht nach nicht nur die Verhältnisgleichheit, sondern auch die Reihenbildung mit Hilfe der Analogie bzw. Proportion im Falle einer gründlichen Lesart bekannt gewesen sein dürfte. Bereits in den ersten Ausgaben der *Anfangsgründe* finden sich die Definitionen zur Proportion (Christian Wolff: Der Anfangs-Gründe Aller Mathematischen Wissenschaften. Halle 1710, S. 65ff.) sowie auch noch in Christian Wolff: Neuer Auszug aus den Anfangsgründen aller mathematischen Wissenschaften. Marburg 1797, S. 32ff. Wenn Kant in der *Transzendentalen Analytik* sowohl die viergliedrige als auch die dreigliedrige Proportion erwähnt und sie unter den *Analogien der Erfahrung* anführt, so würde ich an dieser Stelle argumentieren, dass er den Analogiebegriff mit der Proportion und dem Verhältnisbegriff im mathematischen Sinne verbunden hat und dass ihm die (antike, bzw. durch Wolff und andere tradierte) Proportionslehre zumindest in ihren Grundzügen vertraut war. Und anhand der »Keplerischen Analogie« kann man auch belegen, dass er diese Verbindung bereits in seinen Frühschriften kannte und nicht erst in seinen kritischen Schriften, wovon John J. Callanan ausgeht. Ders.: Kant on Analogy. In: British Journal for the History of Philosophy 16 (2008), S. 747–772, hier: Fußnote 40, S. 762–763. Generell zu Kants Mathematik-Kenntnissen und zu Wolffs Einfluss auf Kant Lisa Shabel: Kant on the ›Symbolic Construction‹ of Mathematical Concepts. In: Studies in History and Philosophy of Science 29 (1998), S. 589–621; Darius Koriako: Kants Philosophie der Mathematik. Grundlagen – Voraussetzungen – Probleme. Hamburg 1999, insbes.: S. 7ff.

Lebensspanne nicht merklich verändern würde, sodass er die Bewegung nur durch die Mathematik belegen kann.[395] Für diese Berechnung greift Kant auf das zweite und dritte Keplersche Gesetz zurück (Abb. 9), die er beide als »Keplerischen Analogie«[396] bezeichnet, womit sich bereits in der frühen Phase zeigt, dass er den Analogie- und den Proportionsbegriff in ein wechselseitiges Verhältnis bringt und den logischen Erfahrungsschluss mit einem mathematisches Demonstrationsverfahren verknüpft.

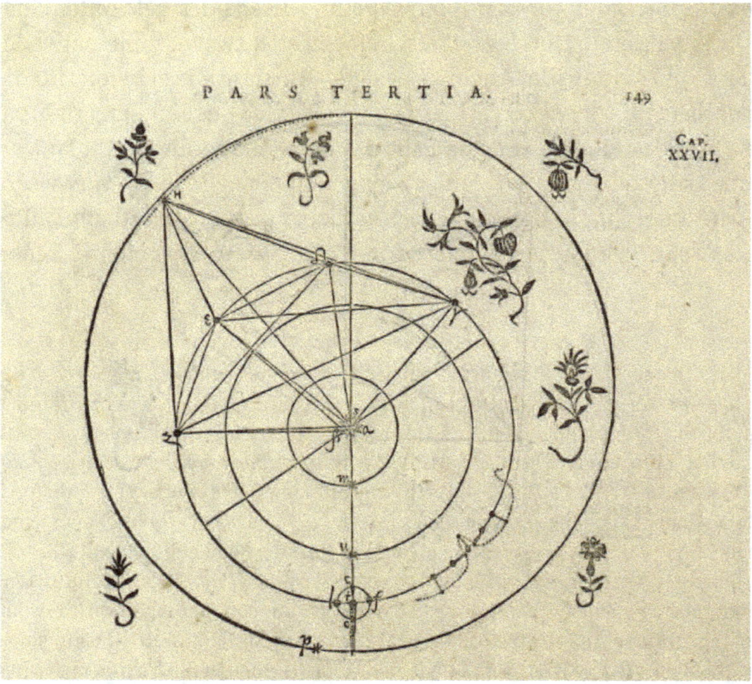

Abb. 9: Johannes Kepler: Abbildung zum zweiten und dritten keplerschen Gesetz ohne Titel. In: Ders.: Astronomia Nova ΑΙΤΙΟΛΟΓΗΤΟΣ seu physica coelestis, tradita commentariis de motibus stellae Martis ex observationibus G.V. Tychonis Brahe. Prag 1609, S. 149.

395 Vgl. Kants Berechnung in seiner *Allgemeinen Naturgeschichte*, AA I, S. 251ff.
396 Kant: Allgemeine Naturgeschichte, AA I, S. 244.

Kants Kosmologie ist demnach weder ein rein logisch-abstraktes Modell, noch beruht es nur auf dem sinnlichen Erfahrungsschluss, sondern er bringt beide über die polyfunktionale Figur der Analogie in ein wechselseitiges Verhältnis, womit er bereits der späteren Frage, wie man Metaphysik und Mathematik zusammenbringen könne, an dieser Stelle vorzugreifen scheint.[397] Denn die Analogie liefert Kant erste Antworten, wenn es darum geht, die Gebiete von Philosophie, Mathematik und Empirie zu verbinden, weshalb er die Analogie als formale Grundlage für seine Kosmologie im Sinne eines relationalen Systems versteht.[398]

Damit scheint Kant auch nicht davor zurückzuschrecken, den Raum und die Zeit als unendlich vorzustellen, obwohl die Frage, ob ein Raum bzw. eine Zeit aus unendlichen Teilen bestehe oder ob er bzw. sie eine Einheit darstelle, vor dem Hintergrund der Logiken der Zeit als nicht verhandelbar gilt. In der Forschung wird bisher davon ausgegangen, dass sich Kant frühestens seit seiner Dissertation von 1770 (bzw. im entscheidenden Jahr 1769) Gedanken um diese Widersprüche macht, demgegenüber möchte ich jedoch argumentieren, dass er schon ab 1755 an einer Lösung dieses Problems arbeitet.[399] Schließlich stellen die Strukturanalogien im Bereich des Raumes und der Zeit bereits eine Strategie dar, ein einheitliches Ganzes und unendliche viele Teile gleichzeitig zu denken, was den

397 Vgl. Kants Aussage in Metaphysicae: »Sed quo tandem pacto hoc in negotio metaphysicam geometriä conciliare licet, cum gryphes facilius equis, quam philosophia transscendentalis geometriä iungi posse videantur.« (»Aber wie sich zuletzt bei diesem ernannten Geschäft die Metaphysik mit der Geometrie zusammenbringen lässt, wenn man Greife leichter mit Pferden, als die Transzendentalphilosophie mit der Geometrie verbinden zu können scheint.« Übers. S.G.). Kant: Metaphysicae cum geometria iunctae usus in philosophia naturali, cuius specimen I. continet monadologiam physicam. AA I, S. 475.

398 Auch Dück betont, dass Kant das »Beziehungssystem« stets hervorhebt und bereits in seiner Frühschrift auf einen »relationalen Raumbegriff« abzielt, denn er meines Erachtens auch zeit seines Lebens nicht aufgeben wird. Vgl. Dück: Der Raum und seine Wahrnehmung, S. 63–64.

399 Vgl. zur Datierung des Antinomienproblems in den frühen 70er Jahren Norbert Hinske: Kants Weg zur Transzendentalphilosophie. Der dreißigjährige Kant. Stuttgart 1970, S. 106ff; Lothar Kreimendahl: Kant – der Durchbruch von 1769. Köln 1990, S. 191. Beide setzen Kants Antinomienproblem lediglich mit der Lektüre David Humes in Verbindung und übersehen dabei die Vorbereitung in seinen eigenen kosmologischen Auseinandersetzungen. Brigitte Falkenburg setzt sich in ihrer Studie mit der Datierung in einer begriffsanalytischen Art und Weise auseinander und zeigt auf, dass die Antinomie als Widerstreit der Vernunft mit sich selbst tatsächlich erst im Anschluss an die 1770er Jahre festgestellt werden kann, Kant sich jedoch bereits in den 1755 mit der Problematik des Widerspruches als Widerspruch zwischen intelligiblen und sinnlichen Bereich auseinandersetzt. Vgl. Brigitte Falkenburg: Kants Kosmologie, S. 137ff. Ich schließe mich hier insofern Falkenburgs Ansicht an, jedoch vor dem Hintergrund des Lösungsansatzes der Analogie.

Rahmen einer begrifflichen Logik übersteigen würde. Denn ein allgemeiner Begriff kann zwar mehrere Teilbegriffe unter sich fassen, jedoch kann er nicht unendliche viele Teilbegriffe in sich enthalten. Hinsichtlich von Raum und Zeit würde dies bedeuten, dass man von ihnen keine identitären, allgemeinen Begriffe haben könnte. Jedoch kann gemäß der Frühschrift der allgemeine Raum- bzw. Zeit-Begriff mit Hilfe der Analogie näherungsweise erschlossen werden, womit Kants Weltgebäude auf begrifflich-logischer Ebene nicht Gefahr läuft, in vereinzelte Segmente ›auseinanderzubrechen‹, denn

> wenn nur lauter abgesonderte Weltgebäude, die unter einander keine vereinte Beziehung zu einem Ganzen hätten, vorhanden wären, so könnte man wohl [...] [einen, S.G.] Verfall [...] sicher halten können.[400]

Damit bietet die Analogie auf struktureller Seite bereits einen formalen Lösungsansatz für die raum-zeitlichen Antinomien.[401] Aber man scheint sich immer noch

400 Kant wird zwar später auf Newtons Konzept der ›fließenden Größen‹ eingehen, aber es scheint nicht geklärt zu sein, ob er dafür wirklich bereits die Infinitesimalrechnung im vollem Umfange heranziehen konnte. Bereits Elias Fink weist 1889 darauf hin, dass Kant in die höhere Mathematik seiner Zeit nicht eingetaucht sei. Elias Fink: Kant als Mathematiker. Frankfurt/M. 1889, S. 45, vgl. ebenso Darius Koriako: Kants Philosophie der Mathematik, S. 4.

401 Dies scheint vor allem der philosophischen Forschung in Folge von Michael Friedman zu widersprechen, die davon ausgeht, dass Kants Raummodell ausschließlich an der euklidischen Geometrie ausgerichtet sei. Friedman argumentiert, dass Kant hinsichtlich der Raumdiskussion zwischen Empiristen und Metaphysikern in jener Zeit, die sich um die Unendlichkeit des Raumes drehte, auf die Geometrie mit ihrer Anschauung zurückgreifen müsse, da die Logiken seiner Zeit diese noch nicht auszudrücken vermochten. Denn das Unendlichkeitsproblem des Raumes bedeutete zu jener Zeit noch einen mathematisch-logischen Widerspruch: entweder ist der Raum einzig und unendlich, demnach habe er keine Teile, oder er ist unendlich teilbar, womit er aus Teilen bestehe, die aber den Raum als Einheit verschwinden lassen. Hermann Schmitz umschreibt diese vor allem von Leibniz und Samuel Clark, einem englischen Philosophen und Newton Anhänger, ausgetragenen Kontroverse zum Raum mit den Begriffen eines »additiven« (teilbar, Leibniz) vs. eines »divisiven« (Einheit, Clark) Raumkonzeptes. Kant hat die Auseinandersetzung zwischen Leibniz und Clark bereits relativ früh verfolgt und dazu auch Stellung bezogen, wobei für ihn beide Positionen nicht vertretbar waren und er nach einer vermittelnden Konzeption suchte. Vgl. Hermann Schmitz: Was wollte Kant. Bonn 1989, S. 11–23. Mit Hilfe der heutigen Logik, so Friedman, könne man beide Annahmen verbinden, indem die Prädikatenlogik zweiter Ordnung eine Repräsentation einer Menge mit unendlichen Objekten zulasse und damit unter eine logische Form Unendlichkeit subsumierbar erscheint. Da Kant sich gemäß Friedman für seine Raumkonzeption an der geometrischen Tradition, und das heißt an der Vorstellung einer unendlichen Teilbarkeit orientiert, die die Einheit des Raumes verweigert, hätte Kant notgedrungen auf ein Konzept der Anschauung zurückgreifen müssen, um Teilbarkeit und Einheit zu verbinden. Michael Friedman: Kant and the Exact Sciences, bes. S. 55ff. Hier würde

kein rechtes Bild von diesem Raum-Zeit-Gefüge machen zu können. Dass der Mensch aber für die Erkenntnis auch eine Anschauung braucht, ist Kant bereist in seiner frühen Phase bewusst. Erstaunlicherweise verlässt Kant hierfür aber die Angebote der Philosophie oder der Mathematik und widmet sich dem Feld der Phantasie und Dichtung.

3.1.2 Kette der Wesen und Schwingen der Zeit

Scala Naturae (Raum)

Für sein ›Weltgebäude‹ wählt Kant unterschiedliche Bilder, die dem Leser helfen sollen, sich eine Vorstellung von den unanschaulichen Dimensionen Raum und Zeit zu machen. Allein der Begriff des ›Gebäudes‹ verweist auf einen metaphorischen Zugang zur spatialen Ordnung. Daneben spricht Kant an unterschiedlichen Stellen aber auch von »unendlichen « oder »aufeinander folgenden Reihen«,[402] auf denen die Planeten am Himmelsfirmament ihre Bahnen drehen würden. Mit der Reihen-Metapher ruft Kant das bekannte Bild der ›Kette der Wesen‹ auf, das bereits seit vielen Jahrhunderten das Denken über die Ordnung des Universums prägt und einen bildlichen Ausdruck für dessen harmonische Proportioniertheit liefert. Die antike *scala-naturae*-Vorstellung verbindet dergestalt alle Naturdinge in einer durchgängigen Reihe und Kant nutzt dieses Bild für sein kosmologisches Argument einer grundlegenden Ordnung. Gleichzeitig erweitert er das beziehungsstiftende Element der Reihe um biologische Komponenten von Verwandtschaftsbeziehungen. Aufgrund des ähnlichen Aussehens der Planeten müsse einem geradezu der familiale Bezug ins Auge stechen, der sie als »Gattung von Himmelskörpern« erscheinen lässt, womit man auch die astronomisch nicht zuordenbaren Kometen erfassen könne.[403] Dass diese bisher nicht eindeutig bestimmt worden seien, liege nach Kant auch »nur an dem Mangel der Beobachtung, oder auch an der Schwierigkeit derselben [...], daß diese Verwandtschaft

---

ich jedoch argumentieren, dass Kant beide Probleme mit der Analogie löst, wenn die arithmetische Reihe das additive Prinzip und die geometrische Analogie das Prinzip der Einheit vertritt und beide wechselweise aufeinander beziehbar sind.

402 Kant: Allgemeine Naturgeschichte, AA I, S. 309.

403 Vgl. zum astronomischen Problem der Kometenbestimmung Reto Rösslers Aufsatz *›Glückliche Konstellation‹? Lehrgedicht, Komet und Versuch, 1744–1747*, wo Rössler zeigt, dass das Problem vor allem mit Hilfe im experimentellen Feld der Poesie zu lösen versucht wird. Reto Rössler: ›Glückliche Konstellation‹? Lehrgedicht, Komet und Versuch, 1744–1747. In: Rudolf Freiburg, Christine Lubkoll und Harald Neumeyer (Hg.): Zwischen Literatur und Naturwissenschaft. Debatten – Probleme – Visionen 1680–1820. Berlin/Boston 2017, S. 136 –165.

dem Auge nicht eben so sichtbar, als dem Verstande vorlängst dargestellt worden.«[404] Mit Hilfe des Verwandtschaftssystem der Himmelskörper scheint Kant bereits auf ein modernes genealogischen Naturverständnis zu verweisen, denn

> man wird auch alsbald inne werden, daß die Verwandtschaft ihnen von der Gemeinschaft des Ursprungs eigen ist, aus dem sie insgesammt ihre wesentlichen Bestimmungen geschöpft haben.[405]

Der Übergang von einem Klassifikationssystem rein ikonischer Merkmalsähnlichkeiten hin zu einem genealogischen System innerhalb der empirischen Naturwissenschaften zeigt an dieser Stelle deshalb nicht nur die Transgression des wörtlichen Gebrauchs der *scala naturae* hin zu einer metaphorisch-funktionalen Verwendung, sondern auch die von einem statischen zu einem dynamischen Naturverständnis.[406] Den Bildern der Kette, der Leiter, der Reihe und der Verwandtschaft kommt insofern die Aufgabe zu, eine Beziehung zwischen den einzelnen Himmelskörpern mit Hilfe der Anschauung zu konstruieren:

> [W]enn man dieses [das Planetensystem, S.G.] unendlich vergrößert [...] [und, S.G] diese Sternensystemata wiederum als Glieder an der großen Kette der gesamten Natur ansiehet, so hat man eben so viel Ursache, wie vorher, sie in einer gegenseitigen Beziehung zu gedenken und in Verbindungen, welche [...] ein neues, noch größeres System ausmachen [...].[407]

Die Analogie-Metapher zwischen Sternensystemen und Reihen nutzt Kant an dieser Stelle nicht nur, um wissenschaftlich noch nicht erfasste Himmelskörper nach dem Klassifikationssystem von Lebewesen, »vermittelst einer Kette von Zwischengliedern«[408] in »eine beständige Leiter« einzufügen, sondern auch, um mit der bildlichen Ordinationslogik der Folge eine Kontinuität des Raumes zu gewährleisten. Damit verlässt Kant die an der Mathematik ausgerichtete Einheitsmethode einer *more geometrico* und definiert Einheit – in diesem Fall als horizontale Verknüpfung von Raumelementen –, als sprachlich-metaphorische. Denn das Sprachbild der ›Kette‹ visualisiert den inneren Zusammenhalt und verbindet

404 Kant: Allgemeine Naturgeschichte, AA I, S. 278.
405 Ebd., S. 364.
406 Vgl. hierzu auch weiterführend das Kapitel *Temporalization of the Chain of Being* von Arthur O. Lovejoy. In: Ders.: The Great Chain of Being. A Study of the History of an Idea. Cambridge, MA/London 1978, S. 242–288.
407 Kant: Allgemeine Naturgeschichte, AA I, S. 250 und S. 308.
408 Ebd., S. 278.

für den Leser auf diese Weise die einzelnen Körper in einer synoptischen Gesamtschau, womit der empirische Real-Raum seine Strukturierung gemäß der arithmetischen Analogietradition in einer Verbindung von λόγος und εἶδος erhält. Dabei lieferten die vorhergehenden Berechnungen das rationale Element, während die Bilder dieses nun anschaulich beweisen.

Gegen Ende seiner Schrift macht sich Kant aber auch Gedanken um den Raumbegriff des Kosmos und seine Beziehung zu den enthaltenen Raum-Körpern. Damit greift Kant das seit Platon bekannte Dilemma der Einheit des Raumes auf, das sich einmal auf eine innere und einmal auf eine äußere Einheit bezieht. Auch Platon nutzt hierfür bildliche Ausdrücke und umschreibt die Raumeinheit mit einem inneren und einem äußeren Band.[409] Die grundlegende Frage, die sich hinter diesen Bildern verbirgt, lautet dabei, ob der Raum als solcher auch existiert, wenn man alle seine Körper entferne oder ob gerade die Beziehung der einzelnen Körper den Raum überhaupt konstituiere. Die Vorstellung eines absolutleeren Raumes ist seit dem 17. Jahrhundert in der Physik dabei vorrangig. Leonhard Euler, auf den sich auch Kant bezieht, geht in seiner Schrift *Refléxions sur l'espace et le tems* (sic!) davon aus, dass ein Raum auch dann noch vorhanden ist, wenn man alles andere daraus entferne:[410]

---

409 Vgl. zur Wirkmächtigkeit der Metapher des ›Bandes‹ und der ›Kette‹ den Eintrag von Christian Strub. In: Ralf Konsermann: Wörterbuch der philosophischen Metaphern. Darmstadt ^{3}2011, S. 25–36. Für Strub stellt das Kettenmodell eine absolute Metapher im Sinne von Hans Blumenbegr dar, da es »auf eine begrifflich niemals einholbare Totalität, nämlich die Einheit der Welt in der erfahrenen Dispartheit des Weltlichen« abzielt und dadurch seine durchgängige Bedeutung beibehält. Ebd, S. 25. Dass für Kant jedoch nicht die Metapher, sondern die Analogie das logische und sprachliche Prinzip liefert, dürfte deutlich werden, wenn man sich vor Augen führt, dass Kant sich darum bemüht, einen strukturellen Zusammenhang sowohl logisch als auch sprachlich zu erfassen, wenn dieser zwar in seiner Totalität uneinholbar, aber dennoch formal darstellbar ist.

410 Es ist dabei nicht klar, ob Kant die französische Schrift von 1748 schon kannte, denn wie Hermann Schmitz, Brigitta-Sophie von Wolff-Metternich und Darius Koriako feststellen, waren Kants Französischkenntnisse wohl nicht ausreichend, um dem Originaltext zu folgen. Auch finden sich erst in seiner Schrift *Versuch den Begriff der negativen Größen in die Weltweisheit einzuführen* von 1763 erste direkte Verweise auf Eulers Raumschrift (vgl. Kant AA II, S. 168 und S. 378). Vgl. Hermann Schmitz: Was wollte Kant? Bonn 1989, S. 17–18; Brigitta-Sophie von Wolff-Metternich: Art. Euler Leonhard. In: Kant-Lexikon. Band 1, S. 548–585; Darius Koriako: Unerweisliche Sätze, erdichtete Begriffe. Kant über den Gebrauch mathematischer Argumente in Philosophie. In: Studia Leibnitiana 30 (1) (1998), S. 24–48, hier: S. 36. Dennoch scheint Kant hier bereits Gedanken von Euler aufzunehmen, auf die er möglicherweise mittels anderer Quellen Bezug nehmen konnte.

> Auf eben diese Weise machen wir uns einen Begriff von der Ausdehnung überhaupt, indem wir von den Begriffen der Körper alle Bestimmung ausser der Ausdehnung absondern. Allein der Begriff des Orts, den ein Körper einnimmt, entstehet nicht durch Absonderung einiger Bestimmungen des Körpers: Sondern er entstehet, wenn man den Körper ganz hinwegnimmt, dergestalt, daß der Ort nicht mal eine Bestimmung des Körpers gewesen ist; denn der Ort bleibt noch, wenn man schon den ganzen Körper mit all seiner Masse hinweggenommen hat. Denn man mus (sic!) wohl merken daß der Ort welchen ein Körper einnimmt, von seiner Ausdehnung gänzlich unterschieden ist.[411]

Auch Kant geht in seiner *Allgemeinen Naturgeschichte* von einem absolut-leeren Raum aus. »Der Himmelsraum ist, wie schon mehrmals angedacht, leer [...]«,[412] denn wären es »lauter abgesonderte Weltgebäude, die unter einander keine vereinte Beziehung zu einem Ganzen hätten«, hätten sie »nicht den Charakter der Beständigkeit«.[413] Der empirischen Real-Raum muss für Kant zu einer absolut-metaphysischen Raumgröße in Beziehung gesetzt werden, um die Einheit zu garantieren. Da man die Einheit des Raumes aber empirisch erfahren könne, könne man auch die Größe eines absoluten Raumes annehmen, auch wenn sie selbst weder begrifflich noch anschaulich zu fassen sei.[414] An dieser Stelle kann nur

411 Leonhard Euler: Vernünftige Gedanken von dem Raume, dem Orth, der Dauer und der Zeit. Quedlinburg 1763, S. 12.

412 Kant: Allgemeine Naturgeschichte, AA I, S. 338.

413 Kant: Allgemeine Naturgeschichte, AA I, S. 310 – 311.

414 Zur Vorstellung eines absoluten Raumes, den Kant vor allem metaphysisch diskutiert vgl. Emily Carson: Kant on Intuition in Geometry. In: Canadian Journal of Philosophy 27 (4) (1997), S. 489–512. Carson argumentiert in ihrem Artikel speziell gegen Friedman, indem sie aufzeigt, dass Kants Raumkonzept metaphysischer Art sei, das aufgrund seiner Einheit und Grenzenlosigkeit allererst die Grundlage für das mathematische Unendlichkeitsproblem biete, wohingegen ihrer Ansicht nach, Friedman genau den umgekehrten Weg gehe. Zu einer ähnlichen Schlussfolgerung wie Carson gelangt auch Patrick Unruh in seiner umfassenden Analyse zu Kants Raumkonzeption in seiner Dissertation *Transzendentale Ästhetik des Raumes*, worin er davon ausgeht, dass es Kant vor allem in seinen späteren Kritiken als Transzendentalphilosoph nicht um den Beweis einer euklidisch gefassten Raum-Geometrie gehen kann, sondern »[w]orum es allein gehen kann, ist, die Möglichkeit von Mathematik überhaupt im transzendentalen Sinne, d.h. die Bedingungen ihrer notwendigen Anwendbarkeit auf mögliche Gegenstände der Erfahrung zu beweisen. Transzendentalphilosophie kann daher lediglich prinzipiell zeigen, daß die mathematische Betrachtungsweise eine adäquate Möglichkeit der Erfassung der Dinge liefern muß, [...]. Daher ist in der Transzendentalphilosophie auch nicht diese oder jene Geometrie anvisiert [Unruh bezieht sich hier auf die Annahme, dass Kant strikt von einer euklidischen Raumtheorie ausgeht, Anm. S.G.], sondern ihr Absehen geht auf so etwas wie ›Geometrie überhaupt‹, Geometriesierbarkeit von Raum und Welt und Geometrischsein des Subjekts, in dem Sinne, daß es in solcher Verfassung existiert, das Vorhandene in seiner geometrischen Struktur zu verstehen und eine Wissenschaft von Raum ausbilden zu können.« Patrick Unruh: Transzendentale Ästhetik des Raumes. Zu Immanuel Kants Raumkonzeption. Würzburg 2007, S. 264. Vgl.

noch die Analogie – vornehmlich die geometrische Strukturanalogie – helfen, die mit ihrer vertikalen Ausrichtung auf eine allgemeine Größe zu schließen vermag:[415]

> Alle Fixsterne, die das Auge an der hohlen Tiefe des Himmels entdeckt, und die eine Art von Verschwendung anzuzeigen scheinen, sind Sonnen und Mittelpunkte von ähnlichen Systemen. Die Analogie erlaubt es also hier nicht, zu zweifeln, daß diese auf die gleiche Art, wie das, darin wir uns befinden, aus den kleinsten Theilchen der elementarischen Materie, die den leeren Raum, diesen unendlichen Umfang der göttlichen Gegenwart, erfüllte, gebildet und erzeugt worden.[416]

Der unabhängig-leere Raum wird an dieser Stelle mit Hilfe der »göttliche Gegenwart« und der »Analogie« begründet. Dass Kant den Begriff ›Gottes‹ an dieser Stelle einführt, den er zu Beginn in Abgrenzung zu Newton und Leibniz für die Entstehung des Universums noch ablehnt, ist dabei kein Widerspruch, sondern einer bestimmten argumentativen Strategie geschuldet. Mit der Nennung ›Gottes‹ scheint Kant eine konzeptuelle und d.h. begriffstheoretisch-philosophische Bestimmung von Unendlichkeit geben zu wollen, die er der mathematischen voranstellt. ›Gott‹ kann nämlich Unendlichkeit sowohl extensional als auch intensional ausdrücken, womit dem Raum eine metaphysische Begriffsgrundlage zuteilwird.[417] Da Kant aber nicht direkt den Gottesbegriff einführt, sondern ihn

hier auch die ausführliche bibliographische Übersicht zu Kants Verhältnis zur mathematischen Wissenschaft, auf die hier nicht im Detail eingegangen werden kann.

415 In der Forschung wird Kants genuin topologisches Raumverständnis insbesondere mit seiner Entdeckung der ›inkongruenten Gegenstücke‹ in Verbindung gebracht, ich würde an dieser Stelle jedoch auch die Analogie bereits als grundlegendes Strukturmoment von Kants Raum- (und wie weiter unten gezeigt werden soll, auch seiner Zeit-) Vorstellung ansehen, da diese nicht nur die Verhältnisbeziehungen der körperlichen Elemente strukturiert, sondern auch den Bezug zum absoluten Raumganzen allererst herstellt. Vgl. zu Kants ›Entdeckung‹ der ›inkongruenten Gegestücke‹ Patrick Unruh: Transzendentale Ästhetik des Raumes, bes. S. 64ff. Brigitte Falkenburg: Kants Kosmologie, S. 114ff.; Darius Koraiko: Kants Philosophie der Mathematik, S. 110. Die inkongruenten Gegenstücke wie bspw. die rechte und linke Hand bekräftigt Kant darin, dass der »vollständige Bestimmungsgrund einer körperlichen Gestalt« nicht allein durch eine relationale Beziehung der Teile zu bestimmen sei, sondern hierfür auch ein Bezug zum Raum gegeben sein müsse, der eine Einteilung in rechts und links, vorne und hinten, oben und unten ermöglicht und damit Gegenstände im Raum auch topologisch bestimmt.

416 Kant: Allgemeine Naturgeschichte, AA I, S. 306.

417 Charles Parsons vertritt vor allem für die später verfasste *Transzendentale Ästhetik* die Ansicht, dass Kant mit Hilfe des Gottesbegriffes das Problem der (räumlichen) ›Unendichkeit‹ begrifflich bestimmen möchte und stellt sich damit gegen die von Friedman vorgeschlagen Lesart eines fehlenden begrifflichen Konzepts bei Kant, das diesen dazu veranlasse, den Raum lediglich vor dem Hintergrund dieser Unzulänglichkeit als Kategorie der Anschauung definieren zu

attributiv als »göttliche Gegenwart« oder »göttliche Schöpfung« verwendet, scheint er hier explizit keine theologisch-ontologische, sondern lediglich eine formale Erklärung zu geben. Und da sich das semiotische Tauschgeschäft als haltlos erweisen muss – da Signifikant (Gott) und Signifikat (Unendlichkeit) der menschlichen Erkenntnis unzugänglich sind –, führt Kant im nächsten Zug die Analogie als Methode ein, der es allein überlassen bleibt, den »menschlichen Verstande« in dem Bereich zu leiten »wo dem Verstande der Faden der untrüglichen Beweise mangelt.«[418]

Wenn die Analogie den rationalen Verstand leiten soll, kann sie in diesem Moment nicht als Teil desselben angesehen werden, sondern muss mit einer anderen Erkenntnisform kooperieren. Kant bringt sie deshalb mit der bildlich anschaulichen Vorstellungsgabe der »Einbildungskraft« in Verbindung, die sich »über die Grenze der vollendeten Schöpfung« hinauswagen und dem absoluten ›Nichts‹ annähern kann.[419] Hatte Kant bereits die Analogie-Metapher der *scala naturae* in seinen szientifischen Text für die Darstellung eines empirischen Raumkontinuums genutzt, so verlässt er nun sogar ganz den Modus des wissenschaftlichen Sagens und überlässt der Dichtung die Darstellung der Unendlichkeit:

> Welch eine Kette, die von Gott den Anfang nimmt, was für Naturen
> Von himmlischen und irdischen, von Engeln, Menschen bis zum Vieh,
> Vom Seraphim bis zum Gewürm! O Weite, die das Auge nie
> Erreichen und betrachten kann,
> Von dem Unendlichen zu dir, von dir zum Nichts!
> Pope.[420]

Universalität und Unendlichkeit, so scheint sich Kant sicher, können nur noch mit Hilfe der Ästhetik bewältigt werden, die im Modus des ›Als Ob‹ einen allumfassenden Betrachter-Standpunkt kreiert, von dem aus die Einheit von Raum und Zeit sinnlich erfahrbar wird. Kant wird die ›Als-Ob-Perspektive‹ später in seinen kritischen Schriften sogar als »höchsten Punkt[421] bezeichnen, von dem wir uns

müssen. Vgl. Charles Parsons: The Transcendental Aesthetic. In: Paul Guyer (Hg.): The Cambridge Companion to Kant. Cambridge 1992, S. 62–100, bes. zu beachten seine Ausführungen in der Endnote 24; Michael Friedman: Kant and the Exact Sciences, S. 67.

418 Kant: Allgemeine Naturgeschichte, AA I, S. 315.

419 Ebd.

420 Ebd., S. 365.

421 Vgl. Kant: Kritik der reinen Vernunft (2. Auflage), AA III, S. 428. Zur ›Als-Ob-Perspektive‹, die in Kants Nachfolge vor allem von Friedrich Nietzsche aufgegriffen wurde vgl. Hans Vaihinger: Die Philosophie des Als Ob. System der theoretischen, praktischen und religiösen Fiktionen

den Dingen außerhalb unser Vernunft annähern und dies heißt auch, von dem wir versuchen, unsere eigene Vernunft in den Blick zu bekommen. Dies gelingt jedoch nur durch die Logik der Analogie, die uns diese Überschreitung in Form von »heuristischen Fictionen«[422] allererst ermöglicht, indem sie im Modus der Fiktion den Vergleichspart erzeugt, der die Voraussetzung für die Erkenntnis des Gesuchten schafft.

Abb. 10: Ramon Llull: Holzschnitt ›Scala intellectûs‹. In: Ders.: Raymundi Lullij Doctoris illuminati de noua logica. de correllatiuis. necnon [et] de ascensu [et] descensu intellectus […].Valencia 1512, unpaginiert.

der Menschheit auf Grund eines idealistischen Positivismus. Mit einem Anhang über Kant und Nietzsche. Berlin 1911 [2007]; Carlo Gentili: Kant, Nietzsche und die ›Philosophie des Als-Ob‹. In: Nietzscheforschung. Jahrbuch der Nietzschegesellschaft. Band 20, hg. von Renate Reschke. Berlin/Boston 2013, S. 103–116.

422 Kant: Kritik der reinen Vernunft (2. Auflage 1787), AA III, S. 503.

Vogel Phönix (Zeit)

Neben der *scala naturae*-Analogiemetapher, die mit Hilfe der Bilder der ›Kette‹, der ›Reihe‹ oder der ›Verwandtschaften‹ die Ordnung des Raumes sinnlich zur Anschauung bringt, versucht Kant auch für die Entität der Zeit ein geeignetes Bild zu finden. Er greift dafür auf ein antikes kosmologisches Bild zurück, das zu jener Zeit noch immer fest im kulturellen Gedächtnis verankert ist (siehe Abb. 11):

> Können die Federn, welche den Stoff der zerstreuten Materie in Bewegung und Ordnung brachten, nachdem sie der Stillstand der Maschine zur Ruhe gebracht hat, durch erweiterte Kräfte nicht wiederum in Wirksamkeit gesetzt werden und sich nach eben denselben allgemeinen Regeln zur Übereinstimmung einschränken, wodurch die ursprüngliche Bildung zuwege gebracht worden ist. [...] Wenn wir denn diesem Phönix der Natur, der sich nur darum verbrennt, um aus seiner Asche wiederum verjüngt aufzuleben, durch alle Unendlichkeit der Zeiten und Räume hindurch folgen; wenn man sieht, wie sie sogar in der Gegend, da sie verfällt und veraltet, an neuen Auftritten unerschöpft und auf der anderen Grenze der Schöpfung in dem Raum der ungebildeten rohen Materie mit stetigen Schritten zur Ausdehnung des Plans der göttlichen Offenbarung fortschreitet, um die Ewigkeit sowohl, als alle Räume mit ihren Wundern zu füllen: so versenkt sich der Geist, der alles dieses überdenkt, in ein tiefes Erstaunen; [...].[423]

Kant erschafft an dieser Stelle eine mehrfach gestaffelte Verhältnisbeziehung, indem er zwei Metaphern zueinander in Analogie setzt: Die Natur wird nach der mechanistischen Vorstellung der Zeit als Maschine vorgestellt, während die Zeit im Vogel Phönix ein Bild findet. Dass die Maschinen-Metapher eine ästhetische Konstruktion darstellt, macht Kant dem Leser dadurch bewusst, dass sie sich im Text selbst auflöst. So verwandeln sich die Maschinenfedern vor den Augen des Lesers in die des mythologischen Vogels Phönix.

Mit der mehrfachen Analogiebeziehung kann Kant nicht nur den unsinnlichen Begriffen der Natur als auch der Zeit eine Anschauung geben, sondern den Leser auch auf das rhetorische Verfahren der Analogie aufmerksam machen: Natur : Maschine :: Zeit : Phönix. Dergestalt setzt Kant einen verständigen und rhetorisch geschulten Leser voraus, der in der zweifachen Verhältnisbeziehung nicht eine einfache Veranschaulichungsstrategie, sondern ein epistemisches Moment erkennt. Denn die gestaffelte Verhältnisbeziehung macht auf ihre Regeln der Übertragung zwischen Begriff und Anschauung selbst aufmerksam.

423 Kant: Allgemeine Naturgeschichte, AA I, S. 320–321.

Abb.11: Johann Bayer: Detail aus: Tabula Quadrogesimanona: Pavo, Toucan, Phoenix, Dorado Uranometria. Omnium Asterismorum. Continens Schemata, Nova Methodo, Delineata. Aereis Laminis Expressa. Augsburg 1603, unpagniert.

Sowohl Maschine als auch Phönix können nur indirekte Darstellungen der Begriffe ›Natur‹ und ›Zeit‹ liefern, gleichzeitig kann eine Reflexion über die strukturelle Äquivalenz von Bezeichnetem und Bezeichnendem ein Verständnis der abstrakten Begriffe ermöglichen. Dass die Maschine Sinnbild für Bewegungskräfte darstellt, ist spätestens seit Christian Wolffs Aussagen in seiner mathematischen Grundalgenschrift gelehrter Binnenkonsens. Denn dieser hält in seinen *Anfangsgründen aller mathematischen Wissenschaften* fest: »Dasjenige, so die Kraft vermögend machet eine vortheilhafte Bewegung hervor zu bringen, nennet man eine Maschine.«[424] Und auch mit dem Vögel ›Phönix‹ ruft Kant beim astronomisch begeisterten Leser, wie der Mathematiker, Physiker und Astronom Johann Wil-

424 Christian Wolff: Auszug aus den Anfangsgründen aller mathematischen Wissenschaften. Halle im Magdeburg 1717, S. 175.

helm Andres Pfaff erläutert, eine bekannte »geistige und himmlische Hieroglyphik«[425] auf, die seit der Antike Teil der abendländischen Zeitvorstellung ist. Bereits bei den Ägyptern wurde sie benutzt, um den Bewegungen der Sterne am Himmelsgewölbe mit »Phönixperioden«[426] einen sprachlichen Ausdruck zu verleihen, wobei sich an die »fliegenden Bilder, Schatten und Lichter«[427] der dichterischen Umschreibung schnell mathematische Berechnungen der »Fixsternjahre«[428] anschlossen. Gleichwohl kann laut Pfaff die »Fundamentalerfahrung«[429] eines bewegten Universums auf eine dichterische Einkleidung nicht verzichten, die sogar in der Lage ist, ›Lehrmeinung‹ und ›Erfahrung‹ zueinander in Beziehung zu setzen.

> Es ist gewiß unter alle, die sich für die Bilder des Himmels interessieren, eine Kunde vom Vogel Phönix gelangt, als Jugenderinnerung, als schmeichelndes Bild des Vortrefflichen, als bedeutsame Tradition von der Verjüngung [...]. Solch eine Sage den Worten nach ganz einfach, aber dunkel und rhätselhaft in der Bedeutung, die uns Herodot, der erste Geschichtsschreiber des Phönix, gleichfalls erzählt, schließt in harter und wunderlicher Schaale den köstlichen Kern der Lehre von dem großen Sternenjahre in sich.[430]

Kants Rückgriff auf die ›astronomische Hieroglyphe‹ lässt sich in seiner *Allgemeinen Naturgeschichte* demnach als bewusster Einsatz der rhetorischen Analogie verstehen, die die »Glaubwürdigkeit« und »richtige Denkungsart« zu bekräftigen weiß. Damit aktiviert Kant an dieser Stelle die semantische Polyvalenz des Begriffs der Natur*geschichte*, wenn er poetische Erzählung und szientifische Argumentation in einen engen Zusammenhang bringt. Die stilistische Ambiguität scheint auch den epistemischen Status der Untersuchung selbst zu betreffen, denn wenn das Wunder der anschaulichen Imagination die rationalen Vernunftschlüsse erst bestätigt, dann erweitert der Text nicht nur die Räume von Raum und Zeit, sondern auch die der Erkenntnis:

> Es ist ein nicht geringes Vergnügen, mit seiner Einbildungskraft über die Grenze der vollendeten Schöpfung in den Raum des Chaos auszuschweifen [...]. [...] Indessen verspreche ich mir, [...] daß eine solche Karte der Unendlichkeit [...] nicht um deswillen sofort als Hirngespinst werde angesehen werden, vornehmlich wenn man die Analogie zu Hülfe nimmt,

425 Johann Wilhelm Andreas Pfaff: Der Mensch und die Sterne. Fragmente zur Geschichte der Weltseele. Nürnberg 1834, S. 56,

426 Ebd., S. 82.

427 Ebd., S. 94.

428 Ebd.

429 Ebd., S. 81

430 Ebd., S. 55 und S. 95.

welche uns allemal in solchen Fällen leiten muß, wo dem Verstanden der Faden der untrüglichen Beweise mangelt.[431]

Um der Einbildungskraft ein freies Spiel im vollen Umfang zu ermöglichen, tritt Kant deshalb in seiner Autorität als Forscher immer wieder zurück und überlässt – wie bereits beim absoluten Kosmos – nun auch bei der ewigen Zeit den Dichtern, in diesem Fall »dem erhabensten Dichter der Ewigkeit Albrecht von Haller«, das Feld:

Wenn dann ein zweites Nichts wird diese Welt begraben,
Wenn von dem Alles selbst nichts bleibet als die Stelle,
Wenn mancher Himmel noch, von andern Sternen helle,
Wird seinen Lauf vollendet haben: Wirst du so jung als jetzt, von deinem Tod gleich weit,
Gleich ewig künftig sein, wie heut.
v. Haller.[432]

Der Zusammenhang des logischen, mathematischen und ästhetischen Gehalts der Analogie scheint bei Kants Gegenstandsargumentation eine intrinsische Logik zu verfolgen, die sich wechselweise zu ergänzen weiß. Die Analogie tritt zunächst als empirisch-hypothetischen Beweisverfahren auf, das durch die mathematische Proportionslehre ergänzt und schließlich durch die rhetorische Analogie sensorisch-imaginativ transgrediert wird. Der empirisch und mathematisch erschlossene Kosmos ist damit Bedingung für die Kredibilität des ästhetischen Arguments, wohingegen das ästhetische Argument den logischen Bereich anschaulich bestätigt. Insofern ergibt sich die von Kant anfangs geforderte Glaubwürdigkeit nur in einer wechselweisen Komplementierung der unterschiedlichen Analogiekomponenten. Die scheinbar zirkuläre Logik hebt sich nämlich dann auf, wenn sich die Analogie aufgrund ihrer heterogenen Eigenschaften selbst zu stabilisieren vermag. Dass die unterschiedlichen-Metaphern dabei nicht nur mitunter autoreflexiv auf die Analogietradition verweisen, sondern selbst als Analogie-Metaphern zum Einsatz kommen, indem sie isomorphe Strukturen relationieren, scheint hier Kant zudem textintern als implizite Analogietheorie zu dienen.

431 Kant: Allgemeine Naturgeschichte, AA I, S. 315.
432 Ebd., AA I, S. 321.

Abb. 12: Anonym: Gravure au plérein. In: Camille Flammarion: L'Atmosphère. Méterologie populaire. Paris 1888, S. 163

Denn auch die logische, mathematische und rhetorische Analogie stehen, wie das Eingangskapitel zeigen konnte, in einem Verhältnis aufgrund isomorpher Strukturen, die sich im Sinne des »je nach Logos gleich« als basale Verhältnisähnlichkeiten ergänzen.

Erweitert Kant in diesem Sinne im zweiten Teil seiner kosmologischen Untersuchung die Abhandlung um poetische Textelemente, welche dem Leser die theoretischen Ausführungen ästhetisch erfahren lassen, ist dies nicht mehr nur Teil einer philosophischen Investigation, sondern bereits Teil einer ›lustvollen‹ Gegenstandserkundung, eines ästhetischen »Staunens« und »Vergnügens«, das gleichsam ein »Vergnügen« an der eigenen Erkenntnisfähigkeit andeutet. Damit markiert Kant an dieser Stelle sowohl einen inhaltlichen als auch methodischen Umbruch, der anstelle des Kosmos die menschliche Erkenntnis zum Gegenstand nimmt und anstelle der logischen Beweisführung das ästhetische Vergnügen.

3.1.3 Ästhetisches Vergnügen und ästhetische Erkenntnis

In den ersten beiden Teilen der Schrift stellt Kant eine Analogielogik vor, die sich die großen Fragen nach der Einheit, den Zusammenhängen und sogar der Unendlichkeit des Universums vornimmt. Die dabei entwickelte Vorstellung eines ›pulsierenden‹ Kosmos, der sich stets in Wandlung befindet und immer wieder aufs Neue analoge Gefüge ausbildet, lässt Kants Kosmos-Modell in der Tat als seiner Zeit weit voraus erscheinen und es wird verständlich, inwiefern seine Darstellung sogar die heutige Physik überzeugen kann. Dafür nutzt Kant die der Analogie eigentümlichen Gehalte von theoretischer Konstruktion und ästhetischer Anschauung und wechselt zwischen beiden hin und her. Gegen Ende des zweiten Teils, der sich der unendlichen und ewigen Ausdehnung des Universums widmet und diese vor allem mit Mitteln der Poesie zur Darstellung bringt, wird deutlich, dass diese nicht unabhängig von Betrachtungs- und Darstellungstechniken zu denken sind und sich hier neben Kants Gedanken zu einer Darstellungstheorie zudem bereits Fragen nach der menschlichen Erkenntnis bzw. Vernunftfähigkeit ankündigen, denen sich Kant dann in vollem Umfang in seiner kritischen Phase widmen wird. In seiner Frühschrift beantworte Kant die Frage nach der menschlichen Erkenntnis zunächst noch vor dem Hintergrund der naturwissenschaftlich ausgerichteten Anthropologie und empirischen Psychologie.[433] Kant wird sich zwar später von diesen wissenschaftlichen Ansätzen distanzieren, da sie seiner Ansicht nach »aus der Metaphysik gänzlich verbannt sein«[434] müssen und nur Teil der Naturwissenschaft sein sollen.[435] Mit seiner kosmologischen Schrift hingegen ist er noch an einer naturwissenschaftlichen Erfassung der Welt und des Menschen interessiert und schließt sich deshalb auch der zeithistorischen Diskussion um die Verbindung von Kosmologie und empirischer Psychologie an.[436]

433 Vgl. zum Zusammenhang von Anthropologie und empirischer Psychologie in jener Zeit Georg Eckardt, Matthias John, Temilo van Zantwijk und Paul Ziehe: Anthropologie und empirische Psychologie um 1800. Ansätze einer Entwicklung zur Wissenschaft. Köln u.a. 2001.

434 Kant: Kritik der reinen Vernunft, AA III, S. 548.

435 Vgl. zur Entwicklung von Kants Anthropologie-Ausrichtung Reinhard Brandt: Ausgewählte Probleme der Kantischen Anthropologie. In: Hans-Jürgen Schings (Hg.): Der ganze Mensch. Anthropologie und Literatur um 1800. DFG-Symposium 1992. Stuttgart 1994, S. 14–32.

436 Vgl. zu dieser spezifischen Problemkonstellation in der Philosophie und den Naturwissenschaften Riccardo Martinelli: Vom Ich zur Welt. Formen der Weltbeziehung in Kants Anthropologie. In: Margit Ruffing, Claudio La Rocca, Alfredo Ferrarin und Stefano Bacin (Hg.): Kant und die Philosophie in Weltbürgerlicher Absicht: Akten des XI. Kant-Kongresses 2010. Berlin u.a. 2013, S. 413–424.

Denn vor dem Hintergrund des epistemischen Wandels scheint die Neuvermessung der Welt mit der Positionierung des Menschen und der Justierung des richtigen Welt-Bezuges in einem wechselseitigen Verhältnis zu stehen. Insofern stellt Kants Ausflug am Ende seiner Schrift auch kein Novum dar, sondern knüpft an seine sternenkundigen Vorgänger wie Johannes Kepler, Bernard le Bouvier de Fontanelle und Christiaan Huygens an, die in ihren Untersuchungen die Frage nach dem Kosmos und nach dem Menschen neu aufrollen.

Mit dem Umbruch von einem geschlossenen hin zu einem offenen Weltbild gegen Ende des Mittelalters folgt eine regelrechte Blütezeit kosmologischer Ideen im 17. Jahrhundert, die auch die Stellung des Menschen darin betreffen. Denn an die Überlegung zur Pluralität der Planeten schließt sich unweigerlich auch die Frage nach deren Bewohnern an. Der Status des Menschen auf der Erde scheint damit plötzlich relativ zu werden. Kants *Versuch einer auf Analogien gegründeten Vergleichung, zwischen den Einwohnern verschiedener Planeten* kann deshalb in jener Zeit nicht als abenteuerliche Fiktion, sondern als ernstzunehmende Hypothese verstanden werden. »[D]as alte Thema der Dichter und Zauberer, Astronomen und Philosophen über die Bewohner der Welt und die unendliche Bevölkerungsvielheit der Welt« brachte, wie Pfaff im *Morgenblatt für gebildete Leser* von 1830 resümiert, nicht nur in der Antike, sondern auch in den epistemischen Umbrüchen im 17. und langen 18. Jahrhundert Dichtung und Naturwissenschaft in eine produktive Konstellation.[437] Sind es für Pfaff zu Beginn des 19. Jahrhunderts mehr psychologische Fragen, die den Menschen in Vergleich mit seinen »unsichtbaren Mitkameraden« bringen, so waren es gegen Ende des 17. und bis Mitte des 18. Jahrhunderts vor allem Fragen nach der »Vielheit der Welten«, die den ästhetisch-poetischen Erkundungsreisen Tür und Tor öffnen.[438] Kant ist mit seiner *Allgemeinen Naturgeschichte* dabei der letzte Philosoph »in Deutschland, der uns von den Bewohnern anderer Planeten unterhielt.«[439]

Dem Unterhaltungswert seines letzten Teiles dürfte Kant durchaus beigestimmt haben, denn mit dem Einsatz der gegen Ende des zweiten Teils angekündigten »Einbildungskraft«,[440] die er geschult an der Ästhetik seines Lehrers Alexander Gottlieb Baumgartner als ›unteres Erkenntnisvermögen‹ zu den kreativsinnlichen Werkzeugen der Vernunft zählt, verweist er bereits textintern auf die

437 Johann W. Pfaff: Einheit und Vielheit der Welten. Fortsetzung (Oktober 1831). In: Morgenblatt für gebildete Leser N. 246, S. 982–984, hier: S. 983.

438 Ebd.

439 Ebd.

440 Kant: Allgemeine Naturgeschichte, AA I, S. 315.

kreative Öffnung der Schrift. In der »freien Ausschweifung des Witzes«[441] und im »Feld der Phantasie«[442] möchte Kant aber nicht nur logische Probleme von Zeit und Raum lösen, sondern sich auch Fragen nach einem außerirdischen Leben stellen. Und so eröffnet er seinen letzten Untersuchungsabschnitt mit einer eigenen kleinen satirischen Fabel:

> Die satirische Vorstellung jenes witzigen Kopfes aus den Haag, welcher nach der Anführung der allgemeinen Nachrichten aus dem Reiche der Wissenschaften die Einbildung von der nothwendigen Bevölkerung aller Weltkörper auf der lächerlichen Seite vorzustellen wußte, kann nicht anders, als gebilligt werden. ›Diejenigen Creaturen,‹ spricht er, ›welche die Wälder auf dem Kopfe eines Bettlers bewohnen, hatten schon lange ihren Aufenthalt für eine unermeßliche Kugel und sich selber als das Meisterstück der Schöpfung angesehen, als einer unter ihnen, den der Himmel mit einer feinern Seele begabt hatte, ein kleiner Fontenelle seines Geschlechts, den Kopf eines Edelmanns unvermuthet gewahr ward. Alsbald rief er alle witzige Köpfe seines Quartiers zusammen und sagte ihnen mit Entzückung: Wir sind nicht die einzigen belebten Wesen der ganzen Natur; sehet hier ein neues Land, hier wohnen mehr Läuse.‹[443]

Kants kurze fiktionale Erzählung, beinhaltet dabei folgendes Analogieargument: Wenn man davon ausgehen kann, dass es verschiedene menschliche Köpfe gibt und man auf einem davon Läuse findet, so kann man auch davon ausgehen, dass sich auf anderen Köpfen Läuse finden werden. Übertragen auf die planetarische Situation darf der Mensch in Analogie zur Laus ebenfalls nicht ignorant seine Vormachtstellung im Universum behaupten, wenn allein die Tatsache der Existenz anderer Planeten einen Grund liefert, dort Lebewesen zu vermuten. Dieses Vermögen, zwischen analogen Fällen Übertragungen vorzunehmen, spricht Kant vor allem dem Witz zu, der seiner Meinung nach in der Lage ist, besonders entfernte Ähnlichkeiten zu entdecken:

> Der Witz paart (assimilirt) heterogene Vorstellungen, die oft nach dem Gesetze der Einbildungskraft (der Association) weit auseinander liegen, und ist ein eigenthümliches Verähnlichungsvermögen, welches dem Verstande (als dem Vermögen der Erkenntniß des Allgemeinen), so fern er die Gegenstände unter Gattungen bringt, angehört. [...] Es ist angenehm, beliebt und aufmunternd, Ähnlichkeiten unter ungleichartigen Dingen aufzufinden und so, was der Witz thut, für den Verstand Stoff zu geben, um seine Begriffe allgemein zu machen.[444]

---

441 Ebd., S. 351.
442 Ebd., S. 365.
443 Ebd., S. 353.
444 Kant: Anthropologie in pragmatischer Hinsicht, AA VII, S. 220–221.

Mit Hilfe der lustigen Erzählung möchte Kant seine Überlegungen aber keineswegs allein dem Bereich der unterhaltenden Fiktionalität zuschreiben, denn wie anhand seiner Einschätzung zum ›Witz‹ bereits deutlich wird, ist auch dieser für ihn eine rationale Verstandesleistung. Dennoch bietet die ästhetische Darbietung im Gegensatz zur rationalen Demonstration einen Mehrwert, denn sie kann ihre Gegenstände nicht nur sinnlich darstellen, sondern diese mit Hilfe ihrer heuristischen Funktion überhaupt erst entdecken. Dass für Kant jedoch eine Erkenntnisform die andere bedingt, wird daran deutlich, dass er nach der satirischen Exposition wieder das logische Proportionsargument der ersten beiden Teile aufnimmt und nun nach der Vernunft der verschiedenen Planetenbewohner fragt. Kant argumentiert, dass aufgrund der Gravitationskraft die Dichte der Materie der Planeten mit zunehmenden Sonnenabstand abnähmen, was sich auch auf die körperliche Beschaffenheit der planetarischen Bewohner auswirken müsste. Gemäß den anthropologischen Thesen der Zeit wird die Vernunfttätigkeit des Menschen mit dessen physischer Disposition in Verbindung gebracht. Johann Georg Sulzer stellt sieben Jahre nach Kants Schrift in seiner Schrift *Theorie der angenehmen und unangenehmen Empfindungen* von 1762 den Zusammenhang von Empfindungen und Vorstellungen der Seele über eine Analogiebeziehung zwischen physikalischen Kräften und nervenphysiologischen Reizen her. Dabei bindet Sulzer die neuen Erkenntnisse über Bewegungskräfte der Physik in die immer noch wirksame Körper-Seele-Analogie ein, sodass mit Hilfe von mechanischen Gesetzen und nervenphysiologischen Reiz-Modellen schließlich der unbekannte Teil unserer Seelenkräfte eine Erklärung finde. Dabei ist die Proportionalität mehrfach, einerseits meint Sulzer, daß die Seele ohne eine analogische Bewegung in den Nerven der Sinne keine sinnlichen Empfindungen habe«, sodass die Seelenbewegungen zu denen der Nerven in Analogie stehe. Andererseits muss die »in den Nerven erregte Bewegung [...] mit der Größe des Stoßes, welche die Materie verursacht, in Proportion stehn, und die Größe der Sensation ist jederzeit, nach dem ersten Grundsatze der Größe der Bewegung der Nerven proportioniert.[445]

Diese Staffelung von Analogierelationen – zwischen seelischer Apperzeption und Nervenreiz einerseits und Nervenreiz und mechanischem Stoß andererseits – übernimmt nach Torra-Mattenklott eine Evidenzfunktion:

445 Johann Georg Sulzer: Theorie der angenehmen und unangenehmen Empfindungen. Berlin 1762, S. 78ff.

> Die Nervenphysiologie macht ein Konzept der Merkmalsfülle denkbar, das nicht länger auf die Möglichkeit der logischen Zergliederung gegebener Vorstellungen rekurrieren muß, sondern die Vielfalt der Details aus ihrer materiellen Genese ableiten kann. Damit rückt das Dunkle nicht als Erkanntes, sondern als mechanisch Produziertes in den Horizont des Erklärbaren. Was sich in der Seele vorfindet, ist Ergebnis berechenbarer physikalischer Vorgänge.[446]

Auch Kant zieht eine Verbindung zwischen materieller und geistiger Beschaffenheit und erklärt, dass, wenn ein Lebewesen nah am planetarischen Zentrum der »Grobheit der Materie« ausgesetzt sei, die »Nerven und Flüssigkeiten seines Gehirns ihm nur grobe und undeutliche Begriffe« liefern, wohingegen die »leichtere und flüchtigere Materie« die »Hurtigkeit der Gedanken, die Klarheit der Vorstellung, die Lebhaftigkeit des Witzes und das Erinnerungsvermögen« steigere.[447] Der Mensch könne dann seine Vernünftigkeit demnach gemäß der planetarischen Verortung im mittleren Bereich ansiedeln:

> Die menschliche Natur, welche in der Leiter der Wesen gleichsam die mittelste Sprosse inne hat, sieht sich zwischen den zwei äußersten Grenzen der Vollkommenheit mitten inne, [...]. Welch ein verwunderungswürdiger Anblick! Von der einen Seite sahen wir denkende Geschöpfe, bei denen ein Grönländer oder Hottentotte ein Newton sein würde: und auf der andern Seite andere, die diesen als einen Affen bewundern.
>
> Da jüngst die obern Wesen sahn,
> Was unlängst recht verwunderlich
> Ein Sterblicher bei uns gethan,
> Und wie er der Natur Gesetz entfaltet: wunderten sie sich,
> Daß durch ein irdisches Geschöpf dergleichen möglich zu geschehn,
> Und sahen unsern Newton an, so wie wir einen Affen sehn.
> Pope.[448]

Kants Relativierung der menschlichen Stellung im planetarischen Vergleich bekräftigt er im Anschluss mit der entsprechenden Stelle in Popes Gedicht, womit nicht nur ontologische, sondern auch logische und ästhetische Vergleiche Hand in Hand gehen und sich eine Verbindung von Einbildungskraft und Erkenntnis ergibt.

---

446 Caroline Torra-Mattenklott: Metaphorologie der Rührung. Ästhetische Theorie und Mechanik im 18. Jahrhundert. München 2002, S. 242.

447 Kant: Allgemeine Naturgeschichte, AA I, S. 356f.

448 Ebd., 359–360.

Mit seinem Ansatz, zwischen hypothetischen Beweisverfahren und ästhetischer Erfindung zu vermitteln, scheint Kant zwei Positionen in der kosmologischen Debatte miteinander versöhnen zu wollen. Erkenntlich wird dies anhand seiner impliziten Referenz auf die zwei bedeutendsten Kosmologen der Zeit. Denn in der Laus des ›kleinen Fontanelle‹ konnten die Zeitgenossen unschwer Bernard de Fontanelle und seinen bekannten Dialog *Entretiens sur la pluralité des mondes* von 1686 erkennen sowie in dem witzigen Kopf in den Haag Christiaan Huygens und seine Schrift *Cosmotheros* von 1698 (zu Deutsch: *Weltbeschauer, oder vernünftige Muthmaßungen, daß die Planeten nicht weniger geschmükt und bewohnet seyn, als unsere Erde*). Beide Schriften erörtern die Frage nach Bewohnern anderer Planeten mit Hilfe der Analogie. Dabei unterscheiden sich die Schriften, wie Frédérique Aït-Touti in ihrer schönen Studie *Fictions of the Cosmos* untersucht, fundamental hinsichtlich der Einschätzung ihrer Methodologie. Während Fontanelle seine Reise durch den Kosmos genuin als imaginiert-fiktionale Reise begreift, die dem laienhaften interessierten Leser einen lebhaften Zugang zum Bereich des Nichtsichtbaren liefere, lehnt Huygens jegliche Fiktionalität innerhalb seiner wissenschaftlichen Untersuchung ab:

> For Fontenelle, the task of the writer is to confer color and details on the abstract space delimited by the surveyor or by the astronomer [...] so the work of fiction and the imagination are presented here as possible and ludic extensions of cosmological reflections. The desire to see the invisible is realized in a fantastic and imaginary way through writing. [...] While for Fontenelle, analogy, fiction, and conjecture are instruments of unstable and provisional constructions, Huygens will construct a vast edifice based on ›credible conjectures‹ of a quite different kind. [...] Thus the Cosmotheros explores the productivity of an internal credibility capable of producing a series of conjectures based on a solid foundation.[449]

Versucht Fontanelle astronomisches Wissen an ein Laienpublikum zu vermitteln, demonstriert Huygens szientistisches Expertenwissen. Gleichzeitig schwören beide auf die Methode der Analogie, aber unter ganz unterschiedlichen Voraussetzungen: Während sie für Fontanelle eine Möglichkeit bietet, um im sprachlichen Spiel verschiedene Ähnlichkeitsübertragungen als »fictional microstory« auszuloten, möchte sie Huygens als szientistisches Schlussverfahren verstehen, das einen referentiellen Bezug zwischen Realität und Fiktionalität gewährleistet. Damit sind für Huygens die fiktionalen Elemente seiner Schrift durch die Grundlage der Realität gesichert und mittels einer Kette von Beweisen nunmehr als wahrscheinliche Argumente urteilsfähig. Ich möchte an dieser Stelle

449 Fréderique Aït-Touati: Fictions of the Cosmos. Science and Literature in the Seventeenth Century. Übersetzt von Susan Emanuel. Chicago 2011, S. 102ff.

Aït-Toutis Beobachtung nochmals zuspitzen und »le grande regle de la probabilité« auf Grundlage der Analogie als zwei Analogie-Positionen in der Zeit lesen. Hierfür kann ein Kommentar von Leibniz in seinen *Nouveaux Essais* hinsichtlich der beiden konträren Kosmologien helfen:

> [E]t trouvant qu'il y a une *connexion graduelle* dans toutes les parties de la creation [...] la regle de l' Analogie nous fait regarder comme probable, qu' il y a une pareille gradation dans les choses qui sont au dessus de nous et hors de la sphére de nos observation; et cette espece de probabilité est le grand fondement des hyposthesis raisonnable. [...] C'est sur cette *Analogie* que Mr Huygens juge dans son *Cosmotheros* que l'état des autres planetes principals est assés approchant du nôtre; excepté ce que la differente distance du soleil doit causer de differance; et Mr Fontanelle qui avoit donné déja auparavant ses *Etretiens* pleins d'esprit et de savoir sur *las plurité des mondes*, a dit de jolie choses lá-dessus, et trouvé l' art d'egayer une materie difficile. [Herv. im Original][450]

Kohärenz ergibt sich im Fall von Fontanelle durch die zusammenhängende Erzählung und im Fall Huygens durch die lückenlose deduktive Ableitung. In beiden Fällen stiftet jedoch die Analogie den Zusammenhang: Einmal sichert sie als Werkzeug der erfinderischen Imagination über assoziative Gedankenreihen den fiktionalen Kosmos (l'art) und einmal grundiert sie als strukturelles Vergleichsprinzip die isomorphe Entsprechung von Fakt und Fiktion im kettenartigen Beweisverfahren (juge). Dass die Analogie im wissenschaftlichen Kontext häufig im Sinne des Erstgenannten als fiktionales Instrument verstanden wird und sich in der Forschung deshalb die Ansicht durchgesetzt hat, dass sie gegen Ende des 17. Jahrhunderts durch die hypothetisch-wahrscheinliche ›Glaubwürdigkeit‹ abgelöst worden sei, bestätigt einmal mehr die gängige Ansicht zur Analogie als vager

450 Leibniz: Nouveaux Essais. Des Degrés D'Assentiment. Livre IV. Chapitre XVI, § 12 In: Ders.: Sämtliche Schriften und Briefe. Reihe VI. Philosophische Schriften, hg. von der Leibniz-Forschungsstelle Münster. Band 6. Berlin 1990 [Akademie Ausgabe], S. 471–472. (»Und indem man findet, daß es eine *graduelle Verknüpfung* aller Teile der Schöpfung [...] gibt, [...] so läßt es uns die Regel der Analogie als wahrscheinlich ansehen, daß es eine gleiche Gradabstufung in den Dingen gibt, die über uns und außerhalb des Bereichs unserer Beobachtung sind, und diese Art der Wahrscheinlichkeit ist die größte Grundlage vernünftiger Hypothesen. [...] Auf Grund dieser *Analogie* urteilt Huygens in seinem Cosmotheros, daß der Zustand der anderen Hauptplaneten dem des unseren ziemlich nahe kommt, mit Ausnahme dessen, daß der unterschiedliche Abstand zur Sonne einen Unterschied verursachen muß. Und Herr Fontanelle, der schon früher seine geistvollen und wissensreichen Unterhaltungen über die Vielheit der Welten vorgelegt hat, sagte schöne Dinge darüber und hat die Kunst gefunden, einen schwierigen Stoff angenehm darzustellen.« Gottfried Wilhelm Leibniz. Nouveaux Essais. Livre III–IV/Neue Abhandlungen über den menschlichen Verstand. Buch III–IV. In: Ders.: Philosophische Schriften. Band III/2, hg. und übersetzt von Wolf Engelhardt und Hans Heinz Holz. Darmstadt 2013, S. 531–533.)

Rhetorikfigur.[451] Auch der wissenschaftliche Diskurs der Zeit, wie der in den Kompendien und Lexika im 18. und 19. Jahrhundert, forciert zunächst eine solche Sichtweise. Das leichte Salonwissen eines Fontanelles, der »die Dornen der Wissenschaft mit Blumen zu bedecken«[452] wusste, müsse wieder in ein Expertenwissen der »Mathematiciis« überführt werden, denn nur dieses könne mit Bezug zur geometrischen Ordnung trotz aller Wahrscheinlichkeit »den größten Beweis« darlegen.[453]

Mit der Vorstellung, dass die Ergebnisse der Wissenschaft durch den *ornatus* der Rhetorik zu überdecken bzw. dass ästhetisches Wissen in Expertenwissen zu überführen seien, wird jedoch deutlich, dass beide Positionen jeweils in einer wechselseitigen Beziehung stehen. Auch Kants Analogiegebrauch in seiner *Allgemeinen Naturgeschichte* zeigt, dass sich die in der Forschung scharf gezogene Grenze zwischen Hypothese und Fiktion gegen Mitte des 18. Jahrhunderts und damit auch die eindeutige Einteilung der Analogie als bloß logisches *oder* ästhetisches Instrument nicht bestätigen lässt. Während Kant nämlich in den ersten beiden Teilen seiner Schrift ähnlich wie Huygens den rhetorischen Gebrauch nur innerhalb der logischen Beweisketten zulässt, setzt er gegen Ende des zweiten Teils geradezu auf dessen fiktionale Kraft. Im Gegensatz zu Huygens versucht Kant demnach das ästhetisch-fiktionale Element nicht zu tilgen, sondern in der bewussten Nebeneinanderstellung sogar zu stärken. Gleichwohl dient ihm der Einsatz der Poesie nicht im Sinne eines autonomen *l'art pour l'art* als Gegenposition zum faktischen Beweis, sondern als epistemisches Instrument, das an entscheidender Stelle die logische Fragilität zu ergänzen weiß. Die kanonischen Lehrgedichte von Pope, Haller und Addison, auf die Kant im Text als Visualisierungsstrategie zurückgreift, bringen ihn zwar in die Nähe der »imaginary space« eines Fontanelles, jedoch weiß er die freie Erdichtung anderer Welten, die »keine eigentliche[n] Schranken« unterliegt mit Hilfe der rationalen Proportionsargumente einzudämmen. Schließlich soll auch die Fiktion »zur Erweiterung unserer Erkenntnisse«[454] beitragen. Blickt man mit der »Einbildungskraft über die Grenze der vollendeten Schöpfung«,[455] dann leitet uns immer noch die strukturelle Kraft der Analogie.

451 Vgl. hierzu die bereits im Titel angelegte Position von Aït-Touati: Fictions of the Cosmos, S. 126.

452 Pfaff: Einheit und Vielheit der Welten, S. 983.

453 Johann Georg Walch: Philosophisches Lexicon. Leipzig 1740, darin: Art. Planet, Sp. 2021–2028, hier: Sp. 2025.

454 Kant: Allgemeine Naturgeschichte, AA I, S. 351.

455 Ebd., S. 315.

Das ›prekäre Verhältnis‹ von ästhetischer Anschauung und theoretischer Konstruktion der (natur-)philosophischen Debatten scheint durch die Analogie ihren Ausgleich zu erfahren, wenn sie beide in einem epistemischen Verweissystem notwendig zueinander in Beziehung setzt.[456] Anhand von Kants ›doppelten Geschäftes‹ der Analogie lässt sich im Text jener Mediationsversuch erkennen, der zwischen den Extremen der »Freiheit zu erdichten«[457] und dem Anspruch »uns in allemal in solchen Fällen [zu] leiten [...], wo dem Verstande der Faden der untrüglichen Beweise mangelt«,[458] eine Beziehung herzustellen vermag. Damit gilt Kant die Analogie als Werkzeug der liminalen Durchbrechung rationaler Grenzen, die nicht die »Ohnmacht der Vernunft«,[459] sondern die Möglichkeit ihrer Selbstüberschreitung aus eigenen Mitteln bezeugt. Die Frühschrift markiert damit bereits wichtige Elemente von Kants Analogiekonzeption, die er auch in seiner kritischen Phase übernehmen und neu kontextualisieren wird.

3.2 Die Harmonie der Vernunft

Mit dem Versuch, den Menschen und seine Erkenntnisvermögen in den Blick zu bekommen, umreißt Kant bereits in seiner Frühschrift sein späteres Programm der kritischen Phase unter dem Motto »Was kann ich wissen?«.[460] Um die »Grenzen der Vernunft«[461] in seinen Kritiken in den Blick zu bekommen, nutzt er aber nicht mehr den Vergleich rationaler Prototypen, sondern greift auf eine Extraktionsstrategie zurück, die die Denkregeln aus der Vernunft selbst ableitet. Dennoch schließt Kant in mehreren Punkten an seine Frühschrift an. Dies zeigt sich schon am gleichen metaphorischen Vokabular, das aus dem Bereich der Architektur stammt. Soll in der Frühschrift noch das Kosmos-Gebäude vermessen werden, so möchte er nun den Bauplan der Vernunft abstecken

> Die Transscendental=Philosophie ist die Idee einer Wissenschaft, wozu die Kritik der reinen Vernunft den ganzen Plan architektonisch, d. i. aus Principien, entwerfen soll, mit völliger

---

456 Vgl. hierzu Joseph Vogls Einschätzung zur kosmologischen Diskussion, die er in Bezug auf Kepplers Traumerzählung von Mondbewohnern als zeitsymptomatisch festmacht. Joseph Vogl: Robuste und idosynkratische Theorie. In: KulturPoetik 7 (2) (2007), S. 249–258, hier: S. 251.
457 Kant: Allgemeine Naturgeschichte, AA I, S. 351.
458 Ebd., S. 315.
459 Reto Rössler: Das Andere der Differenz, S. 52.
460 Kant: Logik, AA IX, S. 25.
461 Ebd.

Gewährleistung der Vollständigkeit und Sicherheit aller Stücke, die dieses Gebäude ausmachen.[462]

Damit dreht er die Konzeption der Frühschrift geradezu um: Während er in der *Allgemeinen Naturgeschichte* von der äußeren Natur und deren Struktur (Raum und Zeit) ausgeht, um im Anschluss den Menschen und seine Erkenntnis darin zu verorten, wird er jetzt die Vernunft des Menschen zum Ausgangspunkt nehmen und die Struktur der äußeren Natur (mit den Anschauungsformen und Gesetzen von Raum und Zeit) darauf beziehen. Fast scheint es so, als habe ihn der Schluss der *Allgemeinen Naturgeschichte* zur »Revolution der Denkart«[463] geführt. Wird am Ende der Frühschrift vorgeführt, dass man mit Hilfe der analogiegeleiteten Vernunft über die Grenzen der Natur hinausgeht, dann scheint es nur folgerichtig, dass nicht die Natur die Erkenntnis leite, sondern »daß die Vernunft nur das einsieht, was sie selbst nach ihrem Entwurfe hervorbringt [...].«[464] Der architektonischen Logik folgend soll insofern jetzt der Bauplan dem Gebäude vorausgehen. Wenn dabei Bauplan und Gebäude in einem Abbildungsverhältnis stehen, müssen beide eine gleiche Struktur haben. Kant geht ähnlich wie in seiner Frühschrift beim Kosmos auch bei der Vernunft von einer harmonischen Ordnung aus. Nicht die *harmonia mundi,* sondern die »Harmonie zwischen dem Verstande und der Sinnlichkeit« stehe aber nun im Mittelpunkt.[465] Wenn Kant dergestalt in seiner *Kritik der reinen Vernunft* eine ähnliche, wenn auch inverse Argumentation anstrebt, dann scheint es nicht abwegig, dass er sich auch einer ähnlichen Methode bedient. Denn eine am ›Leitfaden der Analogie‹ entlang gesponnene Kosmos-Harmonie, scheint auch ein gewisses Potential für die Ausbalancierung der Vernunft zu bieten. Und tatsächlich wird er an unterschiedlichen Stellen in der *Kritik der reinen Vernunft* als auch in der *Kritik der Urteilskraft* auf die Analogie zurückgreifen. Speziell dann, wenn es ähnlich wie in der Frühschrift darum geht, verschiedene Systeme aufeinander zu beziehen.

Der Analogiebegriff in Kants Kritiken interessierte in der Forschung bisher vor allem in Zusammenhang mit den *Analogien der Erfahrung*, wohingegen er anderweitig nur begrenzt eine Aufmerksamkeit erfahren hat.[466] Erst in den letzten

462 Kant: Kritik der reinen Vernunft (2. Auflage 1787), AA III, S. 44.
463 Ebd., S. 10.
464 Ebd.
465 Kant: Über eine Entdeckung, nach der alle neue Kritik der reinen Vernunft durch eine ältere entbehrlich gemacht werden soll, AA VIII, S. 249.
466 Vgl. allgemein zum Analogiebegriff in Kants *Kritischen Schriften* Bernhard Laberbrink: Der Kantische Begriff einer transzendentalen Analogie. In: Philosophisches Jahrbuch 68 (1969), S. 244–257; Sueo Takeda: Kant und das Problem der Analogie. Den Haag 1969. Eine umfassende

Jahren hat sich vereinzelt ein neues Interesse an Kants Analogiebegriff als methodologischen, wissenschafts- und erkenntnistheoretischen Begriff entwickelt.[467] Vor allem Bernd Dörflinger und Angela Breitenbach haben das erste Mal versucht, den Analogiebegriff für eine Vermittlung zwischen Vernunft und Natur heranzuziehen. Dabei scheint jedoch hauptsächlich Kants Organismus-Begriff in Analogie zur Vernunft gesetzt zu werden, die Analogie selbst in ihrer kontextuellen und systematischen Funktion aber nur am Rande zu interessieren. Insofern möchte die Arbeit zwar an diese Vorarbeiten anschließen, jedoch den Analogiebegriff das erste Mal in seiner historisch-systematischen Entwicklung bei Kant erfassen, sodass man ihn anhand der konzeptionellen Anlagen aus der Frühschrift als auch anhand der adaptiven Erweiterungen aus anderen Bereichen als eigenen Kantischen Begriff verstehen kann. Denn Kant greift für seinen Analogiebegriff in den Kritiken nicht nur auf mathematische und rhetorische Bestimmungen zurück, sondern lässt sich auch von chemischen und lebenswissenschaftlichen Ansätzen inspirieren bzw. nimmt selbst Anteil an der Etablierung eines modernen naturwissenschaftlichen Analogiebegriffes. Damit soll einerseits gezeigt werden, wie prominent der Analogiebegriff bei Kant an unterschiedlichen Stellen vertreten ist und andererseits, wie Kant hier eine kreative Lösungsstrategie für das Dualismusproblem der Transzendentalphilosophie entwickelt, die auch in Anschluss an ihn eine große Resonanz erfahren wird.

Analyse zu den *Analogien der Erfahrung* bietet Arthur Melnick: Kant's Analogies of Experience. Chicago/London 1973.

467 Zur Auffassung der Analogie als Methode und heuristisches Werkzeug bei Kant siehe Annemarie Pieper: Kant und die Methode der Analogie. In: Gerhard Schönrich und Yasushi Kato (Hg.): Kant in der Diskussion der Moderne. Frankfurt/M. 1996, S. 92–112; Zur Analogie im wissenschaftstheoretischen Kontext Michael Friedman: Explanation and Scientific Understanding. In: Journal of Philosophy 71 (1974), S. 5–19; Gerd Buchdahl: Kant and the Dynamics of Reason. Essays on the Structur of Kant's Philosophy. Oxford u.a. 1992; Helmut Pulte: Der Kantische Analogiebegriff und die Theorie der modernen Naturwissenschaften. In: Klaus Hentschel (Hg.): Analogien in Naturwissenschaft, Medizin und Technik. Halle 2010, S. 233–255; zur Analogie von Vernunft und Leben vgl. Bernd Dörflinger: Das Leben theoretischer Vernunft. Teleologische und praktische Aspekte der Erfahrungstheorie Kants. Berlin/New York 2000; Angela Breitenbach: Die Analogie von Vernunft und Natur. Berlin/New York 2009.

3.2.1 Analogie und Verwandtschaft (affinitas) der Verstandesvermögen I

Das System der Vernunft unterteilt sich bei Kant in die beiden unterschiedlichen Erkenntnisvermögen Sinnlichkeit und Verstand. Die Schwierigkeit der ersten Kritik besteht darin, dass »immer schon eine Entsprechung und Affinität (zweckmäßige Zusammenstimmung) des Vermögens der Anschauung und des Vermögens der Begriffe vorausgesetzt ist.«[468] Logisch-formal gesehen stellt diese Entsprechung aber ein Paradox dar. Die Kritik sieht sich deshalb vor die Aufgabe gestellt, beide Vermögen trotz ihrer Verschiedenheit aufeinander zu beziehen, damit sie in diesem Zusammenspiel aus den mannigfaltigen Erscheinungen eine einheitliche Erkenntnis formen können. Denn die verschiedenen Erscheinungen sollen zu keinem »regellosen Haufen«[469] zusammengefügt werden, sondern Erkenntnisse mit einer verlässlichen Regelmäßigkeit liefern, auf die man sein künftiges Handeln ausrichten kann.

Bernd Dörflinger weist in seiner Schrift *Das Leben der theoretischen Vernunft* auf das wichtige Konzept der ›Verwandtschaft‹ hin, das Kant einführt, um zwischen den beiden Erkenntnisvermögen von Sinnlichkeit und Verstand eine Beziehung herzustellen. Kant orientiert sich hierbei an den lebenswissenschaftlichen Theorien seiner Zeit, die das Prinzip der Verwandtschaft und der damit einhergehenden Genealogie für Fragen nach morphologischen Zusammenhängen nutzen.[470] Dabei stehen, und dies wurde in der Forschung bisher noch nicht bedacht, die Begriffe der ›Verwandtschaft‹ und deren lateinische Form ›*affinitas*‹ etymologisch in einem engen Zusammenhang mit dem Begriff der ›Analogie‹.

Den Begriffskomplex von ›Verwandtschaft‹, ›Affinität‹ und ›Analogie‹ findet sich in jener Zeit in verschiedenen Disziplinen, allen voran in der Chemie und in der vergleichenden Anatomie, wo die Begriffe zum Teil sogar als Synonyme zum Einsatz kommen, jedoch zunehmend gegeneinander abgegrenzt werden. Änne Bäumer zeigt auf, dass sich mit Entstehung der neuen Disziplin der Biologie auch ein moderner biologischer Analogiebegriff etabliert, der das mathematische Proportionsargument um dynamische und genealogische Begriffe der ›Verwandtschaft‹ und ›Affinität‹ erweitert.[471] Auch wenn Kant viele dieser am biologischen

468 Günther Wolfahrt: Zum Problem der transzendentalen Affinität in der Philosophie Kants. In: Akten des 5. Internationalen Kant-Kongresses. Kurfürstliches Schloß zu Mainz 1981. Band 1, hg. Gerhard Funke. Bonn/Berlin 1981, S. 313–322, hier: S. 314.

469 Kant: Kritik der reinen Vernunft. 1. Auflage 1781, AA IV, S. 89.

470 Bernd Dörflinger: Das Leben theoretischer Vernunft. Den Begriff der ›Verwandtschaft‹ bei Kant behandelt Dörflinger bes. ab S. 155ff.

471 Vgl. Änne Bäumer: Die Entstehung des modernen biologischen Analogiebegriffes im 19. Jahrhundert. In: Sudhoffs Archiv 73 (2) (1989), S. 156–175.

Analogiediskurs beteiligten Autoren wie Georges Cuvier, Étienne Geoffroy Saint-Hilaire, Mac Leay, William Swainson und Richard Owen nicht mehr kennenlernen wird (vgl. hierzu Kap. 5), so sind ihm nicht nur viele ihrer Fragestellungen vertraut, sondern er ist selbst mit seinen anthropologischen Schriften und seinen Überlegungen zur organischen Form Anstoß für deren Diskussionen. Johann Friedrich Blumenbach hätte unter anderem, wie Timothy Lenoir zeigt, das Potential seiner *Bildungstheorielehre* nicht als Grundlage für eine neue Form der Naturwissenschaft erkennen und die Frage nach ›Verwandtschaften‹ im biologisch-reproduktiv Sinne untersuchen können, wenn er in jener Zeit nicht in intensiven Austausch mit Kant gestanden und dessen Anregungen erhalten hätte.[472]

Anhand von Kants eigenen Schriften kann man nachverfolgen, wie er den Begriffskomplex von ›Verwandtschaft‹, ›Affinität‹ und ›Analogie‹ im biologischen Sinne deutet:

> Es ist rühmlich, vermittelst einer comparativen Anatomie die große Schöpfung organisirter Naturen durchzugehen, um zu sehen: ob sich daran nicht etwas einem System Ähnliches und zwar dem Erzeugungsprincip nach vorfinde; [...] Die Übereinkunft so vieler Thiergattungen in einem gewissen gemeinsamen Schema, das nicht allein in ihrem Knochenbau, sondern auch in der Anordnung der übrigen Theile zum Grunde zu liegen scheint, wo bewunderungswürdige Einfalt des Grundrisses durch Verkürzung einer und Verlängerung anderer, durch Einwickelung dieser und Auswickelung jener Theile eine so große Mannigfaltigkeit von Species hat hervorbringen können, läßt einen obgleich schwachen Strahl von Hoffnung in das Gemüth fallen, daß hier wohl etwas mit dem Princip des Mechanismus der Natur, ohne welches es überhaupt keine Naturwissenschaft geben kann, auszurichten sein

472 Vgl. Timothy Lenoir: Kant, Blumenbach and Vital Meterialism in German Biology. In: Isis 71 (1980), S. 77–108. Auch John H. Zammito weist darauf hin, dass sich Blumenbach seit 1786 intensiv mit Kants Schriften auseinandersetzt, insbesondere angeregt durch Kants Kritik von Herders *Ideen* und seiner Kontroverse mit Georg Forster (vgl. dazu u.a. Manfred Riedel: Historizismus und Kritizismus. Kants Streit mit Georg Forster und Johann Gottfried Herder. In: Kant-Studien 72 (1981), S. 41–57). Zammito hebt dabei hervor, dass »there is clear evidence that Blumenbach assimilated many aspects of Kantianism into his scientific methodology«, jedoch auch *vice versa*. Vgl. John H. Zammito: ›This Inscrutable Principle of an Original Organization‹. Epigenesis and ›Looseness of Fit‹ in Kant's Philosophy of Science. In: Studies in History and Philosophy of Science Part A 37 (2003), S. 73–109: Während Lenoir und Zammito damit auch Kant eine einflussgebende Position innerhalb der Lebenswissenschaft zusprechen, argumentiert Alix Cohen bzw. Robert Richards, dass Kant lediglich Gedanken von Blumenbach übernommen habe bzw. beide aus völlig unterschiedlichen Interessen heraus argumentierten. Vgl. Alix A. Cohen: Kant on Epigenesis, Monogenesis and Human Nature. The Biological Premesis of Anthropology. In: Studies in History and Philosophy of Science Part C 37 (2006), S. 675–693; sowie Robert J. Roberts: Kant and Blumenbach on the Bildungstrieb. A Historical Misunderstanding: In: Studies in History and Philosophy of Biological and Biomedical Sciences Part C 31 (2000), S. 11–32.

> möchte. Diese Analogie der Formen, sofern sie bei aller Verschiedenheit einem gemeinschaftlichen Urbilde gemäß erzeugt zu sein scheinen, verstärkt die Vermuthung einer wirklichen Verwandtschaft derselben in der Erzeugung von einer gemeinschaftlichen Urmutter durch die stufenartige Annäherung einer Thiergattung [...].[473]

Diese in seiner *Kritik der Urteilskraft* von 1790 getroffene Aussage über die Analogie der Formen, die als »durchgängig zusammenhängende Verwandtschaft einen Grund«[474] haben müsse, zeigt Kants Kenntnis der physiologischen Arbeiten der Zeit, aber auch seine eigene reflexive Leistung. Denn er greift mit dem Verwandtschaftsprinzip bereits in gewisser Weise den Anschauungen der Anatomen vor, die dieses erst in Folge von Geoffroy Saint-Hilaires Arbeiten systematisch zu erfassen wissen (vgl. Kap. 1 und Kap. 5). Zwar gibt es schon bei Blumenbach und Cuvier den begrifflichen Konnex von Analogie und Verwandtschaft und Kants Erwähnung der »Einwickelung und Auswickelung« zeugt von seinem engen Austausch mit Blumenbach, jedoch dürfte die Interpretation der analogen Formen aufgrund eines Verwandtschaftssystems ein genuiner Einfall Kants gewesen sein. Kant könnte hier die biologischen Schriften von Aristoteles für seine Überlegungen herangezogen haben, der zum strukturellen Zusammenhang der Lebewesen bereits Angaben macht und die Bestimmung eines gleichen zugrundeliegenden Schemas – das nicht den Knochenbau, sondern vielmehr eine Teil-Ganzes-Beziehung reguliert – im biologischen Sinne als Analogie definiert.[475] Die Frage nach der genealogischen Abstammung ist jedoch ein von Kant neu eingeführter Aspekt, der den von Foucault angedeuteten Bruch der Biologie mit der Naturgeschichte in seinen Anfangsgründen bereits belegt.[476] Es zeigt sich folglich bei Kant eine konzeptuell neue biologische Begriffsdefinition der Analogie, die eine Verbindung von ›Analogie‹ und dynamischer ›Verwandtschaft‹ ausdrückt, meist aber erst für das 19. Jahrhundert angenommen wird.

---

473 Kant: Kritik der Urteilskraft, AA V, S. 418–419.

474 Ebd., S. 419.

475 Nach Gerhard Seel hatte Kant eine griechisch-lateinische Gesamtausgabe von Aristoteles Werken, jedoch scheint Kant nicht unbedingt als ein Experter seiner Schriften zu gelten. Zudem gibt es in Kants Werk keine direkten Aussagen zu Aristoteles' Biologieschriften, jedoch lässt die Textpassage zumindest auf eine Kenntnis dieser ursprünglichen biologischen Analogie-Definition schließen, die Kant auch über andere Quellen zugänglich sein könnte. Vgl. Gerhard Seel: Art. Aristoteles. In: Kant-Lexikon. Band 1, S. 160–162.

476 Vgl. Foucault: Die Ordnung der Dinge, S. 279ff.

In der *Anthropologie in pragmatischer Hinsicht* von 1796/97 wird Kant den Begriffskomplex dann auch noch um den der ›Affinität‹ erweitern. Kant wird dazu, wie später auch Goethe, durch die Begriffsverwendung der Chemie inspiriert:[477] »Das Wort Verwandtschaft (*affinitas*) erinnert hier an eine aus der Chemie genommene, [...] körperlichen, innigst auf einander wirkenden und zur Einheit strebenden Stoffe.«[478] Der Begriff *affinitas* ist ein äußerst altes Konzept und findet in der Antike zunächst vor allem im juristischen Bereich für Verwandtschaftsregelungen Anwendung. Im 13. Jahrhundert wird der Begriff dann das erste Mal von Albertus Magnus in einem chemischen Sinne verwendet, behält aber seinen sozialen Gehalt weiterhin bei:

> Sulphur enim propter affinitatem naturae metalla adurit [...]. Sulphur ipsum quadam subtili affinitate sulphuris ad vicinatur omnia metalla, omnia eorum perurit corpora & incinerat, arum vero non. (Der Schwefel verbrennt nämlich das Metall wegen seiner Verwandtschaft von Natur aus [...]. Aufgrund einer zarten Verwandtschaft des Schwefels hat der Schwefel selbst eine gewisse Nachbarschaft zu allen Metallen, er entzündet alle Körper von ihnen und verbrennt sie, Gold aber nicht. Übers. S. G.)[479]

Die Affinitätslehre erlebt im 18. Jahrhundert in der Chemie einen neuen Aufschwung durch die Dissertationsschrift des Chemikers Torbern Bergman *De attractionibus electivis* von 1755, obwohl dieser selbst den Begriff *affinitas* in seinem gesamten Werk kein einziges Mal im chemischen Sinne verwendet, sondern in der ›Attraktion‹ den Grund aller Vereinigung sieht. Erst durch die Übersetzung

---

477 Zum Affinitätsdiskurs in der Chemie im 17./18. Jahrhundert siehe William Whewell: Establishment and Development of the Idea of Chemical Affinity. In: Ders.: History of Scientific Ideas: Being the first part of The philosophy of the Inductive Sciences. Volume II. London ³1858, S. 15–29; Herrmann Kopp: Geschichte der Affinitätslehre und verwandter Gegenstände. In: Ders.: Geschichte der Chemie. Band 2. Braunschweig 1844, S. 264–328; Alistair Duncan: Some theoretical Aspects of Eighteenth-Century Tables of Affinity. In: Annales of Science 18 (1962), Part I, S. 177–194 und Part II S. 217–232; Martin Carrier: Die begriffliche Entwicklung der Affinitätstheorie im 18. Jahrhundert. Newtons Traum – und was daraus wurde. In: Archive for History of Exact Sciences 36 (4) (1986), S. 327–389; Jeremy Adler: »Eine fast magische Anziehungskraft«. Goethes ›Wahlverwandtschaften‹ und die Chemie seiner Zeit. München 1987; Ursula Klein: Verbindung und Affinität. Die Grundlegung der neuzeitlichen Chemie an der Wende vom 17. zum 18. Jahrhundert. Basel 1994; Jutta Berger: Ideen über die Verwandlung der Stoffe. Chemische Materietheorien und Affinität im 17. und 18. Jahrhundert. Berlin, 1998; Jutta Berger: Affinität und Reaktion. Über die Entstehung der Reaktionskinetik in der Chemie des 19. Jahrhunderts. Berlin, 2000.

478 Kant: Anthropologie in pragmatischer Hinsicht, AA VII, S. 177.

479 Albert Magnus: De Mineralibus. In: Ders.: Ratisbonesis Episcopi, Ordinis Praedicatorum. Liber IV. Operum Tomus Secundum. Lugdunui (Lyon) 1651, S. 263 und S. 266.

von Christian Ehrenfried Weigel wird durch den deutschen Begriff der ›Wahlverwandtschaft‹ an den ursprünglichen Verwandtschaftsbegriff im Sinne der Antike erinnert, der durch die Auffassung der »science des affinités«[480] der französischen Chemiker Étienne François Geoffroy und Antoine Laurent Lavoisier bekräftigt wird. Geoffroys und Lavoisiers Lehre sorgt in der theoretisch orientierten Chemie für eine wahre Flut von Affinitätslehren, die in umfänglichen Tabellen die Wirkweisen der unterschiedlichen chemischen Substanzen dokumentieren. Dass zwischen ›Affinität‹ und ›Analogie‹ ein enger Zusammenhang besteht (vgl. zur ausführlichen Ausführung Kap. 5) zeigt sich bei dem Chemiker Herrmann Kopp, der in seiner Schrift über die *Geschichte der Chemie* von 1844 rückblickend auf das 17./18. Jahrhundert meint, dass man in jener Zeit

> als einen der wichtigsten chemischen Grundsätze aufgestellt [hatte, S.G.], daß die Möglichkeit der Vereinigung zweier Stoffe, nur auf dem Gehalt beider an einem gemeinschaftlichen Princip beruhte, und [...] affinis und affinitas stets [bedeutete, S.G.], was wir jetzt etwa durch analog und Analogie ausdrücken. Es ist hiernach zu jener Zeit dem Begriff Affinität ganz der entgegengesetzte Sinn untergelegt, als welchen wir jetzt damit verbinden. Im 17. Jahrhundert bedeutete noch Verwandtschaft eine Aehnlichkeit, eine Vergleichbarkeit in chemischer Beziehung; zwei Stoffe galten für um so verwandter, je mehr man in ihnen gemeinsames Princip voraussetzte, für je chemisch ähnlicher man sie also hielt, während wir jetzt zwei Stoffen eine um so größere Verwandtschaft zu einander beilegen, eine je größere chemische Unähnlichkeit, ein je entgegengesetzteres chemisches Verhalten wir an ihnen wahrnehmen.[481]

An Kopps Ausführung kann man den Wandel des chemischen Substanzverständnisses nachvollziehen. Verbindungen von Substanzen werden seit dem 18. Jahrhundert nicht mehr auf eine Ähnlichkeit der Stoffe, sondern auf eine strukturelle Analogie zurückgeführt, was auch Kant so bestätigt (siehe weiter unten). Die strukturelle Analogie scheint aber nur als Indikator für ein zugrundeliegendes »gemeinschaftliches Princip« zu dienen, das die Verbindung steuere. Kenntnis davon könne man jedoch nicht erlangen:

> Affinity tables have been much criticized on the ground that they are merely lists of reaction with no underlying theory. But this was exactly what was wanted: the first thing was to

---

480 Antoine Laurent Lavoisier: Traité élémentaire de chimie. présenté dans un ordre nouveau et d'après les découvertes modernes ; avec figures, Bd. 1. Paris 1789, S. XIV.

481 Herrmann Kopp: Geschichte der Chemie. Zweiter Teil. Braunschweig 1844, S. 288.

> provide a convenient summary of a large body of experimental results, and not to assume any theories or principles or causes apriori.[482]

Kant wirft der Chemie diesen Erklärungsmangel vor und folgert, dass die »Chemie nicht mehr als systematische Kunst oder Experimentallehre sei, niemals aber eigentliche Wissenschaft werden [kann, S.G.], weil die Principien derselben blos empirisch sind.«[483] Im Gegensatz dazu möchte er für die Regeln der Erkenntnis Prinzipien a priori angeben und versucht sich in diesem Sinne auch in einer Erklärung für das Affinitätsprinzip:

> Das Wort Verwandtschaft (affinitas) erinnert hier an eine aus der Chemie genommene, jener Verstandesverbindung analogische Wechselwirkung zweier specifisch verschiedenen, körperlichen, innigst auf einander wirkenden und zur Einheit strebenden Stoffe, wo diese Vereinigung etwas drittes bewirkt, was Eigenschaften hat, die nur durch die Vereinigung zweier heterogenen Stoffe erzeugt werden können. Verstand und Sinnlichkeit verschwistern sich bei ihrer Ungleichartigkeit doch so von selbst zu Bewirkung unserer Erkenntniß, als wenn eine von der anderen, oder beide von einem gemeinschaftlichen Stamme ihren Ursprung hätten; welches doch nicht sein kann, wenigstens für uns unbegreiflich ist, wie das Ungleichartige aus einer und derselben Wurzel entsprossen sein könne.[484]

So wie sich in der Chemie zwei Stoffe nur dann vereinigen können, wenn sie sich trotz aller Heterogenität auf etwas Gemeinsames beziehen lassen, so auch die an der Erkenntnis beteiligten Vermögen ›Sinnlichkeit‹ und ›Verstand‹. Dabei – und dies scheint Kants Lösungsansatz für den Erklärungsmangel der Chemie zu sein – bezieht er sich auf ein familiales System, das er im biologisch-organischen Sinn als Erzeugungs- bzw. Fortpflanzungssystem interpretiert. Kant könnte hierbei Blumenbachs Affinitätskonzept herangezogen haben, das dieser seinem Bildungstrieb als grundlegende Anziehungskraft zwischen männlichen und weiblichen ›Zeugungsstoffe‹ unterlegt:

> Leichter wird es zu begreifen, daß die rohen ungeformten (keinen präformirten Keim enthaltende) Zeugungsstoffe, die sogenannten Saamen beider Eltern, einander genau homogen seyn – eine bestimmte Affinität zusammen haben müssen, wenn nach ihrer Mischung und Zeitigung ein Bildungstrieb in ihnen rege werden soll.[485]

---

482 Alistair Duncan: Some Theoretical Aspects of Eighteenth-Century Tables of Affinity. In: Annales of Science 18 (1962), Part I, S. 181.

483 Kant: Metaphysische Anfangsgründe, AA IV, S. 471.

484 Kant: Anthropologie in pragmatischer Hinsicht, AA VII, S. 177.

485 Johann Friedrich Blumenbach: 6. Stück. Den 12. Januar 1786. In: Göttingische Anzeigen von gelehrten Sachen unter der Auffsicht der köngl. Gesellschaft der Wissenschaften. Göttingen 1786, S. 49–56, hier: S. 56.

Blumenbachs Vorstellung von einer analogen Struktur des männlichen Samens und der weiblichen Eizelle, zeigt nochmals die unter Lebenswissenschaftlern vertretene Ansicht, dass sich eine Affinität nur dann ausbilden könne, wenn zwischen beiden Keimzellen eine Strukturgleichheit vorliegt. Dass Blumenbach für diese Strukturgleichheit den Analogiebegriff heranzieht, wonach die Geschlechtsteile mit ihren Zeugungsstoffen nicht merkmals- aber strukturähnlich sind, kann man anhand seiner Rezension von J.F. Meckels Buch *Beyträge zur vergleichenden Anatomie* sehen: »Eben so auch über manche Analogie, wonach sich die beiderley Geschlechtstheile gewisser Maßen mit einander vergleichen lassen.«[486]

Auch Kant greift den zeithistorisch diskutierten Begriffszusammenhang von ›Affinität‹, ›Verwandtschaft‹ und ›Analogie‹ in seinen Schriften auf,[487] um ein systematisches Erklärungsprinzip für Abhängigkeiten und Verbindungen in der Natur vor dem Hintergrund eines biologischen Paradigmas zu liefern. Dergestalt ist es ihm möglich, die ›analogen Formen‹ in der Natur auf ein gemeinsames Grundprinzip der dynamischen Erzeugung zurückzuführen:

> Das Spiel der Kräfte in der leblosen Natur sowohl als der lebenden, in der Seele eben sowohl als des Körpers beruht auf Zersetzungen und Vereinigungen des Ungleichartigen. [...] Wir gelangen zwar zur Erkenntniß derselben durch Erfahrung ihrer Wirkungen; die oberste Ursache aber und die einfachen Bestandtheile, darin ihr Stoff aufgelöst werden kann, sind für uns unerreichbar. – Was mag wohl die Ursache davon sein, daß alle organische Wesen, die wir kennen, ihre Art nur durch die Vereinigung zweier Geschlechter (die man dann das männliche und weibliche nennt) fortpflanzen? [...] In welchem Dunkel verliert sich die menschliche Vernunft, wenn sie hier den Abstamm zu ergründen, ja auch nur zu errathen es unternehmen will?[488]

Kant zieht demnach die Gesetzmäßigkeiten der Chemie heran, erweitert sie in einem nächsten Schritt um biologische und nutzt das daraus folgende dynamische Erklärungsmodell schließlich für sein philosophisches Argument: Denn so wie sich das Spiel der Naturkräfte auch in der Seele finden lasse, könne man in beiden Fällen das Prinzip der Vereinigung zweier unterschiedlicher Bestandteilen annehmen. Im Fall der Chemie sind dies zwei Stoffe und im Fall der Erkenntnis

486 Blumenbach: 12. Stück. Den 21. Januar 1813. In: Göttingische Anzeigen von gelehrten Sachen unter der Auffsicht der köngl. Gesellschaft der Wissenschaften. Leipzig 1813, S. 113–120, S. 116.

487 Vgl. zum Verhältnis von ›Verwandtschaft‹ und ›Affinität‹ bei Kant Bernd Dörflinger: Das Leben theoretischer Vernunft, S. 155; Josef Früchtl: Vertrauen in die Welt. Eine Philosophie des Films. München 2013, S. 182ff.

488 Kant: Anthropologie in pragmatischer Hinsicht, AA VII, S. 177.

Sinnlichkeit und Verstand. Kants Analogie-Argument lautet insofern folgendermaßen: Wenn man in der ganzen Natur davon ausgehen kann, dass Vereinigungen stets vor dem Hintergrund von entfernten Verwandtschaftsbeziehungen (im Sinne von Gattungsbeziehungen) stattfinden, kann man dies zum Teil, wie bei Blumenbachs ›Zeugungsstoffen‹, bereits anhand der »Analogie der Formen« erkennen, »sofern sie bei aller Verschiedenheit einem gemeinschaftlichen Urbilde gemäß erzeugt« wurden.[489] Versteht man nun die beiden Erkenntnisvermögen als solche analogen Formen, die sich trotz ihrer Verschiedenheit in der Erfahrungserkenntnis geschwisterlich anähneln, dann kann man von einem gemeinsamen Ursprung ausgehen – auch wenn man diesen Ursprung nicht zu erkennen vermag.

Damit erklärt Kant den Zusammenhang der beiden Erkenntnisvermögen nicht, wie immer angenommen, deduktiv aus einem Begriff (Selbstbewusstsein), sondern über ein Analogie-Verhältnis der Abstammung. Zwar entsteht durch den vorgeordneten Ursprung eine begriffsähnliche Einheit, die die beiden heterogenen Erkenntnisvermögen unter sich subsumiere, jedoch kann auf diese nur implizit geschlossen werden, sodass die Analogie hier die primäre Beziehung zwischen beiden darstellt. Ausgehend von dieser formalen Bestimmung der beiden Erkenntnisvermögen widmet sich Kant jedoch auch deren innerem Aufbau, d.h. den in ihnen vorherrschenden Regeln, nach denen sie die Sinneseindrücke miteinander zu einer Erfahrung verbinden. Denn nur wenn gilt, dass sich Sinnlichkeit und Verstand auch in ihrer Tätigkeit ›geschwisterlich‹ gleichen, kann eine strukturelle Analogie zwischen ihnen beiden angenommen werden.

3.2.2 Harmonie und Proportion der Verstandesvermögen

Sinnlichkeit und Verstand müssen aufeinander beziehbar sein und in einem analogen Verhältnis zueinanderstehen, wenn sie eine Erfahrung ermöglichen sollen. Der biologische Begriffskomplex von ›Verwandtschaft‹, ›Affinität‹ und ›Analogie‹ liefert bereits den äußeren Rahmen, jedoch klärt er noch nicht, ob sich die beiden auch strukturell aufeinander beziehen lassen, d.h. ob auch die Binnenstruktur von Sinnlichkeit und Verstand als analog angesehen werden kann. Dafür soll dem Analogie- und Affinitätsbegriff Kants an dieser Stelle nochmals innerhalb der Vermögen selbst nachgegangen werden. Denn trotz einer formalen Analogie der beiden Vermögen scheint die Fragen einer einheitlichen Erfahrung daran ge-

489 Kant: Kritik der Urteilskraft, AA V, S. 418–419.

knüpft zu sein, ob beide bei der Zusammenstellung der heterogenen Erfahrungseindrücke sich aufeinander abstimmen können und der Mensch nicht in einem idealistischen Irrtum verharrt. Denn würde der Mensch lediglich nach subjektiv-begrifflichen Regeln die Eindrücke der Natur verarbeiten, könnte er sein künftiges Handeln nicht auf eine äußere Umwelt ausrichten. Insofern gilt auch zu fragen – wenn wir aufgrund unseres Wahrnehmungsapparates die Natur zwar an sich nicht erfassen können –, ob die Erscheinungen selbst Hinweise darauf geben, wie sie zueinander in Beziehung gesetzt werden sollen, wodurch ein impliziter Rückschluss auf die Ordnung der Natur gegeben wäre.

Geht Kant in seiner Frühschrift noch von tatsächlichen äußeren Dingen, wie dem Elementarteilchen eines Urnebel, Planeten, Sonnen und Fixsternen etc. aus, die er als heterogene Naturformen über die mathematische Analogie-Proportion und die rhetorische *scala naturae*-Metapher in Verbindung bringt, so überträgt er diese Form der Erfahrungsstrukturierung auch auf den transzendentalen Bereich. In seiner *Kritik der reinen Vernunft* beschäftigen sich auf Verstandesseite die *Analogien der Erfahrung* mit der Frage, ob man aus den einzelnen Vorstellungen zu einer einheitlichen Erfahrung gelangen könne. Als Teil der *Transzendentalen Analytik* sind die Analogien der Erfahrung als Regeln zu verstehen, die allererst eine *Einheit* der Erfahrung zustande bringen, indem sie transzendental angeben, wie man heterogen Mannigfaltiges zueinander in Beziehung setzt. Entgegen den anderen eingeführten Regeln (*Axiom der Anschauung* und *Antizipation der Wahrnehmung*), die Kant mathematische nennt, gehören die Analogien der Erfahrung zu den dynamischen Grundsätzen, womit er eine grundlegende Unterscheidung zwischen einem mathematisch-quantitativen Proportionsargument und einem philosophisch-qualitativen Vergleichsinstrument trifft:

> In der Philosophie bedeuten Analogien etwas sehr Verschiedenes von demjenigen, was sie in der Mathematik vorstellen. In dieser sind es Formeln, welche die Gleichheit zweener Größenverhältnisse aussagen, und jederzeit konstitutiv, so daß, wenn **zwei** Glieder der Proportion gegeben sind, auch das **dritte** dadurch gegeben wird, d. i. konstruirt werden kann. In der Philosophie aber ist die Analogie nicht die Gleichheit zweier quantitativen, sondern qualitativen Verhältnisse, wo ich aus **drei** gegebenen Gliedern nur das Verhältniß zu einem **vierten**, nicht aber dieses vierte Glied selbst erkennen und a priori geben kann, wohl aber eine Regel habe, es in der Erfahrung zu suchen, und ein Merkmal, es in derselben aufzufinden. Eine Analogie der Erfahrung wird also nur eine Regel sein, nach welcher aus

> Wahrnehmungen Einheit der Erfahrung (nicht wie Wahrnehmung selbst als empirische Anschauung überhaupt) entspringen soll, und als Grundsatz von den Gegenständen (den Erscheinungen) nicht **konstitutiv**, sondern bloß **regulativ** gelten. [Herv. fett S.G.][490]

Standen in seiner Frühschrift *Die Allgemeine Naturgeschichte* die verschiedenen Analogiebegriffsgehalte noch undefiniert nebeneinander, reflektiert Kant deren unterschiedliche Funktion in seiner *Kritik* und definiert sie dementsprechend. Ich habe mich an dieser Stelle entschieden, die Analogiedefinition nach der Ausgabe von Wilhelm Weischedel von 1956 und nicht nach der Akademie-Ausgabe zu zitieren, da Weischedels Ausgabe auf dem autorisierten Originaldruck beruht und man an dieser Stelle sehen kann, dass Kant hier zwei unterschiedliche Formen der geometrischen Proportionslehre angibt, die nicht nur den Unterschied von Mathematik und Philosophie hervorheben, sondern auch Kants Analogieverständnis als weit fundierter erscheinen lassen als bisher angenommen.

Kant nimmt für die Mathematik die kontinuierliche Analogie mit drei Gliedern an, wonach sich aus einem Verhältnis zwischen zweien das dritte konstitutiv bestimmen lässt, d.h. sich eine dritte Größe als bestimmt angeben lässt, wohingegen er für die Philosophie die Verhältnisgleichheit der diskreten Analogie heranzieht, die zwei Verhältnispaare betrachtet, aber bloß ihre Beziehung als ähnliche beschreiben kann (vgl. hierzu auch die Erklärungen in Kap. 2). In ersterem Fall können somit, wenn es sich um Fragen der Erfahrung handelt, Erscheinungen eindeutig bestimmt werden (als Größe oder als quantitative Angabe), wohingegen man in letzterem Fall nur die Beziehung zwischen den Erscheinungen betrachten kann. Im Gegensatz zur kontinuierlichen Analogie, wo der gemeinsame Bezugsterm gegeben ist, muss dieser im Fall der diskreten Analogie erst erschlossen werden. Dass Kant an dieser basaleren Analogieform bereits in der *Allgemeinen Naturgeschichte* ein größeres Interesse als an den mathematischen Proportionen hat – da sie nicht Existenzfragen, sondern Strukturfragen (der Natur oder Vernunft) klärt –, zeigt sein primär philosophisches Verständnis der Analogie. Damit scheint die Analogie bei Kant in ihrer universellen Anlage der mathematischen voranzugehen (was mitunter auch die grundlegende Analogiefunktion der Antike bestätigt). Dies wurde bisher in der Forschung noch nicht

490 Kant: Kritik der reinen Vernunft, hg. von Wilhelm Weischedel. Frankfurt/M. 1956, S. 218. In der Akademie Ausgabe findet sich: »In der Philosophie bedeuten Analogien etwas sehr Verschiedenes von demjenigen, was sie in der Mathematik vorstellen. In dieser sind es Formeln, welche die Gleichheit zweier Größenverhältnisse aussagen, und jederzeit constitutiv, so daß, wenn **drei** Glieder der Proportion gegeben sind, auch das **vierte** dadurch gegeben wird, d. i. construirt werden kann. [Herv. S. G.]« Kant: Kritik der reinen Vernunft, AA III, S. 160, sowie Kant: Kritik der reinen Vernunft, AA IV, S. 123.

bedacht, jedoch trifft Kant an dieser Stelle nicht nur den entscheidenden Unterschied zwischen einer mathematischen und einer philosophischen Analogie, sondern auch den zwischen einer alten und neuen Metaphysik.[491]

Die diskrete Analogie kann zwar ihren Bezugsterm nicht angeben, sondern nur erschließen, sich aber in Gebiete vorwagen, die außerhalb der genauen Taxierung liegen. Und hier erweist sie sich als unumgängliches Instrument für die Probleme einer transzendentalen Philosophie, in der sich sowohl der Ursprung von Sinnlichkeit und Verstand als auch der der Erscheinungen entzieht. Im Fall der Erscheinungen ist das einende Element aber keine »gemeinschaftliche Urmutter«[492] wie im Fall der Vermögen, sondern die ›ewige Zeit‹. Schon in seiner Frühschrift diente die Zeit dazu, um das gesamte Werden und Entstehen des Universums zu fassen und sie stellt nun wieder die vorrangige Größe vor, um die verschiedenen Erscheinungen zu verbinden. Da in der kritischen Phase aber nur noch die Vermögen des Verstandes Gegenstand der Untersuchung sein können, »kann die Zeit für sich nicht wahrgenommen werden«, sondern lediglich das »Substrat«, »welches die Zeit vorstellt«.[493] Die Zeit ist demnach der fehlende Bezugsterm in der Analogiebeziehung, den man sich nur indirekt erschließen kann. Helfen können hier die verschiedenen zeitlichen Analogieverhältnisse, in denen die Erscheinungen stehen und über die man einen Zugang zur beharrlichen-absoluten Zeit erhält.[494] Dies betrifft einmal das Verhältnis von wechselnden Er-

491 Meine Beobachtung kann damit John Callanans Aussage stützen, der bei Kant in den mathematischen Grundsätzen eine Form des homogenen Größenbezugs und in den dynamischen Grundsätzen eine Form der heterogenen Elementverbindung erkennt. Damit, so führt Johan Callanan aus, stellen die Analogien der Erfahrung überhaupt die Voraussetzung für einen Zusammenhang der Erfahrung dar, denn diese verknüpfen heterogene Erscheinungen notwendig miteinander. Vgl. John J. Callanan: Kant on Analogy. In: British Journal for the History of Philosophy 16 (4) (2008), S. 747–772, hier bes.: S. 754ff. Jedoch, so möchte ich hinzufügen, kann hier kein Begriff, der die Erscheinungen eint, abgeleitet, sondern nur erschlossen werden.

492 Kant: Kritik der Urteilskraft, AA V, S. 418.

493 Kant: Kritik der reinen Vernunft, AA III, S. 162.

494 Mit der Annahme eines ›Substrats‹ der empirischen Zeit stellt Kant jedoch eine Antinomie auf, denn ob dieses beharrliche statische Zeit-Substrat dann selbst noch als Zeit zu fassen ist, oder irreal sein müsse, beschäftigt Philosophen und Physiker bis heute. Vgl. hierzu die philosophischen und physikalischen Debatten seit den 1930ern, die sich zum einen mit der Frage nach der Realität bzw. Irrealität beschäftigen (hierzu gehören u.a. Auseinandersetzungen von John McTaggart Ellis McTaggart, Charlie Dunbar Broad, Bertrand Russel, Albert Einstein, Peter Bieri, David Hugh Mellor und Robin LePoidevon) und die zum anderen der Frage nach der subjektiv-phänomenologischen Wahrnehmung (als Teil des menschlichen Bewusstseins) bzw. nach der objektiven Größe von Zeit (als physikalische Raum-Zeit oder als reale Größe in der Philosophie) nachgehen (hierzu zählen u.a. Auseinandersetzungen von Albert Einstein, Edmund Husserl,

scheinungen zur Beharrlichkeit der (Zeit-)Substanz (erste Analogie), das Verhältnis von Ursache und Wirkung (zweite Analogie) und das Verhältnis verschiedener Erscheinungen zur gleichen Zeit (dritte Analogie).[495] Es ist an dieser Stelle bemerkenswert, dass Kant die Einheit einer durchgängigen Erfahrung nicht über einen identitären Begriff definiert, sondern über Verhältnis-Beziehungen, womit er den Aristotelischen Substanzbegriff nicht mehr ontologisch, sondern formallogisch, den von Hume skeptisch beäugten Kausalitätsbegriff nicht empirisch, sondern transzendental und zuletzt die Raumzeitrelation nicht physikalisch, sondern relational-niedrigstufig bestimmt. Damit erprobt Kant für die Erfassung von Einheit als Erfahrungszusammenhang ein völlig neues Konzept, das nicht auf die bisherigen logischen Prinzipien zurückgreift, sondern Einheit strukturlogisch über Verhältnisbeziehungen zu fassen versucht. Denn wie bereits anhand der Zuordnung der Analogie zu den dynamischen Grundsätzen gezeigt wurde, wird Einheit hier nicht als identitäre Gleichheit, sondern als Verbindung von Heterogenem verstanden, womit die Verbindung selbst zur primär logischen Struktur aufsteigt. Damit erweist sich die Analogie als präfigurierende Logik der Einheit einer möglichen Erfahrung und verweist auf Kants Konzept der Frühschriften, auch wenn er nun die empirische Erfahrung und nicht die äußere Natur als solche betrachtet.[496]

Martin Heidegger, Henri Bergson, Carl Friedrich Weizsäcker und Stephen Hawking). Folgende Forschungsarbeiten können hierbei einen Überblick über die verschiedenen Ansätze in Philosophie und Physik bieten: Peter C. Aichelburg: Zeit im Wandel der Zeit. Braunschweig 1988; Walther Ch. Zimmerli und Mike Sandbothe (Hg.): Klassiker der modernen Zeitphilosophie. Darmstadt 1993; Johann Kreuzer: Die Realität der Zeit. München 2007; Katarzyna M. Jaszcolt: Representing Time. An Essay on Temporality as Modality. New York 2009; Yvonne Förster-Beuthan: Zeiterfahrung und Ontologie. Perspektiven moderner Zeitphilosophie. München 2012.

495 Wie Kant die Analogien aus den Kategorien der Relation gewinnt, soll hier nicht Teil der Erörterung sein, hierfür bieten Arthur Melnick und Bernhard Thöle eine umfassende und fundierte Darstellung. Es soll nur betont werden, dass die Kategorien der Relation Substanz – Akzidenz, Ursache – Wirkung und Zugleichsein mit den drei Analogien korrelieren. Vgl. hierzu Arthur Melnick: Kant's Analogies of Experience. Chicago 1973; Bernhard Thöle: Die Analogien der Erfahrung (A176/B218–A218/B265). In: Georg Mohr und Markus Willaschek (Hg.): Immanuel Kant. Kritik der reinen Vernunft. Berlin 1998, S. 267–279.

496 Insofern würde ich an dieser Stelle auch nicht für die zweite Analogie der starken Lesart der Forschung folgen, die darin einen Ausdruck des empirischen Kausalitätsgesetzes der Natur versteht. Diese geht davon aus, dass Kants zweite Analogie nicht nur zeige, dass alle Ereignisse eine Ursache haben, sondern auch, dass gleiche Ursachen gleiche Wirkungen hervorbringen. Als Vertreter der starken Lesart lassen sich Paul Guyer: Kant and the Claims of Knowledge und Michael Friedman: Causal Laws and the Foundation of Natural Science. In: The Cambridge Companion to Kant. Cambridge 1992, S. 161–199 aufführen; vgl. hierzu die erklärende Analyse von Lewis White Beck: Die zweite Analogie und das Prinzip der Unbestimmtheit. In: Gerold Preuss

Mit den *Analogien der Erfahrung* hat Kant die wichtigsten Regeln des Verstandes für die Einheit einer möglichen Erfahrung definiert und es scheint, als wäre damit Kants argumentative Arbeit abgeschlossen, wenn die hauptsächliche Arbeit der Syntheseleistung auf Seiten des Verstandes liegt. Da Kant aber gleichzeitig von einem analogen Form-Verhältnis der beiden Erkenntnisvermögen ausgeht, muss man sich an dieser Stelle fragen, ob sich nicht auch im Bereich der Sinnlichkeit ›Regeln‹ finden lassen, die eine Vereinigung des Mannigfaltigen zu Wege bringen. Und tatsächlich stößt man auch hier auf die Zeit, diesmal als inneren Sinn und damit als rezeptive Sinnlichkeit, der Kant bereits eine ordnende Struktur zuweist. Da jedoch auch

> diese innere Anschauung keine Gestalt giebt, suchen wir diesen Mangel durch Analogien zur ersetzen, und stellen die Zeitfolge durch eine ins Unendlich fortgehende Linie vor, in welcher das Mannigfaltige eine Reihe ausmacht, die nur von einer Dimension ist, und schließen aus den Eigenschaften dieser Linie auf alle Eigenschaften der Zeit, außer dem einigen, daß die Theile der erstern zugleich, die der letztern aber jederzeit nacheinander sind. Hieraus erhellet auch, daß die Vorstellung der Zeit selbst eine Anschauung sei, weil alle ihre Verhältnisse sich an einer äußern Anschauung ausdrücken lassen.[497]

Kant kann für die Form der Anschauung keine ordnenden Regeln wie im Falle des Verstandes angeben, sodass er sich anders behelfen muss. Ähnlich wie in seiner Frühschrift dient ihm das Bild der unendlich fortsetzbaren Reihe bzw. der Linie als Analogon der Zeit. Mit Hilfe des metaphorischen Derivats der *scala naturae* sollen die einzelnen Zeiteinheiten insofern im Bereich der sinnlichen Anschauung vorstrukturiert und in Zusammenhang gebracht werden, damit sich der Verstand anschließend mit seinen Regeln darauf beziehen und sie in einen

(Hg.): Kant. Zur Deutung seiner Theorie von Erkennen und Handeln. Köln 1973, S. 167–174 sowie Angela Breitenbach: Die Analogie von Vernunft und Natur, S. 18ff. Damit würde bei Kant die Regel der Verknüpfung von Ursache und Wirkung den allgemeinen Typ eines Kausalgesetzes vorstellen. Demgegenüber vertritt die schwache Lesart, dass Kant hier zwar eine geregelte und geordnete Folge der Erscheinungen beschreibt, diese aber nicht notwendig ein allgemeines empirisches Kausalgesetz darstelle. Dass man ein Ereignis als kausal-verknüpft erfahren kann, setzt voraus, dass man es als solches mittels des Verstandesbegriffes (also der zweiten Analogie) überhaupt erst denken kann, sodass die empirische Kausalität als solche durch die transzendentale erfahren werden kann. Gleichwohl scheint die zeitliche Strukturierung von Erscheinungen grundlegend und der Mensch ohne sie nicht in der Lage zu sein, überhaupt Ordnung in das ›Chaos der Mannigfaltigkeit‹ zu bringen. Zu den Vertretern der schwachen Lesart werden Henry Allison: Causality and Law in Kant. A Critique of Michael Friedman. In: Ders. Idealism and Freedom. Essays on Kant's Theoretical and Practical Philosophy. Cambridge 1996, S. 80–91 und Gerd Buchdahl: Kant and the Dynamics of Reason genannt.

497 Kant: Kritik der reinen Vernunft, AA III, S. 60.

gesetzmäßigen Zusammenhang bringen kann. Damit jedoch die sinnliche Form der Zeit die Erscheinungen auch richtig zueinander in Beziehung setze und nicht willkürlich aneinanderreihe, sucht Kant an dieser Stelle auch nach einem objektiven Grund und findet ihn in der Affinität der Erscheinungen:

> Es ist aber klar, daß selbst diese Apprehension des Mannigfaltigen allein noch kein Bild und keinen Zusammenhang der Eindrücke hervorbringen würde, wenn nicht ein subjectiver Grund da wäre, eine Wahrnehmung, von welcher das Gemüth zu einer andern übergegangen, zu den nachfolgenden herüber zu rufen und so ganze Reihen derselben darzustellen, [...]. Diesen objectiven Grund aller Association der Erscheinungen nenne ich die Affinität derselben.[498]

Wenn Kant die Affinität als grundlegendes Prinzip versteht, wonach sich analoge Formen zueinander in Beziehung setzen lassen, dann bilden im Bereich der Sinnlichkeit die Erscheinungen derartig analoge Formen, auf die die Einbildungskraft nur zu reagieren braucht, um sie in einer »ganzen Reihe« anzuordnen.

Damit bestätigt Kant auch hinsichtlich der Binnenstruktur die analoge Entsprechung von Sinnlichkeit und Verstand und es lässt sich hinsichtlich der Erfahrungserkenntnis festhalten, dass er die Analogie sowohl in der *Transzendentalen Ästhetik* als auch in der *Transzendentalen Analytik* als grundlegendes Strukturmoment für das Phänomen Zeit nutzt, sodass der Verstand überhaupt erst unter begrifflichen Aspekten auf die sinnlich sortierten Erscheinungen zurückgreifen kann. Pulte unterscheidet die Aufgabe der Analogie in den *Analogien der Erfahrung* nach einer Ordnungsstruktur des Materials der Erfahrung und einer transzendentalen Bedingung der Erkenntnis.[499] Ich würde dieser Unterscheidung zustimmen, vor allem da die Analogie, wie im zweiten Kapitel gezeigt wurde, als Erfahrungsstrukturierungsmethode seit der Antike ihren methodologischen Platz in den Wissenschaften besetzt und zugleich als Denkform dieser vorausgeht.

Wenn Kant in der *Kritik der reinen Vernunft* die Einheit der Vernunft als relationale bestimmen konnte, so scheint dem Menschen diese jedoch selbst noch lange nicht bewusst zu sein, da ihm im Gegensatz zur Frühschrift eine Außenansicht der Vernunft im transzendentalen Modus verwehrt scheint. Auch die Einheit der Natur, die Kant in der *Allgemeinen Naturgeschichte* mit eben jener Außenperspektive des ›Als-Ob‹ gewährleisten konnte, scheint am Ende der ersten

---

498 Kant: Kritik der reinen Vernunft, AA IV, S. 88–89.

499 Vgl. Helmut Pulte: Der Kantische Analogiebegriff, S. 238. Pulte trifft diese Unterscheidung jedoch nur in grundsätzlicher Art, sodass erst die oben herausgearbeitete Erklärung diesen Befund bestätigen kann.

Kritik nur indirekt über die einheitliche Erfahrung beantwortet zu sein. Damit einhergehend bleibt auch die Frage nach dem Verhältnis von Mensch und Natur, die Kant in der Frühschrift mit der Präsenz der ›göttlichen Gegenwart‹ zu beantworten wusste, gegen Ende der ersten Kritik ungeklärt. Insofern muss die erste Kritik drei große Fragen offenlassen, die mit der Bestimmung der Vernunftstruktur alleine noch nicht zu lösen sind. Erst in seiner dritten Kritik wird Kant versuchen, sich der Kluft von Subjekt und Natur nochmals zu stellen und zwar in Zusammenhang mit der Frage nach dem ästhetischen Urteil. Damit verfolgt Kant scheinbar wiederum eine ähnliche Strategie wie in seiner Frühschrift, in der er auch am Ende in den Bereich der ästhetischen Erkenntnis wechselt, um eine Vermittlung zwischen beiden herzustellen. Inwiefern jedoch die Analogie eine ästhetische Erkenntnis innerhalb der transzendentalen Philosophie ermöglichen kann, scheint einer eigenen Klärung zu bedürfen.

3.2.3 Ästhetischer Weltbezug

Die Beziehung des Menschen zur Welt beschäftigt Kant sein ganzes Leben lang und in seinen frühen Schriften entdeckt er erstmals in der Figur der Analogie ein kraftvolles Werkzeug für die Beziehungsstiftung zwischen den oppositionellen Entitäten. Aufmerksam wurde er auf dieses spezielle Band als sternenkundiger Abenteurer in seiner *Allgemeinen Naturgeschichte*, indem er die Grenzen des Universums als auch die der menschlichen Vernunft *per analogiam* überschreitet, um mit Hilfe jener Transgression einen Blick auf die Beziehung zwischen beiden zu erhalten. Denn die Analogie verschafft Kant im Moment ihrer Anwendung nicht nur eine Außenansicht auf das Ganze der Natur und des Menschen, sondern bringt sich im Akt der analogischen Überschreitung auch selbst zum Vorschein. Besonders wenn Kant auf analogiebasierte Metaphern wie das ›Weltgebäude‹, die *scala naturae* oder den ›Vogel Phönix‹ zurückgreift konkretisiert sich das Bild als Figur und die Analogie wird als solche erkennbar. Denn nicht nur ihre Strukturform wird in diesen Bildern deutlich, sondern auch ihre Bezugsstiftung zwischen Bild und Erfahrung. Wenn man weder den Architekten des Kosmos noch die Urmutter der Vernunft trotz aller Bemühung entdecken kann, hilft die beziehungsstiftenden Eigenschaft der Analogie als eigenständige Logik, die sogar das Fehlen eines ontologischen oder begrifflichen Grundes auszugleichen vermag. In der Frühschrift wagt sich Kant neben der Annäherung an die ungewissen Einheiten von Raum und Zeit deshalb in Kooperation mit der Einbildungskraft sogar über die Grenzen der rationalen Vernunft hinaus und konstituiert an Stelle des einheitlichen Urgrundes einen zentralperspektivischen Punkt, der das eigene

Selbst und seine Beziehung zur Umwelt in den Fokus bringt. Auch wenn Kant den Schlussteil der *Allgemeinen Naturgeschichte* nicht wieder erwähnen wird, so hatte er sich davon auch Zeit seines Lebens nicht davon distanziert und die Möglichkeit der ästhetischen Analogie scheint ihn seither zu faszinieren. In der Frühschrift konnte sie nicht nur ein bildliches Szenario eines ewigen Kosmos entwerfen, den abstrakten Weltbegriff erfahrbar machen, sondern auch die Vernunft des Menschen in Relation zur Vernunft anderer Kosmosbewohner bestimmen. Zwar versuchte Kant bereits in der Frühschrift der Darstellungspraktik der Analogie anhand der *scala-naturae*-Metapher oder der mehrfach gestaffelten Metapher von Natur : Maschine :: Zeit : Phönix implizit nachzugehen, jedoch wird er sie erst in seiner letzten Kritik als rhetorische, und dies heißt für ihn, im Zusammenhang mit dem Symbol als formales Prinzip untersuchen. Kant widmet sich der Figur des Symbols so ausführlich, weil er darin die erkenntnistheoretisch grundlegende Funktion erkennt, abstrakten Begriffen zu einer Anschauung zu verhelfen. Schließlich kann man nur eine Erkenntnis von Dingen haben, von denen man sowohl einen Begriff als auch eine Anschauung hat, denn

> Gedanken ohne Inhalt sind leer, Anschauungen ohne Begriffe sind blind. Daher ist es eben so nothwendig, seine Begriffe sinnlich zu machen (d. i. ihnen den Gegenstand in der Anschauung beizufügen), als seine Anschauungen sich verständlich zu machen (d. i. sie unter Begriffe zu bringen).[500]

Kant wird seine Strategie der Frühschrift auch in der kritischen Phase anwenden, um sich abstrakten Totalitäten, die er nun Vernunftbegriffe nennt, anzunähern. Eine Totalität zeichnet sich dadurch aus, dass sie verschiedene Vielheiten in einem Begriff zusammenfasst, wozu für Kant das Selbstbewusstsein (und dies wäre die oben erwähnte Erfahrung einer Einheit der Vernunft), die Einheit der Welt, die Einheit von Subjekt und Natur, sowie ein transzendenter Grund wie ›Gott‹ zählen. Da diese Vernunftbegriffe aber, »indem sie eine bloße Idee ausmachen, die *in concreto* gar nicht vorgestellt werden«[501] können, jede erfahrbare Realität übersteigen, brauchen sie eine epistemische Praktik, die ihnen ein sinnliches Pendent zur Verfügung stellt. Kant versucht mit Hilfe der Übertragungsleistung der Analogie eine derartige Evidenzpraktik zunächst formal zu bestimmen:

> Alle Anschauungen, die man Begriffen a priori unterlegt, sind also entweder Schemate oder Symbole, wovon die erstern directe, die zweiten indirecte Darstellungen des Begriffs ent-

500 Kant: Kritik der reinen Vernunft, AA III, S. 75.
501 Ebd., S. 450.

> halten. Die erstern thun dieses demonstrativ, die zweiten vermittelst einer Analogie (zu welcher man sich auch empirischer Anschauungen bedient), in welcher die Urtheilskraft ein doppeltes Geschäft verrichtet, erstlich den Begriff auf den Gegenstand einer sinnlichen Anschauung und dann zweitens die bloße Regel der Reflexion über jene Anschauung auf einen ganz andern Gegenstand, von dem der erstere nur das Symbol ist, anzuwenden.[502]

Die ›Hypotypose‹, die für Kant die Versinnlichung eines Begriffes meint, kann auf zweierlei Arten geschehen: Im ersten Fall kann die Einbildungskraft mittels eines Schemas die sinnlichen Anschauungen und Begriffe zueinander in Beziehung setzen. Im zweiten Fall gelingt ihr das aufgrund der fehlenden Anschauung nur indirekt durch eine Übertragung gemäß der Analogie. Kant erläutert das Vorgehen der Analogie im Anschluss durch ein Beispiel eines despotischen Staates, dessen Gesetzmäßigkeit sich man mit Hilfe einer Handmühle vorstellen kann. Denn zwischen beiden existiert »zwar keine Ähnlichkeit, wohl aber zwischen den Regeln, über beide und ihre Causalität zu reflectiren.«[503] Die sinnliche Anschauung der Handmühle dient nicht als direkte Darstellung des despotischen Staates, sondern aufgrund des doppelten Geschäftes der Einbildungskraft lediglich als indirekte. Es wird nur die regelhafte Verbindung der Vorstellungen in der Reflexion der Form nach übertragen. Indirekt ist die Darstellung, weil der Gegenstandsbezug aufgrund des fremden Begriffes nicht eindeutig ist. Die Analogie stellt eine fremde Anschauung für einen abstrakten Begriff her und liefert gleichzeitig eine Reflexion über die begriffliche Strukturgleichheit der in Beziehung gebrachten Begriffe. Damit betrifft die Übertragung gemäß der Analogie nicht nur die Ebene der Anschaulichkeit, sondern aufgrund ihrer Regelgebundenheit auch die Ebene des Begrifflichen. Die Analogie vermittelt deshalb zwischen Begriff und Anschauung:

> Unsere Sprache ist voll von dergleichen indirecten Darstellungen nach einer Analogie, wodurch der Ausdruck nicht das eigentliche Schema für den Begriff, sondern bloß ein Symbol für die Reflexion enthält. So sind die Wörter Grund (Stütze, Basis), Abhängen (von oben Gehalten werden), woraus Fließen (statt Folgen), Substanz (wie Locke sich ausdrückt: der Träger der Accidenzen) und unzählige andere nicht schematische, sondern symbolische Hypotyposen und Ausdrücke für Begriffe nicht vermittelst einer directen Anschauung, sondern nur nach einer Analogie mit derselben, d. i. der Übertragung der Reflexion über einen Gegenstand der Anschauung auf einen ganz andern Begriff, dem vielleicht nie eine Anschauung direct correspondiren kann. Wenn man eine bloße Vorstellungsart schon Erkenntniß nennen darf [...] so ist alle unsere Erkenntniß von Gott bloß symbolisch.[504]

---

502 Kant: Kritik der Urteilskraft, AA V, S. 352.
503 Ebd., S. 352.
504 Kant: Kritik der Urteilskraft, S. 352–353.

Die Erläuterungen zum Symbol sind eine der wenigen Stellen, an denen sich Kant explizit Gedanken zu sprachtheoretischen Fragestellungen macht und den Übertragungsregeln analogischer Ausdrücke auf formaler Ebene nachgeht. Es scheint meiner Ansicht nach zentral, dass Kant an dieser Stelle von einer »Darstellung nach einer Analogie« spricht und nicht von einer Metapher, wie Paul Ziche in seinem Aufsatz *Abstrakte Metaphern und anschauliche Begriffe* angibt, da Kant hier vor allem die Verhältnisbeziehung der Analogie im Blick hat. Erst vor dem Hintergrund der Analogie wird Ziches Beobachtung verständlich, dass die von Kant aufgeführten Begriffe wie ›Grund‹, ›fließen‹, ›folgen‹, ›abhängen‹ und ›Substanz zu Akzidenz‹ Beziehungen der Kausalität von Grund und Folge beinhalten, weshalb sie, da es sich um Verhältnisbegriffe handelt, selbst auf eine übertragene Anschauung zurückgreifen müssen.[505] Führt man hier die Verhältnisbegriffe auf die Analogie zurück, wird meines Erachtens zudem der systematische Zusammenhang mit den erkenntnistheoretischen Ausführungen in der *Kritik der reinen Vernunft* deutlich, wo die relationalen Kausalfolgen der Erfahrungsinhalte den Regeln der Analogie unterliegen.[506]

---

505 Vgl. Paul Ziche: Abstrakte Metaphern und anschauliche Begriffe. Indirekte Darstellung, Kants »Regeln der Reflexion« und die Funktion von Metaphern in der Philosophie. In: Philosophisches Jahrbuch 112 (II) (2005), S. 395–410.

506 Damit erweist sich die letzte Kritik tatsächlich als Ergänzung zur ersten, wenn die *Kritik der Urteilskraft* für die begrifflichen Regeln der ersten Kritik eine Entsprechung hinsichtlich ihrer sinnlichen Form beinhaltet. In der *Kritik der reinen Vernunft* definiert Kant die Verbindung von Erfahrungsinhalte mit Hilfe ihrer relationalen Bezüglichkeit, sodass erst aufgrund der Beziehung von Begriffen eine Verbindung und Einheit der Erfahrung gewährleistet scheint. Diese Verhältnisbegriffe des Verstandes scheinen nun selbst über keine eindeutigen Anschauungen zu verfügen, sondern auf Anschauungen angewiesen zu sein, die wie im Fall von ›fließen‹ oder ›folgen‹ einen mehrfachen und das heißt relationalen Bezug zu mehreren Gegenständen ermöglichen. Wenn Kant an dieser Stelle ›woraus fließen‹ mit ›folgen‹ gleichsetzt, dann vermute ich, dass er hierfür das lateinische Verb *manare* vor Augen gehabt haben muss, das, wenn man in die lateinischen Lexika der Zeit schaut, nicht nur wortwörtlich mit »fließen«, sondern auch mit den übertragenen Bedeutungen »woraus fließen, d.i. herrühren, entstehen« übersetzt wurde und damit die von Kant anvisierte Kausalbeziehung beinhaltet. Vgl. hierzu Immanuel Johann Gerhard Scheller: Art. Mannus (und darunter *manare).* In: Ders.: Das Ausführliche und möglichst vollständige lateinisch-deutsche und deutsch-lateinische Lexicon zum Behufe der Erklärung der Alten und Übung in der lateinischen Sprache. Lateinisch-deutscher Theil. Leipzig 1783, Sp. 1481. Damit umfasst die Anschauung zu »woraus fließen« mindestens drei Gegenstandsbezüge, die selbst untereinander in einem bestimmten Verhältnis stehen, wenn ein Ursprungsort, aus dem etwas fließt mit einem Zielort, wohin es fließt als auch das fluide Medium in einen anschaulichen Verhältniszusammenhang gebracht werden. Die Anschauungen relationaler Begriffe beinhalten demnach selbst die Verbindung verschiedener Vorstellung von Gegenstände,

Wie Kant am Ende seiner Ausführung angibt, kann eine Erkenntnis von Vernunftbegriffen wie von Gott als der höchsten Vernunft der Natur nur symbolisch sein. Er führt diese Art der analogischen Erkenntnis in der *Kritik der Urteilskraft* auch noch weiter aus, um sich mit Hilfe der Übertragung der Reflexion von Kausalbeziehungen einem Vernunftbegriff wie der einer höchsten Vernunft anzunähern:

> So denken wir uns zu den Kunsthandlungen der Thiere in Vergleichung mit denen des Menschen den Grund dieser Wirkungen in den ersteren, den wir nicht kennen, mit dem Grunde ähnlicher Wirkungen des Menschen (der Vernunft), den wir kennen, als Analogon der Vernunft; und wollen damit zugleich anzeigen: daß der Grund des thierischen Kunstvermögens unter der Benennung eines Instincts von der Vernunft in der That specifisch unterschieden, doch auf die Wirkung (der Bau der Biber mit dem der Menschen verglichen) ein ähnliches Verhältniß habe. – Deswegen aber kann ich daraus, weil der Mensch zu seinem Bauen Vernunft braucht, nicht schließen, daß der Biber auch dergleichen haben müsse, und es einen Schluß nach der Analogie nennen. Aber aus der ähnlichen Wirkungsart der Thiere (wovon wir den Grund nicht unmittelbar wahrnehmen können), mit der des Menschen (dessen wir uns unmittelbar bewußt sind) verglichen, können wir ganz richtig nach der Analogie schließen, daß die Thiere auch nach Vorstellungen handeln [...]. [...] Eben so kann ich die Causalität der obersten Weltursache in der Vergleichung der zweckmäßigen Producte derselben in der Welt mit den Kunstwerken des Menschen nach der Analogie eines Verstandes denken, aber nicht auf diese Eigenschaften in demselben nach der Analogie schließen.[507]

Kant erörtert seine Frage nach einer vernünftig eingerichteten Welt demnach in ähnlicher Weise wie in seinem Frühwerk, jedoch mit umgekehrten Vorzeichen: Während in seiner Frühschrift die Vernünftigkeit des Menschen die unbekannte Größe in der Analogiebeziehung darstellte und der Schöpfungsplan der Natur durch eine höhere Vernunft gegeben schien (jedoch nicht kausal verursacht war), kann man nun vor dem Hintergrund der Transzendentalphilosophie nur noch von der eigenen Vernunft den Ausgang nehmen und muss sich die Idee der Natur mit Hilfe der Analogie erschließen. So wie das Beispiel der Handmühle zwar keinen Staat illustrieren kann, so kann auch der Bau der Biber nicht ihre Vernünftigkeit noch die der Natur darstellen, aber die Analogie kann einem helfen über die Zusammenhänge von ›Kunstwerk‹ und ›Künstler‹ zu reflektieren. Zwischen beiden besteht ein kausaler Zusammenhang, der helfen kann, von bestimmten Folgen auf die verursachenden Gründe zu schließen: So wie der Biber für das Bauen seines Dammes (Folge) irgendeine Form von Vernünftigkeit

womit sich die Übertragung der Reflexion der Regel als ein spannungsreiches Wechselspiel verstehen lässt, das nicht nur die Verhältnisse der Begriffe, sondern auch die der Anschauungen betrifft und damit Verstand und Sinnlichkeit zueinander in Beziehung setzt.

507 Kant: Kritik der Urteilskraft, AA V, S. 464.

braucht, so benutzt auch der Mensch seine Vernunft (Grund), wenn er etwa ein Haus (Folge) baut. Hat man sich nun bereits diese Analogie zunutze gemacht, um sich in der Welt vernunftanaloge Wesen zu denken, so kann man auch nach einer höchsten Vernunft fragen, die der Welt als Ganzes zugrunde liegen könnte. Man erkennt an dieser Stelle unweigerlich die frühere Herangehensweise, die sich mit Hilfe von Verhältnisbeziehungen, damals mit der von verschiedenen Vernunft-Wesen, einen Zugang zu einem transzendenten Bereich verschaffte. Aber im Gegensatz zur Frühschrift, in der Kant noch ziemlich selbstbewusst in Bereiche des nicht Wahrnehmbaren vorwagte und nicht nur die Vernunft des Menschen, sondern auch die Vernunft anderer Wesen im Kosmos inklusive einer höchsten Vernunft per Analogieschluss bestimmt hatte, wird in der *Kritik der Urteilskraft* der Analogiebeweis eingeschränkt.[508] Kant, so führt Sebastian Maly in seiner Dissertation *Kant über die symbolische Erkenntnis Gottes* aus, trifft hier die wichtige Unterscheidung zwischen einem Analogieschluss und der Möglichkeit nach der Analogie zu denken. Denn tatsächlich kann man nicht auf die Vernunft von Tieren oder eines höchsten Wesens *schließen*, sondern sich nur ein »Analogon der Vernunft« *denken*.[509] Hierzu weist Maly auf den wichtigen Unterschied in § 90 der *Kritik der Urteilskraft* hin:

> Eben so dürfen wir wohl die Causalität des Urwesens in Ansehung der Dinge der Welt, als Naturzwecke, nach der Analogie eines Verstandes, als Grundes der Formen gewisser Produkte, die wir Kunstwerke nenne, denken [...]; aber wir können daraus, daß unter Weltwesen der Ursache einer Wirkung, die als künstlich beurtheilt wird, Verstand beigelegt werden muß, keinesweges nach einer Analogie schließen, daß auch dem Wesen, welches von der Natur gänzlich unterschieden ist, in Ansehung der Natur selbst eben dieselbe Causalität, die wir am Menschen wahrnehmen, zukomme.[510]

Dass Kant die Analogiebeziehung Künstler : Kunst :: höchste Vernunft : Natur als Kausalbestimmung einschränkt, macht er noch an einer anderen Stelle deutlich, denn man sage

> von der Natur und ihrem Vermögen in organisirten Producten bei weitem zu wenig, wenn man dieses ein Analogon der Kunst nennt; denn da denkt man sich den Künstler (ein vernünftiges Wesen) außer ihr. [...] Genau zu reden, hat also die Organisation der Natur nichts Analogisches mit irgend einer Causalität, die wir kennen.[511]

508 Denn sonst wäre die Analogie im Sinne ihrer mathematischen Konstruktionsfunktion verstanden, die Kant seit seiner ersten Kritik für die Philosophie ablehnt. (Siehe weiter oben).

509 Vgl. Sebastian Maly: Über die symbolische Erkenntnis Gottes. Berlin/Boston 2012, S. 42ff.

510 Kant: Kritik der Urteilskraft, AA V, S. 465.

511 Ebd., S. 374–375.

In der Forschung wurde aufgrund dieses zurückgewiesenen Analogievergleichs von Kunst und Natur vermutet, dass Kant die Kunst generell nicht für geeignet halte, um sich der Zweckmäßigkeit der Natur anzunähern.[512] Wenn man aber Kants Argumentation weiterverfolgt, dann findet sich durchaus eine konstruktive Analogiebeziehung zwischen Kunst und Natur, die auch weitere Einsichten in die »innere Naturvollkommenheit« verspricht:

> Schönheit der Natur, weil sie den Gegenständen nur in Beziehung auf die Reflexion über die äußere Anschauung derselben, mithin nur der Form der Oberfläche wegen beigelegt wird, kann mit Recht ein Analogon der Kunst genannt werden.[513]

Der Begriff der ›Schönheit‹, der seit Baumgarten als Ausdruck der sinnlichen Erkenntnis gilt, scheint auch für Kant ein epistemischer Ausdruck zu sein und eine Verbindung von Kunst und Natur auszudrücken:

> An einem Producte der schönen Kunst muß man sich bewußt werden, daß es Kunst sei und nicht Natur; aber doch muß die Zweckmäßigkeit in der Form desselben von allem Zwange willkürlicher Regeln so frei scheinen, als ob es ein Product der bloßen Natur sei.[514]

Die Schönheit von Kunst und Natur ergibt sich für Kant aufgrund ihrer äußerlichen Zweckfreiheit, sodass der Schönheitsbegriff bereits ein erstes Verständnis über deren innere Organisation ermöglicht. Er versteht die Schönheit eines Kunstwerkes als »Ausdruck ästhetischer Ideen«, was besagt, dass dem Kunstwerk eine ideelle Anlage zugrunde liegt, die aber nicht regelhaft bzw. begrifflich bestimmt ist. Denn »unter einer ästhetischen Idee aber verstehe ich diejenige Vorstellung der Einbildungskraft, die viel zu denken veranlaßt, ohne daß ihr doch irgend ein bestimmter Gedanke, d. i. Begriff, adäquat sein kann, [...].«[515] Reine Schönheit setzt nach Kant »keinen Begriff von dem voraus, was der Gegenstand sein soll.«[516] Kant versucht den ästhetisch schönen Gegenstand aus jeglichem Kausalverhältnis zu lösen und führt hierfür zwei Argumente an: Zum einen versteht es nur ein wahres Genie ein derart autonomes Kunstwerk herzustellen, denn dieses weiß selbst nicht, wie »sich in ihm die Ideen dazu herbei finden« und

512 Vgl. bspw. Angela Breitenbach, die einer Analogie von Kunst und Natur aufgrund dieses Zitates widerspricht. Angela Breitenbach: Die Analogie von Vernunft und Natur, S. 76ff.

513 Kant: Kritik der Urteilskraft, AA V, S. 375.

514 Ebd., S. 306.

515 Ebd.

516 Ebd., S. 229.

hat es auch »nicht in seiner Gewalt [...], dergleichen nach Belieben oder planmäßig auszudenken.«[517] Zum anderen ist für Kant

> Genie [...] das Talent (Naturgabe), welches der Kunst die Regel giebt. Da das Talent als angebornes productives Vermögen des Künstlers selbst zur Natur gehört, so könnte man sich auch so ausdrücken: Genie ist die angeborne Gemüthsanlage (ingenium), durch welche die Natur der Kunst die Regel giebt.[518]

Was zunächst wie ein Paradox für die Kunst klingt, die einmal ohne jegliche Regeln auskommen soll, und das andere Mal durch die Natur Regeln vorgesetzt bekommt, scheint jedoch dann Sinn zu ergeben, wenn man die Organisation der Natur als nicht verursachte Selbsttätigkeit versteht, womit die Vorgabe der Regel genau darin besteht, keinen kausalen Regeln zu unterliegen.

Das Kunstwerk hat demnach eine ideelle Anlage durch eine ästhetische Idee, gleichzeitig kann sie »in keiner Formel abgefaßt zur Vorschrift dienen; denn sonst würde das Urtheil über das Schöne nach Begriffen bestimmbar sein [...].«[519] Im Gegensatz zum Vernunftbegriff der Zweckmäßigkeit der Natur ist die ästhetische Idee nicht begrifflich fassbar, sondern eine sinnliche Vorstellung bzw. eine sinnliche Vorstellung eines Anschauungsgefüges, wenn sie die Einbildungskraft derart stimuliert, dass sich ein »unabsehliches Feld verwandter Vorstellungen eröffne[t]«.[520] Damit scheint jedoch die ästhetische Idee als relationales Anschauungsgefüge strukturell der Vernunftidee der Natur zu entsprechen, da sie gleichsam selbsttätig eine unendliche Mannigfaltigkeit analoger Formen hervorbringt, die sie ideell durch ein »Thema«[521] vereint, ohne sie begrifflich zu verallgemeinern.[522] Denn das Anschauungsgefüge der ästhetischen Idee hat zwar keinen Gegenstandsbezug zum Vernunftbegriff, jedoch, wie Niklas Dommaschk angibt,

517 Ebd., S. 308.

518 Ebd., S. 307.

519 Kant: Kritik der Urteilskraft, AA V, S. 309.

520 Ebd., S. 315.

521 Vgl. zum Begriff des ›Themas‹, den Kant als einigendes Element sowohl beim empirischen Denken, als auch bei der ästhetischen Idee voraussetzt Kant: Anthropologie in pragmatischer Hinsicht, AA VII, S. 177 und Kritik der Urteilskraft, AA V, 329.

522 Zur ästhetischen Selbsttätigkeit und deren Erfahrung im interessenlosen Wohlgefallen vgl. Ernst Cassirer: Kants Leben und Lehre. In: Ders.: Gesammelte Werke. Hamburger Ausgabe. Band 8, hg. von Birgit Recki. Hamburg 2001, S. 303ff. Rüdiger Bubner orientiert sich vor allem am Begriff des ›Scheins‹ als Gesetz der Schönheit, der für ihn Ausdruck eines modernen Kunstbegriffes ist, da dieser in der ästhetischen Erfahrung »nur im Raume einer durch gewisse sinnliche Reflexionstätigkeit« in einer »nicht endenden Bewegung [...] reine Leistungen hervorbringt, die zu keiner Bestimmtheit gelangen, da sie auf Sinnlichkeit bezogen im Banne des Objekts verblei-

eine analogische Ähnlichkeit mit demselben, wonach die »Übertragung der Reflexion über einen Gegenstand der Anschauung auf einen ganz anderen Begriff, dem vielleicht nie eine Anschauung direkt correspondiren kann«, diesem Begriff eine »Vorstellungsart« zukommen lässt.[523] Damit zeigt sich anhand von Kants Darstellungstheorie der Analogie deren antike Prägung, die zwischen anschaulicher und begrifflicher Ebene angesiedelt ist, die Kant nun im Sinne seiner transzendentalen Perspektive nutzt. Es handelt sich bei Kant nämlich nicht einfach um die Übertragung konkreter Anschauungen, sondern um die Übertragung der Regel der Reflexion, womit vor allem der formalen Seite der Übertragung nachgegangen wird. Wenn man, um nochmals auf Paul Ziche zurückzukommen, solcherart eine

> Übertragung von Strukturen bestimmt, verlässt man allerdings den Bereich des unmittelbar Anschaulichen, man betrachtet dasjenige, was mehreren anschaulichen Bestimmungen gemeinsam ist, als solches aber nicht direkt sichtbar.[524]

Wird mit Hilfe der Analogie einem abstrakten Begriff ein semantisch-polyvalentes Anschauungsgefüge zugeführt, dann eröffnet dies an dieser Stelle eine Möglichkeit, die Totalität eines Vernunftbegriffes zu versinnlichen. Die bereits in der Frühschrift thematisierten Probleme, die die Darstellung der heterogenen Unendlichkeit und die einigende Vernünftigkeit der Natur betreffen, werden an dieser Stelle nochmals aufgegriffen und wiederum mit Hilfe der Kunst zu lösen versucht. Während Kant in der Frühschrift aber die Dichtung unmittelbar zu Wort kommen lässt und dadurch medial die Versinnlichungsstrategie vorführt, thematisiert er in seiner kritischen Phase deren formalen Charakter, den er als Regel der Reflexion dem Bereich der Analogie zuweist. Jedoch zeigt sich bereits in der Frühschrift ein wichtiger Gedanke, den Kant beibehalten wird, denn die Dichtkunst ist weder damals noch jetzt ein mimetisches Nachahmungsinstrument, sondern

---

ben.« Rüdiger Bubner: Ästhetische Erfahrung. Frankfurt/M. 1989, S. 38; Heinz Paetzold bestimmt das interessenlose Wohlgefallen als ein kontemplatives Moment, in dem sich das Subjekt auf die Dinge bezieht ohne sie begrifflich zu erfassen. Heinz Paetzold: Ästhetik des deutschen Idealismus. Zur Idee ästhetischer Rationalität bei Baumgarten, Kant, Schelling, Hegel und Schopenhauer. Wiesbaden 1983, S. 82f; Wolfgang Bartuschat spricht von einem »offenen Urteil«, womit das ästhetische Urteil zwar eine Urteilsform beinhaltet und damit einen Begriff anvisiert, jedoch inhaltlich nicht determiniert ist. Wolfgang Bartuschaft: Ästhetische Erfahrung bei Kant. In: Andrea Esser und Wolfgang Bartuschat (Hg.): Autonomie der Kunst? Zur Aktualität von Kants Ästhetik. Berlin 1995, S. 49–65, hier: S. 52.

523 Kant: Kritik der Urteilskraft, AA V, S. 352–353. Vgl. zur ›analogischen Ähnlichkeit‹ von ästhetischer Idee und Vernunftbegriff Dommschak: Ähnlichkeit und ästhetische Erfahrung, S. 71.

524 Paul Ziche: Abstrakte Metaphern, S. 403.

gewährt dem Menschen einen epistemischen Zugang zu transzendenten Bereichen: »[D]er Dichter wagt es, Vernunftideen von unsichtbaren Wesen, das Reich der Seligen, das Höllenreich, die Ewigkeit, die Schöpfung, u. d. gl. zu versinnlichen.«[525] Die Kunst mit ihren ästhetischen Ideen kann demnach eine Anschauung für die abstrakten Vernunftideen mit Hilfe der Analogie liefern.

Neben dieser formalen Bestimmung einer reflexiven Erfassung der Natur im Kunstwerk, bietet Kant jedoch auch eine Überlegung zu einem direkten sinnlichen Zugang zur Organisation der Natur in der unmittelbaren Erfahrung von Kunst. Hierfür stützt er sich folgerichtig auch nicht mehr auf die Bilder der geschriebenen, sondern auf die Töne der gesprochenen Sprache bzw. auf die der Musik, denn die Tonkunst vermag es durch

> die Form der Zusammensetzung dieser Empfindungen (Harmonie und Melodie) [...] vermittelst einer proportionirten Stimmung derselben (welche, weil sie bei Tönen auf dem Verhältniß der Zahl der Luftbebungen in derselben Zeit, sofern die Töne zugleich oder auch nach einander verbunden werden, beruht, mathematisch unter gewisse Regeln gebracht werden kann) die ästhetische Idee eines zusammenhängenden Ganzen einer unnennbaren Gedankenfülle einem gewissen Thema gemäß, welches den in dem Stücke herrschenden Affect ausmacht, auszudrücken.[526]

Die schöne Tonkunst beruht auf der Komposition als regelhafte Zusammensetzung der Töne, die für Kant durch Verhältnisse in der Zeit bestimmt sind. Christian Friedrich Michaelis versucht als einer der ersten Musiktheoretiker in Deutschland seine Philosophie der Musik in engen Anschluss an Kants *Kritik der Urteilskraft* auszurichten[527] und erläutert Kants Vorstellung der »mathematischen Form«,[528]d.i. die »Proportion«,[529] als die Bedingung der Komposition, welche die Grundlage für die Schönheit der Musik darstellt. Wenn Michaelis ausführt, dass

---

525 Kant: Kritik der Urteilskraft, AA V, S. 314.

526 Ebd., S. 329.

527 Vgl. zum Zusammenhang von Michaelis und Kant Georg Mohr: »Die Musik ist eine Kunst des ›innern Sinnes‹ und der ›Einbildungskraft‹«. Affekt, Form und Reflexion bei Christian Friedrich Michaelis. In: Ulrich Tadday (Hg.): Musik-Konzepte. Neue Folge. Sonderband: Musikphilosophie. München 2007, S. 137–152. Sowie allgemein zu Kants musiktheoretischen Überlegungen und insbesondere zur mathematischen Proportion als harmonisches Mittel Piero Giordanetti: Kant und die Musik. Würzburg 2005, S. 88ff.

528 Christian Friedrich Michaelis: Ueber den Geist der Tonkunst. Mit Rücksicht auf Kants Kritik der ästhetischen Urtheilskraft. Ein ästhetischer Versuch von Christian Friedrich Michaelis. Leipzig 1795, S. 22.

529 Ebd.

die mathematischen Gesetze zugleich Naturgesetze sind, die sich nun in der ästhetischen Form der Komposition zeigen, dann scheint er Kants Kerngedanken getroffen zu haben. Denn es verbinden sich an dieser Stelle die Regeln der

> physikalischen Natur [...] als Kunst, die Töne in ihrer größten Reinheit, in der dem Ganzen angemessensten Dauer, Zeiteintheilung, Aufeinanderfolge und Zusammenstimmung [...mit der, S.G.] ästhetischen Natur, in Bezug auf das Schöne und Erhabene, als Kunst, Melodie und Harmonie zu dem wahrhaften Ausdrucke interessanter und allgemein mittheilbarer Gefühle, und zur kräftigen Darstellung einnehmender und hoher Ideen der Fantasie anzuwenden [...].[530]

Dadurch, dass die Tonkunst eine ›Kunst der Zeit‹[531] ist, regt sie das innere Gemüt des Zuhörers an, denn sie stellt keine eigentlichen Objekte, sondern stets nur hörbare Reize dar. Jedoch ist sie keine rein sinnliche Kunst, denn sie regt im Nachvollzug des Gehörten den Rezipienten auch dazu an, die Gesetzmäßigkeiten der Komposition zu identifizieren, die – da es sich um temporale Naturgesetze handelt –, einen Bezug zur Organisation der Natur aufweisen. Damit affiziert die Musik nicht nur das sinnliche Gefühl, sondern auch die reflektierende Verstandestätigkeit. So heißt es bei Kant:

> Die Reize in der schönen Natur, welche so häufig mit der schönen Form gleichsam zusammenschmelzend angetroffen werden, sind [...] zu den Modificationen [...] des Schalles (in Tönen) gehörig. Denn diese sind die einzigen Empfindungen, welche nicht bloß Sinnengefühl, sondern auch Reflexion über die Form dieser Modificationen der Sinne verstatten und so gleichsam eine Sprache, die die Natur zu uns führt, und die einen höhern Sinn zu haben scheint, in sich enthalten.[532]

Anhand der proportionalen Beziehungen in der Tonkunst kann der Rezipient die zeitlichen Verhältnisbeziehungen der *Analogien der Erfahrung* unmittelbar im ästhetischen Modus erleben.

Die Erfahrung von Schönheit und Harmonie schafft insofern mittels der Reflexion einen sinnlich-reflexiven Zugang zur »inneren Naturvollkommenheit« und belebt gleichzeitig das Gemüt des Rezipienten:

---

530 Ebd., S. 56.

531 Vgl. hierzu Michaelis Aussage: »Die Musik ist auch erst Musik in unserm ›Gemüth‹ [...]. Sie ist dem zu Folge eine Kunst, deren Sphäre die Zeit und der innere Sinn ausmachen.« Christian Friedrich Michaelis: Ein Versuch, das innere Wesen der Tonkunst zu entwickeln [1806]. In: Ders.: Ueber den Geist der Tonkunst und andere Schriften, hg. von Lothar Schmidt. Chemnitz 1997, S. 250.

532 Kant: Kritik der Urteilskraft, AA V, S. 302.

> Die stärkt das Gemüth, indem sie es sein freies, selbstthätiges und von der Naturbestimmung unabhängiges Vermögen fühlen läßt, die Natur als Erscheinung nach Ansichten zu betrachten und zu beurtheilen, die sie nicht von selbst weder für den Sinn noch den Verstand in der Erfahrung darbietet, und sie also zum Behuf und gleichsam zum Schema des Übersinnlichen zu gebrauchen.[533]

Die Belebung des Gefühls durch die Kunst beschreibt Kant als ›ästhetische Lust‹, die als Vergnügen über die eigene Verstandesleistung verstanden werden kann. Denn bei der Wahrnehmung eines Kunstobjektes sind die Erkenntnisvermögen aufgrund des semantischen Überangebotes nicht in der Lage eine begriffliche Bestimmung vorzunehmen, zugleich werden sie aber zu einer epistemischen Reflexion über denselben animiert:

> Dagegen ist die Lust am Schönen weder eine Lust des Genusses, noch einer gesetzlichen Thätigkeit, auch nicht der vernünftelnden Contemplation nach Ideen, sondern der bloßen Reflexion. Ohne irgend einen Zweck oder Grundsatz zur Richtschnur zu haben, begleitet diese Lust die gemeine Auffassung eines Gegenstandes durch die Einbildungskraft, als Vermögen der Anschauung, in Beziehung auf den Verstand, als Vermögen der Begriffe, vermittelst eines Verfahrens der Urtheilskraft, welches sie auch zum Behuf der gemeinsten Erfahrung ausüben muß.[534]

Im Gefühl der Lust, so die Vorstellung Kants, kann sich der Mensch seiner eigenen Erkenntnistätigkeit erstmals bewusstwerden, da diese hier nicht dem Zweck unterworfen ist, einen Gegenstand zu erfassen, sondern sich in einem freien und selbsttätigen Spiel selbst erfahren kann. Ist die Erkenntnis nicht auf etwas außer ihr selbst Liegendes gerichtet, kann sie sich auf sich besinnen: »Dagegen ist die Lust am Schönen weder eine Lust des Genusses noch einer gesetzlichen Thätigkeit, [...] sondern der bloßen Reflexion.«[535] Deswegen ist sie nicht auf die Gegenstandserkenntnis ausgerichtet, sondern nur darauf, die »Beschäftigung beider Erkenntnisvermögen in ihrer Freiheit wahrzunehmen, d.i. den Vorstellungszustand mit Lust zu empfinden.«[536] Treten nun beide Erkenntnisvermögen in der ästhetischen Wahrnehmung das erste Mal ins Bewusstsein des Subjektes, kann es sich auf die formalen Anlage beider konzentrieren:

> Diese Lust muß nothwendig bei jedermann auf den nämlichen Bedingungen beruhen, weil sie subjective Bedingungen der Möglichkeit einer Erkenntniß überhaupt sind, und die Pro-

---

533 Ebd., S. 326.
534 Ebd., S. 292.
535 Kant: Kritik der Urteilskraft, AA V, S. 292.
536 Ebd.

> portion dieser Erkenntnißvermögen, welche zum Geschmack erfordert wird, auch zum gemeinen und gesunden Verstande erforderlich ist, den man bei jedermann voraussetzen darf.[537]

Im Geschmacksurteil, das über einen schönen Gegenstand gefällt und das durch ein Gefühl der Lust begleitet wird, befinden sich die Erkenntnisvermögen von Sinnlichkeit und Verstand in der gleichen Proportion wie im Erfahrungsurteil, sodass der Mensch sich der relationalen Beziehung von beiden bewusst wird und damit die Analogie-Struktur seiner Vernunft in den Blick bekommt, »das ansonsten auf keine andere Weise erlebt werden kann – dass die Erkenntniskräfte des Subjekts *zweckmäßig* aufeinander eingestellt sind [...].«[538]

Mit Hilfe der Kunst kann sich der Mensch insofern nicht nur über die Verhältnisbeziehungen der eigenen Erkenntnis, sondern auch über die der Natur bewusstwerden, womit auch die strukturelle Ähnlichkeit von Vernunft und Natur an dieser Stelle zum Bewusstsein kommt. Die Kunst bildet insofern, ähnlich wie in der Frühschrift, jene ›Als-Ob-Position‹, in die Subjekt und Natur zentralperspektivisch fluchten. Dass die Analogie einerseits die logische Strukturform als auch die ästhetische Transgression für die Verhältnisbeziehungen innerhalb von Vernunft, Natur und Kunst als auch zwischen ihnen herstelle, zeigt den hohen Stellenwert, den Kant der Analogie zuschreibt. An unterschiedlichen Stellen zeigt er ihrer Vermittlungsleistung zwischen ästhetischer und logischer Erkenntnis auf und stilisiert sie damit zu einer Form moderner Erkenntnis, die von seinen unmittelbaren Nachfolgern wie Hardenberg und Goethe übernommen und weiter entfaltet werden wird.

---

537 Ebd., S. 292–293.

538 Birgit Recki: Ästhetik der Sitten. Die Affinität von ästhetischem Gefühl und praktischer Vernunft bei Kant. Frankfurt/M. 2001, S. 106.

4 Die analogische »Construction« von Welt und Subjekt – Friedrich von Hardenberg

Filosofey

Laßt sich jene Weise zanken
Obwol die Monaden sind
Und wir eines Zufalls Wind
Unser Daseyn nur verdanken.

Wie der Geist den Körper leitet
Und auch selbstbeständig sey,
Wenn von seiner Hülle frey
Er durch ferne Höhen gleitet.

Aber wir, wir wollen hören
Was uns Freyheit und Natur
Und der Lenz und Epicur
Mit der süßen Stimme lehren.

Wenn im May die Bäume blühen
Und der rege Tauber girrt,
Und der bunte Käfer schwirrt
Froher Mädchen Wangen glühen,

Welche gern beym Jüngling weilen
Der vielleicht noch schüchtern ist
Und vielleicht noch nicht vergißt
Strenge Vettern, laßt uns eilen

Zum verschwiegenen Gebüsche
Von Cytherens Lust erhizt,
Daß uns ja nicht ungenüzt
Jugend mit der Lust entwische. [...] [539]

In einem spöttischen Gedicht macht sich der junge Friedrich von Hardenberg über die Grübeleien der Philosophen lustig, die sich über Monaden und den menschlichen Verstand den Kopf zerbrechen, dabei aber die wichtigsten Dinge des Lebens, die Natur und die Liebe, übersehen. Dieser ironische Hohn gegenüber der Philosophie ist Teil der zu seiner Jugendzeit beliebten Rokokodichtung und Hardenberg variiert das Thema in mehreren seiner frühen Arbeiten. Nicht

539 Friedrich von Hardenberg: Filosofey. N VI/2, S. 55.

https://doi.org/10.1515/9783110986969-004

die Wissenschaft solle man befragen, sondern die Natur, befindet Hardenberg, dann findet man den Lebenssinn, die Liebe, ganz von alleine. Wissenschaft und Kultur, so ereifert sich Hardenberg in Anschluss an die Rousseau'sche Mode der Zeit, verderben nur den Geist. Sobald er jedoch selbst zu studieren beginnt und sich mit unterschiedlichen Wissensgebieten auseinandersetzt, formuliert er ganz andere Gedanken:

> Jede W[issenschaft] hat ihren Gott, der zugleich ihr Ziel ist. So lebt eigentlich die Mechanik vom Perpetuo mobile – und sucht zu gleicher Zeit, als ihr höchstes Problem, ein *Perpetuum mobile* zu construiren. So die Chymie mit dem Menstruo universali – und dem *geistigen* Stoffe, oder dem Stein der Weisen. Die Phil[osophie] sucht ein erstes und einziges Princip. Der Mathem[atiker] die Quadratur des Zirkels und eine Principalgleichung. Der *Mensch* – *Gott*. Der Mediciner ein Lebenselexier – eine Verjüngungsessenz und vollk[ommenes] Gefühl und Handhabung d[es] Körpers. Der Politiker einen vollkommenen Staat – Ewigen Frieden – *Freyer Staat*.[540]

Ungefähr zehn Jahre nach seinen jugendlichen Versuchen findet sich diese Notiz in seiner Sammlung *Allgemeines Brouillon* unter der Rubrik »ENC[YCLOPAEDISTIK]« und versammelt in knapper Form eine ganze Bandbreite unterschiedlicher Disziplinen wie Mechanik, Chemie, Philosophie, Mathematik, Religion, Medizin und Politik. Während er in der Jugend noch spöttisch auf die wissenschaftliche Erkenntnis blickt, begeistert er sich nun leidenschaftlich dafür. Die Fachgrenzen hält er jedoch für hinderlich: »Die Wissenschaften sind nur aus Mangel an Genie und Scharfsinn getrennt – die Verhältnisse zwischen ihnen sind dem Verstand und Stumpfsinn zu verwickelt und entfernt voneinander.«[541] Hardenberg nimmt sich deshalb vor, eine »Universalwissenschaft« zu entwerfen, in der »alle andre Wissenschaften, als ihre Modificationen« erschienen.[542]

Frühe Entwürfe und späte Überlegungen scheinen in einem harten Kontrast zu stehen. Es gibt jedoch, trotz der scheinbaren Differenzen, einen intrinsischen Motivationszusammenhang, der Hardenberg leitet: Er möchte verstehen, was die Natur als Ganzes lehrt. Scheint in den Jugendschriften der Zugang noch intuitiv zu funktionieren (wobei auch hier bereits mit Epikur eine kulturelle Vermittlung gegeben scheint), so gilt es ab dem Eintritt in die Welt der Wissenschaft, den Zugang reflexiv zu erfassen. Dabei markiert Hardenberg mit seiner Notiz zu den unterschiedlichen Wissensgöttern ein Problem der Zeit: Eine unmittelbare Einsicht

540 Hardenberg: Das Allgemeine Brouillon, N III, Nr. 314, S. 296.
541 Hardenberg: Philosophische Studien, N II, Nr. 27, S. 368.
542 Hardenberg: Das Allgemeine Brouillon, N III, Nr. 155, S. 269.

in das Naturganze scheint es im Anschluss an die moderne funktionale Ausdifferenzierung des Wissens und ihrer epistemischen Legitimation als Resultat der Philosophie der Aufklärung nicht mehr zu geben. Hardenbergs Vorstellung einer Universalwissenschaft ist insofern keine jugendliche Träumerei, sondern ein Lösungsansatz für ein epistemisches Problem der Zeit und er misst sich mit keinem geringeren als Kant: »Kants Plan wars, eine universelle – encyklopaedische Kritik zu liefern – er hat sie aber nicht ganz ausgeführt und nicht mit gleichem Glück in den einzelnen Massen der Ausführung.«[543] Kant befasse sich nach Hardenberg nur mit Fragen nach höchsten Prinzipien im Bereich der menschlichen Vernunft und der Moral und lasse alle anderen Disziplinen unberücksichtigt. Er hingegen möchte nicht nur ein »erstes und einziges Princip«[544] berücksichtigen, sondern die Grundlage für das ganze Wissen entdecken. Man müsse dafür das »Relationsschema der Wissenschaften«[545] in Augenschein nehmen, dann würde man den Zusammenhang entdecken. Der Schritt, das Relationsschema der Wissenschaften auf die Analogie zurückführen, scheint dabei nicht weit, denn schließlich sei »ENC[YCLOPAEDISTIK]. *Analogistik*«.[546]

Es wird zu zeigen sein, dass Hardenberg sich mit seiner *Analogistik* nicht nur in den wissenschaftlichen, sondern auch in den philosophischen Diskurs der Zeit einschreibt und sowohl den szientistischen Wissensbegriff als auch den philosophischen Systembegriff neu prägt. Dass Hardenberg mit seinen wissenschaftlichen und philosophischen Arbeiten eine eigene Leistung erbracht hat, ist erst durch die Forschung der letzten Jahrzehnte hervorgehoben worden. Sie hat auf verschiedene Art und Weise gezeigt, dass Hardenbergs naturwissenschaftliche, philosophische und dichterische Ambitionen differenziert zu betrachten sind und seine szientistischen Überlegungen eigene Positionen darstellen.[547]

543 Hardenberg: Das Allgemeine Brouillon, N III, Nr. 463, S. 336.

544 Ebd., Nr. 314, S. 296.

545 Ebd., Nr. 624, S. 378.

546 Hardenberg: Das Allgemeine Brouillon, N III, Nr. 431, S. 321.

547 Bereits seit den späten 1970er Jahren hat sich ein neues Interesse an Hardenberg als Naturwissenschaftler entwickelt. Eine der ersten Arbeiten dazu stammt von Johan Neubauer, der mit seiner Untersuchung *Bifocal Vision. Novalis' Philosophy of Nature and Disease* (Chapel Hill 1971) erstmals den Zusammenhang von Poesie, Philosophie und Naturwissenschaft, vornehmlich Biologie und Medizin, untersucht und zu dem Ergebnis kommt: »Hardenberg's later preoccupation with the interaction of polarities, with the nature of organism, and with the relationship between parts and the whole indicate that he was in search of al theory of correspondences and a holistic vies of the universe.« Ebd., S. 14f. Dabei geht Neubauer dieser Theorie erst später hinsichtlich der mathematischen *ars combinatoria* nach, jedoch taucht der zentrale Analogiebegriff bei ihm nicht auf (John Neubauer: Symbolismus und symbolische Logik. München 1978). Neben Neubauer hat sich Johannes Hegener um die Frage der *Poetisierung der Wissenschaften bei Novalis.*

Auch seine philosophischen Bemühungen in Anschluss an Kant und Fichte werden seit den Arbeiten von Manfred Frank als eigenständige Gedanken und als Weiterentwicklung der Transzendentalphilosophie anerkannt. Gleichzeitig scheint die Forschung, wie Herbert Uerlings oder auch Benjamin Specht feststellen, von einer Diskrepanz zwischen alten ontologischen und progressiven Ansätzen im Werk verunsichert, die als Differenz von dichterischem und wissenschaftlichem Werk zu deuten versucht wird.[548]

Dies betrifft auch immer wieder die Einschätzung des Analogiebegriffes, der im Falle Hardenbergs fast ausschließlich mit einer *analogia entis* in Verbindung gebracht wird. Dabei kann eine eigene Auseinandersetzung mit Hardenbergs Analogiegebrauch helfen, seine durchwegs moderne Denkweise zu verstehen. Denn diese kennzeichnet im Bereich von Philosophie und Wissenschaft eine Öffnung der Seinskonzepte auf moderne-relationale Logiken, die Hardenbergs Denken nicht als Rückfall in alte Ontologien, sondern als moderne Balancierungsarbeit erscheinen lässt. Zum anderen scheint der Analogiebegriff im Anschluss an Kant für Hardenberg auch neue Erkenntniszugänge über die Ästhetik zu eröffnen. Denn dass Hardenberg als Literat die Analogie auch auf ihr ästhetisches Erkenntnis- und Darstellungspotential hin erprobt, scheint selbsterklärend.

Dargestellt am Prozeß der Entwicklung von Welt und Menschheit. Studien zum Problem des enzyklopädischen Weltverfahrens (Bonn 1975) bemüht. Diese Studie genießt, wie Benjamin Specht anmerkt, in der Forschung »wegen ihres zu großen Vertrauens auf die Evidenz von Primärzitaten in der Novalis-Forschung insgesamt keinen guten Stand.« Benjamin Specht: Benjamin Specht: Physik als Kunst. Die Poetisierung der Elektrizität um 1800. Berlin/New York 2010, S. 221. Hegener stellt dabei den für die Zeit spannenden Begriff der ›Entwicklung‹ ins Zentrum seiner Untersuchung, um ihn für die Frage nach eines Vereinigungsprinzips der Wissenschaften stark zu machen und ihn auch mit dem Konzept der Analogie zu verbinden, jedoch verliert er innerhalb seiner Argumentation seine Primärbegriffe zusehends aus den Augen, sodass am Ende der Arbeit nicht deutlich wird, inwiefern die Entwicklung als auch die Analogie tatsächlich zur Realisierung einer Gesamtwissenschaft beitragen können. Vgl. hier auch die Kritik von Hans Esselborn: Poetisierte Physik. Romantische Mythologie in Klingsohrs Märchen. In: Aurora. Jahrbuch der Eichendorff-Gesellschaft 47 (1987), S. 137–158. Erst mit Herbert Uerling Sammelband *Novalis und die Wissenschaften* (Tübingen 1997) wurde dann die Frage nach Hardenbergs naturwissenschaftlichen Werk systematisch untersucht und hat seitdem eine ganze Reihe weiterer Studien zu einzelnen Wissenschaftsdisziplinen angestoßen. Siehe weiter unten.

548 Herbert Uerlings: Friedrich von Hardenberg, genannt Novalis. Werk und Forschung. Stuttgart 1991, S. 113, Benjamin Specht: Physik als Kunst, S. 221ff.

> Die Naturpoesie ist wohl der eigentliche Gegenstand der Kunstpoesie – und die Äußerlichkeiten der poetischen Rede scheinen sonderbare Formeln ähnlicher Verhältnisse, sinnbildliche Zeichen des Poetischen an den Erscheinungen zu sein.[549]

Wenn sich Naturpoesie und Kunstpoesie wechselseitig aufeinander beziehen lassen, dann scheint Hardenberg Kants Gedanken der *Kritik der Urteilskraft* weiterzuführen, jedoch – und dies wird im Folgenden zu zeigen sein – mit dem veränderten Ansatz, dass sowohl Natur als auch Erkenntnis ästhetisch begründet seien.

4.1 Analogistik und Enzyklopädistik

Hardenberg hält zwischen September 1798 und März 1799 verschiedene Notizen zu wissenschaftlichen, ästhetischen oder philosophischen Themen in zusammengehefteten Bündeln fest. Insgesamt wird er 365 Oktavseiten auf diese Weise füllen und bei einer nachträglichen Betrachtung der einzelnen Notate scheinen diese mehr im Stil eines offenen Notizbuches als nach einer bestimmten Logik angeordnet zu sein. Hardenberg selbst wählt dafür den Titel *Allgemeines Brouillon*, wobei das französische *brouillon* mehrere Bedeutungen umfasst und zwischen den Extremen von ›Chaos‹ und ›Konzept‹ changiert.[550]

Mit dieser zweideutigen Betitelung, die eine offenen und konzeptuelle Anlage meinen kann, scheint auch die Forschung lange Zeit nicht sicher, wie sie das Textkonvolut einzuschätzen hat. Ebenso unentschieden reagiert sie einmal mit der Annahme eines »enzyklopädischen Werkes«,[551] das auf einer zugrundeliegenden ›systematischen Organisation‹[552] basiert, und einmal mit der eines ›enzyklopädischen Confusionssystem‹.

549 Hardenberg: Das Allgemeine Brouillon, N III, Nr. 570, S. 652.

550 Zedler zählt unter der Rubrik ›Brouillon‹ gleich mehrere Begriffsverwendungen auf: »Brouiller, brouilliren, heißt so viel als untereinander werffen, in Verwirrung bringen, hernachmahls heißt es auch Uneinigkeit anrichten [...] Brouillon, so nennet man den ersten Entwurf eines Risses, ehe man ihn ins Reine bringt.« Johann Heinrich Zedlers Grosses vollständiges Universal-Lexicon aller Wissenschaften und Künste. Bd. 4 Bl – Bz. Halle/Leipzig 1733, Sp. 1486.

551 Jurij Striedter: Die Fragmente des Novalis als »Präfigurationen« seiner Dichtung. München 1985, S. 151.

552 Walter Moser: Romantisme et crisis. Poésie et encyclopédie dans le »Brouillon« de Novalis. Longueuil 1989, S. 285.

Dieses müsse als »derart gesteigerte[] und deregulierte[] Komplexität schließlich das ›Chaos‹« selbst sein.[553] Apologeten, die sich letzterer Einschätzung zuordnen, stützen ihre Ansicht durch die Fragmentästhetik der Romantik, die durch die editionsgeschichtliche Tradierung der Notizen bestärkt wird. Denn bereits Friedrich Schlegel und Ludwig Tieck geben in der ersten Herausgabe an, dass das künftige Werk wohl nur in »abgerissenen Sätzen bestehen sollte und konnte«,[554] in welcher ein kundiger Leser »die Ideen finden [muss, S.G.], die wie aus einem Mittelpunkte alle übrigen verständlich machen.«[555] Gegenüber der Ansicht einer fragmentarischen Darstellung zeigt Hans-Joachim Mähl erstmals in seiner historisch-kritischen Untersuchung, dass das *Allgemeine Brouillon* zwar durchaus als unabgeschlossen gelten könne, die Notizsammlung aber in Vorbereitung auf ein künftiges Buch hin angelegt wurde:

> Das *Allgemeine Brouillon* ist keine Fragmentsammlung. Die Aufzeichnungen erhalten nach Analyse der ihnen zugrundeliegenden Lektüre und Lektüreanregungen den Charakter eines Notizbuchs, in dem in loser, häufig äußerlich veranlaßter Folge Gedanken notiert und teils stichwortartig, teils diskursiv ausgeführt werden, die im wörtlichen Sinne ›Materialien‹ für ein zukünftiges Buch darstellen.[556]

Mähl kann seine Behauptung auf Hardenbergs eigene Angaben stützen, die immer wieder von ›meinem Buch‹[557] und Überarbeitungen der Notizen sprechen. Schon bei einem zweiten Ordnungsdurchgang seiner Papiere versieht Hardenberg alle Notizen mit Überschriften, die auf eine konzeptionelle Anlage des Ganzen hinweisen. Jonas Maatsch, der sich in seiner Dissertation mit unterschiedlichen Klassifikationssystemen in der Romantik auseinandersetzt, stellt zudem

553 Andreas Kilcher greift auf den Begriff des »*Confusions*System« zurück, den er Hardenbergs Notizen entnimmt (vgl. Friedrich von Hardenberg. Das Allgemeine Brouillon, N III, Nr. 927, S. 446.) Dabei scheint sich der Begriff in zweierlei Hinsicht als unpassend für die Beschreibung des Werkcharakters von Hardenbergs geplanter Enzyklopädistik auszuzeichnen. Einerseits erwähnt Hardenberg den Begriff des »*Confusions*Systems« lediglich einmal in seinen Aufzeichnungen und bezieht sich dabei explizit auf die Grundsatzdebatte der gängigen Philosophie-Systeme. Andererseits versteht Kilcher den Begriff des »*Confusions*System« als methodische Transzendierung jeglicher Systematik hin zu einem verschmelzenden Chaos, was jedoch nicht der Intention von Hardenberg gerecht zu werden scheint. Vgl. Andreas B. Kilcher: *mathesis* und *poiesis*. Die Enzyklopädik der Literatur 1600–2000. München 2003, S. 416.

554 Ludwig Tieck: Vorrede. In: Novalis Schriften, hg. von Friedrich Schlegel und Ludwig Tieck. Erster Theil. Berlin 1802, S. I–XII, hier S. VII.

555 Ebd., S. XI

556 Hans-Joachim Mähl: Einleitung. Das Allgemeine Brouillon. Materialien zur Enzyklopädistik, N III, S. 207–241.

557 Hardenberg: Das Allgemeine Brouillon, N III, Nr. 552, S. 361; Nr. 555, S. 362; Nr. 557, S. 363.

fest, dass bei der Einteilung nach Sachthemen am häufigsten die Rubrik »Enzyklopädistik« auftaucht, womit Hardenbergs Text »nicht nur enzyklopädisches Wissen versammeln, sondern als Beitrag zur *enzyklopädischen* Theorie auch das Problem der Möglichkeit enzyklopädischer Wissenserfassung als solches behandeln will.«[558] Auch wenn, wie Mähl betont, »die künftige Gestalt des Buches ein Rätsel« bleiben müsse und man in der Einteilung nach Überschriften noch lange keine systematische Gliederung erblicken könne, würde doch der Entwurfcharakter einer geplanten wissenschaftlichen »Enzyklopädie« deutlich.[559] Diese dürfe nach Ingrid Kleeberg nicht als umfassend-abgeschlossenes Nachschlagewerk bestehender Wissensgebiete verstanden werden, sondern als eine Sammlung, die gerade ihre Weiterführbarkeit ausstellt.[560] Man könne die Enzyklopädistik nicht als ein Kompendium universalen Wissens verstehen, sondern vielmehr als eine Darstellung und ein Aufzeigen einer wissenschaftlichen *Methode*. Wenn Hardenberg angibt, »man studirt fremde Systeme um sein *eigenes System* zu finden«,[561] reflektiert er nicht nur die systematische Anlage seines eigenen Konvoluts, sondern auch den Zugang dazu und es wird zu zeigen sein, dass hierbei der Analogiebegriff die zentrale Rolle einnehmen wird.

Mit dem Studium fremder Systeme verschafft sich Hardenberg einen Überblick der zeitgenössischen Wissenskompendien, wozu die Enzyklopädie von Denis Diderot und Jean-Baptiste Le Rond D'Alembert sowie Goethes Morphologie zählen, um Inspiration für sein eigenes Vorhaben zu finden.[562] Mähl, Kleeberg und Maatsch zeigen, dass Hardenberg im Gegensatz zu den großangelegten empirisch-technischen Enzyklopädien der Erstgenannten keine Abbildung möglichst vieler Wissensgebiete vorschwebt, sondern vielmehr eine Darstellung der Wissenserschließung. Denn so könne nicht nur vorhandenes Wissen *re*präsentiert, sondern der Zugang zu (neuem) Wissen präsentiert werden. Ein Vorbild

558 Jonas Maatsch: »Naturgeschichte der Philosopheme«. Frühromantische Wissensordnungen im Kontext. Heidelberg 2008, S. 211.

559 Mähl: Novalis und Plotin. Untersuchungen zu einer neuen Edition und Interpretation des Allgemeinen Broullion. In: Jahrbuch des Freien Deutschen Hochstifts (1963), S. 139–250, hier: S. 207.

560 Ingrid Kleeberg: Eine Urform aller Gattung. Novalis' »Allgemeines Brouillon« als System des assoziierenden Geistes. In: Michael Bies, Michael Gamper und Ingrid Kleeberg (Hg.): Gattungs-Wissen. Wissenspoetologie und literarische Form. Göttingen 2013, S. 138–162.

561 Hardenberg: Das Allgemeine Brouillon, N III, Nr. 220, S. 278.

562 Vgl. hier Herbert Uerlings: Friedrich von Hardenberg, genannt Novalis. Werk und Forschung. Stuttgart 1991, S. 193ff.; Chad Wellmon: Touching Books. Diderot, Novalis, and the Encyclopedia of the Future. In: Representations 114 (2011), S. 65–102.

stellt für ihn deshalb die »Göthische Behandlung der Wissenschaften«[563] dar, denn diese liefere keine umfassende Überblicksdarstellung, sondern bemühe sich um die theoretische Einheit mit Hilfe eines methodischen Zugangs (vgl. Kap. 5).[564] Man sei

> in der Philosophie, wie in der Naturgeschichte, bisher immer von einzelnen *Kriterien* ausgegangen. Man hat nur *einseitige Systemreihen* construirt [...]. Eine Kritik der philosophischen Kriterien ist also von der äußersten Wichtigkeit für die Phil[osophie] – wie eine Kritik der naturhistorischen Kriterien für die Naturgeschichte. Kant hat erstere zu liefern gesucht.[565]

Was Kant mit seiner ›kopernikanischen Wendung‹ für die Philosophie geleistet hat, das möchte Hardenberg in Anlehnung an Goethe für die Wissenschaften tun. Denn es geht ihm »um eine Grundlegung aller Wissenschaften, um eine Wissenschaftslehre als ›System des wissenschaftlichen Geistes‹, die das Verbindende zwischen den verschiedenen Zweigen und Sachgebieten der Wissenschaften aufsucht«, um die »Vereinigung aller Wissenschaften [... und] Herausbildung einer ›Universalwissenschaft‹« zu ermöglichen.[566] Hardenberg ist deshalb auch von der Größe des Vorhabens nicht eingeschüchtert: »Wenn mein Unternehmen zu groß in der Ausführung werden sollte – so geb ich nur die Methodik des Verfahrens – und Beyspiele – den *allgemeinesten Theil* und Bruchstücke aus den Besondern Theilen.«[567]

In der Forschung wird vor allem in jüngster Zeit versucht, dem ›Rätsel‹ der Methodik nachzugehen. Vorrangig wird nach einer Meta-Wissenschaft gesucht, die die Gesetzlichkeit aller anderen Wissenschaften umfassen und begründen solle. An erster Stelle wird neben der Philosophie immer wieder auf die Mathematik verwiesen, da diese, wie bereits Kant angibt, allein in der Lage sei, ihre ersten Grundsätze zu beweisen. Und die Forschung sieht sich durch die zeithistorische Bedeutung der Mathematik, die auf Leibniz' *ars combinatoria* und dem *Infinitesimalkalkül* beruht, bestätigt. Denn hier fände man die geeigneten Grundsätze für das romantisch-assoziative Verfahren einer unendliche Wissensakkumulation.[568] Neben der Mathematik werden in der Forschung aber auch

---

563 Hardenberg: Das Allgemeine Brouillon, N III, Nr. 967, S. 452.
564 Maatsch: »Naturgeschichte der Philosopheme«, S.144ff. und 219ff.
565 Hardenberg: Das Allgemeine Brouillon, N III, Nr. 460, S. 333f.
566 Mähl: Einleitung, S. 207 und S. 238; Kleeberg: Eine Urform aller Gattungen, S. 146.
567 Hardenberg: Das Allgemeine Brouillon, N III, Nr. 526, S. 356.
568 Vgl. zur Mathematik in Hardenbergs Werk Käte Hamburger: Novalis und die Mathematik. Eine Erkenntnisstudie der Romantik. In: Romantik-Forschungen. Deutsche Vierteljahresschrift für Literaturwissenschaft und Geistesgeschichte 16 (1929), S. 113–184; Martin Dyck: Novalis and

die neuen empirischen Wissenschaften der Zeit wie die Chemie,[569] die Mineralogie,[570] der Magnetismus/Elektrizität und Galvanismus[571] oder auch die Biologie[572] in Betracht gezogen, da deren Gesetze der Verbindung und Trennung, der Bildung, Entstehung und Selbstorganisation natürlicher Elemente für eine offene

---

Mathematics. A Study of Friedrich Hardenberg's Fragments on Mathematics and its Relation to Magic, Music, Religion, Philosophy, Language and Literature. Chapel Hill 1960; Howard Pollack: Novalis and Mathematics Revisited. Paradoxes of the Infinite in the Allgemeine Brouillon. In: Athenäum 7 (1997), S. 113–140; Philippe Séguin: Von der Philosophie zur *ars combinatoria*. Novalis' Erwartung an die Mathematik und ihre Folgen. In: Andrea Albrecht, Gesa Essen und Werner Frick (Hg.): Zahlen, Zeichen und Figuren. Mathematische Inspirationen in Kunst und Literatur. Berlin/New York 2011, S. 248–267; Franziska Bomski: Die Mathematik im Denken und Dichten von Novalis. Zum Verhältnis von Literatur und Wissen um 1800. Berlin 2014; neben diesen Analysen, die die Mathematik zum grundlegenden Gegenstand von Novalis' Denken hervorheben, gibt es auch Arbeiten, die die Mathematik als Wissenschaft unter anderem betonen. Dazu zählen Theodor Haering: Novalis als Philosoph. Stuttgart 1954; John Neubauer: Symbolismus und symbolische Logik; Ulrich Gaier: Krumme Regel. Novalis' »Konstruktionslehre des schaffenden Geistes« und ihre Tradition. Tübingen 1970; Johannes Hegener: Die Poetisierung der Wissenschaften; Knut Radbruch: Novalis und die Mathematik. In: Ders.: Bausteine zu einer Kulturphilosophie der Mathematik. Leipzig 2009, S. 9–30.

569 Walter Moser nimmt neben der Mathematik den Affinitätsdiskurs der Chemie im 18. Jahrhundert zum Ausgangspunkt einer »Diskursanalogie« der verschiedenen Wissenschaften im *Allgemeinen Brouillon.* Siehe Walter Moser: Poetik der Enzyklopädie. Untersuchung des ›Allgemeinen Brouillon‹ für die Enzyklopädie von Novalis. In: Akten des VI. Internationalen Germanistenkongresses. Basel 1980. Bern u.a. 1980, T. 4, S. 422–431. Ausführlichere Beachtung erfährt die Chemie in Ralf Liedtkes Untersuchung: Das romantische Paradigma der Chemie. Friedrich von Hardenbergs von Hardenbergs Naturphilosophie zwischen Empirie und alchemistischer Spekulation. Paderborn 2002.

570 Irene Bark: »Steine in Potenzen«. Konstruktive Rezeption der Mineralogie bei Novalis. Tübingen 1999.

571 Erk F. Hansen: Wissenschaftswahrnehmung und -umsetzung im Kontext der deutschen Frühromantik. Zeitgenössische Naturwissenschaft und Philosophie im Werk Friedrich von Hardenberg (Novalis). Frankfurt/M. 1992; Irene Bark: Spur der Empfindung im anorganischen Reiche. Novalis' Poetik des Galvanismus im Kontext frühromantischer Philosophie und Naturwissenschaft. In: Daniel Fulda und Thomas (Hg.). Prüfer Faktenglaube und fiktionales Wissen. Zum Verhältnis von Wissenschaft und Kunst in der Moderne. Frankfurt/M. 1996, S. 93–126; Michael Gamper: Enzyklopädistische Elektropoetologie. In. Ders.: Elektropoetologie. Fiktionen der Elektrizität 1740–1870. Göttingen 2009, S. 122–128; Benjamin Specht: Physik als Kunst.

572 Immer wieder wird der Begriff des ›Lebens‹ im Kontext von Hardenbergs Schriften untersucht, so unter anderem bei Bark, die den Einfluss Blumenbachs auf Hardenberg nachgeht. (Bark: »Steine in Potenzen«, S. 86ff.) Auch Maatsch untersucht die »Enzyklopädie als ›natürliches System und Darstellung des philosophischen ›Lebens‹« (Maatsch: »Naturgeschichte der Philosopheme«, S. 219ff.), wobei er nicht dezidiert den angekündigten Lebensbegriff erläutert und hier sicherlich innerhalb der Forschung immer noch ein Nachholbedarf besteht.

Systematik ebenfalls geeignet erscheinen. Dabei verfolgt Hardenbergs enzyklopädisches Wissensprojekt meines Erachtens zwar durchaus eine »philosophische Grundidee« im Sinne eines systematischen Verfahrens,[573] jedoch widerspricht es seinen wiederholt getroffenen Aussagen, diese durch eine spezielle Wissenschaft verwirklicht zu sehen:

> ENC[YCLOPAEDISTIK]. Doppelte Universalität jeder wahrhaften W[issenschaft] – Eine entsteht, wenn ich alle andern W[issenschaften] zur Ausbildung der Besondern benutze. – Die Andre, wenn ich sie zur Universalwissenschaft mache und *sie selbst unter sich* ordne – alle andern Wissenschaften, als ihre Modificationen betrachte. Den Ersten Versuch der letzern Art hat Fichte mit der Phil[osophie] unternommen. Er soll in allen W[issenschaften] unternommen werden.[574]

Für Hardenberg kann demnach nicht eine singuläre Wissenschaft, sondern nur die synthetische Verbindung aller Wissenschaft zur Universalwissenschaft führen, womit sich die Frage nach einem apriorisch-systematischen Verfahren der Beziehungsstiftung zwischen den Wissenschaften als weitaus grundlegender erweist als die Suche nach der ›Ersten‹ Wissenschaft. Man müsse nach Hardenberg den Blick auf die »VerhältnißNatur«[575] richten, um die geforderter Maxime eines trans- bzw. interdisziplinären praxeologischen Verfahrens zu entdecken. Dieses soll die heterogenen Disziplinen und Kontexte zueinander in Beziehung setzten und gleichzeitig im Prozess der Synthese die angestrebte Universalwissenschaft generieren. Dabei verwundert es nicht, dass Hardenberg auf die Analogie zurückgreift, die als Verhältnisbegriff eine derartige In-Beziehung-Setzung zu leisten vermag.

In den Forschungsansätzen wird zwar auf den Analogiebegriff eingegangen, der unumgänglich erscheint, um der methodischen Grundlage von Hardenbergs Systematik auf die Spur zu kommen. So muss Franziska Bomski, die die Mathematik zur primären Wissenschaft der Enzyklopädistik erklärt, diese gleich in einem zweiten Schritt auf die »epistemische Funktion der Analogie« stützen, denn die systembegründende »Relationierung« sei für Hardenberg gerade nicht an die Mathematik gebunden, sondern gehe dieser voraus: »Die Erklärung eines Gegenstands durch Relationierung zu und Analogisierung mit einem anderen ist für Novalis nicht eine, sondern die einzige Form der angemessenen intellektuellen Aneignung [...].«[576] Auch in der Untersuchung zu Hardenbergs mineralogischen

573 Uerlings: Friedrich Hardenberg, genannt Novalis, S. 135.
574 Hardenberg: Das Allgemeine Brouillon, N III, Nr. 155, S. 269.
575 Hardenberg: Werner-Studien, N III, S. 140.
576 Bomski: Die Mathematik im Dichten und Denken von Novalis, S. 87–88.

Beschäftigungen von Irene Bark steht implizit die Analogie im Zentrum, denn hier symbolisieren die Kristallfiguren »strukturelle Analogien zwischen intelligiblen und materiellen Bildungsprozessen«, da die Figur des Kristalls »eine sinnbildliche Konnotation als anschauliche Verkörperung materieller Bildungsvorgänge [entfaltet, S.G.], deren spezielle chemische, physikalische und physiologische Organisationsformen universalgesetzlich geregelt« ist.[577] Damit stellt Bark mehr oder weniger bewusst die analoge Anlage von subjektiv-ideeller und objektiv-materieller Sphäre bei Hardenberg ins Zentrum, aufgrund derer er seine kristalline Vermittlungsfiguren allererst entwickeln kann. Jürgen Daibers Untersuchung widmet seine Untersuchung dem experimentellen Vorgehen Hardenbergs,

> dessen Verfahrensbestandteile aus Werners Oryktognosie, den unendlichen Reihen des Infinitesimalkalküls und der Fichteschen Wissenschaftslehre von Hardenberg in der Enzyklopädistik durch den ›Ideenwebstuhl‹ der Analogie verknüpft werden.[578]

Daiber nähert sich mit der Vorstellung der Verbindung methodischer Mittel zur Aufklärung des Unendlichen bereits der Frage nach deren vordergründigen Systematik an und führt diese, wie im angeführten Zitat gezeigt, auf den Analogiebegriff zurück, dennoch widmet er sich diesem nur am Rande. Auch Maatsch wird innerhalb seiner Studie zu den Wissenssystematiken im Zeitalter der Romantik kurz auf den Analogiebegriff eingehen, denn bei »den Systematikern um 1800 spielte die in der Sammlung vorzunehmende Schulung eines ›genialen Blicks‹ bzw. eines ›physiognomischen Sinns‹ für Verwandtschaften (d.i. die Wahrnehmung von Analogien im Verschiedenen) eine wichtige Rolle.«[579] Und Benjamin Specht führt die Analogie neben dem Enthymen (das mitunter auch als analogische Argumentation verstanden werden muss, siehe Kap. 2) und einer Zeichenkombinatorik für die Systematik in den Fragmenten an, auch wenn er diese nicht als grundlegend betrachtet:

> Bei einer weiteren in allen Werkphasen präsenten Gruppe wird der Übergang zwischen unterschiedlichen Phänomenen, Blickwinkeln und Argumentationsebenen [...] durch Analogien explizit hergestellt. Diese Analogien können zwischen verschiedenen Phänomenklassen *innerhalb* der beiden Naturreiche (organisch und anorganisch), *zwischen* diesen beiden

577 Bark: »Steine in Potenzen,« S. 295.

578 Daiber: Experimentalphysik des Geistes. Novalis und das romantische Experiment. Göttingen 2001, S. 125.

579 Maatsch: »Naturgeschichte der Philosopheme«, S. 216.

›Naturen‹ oder auch zwischen moralischer physischer Welt gezogen werden [Herv. im Original].[580]

In den unterschiedlichen Forschungsansätzen zum systematischen Verfahren in Hardenbergs *Allgemeinen Brouillon* wird demnach deutlich, dass der Analogiebegriff als die grundlegende Voraussetzung anzusehen ist und es erscheint demnach umso erstaunlicher, dass diesem philosophischen Kernbegriff Hardenberg'scher Denk- und Vorgehensweise im Zusammenhang mit seiner Wissenssystematik bisher lediglich in drei Aufsätzen eine grundlegendere Aufmerksamkeit zuteilwurde und auch dort eine begrifflich-systematische und kontextuelle Untersuchung des Analogiebegriffs ausbleibt.

Ulrich Stadler widmet sich in seinem Artikel *»Ich lehre nicht, ich erzähle.« Über den Analogiegebrauch im Umkreis der Romantik* zwar nominell der Analogie, aber nur um diese, wie bereits im Einleitungskapitel gezeigt wurde, als verkappte Homologie zu verstehen:

> Wenn Novalis auch den Ausdruck ›Homologie‹ noch nicht gebrauchte und an dieser wie an andere Stelle seines Werkes stets von ›Analogie‹ sprach, so soll doch schon hier darauf hingewiesen werden, daß er zwar nicht den Begriff ›Homologie‹ wohl aber die Sache schon recht gut kannte.[581]

Stadlers Begriffssubstitution dürfte mitunter einer fehlenden begriffshistorischen oder kontextuellen Herleitung des Analogiebegriffes geschuldet sein. Nur so wird es möglich, den Owen'schen Homologiebegriff – der erst 1843, also knapp 45 Jahre nach Hardenbergs Aufzeichnungen eingeführt wurde – für das poetische Übertragungsverfahren bzw. für die systematische *tertium comparationis*-Struktur (was beides nicht den biologischen Homologiebegriff auszeichnet) in Hardenbergs Arbeiten heranzuziehen, sodass für die konzeptionelle Anlage des *Allgemeine Brouillon* nach Stadler schließlich gelte:

> Hardenbergs großes Projekt einer Enzyklopädistik kennt zwar – so möchte ich resümieren – sehr wohl ein Telos, auf das hin es angelegt ist. Die Relevanz eines solchen, alle Heterogenität wesenlos machenden Fundaments für das Werk des Novalis kann m. E. nicht bezweifelt werden. Erst das gemeinsame ›Dritte‹ verbürgt die Basis, schafft die Voraussetzung der homologischen Bezugssetzung von Unterschiedenem. Aber dieses ›Dritte‹ ist keine gegebene, vorgängig bekannte und wohl definierte Größe. Obwohl seine Existenz allein schon

580 Specht: Physik als Kunst, S. 184.
581 Ulrich Stadler: »Ich lehre nicht, ich erzähle.«

> in der Tätigkeit des Homologisierens vorausgesetzt wird, kann seine inhaltliche Bestimmung erst Resultat aller, zumindest jedoch zahlreicher Homologieschlüsse sein.[582]

Stadlers Aufsatz wird dem Analogiebegriff bei Hardenberg damit nicht gerecht, auch wenn er bereits auf ein wesentliches Verfahren der enzyklopädisitischen Methode hinweist. Demgegenüber findet man in der jüngeren Forschung bei Jürgen Daiber einen ersten Ansatz, der neben andern Begriffen wie der ›(Ur-)Formel‹, der ›Polarisation‹, der ›Attraktion und Repulsion‹, auch die Analogie als grundlegende Methode im Umfeld der romantischen Naturforschung erkennt und sie dort als ernstzunehmende Vermittlungsleistung zwischen Wissenschaft und Ästhetik herausstellt. In seinem Aufsatz *Die Suche nach der Urformel. Zur Verbindung von Naturforschung und Dichtung* erkennt er für die Ordnung des Wissens und der Natur um 1800 das wesentliche Mittel im »Zauberstab der Analogie«:

> Das Schließen per Analogie wird zum Königsweg der romantischen Naturphilosophie. Ausgehend von der Prämisse, daß sowohl zwischen den einzelnen Stufen der Natur als auch zwischen dem Bauplan der Natur und dem Bauplan des Geistes eine Übertragbarkeit von Strukturen besteht, erfährt die Analogie ihre Legitimation als beherrschende Erkenntnisoperation der romantischen Naturforschung.[583]

Daiber versucht der romantischen Frage, was Naturgesetzmäßigkeiten und Erkenntnistätigkeiten verbindet, nachzugehen und zeigt, dass die Erkenntnis dieses Zusammenhanges für die Romantiker in der Kunst liege, denn

> [d]ie Kunst konstruiert die Werke der Natur spielerisch nach. Sie vermag dies, weil die Baupläne der Natur identisch mit den Bauplänen des menschlichen Geistes sind und die erfaßbare Struktur der empirischen Welt sich in der Struktur des menschlichen Geistes abgebildet findet.[584]

Dass hierbei die Romantik von einer analogen Anlage von Natur und Erkenntnis ausgeht, streift Daiber zwar in seinem Aufsatz, jedoch kann er seine Vermutung nicht begrifflich stützen, da er ebenfalls auf eine zeithistorische Untersuchung des Analogiebegriffs verzichtet, wodurch er zwar Analogieübertragungen anführen, ihre epistemische Funktion aber nicht erklären kann. Denn wenn er zunächst ausgehend von der Analogie als Schlussverfahren deren logische Valenz

582 Ebd., S. 100.
583 Jürgen Daiber: Die Suche nach der Urformel, S. 11.
584 Ebd., S. 16.

in der romantischen Naturforschung betont, die sich dem Bereich des Nicht-Wissens annähert, dann nivelliert er die moderne Funktion der Analogie im Umfeld der Romantik im nächsten Schritt, indem er sie in der ontologischen Tradition der *analogia entis* verortet, die als hermetische Vorstellung die von den Romantikern angestrebte Öffnung geradezu negiert.[585]

Einen dritten Vorschlag zur Analogie bei Hardenberg versucht Hans Hahn in seinem Aufsatz *Die Analogie bei Goethe und Novalis. Zauberstab oder Irrlicht?*, in dem er sich gegen Daibers Ansatz zu Hardenbergs experimentellen Verfahren vor dem Hintergrund kritischer Wissenschaftlichkeit abgrenzen möchte, jedoch entschieden hinter dessen Ansatz zurückfällt. Zum einen leitet er den titelgebenden Analogiebegriff aus einer verkürzten Lakoff-Referenz her und stellt die Analogie als ›figurativen Vergleich‹ unterschiedslos neben die Figuren von ›Symbol‹, ›Allegorie‹ und ›Metapher‹. Zum anderen versucht Hahn den Nutzen der Analogie im Kontext von Wissensgenerierung im Vergleich von Goethes und Hardenbergs Analogiegebrauch zu skizzieren. Dabei sei Hardenbergs Analogieeinsatz als jenes titelgebende ›Irrlicht‹ zu verstehen, welches »einer gründlichen Kritik weder vom damaligen noch vom heutigen Standpunkt aus standhalten« könne, wohingegen der Analogiegebrauch von Goethe als szientifischer ›Zauberstab‹ gelten müsse. Laut Hahn sei es »daher gewiss ein Irrtum, in den Fragmenten [von Hardenberg, S.G.] systematische Zusammenhänge sehen zu wollen«, so dass das »›philosophische Werk‹ [...] dadurch vielleicht etwas zu unkritisch gelobt [wurde, S.G.], eine Schwäche, die sich insbesondere bei der Anwendung von Analogien zeigt.«[586] So fällt Hahn schließlich ganz in den Spott von Hardenbergs Zeitgenossen ein, wenn er die sarkastischen Bemerkungen der Schlegel-Brüder aufgreift, die Hardenbergs Analogiedenken mit der Praxis von Rühreikochen analog (!) setzen:

> Die Tendenz, aus den Analogien ›Rühreier‹ herauszukneten, wurde bei Novalis, im Gegensatz zu Goethe, dadurch verstärkt, dass er sich zu weit von der sinnlichen Anschauung in theoretische Fantasien hinauswagte und Kants Warnung nicht beachtete, wonach ein Beweis nicht nur ›überreden‹ sondern auch ›überzeugen müsse‹, [...]. Da Novalis vorschnell aus der empirischen Naturwissenschaft in die Naturphilosophie geflüchtet ist, unterscheidet er nicht mehr zwischen Experiment und Analogie. [...] Die von Novalis angestrebte ›Experimentalphysik des Geistes‹ aber sollte skeptisch bewertet werden, [...sie, S.G.] wurde selten den Anforderungen einer kritischen Wissenschaft gerecht.[587]

585 Vgl. ebd., S. 13.

586 Hans Hahn: Die Analogie bei Goethe und Novalis. Zauberstab oder Irrlicht? In: Publications of the English Goethe Society 83 (2014), S. 196–208, hier: S. 201.

587 Ebd., S. 201f.

Hahn, der hier vor allem gegen Daibers Untersuchung *Experimentalphysik des Geistes* anschreibt, verfehlt den Hardenberg'schen Analogiebegriff, denn Hardenberg will (und so liest ihn auch Daiber) mit seiner ›Experimentalphysik‹ keine neuen empirischen Daten für eine mögliche Verifikation zur Verfügung stellen, sondern vielmehr der Bedingung von Wissenschaftlichkeit an und für sich auf den Grund gehen.

Die bisher noch unsystematischen und kontextlosen Äußerungen zum Hardenberg'schen Analogiebegriff in der Forschung weisen trotz ihres theoretischen Defizits auf die bedeutende Funktion der Analogie hinsichtlich der Frage eines systematischen Verfahrens von Hardenbergs enzyklopädisches Projekt und sein philosophisches Denken hin. Denn er selbst stellt zur Hälfte seiner Aufzeichnungen fest:

> ENC[YCLOPAEDISTIK]. *Analogistik.* Die Analogie – als Werckzeug, beschrieben und ihrem mannichfaltigen Gebrauch gezeigt.[588]

Wie fundamental die Beziehung zwischen Enzyklopädistik und Analogie für Hardenberg ist, verdeutlich er bereits durch die grammatikalische Suffixangleichung der Begriffe auf der Wortebene. Denn das griechisch-stämmige Suffix –ik (von –ική), das Tätigkeiten substantiviert und zu Wissenschaftsbereichen universalisiert, führt den methodischen Charakter der prozessualen Systematik bereits terminologisch vor. Das In-Beziehung-Setzen der Analogie avanciert demnach zur universalen Tätigkeit und realisiert die theoretische Grundlage der Enzyklopädistik, denn »eine Wissenschaft wird angewandt, wenn sie als analoges Muster und Reiz einer *specifischen Selbstentwicklung* einer andern Wissenschaft dient.«[589] Eine Universalwissenschaft wird nicht durch eine Wissenschaft begründet, sondern muss vielmehr in der analogen Verknüpfung aller Wissenschaften generiert werden, denn es »giebt eine phil[osophische], eine kritische, eine Mathem[atische], eine poëtische, eine chemische *W[issenschaft]s L[ehre].*«[590] Im Prinzip der Aneinanderreihung der vier – wenn man Philosophie und Kritik zusammenfasst – Wissenschaften deutet sich bereits das Strukturmoment der Enzyklopädistik an, die in der tätigen Sammlung der verschiedenen Wissenschaften zugleich die Bezüglichkeit dieser ausstellt. Dies kann ihr jedoch nur gelingen, wenn eine vordergründige Analogistik ihre Referentialität gewährleistet. Dass Hardenberg seinen Analogiebegriff selbst aus verschiedenen Wissenschaften entlehnt und eine eigene Analogiedefinition vornimmt, die sich

588 Hardenberg: Das Allgemeine Brouillon, N III, Nr. 431, S. 321.
589 Ebd., Nr. 487, S. 346.
590 Ebd., Nr. 429, S. 321.

nicht mehr mit dem ontologischen *analogia entis*-Prinzip umschreiben lässt, sondern vielmehr eine modern-epistemische Tätigkeit begründet, soll kurz dargelegt werden. Damit möchte die Arbeit auch ein Verständnis für die schon lange in der Forschung aufgegriffenen und thematisierten Begriffe Hardenberg'scher Denkart – wie ›Progression‹, ›unendliche Reihe‹, ›Potenzreihe‹, ›Verwandtschaft‹, ›Affinität‹ und ›Construktion‹ – vermitteln, die in einem systematischen Zusammenhang mit der Analogietradition (insbesondere mit der der Mathematik) stehen.

4.1.1 Progression – Unendliche Reihe – Infinitesimale Proportionen

> Wer addiren könnte und wollte nichts thun, als aufs Gerathewohl herum addiren, der gliche jenem, der denken könnte, und nun aufs Gerathewohl herumdächte (wie ich z.B.). Beyde thäten wohl, wenn sie sich Regeln ihres Verfahrens erfänden – sich Fertigkeiten nach diesen Regeln zu verfahren erwürben – und nun *schöne* oder *nützliche* Denk und Additionsexempel vollständig ausführten [...].[591]

Hardenberg thematisiert in dieser Notiz gleich mehrere Aspekte, die nicht nur für sein Enzyklopädistik-Projekt wichtig erscheinen, sondern generell für seine Frage nach der menschlichen Wissens- und Erkenntnisorganisation eine grundlegende Bedeutung haben. Denn er vergleicht in seiner Notiz, wie Bomski angibt, nicht nur die mathematische Addition mit einer Denkoperation, sondern umfasst meiner Meinung nach mit dieser Überlegung zugleich im Nukleus die von Kant vererbte Fragestellung nach einer Syntheseleistung menschlichen Denkens. Einzelerkenntnisse müssen sowohl in der Erkenntnis als auch in der Wissenschaft regelhaft verbunden werden, da man ansonsten, wie Hardenberg ironisch anmerkt, lediglich aufs »Gerathewohl herumdächte«. Wenn Hardenberg aber meint, dass man sich diese Regeln sowohl im mathematischen als auch im epistemischen Bereich »erfinden« müsse, dann scheint er das erste Mal die *logica heuristica* im herkömmlichen Sinne zu hinterfragen. Denn diese gibt an, dass man, wenn man es »mit der Erfindung noch unbekannter Wahrheiten zu thun hat«, »gewisse Mittel und Regeln an die Hand [...] geben [könne, S.G.], wie man Wahrheiten wahrscheinlich erkennen solle«.[592] Hardenberg hingegen stellt fest,

591 Ebd., Nr. 718, S. 406.
592 Johann Heinrich Zedlers Großes Vollständiges Universal-Lexicon aller Wissenschaften und Künste 1731–1754. Art. Logicke (die erfindende), Bd. 18 Lo – Lz. Halle/Leipzig 1738, Sp. 262.

dass das Auffinden von Neuem per se ein Paradox darstellt und versucht sich Gedanken um die Metaebene der »ursprungslosen Schöpfung«[593] zu machen, die sich mit der Begründung dieser Mittel und Regeln auseinandersetzt. Denn so wie sich in der Mathematik »andre Größen finden lassen – so müssen sich auch Formeln berechnen lassen – Formelerfindungskunst (*InstrumentenErfindungskunst.*)«[594] Nicht nur die unbekannten Daten, sondern auch die Verfahren, wie man diese auffindet, müssen metaphysisch erklärbar sein. Hardenberg erweitert insofern Kants Frage nach synthetischen Urteilen a priori zur Universalfrage von Wissenschaftlichkeit:

> Kants Frage: sind synthetische Urth[eile] a prioro möglich? Läßt sich auf mannichfaltige Weise specifisch ausdrücken.
> z.B.= Ist die Philosophie eine *Kunst* (eine Dogmatik) (Wissensch[aft])
> = Giebt es eine Erfindungskunst ohne Data, eine abs[olute] Erfindungskunst. [...]
> = Lassen sich Verse nach Regeln und ein Wahnwitz nach Gr[und]S[ätzen] denken.
> = Ist ein Perpetuum mobile möglich *etc.*
> = Ist ein Genie möglich – lässt sich ein Genie definieren.
> = Läßt sich der Zirkel quadrieren –
> = Ist *Magie* möglich,
> = Läßt sich Gott, Freyheit und Unsterblichkeit demonstriren.
> = Gibt es eine Rechnung d[es] Unendichen.
> usw.[595]

Kants Frage nach einem apriorisch zusammengesetzten Wissen betrifft nach Hardenberg alle Wissenschaften. Denn schließlich befinden sich alle in der paradoxen Situation, ihre Bedingung auf Unbedingtes stützen zu müssen. In diesem Sinne verschärft Hardenberg die metaphysische Frage, ob man ausgehend von einem fehlenden Grund überhaupt eine verlässliche Wissenschaft betreiben könne.[596] Er fragt schließlich wie sich Wissenschaften selbst ›erfinden‹, d.h. wie sie sich aus sich selbst ihre Regeln und Gesetze geben können. Traditionell war dies der Mathematik vorbehalten, aber auch diese – und hier scheint Hardenberg mit seiner Frage einen Nerv der Zeit zu treffen – muss sich im Zuge der ersten

---

593 Dieter Mersch: Imagination, Figuralität und Kreativität. Zur Frage der Bedingungen kultureller Produktivität. In: Kreativität. XX. Deutscher Kongreß für Philosophie. 26.–30. September 2005 an der Technischen Universität Berlin, hg. von Günter Abel. Hamburg 2006, S. 344–360, hier: S. 345.

594 Hardenberg: Mathematische Studien zu Bossut und Murhard, N III, S. 120

595 Hardenberg: Das Allgemeine Brouillon, N III, Nr. 650, S. 388.

596 Vgl. hierzu Johan Neubauer: Symbolismus und symbolische Logik, S. 101, Bomski: Die Mathematik im Denken und Dichten von Novalis, S. 84.

Axiomatisierungen um 1800 Fragen nach ihrer apriorischen Bestimmung gefallen lassen.

Hardenbergs Überlegungen schließen immer wieder an die theoretischen Diskurse seiner Zeit an und so setzt er sich auch in unterschiedlicher Art und Weise mit dem mathematischen Diskurs der Zeit auseinander:

> In der Physik hat man zeither die Phaenomene stets aus dem Zusammenhange gerissen und sie nicht in ihre geselligen Verhältnisse verfolgt. Jedes Phaenomen ist ein Glied einer unermeßlichen Kette – die *alle Phaenomène* als Glieder begreift. Die Naturlehre muß nicht mehr capitelweise – fachweise behandelt werden – sie muß (ein Continuum) eine *Geschichte* [...] werden [...].[597]

Mit den Umschreibungen der ›geselligen Verhältnissen‹, des ›Gliedes‹, der ›unermesslichen Kette‹ und des ›Continuums‹ wird deutlich, dass sich Hardenberg an den mathematischen Begriffen orientiert, die die grundlegenden ›Axiome‹ zu Größeneinheiten und deren Beziehung zu anderen Größeneinheiten als Anzahl betreffen. Gleichzeitig müsse die Mathematik selbst auf etwas zurückgeführt werden, was ihre bisherigen Annahmen übersteigt. Hardenberg ist mit seiner Überlegung nicht allein, sondern Teil einer grundlegenden Diskussion, innerhalb der die Mathematik das erste Mal ihre eigenen Grundsätzen rechtfertigen (wozu auch Kant beigetragen hat) und ihren Anspruch auf Wissenschaftlichkeit und empirische Validität beweisen muss.[598] Als grundlegend erweist sich die Frage, wie mathematische Elemente regelhaft in Verbindung stehen, womit die Analogiefrage ins Zentrum der mathematischen Diskussion rückt. So schreibt Herder in seiner *Metakritik* (1774–1778) zu Kants *Kritik der reinen Vernunft*:

> In der Mathematik ist Analogie, was sie in der Philosophie ist, Aehnlichkeit der Verhältnisse [...]; der Begriff der Analogie aber, d.i. die Handlung des Verstandes, die Verhältnisse setzt, ist dort und hier dieselbe. [...] Daß übrigens auch in der Mathematik der obere Begriff, unter welchem die Analogie steht, oft versteckt sei, und durch die Analogie nur annähernd gefunden werde, ist bekannt.[599]

---

597 Hardenberg: Das Allgemeine Brouillon, N III, Nr. 140, S. 574.

598 Gottfried Martin hält es für äußerst wahrscheinlich, dass Kant nicht nur »grundsätzlich den axiomatischen Charakter der Arithmetik aufgezeigt hat, sondern daß er zugleich in konkret mathematischer Arbeit zwei Grundsätze der Addition, nämlich das kommutative und das assoziative Gesetzt entdeckt« (S. 66) und damit die weiteren Arbeiten der Mathematiker Johann Friedrich Schultz, Johann Gottfried Kieswetter und Friedrich August Murhard (der lediglich eine Zusammenfassung der vorherigen Arbeiten liefert) beeinflusst hat. Vgl. Gottfried Martin: Arithmetik und Kombinatorik bei Kant. Berlin 1972, S. 50ff.

599 Johann Gottfried Herder: Metakritik, SWS 31, S. 136.

Wenn die Frage nach Größenverhältnissen in der Zeit nicht nur die Grundsätze der Mathematik betrifft, sondern auch die von Wissenschaft überhaupt, dann wird mitunter verständlich, warum ausgerechnet Euklids Analogietheorie aus dem fünften Bucht der *Στοιχεία* (Elemente) eine neue Popularität erlebt und in meinen Augen zur wesentlichen Begründung herangezogen wird, um die Bestimmbarkeit von Größen über Verhältnisbeziehungen gewährleisten zu können.[600] Der Mathematiker Christoph Friedrich von Pfleiderer widmet sich in seinem Aufsatz zu *Deduktion der Euklidischen Definitionen 3,4,5,7 des V Buchs der Elemente* sogar ausführlich den proportionalen Bestimmungen, um feststellen zu können, ob Größen als gleich (kommensurabel) oder ungleich (inkommensurabel) gelten können.[601] Friedrich August Murhards *System der Elemente der allgemeinen Größenlehre nach ihrem Zustand am Ende des achtzehnten Jahrhunderts nebst Literatur und Geschichte* von 1798 beinhaltet im Grunde eine historische Abhandlung von Euklids Theoremen, die dazu dienen soll, die Größenlehre als »Mittel der Evidenz« zur grundlegenden Bestimmung einer jeglichen »Vernunftwissenschaft« zu etablieren.[602] Und auch der Herausgeber von Leonhard Eulers *Vollständigen Anleitung zur niederen und höheren Analysis* Philipp Grüson scheint im letzten Abschnitt *Von den Verhältnissen und Proportionen* eine besondere Wichtigkeit zu erkennen und ergänzt den theoretisch-fundierenden Teil um eigene Beispiele, die den Nutzen der Analogie auch im Alltag beweisen sollen.[603] Die Analogie sei seiner Meinung nach nicht nur für die theoretische Begründung von Größen und Größenverhältnissen unverzichtbar, sondern auch für die Orientierung im Alltag.

---

600 Dass generell Euklids Schriften im 18. Jahrhundert eine neue Renaissance erfahren, zeigt unter anderem Hans-Jürgen Engfer. Hans-Jürgen Engfer: Philosophie als Analysis. Studien zur Entwicklung philosophischer Analysiskonzeptionen unter dem Einfluß mathematischer Methodenmodelle im 17. und 18. Jahrhundert. Stuttgart 1982.

601 Christoph Friedrich Pfleiderer: Deduktion der Euklidischen Definitionen 3,4,5,7 des V Buchs der Elemente. In: Archiv der reinen angewandten Mathematik. Band 2, hg. von Carl Friedrich Hindenburg Leipzig 1798, S. 257–287.

602 Friedrich Wilhelm August Murhard: System der Elemente der allgemeinen Größenlehre nach ihrem Zustand am Ende des achtzehnten Jahrhunderts nebst Literatur und Geschichte. Göttingen 1798, S. 19ff.

603 So macht sich Johann Philipp Grüson Gendanken um das Postgeld (Verhältnis der Meilen zu Verhältnis der Pferde), das Verhältnis von Preis und Ware oder das Verhältnis von Geldwerten und zeigt dem Leser auf, wie er sich schnell in seiner alltäglichen Lebenswelt mit Hilfe von Analogiebeziehungen orientieren könne. Leonhard Euler: Leonhard Eulers vollständige Anleitung zur niedern und höhern Algebra nach der französischen Ausgabe des Herrn de la Grange mit Anmerkungen und Zusätzen herausgegeben von Johann Philipp Grüson. Berlin 1796, bes. S. 270ff.

Hardenberg kannte die mathematischen Diskussionen seiner Zeit und hat, wie man anhand seiner Aufzeichnungen sehen kann, ebenfalls die Frage nach der Verhältnisbeziehung von Größen ins Zentrum seiner Überlegungen gestellt. Anhand seiner Notizen zu *Lamberts Neuem Organon* von 1764 wird deutlich, dass er ähnlich wie Kant die Begriffe von ›Analogie‹, ›Verhältnis(-beziehung)‹ und ›Proportion‹ synonym verwendet:

> Ein *Verhältniß* ist dasjenige, wodurch eine Sache durch eine Andere oder einen Begriff durch einen anderen bestimmt wird. Wenn demnach von beyden Sachen oder Begriffen Einer und zugleich *das Verhältniß* gegeben wird, so kann der Andere dadurch bestimm oder gefunden werden. [...] Aus bloßen Verhältnissen wird keine Sache bestimmt. [§ 479] Hingegen lassen sich Verhältnisse, ohne Rücksicht auf die Sachen, durch Verhältnisse bestimmen [§ 480] Analogie und Proportion ist eins.[604]

Der aus der Mathematik entlehnte Verhältnisbegriff bzw. die Analogie als fortgesetzte Verhältnisbeziehung gilt Hardenberg als Regel, eine Größe durch eine andere erläutern zu können, denn »Verhältniß ist das Qauntitaetswort« und bestimmt »Ganzes und Theile«,[605] sodass es für die Gegenstandsbestimmung immer wichtig erscheint, »ihre wechselseitigen Verhältnisse«[606] aufmerksam zu betrachten. Und ist das Verhältnis als die grundlegende Beziehungsrelation zwischen zwei Größen oder Begriffen zu verstehen, dann kann sie als Mittel der Evidenz für sämtliche Vernunftwissenschaften herangezogen werden. Denn sie gewährleistet nicht nur die Bestimmung des Einzelnen, sondern auch die des Zusammenhangs als Gefüge.

Dass analoge Verbindungen auch endlos fortgesetzt werden können, wird für die Mathematik der Zeit ebenfalls bedeutend. Man kann damit erstmals Größen in den Blick nehmen, die sich der exakten Bestimmung entziehen. Wiederum liefern die alten Gesetze von Euklid die Vorlage und Murhard hält zum Begriff der Annäherung, der ›Progression‹, fest: »Wenn eine Zahl so fortläuft, daß immer die eine Zahl aus der nächstvorhergehenden nach einem und den nämlichen Gesetzen hergeleitet wird, so heißt die Reihe *Progression.*«:[607] Mit Hilfe der Progression kann man schließlich Rechnungen ins Unendliche vornehmen:

> Eine Reihe Zahlen, welche immer um gleich viel wachsen oder abnehmen, aus so vielen Gliedern dieselbe auch immer bestehen mag, wird eine arithmetische Progression genannt.

---

604 Hardenberg: Studien zu Tiedemanns »Geist der spekulativen Philosophie« und Lamberts »Neuem Organon«, N III, S. 131–132.

605 Hardenberg: Fichte-Studien, N II, Nr. 451, S. 246.

606 Ebd., Nr. 444, S. 241.

607 Murhard: System der Elemente der allgemeinen Größenlehre, S. 239.

> Also machen die natürlichen Zahlen der Ordnung nach geschrieben, als 1,2,3,4,5,6,7,8,9,10 u.f.f. eine arithmetische Progression, weil dieselbe immer um eins steigen [...]. Wenn man so überhaupt das erste Glied a = 1 und den Nenner = 0 setzt, so bekommt man die geometrische Progression 1,2,3,4,5,6,7,8 ...n. Prog. a, ab, ab^3, ab^4, ab^5, ab^6, ab^7, ab^8...ab^{n-1}. [...] wenn a = 1, und b = $\frac{1}{2}$, so bekommt man diese geometrische Progression 1, $\frac{1}{2}$, $\frac{1}{4}$, $\frac{1}{8}$, $\frac{1}{16}$, $\frac{1}{32}$, $\frac{1}{64}$, $\frac{1}{128}$ u.f.f.[608]

Hardenberg übernimmt die Begriffe der *arithmetischen* und *geometrischen Progression* und durchdenkt sie mathematisch und poetologisch:

> Das epische Gedicht ist das veredelte primitive Gedicht. Im Wesentlichen ganz dasselbe. Der Roman steht schon weit höher – jenes dauert fort – dieser wächst fort – in jenem ist arithmetische, im Roman geometrische Progression.[609]

Seine grundlegenden Kenntnisse der mathematischen Diskussionen zeigen, dass er den Begriff der ›Progression‹ nicht lediglich im Sinne der Ästhetik der Zeit (Schlegel) verwendete, sondern eine Verbindung von mathematischen und ästhetischen Verfahren im Sinn hatte, wo ein Verfahren das andere analogisch erläutern könne. Die Unterscheidung von arithmetischer und geometrischer Progression dient ihm in diesem Fall dazu, wie Dyck angibt, die poetischen Gattungen Gedicht und Roman in ihrer temporalen Anlage zu differenzieren.[610] Im Gegensatz zur arithmetischen Progression, die sich durch eine Differenz (± 1)

---

608 Euler: Leonhard Eulers vollständige Anleitung, S. 223 und S. 285. Es ist nicht ganz sicher, ob Hardenberg die Schriften von Euler kannte. Martin von Dyck gibt an, dass Hardenberg zumindest von J.L. Lagrange *Theorie der analytischen Funktionen, in welcher die Grundsätze der Differentialgleichung vorgetragen werden* von 1798 besaß und Grüson in seiner Schrift Eulers und Lagranges Gedanken zusammenfasst, die Hardenberg kannte (vgl. Martin Dyck: Novalis and Mathematics, S. 46). Gleichzeitig sind Hardenberg die Definitionen zur *Arithmetischen* und *Geometrischen Progression* auch durch Friedrich Murhards *System der Elemente der allgemeinen Größenlehre nach ihrem Zustand am Ende des achtzehntehn Jahrhunderts nebst Literatur und Geschichte* von 1798 bekannt, denn darin findet man die Definition: »Ist das Gesetz, was man bey der Reihe zum Grunde gelegt hat, ein solches, daß zwischen zwei zunächst aufeinanderfolgenden Zahlen ein und dasselbe Verhältnis statt findet, so heißt die Progression eine arithmetische und die Differenz des arithmetischen Verhältnisses, heißt alsdenn die Differenz der arithmetischen Proportion. Ist aber der Grundgesetzt der Reihe von *der* Art, daß sich allemal zwischen zwei zunächst auf einander folgenden Zahlen *das* geometrische Verhältnis findet, was man zwischen zweien andern zunächst auf einander folgenden wahrnimmt, so heißt die Progression eine *geometrische,* und der Exponent des zum Grunde liegenden Verhältnisses ist dann der *Exponent* der Progression. Die Zahlen, welche die Progression ausmacht, werden *Glieder* genannt [...].« Ebd., S. 239.

609 Hardenberg: Logologische Fragmente, N II, Nr. 34, S. 326.

610 Vgl. hierzu auch Dyck: Novalis and the Mathematics, S. 83.

auszeichnet, wird die geometrische Progression durch einen Faktor bestimmt, wodurch letztere ihre Abstände im Gegensatz zur ersteren drastisch vergrößern oder verkleinern kann (siehe Kap. 2). Die geometrische Progression, bei Hardenberg übertragen auf Literatur, eignet sich deshalb vorzugsweise, ein romanhaftes Handlungsgeschehen durch den Unterschied verschiedener Geschwindigkeiten darzustellen, während das langsame Fortschreiten der arithmetischen Progression nach Hardenberg mit dem statischen Charakter eines Gedichtes harmoniere. Für Hardenberg scheint das analogiebasierte Progressionsmodell damit zwei Bedingungen zu erfüllen: Es stellt Verbindungen in unterschiedlicher ›Geschwindigkeit‹ her und setzt Verhältnisse regelhaft in Beziehung. Damit ist das Progressionsmodell jene Erfindungskunst, die die Regel vorgibt, Verbindungen zwischen Entitäten herzustellen und diese ins Unendliche zu erweitern:

> Hab ich das Gesetz der Näherung, so kenn sich auch die Natur der unendlichen Größe. Jede Gr[öße] kann durch eine Reihe ausgedrückt werden. Ist die Reihe geschlossen, bestimmt, so ist die Gr[öße] best[immt] – ist die Reihe unendl[ich] so ists auch die Größe – Jede Gr[öße] ist ein Aggregat – ein Theilbares [,] eine Reihe, Kette – eine schlechthin einfache Gr[öße] giebts nicht.[611]

Wenn zu bestimmende Größen unendlich sind, wird das von Kant aufgegriffene Problem an dieser Stelle nochmals deutlich. Kein begriffliches Schema kann eine unendliche Größe bestimmen (siehe Kap. 3), weshalb hier nur die Analogie helfen kann. Für das von Hardenberg angestrebte universale Wissenschaftssystem, dessen bedingender Grund – das ›Wissen‹ als solches – eine derart unendliche Größe ausmacht, gilt deshalb:

> Das eigentliche Philosophische System muß Freyheit und Unendlichkeit, oder, um es ausfallender auszudrücken, Systemlosigkeit, in ein System gebracht seyn. [...] Das Universalsystem der Filosofie muß, wie die Zeit seyn, Ein Faden, an dem man durch unendliche Bestimmungen laufen kann – Es muß ein System der mannichfachsten Einheit, der unendlichen Erweiterung, Compass der Freyheit seyn.[612]

Ähnlich wie Kant greift auch Hardenberg auf die Metapher des ›Fadens‹ als Derivat der *scala naturae*-Vorstellung zurück, um eine kontinuierliche Einheit neben der mathematischen Erläuterung mit Hilfe eines Bildes zu bestimmen. Damit bestimmt er das Analogiemodell in seinen Aufzeichnungen einerseits theoretisch und fügt ihm andererseits ein anschauliches Bild hinzu. Das Universalsystems besteht für Hardenberg nicht mehr in bestimmten Begriffen, sondern in einem

611 Hardenberg: Mathematische Studien, N III, S. 127.
612 Hardenberg: Fichte-Studien, N II, Nr. 648, S. 288f.

»Continuum«, das man entweder durch eine reihenhafte Progression erreichen oder das man – und hier referiert Hardenberg auf einen anderen mathematischen Kontext – durch die Betrachtung unendlicher Teilbereiche »approximando«[613] bestimmen könne. Denn »[e]ine unendliche Theilungszahl gibt uns eine unendlich genaue Auflösung. Differnt[ial] und Integralrechnung.«[614]

Die Infinitesimalrechnung, auf die Hardenberg in der letztgenannten Notiz anspielt, beruht zwar auch auf dem Progressionsmodell (Reihenanalogie), wenn man versucht, sich den unendlich kleinen Größen durch Reihen anzunähern, jedoch nutzt sie auch Momente der Strukturanalogie. Entwickelt wurde die Infinitesimalrechnung im 18. Jahrhundert von Leibniz und Newton, um eine Funktion mittels unendlich kleiner Größenabschnitte (den Infinitesimalen) ohne Widersprüche beschreiben zu können. Und hier erweist sich wiederum die Analogie bzw. die Proportion als entscheidende Operation, um die unendlich kleinen Größen der Funktion zu bestimmen. Leibniz überlegt, dass, wenn man eine Steigungskurven *s* betrachtet, man diese als unendliche Anzahl von Abschnitten verstehen könne, wobei die Zerlegung in infinitesimale Abschnitte nicht eindeutig, sondern nur näherungsweise bestimmbar sei. Entscheidend ist, dass Leibniz zwar die Abschnitte als nicht eindeutig definiert, jedoch die ›Verhältnisse‹ bzw. ›Proportionen‹ als eindeutig denkt, weil sie »reciproce proportionales« darstellen. Deshalb sind die »Aequitationes illae resolvandae sunt in analogias.« (»Gleichungen derselben nach Analogien zu lösen«, übers. S.G.)[615] (Vgl. Abb. 13). Denn bei einer Kurve mit der Abszisse x und der Ordinate y sind zwar die Differentiale dx und dy nicht eindeutig, aber ihr Verhältnis Dies kann durch das Steigungsdreieck der Tangente erfasst werden, sodass die Differentiale in Proportion mit den Werten der endlich-bestimmten Ordinate y und der Subtangente x_1 stehen: $\frac{dy}{dx} = \frac{y1}{x1}$ (siehe Abb. 14).[616]

613 Hardenberg: Das Allgemeine Brouillon, N III, Nr. 61, S. 250.

614 Ebd., Nr. 447, S. 329.

615 Gottfried Wilhelm Leibniz: Infinitesimalmathematik 1674–1676. In: Ders.: Sämtliche Schriften und Briefe. Reihe VII. Mathematische Schriften, hg. von der Leibniz Archiv/Leibniz-Forschungsstelle Hannover. Band 5, bearbeitet von Uwe Mayer, Siegmund Probst und Heike Sefrin-Weis. Berlin 2008 [Akademie Ausgabe], S. 110 und S. 120.

616 Nach Erhard Scholz hat sich speziell Leibniz an den Begriffen Euklids orientiert und nutzt deshalb den Begriff der Analogie bzw. der Proportion, um sich den Infinitesimalen anzunähern, wenn er mit Hilfe von Steigungsdreiecken versucht Infinitesimale zu bestimmen. Vgl. Erhard Scholz: Gottfried Wilhelm Leibniz als Mathematiker. In: Franz Knipping, Sabine Mangoldt und G. Walther (Hg.): Europa und die Wissenschaft. Große Forscherpersönlichkeiten und ihr Werk. Trier 2007, S. 37–68, S. 59.

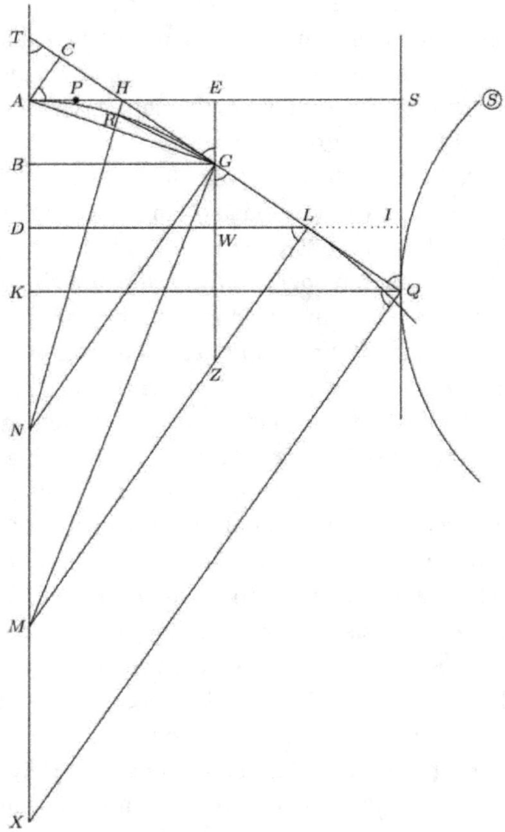

Abb. 13: Leibniz: Methodus Tagentium inversa Nr. 22.[617]

617 Leibniz: Infinitesimalmathematik 1674–1676, S. 185. Vgl. zur mathematischen Erklärung Eberhard Knobloch: Leibniz and the Infinite. In: Quaderns d'Història de l'Enginyeria 16 (2018), S. 11–31; Ders.: Generality and infinitely small Quantities in Leibniz's Mathematics – The Case of his arithmetical Quadrature of conic Sections and related Curves. In: Ursula Goldenbaum und Douglas Jesseph (Hg): Infinitesimal Differences. Controversies between Leibniz and his Contemporaries. Berlin 2008, S. 171–183; Ders.: Leibniz und sein Meisterwerk zur Infinitesimalgeometrie. In: Günter Löffladt (Hrg.): Mathematik – Logik – Philosophie, Ideen und ihre historischen Wechselwirkungen. Frankfurt/M. 2012, S. 245–254.

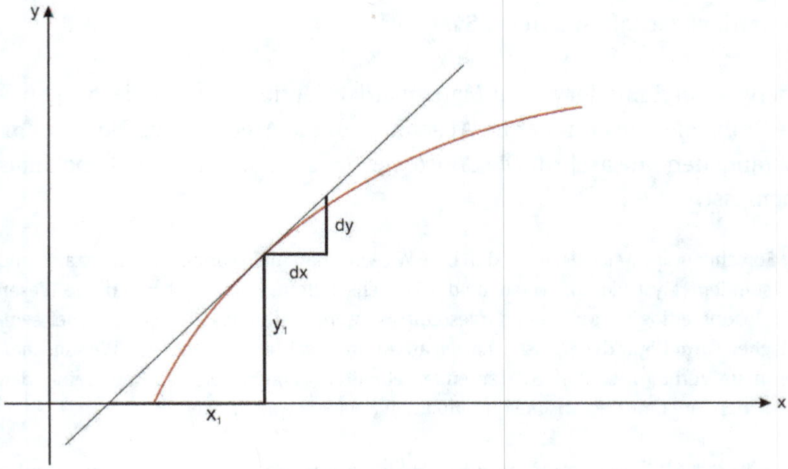

Abb. 14: Moderne proportionale Berechnung einer Kurve (Steigungsdreieck) (Bilderstellung: Florian Duschl)

Durch den anschaulichen Vergleich der Dreiecke bzw. der Proportionen können auch die unendlichen Differentiale mit Hilfe von endlichen Werten zugänglich gemacht werden, womit hier über die Analogiebetrachtung eines gleichen εἶδος (Dreieck) und eines gleichen λόγος (Verhältnisgleichheit) ein Zugang zu den ansonsten unfassbaren Elementen möglich wird.

Hardenberg nutzt insofern die approximative Annäherung der Progression bzw. die Infinitesimalrechnung und nähert sich aufgrund dieser adaptierten Analogiemodelle der Universalwissenschaft durch Fortschreiten (Reihenanalogie) und Verhältnisgleichheit (Strukturanalogie) an:

> Die Unendlichkeiten verhalten sich wie die Endlichkeiten mit denen sie *im Wechsel stehn.* Die Endlichkeit ist das *Integral* der Einen (Kleinen) Unendlichkeit – und das Differential der andern (Großen) Unendlichkeit – dasselbe, was *Eins* ist.
> Die Differntialen des unendlich Großen, verhalten sich wie die Integralen des Unendlich Kleinen – weil sie eins sind.
>
> $$(1\times\infty) : 1 :: 1 \frac{1}{\infty}.$$ [618]

618 Hardenberg: Das Allgemeine Brouillon, N III, Nr. 290, S. 291.

4.1.2 Metawissenschaft und freies System

Hardenberg verfolgt mit der an der Mathematik orientierten Analogie zwei epistemische Probleme, die er in der im Anschluss an die Arbeit an der Notizsammlung entstandenen Prosaschrift *Die Christenheit oder Europa* von 1799 nochmals zusammenfasst:

> Jeder Forscher musste sich gestehn, daß Eine Wissenschaft nichts ohne die Andere sey, und so entstandene Mystifikationsversuche der Wissenschaften, und das wunderliche Wesen der Philosophie flog jetzt als rein dargestelltes wissenschaftliches Element zu einer symmetrischen Grundfigur der Wissenschaften an. Andre brachten die concreten Wissenschaften in neue Verhältnisse, beförderten einen lebhaften Verkehr derselben untereinander, und suchten ihre naturhistorische Klassifikation aufs Reine zu bringen.[619]

In seiner Universalwissenschaft möchte Hardenberg einerseits das theoretische Fundament von Wissenschaftlichkeit in einer ›Grundfigur der Wissenschaften‹ angeben und andererseits dem Zusammenhang der Einzelwissenschaften in seiner konkreten Fülle zur Darstellung verhelfen. Die Enzyklopädistik als Analogistik soll Metawissenschaft und ›freies System‹ der einzelnen Wissenschaften in einem sein. Erk Hansen ist einer der ersten, der diese beiden Strukturmomente als horizontale und vertikale Ordnungen beschreibt und letztere mit dem Terminus der Netzstruktur belegt.[620] Diese horizontale Eben der Verbindung der einzelnen Wissenschaften würde ich an dieser Stelle jedoch nicht als einfaches Netzwerk mit differenzierten einzelnen Knotenpunkten beschreiben, sondern hierfür auf einen anderen Terminus von Hardenberg selbst gebrauchten Begriff eines ›räumlich-dynamischen Relationsschemas‹[621] zurückkommen. Denn auch in den einzelnen Klassifikationen behält Hardenberg sein Prinzip bei, dass eine »Eine Wissenschaft [...] angewandt [wird, S.G.], wenn sie als analoges Muster und Reiz einer spezifischen Selbstentwicklung einer andern Wissenschaft dient.«[622] Jede

---

619 Hardenberg: Die Christenheit oder Europa, N III, 521f.

620 Hansen: Wissenschaftswahrnehmung und -umsetzung, S. 420ff. Zudem unterscheidet John Neubauer in ähnlicher Art und Weise zwischen einer »external unity« und einer »internal unity«, die im ersten Fall empirisch-naturwissenschaftlich und im zweiten philosophisch-transzendental bedingt sei. Damit greift Neubauer implizit das seit der Antike diskutierte Problem eines ›äußeren‹ und ›inneren Bandes‹ auf, das beide Male durch die Analogie strukturiert wird. Vgl. John Neubauer: Bifocal Vision, S. 80–86. Auf die Netzwerkstruktur des *Allgemeinen Brouillons* gehen u.a. Daiber: Experimentalphysik, S. 127 und S. 190ff. und Specht: Physik als Kunst, S. 242 ein.

621 Vgl. zum ›Relationsschema‹ Hardenberg: Das Allgemeine Brouillon, N III, Nr. 624, S. 378.

622 Ebd., Nr. 193, S. 680.

Wissenschaft kann damit spontan zu anderen Wissenschaften in Beziehung treten, sodass sich keine dauerhaften Knotenpunkte bilden, sondern die Idee eines Systems der Freiheit aufscheint. Violetta Waibel und Andreas Kubik haben bereits gezeigt, dass Hardenberg in Anschluss an seine Lektüre von Kant und Fichte den Systemgedanken keineswegs aufgegeben hatte, was auch die Erklärung, seine Enzyklopädistik als Buch herauszugeben, bekräftigt. Sein System soll jedoch keinem festen obersten Prinzip unterliegen, sondern ein System der Freiheit sein:

> Das oberste Princip muß schlechterings Nichts Gegebenes, sondern ein Frey Gemachtes, ein Erdichtetes, Erdachtes, seyn, um ein allgemeines metaphysisches System zu begründen, das von Freyheit anfängt und zu Freyheit geht.[623]

Seine Enzyklopädistik, die er als Fortführung der Fichte'schen *Grundlage der gesamten Wissenschaftslehre* als metaphysisches System begreift, reiht sich insofern in die Systemphilosophie der Zeit ein, jedoch ohne einen obersten Grundsatz. »Statt dessen plädiert er für offene revidierbare Systeme.«[624] Dabei scheint Hardenberg nach Waibel den Begriff der Freiheit umfassender zu lesen und hier tatsächlich nicht primär im Fichte'schen Sinn das moralisch-freiheitliche Subjekt als obersten Grundsatz zu nehmen, sondern die Freiheit als offene voraussetzungslose Bedingung für die Entstehung und auch die Fortbildung des Systems (als auch des Subjektes) zu sehen. Aufgrund des zugrundeliegenden Relationsschemas entstehen insofern nur temporär Verdichtungen bzw. Ansammlungen, die sich jeder Zeit wieder neu sortieren können.[625] Die Begriffe der ›Sammlung‹,

---

623 Hardenberg: Fichte Studien, N II, S. Nr. 568, S. 275.

624 Violetta Waibel: »Das oberste Princip – ein Frey Gemachtes, ein *Erdichtetes, Erdachtes*«. Anmerkungen zu Hardenbergs Systemkritik. In: Christian Danz und Jürgen Stolzenberg (Hg.): System und Systemkritik um 1800. Hamburg 2011, S. 357–383, hier: S. 382. Andreas Kubik reagiert im gleichen Band mit einer Respondenz zu Waibel und kritisiert dabei ihre Auslegung des Hardenber'gschen Freiheitsbegriffes. Denn seine Meinung nach wäre der Freiheitsbegriff bei Hardenberg durchaus im Fichte'schen Sinne an ein moralisches Subjekt geknüpft. Dabei denke ich jedoch, dass Hardenberg hier tatsächlich einen obersten Freiheitsbegriff andenkt, der mit der Vorgabe eines ›Erdichtetem, Erdachten‹ auch die Konstituierung eines Subjektes allererst als freien Akt versteht, womit Freiheit hier tatsächlich im Sinne Waibels Interpretation als unbestimmt und offen zu verstehen wäre. Vgl. Andreas Kubik: Welches System – welche Systemkritik. Zu Hardenbergs Systemgedanken und zu Violetta Waibels Hardenberg-Interpretation. In: Christian Danz und Jürgen Stolzenberg (Hg.): System und Systemkritik um 1800, S. 383–399.

625 Ingrid Kleeberg erkennt ebenfalls bei Hardenberg keine singuläre Erfassung von Wissensgebieten, sondern legt nahe, dass man Sätze und Notizen über ihre Grenzen hinweg zueinander in Beziehung setzt. Sie ordnet dies der rhetorischen ›Ideenassoziation‹ zu, die über ›Verwandtschaften‹ einzelner Sachgebiete Zusammenhänge stiftet. Vgl. Kleeberg: Urform aller Gattung,

›Ansammlung‹, ›Gruppe‹ oder auch ›Gemeinschaft‹ und ›Geselligkeit‹ weisen bei Hardenberg auf die systemisch-offene Vereinigung ähnlicher Elementen hin:

> Das Hervorbringen neuer Ideen [...] ist ein aktives Sammeln; die Bearbeitung des Gesammelten ist schon ein höherer Grad der Tätigkeit.[626]
> So entspringt das irdische Leben aus einer ursprünglichen Reflexion, einem primitiven Hineingehn, Sammeln in sich selbst, das so frei ist als unsre Reflexion.[627]
> Die Figur des kleinsten Teils ist nichts als Figur der Urformation – Elementarformation – und diese ist nur der figürliche Ausdruck der dynamischen Gemeinschaft oder Komposition.[628]
> Vor der Abstrakzion ist alles eins wie Chaos; nach der Abstrakzion ist wieder alles vereinigt, aber diese Vereinigung ist eine freye Verbündung selbstständiger, selbstbestimmter Wesen – Aus einem Haufen ist eine Gesellschaft geworden – das Chaos ist in eine mannichfalitge Welt verwandelt.[629]

Trotz des Freiheitsgedankens versteht Hardenberg seine Tätigkeit des Anordnens nicht als regellos (Haufen), sondern durch die Analogisitk (Relationsschema) als formal geordnet, wobei diese Ordnung nicht zur begrifflichen Einteilung, sondern zur Zusammenstellung unendlich erweiterbarer Gruppen führt. Mit der stetigen Erweiterung eines *et cetera* realisiert sich insofern seine *Methode* einer offenen Progression, denn es gilt: »Jede wissenschaftliche Entdeckung ist eine allg[emeine] wissenschaftliche Entdeckung. Erklärt ist eine Sache nur durch ihre *vollst[ändige]* encycklopaedistische, wissenschaftliche Betrachtung.«[630] Insofern nutzt Hardenberg die *Progression*, oder auch wechselweise damit verbunden die *Infinitesimalen Verhältnisse*, zur Darstellung dieser »*[i]nnigste Gemeinschaft aller Kenntnisse.*«[631] Nicht vereinzelt, sondern stets in möglichen unendlichen Verhältnissen werden die Wissenschaften zusammengefügt und wieder gelöst. Die Sammlung zur Rubrik ›Natur‹ führt dies vor (die von Hardenberg mit ›Phys.‹ bezeichnet ist, jedoch nicht unbedingt, wie von den Herausgebern angegeben als Physik, sondern meiner Ansicht nach in seinem griechischen Ursprung als ›Physis‹ zu lesen ist):

S. 157ff. Ich würde Kleeberg zustimmen, da, wie bei Kant gezeigt, der Verwandtschaftsbegriff ebenfalls mit der Analogie in engen Zusammenhang steht.

626 Hardenberg: Das Allgemeine Brouillon, N III, Nr. 716, S. 405.

627 Hardenberg: Blüthenstaub, N II, Nr. 45, S. 431.

628 Hardenberg: Das Allgemeine Brouillon, N III, Nr. 1051, S. 463.

629 Hardenberg: Blüthenstaub, N II, Nr. 95, S. 455f.

630 Hardenberg: Das Allgemeine Brouillon, N III, Nr. 365, S. 306.

631 Hardenberg: Blüthenstaub, N II, Nr. 84, S. 450.

> PHYS[IK]. Die Stein und Pflanzennatur trägt mehr das Gepräge der Fantasie. In der Menschenwelt zeigt sich die vernünftige Natur, mit Fantasie und Witz geschmückt. Malerey d[er] Natur – ihre Baukunst – ihre Sculptur – Ihre Musik. Der Bach und die unbeseelte Natur spricht größtentheils Prosa – nur der Wind ist zuweilen musicalisch. Ihre Mathematik – Geometrie im Krystall – In der Astronomie ihre Mechanik. Ihre Acustik. Grotesken und Arabesken der Natur. – Ihre Quodlibets. Sonderbare Eindrücke eines französischen Gartens. Ihre Contraste mit der Kunst – Ihre Ironie und Bespottung der Kunst. Ihre Decorationen – ihre Opern. Die Natur – als Geognostin – Mineralogin – Philosophin – Chymist – etc.[632]

In dieser Reihung mit den unterteilenden Bindestrichen wird zum einen das progressive Vorgehen des »etc.« (Progression) deutlich, zum anderen aber auch die jeweilige Unterbrechung und Auflösung. Es handelt sich insofern um ein offenes und stets neu zu justierendes System. Damit drückt sich die Analogiefigur als »VerhältnißNatur« aus: »Wo eine Kunst und Wissenschaft nicht weiter kann, beschränkt ist, da fängt die andere an, und so fort.«[633] Man erkennt, dass nicht mehr eine Wissenschaft oder eine Wissenschaftsgruppe ausreicht, sondern sich regelrechte Verdichtungen bzw. Hierarchisierungen innerhalb der Wissenschaften ergeben können, die sich zu einem dynamischen adaptiven Relationsschema ausbilden, das je nach Gruppierung neue Verbindungen herzustellen weiß:

> Jede Classe verlangt gleichsam wieder eine eigene Eintheilung – ein eigenes Schema. Je höher das Thier oder die Pflanze – je relativer seiner Eintheilung, je complicirter – allgemeiner – bedürftiger mehrere Erfarhungen – mehrere Daten.[634]

Vor dem Hintergrund der Dynamik greift Hardenberg auch auf den Begriff des Organismus und den der Verwandtschaft (die er sowohl chemisch als auch biologisch zu verstehen scheint) zurück, denn wahre Wissenschaftler (Philosophen und Künstler)

> [...] verfahren organisch – wenn ich so sagen darf – [...] Ihr Princip – ihre Vereinigungsidee – ist ein organischer Keim – der sich frey zu einer unbestimmte Individuen enhaltende, unendlich individuellen, allsbildsamen Gestalt entwickelt, ausbildet – eine Ideen reiche Idee. [...] Alle Ideen sind verwandt. Das Air de Famille nennt man Analogie. [...].[635]

Damit zeigt sich an dieser Stelle, inwieweit er auch seinen Analogiebegriff selbst von der Mathematik über den ›Verwandtschaftsdiskurs‹ der Chemie und Biologie

632 Hardenberg: Das Allgemeine Brouillon, N III, Nr. 422, S. 320.
633 Ebd., Nr. 95, S. 258.
634 Ebd., Nr. 661, S. 392.
635 Hardenberg: Vermischte Fragmente, Nr. 254, S. 587 und Nr. 72, S. 540.

(siehe Kap. 3) erweitert, um ihn als grundlegendes Prinzip einer adaptiven Verhältnisbeziehung zu verstehen, die auf horizontaler Ebene Verbindungen zwischen den Wissenschaften herzustellen vermag.

Neben der horizontalen inneren Verbindung der Wissenschaften versucht Hardenberg aber auch deren hierarchische Ausrichtung auf eine »Grundfigur der Wissenschaften« hin aufzuzeigen. In seinen *Vermischten Bemerkungen* finden sich bereits Überlegungen zu einer hierarchischen Struktur der Wissenschaften, wobei die Philosophie als »Vorsitzerinn und Leiterinn«[636] den anderen vorgeordnet scheint. Gleichwohl, und hier wird deutlich, dass Hardenberg keine Wissenschaft favorisieren möchte, kann jede »W[issenschaft] [...] durch reine Potenzierung in eine höherer, die philosophische Reihe, als Glied und Function übergehn.«[637] Denn es ist klar, dass die Universalwissenschaft als Ganzes nur als Näherungsbegriff zu verstehen ist, den man aber nicht vollständig erfassen kann:

> Nun hängen alle Wissenschaften zusammen – also wird die Philosophie nie vollendet. Erst im vollständigen System aller W[issenschaften] wird die Phil[osophie] recht sichtbar seyn. Aus dieser mystischen Beschaffenheit der Phil[osophie] ist es erklärbar, warum jeder in der Phil[osophie] etwas anderes sucht, und warum die wahre Phil[osophie] nie dargestellt werden kann.[638]

Hardenberg übernimmt solche Gedanken aus Fichtes Wissenschaftslehre, wonach nicht die empirische Untersuchung der einzelnen Fakten im Mittelpunkt steht, sondern eine Reflexion über die Bedingungen von Erkenntnis zu einer Vorstellung von einer Einheit des Wissens selbst führt:

> ENC[YCLOPAEDISTIK]. Doppelte Universalität jeder wahrhaften W[issenschaft] – Eine entsteht, wenn ich alle andern W[issenschaften] zur Ausbildung einer Besondern benutze. – Die Andre, wenn ich sie zur Universalwissenschaft mache und sie selbst unter sich ordne – alle andre Wissenschaften als ihre Modificationen betrachte. Den Ersten Versuch der letztern Art hat Fichte mit Phil[osophie] unternommen. Er soll in allen W[issenschaften] unternommen werden.[639]

Jedoch kann auch hier die Analogie zur Annäherung an den Wissenschaftsbegriff als vertikaler Schluss zum Einsatz kommen, wenn das »Calcül *der Analogie*« »aus gegeben Bestimmungen nicht gegebene Best[immungen] zu finden« hilft.[640]

636 Hardenberg: Das Allgemeine Brouillon, N III, Nr. 1131, S. 475.
637 Ebd., Nr. 487, S. 346.
638 Ebd., Nr. 605, S. 666.
639 Ebd., Nr. 155, S. 269.
640 Ebd., Nr. 795, S. 425 und Nr. 790, S. 424.

Schlegel fasst diese Form des Analogieschlusses auf eine unbekannte Einheit in seiner *Darstellung der Logik* zusammen:

> Alle höhere Wahrscheinlichkeit oder philosophische Analogie beruht auf den Grundsätzen und Prinzipien, [...] nämlich auf der Idee der unendlichen Einheit und unendlichen Fülle, und dem Grundsatze eines allgemeinen organischen Zusammenhanges aller Dinge. [...] Der Obersatz, auf welchen die analogischen Schlüsse gründen, ist also nicht sowohl ein einzelner Satz, als vielmehr der Inbegriff aller jener höheren Ideen und Grundsätze, die unter sich auf das innigstge verbunden sind; dasjenige worauf sie sich gründen, ist das ganze System der philosophischen Wahrheit, soweit diese dem Schließenden bis jetzt bekannt und deutlich ist. Man könnte daher die analoge Schlußart des Philosophen ein Enthymema nennen, aber ein Enthymema ganz eigener Art; den in dem gewöhnlichen Enthymema wird der Mittelsatz verschwiegen und stillschweigend vorausgesetzt. In der philosophischen Analogie hingegen ist dies mit dem Obersatze der Fall, weil dieser nicht bloß ein einzelner Satz ist, sondern die ganze Summe philosophischer Wahrheit.[641]

Das gemeinsame Dritte, das die Analogie begründen soll, ist demnach selbst mittels der Analogie zu erschließen und dies in einer unendlichen Annäherung. Solche Herstellung von bzw. Annäherung an Einheit über ein Verfahren wird von Hardenberg auch als »Construction« bezeichnet. Meint die Konstruktion im Falle der mathematischen Analogie, wie Kant feststellt, eine Größenbestimmung durch den Schluss von bekannten auf unbekannte Größen (vgl. Kap. 3), so erweitert Hardenberg diese Form der Bestimmung für alle Wissenschaften:

> Wie man in der Mathem[atik] durch regelmäßiges Functioniren bekannter Glieder und Theile der ganzen Gleichung – die Unbekannten succesive findet und construirt, so findet und construirt man in allen Wissenschaften – die Unbekannten, fehlenden Glieder und Theile des Wissenschaftlichen Ganzen durch Functionirungen der Bekannten Glieder und Theile.[642]

Es gilt insofern für alle Wissenschaften: »Jeder Anfang ist ein Actus d[er] Freyheit – eine *Wahl* – Construction eines abs[oluten] Anfangs.«[643] Wenn nicht nur die Mathematik, sondern jede Wissenschaften Größen bestimmen kann, dann kann sich jede Wissenschaft auch ihre Regeln ›erfinden‹. Dass die Heuristik per se eine ästhetische Aufgabe ist und die Grundlage von Wissenschaftlichkeit in den Bereich der Kunst fällt, stellt Hardenberg in einer weiteren Notiz fest: »Geheimnisse

---

641 Friedrich Schlegel: Lehre von der Analogie (Kapitel aus *Propädeutik und Logik*). In: Kritische Friedrich-Schlegel-Ausgabe, hg. von Ernst Behler unter Mitwirkung von Jean-Jacques Anstett und Hans Eichner. Philosophische Vorlesungen (1800–1807). Zweiter Teil. Abt. II, Bd. 13. München 1964, S. 314–317, hier: S. 316.

642 Hardenberg: Physicalische Fragmente N III, S. 92.

643 Hardenberg: Das Allgemeine Brouillon, N III, Nr. 717, S. 405.

der Kunst, jede Naturerscheinung, jedes Naturgesetz zur *Formel* zu gebrauchen – die Kunst *analogisch zu construiren.*«[644]

Die Analogie stellt demnach die grundlegende Vereinheitlichungsstrategie in Hardenbergs Enzyklopädistik dar, die im Falle der vertikalen Richtung durch einen *approximativen Oberbegriff* und im Falle der horizontalen Richtung durch eine Art *begriffliches Kontinuum* realisiert wird. Damit verbindet sie die beiden alternativen Vereinheitlichungsstrategien der horizontalen und vertikalen Ordnung, die in der Forschung häufig mit dem strukturalistischen Syntagma-Paradigma-Modell verglichen werden,[645] in einem einzigen Prinzip. Der Eindruck der Forschung einer »verwirrenden Vielfalt« von Schlussregeln als »erfolglose[] Suche nach einer genauen Bestimmung« des Wissens, scheint demnach nicht zutreffend.[646] Denn mit der Methode der Analogie, den Verhältnisbestimmungen, den progressiven Reihenbildungen und der kontinuierlichen Erweiterung gibt Hardenberg auf horizontaler Ebene eine Art generative Grammatik vor, die dem kombinatorischen Modell ihre Gebrauchsregel an die Hand gibt und die die verschiedenen Verweis- und Schlussregeln in einer Art Meta-Logik grundiert. Und gleichzeitig ist diese horizontale Annäherung immer mit der λόγος-Ausrichtung der Analogie verbunden, die in vertikaler Richtung das Wissen konstruktiv im Fiktionsmodus in den Blick nehmen kann. Dass diese Methodologie aufgrund ihrer Offenheit durchaus als komplex erscheint, bestätigt damit sogar Hardenbergs Anliegen eines unendlich-offenen Wissens – strukturlos ist sie jedoch nicht.

4.1.3 Wechselerweis – Konstruktion – Darstellung

Wenn die Analogie innerhalb der Enzyklopädistik ein einheitliches Wissen über ein äußeres (Universalwissenschaft/Erfindungskunst als zweite Ordnung) und ein inneres Band (Reihe, Sammlung etc. als erste Ordnung) garantieren soll, dann scheint sich für Hardenberg dennoch die Frage zu stellen, ob dieses Wissen auch die äußere Natur adäquat repräsentieren kann oder ob es sich hier nur um einen subjektiv hermetischen Wissenskosmos handelt. Gegen letztere Überlegung hält Hardenberg fest: »Unser Körper ist ein *Theil* der Welt – Glied ist besser

---

644 Ebd., Nr. 40, S. 561.

645 Specht: Physik als Kunst, S. 244; sowie Andreas Kilcher: »Die Systematik von Novalis' Wissenschaftslehre liegt nicht in der vertikalen Hierarchie logsicher Sätze, sondern in der horizontalen, d.h. syntagmatischen Kombinatorik von Ideen, Begriffen und Bildern.« Kilcher: *mathesis* und *poesis*, S. 409.

646 Vgl. Specht: Physik als Kunst, S. 244.

gesagt: es drückt schon die *Selbstständigkeit*, die Analogie mit dem Ganzen [...] aus.«[647] Zwar vertritt Hardenberg hier die starke These einer Analogie von Subjekt und Natur, womit auch die Erkenntnis dieser garantiert wäre, jedoch scheint er diese Annahme an anderer Stelle wieder zurückzunehmen, wenn er feststellt, dass man über die »*unvollkommenen Wahrheiten*«[648] wohl nie hinauskommen könne. Es bleibt der wissenschaftlichen Reflexion dabei nichts anderes übrig, als sich um die »Hindernisse der Auflösung jeder dieser Aufgaben« zu bemühen, wozu »auch das absolute Ich« zähle.[649] Mit dem Hinweis auf das ›absolute Ich‹ reiht sich Hardenberg an dieser Stelle in die philosophischen Debatten der Zeit ein, die die Frage nach einer gesicherten Erkenntnis über ein Selbstbewusstsein bzw. ein absolutes Ich zu lösen versuchen.

Dabei hat sich in der Forschung zu Hardenbergs Standpunkt, speziell in der literaturwissenschaftlichen, die Position von Manfred Frank durchgesetzt, der in Hardenbergs Ansatz eine Gegenposition zu Kant und Fichte erblickt. Nach Frank liege der »bedeutendste philosophische Beitrag der Frühromantik« in den Fragmenten von Hardenberg, da diese am radikalsten den »Schritt über die Kantische Gränzlinie«[650] gewagt hätten. Hardenberg hätte demnach zum einen den Vorschlag von Kants Selbstbewusstsein als auch zum anderen den von Fichtes absoluten Ich hinter sich gelassen, um das Verhältnis von Bewusstsein zum Sein nicht mehr von diesen Grundprinzipien abzuleiten, sondern in ein Wechselprinzip, einen *ordo inversus*, zu verwandeln, das Frank als »Umkehrung der ursprünglichen Verhältnisse«[651] versteht. Gegen einen radikalen Bruch Hardenbergs mit seinen Vorgängen argumentiert bereits Bernward Loheide, der gerade im *ordo inversus*-

---

647 Hardenberg: Studien zur Bildenden Kunst, N II, S. 650f.

648 Hardenberg: Allgemeine Naturlehre, N III, S. 174.

649 Hardenberg: Das Allgemeine Brouillon, N III, Nr. 317, S. 409.

650 Hölderlin schreibt 1794 an Neuffer, dass Schiller mit seiner Schrift *Anmuth und Würde* »einen Schritt weniger über die Kantische Gränzlinie gewagt hat, als er nach meiner Meinung hätte wagen sollen.« Johann Christiam Friedrich Hölderlin: Brief an C.L. Neuffer vom 10. Oktober 1794. In: Ders.: Sämtliche Werke und Briefe, hg. von Michael Knaupp. Band II. München 1992, S. 550–551, hier: S. 550. Auf dieses Zitat bezieht sich Manfred Frank hinsichtlich Hardenberg. Vgl. Manfred Frank: Einführungen in die frühromantische Ästhetik. Vorlesungen. Frankfurt/M. 1989, S. 248.

651 Manfred Frank: Das Problem der »Zeit« in der deutschen Romantik. Zeitbewusstsein und Zeitlichkeit in der frühromantischen Philosophie und in Tiecks Dichtung. München 1972, S. 147. Frank wiederholt diese These in zahlreichen weiteren Schriften zur Frühromantik ohne nennenswerte Abänderung. Vgl. Manfred Frank: Einführung in die frühromantische Ästhetik; Ders.: Philosophische Grundlagen der Frühromantik. In: Athenäum 4 (1994), S. 37–130; sowie Ders.: ›Unendliche Annährung‹. Die Anfänge der philosophischen Frühromantik. Frankfurt/M. 1997.

Prinzip eine Fortführung Fichte'scher Gedanken erblickt.[652] Auch Andreas Kubik argumentiert gegen die Überwindungsthese Franks und rekonstruiert demgegenüber eine Kontinuität der Ich-Theorie bei Hardenberg, die ihn in eine Linie zu seinen Vordenkern bringt.[653] Dem möchte ich an dieser Stelle zustimmen, wenn auch unter anderen Voraussetzungen. Denn Franks Annahme, dass »das Faktum unseres Selbstbewußtseins nicht aus Entgegensetzungen der Reflexion erklärt werden kann«,[654] ist, wie bereits gezeigt worden ist, durchaus von Kant selbst reflektiert worden. Die entgegengesetzte Reflexion ist bei ihm nicht ohne Weiteres in einem einheitlichen Grundsatz vereinigt, sondern Anschauung und Verstand werden, wie im vorherigen Kapitel erläutert wurde, über eine raffinierte Analogiebeziehung in einen relationalen Bezug gebracht, sodass das von Frank titulierte unreflektierte Dualismusproblem, mit dem sich die (nach-)idealistische Philosophie beschäftigen müsse, bereits bei Kant thematisiert und mit Lösungsvorschlägen bedacht wird. Damit erscheint Kant nicht unbedingt als der eindeutige Gegenpart zu Hardenbergs »Denken aus unverfügbarem Grunde«.[655] Ebenso kann man Hardenbergs Denken auch nicht, wie Frank angibt, als völlig konträr zu Fichtes »Tathandlung« des Subjekts verstehen, die den Dualismus von Subjekt und Objekt (bei ihm als »Ich« und »Nicht-Ich« bezeichnet) umfasst, da zwar Hardenberg die Frage stellt, ob Fichte »nicht zu willkürlich alles ins Ich hineingelegt«[656] habe, damit aber nicht die Vorstellung eines absoluten Ichs bzw. Selbstbewusstseins ablehnt, sondern nur die Art und Weise bemängelt, inwieweit Fichte das absolute Ich zu unbestimmt, d.h. zu willkürlich, belegte.[657]

---

652 Vgl. Bernward Loheide: Fichte und Novalis. Transzendentalphilosophisches Denken im romantisierenden Diskurs. Amsterdam 2000, S. 198ff.

653 Vgl. Andreas Kubik: Die Symboltheorie bei Novalis. Eine ideengeschichtliche Studie in ästhetischer und theologischer Absicht. Tübingen 2006, S. 139ff.

654 Frank: Einführung, S. 250.

655 Frank: Philosophische Grundlagen der Frühromantik, hier: S. 70.

656 Hardenberg: Fichte-Studien, N II, Nr. 5, S. 107.

657 Vgl. hierzu Violetta L. Waibels wahrscheinlich 2022 erscheinende Habilitationsschrift: System der Systemlosigkeit. Erster Teil: Die ›Fichte-Studien‹ Friedrich von Hardenbergs. Denkwerkstatt im philosophischen Kontext von Kant und Fichte. Zweiter Teil: Ein philosophisch-systematischer Kommentar der ›Fichte-Studien‹ Friedrich von Hardenbergs. Paderborn (voraus. 2022). Waibel rekonstruiert dabei eine Anknüpfung Hardenbergs System-Entwurf an Fichte. Andreas Kubik setzt sich intensiv mit Hardenbergs Fichte Rezeption auseinander und korrigiert an dieser Stelle immer wieder die bereits in der Forschung als Kanon stilisierten Frank-Adaptionen. So weist er unter anderem Hardenbergs Skepsis gegenüber der Grundsatzphilosophie zurück (S. 137) sowie auch dessen einzige Rückführung des Selbstbewusstseins auf das Selbstgefühl (S. 139). Vgl. Andreas Kubik: Die Symboltheorie bei Novalis, bes. S. 165.

Gleichwohl unterscheiden sich Kants, Fichtes und Hardenbergs Überlegungen hinsichtlich ihrer Natur- und Erkenntnisdefinition. Denn auch wenn bei Kant der erste Grundsatz durchaus nicht so eindeutig gegeben ist, wie die Forschung einen glauben machen will, dient dieser ihm dennoch als regulative und d.h. als vorgeordnete Idee. Demgegenüber überlegt Hardenberg: »Die Philosophie macht alles *los* [...]. Sie lehrt die Relativität aller Gründe und Eigenschaften.«[658] Für Hardenberg scheint demnach die Einheit nicht vorgeordnet zu sein, gleichwohl liegt dem »Filosofiren [...] also ein Streben nach dem Denken eines Grundes zum Grunde. Grund ist aber nicht Ursache im eigentlichen Sinne – sondern innere Beschaffenheit [...].«[659] Insofern ist auch für Hardenberg eine Einheit vorhanden, die er als ›absolutes Ich‹ bezeichnet. Dabei wird in der Forschung seit Manfred Frank davon ausgegangen, dass diese Ich-Theorie bei Hardenberg nicht mehr reflexiv, sondern emotiv in einem »Selbstgefühl« verortet sei, was gemäß Frank eine Adaption von Schleiermachers Gedanken darstelle. Jedoch kann bereits Ulrich Barth belegen, dass der Gefühlsbegriff bei Schleiermacher gerade keinen Bezug auf eine Absolutheit aufweise.[660] Insofern möchte ich hinsichtlich Hardenbergs Vorstellung von einem ›absoluten Ich‹ einen anderen Vorschlag machen, der zwar das Frank'sche Wechselprinzip der »*Hin* und *her* Direction«[661] aufnimmt, jedoch nicht auf der Basis des Selbstgefühls, sondern auf Basis einer proportionalen Beziehung zwischen Fühlen und Denken. Denn so wie Kant Sinnlichkeit und Verstand proportional aufeinander bezieht, nutzt auch Hardenberg die Analogie, um in seinem Fall Gefühl und Denken in einen Zusammenhang zu stellen: »Fühlen verhält sich zum Denken, wie Seyn zum Darstellen.«[662] Es wird deutlich, dass das absolute Sein zwar keiner Reflexion standhält, aber dennoch nicht völlig unabhängig davon existiert, sondern als Beziehungsglied in einer analogen Propositionsstruktur immer in Bezug zur Reflexion gesetzt werden kann. Dabei sind für Hardenberg »Fühlen« und »Denken« Teile einer doppelten Reflexionsbewegung, womit nicht das Selbstbewusstsein, sondern eine komplementäre Wechselbezie-

658 Hardenberg: Das Allgemeine Brouillon, N III, Nr. 622, S. 378.

659 Hardenberg: Fichte-Studien, N II, Nr. 566, S. 270.

660 Vgl. Ulrich Barth: Der Letztbegründungsgang der ›Dialektik‹. In: Ders.: Aufgeklärter Protestantismus. Tübingen 2004, S. 353–385, hier S. 369f.

661 Hardenberg: Fichte Studien, N II, Nr. 19, S. 117. Insbesondere Jurij Striedter hat die Formulierung von der ›Hin-und- Her- Direktion‹ aufgegriffen, die sich seither in der Forschung durchgesetzt hat, obwohl Hardenberg auch andere Formulierungen dafür wählt. Vgl. Jurij Striedter: Die Fragmente des Novalis, S. 48.

662 Hardenberg: Kant und Eschenmayer Studien, N II, Nr. 379, S. 232.

hung von »Denken« und »Fühlen« in Form eines Analogie-Verhältnisses das absolute Ich stiftet. Damit, so meine These, ist die Analogie bei ihm nicht nur das Herzstück seiner Wissenschaftslehre, sondern seiner gesamten Philosophie.

Wenn sich die Analogata stets nur in einer wechselweisen Betrachtung vervollständigen, dann kann man an dieser Stelle dem von Frank ausgemachten grundlegenden Prinzip des ›Wechsel‹ beistimmen, jedoch nicht unbedingt als *ordo inversus*.[663] Denn einerseits gilt einzuwenden, dass der Begriff des *»ordine inverso«*[664] lediglich einmal in den Fichte-Studien erwähnt wird und dort auch nur als latinisierte Beifügung im Sinne von ›umgekehrt‹,[665] sodass es fraglich erscheint, ob Hardenberg diesem Prinzip tatsächlich so viel Bedeutung beigemessen hat, wie Frank angibt, und andererseits muss das, was Frank unter dem Prinzip des *ordo inverso* als verkehrendes Wechselprinzip versteht, um das Prinzip der Analogie erweitert werden:

663 Vgl. Manfred Frank: Einführung in die frühromantische Ästhetik. Vorlesungen. Frankfurt/M. 1989, S. 257.

664 Hardenberg: Fichte Studien, N II, Nr. 35, S. 128; vgl. Manfred Frank und Gerhard Kurz: Ordo inversus. In: Herbert Anton (Hg.): Geist und Zeichen. Heidelberg 1977, S. 75–97. Der *ordo inversus* bezeichnet eine zirkuläre Bewegung, die von einem Anfangspunkt ausgeht und sich in der Rückkehr wieder mit diesem verbindet, also eine invers strukturierte Hin- und Her-Bewegung, die als Kreisbewegung gedacht wird. Historisch findet sich die Bezeichnung *ordo inversus* für diese Denkfigur vergleichsweise selten; der Ausdruck wird vielmehr oftmals synonym zu *mundus perversus*, also zu Vorstellungen einer verkehrten oder einer der Unordnung überantworteten Welt verwendet. Häufiger (auch bei Hardenberg) finden sich demnach andere Begrifflichkeiten, die zwar ähnliche Denkbewegungen meinen, jedoch auch eigene Begriffsgehalte aufweisen wie die Ausdruckspaare von *fluxus* und *refluxus, exitus* und *reditus, progressio* und *regressio, ascensus* und *descensus* und *analysis* und *synthesis*. Vgl. Lutz Danneberg: Der ordo inversus, sein Zerbrechen im 18. Jahrhundert und die Versuche seiner Heilung und Substitution (Kant, Hegel, Fichte, Schleiermacher, Schelling). In: Simone de Angelis, Florian Gelzer und Lucas Marco Gisi (Hg.): ›Natur‹, Naturecht und Geschichte. Aspekte eines fundamentalen Begründungsdiskurses der Frühen Neuzeit (1600-1900). Heidelberg 2010, S. 93–137; Ders.: Ganzheitsvorstellungen und Zerstückelungsphantasien. Zum Hintergrund und zur Entwicklung der Wahrnehmung ästhetischer Eigenschaften in der zweiten Hälfte des 18. und zu Beginn des 19. Jahrhunderts. In: Jörg Schönert und Ulrike Zeuch (Hg.): Mimesis – Repräsentation – Imagination. Literaturtheoretische Positionen von Aristoteles bis zum Ende des 18. Jahrhunderts. Berlin/New York 2004, S. 241–282.

665 Diese Beobachtung hat unter anderem auch schon Benjamin Specht gemacht. Vgl. Benjamin Specht: Physik als Kunst, S. 230.

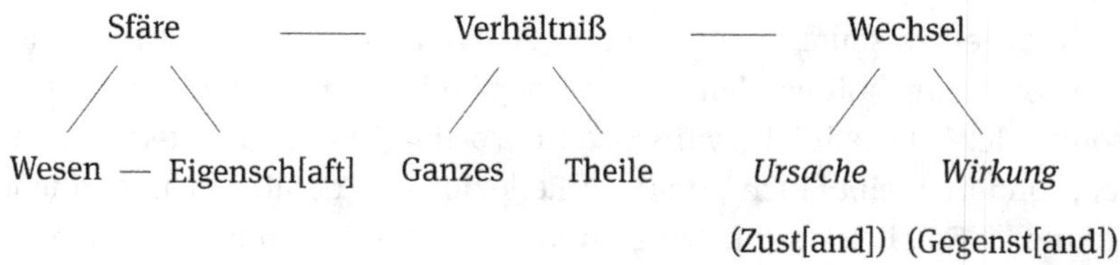

Abb. 15: Hardenberg: Fichte-Studien, N II, Nr. 451, S. 246 (Bilderstellung: Florian Duschl)

Prominent setzt Hardenberg den Begriff des Verhältnisses in die Mitte der philosophischen Prinzipien, wonach sich nicht nur der Substanzbegriff (den Hardenberg als »Sfäre« bezeichnet und auch das absolute Ich meint), sondern auch das Kausalprinzip als »Wechsel« durch Verhältnisse erläutern lassen. Wenn Hardenberg angibt: »D[ie] Sfäre des Ich muß für uns alles umschließen«,[666] dann muss sie das Verhältnis von Denken und Fühlen umschließen, um eine Ganzheit zu bilden. Um dieses absolute Ich zu erfahren, bedarf es deshalb einer Wechselbewegung zwischen den Verhältnisgliedern.

Die Reflexion, wie Frank dann richtig folgert, entfaltet sich im Folgenden in zwei Schritten: Im ersten Schritt wird das »Anschauende Ich [...] sein eignes Angeschaute«, womit das Selbst nur noch im Bild erfahrbar ist (»Das Bild ist immer das Verkehrte vom Seyn«),[667] was nicht mehr das Selbstbewusstsein ist, sodass ein zweiter Schritt notwendig wird, der die erste Reflexion wieder negiert. Hat sich das Selbst im ersten Schritt durch eine Anschauung gesetzt und sich damit von sich selbst entfernt, muss es im zweiten Schritt diese Form der Denkbewegung aufheben, um sich im Fühlen seiner selbst gewahr zu werden, denn das »dem Gefühl Gegebne scheint mir die Urhandlung als Ursache und Wirklung zu seyn.«[668] Damit lassen sich die beiden Reflexionsschritte meines Erachtens genau auf die vierteilige Analogie von *Sein : Darstellen :: Fühlen : Denken* anwenden. Während in der ersten Reflexion die Bewegung vom Selbstsein zur Anschauung führt, so führt sie in der zweiten von der Darstellung zum Fühlen, welches anschließend wieder reflektiert wird. Die Analogie dient Hardenberg demnach als vordergründige Beziehungsstruktur, die nicht nur begrifflich das Wissen begründet, sondern in einer doppelten Reflexion die Proportionselemente prozessual zueinander in Beziehung setzt und dabei eine Einheit des Selbstbewusstseins schafft. Im Gegensatz zur mathematischen Analogie ist demnach der Logos hier

666 Hardenberg: Fichte-Studien, N II, Nr. 1, S. 104.

667 Ebd., Nr. 63, S. 142. Vgl. zur Erläuterung von Hardenbergs Gedankengang Specht: Physik als Kunst, S. 230 (Fußnote 51).

668 Hardenberg: Fichte-Studien, N II, Nr. 15, S. 114.

nicht vorgegeben, sondern muss in der relativen Erfassung als unendlichen Bewegung erst eingeholt werden. Die vordergründige Einheit, bei Hardenberg als ›absolutes Ich‹ ausgedrückt, wird also trotz seiner Uneinholbarkeit nicht aufgegeben, sondern bleibt Fluchtpunkt der Reflexion und damit eine unendliche Annäherung.[669] Somit ist die Letztbegründung der Philosophie nicht mehr Ausgangspunkt für eine Deduktion, sondern Zielpunkt der philosophischen Tätigkeit:

> Alles Filosofiren muß also bey einem absoluten Grund endigen. Wenn dieser nun nicht gegeben wäre, wenn dieser Begriff eine Unmöglichkeit enthielte – so wäre der Trieb zu Filosophiren eine unendliche Thätigkeit – und darum ohne Ende, weil ein ewiges Bedürfniß nach einem absolutem Grunde vorhanden wäre, das doch nur relativ gestillt werden könnte – und darum nie aufhören würde. Durch das freywillige Entsagen des Absoluten entsteht die unendlich freye Thätigkeit in uns – das einzig mögliche Absolute, was uns gegeben werden kann und was wir nur durch unsre Unvermögenheit ein Absolutes zu erreichen und zu erkennen, finden. Dies uns gegebene Absolute läßt sich nur negativ erkennen, indem wir handeln und finden, daß durch kein Handeln das erreicht wird, was wir suchen.[670]

Um das Absolute jedoch dennoch der Erkenntnis zugänglich zu machen, und dies heißt im Sinne der kantischen Manier, eine »Darstellung des Undarstellbaren« zu liefern, thematisiert Hardenberg in diesem Zusammenhang nochmals den Konstruktionsbegriff:

> Über die Hindernisse der Auflösung jeder dieser Aufgaben. (Approximationsprincipe. Hierzu gehört auch das absolute Ich.) Es liegt nur an der mangelhaften Natur, an den unvollkommenen Verhältnissen der gewählten Constructionselemente der Gegenstände dieser Aufgaben, [...] daß sie nicht gelöst werden.[671]

Kant hat hinsichtlich der Unterscheidung von mathematischer und philosophischer Erkenntnis angegeben, dass lediglich die mathematische in der Lage sei, Größen eindeutig zu konstruieren, d.h. sie eindeutig zu bestimmen. Denn mit Hilfe der Konstruktion werden die Größen a priori mit einer Anschauung verbunden: »Die philosophische Erkenntniß ist die Vernunfterkenntniß aus Begriffen,

---

669 Vgl. hierzu die Gedanken von Kristin Jones, die im Gegensatz zu Manfred Frank angibt, dass Hardenberg durchaus noch an einem ontologischen Sein, das auch Grundlage des absoluten Ich darstellt, festhält, jedoch sei dieses weder wesenhaft noch begrifflich-identitär, sondern organisch-pantheistisch zu verstehen, sodass nach Jones nur die Annäherung in einem ›non-closure‹ möglich sei. Kristin Alice Jones: Revitalizing Romanticism: Novalis' Fichte Studien and the Philosophy of Organic Nonclosure. Doctoral Dissertation. Harvard University 2013.

670 Hardenberg: Fichte-Studien, N II, Nr. 566, S. 270.

671 Ebd. Nr. 317, S. 409.

die mathematische aus der Construction der Begriffe.«[672] Insofern können mit Hilfe der Analogie in der Mathematik »wenn drei Glieder der Proportion gegeben sind, auch das vierte dadurch gegeben, d. i. construirt werden«,[673] weshalb »auch zu sehen [ist, S.G.], warum das Mathematische Erkentniß sicherer ist als das Philosophische.«[674] Nach Kant könne deshalb die Mathematik a priori Begriffe konstruieren, wohingegen die Philosophie diese nur diskursiv erfassen könne (vgl. Kap. 3). Gleichwohl überlegt Kant in seinen logischen Notizen, dass es vielleicht möglich wäre, dass die Philosophie der Mathematik sogar vorangehen könnte:

> Aber wenn ich frage: woher muß denn aber diejenige Figur, die den größten Raum etc. etc. einschließet, so beschaffen seyn, daß sie sich durch und durch ähnlich ist. Dieses wäre eine philosophische Frage; [...]. Ein philosophisch Erkentniß der geometrischen und Arithmetischen Aufgaben würde vortreflich seyn. sie würde den Weg zur **Erfindungskunst** bahnen. aber sie ist sehr schweer. [...] Das kan (sic!) nur eine erhabene Philosophie zeigen. [Herv. S.G.][675]

Wenn Kant an dieser Stelle der Frage nachgeht, ob die Philosophie die Regeln für die Mathematik erfinden könne und dies einer erhabenen Philosophie zuweist, scheint dies genau im Sinne Hardenbergs zu sein:

> Wie man in der Mathem[atik] durch regelmäßiges Functioniren bekannter Glieder und Theile der ganzen Gleichung – die Unbekannten succesive findet und construirt, so findet und construirt man in allen Wissenschaften – die Unbekannten, fehlenden Glieder und Theile des Wissenschaftlichen Ganzen durch Functionirungen der Bekannten Glieder und Theile.[676]

Mit dieser Formel schlägt Hardenberg demnach ein neues wissenschaftliches Ideal vor, das das alte ›hypotheses non fingo‹ geradezu umkehrt und die Grundlagen für die Hypothesenstiftung überhaupt im ›hypotheses fingo‹ erkennt. Für Kant ginge diese Art Metaphysik, die sich als *ars inveniendi* verstehen lässt, dann aber durchaus zu weit und er bezeichnet sie als »Wahn« der Naturphilosophie:

> Ohne Zweifel verstanden sie unter der letzteren den Wahn, sich Möglichkeiten nach Belieben auszudenken und mit Begriffen zu spielen, die sich in der Anschauung vielleicht gar nicht darstellen lassen und keine andere Beglaubigung ihrer objectiven Realität haben, als

672 Kant: Kritik der reinen Vernunft, AA V, S. 469.
673 Ebd., S. 160.
674 Kant: Logik, AA XVI, S. 55.
675 Ebd.
676 Hardenberg: Physicalische Fragmente, N III, S. 92.

> daß sie blos mit sich selbst nicht im Widerspruche stehen. Alle wahre Metaphysik ist aus dem Wesen des Denkungsvermögens selbst genommen und keinesweges darum erdichtet [...].[677]

Hardenberg wähnt sich aber, so führt John Neubauer aus, scheinbar durchaus in Übereinstimmung mit Kant, denn er glaubt, »daß die philosophische Analyse reiner Begriffe keine synthetische Wissenschaft abgibt, er sieht aber in der Konstruktion (›Plastisirung‹) von apriori Anschauungen die Möglichkeit einer durch Einbildungskraft hervorgebrachten Metaphysik.«[678] Damit beruhen die erdichteten Begriffe für Hardenberg meines Erachtens nicht nur auf einem logischen Prinzip, denn die Analogie schafft mit der »Anwendung eines *Bekannten* aufs Unbekannte«[679] eine Art Bezugsgrundlage, sondern auch auf einem ikonischen Referenzverhältnis, womit die Analogie den Konstruktionsbegriff auch im philosophischen Sinn erfüllt. Mit Hilfe der εἶδος-Ausrichtung der Analogie garantiert sie im Falle der ›analogischen Konstruktion‹ eine Erkenntnis, die, wie Kant dies definiert, nur dann gegeben ist, wenn ein Begriff mit einer Anschauung korrespondiert. Hardenberg hält deshalb fest:

> Man versteht eine Sache am leicht[este]n, wenn man sie repraesentirt sieht. So versteht man das Ich nur insofern es vom N[icht]I[ch] repraesentirt wird. Das N[icht]I[ch] ist das Symbol des Ich, und dient nur zum Selbstverständniß des Ich. So versteht man das N[icht]I[ch] umgekehrt, nur insofern es vom Ich repraesentirt wird, und dieses sein Symbol wird. In Hinsicht auf die Mathem[atik] läßt sich diese Bemerckung so anwenden, daß die Mathem[atik], um verständlich zu seyn repraesentirt werden muß. Eine Wissenschaft läßt sich nur durch eine andre wahrhaft repraesentiren. Die paedagogischen Anfangsgründe der Mathem[atik] müssen daher symbolisch und analogisch seyn. Eine bekannte W[issenschaft] muß zum Gleichniß für die Mathematik dienen und diese Grundgleichung muß das Princip der Darstellung der Mathematick werden.[...] Gott selbst ist nur durch [Re]praesentation verständlich.[680]

Mit der symbolischen und analogischen Repräsentation schließt Hardenberg an Kants Gedanken einer symbolischen Darstellung der Vernunftbegriffe an. Denn auch wenn Kant sich gegen die konstruktive Bestimmung von philosophisch unzugänglichen Begriffen ausspricht, so erkennt er im Prinzip der symbolischen Annäherung durchaus einen Nutzen für die Philosophie. Hardenberg versucht beide Möglichkeiten zu vereinen: Zum einen erkennt er in der Konstruktion eine

677 Kant: Metaphysische Anfangsgründe, AA IV, S. 472.
678 Neubauer: Symbolismus und symbolische Logik, S. 102.
679 Hardenberg: Fichte-Studien, N II, Nr. 461, S. 248.
680 Ebd., Nr. 49, S. 246.

Möglichkeit, Bereiche außerhalb der menschlichen Vernunft zumindest theoretisch einzuholen, denn »[j]eder Anfang ist ein Actus d[er] Freyheit – eine Wahl – Construction eines abs[oluten] Anfangs«,[681] zum anderen könne man diese Bereiche repräsentieren. Hier scheint Hardenberg auch die Rolle der Kunst nochmals neu zu überdenken und man findet in seinem Brief an August Wilhelm Schlegel im Februar 1798 jene berühmte Forderung: »Künftig treib ich nichts, als Poësie – die Wissenschaften müssen alle poëtisirt werden.«[682] Werden die Wissenschaften poetisiert, dann ist vielleicht jene anschauliche Repräsentation des Theoretischen möglich, die eine Erkenntnis ermöglicht.

4.2 Poetisierung der Wissenschaften

4.2.1 »Die Kunst analogisch zu construiren«

In Auseinandersetzung mit Kant und Fichtes Studien und seiner Arbeit an einer neuen Enzyklopädie wird, wie bereits gezeigt, nicht nur die Frage nach einem Verhältnis von Subjekt und Natur (»Ich = N[icht]I[ch]« als »höchster Satz aller *Wissenschaft* und *Kunst*«[683]) im Zentrum seiner Überlegung stehen, sondern auch die nach einem Verhältnis der einzelnen Wissenselemente (»ob der Naturlehre eine wahre *Einheit* zum Grunde liegt«[684]). Hardenbergs literarische Arbeiten stehen in einem engen Zusammenhang mit seinen theoretischen Überlegungen und suchen Antworten, die er dort nicht geben kann. In der Forschung gibt es immer noch unterschiedliche Ansichten, wie der Zusammenhang zwischen poetischem und theoretischem Werk bei Hardenberg zu deuten ist. Dabei reichen die Über-

681 Hardenberg: Das Allgemeine Brouillon, N III, Nr. 717, S. 405.
682 Hardenberg: Novalis an August Wilhelm Schlegel in Jena, Freyberg: den 24sten Febr[uar] 1798, N VI, S. 251–253, hier: S. 252.
683 Hardenberg: Logologische Fragmente, N II, Nr. 83, S. 542
684 Novalis: Die Lehrlinge zu Saïs, N I, S. 111. (Zur Namensunterscheidung vgl. Fußnote 111).

legungen von einer poetischen Überwindung des Enzyklopädistikprojektes[685] bis hin zu einer produktiven Fortentwicklung des szientistischen Vorgehens im poetischen Modus.[686] Letzterer Aspekt scheint am ehesten geeignet, um Hardenbergs Auseinandersetzung mit dem Unbedingten zu beschreiben. Denn bereits sein Brief an August Wilhelm Schlegel zeugt von seinen fortgesetzten Reflexionen. Und so arbeitet er auch bekanntlich im Jahr 1798 neben den *Freiberger naturwissenschaftlichen Studien*, dem Versuch einer *Enzyklopädistik* im *Allgemeinen Brouillon* auch an einem ›Naturroman‹: »Ich habe noch einige Bogen logologische Fragmente, Poëticismen und einen Anfang unter dem Titel, der Lehrling zu Saïs – ebenfalls Fragmente – nur alle in Beziehung auf Natur.«[687] In diesen vielzitierten Zeilen, die Hardenberg am 24. Februar 1798 ebenfalls an August Wilhelm Schlegel richtet, kann man bereits den ersten Hinweis auf seinen Naturroman erhalten, dem er den vielversprechenden Titel *Die Lehrlinge zu Saïs* gibt.[688]

4.2.2 Potenzreihen und analogische Vermittlung

Novalis nimmt in seinem Roman auf unterschiedliche Diskurse der Zeit Bezug, die sich um Fragen der Natur drehen, sodass immer wieder die Verbindung zu seinen eigenen naturwissenschaftlichen Arbeiten deutlich wird. Aber er referiert

---

685 John Neubauer spricht mehrfach von einem Bruch: »Hardenbergs eigene Unzufriedenheit mit den Undeutlichkeiten seines Projektes mag dazu geführt haben, daß er das ›Brouillon‹ liegen ließ und sich der Dichtung, vor allem dem Roman, zuwandte.« (Neubauer: Das Verständnis der Naturwissenschaften bei Novalis und Goethe. In: Herbert Uerlings (Hg.): Novalis und die Naturwissenschaften. Tübingen 1997, S. 49 – 65, hier: S. 56.) Und: »In der letzten Phase seines Lebens betreffen Wissen und Machen nicht mehr die gesamte sinnliche Welt, sondern nur ›reine‹ Gedanken, Bilder und Empfindungen [...]. [Dies meint, S.G.] aber auch die resignierende Einsicht, daß eine globale Umschaffung der Gegebenheiten unmöglich sei. [...]; die gegebene Welt wird durch unsichtbare Welten der Nacht, des Todes und des Märchens ersetzt.« (Neubauer: Symbolismus und symbolische Logik, S. 119–S. 120.)

686 Specht: Physik als Kunst, S. 267. Auch Neubauer geht in späteren Arbeiten von einer kontinuierlichen Denkweise Hardenbergs aus, die sich insbesondere in einer Übertragung der *ars combinatoria* zeig. Jedoch entgeht ihm die dezidierte Adaption unterschiedlicher wissenschaftlicher Diskurse in Novalis Romanen, weshalb er diese nur äußerst prägnant als »symbolische Geschichten über die Erde und den Kosmos« einstuft. (Neubauer: Das Verständnis der Naturwissenschaften, S. 59.) Bereits Uerlings argumentiert gegen eine resignative Abwendung Hardenbergs von den Naturwissenschaften und betont die wechselweise Durchdringung poetischer Darstellung und wissenschaftlicher Fragestellung sowohl in den frühen theoretischen als auch in den späteren poetischen Arbeiten. (Uerlings: Friedrich von Hardenberg, S. 194–195.)

687 Hardenberg an August Wilhelm Schlegel am 24. Februar 1798, N IV, S. 251.

688 Vgl. hierzu Hardenbergs Brief an Ludwig Tieck vom 23. Februar 1800, N IV, S. 322.

auch auf literarische Quellen, wie bereits der Titel andeutet. Unschwer erkennen die zeitgenössischen Leser in den *Lehrlingen* das Vorbild *Wilhelm Meisters Lehrjahre* von Goethe, dem Novalis zu Beginn noch äußerst positiv eingestellt war.[689] Zudem spielt das Motiv der Natur-Göttin Isis um 1800 eine wichtige Rolle, deren Tempel im altägyptischen Saïs nach tradierter Überlieferung mit einer programmatischen Inschrift aufwartet. Selbst Kant verweist in seiner *Kritik der Urteilskraft* darauf, denn

> [v]ielleicht ist nie etwas Erhabeneres gesagt oder ein Gedanke erhabener ausgedrückt worden als in jener Aufschrift über dem Tempel der Isis (der Mutter Natur): ›Ich bin alles was da ist, was da war und was da sein wird, und meinen Schleier hat kein Sterblicher aufgedeckt.‹[690]

Das Erhabene übersteige nach Kant unsere Vorstellungskraft und ist einem doch zugänglich, weshalb sich die Isis als symbolische Figur dafür anbiete. Größere Bekanntheit hat die verschleierte Isis aber erst durch Schillers Gedicht *Das verschleierte Bild zu Saïs*, das er 1795 im 9. Stück der *Horen* veröffentlicht, erlangt. Hier führt das Heben des Schleiers als Freveltat sogar in den Tod:[691]

> Wer diesen Schleier hebt, soll Wahrheit schauen.
> Sey hinter ihm, was will! Ich heb ihn auf.
> (Er Rufts mit lauter Stimm) Ich will sie schauen.
> Schauen!
> Gellt ihm eine langes Echo spottend nach.
> Er sprichts und hat den Schleier aufgedeckt.
> [...]
>
> So fanden ihn am andern Tag die Priester
> Am Fußgestell der Isis ausgestreckt.
> Was er allda gesehn und erfahren
> Hat seine Zunge nie bekannt. Auf ewig

---

689 Für weitere Quellen vgl. Herbert Uerlings: Friedrich von Hardenberg, 353f.

690 Kant: KU, S. 316. Vgl. zum Topos der verschleierten Isis Jan Assmann: Immanuel Kant und Friedrich Schiller über Isis und das Erhabene. In: Sigrun Anselm und Caroline Neubaur (Hg.): Talismane. Klaus Heinrich zum 70. Geburtstag. Basel/Frankfurt/M. 1998, S. 102–113.

691 Auch in dem Aufsatz *Die Sendung des Moses*, den Hardenberg ebenfalls gekannt haben dürfte, erwähnt Schiller den Isis-Kult und das Heiligtum zu Saïs: »Unter einer alten Bildsäule der Isis las man die Worte: ›Ich bin alles, was ist‹, und auf einer Pyramide zu Saïs fand man die uralte merkwürdige Inschrift: ›Ich bin alles, was war und was sein wird, kein sterblicher Mensch hat meinen Schleier aufgehoben‹.«, NA 17, S. 385. Vgl. hierzu Norbert Klatt: »...des Wissens heißer Durst«. Ein literaturkritischer Beitrag zu Schillers Gedicht *Das verschleierte Bild zu Saïs*. In: Jahrbuch der Deutschen Schillergesellschaft 29 (1985), S. 98–112.

> War seines Lebens Heiterkeit dahin,
> Ihn riß ein tiefer Gram zum frühen Grabe.[692]

Die Göttin Isis wird im Umfeld der (nach-)idealistischen Positionen zum Sinnbild für eine rätselhafte Natur, die sich dem Zugriff des Subjekts verwehrt. Gleichzeitig werden im Bereich der empirischen Naturwissenschaft unzählige neue Entdeckungen gemacht, die das Versprechen einer positivistischen Naturerkenntnis erstmals glaubhaft erscheinen lassen. Dies wirkt sich auch auf den tradierten Mythos aus. So ziert bereits 1807 eine neue Isis-Interpretation als Kupferstich nach einer Zeichnung von Bertel Thorvaldsen Alexander von Humboldts erste für die Öffentlichkeit bestimmte Schrift nach seiner Rückkehr von seiner Amerikareise (vgl. Abb. 16). Auf der Grafik auf seinem Widmungsblatt »An Göthe«, die Humboldt seinen *Ideen zu einer Geographie der Pflanzen* voranstellt, hebt der Gott Apoll stellvertretend für den Naturforscher Humboldt den Schleier der Isis und gibt ihre Geheimnisse offen preis. Die vormals unmögliche Schleierhebung der Götting avanciert hier zum Qualitätsmerkmal einer selbstbewussten, an den Phänomenen orientierten Naturwissenschaft, die es sich zur Aufgabe macht, der Natur ihre Geheimnisse zu entlocken.

Novalis Roman entsteht genau in der Zwischenphase und greift ebenso auf den bekannten Mythos zurück, um eine eigene Positionierung zu versuchen. Die Frage nach der ›Enträtselung der Natur‹ wird programmatisch gleich am Anfang des Romans gestellt:

> Mannigfache Wege gehen die Menschen. Wer sie verfolgt und vergleicht, wird wunderliche Figuren entstehen sehn; Figuren, die zu jener großen Chiffrenschrift zu gehören scheinen, die man überall, auf Flügeln, Eierschalen, in Wolken, im Schnee, in Krystallen und in Steinbildungen, auf gefrierenden Wassern, im Innern und Äußern der Gebirge, der Pflanzen, der Thiere, der Menschen, in den Lichtern des Himmels, auf berührten und gestrichenen Scheiben von Pech und Glas, in den Feilspänen um den Magnet her, und sonderbaren Conjuncturen des Zufalls, erblickt. In ihnen ahndet man den Schlüssel dieser Wunderschrift, die Sprachlehre derselben, allein die Ahndung will sich selbst in keine feste Formen fügen, und scheint kein höherer Schlüssel werden zu wollen.[693]

Das menschliche Leben steht in Analogie zu den Phänomenen der Natur. Alle sind in einer großen ›Chiffrenschrift‹ verbunden, wobei kein Schlüssel zu deren Decodierung mehr vorhanden ist.

---

692 Schiller: Das verschleierte Bild zu Saïs, NA 1, S. 256

693 Novalis: Die Lehrlinge zu Saïs, N I, S. 79.

Abb. 16: Raphael Urbain Massard: Apoll und Statue der Natura Naturans (1807) (Kupferstich nach einer Zeichnung von Bertel Thorvaldsen von 1805).

Der Begriff der ›Chiffre‹, der sich aus dem gleichnamigen Französischen Wort *chiffre* ableitet, hat im 18. Jahrhundert zum einen die mathematische Zahlbedeutung von ›Ziffer‹, zum anderen aber auch die einer »verborgene[n] Schrift«.[694] Ursprünglich wurde das arabische Wort *sifr* für ›leer‹ im arabischen Zahlensystem für die Zahl ›Null‹ verwendet. Sobald das arabische Zahlensystem im Laufe des 12. Jahrhunderts Eingang in die westliche Mathematik gefunden hatte, erkannte man in der Null die wichtigste Erweiterung der bekannten mathematischen Systeme, sodass der Begriff *sifr* auf alle übrigen Zahlen übertragen wurde. Gleichwohl stach die Null und ihre Eigenschaft der Kardinalität leerer Mengen besonders hervor, da sie die Mathematiker vor grundlegende Probleme stellte. Leonhard Euler überlegte beispielsweise 1771, ob eine Teilung der 1 durch 0 nicht eine unendliche Zahl darstellen müsste.[695] Hatte man mit der Null eine Zahl zur Hand, die sowohl nichts und alles darstellen kann, war der Schritt nicht weit, ihr eine besondere Kraft zuzuschreiben:

> Da die null zuerst als mit einer zauberkraft begabt schien, wurde das wort chiffre als bezeichnung einer geheimschrift verwendet. Die ältesten geheimschriften enthielten keine ziffern; es ist daher nicht aus der verwendung ziffern statt buchstaben zu erklären, sondern aus der erwähnten geheimnisvollen kraft, die man dem ziffernsystem zuschrieb. [...] Unter dem einfluss des fr. hat dann auch ziffer anfangs des 17. jh. die bed. ›geheimschrift‹ erhalten, bis im 18. jh. in dieser bed. einfach das fr. chiffre übernommen wurde [...]. [696]

Auch Hardenberg kennt die Diskussion um die faszinierende mathematische Ziffer[697] und überträgt ihre Kraft auf alle übrigen Zahlen, denn sie seien als »Schatz der Weisheit« zu verstehen, der »einen Schlüssel zu allen verschlossenen Thüren

---

694 Johann Heinrich Zedler: Art. Chiffre. In: Johann Heinrich Zedlers Großes vollständiges Universal-Lexicon aller Wissenschaften und Künste, welche bishero durch menschlichen Verstand und Witz erfunden wurden. Bd. 5 C – Ch. Halle/Leipzig 1733, Sp. 2122. Vgl. zum Topos ›Chiffre‹ um 1800 auch die Ausführungen von Hans-Jürgen Balmes: Lehrlinge zu Saïs, WTB 3, S. 119f. Balmes führt dort aus, dass Kant in der *Kritik der Urteilskraft* von einer ›Chiffrenschrift‹ spreche, wodurch »die Natur in ihren schönen Formen figürlich zu uns spricht« (Kant: Kritik der Urteilskraft, AA V, S. 301.) Hardenberg dürfte diese Passage gekannt haben und greift sie in seinem Naturroman fast wortwörtlich auf.

695 Leonhard Euler: Vollständige Anleitung zur Algebra. Erster Theil. Von den verschiedenen Rechnungsarten, Verhältnissen und Proportionen. St. Petersburg 1771, S. 34.

696 Walther von Wartburg: Art. Sifr. In: Französisch Etymologisches Wörterbuch. Eine darstellung des galloromanischen sprachschatzes. Verfasst mit unterstützung des Schweizerischen Nationalfonds zur Förderung der wissenschaftlichen Forschung. Bd. 19 Orientalia. Basel 1967, S. 156–158, hier: S. 157.

697 Vgl. hierzu seine Notizen zu Murhards *System der Elemente der allgemeinen Größenlehre*, N III, S. 119.

> Darstellung eines Gegenstandes in Reihen – (Variationsreihen – Abänderungen etc.). So z.B. die Personendarstellung in Meister, die schöne Seele und Natalie – Bey der Selbstreflexion – [...] So ist z.B. eine historische Reihe, eine Sammlung Kupferstiche vom rohesten Anfang der Kunst bis zu Vollendung und so fort – der Formen vom Frosch bis zum Apoll etc.[703]

Die Entwicklungsreihen der Wissenschaft scheinen auch ästhetische Überlegungen zu beeinflussen, wenn Hardenberg thematische Variationsreihen von Goethes Roman mit den morphologischen Reihen von Johann Caspar Lavater zusammendenkt.[704] Jedoch möchte Hardenberg nicht bei den eindimensionalen Reihen stehen bleiben. Denn eine »einseitige Systemreihe«[705] wie bei Goethe (siehe zur späteren Kritik an Goethe) oder Lavater könne nicht die Natur als Ganzes zur Darstellung bringen, sondern nur einen Teilbereich. Um die Natur als System, und dies wäre der Summenausdruck vieler Reihen, darstellen zu können, müsse man nach Hardenberg eine »*wahrhaft Naturhistorische, Reihe*« konstruieren.[706]

Entgegen einer linearen Reihendarstellung entwickelt Novalis für den Roman ein Konzept vielfältiger Stimmreihen, die als außergewöhnliches formales Strukturmerkmal in der Forschung unterschiedlich als undifferenziertes »Erzählorgan«[707], »durchkreuzte«[708] oder als »vielfältige ›Stimmen‹«[709] gefasst werden. Dass die Durchkreuzung in besonderer Weise durch Hardenbergs Relations- und Systemdenken geprägt ist, scheint dabei noch nicht differenziert genug erläutert worden zu sein. Hardenberg hat den Zusammenhang zwischen einseitigen Systemreihen und wahrhaft naturhistorischer Reihe bereits im *Allgemeinen Brouillon* durchdacht, wonach im mathematischen Sinne arithmetische und progressive Reihen in höhere Ordnungen ›potenziert‹ und somit relationale Anschlüsse zwischen verschiedenen Reihen möglich werden. Dass Hardenberg bereits eine Kenntnis von Folgen höherer Ordnung hatte, wird an seiner Notiz »*Zahlen Reihen – Flächen – Körper – Körperreihen – Körper*«[710] deutlich, wonach sich die Reihe

---

703 Hardenberg: Über Goethe, N III, Nr. 472, S. 647.

704 Vgl. hierzu Annette Graczyk: Vom Frosch zu den Engeln. Lavaters Stufenleiter der Wesen. In: Dies.: Die Hieroglyphe im 18. Jahrhundert. Theorie zwischen Aufklärung und Esoterik. Berlin u.a. 2015, S. 185–196.

705 Hardenberg: Das Allgemeine Brouillon, N III, Nr. 460, S. 333.

706 Ebd.

707 Ingrid Kreuzer: Die Lehrlinge zu Sais. Fragen zur Struktur, Gattung und immanenten Ästhetik. In: Jahrbuch der deutschen Schillergesellschaft 23 (1979), S. 276–308, hier: S. 285.

708 Daiber. Experimentalphysik des Geistes, S. 184ff.

709 Specht: Physik als Kunst, S. 272.

710 Hardenberg: Freiberger naturwissenschaftliche Studien (1798/99), N III, S. 68. In der modernen Mathematik spricht man von Folgen höherer Ordnung, wenn sie sich auf eine arithmeti-

der Zahlen in eine Folge höherer Ordnung erweitern lässt, wenn mit Flächen- und Volumenzahlen als Quadrat- bzw. Kubikzahlenreihen Potenzen höherer Ordnung ausgedrückt werden. Führt man diese Potenzierungen weiter, dann gelangt man nach Hardenberg zur »Idealreihe«, die »ReihenFormel einer ReihenFormelreihe«[711] bzw. die » *wahrhaft Naturhistorische, Reihe«*. Denn

> [v]om Unerreichbaren, seinem Carakter nach, läßt sich keine Erreichung denken – es ist gleichsam nur der idealische Summenausdruck der ganzen Reihe und mithin [nur] scheinbar das lezte Glied – der Typus jedes Glieds, von jedem Gliede indicirt.[712]

Sind die Beziehungen in der Reihe durch die Analogie gewährleistet (vgl. Kap. 2), entstehen »[d]ie Verhältnisse« zwischen den Reihen »erst aus den *Potenzen.*«[713] Obwohl das Unerreichbare zwar nicht einzuholen ist, scheint eine fortgesetzte Potenzierung den Summenausdruck zumindest vorstellbar zu machen. Hardenberg nennt die Aufgabe einer solchen Darstellung dann einen »ästhetischen Imperativ[].«[714] Die Frage nach dem Verhältnis von einzelner Systemreihe und imperativischer Idealreihe (System) wird dann auch im Roman verhandelt: »Man steht mit der Natur gerade in so unbegreiflich verschiedenen Verhältnissen, wie mit dem Menschen.«[715] Demgegenüber hatten die ›Alten‹ noch ein ganz natürliches Verständnis von dem ›Hauptverhältnis des Weltalls‹, das zugleich »das damalige Verhältniß zu seinen *Bewohnern*, und seiner Bewohner zu ihm« bestimmte.[716] Jetzt gilt es, die Verhältnisse der Natur als auch die von Natur und Mensch neu zu beleuchten und sie in Bezug auf das Ganze zu bestimmen. Die Betrachtung jener unbegreiflichen Verhältnisse kann zu einer wechselweisen Erhellung führen, denn ein »*Verhältniß* ist dasjenige, wodurch eine Sache durch eine Andere oder ein Begriff durch einen anderen bestimmt wird.«[717] Der Roman führt im weiteren Verlauf den Zusammenhang von einseitiger Systemreihe und echter naturhistorischer Reihe dann auch vor. In einem ersten Schritt sammelt der Lehrer »sich Steine, Blumen, Käfer aller Art, und legte sie auf mannigfache

---

sche Folge zurückführen lassen. Sie werden als Polynomfunktion ausgedrückt. Hardenberg erkannte demnach hier bereits die Bedeutung des Summenausdruckes von Reihen höherer Ordnung.

711 Ebd.

712 Hardenberg: Das Allgemeine Brouillon, N III, Nr. 745, S. 413.

713 Ebd., S. 63

714 Ebd., S. 413,

715 Novalis: Die Lehrlinge zu Saïs, N I, S. 85.

716 Ebd., S. 83.

717 Hardenberg: Studien zu Tiedemanns »Geist der spekulativen Philosophie« und Lamberts »Neuem Organon«, N III, S. 131–132.

Weise sich in Reihen.«[718] Unschwer lässt sich hier ein Portrait von Novalis eigenem Lehrer Werner wiederfinden, der als bekannter Mineraloge seiner Zeit eine eigene Systematik zur Gesteinsprüfung erfindet, die den besonderen Vorteil hat, sich vor Ort und Stelle anhand der visuellen Merkmale zu orientieren.[719] Dafür legt er verschiedene Gesteine nebeneinander und versucht anhand ähnlicher Farb- und Struktureigenschaften einen gemeinsamen Zusammenhang zwischen den Gesteinen aufzuzeigen. Hardenberg hält diese Art der ›Verwandtschaftsbestimmung‹ auch im *Allgemeinen Brouillon* eigens fest:

> Oryktognosie ist die Lehre von den Verwandtschaften (der äußern) Merckmale der Fossilien. Auf diese Lehre ist das mineralogische Classificationssystem gebaut. Die größeste Zahl übereinstimmender Merckmale ordnet die Gattungen und Classen. Jedes Merckmal macht eine Reihe mannichfaltiger Functionen aus.[720]

Überwindet man dann in einem zweiten Schritt die Klassifikation nach Merkmalen, dann kann man von den einzelnen Systemreihen zum gesamten System kommen. So belässt es auch der Lehrer in den *Lehrlingen*, bestrebt »die Sinne zu üben, zu beschäftigen und zu erfüllen«,[721] nicht bei der Anordnung einzelner Dinge, sondern setzt auf vielfältige Kombinationsmöglichkeiten:

> [Er] besah sich andre Länder, andre Meere, neue Lüfte, fremde Sterne, unbekannte Pflanzen, Thiere, Menschen, stieg in Höhlen, sah wie in Bänken und in bunten Schichten der Erde Bau vollführt war, und drückte Thon in sonderbare Felsenbilder. Nun fand er überall Bekanntes wieder, nur wunderlich gemischt, gepaart und also ordneten sich in ihm oft seltsame Dinge. Er merkte bald auf die Verbindungen in allem, auf Begegnungen, Zusammentreffungen. Nun sah er bald nichts mehr allein. – In große bunte Bilder drängten sich die Wahrnehmungen seiner Sinne: er hörte sah, tastete und dachte zugleich. Er freute sich,

718 Ebd., S. 79.

719 Abraham Gottlob Werner entwickelte ein eigenes Klassifikationssystem für Gesteine nach äußeren Merkmalen, das es seinen Studenten ermöglichen sollte, sich schnell im Gelände zu orientieren. Vgl. hierzu: Abraham Gottlob Werner, Carl August Siegfried Hoffmann: Mineralsystem des Herrn Inspektor Werners mit dessen Erlaubnis herausgegeben von C.A.S. Hoffmann. In: Bergmännisches Journal (1789), Bd. 1, S. 369–398. Vgl. hierzu Heinz Dieter Schmid: Friedrich von Hardenberg (Novalis) und Abraham Gottlieb Werner. Universität Tübingen. Dissertation 1951; Johannes Hegener: Die Poetisierung der Wissenschaften, S. 404ff.; Hartmut Böhme: Montan-Bau und Berg-Geheimnis. Zum Verhältnis von Bergbauwissenschaft und hermetischer Naturästhetik bei Novalis. In: Christoph Jamme und Gerhard Kurz (Hg.): Idealismus und Aufklärung. Kontinuität und Kritik der Aufklärung in Philosophie und Poesie um 1800. Stuttgart 1988, S. 59–80, hier: S. 64ff.; Daiber: Experimentalphysik des Geistes, S. 188–189.

720 Hardenberg. Das Allgemeine Brouillon, N III, Nr. 473, S. 339.

721 Novalis: Die Lehrlinge zu Saïs, N I, S. 85.

> Fremdlinge zusammen zu bringen. Bald waren ihm die Sterne Menschen, bald die Menschen Sterne, die Steine Thiere, die Wolken Pflanzen [...].[722]

Der Text macht deutlich, dass hier jedes einzelne Reihenglied ein anderes Teilglied erläutern könne. Wird jedoch nur nach einseitigen Verhältnissen gefragt und das Verhältnis zum System nicht mitgedacht, dann verliere man, so macht der Roman deutlich, den Zugang zur Natur:

> Was jene im Ganzen sammelten und in großen, geordneten Massen aufstellten, haben diese [...] zu mannigfaltigen, kleine, gefälligen Naturen zersplittert und gebildet. Wenn diese mehr das Flüssige und Flüchtige mit leichtem Sinn verfolgten, suchten jene mit scharfen Messerschnitten den innern Bau und die Verhältnisse der Glieder zu erforschen. Unter ihren Händen starb die freundliche Natur, und ließ nur todte, zuckende Reste zurück.[723]

Im Gegensatz zur gängigen Naturlehre, die sich in lauter einzelne Fachdisziplinen ausdifferenziert und dort lediglich einzelne Kriterien zwischen fachspezifischen Elementen betrachtet, gilt für Hardenberg als theoretischer Ansatz, dass das »vollst[ändige] System« betrachtet werden [soll, S.G], in dem »ein Glied [...] ins andere greift«,[724] denn so kann eine »Anwendung des Systems auf die Theile – und die Theile auf das *System* und d[er] Theile auf die Theile« erfolgen.[725] Dieses »gegenseitige[] Analogisiren« bringt dann das ganze System in den Blick.[726] Jedes Glied soll »analoges Muster« des anderen sein, sodass schließlich im Roman »Sterne Menschen«, »Steine Thiere« und »Wolken Pflanzen« wechselweise erläutern können:

> Man steht mit der Natur gerade in so unbegreiflich verschiedenen Verhältnissen, wie mit den Menschen. [...] Es ist ein geheimnisvoller Zug nach allen Seiten in unserm Innern, aus einem unendlich tiefen Mittelpunkt sich rings verbreitend. [...] Wenige bleiben bei dieser herrlichen Umgebung ruhig stehen, und suchen sie nur selbst in ihrer Fülle und ihrer Verkettung zu erfassen, vergessen über der Vereinzelung den blitzenden Faden nicht, der reihenweise die Glieder knüpft und den heiligen Kronleuchter bildet, und finden sich beseligt in der Beschauung dieses lebendigen und nächtlichen Tiefen schwebenden Schmucks.[727]

Wie bereits in seinem *Allgemeinen Brouillon* wird auf die Begriffe des »Verhältnisses«, der »Verkettung«, der »reihenweise verknüpften Glieder« zurückgegriffen,

722 Ebd., S. 80.
723 Novalis: Die Lehrlinge zu Saïs, N I, S. 84.
724 Hardenberg: Das Allgemeine Brouillon, N III, Nr. 460, S. 334.
725 Ebd., Nr. 460, S. 333.
726 Hardenberg: Freiberger naturwissenschaftliche Studien (1798/99), N III, S. 59.
727 Ebd., S. 85.

die auf die mathematische Analogietradition verweisen. Dabei wird die Systemreihe zusätzlich mit dem Bild des »Fadens« in Verbindung gebracht, das bereits bei Platon die einzelnen Glieder der Natur miteinander verbindet. Im Kontext des Romans dürfte aber auch der Erzählfaden der Ariadne gemeint sein, womit der Text das poetologische Analogon der Progression bereitstellt. Dass diese Form der Darstellung aber wiederum nur eine einseitige kausallogische Handlung darstellen würde, reflektiert der Text gleich im Anschluss und überführt die fädige Linearität in ein systemisches Gebilde. Das hierfür gewählte Bild des Kronleuchters als schwebender Schmuck ist dem Begriffsgehalt des κόσμος (Kosmos)-Begriffs entlehnt. Das Substantiv κόσμος leitet sich vom griechischen Verb κοσμεῖν ab und bedeutet so viel wie ›anordnen, ordnen‹, ›in Reihen aufstellen‹ aber auch ›schmücken‹ (wobei hier schmücken eng mit der Vorstellung einer Verschönerung durch Ordnung verbunden ist). Damit definiert der antike κόσμος-Begriff ein universales Strukturganzes, das sich in einer harmonischen Gesetzmäßigkeit ausdrückt und seit der Antike für kosmologische Theorien herangezogen wurde, die auch noch im 18./19. Jahrhundert ihren Ausdruck erfahren (vgl. Kap. 2 und Kap. 3). Dass hierbei insbesondere die Strukturanalogie zum kosmischen Prinzip avanciert, wurde bereits anhand Kants naturwissenschaftlicher Schriften dargelegt. Wenn der Text insofern mit dem Schmuckbegriff des Kronleuchters auf die Wohlordnung des Kosmos referiert, dann verwebt der Text mehrere Ebenen. Denn so wie der proportional organisierte Kosmos als Schmuck erscheint, so erscheint im Text die gesamte analogisch strukturierte Natur als Poesie. Wenn dabei die Analogie sowohl die Organisationsstruktur der Natur als auch der Poesie (Metapher) darstellt, dann verbindet sie im Kosmos-Begriff des Romans Sein und Darstellung in einer wechselweisen Abhängigkeit. Dabei gilt es jedoch zu beachten, dass die Analogie stets die Sphären getrennt hält und nur das Verhältnis zueinander aufzeigt. Denn es gilt für Hardenberg: »Auf Verwechslung des *Symbols* mit dem Symbolisirten – auf ihre Identisierung – [...] kurz auf Verwechslungen von Subj[ect] und Obj[ect] beruht der ganze Aberglaube und Irrthum aller Zeiten [...].«[728] Sein und Darstellung dürfen insofern lediglich relational aufeinander bezogen werden, jedoch nicht miteinander in eins fallen.

Werden mit Hilfe der unterschiedlichen Stimmen die vielfältigen Verhältnisse der Natur betrachtet, scheint die Beziehung von Mensch (Subjekt) und Natur (Objekt) in der großen Chiffrenschrift jedoch weiterhin unklar zu bleiben. Um der Frage von Ich und Nicht-Ich nachzugehen, eignet sich die Konzeption von

728 Hardenbergs: Das Allgemeine Brouillon, N III, Nr. 684, S. 397. Andreas Kubik weist darauf hin, dass es Novalis lediglich um einen Symbolzusammenhang, keineswegs um einen Realzusammenhang gehen konnte. Andreas Kubik: Die Symboltheorie bei Novalis, S. 227.

Stimmreihen nicht, weshalb Novalis hierfür auf eine andere Textgattung zurückgreift und ein Märchen zwischen die beiden Textteile einschiebt, denn in einem Märchen müsse die »ganze Natur [...] auf eine wunderliche Art mit der ganzen Geisterwelt vermischt seyn [...]«[729] und sich damit Subjekt und Natur begegnen.

4.2.3 Ästhetische Lust an der Erfindungskunst

In der Mitte des Teils *Die Natur* findet sich das Märchen *Hyacinth und Rosenblüthe*, das in der Forschung zum romantischen Märchen *par excellence* avancierte. Das Märchen liefere in seiner vollendeten Form nicht nur auf poetischer Ebene eine Transzendierung der beiden formlosen Stimmreihen-Teile, sondern damit einhergehend auch eine Transzendierung der diskursiven Erkenntnis.

In der älteren Forschung wurde diese Transzendierungsleistung neben dem Formaspekt vor allem auf den Inhalt, die Liebeserzählung von Hyacinth und Rosenblüthe, zurückbezogen, die Paul Kluckhohn, in seiner Einleitung der historisch-kritischen Ausgabe zum dichterischen Werk von Novalis von 1922 als grundlegendes romantisches Element bestimmt. Er erläutert dort, dass das Märchen »das innere Verhältnis des Menschen zur Natur« erfassen würde, welches man »nur durch Hingabe, durch Liebe gewinnen kann. [...] Nur durch die Liebe und die Geliebte kann er [Hyacinth, S.G.] die letzte Erkenntnis und die Einheit des Lebens finden.«[730] Der Held Hyacinth durchlaufe im Märchen dabei mehrere Stadien. Zu Beginn des Märchens lebe er noch im Einklang mit der Natur und seiner Geliebten Rosenblüte, jedoch entfremdet er sich in einem zweiten Entwicklungsschritt von beiden durch ein rational-begriffliches Differenzdenken und kann dieses nur mit Hilfe der unmittelbaren Liebe, die Hyacinth in einer verschleierten Jungfrau findet, letztendlich überwinden. Am Ende findet eine dialektische Aussöhnung statt, in welcher Hyacinth wieder mit seiner Geliebten und der Natur im Einklang lebt. Eine ähnliche Argumentation wie bei Kluckhohn findet sich auch bei Neubauer, der den Erkenntnisweg vor allem als Überwindung des begrifflichen Differenzdenken versteht, sodass »[from S.G.] an unholy desire for empiricism and rational knwoledge [...] only love can deliver Hyacinth.«[731] Lothar Pikulik sieht die Liebesgeschichte vor dem Hintergrund der philosophischen Debatten und verortet im Gefühl, was hier als Liebesgefühl zwischen zwei

729 Hardenberg: Das Allgemeine Brouillon, N III, Nr. 234, S. 280.
730 Paul Kluckhorn: Friedrich von Hardenbergs Entwicklung und Dichtung, N I, S. 41.
731 Neubauer: Biofical Vision, S. 118.

Menschen interpretiert wird, die Überwindung des dualistischen Denkens, wonach in der Liebe »das Ich wahrhaft das Du erkennt, über das Du aber auch sich selbst, als Ich, findet.«[732]

Obwohl man den Ansätzen der Forschung hinsichtlich der austarierenden Mittelstellung zwischen den beiden anderen Teilen als auch hinsichtlich der inhaltlich festgestellten Liebesthematik zustimmen kann, scheint die These, dass hier das rationale Differenzdenken, das in den unterschiedlichen Stimmen in den anderen beiden Teilen *Der Lehrling* und *Natur* seinen Ausdruck erfahre, durch ein vereinheitlichendes romantisches Liebesgefühl überwunden werde und somit das Märchen die beiden anderen Teile potenziert, insgesamt zu kurz zu greifen. Es stellt sich die Frage, ob hier die Liebe als romantische Empfindung Hardenbergs komplexe Gefühlsdefinition gerecht wird. Denn obwohl Hardenberg das Gefühlt als Gegenpart des Verstandes immer wieder mit der Liebe gleichsetzt, definiert er Gefühl in einem viel umfassenderen Sinn und verbindet es im Märchen zudem mit affekttheoretischen Überlegungen. Es soll an dieser Stelle deshalb ein Vorschlag gemacht werden, der die inhaltliche Thematik mit der Form der Darstellung in Verbindung bringt. Der Zusammenhang, so die These, wird mit Hilfe der Analogie gestiftet. Bereits auf formaler Ebene zeichnet sich eine Verhältnisbeziehung zwischen den gleich strukturierten Teilen *Der Lehrling* und *Die Natur* ab, die im Märchen zumindest latent verbunden werden:

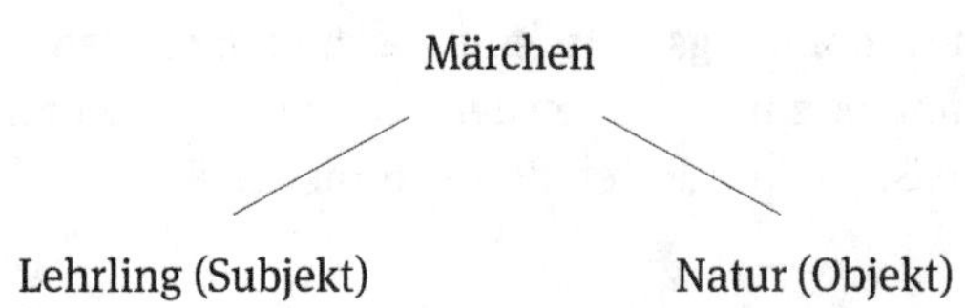

Auf inhaltlicher Ebene scheint damit die Naturverhandlung in den Rahmenteilen zu der Gefühlsthematik des Märchens (Liebeserfahrung) ebenfalls als ein Verhältnis von »Denken zu Fühlen« verhandelt zu werden. Erweitert man Hardenbergs Analogiebeziehung an dieser Stelle, scheint sich dabei ein epistemischer Ansatz zu verbergen. Denn wenn auf inhaltlicher Ebene die Analogata von Denken und Fühlen zur Darstellung gebracht werden, dann eröffnet diese Hin- und Herdirection zwischen den beiden Vermögen einen Zugang zum Unbedingten, womit sich eine wechselweise Durchdringung der verschiedenen Momente von Denken : Fühlen :: Darstellen : Sein ergibt.

732 Lothar Pikulik: Novalis. Die Lehrlinge zu Saïs. In: Ders.: Frühromantik. Epoche – Werk – Wirkung. München 2000, S. 241–257, hier: S. 252–253.

Während die zwei Teile *Der Lehrling* und *Die Natur* in gewisser Weise methodisch und inhaltlich an die enzyklopädistische Systematik anknüpfen und den Zusammenhang der Natur über ein Approximationsprinzip der Analogie-Progression und den potenzierten Reihen darzustellen versuchen, unternimmt das Märchen einen Zugang zur Natur übers Gefühl. Das zwischen Natur und Subjekt stiftende Gefühl wird jedoch nicht nur in Form der Liebe zwischen Hyacinth und Rosenblüthe sinnbildlich zum Ausdruck gebracht, sondern auch rezeptionsästhetisch als ästhetisches Lustgefühl verhandelt, das für Hardenberg allererst Bedingung für die Erfahrung eines Zusammenhanges von Subjekt und Objekt sein könne:

> Um die Natur zu begreifen, muß man die Natur innerlich in ihrer ganzen Folge entstehen lassen. [...] Der denkende Mensch kehrt zur ursprünglichen Funktion seines Daseins, zur schaffenden Betrachtung, zu jenem Punkte zurück, wo Hervorbringen und Wissen in der wundervollsten Wechselverbindung standen, zu jenem schöpferischen Moment des eigentlichen Genusses, des innern Selbstempfängnisses. Wenn er nun ganz in die Beschauung dieser Urerscheinung versinkt, so entfaltet sich vor ihm in neu entstehenden Zeiten und Räumen, wie ein unermeßliches Schauspiel, die Erzeugungsgeschichte der Natur. [...] Die sorgfältigste Beschreibung dieser innern Weltgeschichte ist die wahre Theorie der Natur; durch den Zusammenhang seiner Gedankenwelt in sich, und ihre Harmonie mit dem Universum, bildet sich von selbst ein Gedankensystem zur getreuen Abbildung und Formel des Universums.[733]

Novalis thematisiert damit einen Zustand kreativer Schöpfung, wonach mit Hilfe der produktiven Einbildungskraft eine »schaffende Betrachtung« in Gang komme, die sich analog zum Schaffen der Natur verhalte. Nur momenthaft könne das Subjekt diese Selbst- und Fremderkenntnis als ästhetische Erfahrung erleben:

> Er glaubt es am höchsten gebracht zu haben, wenn er, ohne jenes Spiel zu stören, zugleich die gewöhnlichen Geschäfte der Sinne vornehmen, und empfinden und denken zugleich kann. Dadurch gewinnen beide Wahrnehmungen: die Außenwelt wird durchsichtig, und die Innenwelt mannigfaltig und bedeutungsvoll, und so befindet sich der Mensch in einem innig lebendigen Zustande zwischen zwei Welten in der vollkommensten Freiheit und dem freudigsten Machtgefühl.[734]

Fast wortwörtlich referiert Novalis auf Kants *Kritik der Urteilskraft*, in welcher dieser von einem freien Spiel der sich proportional zueinander verhaltenden Verstandeskräfte Einbildungskraft und Verstand beim Anbetracht eines anschaulichen Kunstobjektes spricht, das dem Betrachter Lust bereitet. Denn nach Kant

---

733 Novalis: Die Lehrlinge zu Saïs, N I, S. 101.
734 Ebd., S. 97.

lässt sich »im Spiele der Erkenntniskräfte«, das durch einen kunstvoll empfundenen Gegenstand ausgelöst wird, ein Lustgefühl ausmachen, das den proportionalen Zusammenhang der Erkenntnisvermögen als einheitlich erfahren lässt. Und der Anblick eines Naturschönen bestätige dann auch die »Zusammenstimmung der Natur zu unseren Erkenntnisvermögen« (vgl. Kap. 3).[735] Hardenberg konstruiert damit eine ähnliche Selbsterkenntnis durch das Lustgefühl wie Kant, wonach man in der »schaffenden Betrachtung«[736] jenen Zusammenhang von Sinnlichkeit und Verstand als lustvollen Genuss (»freudigstes Machtgefühle«) erfahren könne. Denn »Poësie ist *Darstellung des Gemüths – der innern Welt in ihrer Gesamtheit* [...].«[737] Im Gegensatz zu Kant gibt Hardenberg aber eine Bewegung an, die bei der Reflexion des »denkenden Menschen« startet, zur schöpferischen Tätigkeit zurückkehrt und von dort seine Denktätigkeit als Verhältnis von »Hervorbringen und Wissen« im Gefühl erfährt. Damit möchte er zwischen ›Fühlen und Denken‹ jene ›Hin-und Her-Direction‹ mit Hilfe der Poesie erreichen, die das ästhetische Lustgefühl allererst erzeuge und damit die Erfahrung der eigenen Reflexionstätigkeit bewusstmache. Die analoge Beziehung von Subjekt und Objekt, als diejenigen zwischen Verstand und Sinnlichkeit, sowie die zwischen Denken und Fühlen ist damit das Thema des Märchens, womit sich die Liebesthematik weit grundlegender als ästhetisches Liebes-/Lustgefühl fassen lässt. Denn schließlich ist »[d]ie Liebe [...] der Endzweck der *Weltgeschichte* – das Unum des Universums.«[738] Hardenbergs poetologische Vorgabe scheint damit klar, dennoch meldet der Romantext Zweifel an:

> Den Inbegriff dessen, was uns rührt, nennt man die Natur, und also steht die Natur in einer unmittelbaren Beziehung auf die Gliedmaßen unsers Körpers, die wir Sinne nennen. Unbekannte und geheimnisvolle Beziehungen unsers Körpers lassen unbekannte und geheimnisvolle Verhältnisse der Natur vermuten, und so ist die Natur jene wunderbare Gemeinschaft, in die unser Körper uns einführt, und die wir nach dem Maße seiner Einrichtungen

---

735 Kant: Kritik der Urteilskraft, AA V, S. 185 und S. 380.

736 Hardenberg knüpft hier, neben anderen Denkern wie Schiller, Fichte, Schelling, Hegel und Friedrich Schlegel an den Begriff der ›produktiven Einbildungskraft‹ von Kant an, um diesen als schöpferische Kraft zwischen Sinnlichkeit und Freiheit zu postulieren. Vgl. hierzu Andreas Kubick: Die Symboltheorie bei Novalis, S. 105ff.; Herbert Uerlings: Einbildungskraft und Poesie bei Novalis. In: Ders. (Hg.): Novalis. Poesie und Poetik. Tübingen 2004, S. 21–63; Bernward Loheide: Fichte und Novalis, S. 220ff.; Dennis F. Mahonney: Friedrich von Hardenberg (Novalis). Stuttgart 2001, S. 39f.; Birgit Recki: Gefühle in der philosophischen Ästhetik. In: Handbuch. Literatur und Emotion, hg. von Cornelia Zumbusch und Martin von Koppenfels. Berlin/Boston 2016, S. 62–83, hier: S. 73ff.

737 Hardenberg: Das Allgemeine Brouillon, N III, Nr. 553, S. 650.

738 Ebd., Nr. 50, S. 248.

> und Fähigkeiten kennenlernen. Es frägt sich, ob wir die Natur der Naturen durch diese spezielle Natur wahrhaft begreifen lernen können, und inwiefern unsre Gedanken und die Intensität unsrer Aufmerksamkeit durch dieselbe bestimmt werden, oder sie bestimmen, und dadurch von der Natur losreißen und vielleicht ihre zarte Nachgiebigkeit verderben. Man sieht wohl, daß diese innern Verhältnisse und Einrichtungen unsers Körpers vor allen Dingen erforscht werden müssen, ehe wir diese Frage zu beantworten und in die Natur der Dinge zu dringen hoffen können.[739]

Der Textabschnitt, der sich gegen Ende des Teils *Die Natur* findet, stellt demnach die angedachte Selbst- und Fremderkenntnis in Frage. Scheinbar kommen Novalis während der Arbeit an seinem Roman selbst Bedenken am ästhetischen Zugriff. Auch eine weitere Stelle im Text liest sich ähnlich, denn »alles Bestreben nach Wahrheit in den Reden und Gesprächen in der Natur entfernt nur immer mehr von der Natürlichkeit«,[740] konstatiert dort eine Stimme. Man kann hier, wie Hans-Jürgen Balmes angibt, durchaus eine »selbstkritische Reflexion des Autors [vermuten]: das Sprechen hebt sich ironisch wiederum in einer Rede auf, die es abzuschließen scheint und doch [...] nur wieder auf eine unendliche Aufgabe verweist.«[741] Vor dem Hintergrund von Hardenbergs Analogieverständnis Teil und Ganzes aufeinander zu beziehen, scheinen die einzelnen multidimensionalen Systemreihen zwar durchaus das Ganze immer wieder anzuvisieren, jedoch die Bedingung eines ›Ineinandergreifens‹ (»ein Glied greift ins Andre«) nicht zu erfüllen. Und auch der Versuch, eine mögliche Aussöhnung von Natur und Subjekt mit Hilfe einer poetischen Reflexion über die ästhetische Erfahrung im Märchen zu gewährleisten, scheint ebenfalls problematisch. Während Kant einen Zugang zur Natur über ein ästhetisches Erleben medialer Eigenschaften (Musik als Zugang zur empirischen Zeit) ermöglicht, generiert der Text nur eine subjektive Empfindung, die jedoch nicht unbedingt eine Übereinstimmung mit einer äußeren Natur gewährt. Damit scheint der Zusammenhang von Ich und Nicht-Ich lediglich im Gefühl erfahrbar, jedoch nicht zur Darstellung gebracht zu werden. Die Poesie bietet an dieser Stelle nicht die von Hardenberg angestrebte universale Apokatastasis, sondern scheint an der semiotischen Differenz zu scheitern. Hardenberg unterbricht dann auch die Arbeit am Roman und wendet sich einem zweiten poetischen Projekt zu, um das Vorhaben eines ›ächten Naturromans‹ bewerkstelligen zu können.

739 Novalis: Die Lehrlinge zu Saïs, N I, S. 97.

740 Ebd., S. 85.

741 Hans-Jürgen Balmes: Lehrlinge zu Saïs, WTB 3, S. 104–134, hier: S. 118–119.

4.2.4 Universale Poetik

Hardenberg hat in den *Lehrlingen zu Saïs* den Zusammenhang von Natur, Epistemologie und Poesie erprobt und hierfür die Frage der Verhältnisbeziehungen ins Zentrum gestellt. Damit scheint er die Fragen seines Enzyklopädistikprojektes aufzugreifen. Scheinbare Bedenken an der Durchführbarkeit lassen ihn jedoch die Arbeit niederlegen. Dennoch gibt er sein Vorhaben eines Naturromans nicht auf. So kündigt er am 31. Januar 1800 Friedrich Schlegel an: »Das Neueste von mir ist ein bald fertiger *Roman – Heinrich von Afterdingen* [...].«[742] Und an Tieck schreibt er: »Um so besser ist es, daß die Lehrlinge ruhn – die jetzt auf eine ganz besondere Art erscheinen sollen – Es soll ein ächtsinnbildlicher, Naturroman werden. Erst muß Heinrich fertig seyn – Eins nach dem Anderen, sonst wird nichts fertig. [...].«[743] Für die Ausführung eines echtsinnbildlichen Textes bedarf es scheinbar einer Revision des Darstellungskonzeptes. Hardenbergs Gedanken kreisen deshalb nochmals um die Frage nach einer semiotischen Darstellung von Totalität. Es gehe ihm darum, so findet man in einer Notiz, eine ›universale Poetik‹ zu kreieren:

> ENC[YCLOPAEDISTIK]. Universale Poetik und vollst[ändiges] System der Poësie. Eine Wissenschaft ist vollendet, 1. wenn sie auf alles angewandt ist – 2. wenn alles auf sie angewandt ist 3. Wenn sie als abs[olute] Totalitaet, als Universum betrachtet – sich selbst als abs[olutes] Individuum mit allen überigen W[issenschaften] und K[ünsten], als relat[iven] Individuen, untergeordnet wird.[744]

Eine Wissenschaft ist erst dann vollständig realisiert, wenn ihre diskursiven Elemente (poetisch) veranschaulicht werden. Bereits auf semiotischer Ebene müsse demnach eine universale Wissens-Poetik eine Integration der verschiedenen Bedeutungsebenen und ihren Beziehungen in Form einer symbolischen Darstellung liefern. Grundidee des *Heinrich von Ofterdingens* sei deshalb eine »Apotheose der Poësie«,[745] die programmatisch das romantische Prinzip der Universalität umreiße, denn

742 Hardenberg: Novalis an Friedrich Schlegel in Jena. Weißenfels: den 31sten Jänner. [1800], N VI, S. 317–318, hier: S. 318.

743 Hardenberg: Novalis an Ludwig Tieck in Jena. [Weißenfels, 23. Februar 1800. Sonntag], N VI, S. 321–323, hier: S. 323.

744 Hardenberg: Das Allgemeine Brouillon, N III, Nr. 176, S. 272.

745 Hardenberg: Novalis an Tieck, N VI, S. 322.

> ROMANTIK. Absolutisirung – Universalisirung – Classifiation des individuellen Moments, der ind[ividuellen] Situation et. Ist das eigentliche Wesen des Romantisierens. vid. Meister. Mährchen.[746]

Goethes *Wilhelm Meister* ist für Hardenberg zunächst leuchtendes Vorbild, schnell schlägt die Begeisterung jedoch in schmähende Kritik um, wenn dort die »Wallfahrt zum Adelsdiplom«[747] den Weg des jungen Mannes zum Dichter torpediere. *Heinrich von Ofterdingen* soll hingegen nicht von seiner poetischen Berufung abgebracht werden. Denn nicht die Überwindung der Poesie führe wie bei Wilhelm Meister nach Hardenberg zur sozialen Inklusion, sondern die poetische Integration ins Leben verbinde das Subjekt mit seiner Umwelt. Heinrich von Ofterdingens Initiation zum Dichter am Ende des ersten Romanteils ereignet sich daher auch als Erzählung in der Erzählung. Die Figur Klingsohr erzählt ein Märchen, das nicht nur die Frage nach einer »abs[oluten] wunderbare[n] Synthesis«[748] der gegensätzlichen Sphären von Individuum und Umwelt verhandelt, sondern auch die nach der Rolle der Poesie als potenzierte Erzählung.[749] Denn das Märchen durchkreuze traditionelle Erzählfunktionen wie Referentialität und Mimesis, da es »wie ein Traumbild – ohne Zusammenhang – Ein *Ensemble* wunderbarer Dinge und Begebenheiten« darstelle. Goethe hätte dies versäumt, weshalb Hardenberg *Wilhelm Meister* letztlich für »ein fatales und albernes Buch« hält, da es lediglich eine »poëtisirte bürgerliche und häusliche Geschichte« erzähle, worin »[d]ie Oeconomische Natur [...] die Wahre – Übrig bleibende«[750] sei. Im Gegensatz zu Goethe soll sich die Poesie aber nicht den lebensweltlichen Vorgaben beugen, sondern ihre Eigengesetzlichkeit erkunden, um so eine Reflexion des Außen anzustoßen, da »die Kunst zur Natur gehört, und gleichsam die sich selbst beschauende, sich selbst nachahmende, sich selbst bildende Natur ist [...].«[751] Hierfür eigne sich die Gattung des Märchens für Hardenberg in besondere Art und Weise: »Die Welt des Märchens ist die *durchausentgegengesetzte* Welt der Welt der Wahrheit (Geschichte) – und eben darum ihr so *durchaus ähnlich* – wie das *Chaos* der *vollendeten Schöpfung*.«[752] Die ästhetische Darstellung folgt der realen Welt insofern nicht nach, sondern steht in einem Verhältnis der entgegengesetzten Ähnlichkeit zu ihr. Damit ergibt sich keine Beziehung von Urbild und

746 Hardenberg: Das Allgemeine Brouillon, N III, Nr. 87, S. 256.
747 Hardenberg: Fragmente und Studien 1799–1800, Nr. 536, S. 646.
748 Hardenberg: Das Allgemeine Brouillon, N III, Nr. 989, S. 455.
749 Vgl. Specht: Physik als Kunst, S. 285ff.
750 Hardenberg: Das Allgemeine Brouillon, N III, Nr. 536, S. 646 und Nr. 505, S. 639.
751 Hardenberg: Fragmente und Studien 1799–1800, N III, Nr. 94, S. 569.
752 Hardenberg: Das Allgemeine Brouillon, N III, Nr. 234, S. 281.

Abbild (*durchausentgegengesetzte Welt*), sondern von isomorphen Strukturen (*durchaus ähnlich*).

Wenn das Märchen solcherart eine Ausdrucksform für das Absolute sein soll, dann muss es eine Darstellungsform bieten, die die Vielschichtigkeit komprimiert, ohne ihre Komplexität preiszugeben. Dies wäre dann für Hardenberg die wahre Kunstfertigkeit: »Je einfacher im Ganzen – und je Individueller, und mannichfacher im Detail – desto vollkommener das Kunstwerk. Auch eine Fibra simplicissima muß noch individuell und gebildet und *analog* seyn.«[753] Die *Fibra simplicissima* ist ein der Medizin entlehnter Begriff, der vom niederländischen Mediziner Hermann Boerhaave und deutschen Arzt Albrecht von Haller mit Bezug auf antike Quellen genutzt wird, um eine erste Faser im menschlichen Körper zu beschreiben, aus der sich alle anderen Körperteile zusammensetzen. Dabei ist sie je nach Ansicht aus unterschiedlichen materiellen Substanzen in bestimmten proportionalen Verhältnissen gemischt, womit alle Körperteile einander ähneln.[754] So wie der menschliche Körper ein komplexes Ganzes darstellt, das sich jedoch im Grunde auf ein einfaches Verhältnissystem einzelner Grundbestandteile zurückführen lässt, so soll auch das Kunstwerk mit Hilfe einer integrativen Ausdrucksform ein komplexes System zur Darstellung bringen. In der symbolischen Darstellung des Märchens scheint Hardenberg jenen komprimierten Grad an Verknüpfungen und Verweisungen zu vermuten, der ein umfangreiches Beziehungsgeflecht aufruft, dieses jedoch summarisch verdichtet.

Klingsohrs Märchen ist eine komplexe Erzählung und setzt vielschichtig konzipierte Figuren zueinander in Beziehung. In einer Astralwelt lebt der Herrscher Arktur (Stern des Nordhimmels) mit seiner Frau Sophie (Weisheit) und seiner Tochter Freya (Erdgöttin). In einer scheinbar untergeordneten Menschenwelt findet man Eros (Gott der Liebe) und seine Schwester Fabel (Poesie), wobei Eros von der Amme Ginnistan (Phantasie) umsorgt wird. Die Eltern des ungleichen Geschwisterpaares, Vater »Sinn« und Mutter »Herz«, erweisen sich als die beiden

---

753 Hardenberg: Das Allgemeine Brouillon, N III, Nr. 105, S. 260.

754 »Faser, Fibra; fr. Fibre, engl. Fibra [...] Boerhaave und seine Schüler nahmen im menschlichen Körper eine einzige einfache Faser an, fibra simplicissima [...], aus der alle festen Teile bestehen sollten. [...] Haller[] [...] nimmt eine erste Faser an, die nicht wahrnehmbar ist, aus erdiger Substanz und Gluten in verschiedenen Proportionen besteht, die durch ihre Verbindung mit andern ähnlichen Fasern meistentheils die Form der Linie und in manchen Theilen die blättrige Form annimmt; [...] sie bildet fast alle Theile des Körpers und namentlich das Zellgewebe, die Membranen, die Gefäße, die Sehnen, die Knochen u.s.w.« In: Encyclopädie der medizinischen Wissenschaften nach dem Dictionnaire de Médecine frei bearbeitet und mit nöthigen Zusätzen versehen. In Verbindung mit mehreren deutschen Ärzten herausgegeben von Friedrich Ludwig Meissner. Band 4. Leipzig 1831, S. 360.

Erkenntnisvermögen Vernunft und Gefühl. Dem entgegengesetzt ist ein im Familienhause beschäftigter Schreiber als personifizierter »Verstand«, der die einseitig gebrauchten rationalen Eigenschaften als negativ vorführt. Und schließlich leben in einer Unterwelt die Parzen und eine Sphinx als Figuren der begrenzten und unendlichen Zeitlichkeit. Am Ende des Märchens verbinden sich die astrale und menschliche Welt in einem Liebesbund von Freya und Eros, in den zugleich das ganze Universum eingebunden wird. Sind die mythologischen und allegorischen Figuren in ihrer semantischen Funktion den meisten Lesern des 18. Jahrhunderts einigermaßen vertraut, so werden auch Sternbilder, natürliche Elemente oder Naturphänomene figural inszeniert. Ein alter Held tritt als Eisen auf und erhält Gesellschaft von Turmalin, Zink und Gold. Die menschliche ›Mutter‹ durchläuft als naturhafte Mondgestalt periodische Phasen von Zu- und Abnahme und die Naturphänomene Orkane, Erdbeben, Regenschauer sowie Gewitter durchleben die Amplitude des menschlichen Gefühlslebens. Die Bedeutungsgehalte der Figuren vernetzen damit die verschiedenen Bereiche von Mythos, Allegorie und Naturwissenschaft zu einem hochkomplexen Geflecht.

Schon Max Diez geht von einem »reichhaltigen Metaphernspiel« aus, wonach sich im Märchen »Mythus und Allegorie [...] zu einem vielseitigen Gebilde der Verschmelzung und Repräsentation [verbinden], [...], das die Zahl der Beziehungen aller Art fast ins Unendliche zu steigen scheint.« Auch Joyce S. Walker sieht dies ähnlich und konstatiert, dass »[m]etaphor and analogy [...] the predominant devices employed in *Heinrich von Ofterdingen*« wären. Dergestalt können »[a]nalogies and metaphors in *Heinrich von Ofterdingen* may be viewed as fractals which have relationships to scale one another.«[755] Einen ähnlichen Gedanken verfolgt auch Benjamin Specht, der von einer komplexen Symbolstrategie im Märchen ausgeht, die sich einer »Bildung semantischer Assoziationsketten [verdankt, S.G.], die durch die nicht immer klare Zuordnung der Figurennamen und deren Periphrasen zum Ausdruck kommt [...].«[756] Diese Mehrfachcodierung erläutert Diez am Beispiel von Freya, denn hier könne man eine Reihe Freya – Friede – Jungfrau – Galvanismus (Elektrizität, Magnetismus, Lichtwirkung) aufmachen. Specht führt die Figurenreihen dann weiter und geht bei allen Personen des Märchens von einer Durchdringung von mindestens drei Sphären aus, die sich als mythologisch, abstrakt-ideell und naturwissenschaftlich identifizieren lassen

755 Joyce S. Walker: Romantic Chaos: The Dynamic Paradigm in Novalis's Heinrich von Ofterdingen and Contemporary Science. In: The German Quarterly 66 (1) (1993), From Mid-18th-Century to Romanticism, S. 43–59, hier: S. 50.

756 Specht: Physik als Kunst, S. 297.

(Diez würde noch die Sphäre des ethisch-religiösen hinzufügen).[757] Folgt man dabei Walkers Ansicht, dass hier die Sphären in der Figur nicht nur übereinander geblendet werden, sondern sich notwendigerweise als strukturgleiche Fraktale aufeinander beziehen, dann wird deutlich, dass hier ein systemischer Ansatz verfolgt wird, der über eine Ordnung der Analogie zur Realisierung kommt. Mythos, begriffliches Denken, Moral und Naturwissenschaft sind demnach analoge Sphären, die sich anhand der figuralen Zuschreibungen zueinander in Beziehung setzen lassen. Dies wäre für Hardenberg ein systemisches Relationsschema, das er nicht nur für eine universale Poetik, sondern auch für eine universale Enzyklopädistik fordert:

> ENC[YCLOPAEDISTIK]. Universale Poëtik und vollst[ändiges] System der Poësie. Eine Wissenschaft ist vollendet [...] [w]enn sie als absolute Totalität, als Universum betrachte – sich selbst als absolutes Individuum mit allen übrigen Wissenschaften und Künsten, als relativen Individuen, untergeordnet wird.[758]

Eine universale Wissenschaft wird zur universalen Poetik, wenn sie als mannigfach gegliedertes Individuum ein eigenständiges System bildet. Wenn im Märchen die einzelnen Gestalten intensional ein unendliches Relationsschema vorstellen, können sie als mannigfach individualisiert gelten und damit eine ästhetische Darstellung für das komplexe Natursystem bieten. Damit hat Hardenberg die Frage, wie man eine *Einheit* in der Naturlehre praktisch darstellen könne,[759] im Märchen aufgezeigt.

Gleichzeitig möchte er auch den Fichte'schen Grundsatz »Ich = N[icht]I[ch]« als »höchste[n] Satz aller *Wissenschaft* und *Kunst*«[760] ästhetisch verhandeln. Hatte er hierfür in den *Lehrlingen* extra die Textgattung gewechselt, sollen nun beide Grundsätze im Märchen zur Darstellung kommen. Dafür setzt er Subjekt und Umwelt im Märchen wortwörtlich in Beziehung. Denn bereits die drei Welten der Erzählung sind an bestimmte Figuren geknüpft, die zudem bestimmte Himmelsrichtungen bestimmen: Arkturs Palast ist an einem imaginären Nordpol angesiedelt, die Figuren der Antike, Sophie und Eros stehen für den Süden und Ginnistan als Phantasie für das östliche Morgenland. Damit weist das Märchen, wie

---

757 Dergestalt kann eine Figur wie Freya mit Fabel (Poesie – Kind – Tugend – Zeitlichkeit), mit Arctur (Geist des Lebens – König – Kosmos), mit Eros (Liebe – Kind/Jüngling – Reifungsprozess) oder mit dem Helden (Vermittler – Perseus – Elektrizität) in ein wechselseitiges Verhältnis treten.

758 Hardenberg: Das Allgemeine Brouillon, N III, Nr. 176.

759 Vgl. Hardenberg: Logologische Fragmente, N II, Nr. 83, S. 542.

760 Ebd., Nr. 83, S. 542

Sophia Vietor festhält, »kosmische Dimensionen«[761] auf und macht die in den *Lehrlingen* anklingende Kosmos-Thematik zum Hauptgegenstand der Darstellung. Dass sich Hardenberg nochmals intensiv mit dem Thema eines »Weltsystems« in seinem Märchen auseinandersetzt, hat insbesondere Bomski im letzten Teil ihrer Arbeit untersucht. Denn hier würden ihrer Ansicht nach kosmologische, astronomische (mathematische) und epistemische Momente miteinander verbunden und eine »Analogie von Subjekt/Subjektphilosophie und Weltall/Astronomie« verhandelt.[762] Dabei geht Bomski im weiteren Verlauf leider nicht mehr detailliert auf die Frage nach einer Entsprechung von Kosmos und epistemischen Vermögenskräften ein, die aber meines Erachtens das zentrale Anliegens von Hardenbergs zweiten Romanprojekt ist. Denn hier reflektiert er, wie im Folgenden zu zeigen sein wird, nochmals den von Kant und Fichte übernommenen Grundsatz einer Entsprechung von Subjekt und Objekt und wird insbesondere an Gedanken Kants anknüpfen.

Anhand der Frage von Individuellem und Allgemeinen lassen sich nach Hardenberg nicht nur epistemische Grundannahmen, sondern auch kosmologische Beziehungen verhandeln:

> COSMOLOGIE. Unsre Welt ist das was sie ist, als Glied des Universalsystems. Ihre Veränderungen werden mit durch die Veränderung des großen Systems bestimmt. Je mannichfacher Etwas individualisirt ist – desto mannichfacher ist seine Berührung mit andern Individuen – desto veränderlicher seine Grenze – und Nachbarschaft. Ein unendlich caracterisirtes Individuum ist Glied eines Infinitinomiu[m]s – So unsere Welt – Sie gränzt an unendliche Welten – und doch vielleicht nur an Eine. Die Welt im Ganzen hat auch nur Eine Welt gegen sich über.[763]

Die Kosmologie liefere Aufschluss über Fragen des metaphysischen Systems. Wird in der traditionellen Begriffslogik davon ausgegangen, dass ein Allgemeines eine summarische Zusammenfassung des Einzelnen ist, dieses aber nicht weiter differenziert sei, macht Hardenberg einen anderen Vorschlag: Sowohl das Allgemeine als auch das Einzelne zeichne sich durch mannigfache Zuschreibungen aus, was sie strukturell gleichwertig macht. Damit verändern sich auch die hierarchischen Beziehungen. Geht das Allgemeine im deduktiven bzw. induktiven Schlussverfahren dem Einzelnen voran, so sind nun Allgemeines und Einzelnes wechselweise voneinander abhängig. Helfen könne hier ein »gegenseitiges

761 Sophia Vietor: Das Wunderbare in den Märchen von Goethe und Novalis. Halle/Zürich 1995, S. 87.

762 Bomski: Die Mathematik im Denken und Dichten von Novalis, S. 184.

763 Hardenberg: Das Allgemeine Brouillon, N III, Nr. 113, S. 261.

Analogisiren«, wodurch man die »[z]usammengesetze Data des Weltgebäudes, als auch des Individuellsten Theils desselben (Macrocosm und Microcosm)« wechselseitig erklären könne.[764] Analogisiert Hardenberg hierbei selbst kosmische und begriffliche Strukturen, dann weisen seine Überlegungen Ähnlichkeiten mit Kants Frühschrift auf, worin sich Kosmos und Vernunft wechselweise aufeinander beziehen. Und auch der Gedanke der analogen Strukturierung tritt bei Hardenberg auf, denn »Analoge Gleichung der andern Welt« ist »*Theorie des Himmels*«.[765]

Kann die Kosmologie Auskunft über die subjektive Vernunftstruktur geben, dann scheint es vielversprechend sie als symbolische Darstellung dafür heranzuziehen. Es wurde bereits angedeutet, dass das Märchen mit der Einteilung der unterschiedlichen Welten und der figuralen Zuschreibung, eine Beziehung von Raum und Figur suggeriert. Die unterschiedlichen Märchenwelten sind, wie bereits Gordon Birrel feststellt, jedoch alles andere als eindeutig oder beständig. Auch der Bezug zwischen den Welten scheint unklar, wenn Fabel, Eros und Ginnistan von einer Realität problemlos in die andere wechseln können und damit ihre spatiale Zuschreibung durchkreuzen:

> In this whimsically abstract tale, spatial systems, once established, refuse to stay put. The reader is continually made to readjust his conceptualization not only of space, but of the allegorical relationships which are expressed by means of spatial configurations.[766]

In der Märchenwelt scheinen weder die unterschiedlichen Welten noch die Personen zu den Welten einen eindeutigen Bezug aufzuweisen. Betrachtet man jedoch die Struktur der Welten, dann ergeben sich durchaus Übereinstimmungen. Der Text beginnt mit der Astralwelt, deren »unzählige Menge Sterne« auf magische Weise von den Bewohnern mit Hilfe von Karten gesteuert werden:

> Die Dienerinnen brachten einen Tisch und Kästchen, worin eine Menge Blätter lagen, auf denen heilige tiefsinnige Zeichen standen, die aus lauter Sternbildern zusammengesetzt waren. Der König küßte erfurchtsvoll diese Blätter, mischte sie sorgfältig untereinander, und reichte seiner Tochter einige zu. [...] Oft aber sah man ihm die Freude an, wenn er durch ein gutgetroffenes Blatt eine schöne Harmonie der Zeichen und Figuren legen konnte. [...] Die Sterne schwangen sich, bald langsam, bald schnell, in beständig veränderten Linien umher, und bildeten, nach dem Gange der Musik, die Figuren der Blätter auf das kunst-

764 Hardenberg: Freiberger naturwissenschaftliche Studien (1798/99), N III, S. 59.

765 Hardenberg: Das Allgemeine Brouillon, N III, Nr. 113, S. 261.

766 Gordon Birrell: The Boundless Present. Space and Time in Literary Fairy Tales of Novalis and Tieck. Chapel Hill 1979, S. 25.

reichste nach. Und so wechselte, wie die Bilder auf dem Tische, unaufhörlich, und so wunderlich und hart die Übergänge auch waren, so schien doch nur Ein einfaches Thema das Ganze zu verbinden.[767]

Die Sternenwelt ist in einer ständigen Wandlung begriffen, die aber nach einer vorgegebenen Ordnung stets wieder zu harmonischen Konstellationen führt. Nicht von ungefähr rekurriert Hardenberg mit der Musik im Sternenreich auf die pythagoreische Sphärenmusik, die aufgrund einer proportionalen Anlage des planetarischen Universums entsteht. Dergestalt erzeugen die Planten auf ihren Bahnen ähnliche harmonische Intervalle wie Unterteilungen auf einer Instrumentsaite.[768] Mit dem Verweis auf die pythagoreische Tradition wird das Leitmotiv einer kosmischen Harmonie im Text eingeführt, die dann auch die anderen Welt-Teile zu bestimmen scheint. Deshalb kann im Anschluss an das Sternenkonzert die Astralwelt auch relativ unvermittelt verlassen werden.

Nachdem der alte Held sein Schwert in die Welt geworfen hat und damit eine galvanische Verbindung zwischen Astral- und Menschenwelt herstellt, findet man sich unvermittelt in einem menschlichen Zuhause mit einer bürgerlichen Familie wieder. In der bürgerlichen Familie von Vater, Mutter, Eros und Fabel findet man eine menschliche Version der Sternen-Familie des Astralreiches von Arktur, Sophie und Freya wieder. Im weiteren Verlauf erfährt man etwas mehr über die Menschenwelt und ihre Gabe der Phantasie, die als »romantisches Land« erscheint, in das die Amme Ginnistan und Eros reisen und

> das mit Städten und Burgen, mit Tempeln und Begräbnissen übersät war, und alle Anmuth bewohnter Ebenen mit den furchtbaren Reizen der Einöde und schroffen Felsengegenden vereinigte. [...] Die schönsten Farben waren in den glücklichsten Mischungen. [...] Hier sah man einen Schiffbruch im Hintergrunde, und vorne ein ländliches fröhliches Mahl von Landleuten; dort den schrecklich schönen Ausbruch eines Vulkans, die Verwüstungen des Erbebend, und im Vordergrunde ein liebend Paar unter schattenden Bäumen in den süßesten Liebkosungen. [...] Die Szenen verwandelten sich unaufhörlich, und flossen endlich in eine große geheimnisvolle Vorstellung zusammen, Himmel und Erde waren voller Aufruhr. [...] Bald waren alle Schrecken vertilgt. Himmel und Erde flossen in süße Musik zusammen.[769]

767 Novalis: Heinrich von Ofterdingen, N I, S. 292–293.

768 Hardenberg macht sich auch in seinem *Allgemeinen Brouillon* Gedanken zur Sphärenmusik: »Klingt überhaupt eigentlich der Körper oder die Luft. Ist nicht das elastische Fluidum der Vocal, und der Körper der Consonant – die Luft die Sonne – und die Körper die Planeten – jenes die erste Stimme – diese die 2te.« N III, Nr. 382, S. 309.

769 Novalis: Heinrich von Ofterdingen, N I, S. 299–300.

In einer panoptischen Schau kann man die verschiedenen landschaftlichen Szenen zusammensehen, wodurch sich das Weitentfernte in eine unmittelbare Nachbarschaft begibt. Anakreontische Szenen wechseln sich hier mit erhabenen Motiven ab und vermitteln den Eindruck, dass man hier auf Landschaftsbilder der bildenden Kunst blickt. Obwohl sich die Phantasiewelt aufgrund der unterschiedlichen Szenen gegenüber der Astralwelt als differenzierter erweist, ergeben sich bei genauerer Betrachtung strukturelle Parallelen. Denn sowie die Sternenfiguren sich in einer ständigen Wandlung befinden, so hier die Naturgemälde. Mit dem theatralen Szenenbegriff wird zudem deutlich, dass nicht nur Sternenkonstellationen vom Menschen in semiotische Zeichensysteme überführt werden, sondern auch Natureindrücke. Erscheinen in der Sternenwelt die Sterne als Figuren und Musik, so hier die Natur als »geheimnisvolle Vorstellung« und »süße Musik«.

Sternenwelt und Menschenwelt/Phantasiewelt präsentieren sich als ähnlich organisiert. Dagegen scheint die Unterwelt, in die sich Fabel begibt, ganz anders gestaltet zu sein:

> Endlich kam sie auf einen freyen Platz heraus [...]. Licht und Schatten schienen hier ihre Rollen vertauscht zu haben. Fabel freute sich in einer neuen Welt zu seyn. [...]. [Es, S.G.] wurden unzählige Lichterchen sichtbar, die aus der Thürspalte schlüpften [...]. Die Alten hatten während der Zeit immer mürrisch fortgesponnen, und auf das Jammergeschrey der kleinen Fabel gewartet, aber wie entsetzten sie sich, als auf einmal eine schreckliche Nase über ihre Schultern guckte, und wie sie sich umsahen, die ganze Höhle voll der gräßlichsten Figuren war, die tausenderley Unfug trieben. Sie fuhren ineinander, heulten mit fürchterlicher Stimme, und wären vor Schrecken zu Stein geworden, wenn nicht in diesem Augenblicke der Schreiber in die Höhle getreten wäre [...].

Die Unterwelt ist zu den anderen Welten entgegengesetzt, was am Rollentausch von Licht und Schatten kenntlich gemacht wird. Sind die Welten invers, dann referieren sie aber dennoch auf eine gleiche Ordnung – wenn auch mit umgekehrten Vorzeichen. In der Astralwelt sind die Sterne in Bewegung, während hier die verstorbenen Seelen als unzählige Lichterchen umherschwirren, ohne Licht zu verströmen. Dass diese Bewegung aufgrund der Inversion nicht harmonisch verläuft, sondern ein großes Durcheinander darstellt, scheint aufgrund der antithetischen Anlage als folgerichtig. Neben Licht und Schatten findet man noch weitere Gegensatzpaare. Dem Sternenbild des Phönix, dem man bereits in der Astralwelt als Vogel mit kostbaren Federn begegnete, ist hier die unheimliche Sphinx als Symbol des Ewigen entgegengesetzt. Umgeben ist die Sphinx von den drei Parzenschwestern, die den Lebensfaden der Menschen scheinbar nach Belieben kappen. Damit sind die Parzen Antifiguren zu Fabel, die sowohl Vergangenheit und Zukunft verbinden und damit eine einheitliche Zeit herstellen kann.

Betrachtet man alle drei Welten wird deutlich, dass sie trotz aller Unterschiede strukturell und motivisch in einem engen Zusammenhang stehen und damit als jene Glieder eines Gesamtsystems erscheinen, wie sie Hardenberg in seinen kosmologischen Überlegungen vorgibt. Dass die Welten bestimmten Figuren zugeordnet werden und hier figurale Wiederholungen auftreten, unterstützt auf semantischer Ebene nochmals die Verschränkung von Figur und Welt. Und wenn am Ende der Einzug ins paradiesische Astralreich eine Amalgamierung aller Welten bewirkt und den finalen Liebesbund zwischen allen manifestiert, wird zudem die reflexiv-logische Hin- und Herbewegung vom Individuellen zum Allgemeinen in die Textur des Märchens überführt.

Hat Novalis mit der ›symbolischen Geographie‹ bereits eine analoge spatiale Struktur im Märchen etabliert, zeigt sich zudem das seit Kant unumgängliche Verhältnis von Raum und Zeit. Denn auch für Hardenberg gilt: »Zeit und Raum entstehn zugleich und sind also wohl Eins, wie Subject und Object. Raum ist beharrliche Zeit – Zeit ist fließender, variabler Raum [...].«[770] Die Zeit des Märchens erweist sich dabei ebenso uneindeutig als der Raum. Schon der einleitende Satz »Die lange Nacht war eben angegangen« macht, wie Vietor feststellt, eine paradoxale Zeitangabe, wenn einmal mit ›lang‹ eine temporale Dauer und mit ›eben‹ ein unmittelbares Geschehen bestimmt wird: »Durch die Aufhebung der Gegenwart in den Dauerzustand eines endlosen Nachbeginns wird das Klingsohr-Märchen in eine Zeit verlegt, die sich nicht mehr genau bestimmen lässt.«[771] Auch die Geschehnisse in der Menschenwelt scheinen unterschiedlich Zeiten zu vereinen, so findet man Eros, der gerade aus seinem Schlummer erwacht ist, plötzlich zum Jüngling heranreifen, womit sich die zeitliche Dauer der mythologischen Figur – denn Eros bleibt in der mythischen Zeit immer ein kleiner Knabe – in eine prozessuale Entwicklung verwandelt. Zeitliche Dauer, gegenwärtige Ereignisse und prozessuale Entwicklung scheinen ineinander verschränkt und verweisen auf die bereits von Kant thematisierten Zeitzustände einer absoluten und empirischen Zeit, die sich im Text analog zum einheitlichen Kosmos und den verschiedenen Welten im Märchen verhalten. Zeit und Raum sind demnach im Text wechselweise voneinander abhängig, denn » [...] *Raum – Zeit* [...] – sind wie Nichts und

770 Hardenberg: Das Allgemeine Brouillon, N III, Nr. 809, S. 427–428.
771 Vietor: Das Wunderbare, S. 84–85.

Etwas schon antithetische – i.e. subalterne Begriffe – Begriffe von späteren *Formationen.*«[772] Beide Entitäten sind insofern die kosmische Grundlage: »Die Thätigkeit des *R[aums]* und *d[er] Z[eit]* ist die Schöpfungskraft und ihre Verhältnisse sind die Angeln der Welt.«[773]

Hat Novalis im Märchen somit eine symbolische Darstellung von Zeit und Raum geschaffen, die auf die empirischen Konstanten der Welt verweisen, wird durch die Zuordnung der Figuren zu den einzelnen Welten deutlich, dass hier keine Außenräume, sondern nach außen projizierte Innenräume vorgestellt werden. Mit dieser Verschränkung wird nochmals seine Überlegung deutlich:

> Unser Körper ist ein Theil der Welt – Glied ist besser gesagt: Es drückt schon die Selbstständigkeit, die Analogie mit dem Ganzen – kurz den Begriff des Microcosmus aus. Diesem Glied muss das Ganze entsprechen. So viel Sinne, so viel Modi des Universums – das Universum völlig ein Analogon des menschlichen Wesens in Leib – Seele und Geist. Dieses Abbreviatur, jenes Elongatur derselben Substanz.[774]

Kosmische Raum-Zeitstrukturen sind gleichzeitig subjektive Strukturen, denn dass Raum und Zeit ähnlich wie bei Kant als Erkenntnisvermögen verstanden werden, wird anhand der Notiz deutlich, dass der »Verstand raum und zeit vindicirt, um gültige Bestimmungen f[ür] d[ie] Sinne zu bewircken«.[775] Sind Raum und Zeit demnach Konstanten der empirischen Erfahrungswelt (Natur), so lässt sich die Analogie zwischen Subjekt und Natur weiterführen: »Ein Raumerfüllungsindivid[uum] ist ein Körper. Ein Zeiterfüllungsindividuum *eine Seele.*«[776]

---

772 Hardenberg: Das Allgemeine Brouillon, N III, Nr. 173, S. 271.

773 Ebd., Nr. 1095, S. 468–469.

774 Hardenberg: Studien zur bildenden Kunst, N II, 650f.

775 Hardenberg: Das Allgemeine Brouillon, N III, Nr. 1035, S. 461.

776 Ebd., Nr. 990. Hardenberg führt in seinen Notizen die Analogiereihe noch weiter: Denn dass die Seele oder innere Anschauung über eine zeitliche Dimension verfüge, ist Teil der subjektphilosophischen Diskurse der Zeit, wo die gedankliche Tätigkeit der Vernunft als eine zeitliche Entwicklung verstanden wird (Hardenberg: Das Allgemeine Brouillon, N III, Nr. 809, S. 427–428; Nr. 1041, S. 426; Nr. 1044, S. 463). Sind die Begriffe ›Seele‹ und ›Zeit‹ dergestalt mit dem Begriff der ›Vernunft‹ verbunden, so die Begriffe von ›Körper‹ und ›Raum‹ gemäß den Überlegungen der empirischen Psychologie der Zeit mit dem des ›Gefühls‹, zumindest als empfindsamer Reiz: So ist »der Körper, das Erregbare – oder besser das Medium der Erregung.« (Hardenberg: Das Allgemeine Brouillon, N III, Nr. 399, S. 314) Dass bei Hardenberg das Gefühl nochmals eine Differenzierung erfährt und sowohl als körperliche als auch seelische Empfindung auftaucht, ist zum einen der Diskussion um die neuentdeckte Sinnlichkeit in der Subjektphilosophie zu verdanken, zum anderen aber auch den fortgeführten Analogiebeziehungen in seinen theoretischen Überlegungen: »Reitzbarkeit und Sensibilität stehen in ähnlichen Verhältnissen, als Seele und Körper – oder Geist und Mensch oder Welt. [...].« (Hardenberg: Das Allgemeine Brouillon, N III, Nr.

Werden im Märchen die Konstanten von Raum und Zeit dargestellt, die sich als Konstanten einer nach außen gestülpter Innenwelt verstehen lassen, beruht dies ähnlich wie bei Kant auf der Annahme einer Entsprechung von Natur und Subjekt: »Der menschl[iche] Geist kann die äußern Symptome und ihre Compostitionen approximando nachmachen – er muß also Analogie mit den Bestandteilen und *Naturkräften* haben.«[777] Dergestalt kann das Märchen eine Reflexion auf das eigene Gemüt als auch auf die empirische Außenwelt bieten:

> Jetzt sehn wir die wahre Bande der Verknüpfung von Sub[ject] und Ob[ject] – sehn, daß es auch eine Außenwelt in uns gibt, die mit unserm Innern in einer analogen Verbindung, wie die Außenwelt außer uns mit unserm Äußern, und jene und diese so verbunden sind, wie unser Innres und Äußres.[778]

Mit Hilfe einer poetischen Betrachtung von Raum und Zeit wird insofern ein Zugang zur subjektiven Struktur gegeben, die, wenn sie möglichst differenziert wiedergegeben wird, auch einen Zugang zur komplexen Naturstruktur ermöglicht:

> Der Lebensproceß – der Raum und Zeiterfüllungs – und Gliederungsproceß – bestimmt die Individualitaet – Seine voll[ständige] Betrachtung liefert uns die natürliche, wahrhafte Naturhistorische, Reihe – das vollständige Natursystem eines Individuums. Jeder individ[uelle] Lebensproceß wird durch den universellen Lebensproceß, das Natursystem eines Individuums, sowohl durch die übrigen individuellen Natursysteme, als durch das höhere, allgemeine – und am Ende durch das Natursystem des Universums mitbestimmt [...]. Die Einheiten oder die einzelnen Merckmale sind Planeten – die sich um ein Hauptmerckmal, als die Sonne bewegen. [...] Auch hier hat der Ptolemaeische und Tychi de Brahesche Irrthum geherrscht. Man hat ein einzelnes, untergeordnetes Merckmal zum Hauptmerckmal gemacht und dadurch sind falsche einseitige Systeme entstanden. [...] Hier hat Kant die Rolle des Copernikus gespielt und das empirische Ich nebst seiner Außenwelt als Planet erklärt und den Mittelpunct des Systems im Sittengesetz oder ins moralische Ich gesetzt [...].[779]

Individuum und Universum können aufgrund ihrer gleichen strukturellen Anlagen aufeinander bezogen werden. Kann man beide in ihrer ›mannigfachen Individualisierung‹, und d.i. in einem komplexen Relationsschema erfassen, dann kann das einzelne Individuum zum Repräsentanten des Ganzen werden. Dass

407, S. 316.) Insgesamt ergibt sich insofern eine Analogiereihe von Zeit : Raum :: Seele : Körper :: Verstand : Gefühl (Reizbarkeit : Sensibilität), die Hardenberg immer wieder neu reflektiert, um der komplexen Beziehung von Ich und Nicht-Ich nachzukommen.

777 Hardenberg: Das Allgemeine Brouillon, N III, Nr. 799, S. 426.

778 Ebd., Nr. 820, S. 429.

779 Ebd., Nr. 460, S. 334–335.

das Individuum den Ausgangspunkt der Betrachtung bildet, scheint in einer philosophischen Nachfolge von Kant unumgänglich, was Kant nach Hardenberg den Status eines neuen Kopernikus einbringe. Auch die Analogiebeziehung von Kosmos und Subjekt scheint, wie das Zitat nahelegt, von Kant und seiner Frühschrift inspiriert, wo das Relationsschema beider eine wechselseitige Betrachtung erlaubt, die im Märchen Novalis' als Beziehung von ›unendlich charakterisierter Figuren‹ und einem »Natursystems des Universums« eine symbolische Realisierung erfährt.

Mit Hilfe der poetischen Darstellung wird es möglich, das analogische Verweissystem zwischen Subjekt und Objekt (Kosmos/Natur) zur Darstellung zur bringen: » Der Geist ist das potenzierende Princip – daher ist die *Schriftwelt* die Potenzirte Natur [...].«[780] Nachahmung, darauf verweist Yvonne Al-Taie, versteht Hardenberg insofern als symbolisch-konstruktiv, da sie auf transzendentale Strukturen verweisen möchte, denn: »Alle Analogie ist symbolisch«, da sie nur »mittels des Unmittelbaren mittelbar«[781] die Dinge zum Ausdruck bringe. Dabei scheint die symbolische Analogievermittlung eines absoluten Seins lediglich im poetischen Modus möglich, denn der »Dichter ist der Erfinder der *Symptome* a priori [...] im mathem[atischen] Sinn – der das Unbekannte das Bekannte findet.«[782] Mit Hilfe der »Kunst *analogisch zu construiren*«[783] soll es der Poesie zumindest augenblicklich gelingen, das oberste Prinzip frei zu erfinden. Mit dieser Form der analogischen Konstruktion wird deutlich, dass der Analogieschluss auf die Einheit der Natur gerade nicht mehr auf einem ontologischen Fundament einer *analogia entis* gründet, wonach die Gesetzmäßigkeiten zwischen Subjekt und Natur sich völlig entsprechen würden. Vielmehr wird, ähnlich wie bei Kant, eine Analogiebeziehung entworfen, die sich als produktiven Tätigkeit zu erkennen gibt und damit eine analoge (jedoch nicht eine identische) Tätigkeit des Äußeren andenkt. Hardenberg schließt damit zwar einerseits an Kant an, jedoch eröffnet er andererseits mit der Erfindungskunst des ersten Grundes eine radikal neue poetische Episteme, die nicht ein geschlossenes, sondern ein offenes freies System ermöglicht.

780 Hardenberg: Das Allgemeine Brouillon, N III, Nr. 243, S. 283.
781 Hardenberg: Vorbereitung zu verschiedenen Fragmentsammlungen. Poëticismen, N II, Nr. 118, S. 551.
782 Hardenberg: Das Allgemeine Brouillon, N III, Nr. 501, S. 351.
783 Ebd., Nr. 40, S. 561.

5 Das analogische Paradoxon von Episteme und Aisthesis – J. W. von Goethe

> Mitteilung durch Analogien halt ich für so nützlich als angenehm; der analoge Fall will nichts aufdringen, nichts beweisen; er stellt sich einem andern entgegen, ohne sich mit ihm zu verbinden. Mehrere analoge Fälle vereinigen sich nicht zu geschlossenen Reihen, sie sind wie gute Gesellschaft, die immer mehr anregt als sie gibt.[784]

Goethe formuliert an unterschiedlichen Stellen in seinem Werk Gedanken zur Analogie. Besonders in seinen naturwissenschaftlichen Studien erscheint sie als zentrale Figur, sodass es überrascht, dass ihr in der Forschung bisher noch keine größere Aufmerksamkeit zugekommen ist. Dabei, so die These des vorliegenden Kapitels, ist die Analogie bei Goethe entscheidender Bestandteil seiner theoretischen und dichterischen Auseinandersetzung. Im zitierten Aphorismus positioniert er die Analogie zwischen Wissenschaft (nützlich) und Rhetorik (angenehm), womit bereits ihr vermittelnder Status zwischen beiden Sphären deutlich wird. Im Gegensatz zu den gängigen Beweismethoden der Induktion oder Deduktion, die eindeutige Ergebnisse liefern und allgemeine Theorien aufstellen, biete die Analogie den Vorteil, dass sie der einzelnen Betrachtung Raum verschaffe. Sie überführe sie nicht in eine begriffliche Logik, sondern weise nur auf Gemeinsamkeiten hin. Deshalb bilde sie auch keine geschlossenen Reihen, sondern zeige nur Anschlussstellen auf. Hardenberg gibt bereits an, dass er in Goethes Denkweise ein Vorbild für sein enzyklopädistisches Projekt erkenne, da sich hier eine Form freier Systematik abbilde, die sich über die Ansätze der zeitgenössischen Wissenschaften hinwegsetze. Dass sich hierbei Wissenschaft und Ästhetik verbinden, wenn die Analogie alle Bereiche einer überzeugenden Darstellung (nützlich, angenehm, anregen) der klassischen Rhetorik erfüllt, scheint eine intrinsische Methode Goethes anzudeuten, die sich um eine Darstellung einer lebendigen Natur bemüht.

Denn Goethe richtet, noch mehr als Kant und Hardenberg dies tun, sein Analogiedenken an einer am Leben orientierten Natur aus, weshalb er für die vorliegende Untersuchung stellvertretend für das Ende einer Entwicklung innerhalb der Moderne steht, deren Vorzeichen sich scheinbar umgekehrt haben. Ist der Beginn der Entwicklung durch eine Krise der Erkenntnis gekennzeichnet, der man mit Hilfe einer ›Kritik‹ der subjektiven Vernunftgrenzen zu begegnen versucht, so wendet man sich gegen Ende vor allem durch den Einfluss der

784 Johann Wolfgang von Goethe: Über Naturwissenschaft im Allgemeinen. Einzelnen Betrachtungen und Aphorismen, FA I, Bd. 25, S. 93–94.

https://doi.org/10.1515/9783110986969-005

positiven Wissenschaften mehr und mehr den äußeren Phänomenen zu. Doch auch hier ist die Frage der Vermittlung zwischen den Sphären der subjektiven Erkenntnis und der objektiven Phänomenwelt als auch die ihrer Begründung keineswegs geklärt und Goethe setzt sich immer wieder damit auseinander. Denn trotz der Forschungsansätze einer Goethe'schen Immanenztheorie beschäftigt er sich zeitlebens mit der Frage einer alles begründende theoretische Idee. Seine wiederholten Überlegungen zum Urgestein, zur Urpflanze oder auch zum Urtier zeugen davon. Für Goethe gilt, dass »die Erfahrungen nur isoliert erscheinen« und es die höchste Aufgabe für den Naturwissenschaftler sei, die »Verbindungen dieser Phänomene« zu finden.[785] Wie jedoch abstrakte Ideen und Natur(-forschung) zu vereinen und Subjekt und Natur in Beziehung zu setzen sind, bleibt für Goethe rätselhaft und er thematisiert diese Frage nicht nur in seinen wissenschaftlichen, sondern auch in seinem poetischen Werk. Seine Faust'sche-Formel ›Du gleichst dem Geist, den Du begreifst‹ umfasst insofern programmatisch seine Suche nach dem Zusammenhang der dualen Sphären und wenn er ähnlich wie Kant und Hardenberg auf den »Genius der Analogie«[786] vertraut, um die Zusammenhänge der Natur, aber auch die zwischen Subjekt (Du) und Umwelt (Geist) aufzuspüren, dann zeigt sich gegen Ende des 18. und zu Beginn des 19. Jahrhunderts nochmals die Bedeutung der Analogie im Kontext einer modernen Episteme.

5.1 Die Analogie des Widerspruchs – Natur

Goethes lebenslange Auseinandersetzung mit unterschiedlichen Naturwissenschaften wie der Osteologie, der Botanik, der Geologie und der Physik, hat sich in zahlreichen größeren Arbeiten, kleineren Aufsätzen, Gedichten, Aphorismen und Rezensionen niedergeschlagen und belegt in beindruckender Weise sein vielfältiges Interesse. Neben seinen eigenen Studien nimmt er auch regen Anteil an wissenschaftlichen Arbeiten von Kollegen, liest deren Aufsätze und diskutiert mündlich oder schriftlich die Resultate. Über die Jahre hinweg sammelt er auf diese Weise eine beträchtliche Menge an eigenen und fremden Manuskripten naturwissenschaftlichen Inhalts, zögert aber, sie zu publizieren.[787] Erst in den 1790ern denkt er über eine Publikation der Sammlung nach. Dabei scheint das

785 Goethe: Der Versuch als Vermittler, FA I, Bd. 25, S. 33.

786 Goethe: Principe de Philosophie Zoologique, FA I, Bd. 24, S. 832.

787 Nur die Schriften *Versuch die Metamorphose der Pflanzen zur erklären* (1790) und *Zur Farbenlehre* (1810) erschienen als eigenständige Publikationen, bevor Goethe sich an weitere Editionen heranwagte.

Projekt fast zu scheitern. Zu unterschiedlich erschienen seine über die Jahre angesammelten Texte. Schließlich verlegt die Cotta'sche Buchhandlung in Tübingen seine Sammlung in den Jahren von 1817–1824 in einer eigenen Zeitschrift mit dem Titel *Zur Naturwissenschaft überhaupt, besonders zur Morphologie* in zwei Abteilungen mit jeweils sechs Heften.[788] Die herausgegebene Schriftreihe, die scheinbar wahllos wissenschaftliche Texte heterogenen Inhalts aneinanderreiht, gibt der Forschung seither Fragen nach einer strukturellen Anlage auf. Dass die Heftreihe keine geschlossene Abhandlung darstellt, hält Goethe selbst fest:

> Nebenstehende Aufsätze sind eben so wenig als die vorhergehenden für Teile eines ganzen schriftstellerischen Werkes anzusehen. Nach abwechselnden Ansichten, unter dem Einfluß entgegengesetzter Gemütsstimmungen verfaßt, zu verschiedenen Zeiten niedergeschrieben, konnten sie nimmermehr zur Einheit gedeihen. [...] Widersprüche und Wiederholungen ließen sich nicht vermeiden, wenn das damit unzertrennbar Verknüpfte nicht gänzlich zerstört werden sollte. Und so können die Hefte denn doch, als Teile eines menschlichen Lebens, für Zeugnisse gelten, durch wie vielerlei Zustände derjenige sich durchzuarbeiten hat, der sich, mehr als es zum praktischen Wandel notwendig wäre, vielseitig auszubilden gedrängt ist, dem Wahlspruch sich ergebend: Willst Du ins Unendliche schreiten, Geh im Endlichen nach allen Seiten.[789]

Trotz der offenen Anlage scheint Goethe dennoch von einer Art Konzeption überzeugt. Zwar könne keine Einheit entstehen, aber doch eine systematische Wissensakkumulation ›nach allen Seiten‹. Ähnlich wie Hardenbergs *Brouillon* scheinen die Heftreihen auf eine Gesamtheit des Wissens ausgerichtet, das aber nicht in Form eines geschlossenen Werkes darzustellen sei.

In der Forschung gibt es unterschiedliche Ansätze, die offene Ordnungslogik der Hefte zu fassen. Angebote wie das ›natürliche System‹, die ›Reihenstruktur‹ oder auch das ›Aggregat‹ stehen dabei zur Auswahl. Dabei wurde jedoch die Analogie noch nicht als grundlegend methodisch-systematisches Verfahren in Betracht gezogen, auch wenn diese als Strukturmoment allen Begriffen zu Grunde liegt. Bereits im Zusammenhang mit dem Begriff des ›natürlichen Systems‹, den Dorothea Kuhn, Olaf Breidbach und Igor Polianski für Goethes naturwissen-

---

788 Vgl. zu einer Übersicht Manfred Wenzel und Mihaela Zaharia: Schriften zur Morphologie. In: Goethe-Handbuch. Supplemente Band 2. Naturwissenschaften, hg. von Manfred Wenzel. Stuttgart 2012, S. 6–80.

789 Goethe: Zwischenrede, FA I, Bd. 24, S. 441.

schaftliche Einheitsvorstellung nutzen, ist der Analogiebegriff von zentraler Bedeutung.[790] Mit dem Begriff des ›natürlichen Systems‹ reagiert die Forschung auf das sich verändernde Naturverständnis um 1800, das zu kategorischen Systematiken à la Linné auf Distanz geht. Nicht mehr vordergründige Gattungs- und Merkmalseinheiten einzelner Pflanzen- und Tiergruppen, sondern die lebendige Natur als Ganzes gelte es nun abzubilden. Die Forschung kann hier vor allem auf den botanischen Diskurs der Zeit rekurrieren, denn hier erscheint der Begriff des natürlichen Systems an unterschiedlichen Stellen. So liest man bei dem Botaniker Friedrich Wimmer in seinem Buch *Flora von Schlesien* von 1832: »Das natürliche System will nämlich die Pflanzenwelt als ein zusammenhängendes Ganzes begreifen [...] indem es [...] kurz die Idee der allseitigen Analogie und Verwandtschaft zu Grunde legt.«[791] Bereits in der Zeit wird der Analogie eine grundlegende Bedeutung für das natürliche Systems zugeschrieben und Goethe wird, wie später zu zeigen sind, den Gedanken einer ›allseitigen Analogie und Verwandtschaft‹ für seine Behandlung der Natur aufgreifen. Hinsichtlich des Systembegriffs muss man bei Goethe jedoch ähnlich einschränkend argumentieren wie bei Hardenberg, denn Goethe scheint eine bestimmte Art von System abzulehnen:

> Wie lesbar mir das Buch der Natur wird kann ich dir nicht ausdrücken, mein langes Buchstabiren hat mir geholfen, ietzt ruckts auf einmal, und meine stille Freude ist unaussprechlich. So viel neues ich finde, find ich doch nichts unerwartetes es passt alles und schliest sich an, weil ich kein System habe und nichts will als die Wahrheit um ihrer selbst willen.[792]

Das System als künstliche und subjektive Ordnungsstruktur stellt für Goethe ein Hindernis dar, die Zusammenhänge in der Natur wahrzunehmen und methodisch zu erfassen. Demgegenüber möchte er »mit seiner Morphologie nicht die

790 Vgl. Dorothea Kuhn: Typus und Metamorphose. Goethe-Studien. Marbach/Neckar 1988; Breidbach: Goethes Metamorphosenlehre. München 2006, S. 77; Polianski: Die Kunst, die Natur vorzustellen.

791 Friedrich Wimmer: Flora von Schlesien. Handbuch zur Bestimmung und Kenntnis der phanerogamen Gewächse dieser Provinz, nebst einer gedrängten Einleitung in die Pflanzenkunde. Berlin 1832, S. 29. Etabliert wurde die Vorstellung einer auf Analogien beruhenden natürlichen Pflanzensystematik besonders durch Antoine de Jussieu, der die Beziehungen zwischen Pflanzen als »analogie« oder »rapports« beschreibt. Antoine-Laurent de Jussieu: Examen de la Famille de Renoncules. Par M. A. L. de Jussieu. In: Histoire de L'Académie Royale des Sciences. Paris 1777, S. 214–241, bes. S. 226ff.; vgl. Peter F. Stevens: The Development of Biological Systematics. Antoine-Laurent de Jussieu, Nature and the Natural System. New York/Chichester, West Sussex 1994, bes. S. 413, Endnote 90.

792 Goethe: Goethe an Charlotte von Stein. Do. 15.6.1786, FA II, Bd. 2, S. 631–632, hier: S. 632.

klassifizierende Naturgeschichte ersetzen, sondern sie um Perspektiven auf Gemeinsamkeiten und Übergänge zwischen den getrennten Abteilungen der Systematik ergänzen.«[793]

Es gibt deshalb auch Angebote in der Forschung, die von einer kategorielosen und unsystematischen Konzeption der Heftreihe ausgehen und obwohl sich der Analogiebegriff hier als offenes Strukturprinzip angeboten hätte, wurde er entweder gar nicht oder nur eingeschränkt beachtet. Dabei lassen sich zwei Forschungsannahmen unterscheiden: Einmal wird die offene Konzeption Goethes als synthetisierend aufgefasst, wonach Goethe immer noch an einer Einheit der Natur festhalte – auch wenn dies nun in einem epistemisch-offenem Sinne geschehe. Und einmal wird seine Wissenschaft als radikal offen verstanden, die nicht mehr an einem Konzept systematischer Ganzheit, sondern an einem der Differenz interessiert sei, was Goethe zum Wegbereiter einer Konstruktionstheorie bzw. einer Disparitätslogik stilisiere.

Vertreter einer synthetisierenden Denkart Goethes erkennen in der buntgemischten Sammlung der Heftreihe übergreifende Zusammenhänge, die mit Hilfe Goethe'scher Einheitsbegriffe gestützt werden. Hierzu zählen das ›intuitive Denken‹, die ›anschauende Urteilskraft‹ oder die ›anschauliche Erkenntnis‹. Dass hier ebenfalls der Analogiebegriff zu thematisieren wäre, wird spätestens dann deutlich, wenn man sich vor Augen führt, dass Goethe die Begriffe auf Kant und Spinoza zurückführt. Goethe wird nach diesen Ansätzen als Vertreter einer neuen Naturphilosophie verstanden, der der begrifflich-diskursiven Logik der Naturwissenschaft ein Prinzip der ganzheitlich-intuitiven Betrachtung entgegensetzen möchte. Im Zentrum steht Goethes Aneignung von Kants Organismus-These aus der *Kritik der Urteilskraft* und die damit verbundene intuitive Denkweise, die nicht mehr vom Einzelnen zum Ganzen, sondern vom Ganzen zum Einzelnen fortschreite. Goethe, so die Forschung, möchte mit seinem Ansatz dabei den ›Alten vom Königsberg‹ sogar noch übertreffen, wenn er in der intuitiven Erkenntnis eine Möglichkeit erblickt, nicht nur Organismen, sondern die ganze Natur in ihrer tätigen Schaffenskraft in einer gottgleichen Einsicht zu überblicken.[794] Förster

---

793 Maatsch: »Naturgeschichte der Philosopheme.«

794 In der Forschung gibt es inzwischen unzählige Arbeiten, die sich mit Goethes Aneignung von Kant beschäftigen. Géza von Molnár hat dabei die grundlegende Arbeit geleistet und nachgewiesen, welche Stellen Goethe besonders intensiv studierte. Vgl. Ders.: Goethes Kantstudien. Eine Zusammenstellung nach Eintragungen in seinen Handexemplaren der ›Kritik der reinen Vernunft‹ und der ›Kritik der Urteilskraft‹. Weimar 1994. Zur inhaltlichen Aneignung vgl. u.a. Cassirer: Kant und Goethe (1924). In: Ders.: Gesammelte Werke. Aufsätze und kleine Schriften (1922–1926). Band 16, hg. von Julia Clemens. Hamburg 2003, S. 471–546; Ders.: Goethe and the

bietet mit Goethes Vorstellung einer intuitiven Erkenntnis eine besonders produktive Antwort für dessen Problem, zwischen Idee (Ganzes) und Erfahrung (Einzelnes) vermitteln zu wollen. Jedoch geht er auf die entscheidende Formulierung von Goethe, dass nämlich »Idee und Erfahrung *analog* sein können, ja müssen (Herv. S.G.)«[795] in diesem Zusammenhang nicht näher ein. Wenn Goethe an dieser Stelle die Analogie ins Spiel bringt, dann scheint er aber die von Kant getätigte Einschränkung hinsichtlich einer intuitiven Erkenntnis eines *intellectus archetypus (einer quasi göttliche Erkenntnis)* anzuerkennen: Denn um sich gedanklich der »Möglichkeit eines Weltganzen« anzunähern, müsse man sich dieses gemäß einer regulativen Idee denken und ihm Eigenschaften zuschreiben, die »den Verstandesbegriffen im empirischen Gebrauch *analogisch* sind (Herv. S.G.).«[796] Insofern scheint mir nicht der von Förster favorisierte Begriff des *intellectus archetypus* mit seinem intuitiven Verstand der entscheidende Ausgang für Goethes morphologisch-einheitliche Naturerfassung zu sein, sondern die analoge Beziehung von Idee und empirischer Erkenntnis.

Dass es sich im Falle der intuitiven Erkenntnis vor allem um eine Erkenntnis der Anschauung handelt, die in der Lage ist, eine Ganzheit zu erfassen, haben neben Förster auch andere Philosophen, Kunst- und Literaturwissenschaftler herauszuarbeiten versucht. Denn bei Goethe »konstituiert sich das Denken aus der Anschauung, und nicht umgekehrt. [...] Insoweit ist sie nicht einfach ein ästhetischer Begriff, sondern sie offeriert eine Methode, das uns mögliche Erfahrene zu strukturieren.«[797] Mit Hilfe eines bildlich-sehenden Zugangs zur Natur, so Breidbachs Argumentation, entwickle Goethe einen Ansatz, um die Einheit der Natur zu fassen, womit sich der epistemologische Grundcharakter der Morphologie als »anschauliche Erkenntnis« gestalte. Breidbachs Überlegung findet dann

---

Kantian Philosophy. Kapitel aus: Rousseau, Kant Goethe. Two Essays (1945) In: Ders.: Gesammelte Werke. Aufsätze und kleine Schriften (1941–1946). Band 24, hg. von Claus Rosenkranz. Hamburg 2007, S. 542–579; Theda Rehbock: Goethe und die ›Rettung der Phänomene‹. Philosophische Kritik des naturwissenschaftlichen Weltbildes am Beispiel der Farbenlehre. Konstanz 1995; Jost Schieren: Anschauende Urteilskraft. Methodische und philosophische Grundlagen von Goethes naturwissenschaftlichen Erkennen. Düsseldorf 1998; Eckart Förster: Die Bedeutung von §§ 76, 77 der *Kritik der Urteilskraft* für die nachkantische Philosophie. In: Zeitschrift für philosophische Forschung 56 (2002), S. 169–190 und S. 321–345. Neben Kants Einfluss sieht Förster aber vor allem Goethes Auseinandersetzung mit Spinoza für die Entwicklung einer »scientia intuitiva« von Bedeutung. Vgl. Förster: Die 25 Jahre der Philosophie. Eine systematische Rekonstruktion. Frankfurt/M. 2011, vor allem ab S. 176.

795 Goethe: Bedenken und Ergebung, FA I, Bd. 24, S. 449.

796 Kant: Kritik der reinen Vernunft, AA III, S. 447.

797 Breidbach: Morphologie. Kapitel in: Ders.: Goethes Metamorphosenlehre, S. 207–267, hier: S. 210.

auch in den Reihen der Literaturwissenschaft regen Zuspruch. Jonas Maatsch und Michael Bies greifen den Gedanken auf und erkennen in Goethes Naturforschung ein »Programm einer den Spuren des Ganzen folgenden, das Ganze wahrenden Naturforschung«, die »durch ein intuitives Wissen von der Natur, eine symbolische Naturerkenntnis« betreibe.[798] Die durchaus fruchtbaren Ansätze zu Goethes Anschauungsverständnis eines Naturganzen klären jedoch nicht, inwiefern sich einzelne Anschauungen (z.B. die einzelnen Stadien der Metamorphose) zu einem Ganzen verbinden bzw. wie die sinnlichen Anschauungen mit einer theoretischen Idee in Zusammenhang stehen sollen.[799] Hier kann, wie an spätere Stelle gezeigt werden soll, eine Betrachtung von Goethes Analogieverwendung helfen, die die horizontalen und vertikalen Verbindungen herzustellen vermag.

Neuere Forschungsansätze widmen sich dem problematischen Zusammenhang von Einzelnem und Ganzen bei Goethe, begründen dies jedoch nicht mehr mit Hilfe eines anschaulichen, sondern mit Hilfe eines eigenen logischen Denkens. Hier wird die Vorstellung einer Einheit oder eines Zusammenhanges aufgebeben und vereinzelt die Analogie herangezogen. Vor allem in der jüngeren Forschung wird im Sinne einer postmodernen Disparitätslogik Goethes Naturverständnis mit unterschiedlich offenen Konzepten umschrieben, die vom horizontalen ›Drift‹ durch die mannigfaltige Phänomenwelt, der Ordnung des

798 Bies: Im Grunde ein Bild, S. 153 und S. 157, vgl. auch Maatsch: Morphologie und Moderne. Zur Einleitung. In. Ders: Morophologie und Moderne, S. 6. und S. 2.

799 Zwar versucht sich Margrit Wyder mit dem Problem der Verbindungen zu befassen, indem sie in ihrer Schrift *Goethes Naturmodell. Die Scala naturae und ihre Transformationen* das Fortwirken des antiken Stufenmodells im 18./19. Jahrhunderts im metaphorischen Sinne nachzuweisen und mit Hilfe eines graduellen Naturverständnisses auch den Zusammenhang zeitlicher Entwicklungsstufen in Goethes Morphologie zu erklären versucht, jedoch kann dieses Naturverständnis einer prästabilierten Harmonie nicht Goethes Ansatz der Ähnlichkeit ohne Gleichheit integrieren oder auch seine Forderung nach ›unabgeschlossenen Reihen‹ plausibilisieren. Es soll hierbei nicht gegen die metaphorische Bedeutung des *scala naturae*-Modells in jener Zeit argumentiert werden, speziell da dessen Dynamisierung dazu beitrug, es auch in die moderne Forschung zu integrieren. Jedoch scheint mir Goethe im Gegensatz zu Kant in seinen frühen Schriften die Metapher der Kette nicht mehr allein als Anschauung zu nutzen, sondern bereits auf eine abstraktere Logik abzuzielen. Vgl. hierzu auch Zeuch: Die *Scala naturae* als Leitmetapher für eine statische und hierarchische Ordnungsidee der Naturgeschichte. In: Elena Agazzi (Hg.): Tropen und Metaphern im Gelehrtendiskurs des 18. Jahrhunderts. Hamburg 2011, S. 25–33.

»Aggregats«[800], der »Reihung«, der »losen Sammlung«[801] bis zur »Wucherung«[802] reichen. Äußerst spannend ist dabei Eva Geulens Ansatz, Goethes naturwissenschaftliche Methode und Sammlung weder auf das Prinzip einer ontologischen Einheit noch auf das einer modernistischen Konstruktion zurückzuführen, sondern in der Reihenbildung die »einzige methodische Maxime«[803] zu sehen. Der Hiatus zwischen den einzelnen Naturdingen, zwischen den Metamorphosestadien oder auch zwischen Idee und Erfahrung werde bei Goethe, so Geulen, durch ein Prinzip des ›Schaukelns‹ oder ›Schwankens‹ überwunden, das keine Fortsetzung der romantischen ›Hin-und Her-Direktion‹ sein kann, aber dennoch über ein logisches Moment der In-Beziehung-Setzung verfüge. Dafür kommt Geulen relativ spät auf den Analogiebegriff, der erst nach Begriffen wie ›Form‹, ›Morphologie‹ und ›Schaukelsystem‹ auf den Plan tritt und als ›Substitutionslogik‹ der horizontalen Ordnung fungieren soll, wo nach dem Prinzip des *quid pro quo* die Reihung disparater Entitäten von statten gehe.[804] Wenn die Substitution immer schon Fragen nach der Gemeinsamkeit des zu Ersetzenden stellt, scheint Geulen

800 Zum Begriff des Aggregats bei Goethe vgl. Klaus-Detlef Müller: Leonardos Tagebuch. Zum Romanbegriff in Goethes *Wilhelm Meisters Wanderjahren*. In: Deutsche Vierteljahresschrift für Literaturwissenschaft und Geistesgeschichte 53 (2) (1979), S. 275–299, hier: S. 297; Vogl: Kalkül und Leidenschaft: Poetik des ökonomischen Menschen. Zürich 2002, S. 289f.; Norbert Christian Wolf: »Die Wesenheit des Objektes bedingt den Stil«. Zur Modernität des Erzählkonzeptes in »Wilhelm Meisters Wanderjahren«. In: Goethe-Jahrbuch 119 (2002), S. 52–65, hier: S. 64; Christian Salmen: Pas de deux (Aggregat, Kollektiv). In: Ders.: »Die ganze merkwürdige Verlassenschaft«. Goethes Entsagungspoetik in *Wilhelm Meisters Wanderjahren*. Würzburg 2003, S. 53–61; Martin Bez: Goethes »Wilhelm Meister Wanderjahre«. Aggregat, Archiv, Archivroman. Berlin/Boston 2013; Elisabeth Strowick: Aggregate von Wahrnehmung. Versuch mit Goethe. In: Dies. (Hg.): Gespenster des Realismus. Zur literarischen Wahrnehmung von Wirklichkeit. Leiden u.a. 2019, S. 21–58; Rabea Kleymann: Formlose Form. Epistemik und Poetik des Aggregats beim späten Goethe. München 2021.

801 Zum Begriff der Reihe vgl. vor allem die Arbeiten von Eva Geulen. Bes.: Eva Geulen: Serialization in Goethe's Morphology. In: Compar(a)ison. An International Journal of Comparative Literature: Comparative Epistemologies of Literature. Bern 2013, S. 53–70; Dies.: Funktionen von Reihenbildung in Goethes Morphologie. In: Bettine Menke und Thomas Glaser (Hg.): Experimentalanordnungen der Bildung. Exteriorität – Theatralität – Literarizität. Paderborn 2014, S. 209–222; Dies.: Morphologische Reihen. In: Christiane Frey und David Martyn (Hg.): Noch einmal anders. Zu einer Poetik des Seriellen. Zürich/Berlin 2016, S. 105–118; Dies.: Aus dem Leben der Form. Goethes Morphologie und die Nager. Berlin 2016.

802 Vgl. Simon: Goethes Denken in Analogien. Zur literarischen Epistemologie der Ähnlichkeiten als Horizontalisierung der Reflexion. In: Iulia-Karin Patrut und Reto Rössler (Hg.): Ähnlichkeiten um 1800. Konturen eines literatur- und kulturtheoretischen Paradigmas am Beginn der Moderne. Bielefeld 2019, S. 63–99.

803 Geulen: Funktionen von Reihenbildungen, S. 210

804 Ebd., S. 87.

aber geradezu ihre angestrebte Lesart zu verlassen. Mit einem Ersetzungsprinzip löst sich jede (auch die unabgeschlossene) Reihe auf, wenn eines stets für das andere genommen und das Vorhergehende mit dem Folgenden in eins fällt. Ohne die Annahme einer zweiten Ordnung entsteht durch das *quid pro quo*-Prinzip keine Logik der Reihe, sondern die des Platzhalters.[805] Umgangen werden soll das Problem durch eine komplementär koordinierende Funktion der Analogie, die Koexistenzen erlaube, aber dann das Prinzip der Substitution verlassen muss. Man könnte argumentieren, dass die Analogie als horizontales Koordinationsprinzip hier im eigentlichen Sinne gemäß der alten arithmetischen Tradition angeführt wird, die über Verhältnisbeziehungen eine gegenseitige Zuordnung erlaubt, wodurch Bezüglichkeiten und Vermittlungen entstehen. Jedoch soll genau dies nach Geulen nicht gelten: »Analogie ist nicht nur immer partiell, sondern sie operiert unterhalb der Schwelle, an der Entscheidungen über Zusammenhang oder Kluft zu treffen sind.«[806] Ist die Analogie aber derart vage, scheint die ihr gleichzeitig zugesprochene Determinationsfähigkeit einer ›Koordination‹, einer ›verkettender Aneinanderreihung‹ sowie einer ›Trennung‹ widersprüchlich, sodass es notwendig erscheint, sowohl der Analogie in ihrer eigentlichen Struktur und Funktion sowie der Goethe'schen Adaption nachzugehen, um ihren Status zwischen Offenheit und Determination zu klären.

Neben Eva Geulen versucht auch Ralf Simon dem Analogiedenken Goethes nachzugehen, verzichtet dabei aber auf Goethes eigene Ausführungen zur Analogie. Simon versucht demgegenüber von den metaphorologischen Ansätzen des 20. Jahrhunderts ausgehend die Geschichte einer Denkform nachzuzeichnen, die sich horizontal organisiere und damit der begrifflichen vertikalen Reflexion entgegensetze. Den Ursprung davon erkennt Simon in Alexander Gottlieb Baumgartens und Johann Gottfried Herders philosophischen Überlegungen, in denen sich ein Denken etabliere, das entgegen der klaren Logik das Chaos eines ›dunklen Waldes‹ an erste Stelle setze und den bereits erwähnten horizontalen Denk-Drift begründe.[807] An das Denken Herders versuche Goethe anzuschließen, denn dieses sei entscheiden für sein Morophologiekonzept, »welches man als Zentrum

---

805 Auch eine Überlegung zu syntagmatischen und paradigmatischen Modellen scheint dabei nicht zu helfen, denn es muss für das *quid pro quo* eine Ebene der zweiten Ordnung angenommen werden, ansonsten würden auf Ebene der ersten einfachen Ersetzungen vorgenommen. Dies soll aber für Goethe nach Geulen gerade nicht gelten.

806 Geulen: Funktionen von Reihenbildungen, S. 96.

807 Den Vorwurf Simons, dass »viele Forschungsbeiträge diesen rekonstruierenden Rückgang ins 18. Jahrhundert unterschlagen und auch Herders Bedeutung für Goethes Konzept von Naturwissenschaft auf die Rolle eines Stichwortgebers beschränken«, kann man jedoch mit Blick auf Irmschers oder Wyders Arbeiten nicht bestätigen. Vgl. Simon: Denken in Analogien, S. 76.

seines Analogiedenkens bezeichnen kann, weil er hier zum ersten Mal seine naturwissenschaftliche Modellübung formuliert.«[808] Simon kann aber gemäß seiner eigenen Aussage Goethes ›Modellübung‹ nicht mit dem Analogiebegriff in Verbindung bringen, da Goethe diesen vermeintlich in den Schriften der Morphologie »nur einmal an unbedeutender Stelle«[809] erwähne. Dergestalt beschreibet Simon das Analogiedenken Goethes mit eigenen Begriffen als »Horizontalisierung der Reflexion«, als »Logik der Aggregation, der Konstellation, der locker gefügten Serie«, als »Polarität« oder als »Erkenntnisbewegung [...] einer Kreisstruktur«.[810] Es ist dabei fraglich, ob hier überhaupt noch die Analogie in ihrer Grundform oder Struktur für Simon eine Rolle spielt oder ob sie ihm als nominaler Platzhalter für einen Goethe'schen »Methodenpluralismus«[811] dient, der mit einem noch wenig vorbelasteten Theoriebegriff eine terminologische Fassung erhalten soll.

Die verschiedenen Ansätze zu Goethes naturwissenschaftlichen Überlegungen verweisen auf ein modernes Denken Goethes, das sich als anschaulich, offen, beweglich, multiperspektivisch und mitunter als disparat auszeichnet. An vereinzelten Stellen tritt auch der Analogiebegriff in unterschiedlicher Gewichtung auf den Plan, um eine prozessuale Reflexion des heterogenen Vielen auszudrücken.[812] Problematisch ist jedoch, dass der begriffliche Gehalt der Analogie oder

808 Ebd., S. 77.
809 Ebd., S. 78.
810 Ebd., S. 84, S. 87 und S. 89.
811 Ebd., S. 90.
812 Neben den von mir hier ausgewählten fruchtbaren Ansätzen zu Goethes Analogiebegriff, gibt es noch zwei weitere Autoren, die sich mit Analogien bei Goethe beschäftigen, wobei hier keine systematische oder kontextuelle Erfassung der Analogie vorgenommen wird, weshalb sie hier nur der Ergänzung halber aufgeführt werden. Hilmar Dreßler versucht in seiner Analyse nicht dem Analogiebegriff als solchen bei Goethe nachzugehen, untersucht jedoch anhand der strukturellen Analogie von Farbe und Ton indirekt Goethes Methode, Analogien zwischen verschiedenen Wissensgebieten herzustellen. Dabei möchte Dreßler Goethes Analogien von Farbe und Ton als Ausdruck einer Suche »nach [einer] kontinuierlichen Einheit seines Weltbildes« verstanden wissen, was seiner Meinung nach Goethes Denken in enge Nachbarschaft mit dem von Hardenberg bringe. Hilmar Dreßler: »Nach Analogien zu denken ist nicht zu schelten.« Studien zu Farbe und Ton in Goethes naturwissenschaftlichem Denken – nebst Paralipomena. Jena 2005; S. 47ff; Ders.: Goethes Ansätze für eine Analogie von Farbe und Ton und deren Bestätigung aus heutiger Sicht. In: Goethe-Jahrbuch 107 (1990), S. 243–252; Ders.: Chladnis Klang- und Seebecks Farbfiguren in Goethes Vergleich und einige Widerspiegelungsaspekte der Farbe-Ton-Analogien in der Ästhetik der Goethe-Zeit. In: Jahrbuch des Wiener Goethe-Vereins 100/101 (1996/1997), S. 55–68; Ders.: Die Farbe-Ton-Analogien im historischen Teil von Goethes Farbenlehre. In: Günter Schnitzler und Gottfried Schramm (Hg.): Ein unteilbares Ganzes, Goethe: Kunst und Wissenschaft. Freiburg/Br. 1997, S. 173–198. Dreßler führt die Verwandtschaft jedoch nicht weiter aus, sondern verweist lediglich darauf, dass sich Goethes und Hardenbergs Denken als reihenhaft

Goethes eigene Aussagen bzw. die kontextuellen Einflüsse hinsichtlich seines Analogiebegriffs außer Acht gelassen werden. Denn Goethe gebraucht den Analogiebegriff weitaus häufiger in seinen naturwissenschaftlichen oder auch philosophischen Überlegungen als bisher gezeigt wurde und bezieht sich dabei auch in produktiver Weise auf die Analogiediskussion seiner Zeit.

---

auszeichne, was Goethe nutze um bspw. Obertonreihen und Farbspektren analog zu setzen. Vor allem seine Vergleiche von Goethes Erkenntnissen mit denen der modernen Wissenschaft sind dabei problematisch. Denn Dreßler versucht hier anachronistisch Analogien wissenschaftlich zu untermauern und damit theoretische Beweise zu erbringen, die das Analogiedenken gerade nicht auszeichnen und auch Goethes eigene Argumentation anhand von Analogien nicht wiederspiegeln. Pohlmann hält deshalb in seiner Rezension zu Dreßlers Studie fest: »Dreßler verweist dann auf die Erkenntnisse des späteren 19. Jahrhunderts (Maxwell, Hertz), wonach Licht- und Tonwellen nur Abschnitte aus dem Kontinuum des elektromagnetischen Spektrums sind. Hierin sieht Dreßler offenbar den übergreifenden Zusammenhang zwischen Farben und Tönen, den Goethe noch nicht kennen konnte. [...] Daraus ergeben sich etwa in der Farbskala Eigenheiten, für die sich beim besten Willen keine Analogien unter den Tönen finden lassen.« Albrecht Pohlmann: Rezension von: Hilmar Dreßler: »Nach Analogien zu denken ist nicht zu schelten«. Studien zu Farbe und Ton in Goethes naturwissenschaftlichem Denken – nebst eigenen Paralipomena, Jena 2005. In: Sehepunkte 7 (2) (2007) [15.02.2007], URL: http://www.sehepunkte.de/2007/02/10548.html. Neben Dreßlers Studien gibt es ebenfalls eine naturwissenschaftlich angelehnte Studie von Hans-Joachim Hahn, die bereits im vorangehenden Kapitel Erwähnung fand. Hahn versteht dabei Goethe als strengen Empiriker, was sich insbesondere an dessen Ansichten zur Analogie zeige. Denn im »Gegensatz zu Novalis [...] bleibt die Analogie für Goethe lediglich ein Hilfsmittel, das einer kritischen Beurteilung bedarf.« Dabei versteht Hahn Goethes Analogiedenken als ikonisches Ähnlichkeitsdenken, das lediglich äußere Merkmale miteinander vergleiche, was aber Goethes Naturauffassung widersprechen muss, da er hinsichtlich seiner osteologischen Überlegungen von funktionellen Analogien ausgeht (siehe weiter unten). Goethe verstehe nach Hahn die Analogie lediglich als präszientifisches Instrument, da »der menschliche Verstand als nächsten Schritt Folgerung daraus ableiten kann, die der Logik verpflichtet sind und nicht von irgendwelchen willkürlich imaginierten Analogien abhängen.« Deshalb »bekennt sich Goethe zur induktiven Methode« und »dem durch Beobachtung erworbenen Vergleich«, sodass er der Erkenntnis nach Analogien auch stets misstrauen müsse. Vgl. Joachim H. Hahn: Die Analogie bei Goethe und Novalis, hier bes. S. 198ff. Dass Goethe sich zwar als Empiriker erweise, ist ohne Zweifel anzunehmen, dass er sich aber gerade nicht für die empirische Induktion als Methode ausspricht und im Gegensatz dazu die Analogie bevorzugt, hat Goethe selbst angegeben (siehe weiter unten).

5.1.1 Der methodische Wert der Analogie – Zwischen überlebendig und getötet

Goethe dürfte seine ersten Überlegungen zur Analogie im Zusammenhang mit seinen anatomischen Studien entwickelt haben, worin er verschiedene tierische und menschliche Skelettformen miteinander vergleicht und in Folge dieser Auseinandersetzung auch den Zwischenkieferknochen beim Menschen entdeckt. Fast alle bekannten Anatomen der Zeit wie Johann Casper Lavater, Petrus Camper, Samuel Thomas Sömmerung, Johann Friedrich Blumenbach, Étienne Geoffroy Saint-Hilaire oder Georges Cuvier nutzen die Analogie als methodisches Hilfsmittel, um anhand von strukturellen Entsprechungen zwischen den ›Bauplänen‹ verschiedener fossiler und rezenter Knochen Aussagen über den Zusammenhang von Gattungen und Arten zu treffen. Um Fragen der Einheit zu klären, gibt es nach Friedrich Blumenbach »außer der Analogie keinen anderen Weg, auf welchem man das [...] Problem zu lösen im Stande wäre.«[813] Die Analogie dient insofern als eine »in der praxis (sic!) anwendbare Regel[]«[814], die helfen soll, die sinnlichen Daten zu strukturieren und gleichzeitig gilt der »Grundsatz der Analogie«[815], wie die Anordnung der Daten vonstattengehen solle. Dabei nutzen die Anatomen die Analogie zunächst noch in einem recht weitläufigen Sinn und beschreiben sowohl ähnliche Formen als auch funktionale Ähnlichkeiten als analog. Erst Geoffroy Saint-Hilaire wird ihren Begriff im Bereich der Anatomie eindeutig definieren und meint stolz:

> On parlait autrefois d'analogie, sans savoir quoi en particulier étoit analogue. On se rabattait, faute de mieux, sur la considération des formes, en ne paraissant pas s'apercevoir que la forme est fugitive d'un animal à l'autre. J'aurai donc fourni aux considérations d'analogie une base qui leur avait manqué jusqu'alors, quand je proposai de faire porter les recherches *uniquement* sur la dépendance mutuelle, nécessaire, et par conséquent invariable des parties. [Herv. im Original][816]

---

813 Blumenbach: Über die natürlichen Verschiedenheiten im Menschengeschlechte, S. 62.
814 Ebd., S. 26.
815 Ebd., S. 27.
816 Geoffroy Saint-Hilaire: Philosophie Anatomique. Bd. 2: Monstrousités Humaines. Paris 1822, S. XXXII. (»Früher sprach man von Analogie, ohne zu wissen, was im Speziellen analog meint. Man befasste sich in Ermangelung eines Besseren mit der Betrachtung der Formen und schien nicht zu bemerken, dass die Form von einem Tier zum anderen flüchtig ist. Ich habe also der Analogieüberlegung eine Grundlage gegeben, die ihr bis dahin gefehlt hat, als ich vorschlug,

Geoffroy Saint-Hilaire wehrt sich vor allem gegen die einseitige Methode äußerer Merkmalsklassifikation (wie sie u.a. George Cuvier vertritt) und versucht demgegenüber ein dynamisches Naturmodell zu entwickeln. Dieses geht von stabilen Lagebeziehungen zwischen den einzelnen Knochen aus, die sich im Laufe der Entwicklung immer wieder in Variation finden lassen. Damit können nicht nur rezente, sondern auch bereits ausgestorbene Lebewesen zueinander in Beziehung gesetzt werden. Auch in Deutschland tastet man sich in jener Zeit an ein evolutionäres Naturmodell heran und Blumenbach vermutet, dass versteinerte Fossilien wie Belemniten und Ammoniten »wie alle Analogie lehrt, größtenteils Seegeschöpfe gewesen [seien, S.G.], und sich jetzt in diesen Gebirgslagen [finden, S.G.], [...] so daß man aus allem diesen schließen muß, unser jetziges festes Land sey einst der Meeresboden der Vorwelt gewesen.«[817]

Vor dem Hintergrund solcher Zusammenhänge in der Natur, die Verbindungen zwischen lebenden und fossilen Seegeschöpfen zulassen, ist der Schritt zur Vorstellung einer prototypisch organisierten Natur nicht weit.[818] Insbesondere Herder propagiert den von den französischen Anatomen etablierten Gedanken des ›Typus‹ in Deutschland, denn es »ist als anatomisch und physiologisch wahr, daß durch die ganze belebte Schöpfung unserer Erde das Analogon *Einer Organisation* herrsche«[819] und »durch alle Gebilde der Pflanzen und Thiere [...] nur ein und derselbe Prototypus«[820] vorliege. Goethe kennt sowohl Herders als auch Geoffroy Saint-Hilaires Gedanken und ist besonders vom modernen szientifischen Analogiebegriff des Letztgenannten begeistert. Denn hier kündigt sich ein Denken an, das weit über die Anatomie hinaus seine Wirkung entfaltet. Geoffroy Saint-Hilaire geht davon aus, dass man mit einem »principe d'analogie ou d'unité« die »connexions« entdecken könne, »que dans l'ordre établi entre les parties, s'il existe«,[821] womit man den Zusammenhang unterschiedlicher Arten

---

die Untersuchungen nur auf die gegenseitige, notwendige und daher unveränderliche Abhängigkeit der Teile zu richten.« Übers. S.G.). Vgl. hierzu auch Bäumer: Die Entstehung des modernen biologischen Analogiebegriffes im 19. Jahrhundert, S. 160.

817 Blumenbach: Handbuch der Naturgeschichte. Göttingen 1814, S. 544.

818 Vgl. hierzu Wyder: Goethes Naturmodell, S. 114–120.

819 Herder: Ideen zur Philosophie der Geschichte der Menschheit. Erster Theil. Zweites Buch, SWS 13, S. 70.

820 Herder: Ideen zur Philosophie der Menschheit, SWS 14, S. 570.

821 Geoffroy Saint-Hilaire: Principes de Philosophie Zoologiques. Paris 1830, S. 213. (»Geoffroy Saint-Hilaire geht davon aus, dass man mit einem Analogie- oder Einheitsprinzip die Verbindungen entdecken könne, die nur in der Ordnung zwischen den Teilen etabliert sei, wenn es eine solche gibt.« Übers. S.G.)

und Gattungen nicht aus den Augen verlöre. Es gehe nicht um äußere Unterschiede, sondern um analoge Organisationen: »Tout corps organisé est composé [...] dans un certain ordre, les unes par rapport aux autres [...]. *Unité* ne signifie donc pas [...] *identité* [...mais] *ressemblance, analogie*.«[822] Die Analogie entfaltet im Moment der sich entwickelnden Lebenswissenschaften damit nochmals ihre ganze Wirkkraft als Organisationsprinzip des Erfahrungsraumes, diesmal als Organisationsprinzip eines dynamisch-lebendigen Naturraumes. Foucault wird dies als moderne Episteme bezeichnen, wobei die Analogie diese Form der Organisation, wie bereits gezeigt werden konnte, schon lange zuvor kennzeichnet:

> [E]nfin et surtout, elle (l'archéologie, S.G.) montrera que l'espace génèrla du savoir [...est, S.G.] une espace fait d'organisations, c'est-à-dire de rapports internes entre des éléments dont l'ensemble assure une fonction; [...] De sorte qu'on voit surgir, comme principes organisateurs de cet espace d'empiricités, l'*Analogie* et la *Sucession*, [...].[823]

Goethe hatte nicht nur in den 1830er Jahren Geoffroy Saint-Hilaires Verteidigung seiner »theorie des analogues« im Akademiestreit gegen George Cuvier verfolgt, sondern sieht hier auch seine eigenen Gedanken zu einer einheitlichen dynamischen Naturauffassung wiedergegeben: »Geoffroy, seiner Denkart gemäß, sucht ins Ganze zu dringen, aber nicht wie Buffon ins Vorhandene, Bestehende, Ausgebildete, sondern ins Wirkende, Werdende, sich Entwickelnde.«[824] Während die Analogie im Bereich der mechanischen Kosmoslehre die Organisationsprinzipien (mechanische Kräfte) und deren Bildungen (Planetensysteme) angeben konnte, erweist sich ihre Aufgabe im Kontext einer lebendigen Naturlehre ungleich schwieriger. Dennoch ist Goethe davon überzeugt, dass auch innerhalb einer sich stets verändernden Natur immer wieder gleiche Organisationsprinzipien auftreten. Bei der Betrachtung verschiedener Tierarten auf Kupfertafeln des deutschen

---

822 Geoffroy Saint-Hilaire: Principe de Philosophie Zoologique, S. 213 und S. 62. (»Jeder organisierte Körper besteht aus getrennten Teilen, die in einer bestimmten Reihenfolge angeordnet sind, [...]. Einheit bedeutet also nicht Identität [,sondern, S.G.] Ähnlichkeit, Analogie.« Übers. S.G.)

823 Foucault: Les mots et les choses, S. 230 (»Schließlich und vor allem wird sie (die Archäologie, S.G.) zeigen, daß der allgemeine Raum des Wissens [...] ein Raum [ist, S.G.], der geprägt ist von Organisationen, das heißt von inneren Beziehungen zwischen Elementen, deren Gesamtheit eine Funktion sichert. [...] Infolgedessen sieht man als Organisationsprinzipien dieses Raumes von Empirizitäten die *Analogie* und die *Folge* entstehen: [...].« Foucault: Die Ordnung der Dinge, S. 270.)

824 Goethe: Principe de Philosophie Zoologique discutés an Mars 1830 au sein de l'Académie Royal des Science par Mr. Geoffroy de Saint-Hilaire Paris 1830. FA I, Bd. 24, S. 810–845, hier: S. 822.

Anatomen Johann Samuel Eduard d'Altons stellt er deshalb fest, dass trotz aller Unterschiede »das Analogon ihrer Gestalt [...] nicht zu verkennen«[825] sei. Wenn die Analogie die Organisation der Natur strukturiere, dann müsse sie seiner Meinung nach auch die wissenschaftliche Behandlung der Natur leiten. Denn so lassen sich nicht nur bekannte Dinge zueinander in Beziehung setzen, sondern auch alle unbekannten in gegebene Schemata integrieren: »Wenn ich ein zerstreutes Gerippe finde, so kann ich es zusammenlesen und aufstellen; denn hier spricht die ewige Vernunft durch ein Analogon zu mir, und wenn es das Riesenfaultier wäre.«[826] Dass die Analogie auch hilft, über die sinnliche Erscheinung hinweg zu gehen, erscheint ihm dann als ihr größtes Qualitätsmerkmal:

> Denn hier ist es, wo uns der Genius der Analogie, als Schutzengel, zur Seite stehen möge, damit wir eine an vielen Beispielen erprobte Wahrheit nicht in einem einzigen, zweifelhaften Fall verkennen, sondern auch da dem Gesetz gebührende Ehre erweisen, wo es sich uns in der Erscheinung entziehen möchte.[827]

Goethe entwickelt ausgehend von den anatomischen Studien bereits erste Gedanken zu einer allgemeinen Organisation der Natur, die er auch für seine morphologischen Überlegungen heranziehen wird. Die anatomische Wissenschaft von Geoffroy Saint-Hilaire geht insofern bereits über die Betrachtung einer *natura naturata* hinaus und beschäftigt sich bereits mit Fragen der flüchtigen und veränderlichen Gestalt. Goethe wird seine Fragen nach wiederkehrenden Prinzipien davon ausgehend formulieren und dies anhand sich selbständig organisierender organischer Naturen vornehmen:

> Jedes Lebendige ist kein Einzelnes, sondern eine Mehrheit; selbst insofern es uns als Individuum erscheint, bleibt es doch eine Versammlung von lebendigen selbstständigen Wesen, die der Idee, der Anlage nach, gleich sind, in der Erscheinung aber gleich oder ähnlich, ungleich oder unähnlich werden können.[828]

Schon Hardenberg hatte Individuum und Allgemeinheit als jeweils komplex strukturiert verstanden und es dürfte Kants-Organismus-Modell für solche Gedanken Pate gestanden haben. Kant denkt in der *Kritik der Urteilskraft* über die Selbstorganisation von Pflanzen und Tieren nach und gibt an, dass man diese so

825 Ebd., S. 836.
826 Goethe: Betrachtungen und Aphorismen, FA I, Bd. 25, S. 119.
827 Goethe: Principe de Philosophie Zoologique, FA I, Bd. 24, S. 832.
828 Goethe: Die Absicht eingeleitet, FA I, Bd. 24, S. 392.

denken müsse, ›als-ob‹ sie Zwecke ihrer selbst wären.[829] Damit sei der Organismus ein in sich gegliedertes Individuum, das über eine selbst »bewegende Kraft«[830] verfüge. Trotz ihres Selbstzweckes, der sie nicht auf ein äußerliches Prinzip wie eine mechanische Kraft hin ausrichtet, müssen sie sich doch, so überlegt Goethe, zu anderen organischen Naturen in Beziehung setzen und auf eine gemeinsame Idee oder Anlage hin untersuchen lassen. Dass hierbei, ähnlich wie bei Kant, jedoch oftmals nur noch eine ›als-ob‹ Perspektive helfe, entspricht dabei nicht dem positivistischen Ideal der Zeit.

Goethe stellt sich damit gegen die in der empirischen Wissenschaft vorherrschende Methode der Induktion, da diese die Differenz von Einzelnem und Allgemeinen befördere. Im Umfeld positivistischer Lehren wird die Induktion jedoch favorisiert, da sie als einzige wahre Erkenntnisse verspreche. Denn sie könne, wie man anhand der Ausführungen des Botanikers und Mitbegründers der biologischen Zellentheorie Matthias Jacob Schleiden in seiner Schrift *Grundzüge der Wissenschaftlichen Botanik nebst einer Methodologischen Einleitung* von 1842 (die später unter dem Titel *Die Botanik als inducitve Wissenschaft* herausgegeben wird) sehen kann, jeglichen »Aberglauben« in der Naturwissenschaft überwinden, da sie verlässliche Ergebnisse liefere.[831] Schleiden wehrt sich vor allem gegen in seinen Augen superstitiöse Vorstellungen einer holistisch-metaphysischen Natur, wie er sie unter anderem bei dem an der romantischen Naturphilosophie orientierten Mediziner und Naturphilosophen Carl Gustav Carus in seinem *System der Physiologie* von 1838 vertreten sieht:

> Wenn wir die sogenannte philosophische Einleitung zu Carus' Physiologie lesen, so finden wir darin von Wissenschaft keine Spur [...]. Alles in dieser Einleitung, sein göttliches Mysterium, sein göttliches Urwesen, sein Aether usw. sind nicht vernunft- und erfahrungsmässige (also wissenschaftliche) Begriffe, sondern ganz willkürliche Fictionen [...] nur die Induction, von deren Bedeutung die neuere Naturphilosophie gar keinen Begriff hat, führt uns allmählich zu einem höhern Standpunkte. [...] Ich habe mich im Vorstehenden bemüht, einige Anweisung für die richtige Methode der Sammlung der Thatsachen zu geben; aber

829 Vgl. Kant: Kritik der Urteilskraft, AA V, S. 180.
830 Ebd., S. 374.
831 Zur Kritik Schleidens am »Aberglauben« in den Naturwissenschaften und speziell an Carl Gustav Carus vgl. Friedemann Stengel: Lebensgeister – Nervensaft. Cartesianer, Mediziner, Spiritisten. In: Monika Neugebauer-Wölk, Renko Geffarth und Markus Meuemann (Hg.): Aufklärung und Esoterik. Wege in die Moderne. Berlin/Boston 2013, S. 340–377; Jutta Müller-Tamm: Kunst als Gipfel der Wissenschaft. Ästhetische und wissenschaftliche Weltaneignung bei Carl Gustav Carus. Berlin/New York 1995, S. 17; Dies.: ›Verstandenes Lebensbild‹. Zur Einführung. In: Dies. (Hg.): Verstandenes Lebensbild. Ästhetische Wissenschaft. Von Humboldt bis Vischer. Eine Anthologie. Berlin 2010, S. 7–29, hier: S. 21.

> mit der Thatsache allein sind wir noch nicht zur Wissenschaft gediehen. Hier soll das Ganze der Thatsachen überblickt, dieselben geordnet und mit Hülfe leitender Maximen, welche aber vorläufig in der Wissenschaft nur aus ihren eignen schon bekannten Gesetzen und den Gesetzen der andern physikalischen Wissenschaften abzuleiten sind, vermittelst Induction zu Gesetzen verarbeitet werden.[832]

Ähnlich wie Schleiden erkennt zwar auch Goethe eine Gefahr für die Wissenschaft in vorschnellen und willkürlichen Schlussfolgerungen. Für Goethe gehören diese im Gegensatz zu Schleiden jedoch zur psychologischen Voraussetzungen menschlicher Erkenntnis, gegen die sich der Wissenschaftler bewusst zur Wehr setzen müsse, »denn beim Übergang von der Erfahrung zum Urteil, von der Erkenntnis zur Anwendung ist es, wo dem Menschen gleichsam wie an einem Passe alle seine inneren Feinde auflauern, [...].«[833] Dazu zählen für Goethe »Einbildungskraft, Ungeduld, Vorschnelligkeit, Selbstzufriedenheit, Steifheit, Gedankenform, vorgefaßte Meinung, Bequemlichkeit, Leichtsinn, Veränderlichkeit«, die alle in der Lage sind, »auch den stillen vor allen Leidenschaften gesichert scheinenden Beobachter« zu überwältigen und das objektive Wissenschaftsideal zu gefährden.[834] Insofern lehnt Goethe die Induktion, ab, denn diese befriedige letztlich nur ein psychologisches Bedürfnis der eigenen Erwartung:

> INDUKTION
> Hab ich mir nie, auch gegen mich selbst nicht erlaubt.
> Ich ließ die Fakten isloliert stehen
> Aber das Analoge sucht ich auf.
> Und auf diesem Wege z.B. bin ich zum Begriff der Metamorphose der Pflanzen gelangt.[835]

Im Gegensatz zur induktiven Methode, die den einzelnen Phänomenen nicht gerecht werde, weil sie sie in Allgemeinheiten überführe, beruft sich Goethe auf

---

832 Matthias Jacob Schleiden: Grundzüge der Wissenschaftlichen Botanik nebst einer Methodologischen Einleitung. Leipzig 1842, S. 75 und S. 157.
833 Goethe: Der Versuch als Vermittler zwischen von Objekt und Subjekt, FA I, Bd. 25, S. 30.
834 Ebd.
835 Goethe: Zur Geologie November 1829, FA I, Bd. 25, S. 643. Karl Popper wird Goethes Umschreibung knapp 200 Jahre später als »psychologisches Induktionsproblem« auf den Punkt bringen und das Problem der reinen Induktion ähnlich wie Goethe als psychologisches beschreiben, denn es »gibt ein allgemeines Bedürfnis nach einer Welt, die unseren Erwartungen entspricht.« Karl Popper: Der Hintergrund meiner Reformulierung von Humes psychologischem Induktionsproblem. In: Ders.: Objektive Erkenntnis. Ein evolutionärer Entwurf. Hamburg 1972, S. 36.

eine ›Suche nach Analogien‹. Die Induktion zergliedere die Erfahrung, wohingegen die Analogie eine Zusammenschau als »höhere Maxime«[836] ermögliche, sodass sich die Entwicklungen einer organischen Natur mit anderen vergleichen lasse.

Goethe macht deutlich, dass ihn seine Suche nach Analogien überhaupt zu seiner ›Gestaltlehre‹ gebracht habe. Denn erst eine Annahme von Analogien könne die Einheit der Metamorphose garantieren:

> [W]ir möchten aber immer dabei bleiben, daß die Entwicklung der Samenblätter den ersten Knoten bezeichne, indem hier für ein geistiges Anschauen auch die wunderbarsten unförmlichen Gestalten immer noch mit den folgenden entwickelten Blättern als analoge gedacht werden können.[837]

Die Analogie verknüpft demnach auch auf Ebene der Anschauung allererst die einzelnen Entwicklungsstadien, wodurch hier nicht der Anschauungsbegriff, sondern der Analogiebegriff Goethes einheitliches Naturbild lenkt. Ähnlich wie bei Kants zeitlichen Analogien koordiniert die Analogie hier als relationale Beziehung die einzelnen Entwicklungsstadien und scheint bereits auf einer vorgängigen Ebene Entscheidungen über deren intrinsischen Zusammenhang (vergleichbar der Affinität der Erscheinungen) getroffen zu haben. Möglicherweise hatte Goethe sich sogar mit der mathematischen Analogie beschäftigt und dementsprechend seine Gedanken zum Zusammenhang einer relational koordinierten Anschauung entworfen. Andeutungen in *Der Versuch als Vermittler* geben dazu Hinweise. Hier macht sich Goethe Gedanken, wie einzelne Phänomene in der Natur zusammenhängen und referiert mit einer impliziten Spinoza-Referenz auf Euklids Analogiedefinition. Goethes überlegt, wie einzelne Erfahrungen in Verbindung stehen und gibt an, dass dies nur durch wiederholte Versuche bestätigt werden können, die zu einer Erfahrung ›höherer Art‹ führen, von der aus man den Zusammenhang überblicken könne. Diese ideelle Erfahrung, die verschiedene Einzelerfahrungen zueinander in Beziehung setzt, vergleicht Goethe mit einer mathematischen Formel, die einen Zusammengang zwischen verschiedenen Größen darstellt:

> Eine solche Erfahrung, die aus mehreren andern besteht, ist offenbar von einer höhern Art. Sie stellt die Formel vor, unter welcher unzählige Rechnungsexempel ausgedrückt werden.

836 Goethe: Die Absicht wird eingeleitet, FA I, Bd. 24, S. 392.

837 Goethe: Nachträger zur Metamorphose der Pflanzen, FA I, Bd. 24, S. 703.

> Auf solche Erfahrung der höhern Art los zu arbeiten halt ich für höchste Pflicht des Naturforschers, und dahin weist und das Exempel der vorzüglichsten Männer, die in diesem Fache gearbeitet haben.[838]

Mit der mathematischen Formel, nach deren Vorbild auch die Einzelerfahrungen der Natur geordnet sind, verweist Goethe, wie Förster nachweisen konnte, auf eine Ausführung Spinozas in der *Ethica ordine geometrico demonstrata* von 1677.[839] Hier bezieht sich Spinoza auf die Analogielehre Euklids, um eine intuitive Erkenntnis zu demonstrieren:

> Praeter haec duo cognitionis genera datur, ut in sequentibus ostendam, aliud tertium quod scientiam intuitivam vocabimus. Atque hoc cognoscendi genus procedit ab adaequata idea essentiae formalis quorundam Dei attributorum ad adaequatam cognitionem essentiae rerum. Haec omnia unius rei exemplo explicabo. Dantur exempli gratia tres numeri ad quartum obtinendum qui sit ad tertium ut secundus ad primum. [...] ex vi demonstrationis propositionis 19 libri 7 Euclidis nempe ex communi proprietate proportionalium. At in numeris simplicissimis nihil horum opus est. Exempli gratia datis numeris 1, 2, 3, nemo non videt quartum numerum proportionalem esse 6 atque hoc multo clarius quia ex ipsa ratione quam primum ad secundum habere uno intuitu videmus, ipsum quartum concludimus.[840]
> (Außer diesen zwei Erkenntnisgattungen gibt es, wie ich im folgenden zeigen werde, noch eine andere dritte, welche ich das intuitive Wissen nennen werde. Diese Gattung des Erkennens schreitet von der adäquaten Idee des formalen Wesens einiger Attribute Gottes zur adäquaten Erkenntnis des Wesens der Dinge. Das alles will ich an einem Beispiel erläutern. Es sind z.B. drei Zahlen gegeben, um eine vierte zu erhalten, welche sich zur dritten verhält wie die zweite zur ersten [...] auf Grund des Beweises im 7. Buch, Lehrsatz 19 des Euklid, nämlich aus der allgemeinen Eigenschaft der Proportionen. Bei sehr einfachen Zahlen dagegen bedarf es dergleichen nicht. Wenn z.B. die Zahlen 1, 2, 3 gegeben sind, so sieht jeder, daß die vierte Proportionszahl 6 ist, und das viel deutlicher, weil wir aus dem Verhältnis selbst zwischen der ersten und der zweiten Zahl, das wir auf den ersten Blick (intuitiv) wahrnehmen, die vierte folgern.)[841]

---

838 Goethe: Der Versuch als Vermittler, FA I, Bd. 25, S. 34.

839 Eckart Förster führt die entsprechende Stelle von Spinoza in seinem Aufsatz *Goethe and the »Auge des Geistes«* an, jedoch erkennt er in Goethes Rezeption nur die symbolische Übernahme einer ›mathematischen Formel‹ gemäß der Proportion, ohne auf das bedeutende euklidische Analogiekonzept näher einzugehen. Förster: Goethe and the »Auge des Geistes«. In: Deutsche Vierteljahrsschrift für Literaturwissenschaft und Geistesgeschichte 75 (2001), S. 87–101, bes. S. 96.

840 Baruch de Spinoza: Ethica ordine geometrico demonstrata. Pars II. (posthum) Amsterdam 1677, Proposition 40, Scholium 2.

841 Spinoza: Ethik. Aus dem Lateinischen von Jakob Stern, hg. von Helmut Seidel. Leipzig 1975, S. 133–134.

Goethes Ausführung zur Metamorphose der Pflanze, die angibt, dass man mit Hilfe eines ›geistigen Anschauens‹ die analogen Ausbildungen der Pflanze sehen könne, scheint insofern von einer vorgängigen Analogiestruktur getragen zu sein. Die intuitive Einsicht ist damit in gewisser Weise diskursiv strukturiert, womit sich λόγος und εἶδος auch hier durchdringen. Es deutet sich insofern wieder die grundlegende Struktur der Analogie an, die hier, wenn auch vielleicht nicht bewusst reflektiert, zum Tragen kommt.

Wenn die Metamorphose verschiedene Momente eines dynamisch-beweglichen Phänomens umfasst, so muss dies nach Goethe auch die wissenschaftliche Betrachtung abbilden. Aufgrund der Gestaltwandlung könne man die »organische Natur nicht lange als eine Einheit betrachten«, sodass für die Betrachtung der einzelnen Momente die Hilfe »verschiedener Wissenschaften« vonnöten sei.[842] Jedoch müssen ihre Ergebnisse zusammengefasst werden, was geschehe, wenn wir »ihre Verhältnisse dargestellt haben«.[843] Mit Blick auf die organische Entität treten dann Naturgeschichte, Naturlehre, Anatomie, Chemie, Zoonomie, Psychologie und Morphologie zueinander in Beziehung.[844] Einzelne Untersuchungen stehen insofern immer im Verhältnis zu allen anderen, wobei die relationale Beziehung auch die eingangs thematisierten Widersprüche zulasse, wenn sie nur strukturelle Entsprechungen betrachtet. Es ergibt sich insofern ein wechselweises Verhältnis zwischen Naturorganisation und Methode, die beide auf der Strukturform der Analogie beruhen, denn wenn man es schafft, »mit wenigen Worten auf Analogien hinzuweisen«, könne man die »Grundgesetze der organischen Bildung [...] erkennen.«[845] Damit scheint Goethe an Kants Gedanken anzuschließen, nicht den Analogieschluss, sondern die Denkweise nach der Analogie zu favorisieren. Organische Gestaltlehre zeigt sich dann in so unterschiedlichen Formen wie der »Stadt als Menschenwerk[]« und in der »Metamorphose der Insekten als Naturwerk[]«.[846] Man darf dem Forschenden

> also die Analogie, als Handhabe, als Hebel die Natur anzufassen und zu bewegen gar wohl empfehlen und anrühmen. Man lasse sich nicht irre machen, wenn Analogie manchmal irre führt, wenn sie, als zu weit gesuchter willkürlicher Witz, völlig in Raum aufgeht. Verwerfen wir ferner nicht ein heiteres humoristisches Spiel mit den Gegenständen, schickliche und unschickliche Annäherung, ja Verknüpfung des Entferntesten, womit man uns in Erstaunen zu setzen, durch Kontrast auf Kontrast zu überraschen trachtet. Halten wir uns aber zu

842 Goethe: Betrachtungen über Morphologie, FA I, Bd. 24, S. 376 und S. 368.
843 Ebd., S. 368.
844 Vgl. ebd., S. 363–364.
845 Goethe: Gesetzliches der Pflanzenbildung, FA I, Bd. 24, S. 685–686.
846 Goethe: Versuche einer Methodik, FA I, Bd. 24, S. 353.

> unserm Zweck an eine reine, methodische Analogie, wodurch Erfahrung erst belebt wird, indem das Abgesonderte und entfernt Scheinende verknüpft, dessen Identität entdeckt und das eigentliche Gesamtleben der Natur auch in der Wissenschaft nach und nach empfunden wird.[847]

Goethe ist sich durchaus bewusst, dass Analogien in die Irre führen können, doch selbst diese Art von Entgleisung scheint Teil einer lebendigen Erkenntnis zu sein, da das Spiel der Analogie als Witz – der bereits Lichtenberg oder Kant als epistemisches Instrument dient – immer noch ungewöhnliche Zusammenhänge zu entdecken vermag. Goethe verteidigt deshalb auch im Folgenden den Analogiegebrauch, denn »[s]ollten wir nun vielleicht den Vorwurf hören, daß wir mit Verwandtschaften, Verhältnissen, mit Bezügen, Analogien, Deutungen und Gleichnissen zu weit umher gegriffen, so erwidern wir daß der Geist sich nicht beweglich genug erhalten könne […].«[848]

Obwohl Goethe zwar dem Tenor der wissenschaftlichen Forschung zuspricht und »methodologische Vorsichtigkeit«[849] und subjektive ›Entsagung‹ im Umgang mit empirischen Daten fordert, darf diese nur soweit gehen, wie es der betrachtete Gegenstand, in diesem Fall die lebendige Natur, erfordert. Insofern gilt für den Gebrauch der Analogie, ihre Verhandlung zwischen Teil und Ganzen als

---

847 Goethe: Farbenlehre nach 1810, FA I, Bd. 25, S. 710.

848 Ebd., S. 716.

849 John Neubauer sieht diese Vorsichtigkeit, wie auch andere Forscher, bei Goethe im empirischen Versuch realisiert, der auf Goethes Problem, »wie die menschlichen Neigungen zu zähmen seinen«, eine methodische Antwort durch die »*Realisierbarkeit* der objektivistischen Forderung nach Interessenlosigkeit« liefere. Dabei scheint mir der Versuch jedoch nicht die vordergründige Methode darzustellen, um als epistemisches Instrument eine Naturerkenntnis zu garantieren, sondern lediglich als methodisches Korrektiv zu agieren, das der Analogie als heuristisches Instrument und Erkenntnisform untergeordnet ist. Vgl. John Neubauer: Der Schatten als Vermittler von Objekt und Subjekt. Zur Subjektbezogenheit von Goethes Naturwissenschaft. In: Gernot Böhme und Gregor Schiemann (Hg.): Phänomenologie der Natur. Frankfurt/M. 1997, S. 64–85, hier: S. 68 und S. 67. Mit dem Prinzip der Unterdrückung menschlicher Neigungen greift Neubauer jedoch einen entscheidenden Topos innerhalb von Goethes Denken auf, der bisher im Bereich der Naturwissenschaften oft nur am Rande thematisiert wird, während er im Bereich des politisch-sozialen unter dem Begriff der ›Entsagung‹ bzw. auch ›Immunisierung‹ Beachtung gefunden hat. Vgl. hierzu: William Meads: Goethe's Concept of Entsagung. Pacific Coast Philology 8 (1973), S. 34–41; Mauro Ponzi: Zur Entstehung des Goetheschen Motivs der ›Entsagung‹. In: Zeitschrift für Germanistik 7 (2) (1986), S. 150–159; Marion Schmaus: Entsagung als ›Forderung des Tages‹. Goethes und Hegels Antwort auf die Moderne. In: Werner Frick u.a. (Hg.): Aufklärungen. Tübingen 2003, S. 157–173; Hans-Jochen Gamm: Art. Entsagung. In: Hans-Dietrich Ranke u. Regine Otte (Hg.): Goethe-Handbuch. Bd. 41/1. Stuttgart 2004, S. 268–280; Cornelia Zumbusch: Die Immunität der Klassik. Frankfurt/M. 2011; Britta Herrmann: Über den Menschen als Kunstwerk. Boston 2018, hier bes.: S. 479–492.

strukturale Entsprechung zu berücksichtigen: »Folgt man der Analogie zu sehr, so fällt alles identisch zusammen, meidet man sie so zerstreut sich alles in's Unendliche. In beiden Fällen stagniert die Betrachtung, einmal als Überlebendig, das andere Mal als getötet.«[850] Begreift man analoge Fälle als identische, dann ergibt sich keine Vielfalt, begreift man sie lediglich als different, dann erkennt man keine Zusammenhänge. Goethe situiert die Methode der Analogie demnach genau zwischen zwei methodischen Extremen, die seiner Meinung nach eine wahre Naturerkenntnis verhindern:

> Leider findet man aber auch bei denen, die dem Erkennen, dem Wissen ergeben, selten eine wünschenswerte Teilnahme. Dem Verständigen, auf das Besondere Merkenden, genau Beobachtenden, auseinander Trennenden ist gewissermaßen das zur Last was aus einer Idee kommt und auf das sie zurückführt. Er ist einem seinem Labyrinth auf eine eigene Weise zu Hause, ohne daß er sich um einen Faden bekümmerte, der schneller durch und durch führte; [...] dahingegen der, der sich auf höhern Standpunkt befindet, gar leicht das einzelne verachtet, und dasjenige was nur gesondert ein Leben hat, in eine tötende Allgemeinheit zusammenreißt.[851]

Die Analogie ist in der Lage, ihre Erkenntnis zwischen der begrifflichen Allgemeinheit und mannigfaltiger Anschauung zu entfalten und stellt damit für Goethe die einzig wahre Natur-Erkenntnis dar, die die »lebendige Einheit« abbilden kann. Denn so wie es die »Grundeigenschaft der lebendigen Einheit [...ist, S.G.] sich zu trennen, sich zu vereinen, sich in's Allgemeine zu ergehen, im Besonderen verharren, [...]«,[852] so wird »das Abgesonderte und entfernt Scheinende« durch die Analogie verknüpft und die »Erfahrung erst belebt«.[853] Die Suche nach Analogien vitalisiert demnach den Denkprozess selbst und gleicht ihn der Natur an. Goethe schreibt ihr auch ein ganzes Spektrum an belebenden Wirkungen zu: Sie kann ›anregen‹ und ›aufregen‹[854], den ›Geist beweglich‹ halten, die ›Erfahrung beleben‹, uns ›in Erstaunen versetzen‹ und ›überraschen‹ und letztlich bringt sie die Wissenschaft sogar dazu, das ›Gesamtleben der Natur zu empfinden‹. Nicht von ungefähr bezeichnet er sie auch als »Genius«[855], womit ihr sogar eine vitale Zeugungskraft zugesprochen wird, die nicht nur die epistemische, sondern auch eine ästhetische Ebene betrifft.

850 Goethe: Aphorismen, FA I, Bd. 13, S. 46.
851 Goethe: Das Unternehmen wird entschuldigt, FA I, Bd. 24, S. 389–390.
852 Goethe: Betrachtungen und Aphorismen, FA I, Bd. 25, Nr. 116, S. 113.
853 Goethe: Farbenlehre nach 1810, FA I, Bd. 25, S. 710.
854 Goethe: Verglaste Burgen, FA I, Bd. 25, S. 651.
855 Goethe: Principe de Philosophie Zoologique, FA I, Bd. 24, S. 832.

Anhand der Verteidigung der Analogie als Methode zeigt sich bei Goethe bereits eine Vorstellung, die man ebenfalls bei Hardenberg findet, wonach die Analogie zwar Relationen koordiniert und damit Entscheidungen über Zusammenhänge trifft, jedoch die Anschlussstellen offenlässt:

> In der lebendigen Natur geschieht nichts, was nicht in einer Verbindung mit dem Ganzen stehe, und wenn uns die Erfahrungen nur isoliert erscheinen, wenn wir die Versuche nur als isolierte Fakta anzusehen haben, so wird dadurch nicht gesagt, daß sie isoliert seien, es ist nur die Frage: wie finden wir die Verbindungen dieser Phänomene? [...] Da alles in der Natur, besonders aber die allgemeinern Kräfte und Elemente in einer ewigen Wirkung und Gegenwirkung sind, so kann man von einem jeden Phänomene sagen, daß es mit unzähligen andern in Verbindung stehe, wie wir von einem freischwebenden leuchtenden Punkte sagen, daß er seine Strahlen nach allen Seiten aussende.[856]

Die analogische Methodologie, die an unterschiedlichen Stellen in den *Morphologischen Heften* diskutiert wird, reflektiert damit auch die Frage nach dem Zusammenhang der Hefte selbst. Ähnlich wie Hardenbergs Enzyklopädistik verweist Goethe auf die Methode der Analogie, die in erster Linie auf eine integrative und dynamische Episteme verweist. Schließlich gehe es darum, ›mit wenigen Worten‹ auf Zusammenhänge und Organisationsprinzipien ›hinzuweisen‹, als »gewisse Besonderheiten aufs genaueste zu beschreiben.«[857] Damit versucht Goethe – und hiermit stellt er wirklich Hardenbergs Vorbild dar – vielmehr dem Leser in seinen Heftreihen ein Vorgehen an die Hand zu geben, nicht bei Einzelheiten stehen zu bleiben, sondern nach der Verbindung der Naturgegenstände und ihrer grundlegenden Organisation zu suchen und Zusammenhänge immer wieder neu herzustellen. Die Heftreihen unterliegen insofern keiner systematischen Anlage nach vorgegebenen Prinzipien, sondern verstehen sich, ähnlich wie Hardenbergs Enzyklopädistik, als freies System: »Es steht alsdenn einem jeden frei, sie nach seiner Art zu verbinden und ein Ganzes daraus zu bilden, das der menschlichen Vorstellungsart überhaupt mehr oder weniger bequem und angenehm sei.«[858] Es bleibt insofern dem Leser überlassen, aus den angedeuteten Analogien weitere zu ziehen und Goethes Überlegungen zu den entoptischen Farben sind insofern gleichzeitig als methodische Handreichung zu verstehen:

856 Goethe: Der Versuch als Vermittler, FA I, Bd. 25, S. 33.
857 Ebd., S. 685.
858 Ebd., S. 36.

> Da wir aber gegenwärtig nur die Absicht haben können, den Geist zu befreien und anzuregen, so blicken wir rings umher, um näher oder ferner gewisse Analogien zu deuten, die sich in der Folge aneinanderschließen, sich aus und gegen einander entwickeln mögen.[859]

Goethe gibt dem Leser lediglich die ›wissenschaftliche Methode‹ an die Hand, Analogien zu deuten, die sich dann von selbst zu einem kohärenten Ganzen zusammenschließen, jedoch wird dieses Gefüge in seiner Gesamtheit für die menschliche Erkenntnis nur im Bereich einer ›Ahndung‹ liegen.

5.1.2 Strukturvermittlung des Paradoxen – Die Analogie von Idee und Erfahrung

Obwohl Goethe die Natur intuitiv-formelhaft als relational strukturiert ansieht, scheint das Verhältnis von Formel und Natur, von Idee und Anschauung für ihn eine problematische Herausforderung darzustellen. Als »Empiriker und Realist[]«[860] fühlt sich Goethe in erster Linie den einzelnen Phänomenen einer sinnlich-verändernden Welt verpflichtet. Schiller erkennt in Goethes naturhistorischer Betrachtung auch eine berechtigte »philosophische[] Warnung«, der zufolge »man seine Sätze nicht durch Beispiele beweisen solle, weil kein Satz dem Beispiel gleich ist. [...] Ueberhaupt kann eine Erscheinung oder Factum die etwas durchgängig vielfach bestimmtes ist, nie einer Regel die bloß bestimmend ist adæquat seyn.«[861] Gleichzeitig scheint Goethe keine rein immanente Naturbetrachtung zu vertreten, wenn er ideell-abstrakte Konzepte wie die »Urpflanze«[862], die »Idee der Metamorphose«[863], den »Typus«[864] oder das »allgemeine Schema«[865] entwirft, um die sinnlich erfahrenen Phänomenen mit Hilfe einer ge-

859 Goethe: Farbenlehre nach 1810, FA I, Bd. 25, S. 711.

860 Goethe: Brief an Sömmering. Weimar, 28. 8. 1796, FA II, Bd. 4, S. 234.

861 Schiller: Brief an Goethe. Jena, 12. Januar 1798, NA 29, S. 186–188, hier: S. 186.

862 Goethe: Italienische Reise. 17. Mai 1787, FA I, Bd. 15.1, S. 346.

863 In einem Gespräch mit Friedrich von Müller am 2. Juli 1830 bestätigt Goethe, dass man seine Metamorphose am besten als Idee auffassen solle. Vgl. Goethe: Briefe, Gespräche, Tagebücher, FA II, Bd. 3, S. 647.

864 In *Der Inhalt bevorwortet* schreibt Goethe rückblickend: »Hierbei fühlte ich bald die Notwendigkeit einen Typus aufzustellen, an welchem alle Säugetiere nach Übereinstimmung und Verschiedenheit zu prüfen wären, und wie ich früher die Urpflanze aufgesucht, so trachtete ich nunmehr das Urtier zu finden, das heißt denn doch zuletzt: den Begriff, die Idee des Tiers.« FA I, Bd. 24, S. 404.

865 Goethe: Versuch über die Gestalt der Tiere, FA I, Bd. 24, S. 164.

setzmäßigen Einheit zu erfassen. Damit scheint Goethe eine eigentümliche »Doppelperspektive«[866] einzunehmen, die zwischen den absoluten Extremen einer empirisch-immanenten und einer gesetzlich-ideellen Denkart nicht eindeutig verortbar ist. Uwe Pörksen hält diesbezüglich fest:

> Die drei Grundstrukturen, der variable Typus der Tiere und der Pflanzen und der in einem halbdurchsichtigen Medium zwischen Licht und Finsternis sich herstellende Farbenkreis, in denen Goethe die Schlüssel zu drei Naturbezirken in der Hand zu halten glaubte, haben ein Bezugsfeld, das sich durch Einheit und zugleich durch eine in sich bewegliche Unterschiedenheit auszeichnet.[867]

Goethes eigentümliche »Doppelperspektive« bedingt nach Wenzel demnach eine gewisse Unschärfe, die »praktisch und sinnlich-anschaulich alle Bildungen und Umbildungen in der Natur beinhalten muß, gleichzeitig aber auch nicht ohne einen durchschauenden Verstand gedacht werden kann [...].«[868] »[T]he yawning gap between the neatness of ideas and the unkempt complexitiy of experience«[869] bei Goethe scheint »Deutungsextreme«[870] vorzuprogrammieren, die sich im »erkenntnistheoretisch unsichere[n] Terrain zwischen Anschauung und Idee«[871] bewegen. Um einen Zugriff auf dieses begriffliche und epistemische unfassliche Terrain zu erhalten, gibt es verschiedene Ansätze in der Forschung, die die paradoxale Doppelperspektive einerseits wissenschafts- und ideenhistorisch als genuines Schwellenproblem einer alten Naturgeschichte und einer neuen Biologie diskutieren – das per se Widersprüche erzeugen muss –, oder andererseits mit Hilfe von Goethes Privatvokabular als »rationale[] Empirie«,[872] »intellektuelle[]

---

866 Manfred Wenzel: Goethes naturwissenschaftliche Studien – Gegenstände, Leitgedanken, Zeitbezug. In: Gernot Böhme und Gregor Schiemann (Hg.): Phänomenologie der Natur, S.44–64, hier: S. 49.

867 Uwe Pörksen: ›Alles ist Blatt‹. Über Reichweite und Grenzen der naturwissenschaftlichen Sprache und Darstellungsmomente Goethes. In: Ders.: Wissenschaftssprache und Sprachkritik. Untersuchungen zu Geschichte und Gegenwart. Tübingen 1994, S. 109–139, hier: S. 111–112.

868 Ebd.

869 Roger H. Stephenson: Goethe's Conception of Knowledge and Science. Edinburgh 1995, S. 2.

870 Geulen: Urpflanze (und Goethes *Hefte zur Morphologie*). In: Michael Ott und Tobias Döring (Hg.): Urworte. Zur Geschichte und Funktion erstbegründender Begriffe. München 2012, S. 155–171, hier S. 155.

871 Ebd.

872 Schiller bezeichnet Goethes »naturhistorische[s] Verfahren« in einem brieflichen Austausch als »rationale Empirie«, womit Goethe auf eine zweckmäßige Empirie abziele, die sich am jeweiligen untersuchten Naturgegenstand orientiere, ohne diesen sofort auf eine allgemeine Regel zu bringen. Später benutzt er dann die Formulierung der »rationalen Empirie«, die nach Beachtung der ersten Betrachtungsart eine Verbindung von Erfahrung, sinnlicher Anschauung

Anschauung«, »naturgemäße[] Methode«[873] oder als »gegenständliche[s] Denken«[874] erklären. Dabei können beide Ansätze, wie Eva Geulen angibt, keine epistemischen Erklärungen bieten und es wird speziell anhand von Goethes eigener Terminologie lediglich deutlich, dass sie »Chiffren des Bedürfnisses, vielleicht

---

und ideellem Denken anstrebe. Goethe selbst hat Schillers Einschätzung seines umsichtig methodischen Vorgehens als »eignes Glaubensbekenntnis« bestätigt und den Terminus übernommen. (Schiller: Brief an Goethe. Jena 12. Januar 1798, NA 29, S. 186f.; Goethe: Goethe an Schiller. 13.1.1798, FA II, Bd. 4, S. 479). Hardenberg denkt ähnlich und nennt Goethes Naturbetrachtung einen »aktiven Empirismus« (Hardenberg: Über Goethe, N II, Nr. 443, S. 630), der nach Fergus Henderson die Verbindung zwischen Theorie und Phänomen herstelle: »[...] Goethe, in Novalis's view, treat[s] knowledge in an experiential and symbolic fashion, mediating between theory and phenomena [...].« Fergus Henderson: Novalis, Ritter and »Experiment«. A Tradition of »Active Empiricism«. In: Elinor S. Shaffer (Hg.): The Third Culture. Literature and Science. Berlin/New York 1998, S. 153–170, hier: S. 155. Zum »rationiellen Empirismus« bei Goethe vgl. Wenzel: Rationelle Empirie. In: Goethe-Handbuch. Supplemente. Bd. 2: Naturwissenschaften, hg. von Manfred Wenzel. Stuttgart/Weimar 2012, S. 608–609; Peter Heusser: Goethes Verständnis von Naturwissenschaft. In: Goethe-Jahrbuch 125 (2008), S. 110–121, hier bes.: S. 111. Inwiefern jedoch die chiasmatische Begriffsverbindung bereits eine epistemische Erklärung für die Verbindung beider Erkenntnissphären bietet, wird in den Forschungsansätzen zu diesem Phänomen nicht erörtert, sondern vorausgesetzt.

873 Die »naturgemäße Methode« wird in der Forschung häufig zusammen mit der »intellektuellen Anschauung« oder auch der »scientia intuitiva« als Goethes vornehmliche Naturbetrachtung beschrieben, da sie ideelle und anschauliche Erkenntnisvermögen miteinander verbinde. Als Referenz wird auf Goethes Auseinandersetzung mit Spinoza hingewiesen, der in der *scientia intuitiva* die höchste Form von Erkenntnis erblicke, da diese das Allgemeine mit dem Besonderen verknüpfe. Goethe selbst thematisiert jedoch an verschiedenen Stellen das Vermittlungsproblem zwischen Idee und Anschauung, sodass der Begriff der *scientitia intuitiva* für ihn nicht die Lösung darstellen kann. Vgl. zu Goethes naturwissenschaftlicher Adaption spinozistischer Gedanken an dieser Stelle: Martin Bollacher: Der junge Goethe. Studien zur Geschichte des Spinozismus in der Epoche des Sturm und Drangs. Tübingen 1969; Alfred Schmidt: Goethes herrlich leuchtende Natur. Philosophische Studie zur deutschen Spätaufklärung. München 1984; Förster: Die 25 Jahre der Philosophie, bes. S. 87ff.; Ders.: Goethe and the »Augen des Geistes«; Ders.: »Zum schauen bestellt« – Goethes Naturreligion. In: Goethe-Jahrbuch 130 (2013), S. 65–75; Bies: Naturgemäße Methode. In: Ders.: Im Grunde ein Bild, S. 136–148.

874 Vgl. zum Begriff »gegenständliches Denken« Geulen: Morphologie und gegenständliches Denken. In: Goethe Yearbook. Publications of the Goethe Society of North America 26 (2019), S. 3–19. Geulen argumentiert, dass Goethes gegenständliches Denken den Gegenstand als stabile Form auflöse und diesen kaleidoskopisch in sich wandelnden Bilder überführt. Dabei scheint lediglich die Einbildungskraft des betrachtenden Subjekts gleich dem optischen Instrument stabil zu bleiben, um diese wandelnden Bilder aufzufangen. Goethe hat aber, wie Geulen richtigerweise anmerkt, keine Philosophie zur Einbildungskraft geschrieben, sodass auch sein gegenständliches Denken für die morphologischen Hefte keine Aufklärung über eine eigene epistemische Erkenntnis liefert.

der Möglichkeit, gewiß aber der Forderung [seien, S.G.], den Widerstreit zwischen abstrakter Idee und konkreter Anschauung zu sistieren und diesem Problem einen Namen zu geben.«[875] Goethe scheint mit seiner am Leben orientierten Naturauffassung einem Problem gegenübergestellt, auf das scheinbar weder die Sprache, noch das Denken der Zeit vorbereitet sind. Dabei entspricht, wie Pörksen festhält, der »paradoxen Natur der gegenständlichen Welt [...] eine Paradoxie im Naturforscher«,[876] die Goethe als unüberbrückbare »Kluft« von Idee und Erfahrung beschreibt:

> Hier treffen wir nun auf die eigene Schwierigkeit, die nicht immer klar ins Bewusstsein tritt, daß zwischen Idee und Erfahrung eine gewisse Kluft befestigt scheint, die zu überschreitend unsere ganze Kraft sich vergeblich bemüht. [...] Endlich finden wir, bei redlich fortgesetzten Bemühungen, daß der Philosoph wohl möchte recht haben welcher behauptet, daß keine Idee der Erfahrung völlig kongruiere, aber wohl zugibt daß Idee und Erfahrung analog sein können, ja müssen.[877]

Goethe rekurriert hier mit der Analogie von Idee und Erfahrung, wie er selbst angibt, auf Behauptungen von Philosophen, hinter denen man unschwer Kant und Schiller erkennen kann. Kants Analogie von Naturzweck als Freiheit und Vernunft unter zu Hilfenahme einer ›Als-ob-Perspektive‹, die bereits ausführlich behandelt wurde (vgl. Kap. 3), hat in jener Zeit mehrere philosophische Ansätze beeinflusst, darunter auch Schillers ästhetische Theorie. Schiller bezieht sich hierbei auf Kants Symbol- und Analogiebegriff und nutzt insbesondere letzteren, um Schönheit in Analogie zur Freiheit zu setzen. Dabei geht Schiller noch einen Schritt über Kant hinaus und überführt das Analogieverhältnis in ein Identitätsverhältnis, wonach sich in der Schönheit die Vernunft (als Idee der Freiheit) selbst darstelle.[878] Wenn Goethe die Vorstellungen von Kant und Schiller knapp

875 Geulen: Urpflanze, S. 155.

876 Pörksen: ›Alles ist Blatt‹, S. 113.

877 Goethe: Bedenken und Ergebung, FA I, Bd. 24, S. 449.

878 Vgl. Schillers Äußerungen in seinen *Kallias-Briefen*: »Entdeckt nun die praktische Vernunft bei Betrachtung eines Naturwesens, daß es durch sich selbst bestimmt ist, so schreibt sie demselben (wie die theoretische Vernunft in gleichem Fall einer Anschauung *Vernunftähnlichkeit* zugestand) *Freiheitähnlichkeit* oder kurzweg *Freiheit* zu. Weil aber diese Freiheit dem Objekt von der Vernunft bloß geliehen wird [...] so ist diese Analogie eines Gegenstandes mit der Form der praktischen Vernunft nicht Freiheit in der Tat, sondern bloß *Freiheit in der Erscheinung, Autonomie in der Erscheinung*. [...] Analogie einer Erscheinung mit der Form des reinen Willens oder der Freiheit ist *Schönheit* (in weitester Bedeutung).« Schiller: Kallias oder über die Schönheit. Jena, den 8. Februar 1793, NA 26, S. 174–183, hier: S. 183. Vgl. zur Analogiekonzeption bei Schiller Manfred Frank, der überzeugend darstellen kann, dass Schiller mit seiner Vorstellung von

damit umreißt, dass Idee und Erfahrung analog seien, dann scheint dies aber nicht im Sinne einer kompakten Wiedergabe ihrer Gedanken zu geschehen, sondern im Interesse einer eigenen Positionierung zu erfolgen. Denn im Gegensatz zu deren Verhältnisbestimmung von Natur und Vernunft, die erst als notwendige Pointe gegen Ende ihrer Ausführungen auftaucht, setzt Goethe die analoge Beziehung von Idee und Erfahrung an den Anfang seiner Schrift in Form einer Deklaration, die schlicht besagt, dass beide »analog sein können, ja müssen«.

Die rhetorisch getroffene Festsetzung erfolgt zwar zunächst zögerlich, erfährt aber im folgenden Nachsatz eine umso dringlichere Affirmation, womit sich bei Goethe eine radikal-gedankliche Wendung im Gegensatz zu seinen Bezugsquellen vollzieht. Denn er stellt für den zu überwindenden Dualismus nicht mehr Gedanken des Selbst (Kant) oder des Absoluten (Hardenberg) – wo die Analogie als (notwendige) Strukturform zwischen den unversöhnlichen Bereichen von Sinnlichkeit und Vernunft vermittelt – an den Anfang, sondern die relationale Verbindung. Bei Goethe erfährt demnach die Analogie ihre folgenreichste Bedeutung für ein Denken, das nicht mehr an ontologische Wesenheiten (und sei es das Bewusst-Sein), sondern an strukturell-logischen Beziehungen interessiert ist, die allererst das Sein konstituieren. Dabei wird auch die eindimensionale Beziehungsstruktur des allgemeinen Begriffs aufgegeben, da mit der Analogie von Idee und Erfahrung strukturelle Mehrfachbeziehungen als Entsprechungen an dessen Stelle treten. Idee und Erfahrung werden bei Goethe deshalb nicht wie im Falle Schillers in ein identitäres Entsprechungsverhältnis überführt – auch wenn dies Schiller nur mit Hilfe der Ästhetik gelingt –, sondern werden in ihrer Differenz ernst genommen, wodurch sich ein paradoxales Verhältnis, eine Analogie des Widerspruches, ergibt.

Aufgeklärt wird diese Analogiekonzeption mitunter am besten durch eine Außenperspektive des Botanikers Ernst Heinrich Friedrich Meyer, den Goethe im Laufe der Herausgaben der *Morphologischen Hefte* als bedeutenden Rezensenten

Schönheit über Kants symbolisch-analogische ›Als-Ob‹-Perspektive hinausgehen möchte, indem er Schönheit als eine Selbstdarstellung der praktischen Idee (Freiheit) im theoretisch-sinnlichen Bereich (der Bereich der Schönheit hat an beiden Momenten teil) begreift. Dies schafft Schiller nur, wie Frank herausarbeitet, mit Hilfe einer konsequent eingesetzten Analogiebeziehung. In diesem Zusammenhang ersetzt Schiller den Kantischen Symbolbegriff vollständig durch eine Logik der strukturellen Analogie-Entsprechung, indem ihm Schönheit als objektive Grundlage die Möglichkeit bietet, der Vernunft (als Ideengeber der Freiheit) zu einer gegenständlichen Darstellung zu verhelfen. Sinnlichkeit und Idee sind über eine Analogiebeziehung aufeinander bezogen. Vgl. Frank: Lust am Schönen. Schillers Ästhetik zwischen Kant und Schelling. In: Jan Bürger (Hg.): Friedrich Schiller. Dichter, Denker, Vor- und Gegenbild. Göttingen 2007, S. 136–158.

seiner Arbeiten lobt und den er aufgrund seiner botanischen Kenntnisse schließlich 1826 die Stelle des Direktors des Botanischen Gartens in Königsberg vermittelt. In die *Morphologischen Hefte* ist ein Austausch zwischen beiden mit dem Titel *Problem und Erwiderung* eingegangen, der Goethes Probleme hinsichtlich der natürlichen Systematik und der Metamorphose aufgreift und auf die Meyer äußerst fachkundig Antworten mit Rücksicht auf Goethes bisherige Arbeiten zu formulieren sucht. Dabei trifft Meyer Goethes Analogiekonzeption wesentlich im Kern, sodass Goethe dessen Antwort scheinbar im Sinne einer Klärung der eigenen Gedanken abdrucken lässt. Zunächst stellt Goethe in seinem Manuskript *Problem* einige »paradoxe Sätze« vor, die Ebenen miteinander verbinden, die logisch nicht kombinierbar sind, einem jedoch in der Erfahrung tagtäglich begegnen. Dergestalt müsse ein »*Natürlich System*, ein widersprechender Ausdruck« sein, denn die »Natur hat kein System, sie ist Leben und Folge aus einem unbekannten Zentrum, zu einer nicht erkennbaren Grenze.«[879] Und ebenso paradox wie dieses in jener Zeit in der Botanik diskutierte System, das entweder nur »ins Einzelnste teilend verfahren«, oder »im Ganzen [...] die Spur verfolgen« könne, so verhalte sich auch sein eigenes Konzept der Metamorphose. Denn diese »ist eine höchst ehrwürdige, aber zugleich höchst gefährliche Gabe von oben. Sie führt ins Formlose; zerstört das Wissen, löst es auf.«[880] Wenn die Metamorphose als konzeptionelles Denken eine ständige Formveränderung der Natur abbilden möchte, steht sie vor der Schwierigkeit, wie Eva Geulen angibt, dass sie selbst im Zwiespalt stünde, »entweder immer dieselbe oder [...] gar keine Form«[881] zu haben. Goethe scheint sich dieser Problematik bewusst zu sein und setzt der »sich ins Unendlich verlieren[den]«[882] Gestaltwandlung eine Kraft der Spezifikation entgegen. Für Geulen können diese entgegengesetzten Kräfte nur zu einer Bewegung des ›Hin- und Herschwankens‹ führen, wobei ich an dieser Stelle einen anderen Vorschlag machen möchte, der sich in Form einer analogen Vermittlung in Anschluss an Goethes problemorientierter Exposition durch die *Erwiderung* von Ernst Heinrich Friedrich Meyer präsentiert. Meyer nimmt sich nämlich der Paradoxie der Konzeption an, die zwischen Form und Unform besteht und überführt sie in eine Strukturlogik, die beide Extreme zueinander ins Verhältnis setzt. Es handelt sich für ihn im Falle des natürlichen Systems und der Metamorphose um zwei Widersprüche, die einander analog sind und deshalb in ihrer wechselseitigen Betrachtung eine Auflösung erfahren können:

879 Goethe: Problem und Erwiderung, FA I, Bd. 24, S. 582.
880 Ebd.
881 Geulen: Urpflanze, S. 161.
882 Goethe: Problem und Erwiderung, FA I, Bd. 24, S. 582.

> Verfolgen wir aber diese Analogie beider an sich selbst wie es scheint unauflöslichen Widersprüche, so überrascht uns wohl die Hoffnung, daß vielleicht gegenseitig der eine im andern seine Lösung findet.[883]

Meyer setzt zwei Verhältnisse einander gleich, die für sich alleine jeweils ein Paradoxon darstellen, aber durch ihr Analogieverhältnis eine wechselseitige Erhellung erfahren: So wie sich die Natur zum System verhalte, so die Metamorphose zur Spezifikation. Dabei erkenne man in der Gegenüberstellung der beiden Verhältnisse, dass sie im Grunde stets das Verhältnis von Idee und Erfahrung umschreiben, indem das erfahrungsbedingte wandelbare Einzelne im Verhältnis zu einem formgebenden Beharrlich-Allgemeinen stehe. Damit expliziert Meyer an dieser Stelle die von Goethe selbst deklarierte Analogiebeziehung der beiden differenten Bereiche (siehe weiter oben), die für Goethe stets different und zugleich analog bleiben müssen, denn

> die Idee ist unabhängig von Raum und Zeit, die Naturforschung ist in Raum und Zeit beschränkt, daher ist in die Idee Simultanes und Sukzessives innigst verbunden, auf dem Standpunkt der Erfahrung hingegen immer getrennt, und eine Naturwirkung die wir der Idee gemäß als simultan und sukzessiv zugleich denken sollen, scheint uns in eine Art Wahnsinn zu versetzen. Der Verstand kann nicht vereinigt denken was die Sinnlichkeit ihm gesondert überliefert, und so bleibt der Widerstreit zwischen Aufgefaßtem und Ideiertem immerfort ungelöst.[884]

Der Ausdruck des ›Widerstreites von Aufgefaßtem und Ideiertem‹ findet sich in der Strukturform der Analogie als $\frac{\text{Idee}}{\text{Sinnlichkeit}}$ wieder, die den Hiatus der beiden Glieder durch den Bruch-Strich, oder im Falle von Goethe müsste man von einem Kluft-Strich sprechen, zum Ausdruck bringt. Die unterschiedlichen Sphären von Gesetzlichkeit und Sinnlichkeit werden nicht durch eine vordergründige Einheit aufeinander beziehbar, sondern bei Goethe nur mit Hilfe der Strukturform der Analogie als verhältnisgleich gesetzt. Dass man bei der Naturbetrachtung beide Analogata als Ausgangspunkt der wissenschaftlichen ›Denkweise‹ wählen könne, jedoch jeweils die Reversion dieses Denkweges zur Überprüfung brauche, scheint dabei Goethes Validierungsprogramm zu sein:

> Bei allem nun hat der treue Forscher sich selbst zu beobachten und zu sorgen daß wie er die Organe bildsam sieht, er sich auch die Art zu sehen bildsam erhalte damit er nicht überall schroff bei seiner Erklärungsweise verharre, sondern in jedem Falle die bequemste der Ansicht, dem Anschauen analogste zu wählen verstehe. So ist es z.B. bequem die Blättchen mancher Kelche als erst einzeln von der Natur intentioniert und dann mehr oder weniger

883 Ebd., S. 586.

884 Goethe: Bedenken und Ergebung, FA I, Bd. 24, S. 449–450.

> durch Anastomose vereinigt zu denken. Dagegen wird man die Palmenblätter in ihrem voranschreitenden Wachstum als Einheit von der Natur hervorgebracht und sodann in viele Teile sich trennend und losreißen zu denken (haben). Doch kommt es durchaus auf die Tendenz des Geistes an ob er aus dem Einzelnen ins Ganze oder aus dem Ganzen ins Einzelne zu schreiten geneigt ist. Durch eine solche wechselseitige Anerkennung wird aller Widerstreit der Denkweisen aufgehoben und ein solider Stand der Wissenschaft gegründet.[885]

Für Goethe ist dabei die Verhältnisbestimmung der Analogie Ausgang eines Beziehungsgeschehens different-ähnlicher Strukturen, womit Goethe die Analogie in ihrer Strukturform radikal ernst nimmt. Denn betrachtet man allein die Analogie und ihre einzelnen Glieder ohne das gemeinsame Vielfache, d.h. ohne eine vordergründige Einheit, dann wird deutlich, dass man *differente* Strukturen in ein Verhältnis der *Gleichheit* setzt, was bedeutet, dass Differenz und Gleichheit in eins fallen, was einen, wie Goethe formuliert, nur in Wahnsinn versetzen kann. Gleichwohl scheint es für Goethe Hinweise zu geben, die die Gleichsetzung durch die Analogie rechtfertigen, da man in den individuellen Phänomenen der Natur immer konstante Typen erkennen kann, die eine Art übergeordnete Idee im phänomenalen Bereich realisieren. Dennoch scheint der analogische Widerspruch keine erkenntnistheoretische Auflösung zuzulassen. Für den Verstand ist der Widerspruch nur als Wahn-Sinn zu verstehen. Goethe kündigt aber am Ende seines

885 Goethe: Nachträge zur Metamorphose, FA I, Bd. 24, S. 707. Damit würde ich an dieser Stelle einen anderen Vorschlag als Förster machen (vgl. weiter oben), der in der *Anschauenden Urteilskraft* eines *intellectus archetypus* Goethes einheitliche Naturbetrachtung zu erklären sucht. Förster beruft sich auf das gleichnamige Manuskript von Goethe, in dem er mit Bezug auf Kants Spekulation zu einem anschaulich-intuitiven Verstand sein Konzept der Urpflanze erklärt. Kant weist dem Menschen dabei lediglich einen diskursiven Verstand zu, der vom Einzelnen zum Ganzen schreite. Einen intuitiven Verstand, der ein Ganzes, wie bspw. das Weltganze begrifflich und anschaulich erkennen und von diesem zu den einzelnen Bestandteilen fortschreiten könne, schreibt Kant nur einer Instanz wie Gott zu. Goethe hingegen, so Förster, sähe im Konzept der Urpflanze und Idee der Metamorphose die anschaulich-begriffliche Erkenntnis eines intuitiven Verstandes verwirklicht. Goethe hatte sich seit den 1790er Jahren mit Kants Philosophie auseinandergesetzt und dabei Ideen zu einem ›intuitiven Verstand‹ oder einem ›anschauenden Verstand‹ entwickelt, jedoch scheint er nicht durchgängig an dieser Idee festzuhalten. Denn in den *Heften zur Morphologie* folgt auf Manuskript *Anschauende Urteilskraft* als nächstes Textstück *Bedenken und Ergebung*, in dem er die zuvor durch einen intuitiven Verstand vereinigten Sphären von Idee und Erfahrung wieder als getrennt auffasst. Goethe scheint demnach das von Förster als Telos erhobene Konzept eines intuitiven Verstandes nicht als letzte Möglichkeit, sondern als eine ›Denkweise‹ verstanden zu haben, die man nur in einer wechselweisen Abhängigkeit zur diskursiven sehen muss, womit beide Positionen sich als approximative Ideale, als ›Tendenzen‹, erweisen, die in der Analogie Sinnlichkeit : Verstand ihren Ausdruck erfahren.

Aufsatzes ein Medium an, in dem sich sinnliche und theoretische Bereiche durchdringen, ohne den Zustand des Wahnsinns heraufzubeschwören und wählt hierfür im Manuskriptteil *Problem* die Musik:

> Vielleicht retten wir uns nicht aus dieser Verlegenheit als abermals durch ein künstliches Verfahren. Vergleichung mit den natürlich immer fortschreitenden Tönen und der in die Oktaven eingeengten gleichschwebenden Temperatur. Wodurch eine entschiedend durchgreifende höhere Musik, zum Trutz der Natur eigentlich erst möglich wird.[886]

Meyer ergänzt diesbezüglich in seinem Teil *Erwiderung*:

> Aufs genaueste sind die neben einander liegenden Töne nach ihren Intervallen bestimmt [...] und mit mathematischer Strenge beherrscht der Generalbaß die Harmonie. Um so freier bewegt sich die Melodie, das eigentliche Leben der Töne; Takt und Tempo streben umsonst sie zu fesseln. Beide in der Tonwissenschaft [...] unmittelbar zu vereinigen, wäre wenigstens eben so schwer, wo nicht unmöglich, als in der Botanik eine unmittelbare Vereinigung des Systems mit der Idee der Metamorphose. Aber die wahre Vermittlerin ist die Kunst. [887]

Man fühlt sich bei diesen Aussagen unmittelbar an Kants Darstellung aus der *Kritik der Urteilskraft* erinnert, wonach man mit Hilfe der Musik die Verhältnisbeziehungen der Natur sinnlich erfahren könne (vgl. Kap. 3) und Goethe selbst gibt zu, dass »die großen Hauptgedanken« von Kants dritter Kritik seinem eigenen

> bisherigen Schaffen, Tun und Denken ganz analog [gewesen seien, S.G.]; das innere Leben der Kunst so wie der Natur, ihr beiderseitiges Wirken von innen heraus, war im Buche deutlich ausgesprochen. Die Erzeugnisse dieser zwei unendlichen Welten sollten um ihrer selbst willen da sein, und was neben einander stand wohl für einander, aber nicht absichtlich wegen einander.[888]

Goethe verweist in diesem Zusammenhang auf einen weiteren Analogiekomplex, der nun nicht mehr die Binnenstruktur der einzelnen Sphäre betrifft, sondern diese als Gesamtheit in Beziehung zu anderen Sphären setzt, womit Natur

886 Goethe: Problem und Erwiderung, FA I, Bd. 24, S. 583.
887 Ebd., S. 588–589.
888 Goethe: Einwirkung der neueren Philosophie, FA I, Bd. 24, S. 444.

und Kunst als Selbstzwecke in ihrer Struktur als analog gelten können, sodass auch, ähnlich wie bei Kant, mit Hilfe der Kunst ein Zugang zur Natur möglich werde. Insofern verwundert es auch nicht, dass Goethe seinen Aufsatz *Bedenken und Ergebung*, in welchem die unüberwindbare Analogie-Kluft von Idee und Erfahrung erörtert wird, in einem Gedicht enden lässt. Denn im Erlebnis der Kunst scheint der ›epistemische Wahnsinn‹ beider Sphären harmonisch ausgeglichen werden zu können:

> So schauet mit bescheidnem Blick
> Der ewigen Weberin Meisterstück,
> Wie ein Tritt tausend Fäden regt,
> Die Schifflein hinüber herüber schießen,
> Die Fäden sich begegnend fließen,
> Ein Schlag tausend Verbindungen schlägt.
> Das hat sie nicht zusammen gebettelt,
> Sie hats von Ewigkeit angezettelt;
> Damit der ewige Meistermann
> Getrost den Einschlag werfen kann.[889]

5.2 Der Widerspruch von Freiheit und Notwendigkeit – Sozialität

5.2.1 Der Analogiebegriff in den *Wahlverwandtschaften*

Goethe setzt sich mit dem Analogie-Verhältnis von Kunst und Natur jedoch nicht nur in seinen naturwissenschaftlichen Manuskripten auseinander, sondern erprobt deren Zusammenspiel auch in seinen literarischen Arbeiten. Vor allem sein während der *Wanderjahre* gestartetes Romanprojekt die *Wahlverwandtschaften* von 1809 ist vor dem Hintergrund der zeitgenössischen Naturwissenschaften situiert und bezieht sich in seiner *Selbstanzeige im Morgenblatt für gebildete Stände* vom 4. September 1809 sogar ausdrücklich darauf:

> Es scheint, daß den Verfasser seine fortgesetzten physikalischen Arbeiten zu diesem seltsamen Titel veranlaßten. Er mochte bemerkt haben, daß man in der Naturlehre sich sehr oft ethischer Gleichnisse bedient, um etwas von dem Kreise menschlichen Wissens weit Entferntes näher heranzubringen, und so hat er auch wohl in einem sittlichen Falle eine

889 Goethe: Bedenken und Ergebung, FA I, Bd. 24, S. 450.

chemische Gleichnisrede zu ihrem geistigen Ursprunge zurückführen mögen, um so mehr, als doch überall nur eine Natur ist.[890]

Goethes Roman *Die Wahlverwandtschaften* überträgt demnach ein Gleichnis der Chemie auf »soziale Verhältnisse«. Dass jedoch nicht nur chemisches Wissen in den Roman eingeflossen ist, hat insbesondere die jüngere Forschung herausgearbeitet und sich mit dem wissenshistorischen Hintergrund des Romans befasst, der durch Goethes vielfältige naturwissenschaftliche Arbeiten, durch seine methodischen Reflexionen, sowie durch den zeithistorischen epistemischen Wandel eine beträchtliche Fülle an Interpretationen zulässt. Es wurde bisher bereits ein weites Spektrum naturwissenschaftlicher Disziplinen erschlossen, das von der Chemie,[891] Physik,[892] Naturgeschichte,[893] Kartographie,[894] Genetik,[895] Hortologie[896] bis zur Botanik[897] reicht.

---

890 Goethe: Selbstanzeige im ›Morgenblatt für gebildete Stände‹ vom 4. September 1809, FA I, Bd. 8, S. 974.

891 Beda Allemann: Zur Funktion der chemischen Gleichnisrede in Goethes *Wahlverwandtschaften*. In: Vincent J. Gunter, H. Koopmann und J. Krause (Hg.): Untersuchungen zur Literatur als Geschichte. Festschrift für Benno v. Wiese, Berlin 1973, S. 199–218; Jeremy Adler: »Eine fast magische Anziehungskraft«; Christoph Hofmann: »Zeitalter der Revolutionen«. Goethes *Wahlverwandtschaften* im Fokus des chemischen Paradigmenwechsels. In: Deutsche Vierteljahrsschrift für Literaturwissenschaft und Geistesgeschichte 67 (1993), S. 417–450; Eva Horn: Chemie der Leidenschaft. Johann Wolfgang von Goethes ›Wahlverwandtschaften‹. In: Reingard M. Nischik (Hg.): Leidenschaften literarisch. Konstanz 1998, S. 163–182; Dietrich von Engelhardt: Der chemie- und medizinhistorische Hintergrund in Goethes ›Wahlverwandtschaften‹ (1809). In: Gabriele Brandstetter (Hg.): Erzählen und Wissen. Paradigmen und Aporien ihrer Inszenierung in Goethes »Wahlverwandtschaften«. Freiburg/Br. 2003, S. 279–306.

892 Vgl. hierzu die Herleitung der chemischen Affinitätstheorie aus der physikalischen bei Jeremy Adler: »Eine fast magische Anziehungskraft«, bes. S. 49ff. Grundlegend ist hier zudem Martin Carriers Studie zur Entwicklung der Affinitätstheorie aus dem Geiste der Physik. Martin Carrier: Die begriffliche Entwicklung der Affinitätstheorie im 18. Jahrhundert.

893 Gerhard Schulz: Es wandelt niemand ungestraft unter Palmen – Über Goethe, Alexander von Humboldt und einen Satz aus den ›Wahlverwandtschaften‹. In: Ders.: Exotik der Gefühle. Goethe und seine Deutschen. München 1998, S. 48–74.

894 Robert Stockhammer: Kartierung der Erde. Macht und Lust in Karten und Literatur. München 2007.

895 Helmut Müller-Sievers: Self-Generation. Biology, Philosophy and Literature around 1800. Stanford 1997; Johannes Endres: Evolution und Erbe. Zur Problemgeschichte der ›Wahlverwandtschaften‹ bei Goethe und Darwin. In: KulturPoetik 9 (2009), S. 45–66.

896 Harald Tausch: Das unsichtbare Labyrinth. Zur Parkgestaltung und Architektur in Goethes *Wahlverwandtschaften*. In: Helmut Hühn (Hg.): Goethes »Wahlverwandtschaften«. Werk und Forschung. Berlin/New York 2010, S. 89–136.

897 Die Botanik wird in den *Wahlverwandtschaften* bereits relativ früh von Walter Benjamin anhand von Ottiliens pflanzenhaften Wesens thematisiert und wird seither in der Forschung immer

Innerhalb dieser Ansätze wurden implizit und manchmal sogar explizit Analogiemodelle zwischen Figuren auf der einen Seite und physikalischen, chemischen oder botanischen Naturlehren auf der anderen Seite verhandelt, jedoch ist die Analogie bisher selbst noch nicht als zentrale Strukturfigur des Romans herangezogen worden.[898] Dabei stellt Goethe die Analogie sogar formal ins Zentrum seines Romans, wenn er die vier Hauptpersonen im vierten Kapitel als »Verhältniße« schematisch nach der proportionalen Analogie A : B :: C : D zueinander in Beziehung treten lässt. Goethe referiert, und dies wurde in der Forschung bisher noch nicht bedacht, nämlich nicht nur mit dem Begriff der ›Wahlverwandtschaft‹, sondern auch mit dem der ›Analogie‹ auf die aktuellen naturwissenschaftlichen Diskussionen. Denn so wie sich chemische Elemente, die bisher fest verbunden waren, bei der Begegnung mit bestimmten anderen Elementen trennen, so entzweien sich auch das Ehepaar Eduard und Charlotte im Laufe des weiteren Romangeschehens und fühlen sich zu den hinzukommenden Figuren Hauptmann und Ottilie auf Grundlage ihrer analogen Anlagen hingezogen. Dass das Gesetz der Anziehung einer strukturellen Regelung unterliegt, die man sich mit Hilfe der Analogie erklärte, ist zu jener Zeit fester Bestandteil in den physikalischen, chemischen und botanischen Studien. Auch Goethe wird sich in die Diskussion um die Gesetzlichkeit der Affinität einschalten und sein eigenes Analogie-Verständnis damit in Verbindung bringen. Wenn er die Affinitätsregeln in seinem Roman zudem experimentell auf die soziale Sphäre überträgt, scheint er

---

wieder aufgegriffen und vertieft. Vgl. Walter Benjamin: Goethes Wahlverwandtschaften. In: Ders. Gesammelte Schriften. Bd. I,1, hg. von Rolf Tiedemann und Hermann Schweppenhäuser. Frankfurt/M. 1974, S. 123–201; Endres: Evolution und Erbe; Cornelia Zumbusch: The Metamorphoses of Ottilie. Goethe's Wahlverwandtschaften and the Botany of the 18th Century. In: European Romantic Review 28 (2017), S. 7–20. Vgl. hier fortführend auch die Forschung zur anthropomorphen Übertragung geschlechtlicher Merkmale auf Pflanzen, die eine derart analoge Sicht von Pflanze und Mensch in jener Zeit begünstigt: Schiebinger: Nature's Body. Gender in the Making of Modern Science. Boston, MA 1993; Jocelyn Holland: Zeugung/Fortpflanzung. Distinctions of Medium in the Discourse on Generation around 1800. In: Susanne Lettow (Hg.): Reproduction, Race and Gender in Philosophy and the early Life Sciences. Albany, NY 2014, S. 83–105.

898 Vgl. zur Analogie von Physik/Chemie und Figuren Adler: »Eine fast magische Anziehungskraft«, zur Analogie von Botanik und Figuren Endres: Evolution und Erbe; und Zumbusch: The Metamorphoses of Ottilie sowie zur Analogie im Allgemeinen Aura Heydenreich: Wahl, Verwandtschaft, Versuch(ung): Wissensordnungen und narrative Beobachtungsexperimente in Johann Wolfgang Goethes »Wahlverwandtschaften«. In: Jahrbuch der Deutschen Schillergesellschaft. Internationales Organ für neuere deutsche Literatur 56 (2012), S. 126–154. Heydenreich stellt dabei überzeugend dar, dass Goethe auch die alte Episteme des Ähnlichkeitsdenkens verhandelt, die er aber vor dem Hintergrund der wissenschaftlichen Entwicklung ablehnt. In diesem Sinne verhandelt Heydenreich den Analogiebegriff in seiner neuzeitlichen Bedeutung.

hier nicht einfach naturwissenschaftliches Wissen der Zeit zu verarbeiten, sondern sich mit der grundlegenden Frage der Analogie zwischen den Organisationen der ›einen Natur‹ auseinandersetzen zu wollen.

Die wesentliche Fragestellung des Romans ist insofern viel umfassender als eine gesetzmäßige Übertragung der Natur auf die Sozietät, denn nicht einzelne Wissensaspekte sollen zur Darstellung gebracht, sondern die Organisation des Wirklichen soll als Ganzes reflektiert werden. Schließlich rückt anhand der ethischen Gleichnisse, die in der Natur und der Sozietät ihre Bedeutung entfalten, der Zusammenhang von Idee und Erfahrung nochmals programmatisch Goethes epistemische Fragestellung in den Mittelpunkt seines Romans. Bereits der zweigeteilte Titel, der die ethisch sittliche ›Wahl‹ mit der natürlichen ›Notwendigkeit‹ koppelt, weist auf Goethes analoge Sichtweise von Natur und Kultur unter dem Deckmantel der ›einen Natur‹ hin.[899] Wenn Goethe hervorhebt, dass ihn seine »physikalischen Arbeiten« zu dem »seltsamen Titel« veranlasst haben, dann betont er an dieser Stelle nicht nur den eigenen Hintergrund von Naturforschung und literarischer Tätigkeit, sondern perspektiviert seinen Roman auch hinsichtlich der Frage, inwiefern »eine Natur [...] durch das Reich der heitern Vernunftfreiheit die Spuren trüber, leidenschaftlicher Notwendigkeit sich unaufhaltsam hindurchziehen« könne?[900] Damit erweist sich Goethes Frage nach der Analogie von Gesetzmäßigkeit und Freiheit sowie von Erfahrung und Idee letztlich zentral für sein Denken und er scheint neben seiner besprochenen theoretischen Überlegungen mit Hilfe des Romans auch eine ästhetische Antwort darauf formulieren zu wollen. Goethe will dafür die Liebes-Affinität als gesellschaftliche Grundalge in seinem Roman experimentell auf die Probe stellen, um zu klären, ob die widersprüchliche Analogie von Liebe (Idee) und Gesetz (Notwendigkeit) auch im Bereich des Sozialen ihre Beziehungskraft entfalten kann.

5.2.2 Das Verhältnis von Liebe und Gesetz

Der Roman *Die Wahlverwandtschaften* thematisiert von Anfang an das Modell der Ehe als Grundlage der politisch-sozialen Gemeinschaft und damit das Verhältnis von Liebe und Gesetz. So beginnt der Roman mit dem Ehepaar Eduard und Charlotte, die sich »als junge Leute recht herzlich«[901] liebten, aber erst in zweiter Ehe

899 Adler: »Eine fast magische Anziehungskraft«, S. 127.
900 Goethe: Selbstanzeige, FA I, Bd. 8, S. 974.
901 Goethe: Wahlverwandtschaften, FA I, Bd. 8, S. 275.

zueinander finden. Dass hier die feudale Liebe mit einer politisch-ökonomischen Ebene zusammenfällt, wird gleich im Anschluss deutlich:

> Sich etwas zu versagen, war Eduard nicht gewohnt. [...] Bisher war alles nach seinem Sinne gegangen, auch zum Besitz Charlottes war er gelangt, den er sich durch eine hartnäckige, ja romanenhafte Treue doch zuletzt erworben hatte.[902]

Der Anfang symbolisiert, wie Joseph Vogl bereits gezeigt hat, mit der Ehe von Eduard und Charlotte nicht nur das Prinzip der ehelichen Rechtsförmlichkeit, sondern auch das der gutsherrlichen Souveränität. Das Verhältnis von Liebe und Gesetz ist in diesem Fall ein identitäres, wonach gemeinschaftliche Stabilität auf Basis eines institutionalisierten Gefühls – das dem altgriechischen Konzept der στοργή als ›Verwandtschaftsliebe‹ oder ›Vertrautheit‹ entspricht – aufbaut.

Dass Goethe insofern zu Beginn seines Romans noch ein altes ›Affinitätsprinzip‹ demonstriert, wonach die Eheleute im Sinne der antiken juridischen Bedeutung von ›Adfines‹ – woraus sich später dann ›Affinitas‹ ableitet – in einem rechtlichen Verwandtschaftsverhältnis stehen, das durch die Eheschließung oder Verschwägerung erzielt wird, scheint bisher jedoch noch nicht bedacht worden zu sein. Denn gemäß Zedler gilt auch im beginnenden 19. Jahrhundert noch, dass eine »Adfinitas, ein nach Bürgerlichen Rechten aus der Trauung oder Verlöbniß errichtetes Bündniß« darstelle.[903] Soziale Gemeinschaft besteht insofern auf der Grundlage von affinen ›Verwandtschaftsbeziehungen‹, die als Ehe- und Hausgemeinschaften wirtschaftlich und politisch die Kernzellen sozialer Gemeinschaft bilden. Dieser Zusammenhang von Intimität und Ökonomie besteht weitestgehend bis ins 19. Jahrhundert fort und beginnt sich ab dann aufgrund der neuen Konzepte der individuellen Arbeit und der romantischen Liebe das erste Mal zu verändern. Das identitäre Verhältnis von ›Affinität‹ und Gesetz scheint insofern nicht mehr zu exisitieren und es gilt deshalb, die neuen Parameter der modernen Liebe auf ihre soziale Fähigkeit hin zu erproben. Wenn Goethe vor diesem Hintergrund seinen Roman *Die Wahlverwandtschaften* entwirft, scheint er genau diesen Übergang zu einer neuen sozialen Ordnung zu verhandeln, der das Affinitätsmodell im alten juridischen Sinne zurücklässt und es mit neuen

902 Ebd., S. 279.

903 Zedler: Art. Adfinitas. In: Johann Heinrich Zedlers Grosses Vollständiges Universal-Lexicon aller Wissenschaften und Künste. Halle und Leipzig 1732. Erster Band, Sp. 496–497, hier: Sp. 496. Vgl. hierzu auch Fritz Mauthner: Art. Affinitas. In: Wörterbuch der Philosophie. Band 1. Leipzig [2]1923, S. 19–20; Gerhard Lubich weist nach, dass der antike Begriff im Mittelalter auch in das deutsche ›Recht‹ einwandert: Verwandtsein. Lesarten einer politisch-sozialen Beziehung im Frühmittelalter (6.–11. Jahrhundert). Köln u.a. 2008, S. 27ff.

konzeptionellen Ansätzen belegen möchte. Dabei scheint die neue Form der Liebe eine Art Vakuum bereit zu halten, das in jener Zeit aus zwei Richtungen gefüllt zu werden versucht: Zum einen versucht die politische Philosophie das Affinitätsmodell mit Hilfe eines vernünftigen Gefühls zu erklären und als Basis eines emotiven Gemeinsinnes zu verstehen, wonach sich Menschen durch eine Reflexion ihrer sozialen Bindekräfte freiheitlich für die Gemeinschaft entscheiden. Zum anderen leitet die materialistisch ausgerichtete Naturwissenschaft das soziale Affinitätsmodell aus Naturgesetzen ab, die keinen Spielraum für eine freiheitliche Wahl lassen und den Menschen und sein Beziehungsverhalten als determiniert betrachten.[904] Goethe nimmt an beiden Diskursen regen Anteil und scheint seinen Roman als eine Art Experiment zu verstehen, die Verhandlung von ›Affinität‹ bzw. ›Liebe‹ zwischen politisch-philosophisch und naturwissenschaftlich Positionierungen literarisch-experimentell nachzuvollziehen.

Im Bereich der politischen Philosophie versucht man das Konzept der Liebe als genuin menschliches Gefühl zu erklären, das sich als affizierte Zuneigung dem Bereich der Sinnlichkeit zuschreiben lässt. Im 18. Jahrhundert wird im Konzept der ›Empfindsamkeit‹ bereits die Frage der Liebe als anthropologische Grundlage von Geselligkeit thematisiert, wobei der sinnliche Gefühlsbereich immer noch in einem engen Dependenzverhältnis zum moralisch-sittlichen Verstand gesehen wird.[905] Zwar wird vor dem Hintergrund der politischen Diskussionen um einen neuen Gemeinsinn dem Liebes-Mitgefühl eine neue Bedeutung zugesprochen, jedoch kann man sich den Zusammenhalt einer politischen Gemeinschaft nicht recht ohne rationale Lenkung vorstellen, sodass die menschliche Empfindung immer noch in Dependenz zum Verstand gesehen wird. Populär werden diese Gedanken vor allem durch die Schriften von Lord Anthony Ashley Cooper Earl of Shaftesbury, der in seiner Analyse der antiken Klassiker den *sensus communis* nicht primär als Verstandesvermögen auffasst, sondern als »Love of the Community or Society, Natural Affection, Humanity, Obliginess [...].«[906]

---

904 Vgl. in diesem Kontext die Ausführungen von Wolfgang Riedel: Die Anthropologie des jungen Schiller. Zur Ideengeschichte der medizinischen Schriften und der ›Philosophischen Briefe‹. Würzburg 1985.

905 Vgl. Friedrich Vollhardt: Selbstliebe und Geselligkeit. Untersuchungen zum Verhältnis von naturrechtlichem Denken und moraldidaktischer Literatur im 17. und 18. Jahrhundert. Berlin 2012.

906 Anthony Shaftesbury: Sensus Communis. An Essay on the Freedom of Wit and Humor. In: Ders.: Characteristicks of Men, Manners, Opinions, Times. In three Volumes, Vol I, London 1732, S. 37–95, hier: S. 104.

Diese von Shaftesbury bezeichnete »Love of Mankind«[907] soll Grundlage des gesellschaftlichen Zusammenhalts sein, der sich auf ein Gefühl und einer Tugend des Herzen gründet. Shaftesbury beeinflusst mit seinen Gedanken auch die deutschen Dichter und Denker, allen voran Goethe und Schiller. Schiller führt Shaftesburys Gedanken auch im theoretischen Sinne fort und spricht sich für eine ästhetische Staatsform aus, deren Grundlage die Liebe ist, die sich von der Beziehung zweier Menschen zum intersubjektiven Gemeinschaftsgefühl erweitern kann, denn wenn »[e]ine schönere Nothwendigkeit [...] jetzt die Geschlechter zusammen[kettet, S.G.], und der Herzen Antheil hilft das Bündnis bewahren«, dann wird die »Begierde erweitert und erhebt sich zur Liebe.«[908] Goethe hält nach der zweiten Lektüre von Schillers Briefen fest: »[*V*]*iel*, ich darf fast sagen *völlige*, Ubereinstimmung mit meiner Denckensweise«, wodurch er sich für eigene Entwürfe »nur gestärckt und gefördert« fühle.[909] Der Gedanke einer gefühlsbasierten Gemeinschaft unter tugendhafter Lenkung erscheint in einer Zeit der gesellschaftlichen Umbrüche wahrlich vielversprechen, denn das »Wohlwollen oder die Liebe giebt allen übrigen Neigungen den Grad und die Richtung, die der Gesellschaft, jedem einzelnen, und uns selbst am meisten nützlich ist.«[910]

Obwohl Goethe die philosophischen Auseinandersetzungen zum ›geselligen Liebeskonzept‹ demnach kennt und sich ihnen auch verbunden fühlt, scheint er auch an Fragen eines Naturrechts interessiert, das soziale Gesetzmäßigkeiten aus der Natur ableitet. Denn gegenüber der idealistisch ausgerichteten Gefühlskultur, die sich zu einer interpersonalen Ethik heranziehen lässt, gibt es im 18. Jahrhundert auch eine Strömung, die die Steuerung des Menschen und seiner Gefühle nicht der freiheitlichen Vernunft zuschreiben, sondern physiologisch-materialistischen Prozessen. Wird innerhalb ersterer das vernunftorientierte Gefühl und damit die Willens-Freiheit als Grundlage interaktiver Beziehungen verstanden, so wird dort durch die Abhängigkeit des Erkennens von neuroanatomischen und physiologischen Empfindungen das soziale Miteinander geradezu mit den Kausalgesetzen der materiellen Welt gleichgesetzt.[911] Der Philosoph Gustav Teichmüller hält 1875 die materialistisch-empirischen Ansichten *Ueber das Wesen der Liebe* der vergangenen Jahre nochmals pointiert fest und schreibt:

---

907 Ebd.

908 Schiller: Über die ästhetische Erziehung des Menschen in einer Reihe von Briefen [1795], NA 20, S. 309–412, hier: S. 409.

909 Goethe: Brief an Schiller 28.10.1794, FA II, Bd. 4, S. 43.

910 Jakob Friedrich Abel: Philosophische Sätze über das höchste Gut. In: Schwäbisches Magazin von gelehrten Sachen auf das Jahr 1778. Erstes Stück. Stuttgart 1778, S. 951–960, hier: S. 955.

911 Riedel: Die Anthropologie des jungen Schiller.

> Was ist aber diese innere Nothwendigkeit der Beziehung auf Anderes, wenn nicht ein Trieb? Denn unter Trieb verstehen wir gerade dies, daß wir nicht von Außen, sondern innerlich durch unsere eigene Natur genöthigt sind, uns auf Anderes thuend oder leidend zu beziehen. Der Trieb aber ist der nächste Gattungsbegriff oder das Wesen der Liebe selbst. [...] Daß im Physischen und Psychischen und Ethischen jede Einheit eine Menge von Beziehungen und Momenten in sich schließt, ist zu klar, als daß es noch besonders gezeigt zu werden brauchte [...]. Da nun die Beziehung auf Anderes nur möglich ist durch entsprechende Beziehung in dem Andern, so steht also Beides in Harmonie oder Coordinatio , und da diese Coordination sich nicht bloß auf dies und das, sondern auf Alles bezieht und beziehen muß, so steht mithin Alles in Harmonie, d. h. die Welt bildet nothwendiger Weise ein Coordinatensystem, dessen Verwirklichung nicht von einem fremden Sollen abhängt, sondern das sich durch die natürliche Nöthigung in dem Innern jedes Wesens, d. h. durch Liebe vollzieht.[912]

Mit Erklärungen von inneren Trieben oder inneren Kräften wird versucht, das Konzept der menschlichen Liebe naturwissenschaftlich zu erklären, womit menschliche Gemeinschaft als physikalischer Wirkraum erklär- und steuerbar würde. Vielfach wurde Goethes Roman deshalb als eine Darstellung einer solchen »Sozialmechanik« gelesen, deren Kombinatorik nicht nur das menschliche Gefühlsleben, sondern auch die sozialen Steuerungsprozesse beherrsche.[913] Dabei scheint Goethe in seiner *Selbstanzeige* zwar durchaus den »Spuren trüber, leidenschaftlicher Notwendigkeit« im Bereich des Sozialen Lebens nachspüren zu wollen, das die Verfechter einer »heiteren Vernunftfreiheit« zu vergessen scheinen, jedoch macht bereits der Begriff des Gleichnisses darauf aufmerksam, dass eine einfache Gleichsetzung von Natur und Kultur für ihn nicht denkbar ist. Insofern unternimmt Goethe mit dem Konzept der ›Wahl-Verwandtschaft‹ und Affinität eine Art Experiment, ob sich naturale und kulturelle Strukturen überhaupt aufeinander beziehen lassen und geht dafür dem Begriffskomplex von Analogie, Affinität und Wahlverwandtschaft nach, der zur Entstehung des Romans im Anschluss an Kant bereits um neue Überlegungen bereichert wurde.

---

912 Gustav Teichmüller: Ueber das Wesen der Liebe. Leipzig 1879, S. 103.

913 Peter von Matt: Versuch, den Himmel auf der Erde einzurichten. Der Absolutismus der Liebe in Goethes ›Wahlverwandtschaften‹. In: Heinrich Meier und Gerhard Neumann (Hg.): Über die Liebe. Ein Symposium. München 2001, S. 283–304, hier S. 268.

5.2.3 (Wahl-)Verwandtschaft, Affinitas und Analogie II

Goethe hat den Diskurs um die komplexe Verschränkung der Begriffe ›Verwandtschaft‹, ›Affinität‹ und ›Analogie‹ in seiner Zeit nachverfolgt und in seinem Roman reflektiert. Im vierten Kapitel des Romans problematisiert das Figurenterzett Eduard, Charlotte und Hauptmann den Begriff der ›Verwandtschaft‹ und ›Affinität‹, wobei Charlotte um ein illustrierendes Beispiel bittet, das ihr die naturwissenschaftliche Gesetzmäßigkeit vorstellen soll. Der Hauptmann versucht eine Antwort zu geben, jedoch referiert er nicht auf ein Beispiel aus der Naturlehre, sondern weicht auf ein semiotisch-mathematisches Zeichensystem aus, das das Gesetz in seiner Allgemeinheit angeben soll:

> Denken Sie sich ein A, das mit einem B innig verbunden ist, durch viele Mittel und durch manche Gewalt nicht von ihm zu trennen; denken Sie sich ein C, das sich ebenso zu einem D verhält; bringen Sie nun die beiden Paare in Berührung: A wird sich zu D, C zu B werfen, ohne daß man sagen kann, wer das andere zuerst verlassen, wer sich mit dem andern zuerst wieder verbunden habe.[914]

Indem der Hauptmann hier Verhältnisse zueinander in Beziehung setzt, wird die Grundgestalt der mathematischen Analogie als Proportion $\frac{A}{B} : \frac{C}{D}$ sichtbar, die im nächsten Schritt auch noch mit einer Multiplikation übers ›Kreuz‹ ihr gemeinsames Vielfaches angibt: A x D = B x C (vgl. Kap. 2). Mit der mathematischen Formel formuliert der Hauptmann das allgemeine Gesetz einer jeglichen Verhältnisbeziehung. Wenn die Figuren in einer Art experimentellen Anordnung die mathematische Gesetzmäßigkeit dann auch auf sich selbst übertragen, wird die Übertragung zwischen semiotischer und realer Sphäre markiert:

> Nun denn! fiel Eduard ein; bis wir alles dieses mit Augen sehen, wollen wir diese Formel als Gleichnisrede betrachten, woraus wir uns eine Lehre zum unmittelbaren Gebrauch ziehen. Du stellst das A vor, Charlotte, und ich dein B; denn eigentlich hänge ich doch nur von dir ab und folge dir wie dem A das B. Das C ist ganz deutlich der Kapitän, der mich für diesmal dir einigermaßen entzieht. Nun ist es billig, daß, wenn du nicht ins Unbestimmte entweichen sollst, dir für ein D gesorgt werde, und das ist ganz ohne Frage das liebenswürdige Dämchen Ottilie, gegen deren Annäherung du dich nicht länger verteidigen darfst.[915]

Der Roman überträgt hier die mathematische Verhältnisformel auf sein Figurenquartett, wonach Charlotte als A auftritt, dem Eduard als B folgt und zu denen

914 Goethe: Wahlverwandtschaften, FA I, Bd. 24, S. 306
915 Ebd.

sich das Paar Hauptmann C und das Dämchen Ottilie D hinzugesellen. Wenn Goethe die mathematische Analogie an den Beginn seines Romans setzt, ist deutlich, dass er die Analogie als eine Art universelle Formel zu verstehen gedenkt, die nicht nur zwischen einzelnen Entitäten (Figuren, Zeichen), sondern auch zwischen verschiedenen Sphären (figural-sozialer und semiotischer Sphäre) Beziehungen herstellen und damit verschiedene Ordnungen zueinander in Beziehung setzen kann. Auf einer ersten Ebene verbindet die Analogie insofern nur die Zeichen (ABCD) bzw. die Figuren (Charlotte, Eduard, Hauptmann, Ottilie), auf einer zweiten Ebene bereits semiotische, figurale und soziale Ebenen. Im gleichen Gespräch erörtern die Figuren dann auch die analogische Verbindung vor dem Hintergrund alter und neuer wissenschaftlicher Theorien zur ›Wahlverwandtschaft‹ aus der Chemie, Physik und der Botanik, wodurch sich noch naturale und wissenschaftliche Ebenen anschließen.

Die Vorstellung von chemischen ›Verwandtschaften‹ wurde 1718 durch den französischen Chemiker Étienne François Geoffroy geprägt[916] und in Torbern Olaf Bergmans *De attractionibus electi*vis von 1755 titelgebend. Der deutsche Begriff ›Wahlverwandtschaft‹ ist somit zur Entstehungszeit des Romans ein etablierter Fachterminus in den Naturwissenschaften und impliziert den Gedanken der *attractio* bzw. der *affinitas*, der in der Chemie des 18.Jahrhunderts besonders das Verständnis von chemischen Verbindungen als auch von chemischen ›Scheidungen‹ prägte. War Kant in Bezug der chemischen Affinität vor allem an ihrem grundlegenden Prinzip interessiert, so scheint Goethe die terminologische Verschmelzung von freiheitlicher Wahl und determinierter Anziehung zu faszinieren. Denn hier scheint seine Frage nach der Vergleichung von Natur und Kultur eine Antwort zu erfahren. Bereits in Bergmans Erläuterung findet sich eine anthropomorphe Sicht auf die Verbindung der chemischen Substanzen, wenn sie sich in ›fränskap‹ (Freundschaft) wählen oder lösen. Verbinden sich zwei Stoffe, so spricht Bergman von einer einfachen (*enkel fråndskap, attractio electiva simplex)*, in Fall von vier sich verbindenden Stoffen von einer doppelten Freundschaft (*dubbel fråndskap, attractio electiva duplex).*[917] Der Mediziner und Chemiker

---

916 Geoffroy Saint-Hilaire: Table des différents rapports observés en Chimie entre différentes substances. In: Histoire de l'Académie Royale des Sciences avec les mémoires de mathématique et de physique. Paris 1732, S. 202–213.

917 Torbern Bergman: Företal. In: Henrik Teofilus Scheffer: Chemiske föreläsningar, Rörande salter, jordarter, vatten, fetmor, metaller och färgning. Uppsala 1775, S. I–XIV, hier: S. VIII–IX; Torbern Bergman wird diese Definition auch seiner Untersuchung zu den ›wählenden Anziehungskräften‹ zugrunde legen: » [...] inter tres relative cum unius exclusione, *attractio simplex electiva*, inter duo composita, quorum quodlibet duobus tantum constat principiis proximis, sub mixtione permutandis, *attractio duplex.*« (»Wenn aus drei Verbundenen einer ausgeschlossen

Christian Ehrenfried Weigel übersetzt schließlich Bergmans freundschaftliche Anziehung zwischen chemischen Stoffen mit dem deutschen sinnreichen Begriff ›Wahlverwandtschaft‹.[918] Mit der Übersetzung ›Wahlverwandtschaft‹ oder ›Wahlanziehung‹ des Bergman'schen Terminus *attractio electiva* wird der doppeldeutige Aspekt des Begriffes, der zwischen der freien Wahl und der physikalischen Anziehung Sphären von Ethik und Naturgesetz zueinander in Beziehung setzt, noch verfestigt und lässt das Verhalten der chemischen Stoffe zugleich determiniert und frei bestimmt erscheinen. Weigels Übersetzung verbindet insofern in der ›Wahl-Verwandtschaft‹ die lateinischen Begriffe *affinitas* und *attractio* miteinander, womit der aus der Rechtsprechung entlehnte Begriff der *affinitas* um ein physikalisches Konzept im Newton'schen Sinn erweitert wird. Isaac Newton hatte, wie Jeremy Adler und Johannes Endres zeigen, in seiner letzten und historisch nachhaltigsten *Query 31* seiner *Opticks* (1704) eine mögliche Ausweitung der Gravitationsgesetze auf chemische Prozesse angedeutet und damit die Spekulationen über das Affinitätsgesetz als grundlegende Kraft vorangetrieben.[919] Mit dem Aufstieg der mechanischen Physik erhält das Prinzip der Kraftlehre eine derartige Popularität, dass es sogar den alten Sympathie-Begriff verdrängte, der aufgrund seines psychologischen Potentials für die mathematisch basierte Physik nicht mehr brauchbar war.[920] Trotz der Vormachtstellung der Physik in der Zeit

wird, [nennt man dies, S.G] eine einfache Anziehung, wenn von zwei Zusammengesetzten, von denen jeder beliebig oft mit den nächsten Grundstoffen übereinstimmt, unmittelbar nach der Mischung tauscht, eine zweifache Anziehung.« Übers. S.G.) Bergman: Disquisitio de attractionibus electivis. In: Ders.: Disquisitio de attractionibus electivis. Vol. II, hg. Johan Edmann. Upsala 1775, S. 161–250, hier: S. 162.

918 Bergman: Vorrede. In: Herrn H. T. Scheffer vormaligen Directors und Mitgliedes der Königlichen Akademie der Wissenschaften Chemische Vorlesungen, über die Salze, Erdarten, Wässer, entzündliche Körper, Metalle und das Färben, hg. und übers. von Christian Ehrenfried Weigel. Greifswald 1789, S. VII–XXVI, hier: S. XVII und XIX.

919 Newton überlegt in der *Query 31*, ob man die physikalische Kraftlehre auch auf die chemische übertragen könne. Dabei unterscheidet er zwei Arten von Kraft. Während die Gravitationskraft gleichermaßen auf alle materiellen Substanzen wirke, gibt es in der Chemie substanzspezifische Kräfte, die für die chemischen Verbindungen zuständig seien. Vgl. Isaac Newton: Opticks Or A Treatise of the Reflections, Refractions, Inflections and Colours of Light. London: Printed for William Innys at the West-End of St. Paul's 1730, S. 350ff. Vgl. hierzu Carrier: Die begriffliche Entwicklung der Affinitätstheorie.

920 Die Sympathie scheint aufgrund ihres ambigen Status, der zwischen universellem Naturprinzip und interpersonalen Moralprinzip changiert, ab der Mitte des 17. Jahrhunderts im Bereich der Naturwissenschaft nicht mehr als objektiv-gravitative Kraft herhalten zu können und wird allein als subjektiven Einfühlungsvermögen aufgefasst. Vgl. hierzu Seth Lobis: The Virtue of Sympathy. Magic, Philosophy, and Literature in Seventeenth-Century England. New Haven/London 2015.

und ihren Bestrebungen, Begriffe möglichst eindeutig im wissenschaftlichen Sinne zu definieren, behält der Begriff der ›Affinität‹ bzw. der der ›Wahlverwandtschaft‹ seine Beziehung zur sozialen Sphäre, vor allem, wenn es gilt, Natur und Subjekt wieder miteinander in Verbindung zu bringen. So versucht der Philosoph und Theologe Johann Ulrich Wirth im 19. Jahrhundert den ›grundfalschen Naturbegriff‹ zu restituieren, denn so wie er bisher dargestellt worden sei, unterschlage er in seiner solitären Darstellung seine Verbindung zum Subjekt. Wird dann aber »insbesondere als das gestaltende kosmische Princip der gesammten Natur einmal die Affinität erkannt werden«, dann zeige sich das Wesen der Natur als integrative Einheit, »weil die Affinität nach dem Gesetze des Polarismus wirkt, worin kein bloßes Verschwinden einer Naturform in der andern, kein bloßes ruheloses Werden, sondern eine ewige Coexistenz ihrer Bestimmungen als der lebendigen Glieder der Affinitätssphären gesetzt ist.«[921] Wirth kann die Anziehung auch zum grundlegenden Aspekt menschlicher Verbindungen heranziehen:

> Das, was wir chemische Affinität nennen, ist vielmehr nur eine besondere Art der allgemeinen Affinität. Einzelne Körper treten aus dem allgemeinen Bande, welches die Affinität um alle schlingt, dadurch heraus, daß sie vermöge ihres specifischen Gegensatzes auch zu einer nächsten Gattung gehören und darum besonders auf einander bezogen sind. Wie das universelle Band allgemein menschlicher Liebe alle Vernunftwesen auf Erden umschlingen soll, dabei jedoch diese universelle Liebe in den Kreisen der Freundschaft und der Familie zu einer besonders innigen Beziehung Einzelner zu Einzelnen sich gestaltet, [...] so ist auch die Schwere die allgemeine Affinität aller Körper zu allen, und die chemische Affinität eine besondere Form, eine besonders innige Gestaltung derselben, welche in den engeren Kreisen der zu Einer nächsten Gattung gehörigen und darum entgegengesetzten Körper sich bildet.[922]

Die kosmische Himmelsmechanik als Erklärung gemeinschaftlicher Beziehungen hatte im 17. und 18. Jahrhundert Konjunktur. Denn das Planetensystem stand nicht nur Pate für absolutistische Herrschaftssysteme, sondern auch für ein zyklisches Zeitverständnis, das natürliche und soziale Stabilität versprach.[923] Dass sich dies jedoch gegen Ende des 18. Jahrhunderts bereits geändert hatte, markiert Goethe in seinem Roman, wenn im vierten Kapitel Eduard Charlotte warnt, dass

---

921 Johann Ulrich Wirth: Ueber die Affinität als Princip der Bewegung und Gestaltung der Himmelskörper. In: Jahrbücher der freien deutschen Akademie. Erster Band. Zweites Heft, hg. von Dr. Karl Nauwerck und Ludwig Noack. Frankfurt/M. 1849, S. 345–362, hier: S. 346.

922 Ebd., S. 354.

923 Vgl. hierzu die Ausführungen von Wolfert von Rahden: Revolution und Evolution. In: Forum für interdisziplinäre Begriffsgeschichte 1 (2012), S. 1–20. Rahden erklärt dabei auch den Bedeutungswandel von Revolution um 1800.

wissenschaftliche Erklärungen nur bedingt als soziale Deutungen eingesetzt werden können:

> Es ist eine Gleichnisrede, die dich verführt und verirrt hat, sagte Eduard. Hier wird freilich nur von Erden und Mineralien gehandelt, aber der Mensch ist ein wahrer Narziß; er bespiegelt sich überall gern selbst, er legt sich als Folie der ganzen Welt unter.[924]

Mit der Einschränkung, dass der Begriff der ›Wahlverwandtschaft‹ nur im übertragenen Sinne auf die soziale Sphäre anzuwenden sei, scheint der Autor im Roman eine implizite Warnung vor einem unreflektierten Naturrecht auszusprechen. So merkt dann auch Charlotte an:

> Lassen Sie mich gestehen, sagte Charlotte, wenn Sie diese Ihre wunderlichen Wesen verwandt nennen, so kommen sie mir nicht sowohl als Blutsverwandte, vielmehr als Geistes und Seelenverwandte vor. Auf eben diese Weise können unter Menschen wahrhaft bedeutende Freundschaften entstehen; denn entgegengesetzte Eigenschaften machen eine innigere Vereinigung möglich. [...][925]

Der Begriff der ›Wahlverwandtschaft‹ markiert zwar eine Schnittstelle von Wissenschaft und Sozialität, dennoch müsse überprüft werden, ob hier die gleichen Gesetzmäßigkeiten gelten. Damit scheint der Roman bereits Übertragungsregeln zwischen begrifflicher und realer Sphäre zu reflektieren, denen Goethe auch an anderer Stelle nachgeht. So kritisiert er bei den französischen Anatomisten, dass diese in ganz unpassender Weise sprachliche Ausdrücke für bestimmte natürliche Sachverhalte verwenden würden:

> Noch ein Wort führen wir an, das Wort: Plan. Weil sich, um die Materialien wohl zu komponieren, eine gewisse voraus überdachte Anordnung nötig macht, so bedienen jene sich des Wortes Plan, werden aber sogleich dadurch auf den Begriff eines Hauses, einer Stadt geleitet, welche, noch so vernünftig angelegt, immer noch keine *Analogie* zu einem *organischen Wesen* darbieten können. Dennoch brauchen sie, unbedacht, Gebäude und Straßen als Gleichnis; da denn zugleich der Ausdruck Unité de Plan zum Mißverständnisse, zum Hin- und Widersprechen Anlaß gibt und die Frage worauf alles ankommmt, durchaus verdüstert wird.[926]

Mit dem französischen Wort ›plan‹ haben es die Anatomisten nach Goethe nicht geschafft, einen adäquaten Ausdruck für die organische Organisation der Natur zu finden, da dieser aus dem Bereich der Architektur stammende Begriff sich

924 Goethe: Wahlverwandtschaften, FA I, Bd. 8, S. 300.
925 Ebd., S. 303.
926 Goethe: Prinicpes de Philosophie Zoologique, FA I, Bd. 24, S. 839.

nicht für eine dynamische Selbstorganisation der organischen Natur eigne. Man müsse daher nach den richtigen Ausdrücken zu suchen, die auch der Struktur des Darzustellenden entsprechen. Sprachliche Ausdrücke befinden sich insofern nicht in einem mimetischen oder repräsentativen Verhältnis, sondern in einem analogen. Insofern könne der Begriff der ›Wahlverwandtschaften‹ aus der Chemie zwar nicht als Beschreibung von Blutsverwandten, aber als eine für ›Seelenverwandte‹ herangezogen werden. Denn diese würden sich, wie Charlotte angibt, aufgrund ihrer »entgegengesetzten Eigenschaften« anziehen. Die Lehre der Chemie, wie sie von den Chemikern Carl Friedrich Wenzel, Laurent de Lavoisier, Claude-Louis Berthollet und Jöns Jacob Berzelius vertreten wird, nimmt an, dass die ›Verwandtschaft‹ der Stoffe auf einem Prinzip ›inverser Proportionen‹ beruhe, wonach sich Stoffe mit gegenteiligen Mischungsverhältnissen anziehen. Zurückgehen dürfte der Begriff auf Torbern Bergmans Ausdruck ›inversae proportionales‹[927], der dann im Laufe der Chemie des 18. Jahrhunderts immer weiter untersucht wird. Dergestalt fasst der Chemiker Jöns Jacob Berzelius die neuesten chemischen Errungenschaften von Bergman, Wenzel und Berthollet in seinem Lehrbuch der Chemie (erstmals 1808 veröffentlich) vor dem Hintergrund der menschlichen Begierde zusammen und verbindet diese mit der Voraussetzung von ›inversen Proportionen‹:

> Wir können uns die chemische Verwandtschaft der Körper wie eine Begierde vorstellen, die sie bis zur Befriedigung, unaufhörlich zu sättigen suchen. Sie streben dabei in einer solchen Menge und in einem solchen *Verhältnisse* zusammenzukommen, dass sie gesättigt werden. [...]. (Herv. S.G.)[928]

Die verschiedenen chemischen Substanzen verbinden sich insofern stets in bestimmte Verhältnissen gemäß ihrer invers-komplementären Anlagen, womit sich der Blick nicht mehr auf die Substanzen selbst, sondern auf ihre Mischungsverhältnisse (Proportionen) richtet. Goethe kannte Berzelius Arbeiten und führt mit seinem Figurenquartett die Möglichkeit einer Vereinigung gemäß der ›inversen Proportionen‹ auch vor. Wie bereits vor Ottilies Ankunft bekannt wird, leiden sie und Eduard unter einem wiederkehrenden einseitigen Kopfschmerz, der jeweils auf den *entgegengesetzten Seiten* auftritt und demnach beide in »ein Paar artige *Gegenbilder*«[929] verwandelt. Und auch der weitere Romanverlauf kennzeichnet

927 Vgl. Bergman: Dissertatio chemica de diversa phlogisti quantitate in metallis. Uppsala 1780, S. 14.

928 Jöns Jacob Berzelius: Lehrbuch der Chemie, hg. und übers. von Friedrich Wöhler. Leipzig 1836 (erstmals publiziert als *Lärbik i Kemien.* Stockholm 1808), S. 3.

929 Goethe: Wahlverwandtschaften, FA I, Bd. 8, S. 311.

ihre Liebe gemäß einer invers-komplementären Ergänzung. So versucht Ottilie beim abendlichen gemeinsamen Musizieren Eduards Flötenspiel durch ihre Begleitung zu ergänzen, indem sie »seine Mängel so zu den ihrigen gemacht [hat, S.G.], daß daraus wieder eine Art von lebendigem Ganzen entsprang [...].«[930]

Gleichwohl markiert der Roman, dass der chemische Diskurs um die ›Wahlverwandtschaft‹ nicht ausreicht, um das Prinzip der Anziehung vollständig zu erfassen. Schließlich habe sich die Wissenschaft weiterentwickelt. So merkt auch die Figur des Hauptmanns im Anschluss an, dass er Charlotte zwar gerne über den Begriff der ›Wahlverwandtschaft‹ aufklären möge, »freilich nur so gut als ich es vermag, wie ich es etwa vor zehn Jahren gelernt und gelesen habe. Ob man in der wissenschaftlichen Welt noch so darüber denkt, ob es zu den neuern Lehren paßt, wüßte ich nicht genau zu sagen.«[931] Die wissenschaftlichen Entwicklungen zu Beginn des 19. Jahrhunderts machen derart rasante Fortschritte, dass man sie nicht mehr für unumstößlich halten könne, weil man, wie auch Eduard anmerkt, »jetzt nichts mehr fürs ganze Leben lernen kann«.[932] Die Vorfahren hätten sich noch auf ihre Kenntnisse verlassen können, aber die heutige Generation, so Eduard, »müsse[] jetzt alle fünf Jahre umlernen, wenn wir nicht ganz aus der Mode kommen wollen«.[933] So wird auch der Wahlverwandtschafts-Begriff außerhalb von Physik und Chemie im Bereich der Botanik diskutiert. Zwar dient der physikalische Anziehungsbegriff immer noch als Vorbild, wie man anhand der Titel von Claude Antoine Gaspard Riche *Considérations sur la chimie des végétaux* (1787) und Alexander von Humboldts *Aphorismen aus der chemischen Physiologie der Pflanzen* (1794) sehen kann, jedoch scheint die Übertragung an ihre Grenzen zu geraten, wenn es darum geht, Fragen der Anziehung in einem genealogischen Sinne der Zeugung und Fortpflanzung zu beantworten. Mitte des 19. Jahrhunderts hält deshalb der Mediziner William Pulteney Alison fest:

> as we do not know all the conditions under which ordinary chemical affinities act in living bodies, we are not entitled to assert that these affinities may not yet be found adequate to the production of all the chemical changes which living bodies present; and that until this negative proposition is proved, it is unphilosophical and delusive to suppose the existence

930 Ebd., S. 328.
931 Ebd., S. 300.
932 Ebd.
933 Ebd.

> of any such power, as that to which the term Vital Affinity has been applied, by the author of this paper and several other physiologists.[934]

Auch Goethe scheint ähnliche Gedanken wie Alison zu haben und meint, dass »die Botanik in diesem Betracht weit hinter der Mineralogie zurück[liegt, S.G.],« da ihre »Gesetze viel dunkler, viel schwerer zu studieren sind als die der Affinität und Attraktion«[935] im physikalisch-chemischen Bereich. Rein von außen betrachtet, hat es die Botanik mit einer »weit größere[n] Mannigfaltigkeit der Formen und wirkenden Ursachen«[936] zu tun, sodass hier nicht einfach Affinitätstabellen ausreichen, sondern man dem Prinzip der Vereinigung anders nachkommen müsse.

Man versucht deshalb die Anziehung nun unter dem Gesichtspunkt der organischen Lebendigkeit als geschlechtliche Vereinigung zu erklären. Hatte man diese bei Tieren schon lange geklärt, besteht seit dem 17. Jahrhundert der Ehrgeiz sie auch für die Pflanzen zu reklamieren. Schon der Tübinger Professor der Medizin und Direktor des botanischen Gartens Rudolf Jakob Camerarius widmet sich in seinem Buch *De sexu plantorum epistula* (1694) einer »analoga caprificatione«[937] von tierischem und pflanzlichem Leben. Camerarius Theorie wurde besonders im 18. und 19. Jahrhundert wieder aufgegriffen und Botaniker widmen der Analogie von animalischen und vegetabilischen Leben mehrere Studien. Dass sich hier wieder die enge Abhängigkeit der Begriffe ›Analogie‹, ›Verwandtschaft‹ und ›Affinität‹ zeigt, kann man anhand folgender Titel ersehen: Antoine Jussieu verfasst 1721 eine Schrift *De Analogia inter Plantes et Animalia*, Peter Camper 1746 eine *Oratio de analogia inter animalia et stirpes*, August Friedrich Schweigger 1814 eine *Cogitata quaedam de corporum naturalium affinitate, imprimis de vita vegetativa in animalibus. Commentatio inauguralis* (die er auf Deutsch mit: *Verwandtschaft des Thier und Pflanzenreiches* (1820) übersetzt) und Carl Gustav Carus 1818 eine *Von den Naturreichen, ihrem Leben und ihrer Verwandtschaft. Eine physiologische Abhandlung* (1818).

Neben den ausführlichen Vergleichen der vegetabilen und animalischen Gameten versucht man auch der vegetabilischen Affinität als Reproduktionskraft näherzukommen und erweitert hierfür den physikalischen Affinitätsbegriff, wie

---

934 Siehe hierzu William Pulteney Alison: Monday 19th January 1852. Defence of the Doctrine of Vital Affinity, against the Objections stated to it by Humboldt and Dr Daubeny. By Dr Alison. In: Proceedings of the Royal Society of Edinburgh. Vol. III. Edinburgh 1857, S. 105–107.

935 Goethe: Gesetzliches der Pflanzenbildung, FA I, Bd. 24, S. 685.

936 Ebd.

937 Rudolf Jakob Camerarius: De sexu plantarum epistula. Tubingae 1694, S. 39–40.

Änne Bäumer und Johannes Enders zeigen, um sexuelle Komponenten,[938] sodass der Botaniker Carl Friedrich Gärtner vor dem Hintergrund einer ›sexuellen Affinität‹ auch die gelingende Befruchtung von Pflanzenkreuzungen erklären kann:

> Nach der Analogie der todten Natur, nach welcher gleiche Grundstoffe auch gleiche Formen und gleiche Kräfte bestimmen (s. unten Typen), könnte man auch in dem lebenden Organismus der Gewächse bei einer Verwandtschaft derselben im Wuchs und in der Gestalt ihrer Theile analogen inneren Organismus und Kräfte voraussetzen; [...] es ist daher anzunehmen, dass in den beiden materiellen Substraten der Geschlechter der Pflanzen und in ihrer gegen seitigen Anziehung der Grund der Fähigkeit zur Bastardzeugung liegt: [...] indem es sich hierbei um eine rein vitale Thätigkeit handelt, welche wir mit keinem passenderen Wort, als mit dem der Wahlverwandtschaft zu bezeichnen wissen. [...].[939]

Im Gegensatz zur physikalischen Kraft, die man anhand ihrer Wirkungen eindeutig bestimmen kann, kann man im Falle der biologischen Anziehung nur unbestimmte ›Kräfte voraussetzen‹. So möge auch »manche Analogie, wonach sich die beiderley Geschlechtstheile gewisser Maßen mit einander vergleichen lassen«,[940] Hinweise für die Anziehung geben. Im Gegensatz zu einer mechanischen Anziehung, lässt aber eine vitale Affinität viele Fragen offen. Auch Goethe versucht sich in einer analogiebasierten Erklärung für die gegenseitige Anziehung der Pflanzengeschlechter, die er ähnlich wie Kant auf eine gemeinsame Abstammung als Verwandtschaft zurückführt, aber auch er kann das Geheimnis der Vereinigung nicht lüften und kann sie nur als ›Anastomose‹, als Vereinigung von Gefäßen, erklären:

> Daß die Geschlechtsteile der Pflanzen durch die Spiralgefäße wie die übrigen Teile hervorgebracht werden, ist durch mikroskopische Beobachtung außer allen Zweifel gesetzt. Wir nehmen daraus ein Argument für die innere Identität der verschiedenen Pflanzenteile, welche uns bisher in so mannigfaltigen Gestalten erschienen sind. [...] In vielen Fällen sieht der Griffel [weibliches Geschlechtsteil, S.G.] fast einem Staubfaden ohne Anthere [männliches Geschlechtsteil, S.G.] gleich, und die Verwandtschaft ihrer Bildung ist äußerlich größer als bei den übrigen Teilen. Da sie nun beiderseits durch Spiralgefäße hervorgebracht werden, so sehen wir desto deutlicher, daß der weibliche Teil so wenig als der männliche ein besonderes Organ sei, und wenn die genaue Verwandtschaft desselben mit dem männlichen, uns

938 Vgl. Bäumer: Die Entstehung des modernen biologischen Analogiebegriffes; Endres: Evolution und Erbe.

939 Carl Friedrich von Gärtner: Versuche und Beobachtungen über die Bastardzeugung im Pflanzenreich. Mit Hinweisung auf ähnliche Erscheinungen im Thierreiche. Stuttgart 1849. Vgl. hierzu Endres: Evolution und Erbe, S. 58.

940 Blumenbach: 12. Stück. Den 21. Januar 1813. In: Göttingische Anzeigen von gelehrten Sachen unter der Auffsicht der köngl. Gesellschaft der Wissenschaften. Leipzig 1813, S. 113–120, hier: S. 116.

> durch diese Betrachtung recht anschaulich wird, so finden wir jenen Gedanken die Begattung eine Anastomose zu nennen passender und einleuchtender [...].[941]

Äußerst vorsichtig beschreibt Goethe die Gesetze der vegetabilen Natur, da zwar phänotypische Analogien im Sinne Blumenbachs (vgl. Kap. 3) auf eine mögliche Anziehung und Vereinigung hinweisen, diese jedoch nicht eindeutig einzusehen ist. Auch der Roman scheint an unterschiedlichen Stellen, die Frage nach einer vitalen Affinität und Vereinigung zu stellen und hierfür den Vorgaben der phänotypischen Analogie der Botanik zu folgen. Denn anhand der botanischen Gesetze würden die organischen Naturen besser als im chemischen Sinne gefasst werden. Dass der Roman den botanischen Diskurs aufgreift, wird nicht nur anhand Eduards gartenbaulichen Aktivitäten deutlich, wenn er bereits zu Beginn des Romans junge Bäume veredelt und seinen alten Garten gemäß des englischen Landschaftsgartens umgestalten will, sondern auch anhand von Ottilie, die wie Walter Benjamin als erster feststellt, als pflanzenhaftes Wesen in den Roman eingeführt wird.[942] Dabei scheint der Roman nicht nur Fragen der vegetabilen Gestaltwandlung klären zu wollen,[943] sondern anhand aller Figuren Fragen nach einer vitalen Affinität zu verhandeln und hierfür die phänotypischen Entsprechungen der Botanik aufzugreifen. Denn erst die äußerlichen Entsprechungen scheinen allererst auf die Gesetze der Affinität hinzuweisen. Demnach hatte Eduard »etwas Kindliches behalten, was der Jugend Ottilies zusagte«[944] und »was er wünschte, suchte sie zu befördern, was ihn ungeduldig machte, zu verhüten [...].«[945] Und auch der Hauptmann und Charlotte gleichen einander, sodass es »beiden würde [...] leicht, zusammen zu wirken und etwas zu Stande zu bringen.«[946] Dabei erläutert der Erzähler sei es »mit Geschäften wie mit dem Tanze; Personen, die gleichen Schritt halten, müssen sich unentbehrlich werden.«[947] Und wird in der Botanik die Verwandtschaft mit Hilfe einer gemeinsamen, aber unergründlichen, Abstammung erklärt, so reichen auch Eduards und Ottiliens geteilte Erinnerungen »bis in die Epochen der Neigung Eduard und Charlottes«[948] zurück, die den Ursprung des figuralen Geschehens grundieren.

---

941 Goethe: Die Metamorphose der Pflanzen, FA I, Bd. 2, S. 131 und S. 129–130.
942 Benjamin: Goethes Wahlverwandtschaften.
943 Vgl. Zumbusch: The Metamorpheses of Ottilie.
944 Goethe: Wahlverwandtschaften, FA I, Bd. 8, S. 320.
945 Ebd.
946 Ebd., S. 319.
947 Ebd.
948 Ebd., S. 320.

Abb. 17: Flora at play with Cupid. Frontispiz. In: Erasmus Darwin: The Botanic Garden. Part II. Containing. The Love of Plants. A Poem with Philosophical Notes. London 1795.

Goethe schreibt sich mit den Begriffen der Analogie, (inversen) Proportion, (vitalen) Affinität, Anziehung und Wahlverwandtschaft unmittelbar in den zeitlichen Diskurs ein und macht deutlich, dass wissenschaftliche Erkenntnisse als kulturelle Formen zu verstehen sind. Wenn sich die Wahlverwandtschaft im Bereich der Physik als Kraft-Anziehung, in der Chemie als Anziehung zwischen inversen Mischungsverhältnissen und in der Botanik als vital-sexuelle Affinität analoger Geschlechter deuten lässt, wird ersichtlich, dass Wissen als kulturelle Form stets von historischen und fachlichen Entwicklungen betroffen ist. Dabei müssen sich, wie auch die Romanfiguren vorführen, die unterschiedlichen Diskurse nicht ausschließen, sondern können als unterschiedliche Aspekte eines Wissensdiskurses verstanden werden, die ähnlich wie in den *Morphologischen Heften* in bestimmten Verhältnissen zueinanderstehen. Inwiefern dabei aber nicht nur das Wissen als kulturelle Form relational strukturiert ist, sondern auch Natur und Kultur zueinander in Beziehung gesetzt werden können, scheint Goethe nochmals anhand einer eigenen Frage thematisieren zu wollen.

5.2.4 Die Kunst als ›ganzes Verhältnis‹

Dass Goethe anhand der phänotypischen Entsprechungen des Figurenquartetts, die er dem Diskursbereich der Botanik entnimmt auch genealogische Fragen der Vererbung im Sinne einer sich reproduzierenden Natur verhandelt, haben unter anderem Johannes Endres und Cornelia Zumbusch herausgearbeitet.[949] Vor dem Hintergrund des organisch-genealogischen Konzeptes der Fortpflanzung und Zeugung lässt sich Goethes Ausgangsfrage einer familialen Sozialität nochmals aufgreifen. Speziell Ottilie und Eduard scheinen hierfür exemplarisch herangezogen zu werden, wenn ihre Liebesbeziehung im Zentrum des Romans steht und sich die Frage einer Familiengründung stellt, die die alte *adfinitas*-Beziehung der rechtlichen Verwandtschaft hinter sich lässt und neue Anziehungsmodelle der vitalen *affinitas*-Beziehung erprobt. Tatsächlich scheinen beide gemäß den chemischen und botanischen Vorgaben das richtige ›Verhältnis‹ abzubilden. Jedoch erfüllt sich, wie schon mehrfach in der Forschung betont wurde, das Gesetz des Lebendigen und damit eine gelingende Wahlverwandtschaft nicht. Denn zum einen werden nicht Ottilie und Eduard Eltern, sondern Eduard und Charlotte und zum anderen stirbt das Kind Otto im weiteren Romanverlauf.

Die missliche Geburt Ottos wird von Vogl als »eine Verfehlung von Grund und Zusammenhalt«[950] der Wahlverwandtschaften gedeutet, womit auch die Frage einer Übertragung des naturwissenschaftlichen Terminus auf den Bereich der Sozialität in Frage gestellt scheint. Dabei scheint mir diese Verfehlung eines Grundes hinsichtlich Goethes Analogiekonzeption, die jeglichen ontologischen und epistemischen Vordergrund verabschiedet, nur folgerichtig. Das Kind Otto, das phänomenologisch ›übers Kreuz‹ nicht auf seine biologischen Eltern, sondern auf die vorgestellten Geliebten verweist, wäre nämlich tatsächlich eine Verbindung von Idee und Physis, wenn sich Aussehen und Erbgut durchkreuzen. Damit wäre es aber die Realisierung einer ›Vernunftidee‹ im kantischen Sinne. Dass für Goethe eine derartige Zusammenschau jedoch einer Art Wahnsinn

949 Vgl. Endres: Evolution und Erbe; Zumbusch: The Metamorphoses of Ottilie.
950 Vogl: Kalkül und Leidenschaft. Poetik des ökonomischen Menschen. Zürich 2011, S. 298.

gleichkäme, wie er in seiner Schrift *Bedenken und Ergebung* erläutert, scheint den Tod Ottos auf epistemischer Ebene insofern regelrecht notwendig zu machen. Auf Ebene der sozialen Ordnung hingegen deutet der Tod Ottos nach Vogl »auf eine problematische Divergenz von *physis* und *nomos*, von Funktionsweisen und Repräsentation« hin,[951] da durch die Auflösung der Ehe von Charlotte und Eduard eine rechtsförmige Leerstelle hinsichtlich der sozialen Steuerung entstehe, die durch das Hinzutreten der Repräsentanten einer neuen Ordnung, dargestellt durch die Figur des Hauptmanns und Ottilie, noch nicht gefüllt sei. Denn es scheint mit ihnen eine neue familiale politische Struktur auf den Plan zu treten, jedoch »spendet [diese, S.G.] noch nicht *das* Gesetzt«,[952] wie Vogl argumentiert. Zwar geben der Hauptmann und Ottilie im phänotypischen Erscheinungsbild von Otto die neuen Elternfiguren an und verweisen damit bereits auf eine neue Form familialer Ordnung bürgerlicher Innerlichkeit, die sich über natürliche Anziehungen und nicht rechtliche Dekrete realisieren soll.[953] Mit dem Tod Ottos wird jedoch deutlich, dass sich die neue symbolische Ordnung zur Zeit der Niederschrift des Romans noch nicht etabliert hat.[954] Ich möchte an dieser Stelle noch einen anderen Vorschlag bringen, wonach Goethe meines Erachtens eine angemessene Übertragung dennoch für möglich hält. Hierfür kann eine Bemerkung von Karl Wilhelm Ferdinand Solger helfen, der in einer zeitgenössischen Rezension zu den *Wahlverwandtschaften* »Ottilie als das ganze Verhältnis«[955] umschreibt. Nicht nur wird Ottilie als pflanzenhaftes Wesen in den Roman eingeführt, wonach sie bereits hier eine wechselseitige Übertragung zwischen Natur und Mensch figurativ vorführt, sondern sie tritt durch ihre Liebe zu Eduard auch als Vertreterin eines neuen Liebeskonzepts auf, das künftig die Sozialstruktur auf Basis einer frei bestimmten Wahlanziehung präfigurieren wird.

Hierfür wird Goethe am Ende seines Romans das Verhältnis von freier Liebeswahl und gesetzlicher Verbindung anhand von Eduard und Ottilie nochmals

---

951 Ebd., S. 299.

952 Ebd.

953 Vgl. zum paradigmatischen Wechsel von feudaler Repräsentation zur bürgerlichen Innerlichkeit in Goethes Roman auch die Überlegungen Friedrich Kittlers. Friedrich A. Kittler: Ottilie Hauptmann (Kapitel). In: Ders.: Dichter – Mutter – Kind. München 1991, S. 119–149, bes. S. 123.

954 Wellbery spricht in diesem Zusammenhang auch von einem »Zusammenbruch des Symbolischen«, die sich auf allen Ebenen im Roman zeige. David E. Wellbery: Die Wahlverwandtschaften (1809). In: Paul Michael Lützeler und James E. McLeod (Hg.): Goethes Erzählwerk. Interpretationen. Stuttgart 1985, S. 291–318.

955 Karl Wilhelm Ferdinand Solger: Über die Wahlverwandtschaften. In: Ders. nachgelassene Schriften und Briefwechsel, hg. von Ludwig Tieck und Friedrich von Raumer. Band 1. Leipzig 1826, S. 175–185, hier: S. 184.

in den Blick nehmen und, wie ich denke, als zukunftsträchtig ausweisen. Nicht von ungefähr liegen Eduard und Ottilie am Ende des Romans im gemeinsamen Grabmal wie in einem Brautbette, wonach gemäß des vegetabilischen Zyklus die winterliche Grabesruhe nur als Durchgangsstadium zur nächsten ›Pflanzenhochzeit‹ gelten könne:

> So ruhen die Liebenden nebeneinander. Friede schwebt über ihrer Stätte, heitere, verwandte Engelsbilder schauen vom Gewölbe auf sie herab, und welch ein freundlicher Augenblick wird es sein, wenn sie dereinst wieder zusammen erwachen.[956]

Goethe scheint damit implizit auf seine *Elegie der Metamorphose* zu referieren, wo die Pflanzen gemäß der Mode der Zeit vor den Traualtar treten.[957] Und gemäß seiner Ausführungen in seiner *Metamorphose der Pflanzen* sei zwar in der »kältere[n] Jahreszeit de[r] Trieb« verhindert, jedoch finde man eine »Voranstalt in der Erde, durch Zwiebeln und dergleichen, ehe sie Blüte und Frucht hervorbringen können«.[958] Nach der winterlichen Ruhe können die Pflanzen erneut ihren Zyklus von Wachstum, Vereinigung und Fortpflanzung beginnen.

Damit scheint sich im Roman die romantische Liebe doch noch als zukunftsträchtiges soziales Band zu erweisen, wenn sich nicht die idealen, sondern die liebenden Partner vereinigen – auch wenn ihre Zeit erst noch kommen muss. Goethe markiert mit dem Bild des Brautpaares im Grabmal, nicht ohne Ironie, den Schwellencharakter seines Romans, der eine neue familiale Ordnung auf Basis einer freien Liebe erst im Entstehen begriffen sieht. Denn fasst man Ottilie als das ganze Verhältnis, dann symbolisiert sie mit ihrer reinen Liebe zu Eduard und ihrem Status als idealer Mutter die neue Grundlage sozialer Bindungen. Gleichzeitig wird sie als pflanzenhaftes Wesen mit dem Bereich der Natur in Verbindung gebracht, womit sie das Verhältnis von Natur und Kultur im wahrsten Sinne ver*körpert*. Dass hierbei in der Kapelle alle Engelsbilder anfangen, Ottilie zu gleichen, scheint dabei nochmals die Überlegungen zu Übertragungen zwischen Natur und Kultur aufzugreifen. Ottiliens Pflanzenkörper im Grab und ihre Spiegelungen an der Decke lassen sie als jene von Foucault umschriebene »doublet empirico-transcendantal«[959] (»empirisch-transzendentale Dublette«) erscheinen, die eine moderne Denkweise charakterisiere. Während bei Kant und Hardenberg der Mensch mit seinem sinnlichen Erkenntnisanteil in Form einer ästhetischen Erfahrung Anteil an der äußeren Natur nimmt und damit über die

956 Goethe: Wahlverwandtschaften, FA I, Bd. 8, S. 529.
957 Vgl. Goethe: Die Metamorphose der Pflanzen, FA I, Bd. 24, S. 420–423.
958 Goethe: Metamorphose der Pflanzen. Zweiter Versuch, FA I, Bd. 24, S. 156 und S. 159.
959 Foucault: Les mots et les choses, S. 333.

Schnittstelle des Sinnlichen die Entsprechung von Vernunft und Natur erfahren kann, wird bei Goethe über die Figur von Ottilie nochmals eine andere Übertragung deutlich. Denn das Verhältnis der Dualität lässt sich nun als Teil des Menschseins selbst erfahren, wonach dieser mit seinem Körper Teil der empirischen Natur ist und mit seinen kulturellen-epistemischen Zuschreibungen die Natur formt. Zwar partizipieren alle Figuren des Romans an der Durchkreuzung natürlicher und kultureller Momente, wenn ihre wechselseitige Anziehung gleichzeitig auf empirische und epistemische Momente verweist, jedoch wird diese anhand von Ottiliens Körper am greifbarsten. Anhand ihres Körpers werden nicht nur pflanzenhafte Stadien nachvollziehbar, sondern auch die Auswirkungen einer (noch) unmöglichen Liebe, wodurch der Leser ihre Erlebnisse im ästhetischen Modus selbst nachvollziehen kann. Für Foucault charakterisiert die Analyse des Erlebten das moderne Denken in besonderer Weise:

> Un rôle si complex, si surdéterminé et si necessaire, il a été tenu dans la pansée modern par l'analyse di vécu. Le vécu, en effet, est à la fois l'espace où tous les contenus empiriques sont donnés à l'expérience; il est aussi la forme originaire qui les rend en général possible et désigne leur encracinement premier; [...].[960]

Der Mensch hat mit seinem Körper unmittelbar Anteil am Raum Natur und ist sich der darin zeitlich sedimentierten Bedeutungszuschreibungen der Kultur bewusst. Ottilie ver*körpert* aufgrund ihrer Zugehörigkeit zur Natur (Pflanze) und zur kulturellen Wissensform (Engel) die epistemische ›Dublettenform‹ der Moderne, die sich tief in den Körper des Individuums eingegraben hat. Dass diese getrennten Sphären einer Vermittlung bedürfen, die sich nicht rein über den Körper lösen lässt, muss aber auch Foucault zugeben. Goethe scheint deshalb Ottilie nochmals als ›ganzes Verhältnis‹ in Augenschein zu nehmen und den Leser am Ende des Romans mit einer ironischen Bemerkung zu entlassen. Denn wenn Ottiliens Pflanzenkörper anfängt Engelsbildern zu gleichen, dann verweist sie auf die Vermittlungsfunktion der Analogie (das ganze Verhältnis), die zwischen Erfahrung und Idee eine Beziehung herzustellen vermag. Diese ist jedoch nicht mehr wie bei Kant oder Hardenberg durch eine vordergründige Einheit aufzulösen, sondern kann nur als relationale Struktur angenommen werden. Eine Relationalität ohne festen Bezugsrahmen hat jedoch immer ›Verirrungen‹ zu fürchten, wenn sie

---

960 Ebd., S. 331–332. (»Eine so komplexe, so überdeterminierte und so notwendige Rolle hat im modernen Denken die Analyse des Erlebten eingenommen. In der Tat ist das Erlebte gleichzeitig der Raum, in dem alle empirischen Inhalte der Erfahrung gegeben werden; es ist auch die ursprüngliche Form, die jene Inhalte im allgemeinen mögliche macht und ihre erste Verwurzelung bezeichnet.« Foucault: Die Ordnung der Dinge, S. 387.)

an die Beobachterabhängigkeit des Subjektes gebunden ist und für Goethe in der Überlebendigkeit des Identischen oder dem Tod des Unendlichen münden kann. Am Ende scheint Goethe diese Bedingung selbst nochmals anhand eines Scherzes mit seinem verständigen Leser zu reflektieren und ihn auf beide Verirrungen aufmerksam zu machen: Nimmt man den Tod am Ende als endgültig, dann hat man sich der Chance beraubt, den erkenntnistheoretischen Gehalt der Analogiebeziehung zu nutzen. Folgt man aber der Analogie zu sehr, dann führt dies dazu, dass sich schließlich Engel und Mensch zu gleichen beginnen. Der Schluss der *Wahlverwandtschaften* ist somit eine implizite Aufforderung an den Leser, die Spannung der Analogie anzunehmen und selbst auszutarieren. Dass dies am Besten im Moment einer ästhetischen Erfahrung gelingt, in der beide Momente zugleich erscheinen, scheint jedenfalls durch die Ironie am Ende des Romans gewährleistet.

6 Schluss: Analogie – Zwischen Wissenschaft und Ästhetik

Die Analogie steht in der Zeit um 1800 im Mittelpunkt einer neuen Episteme, die zwischen Vernunft und sinnlicher Erfahrung, zwischen Idee und Erleben und zwischen Subjekt und Natur eine neue Vermittlung herzustellen sucht. Sie reagiert auf die Umbrüche der Zeit, die sich im Bereich der Philosophie, der Naturwissenschaften und der Ästhetik ereignen. Zum einen löst man sich von der Vorstellung eines wesenhaften Grundes und zum anderen wendet man sich vermehrt der Erfahrung der empirischen Dinge zu. Wenn dabei die rationale Philosophie Teile ihres Hoheitsgebiets an die ›aisthetische‹ Wahrnehmung abtreten muss, scheint man sich der ursprünglichen Analogiedefinition zu erinnern, die zwischen λόγος und εἶδος eine eigene Vermittlungsleistung anbietet. Als Relationsbegriff stellt sie Verhältnisse zwischen verschiedenen Entitäten her und bringt diese gleichzeitig bildlich zur Darstellung bringen. Um 1800 schätzt man sie daher als methodisches Instrument und epistemische Figur, um den unübersichtlich werdenden Erfahrungsraum (Goethe) sowie den sich darauf beziehenden Wissensraum (Kant, Hardenberg) zu strukturieren und beide in ein Verhältnis zu setzen (Kant, Hardenberg, Goethe). Gleichzeitig erfährt sie auch Anerkennung als ästhetische Darstellungsfigur, wenn sie das Verhältnis beider Räume im Moment der ästhetischen Erfahrung zugänglich macht. Mit Hilfe der Analogie wird demnach eine Lösung versucht, logische Operationen mit sinnlichen Erfahrungen zu verbinden, um das seit der Moderne problematische Verhältnis von Form und Inhalt, oder um es mit Cassirer auszudrücken, das von Substanz und Funktion, auszubalancieren.

6.1 Die mathematische Analogie als Relationsbegriff

Die Analogie ist eine Figur mit einer langen Geschichte, die sich bis in die Antike zurückverfolgen lässt. Dort präsentiert sie sich zunächst als mathematisch-logische Figur und es konnte gezeigt werden, dass diese Definition im Laufe der Zeit nicht verloren geht, sondern seit Beginn der Moderne sogar eine neue Relevanz erfährt.

Es hatten sich insbesondere zwei mathematische Analogiekonzepte durchgesetzt: Zum einen die *Strukturanalogie*, die die Organisation verschiedener Dinge in ein Verhältnis der Entsprechung setzt und damit das Grundprinzip jeglicher Isomorphie umschreibt. Zum anderen die *Reihenanalogie*, die Grundlage einer jeglichen Folgen- bzw. Reihenbeziehung ist. In Auseinandersetzung mit der

https://doi.org/10.1515/9783110986969-006

geometrisch bekannten Strukturanalogie $\frac{a}{b} :: \frac{c}{d}$ wurde deutlich, dass sie bereits innerhalb des mathematischen Kontextes vor allem als logischer Relationsbegriff agiert, der anstatt der einzelnen Größen insbesondere deren formale Strukturgleichheit in den Blick nimmt. Diese Analogieform erhält auch schnell außerhalb des mathematischen Raumes eine große Aufmerksamkeit, wenn es gilt, unterschiedliche Erscheinungen miteinander zu vergleichen. Schon seit der Antike wird die Strukturanalogie. genutzt, um den Kosmosraum als ein zusammenhängendes Gebilde sich wiederholender Formationen zu beschreiben. Damit wird die Analogie, wie Wolfgang Kluxen angibt, zu einem »*kosmischen* Strukturprinzip«,[961] das die vielfältigen Dinge des Universums gemäß dem Prinzip der Verhältnisgleichheit in Verbindung bringt. Dieses Strukturprinzip zeige sich nach der antiken Denkart schließlich auf allen phänomenalen Ebenen, so dass man den harmonischen Aufbau in sich wiederholenden geometrischen Grundfiguren sehen oder die Verhältnisbeziehungen von Harmonien akustisch wahrnehmen könne. Auch wenn letztere Überlegung bereits im 19. Jahrhundert für obsolet erklärt wurde,[962] hält sich die Vorstellung eines mathematischen proportionalen Grundaufbaues der Welt bis heute. Verfestigt wurde die Vorstellung besonders durch die physikalische Himmelsmechanik im 17. und 18. Jahrhundert, sodass Keplers Gesetze aus seiner *Harmonices Mundi*, die sich allesamt auf das Prinzip der Proportionsanalogie zurückführen lassen, bis heute Verwendung finden und auch Kants frühe naturwissenschaftlichen Kosmologieüberlegungen zur Strukturanalogie gleich entstandener Sonnensysteme als Kant-Laplace-Theorie Geltung besitzen. Die Annahme von strukturellen Entsprechungen im Kosmos und auf der Erde führt um 1800 immer wieder zu Bestrebungen, mit Hilfe der Strukturanalogie die »Urformel«[963] der Welt zu entdecken, weshalb die Analogie schnell zur Königsdisziplin der Moderne avanciert, wenn es gilt, vor dem Hintergrund wirkender Naturkräfte strukturinvariante Wiederholungen in der Organisation der Erscheinungen zu finden. Selbst die im Umkreis der spekulativen Philosophie übertriebenen Analogieübertragungen konnten der grundlegenden Überzeugung von analogen Strukturen in der Welt keinen großen Abbruch tun, wie Annahmen der heutigen Forschung belegen. Besonders deutlich wird dies in

---

961 Kluxen: Art. Analogie, Sp. 215.

962 Bereits Alexander von Humboldt gibt an: »Die Analogien der Tonverhältnisse mit den Abständen der Planeten, denen Kepler so lange und so mühsam nachspürte, blieben aber, wie mir scheint, bei dem geistreichen Forscher ganz in dem Bereich der Abstractionen.« Kosmos Bd. 3, S. 438.

963 Daiber: Auf der Suche nach der Urformel sowie der Sammelband zur Naturforschung von Arnim, Ritter und Schelling von Zimmerli, Stein und Gerten (Hg.): »Fessellos durch die Systeme«.

Überlegungen zur fraktalen Geometrie, worunter die Mandelbrot-Menge fällt, die annimmt, dass bei einer unendlichen Vergrößerung bzw. auch Verkleinerung des untersuchten Objektes immer wieder die gleichen Strukturen auftauchen. Diese Strukturinvarianz lässt sich bspw. in der Natur bei Schneeflocken, Farnblättern, Blumenkohlrosetten oder auch bei Blutgefäßen finden. Der Mathematiker Benoît Mandelbrot, der den Begriff des Fraktals 1975 prägte, gibt an, nicht unbedingt etwas Neues entdeckt zu haben, denn das Prinzip der fraktalen Geometrie findet er bereits bei Leibniz und dessen Überlegungen zur Selbstähnlichkeit und Analogie, wobei vor allem letztere seiner Meinung nach das Prinzip der fraktalen Geometrie begründen würde.[964] Die Überlegungen der fraktalen Geometrie, die auf der Strukturanalogie aufbauen, finden heutzutage Anwendungen in ganz unterschiedlichen Wissenschaften wie in der Geologie, die nicht nur analoge Bildungen der Erdoberfläche darauf stützt, sondern auch Mineral- und Kristallbildungen damit erklärt; in der Vulkanologie, die Prozesse von Vulkanausbrüchen und Erdbeben mit ihrer Hilfe berechnet; in der Biologie, die den Stoffwechsel von Organismen aufgrund gleicher innerer Organe erklärt; in der Physik, die die Küsten- und Liniengrenzen, die Wirbelintensität in Luftturbulenzen oder die Ansammlung von Sternenhaufen und Galaxien u.v.m. dadurch bestimmt etc. Es scheint fast keine Wissenschaft ohne die fraktale Geometrie auszukommen, womit der enge Bezug der unterschiedlichen Wissenschaften neuerlich sichtbar wird und an Gedanken des 18./19. Jahrhunderts anknüpft. Es verwundert insofern nicht, dass der Physiker und Wissenschaftsautor Hans-Joachim Schlichting in seinem Aufsatz über fraktale Geometrie auf Goethes Aphorismus zur Analogie verweist, wenn er die durchgängige Verbindung der Wissenschaften auf analoge Fraktale in der Natur zurückführt:

> *Jedes Existierende ist ein Analogon allen Existierenden; daher erscheint uns das Dasein immer zu gleicher Zeit gesondert und verknüpft. (J.W.v. Goethe)*
> Die Untersuchung fraktaler Strukturen beinhaltet insofern eine Abkehr von der fachsystematisch orientierten Forschung, als der Blick gewissermaßen quer durch alle Disziplinen hindurch gerichtet wird auf das Muster, das die verschiedensten Strukturen sowohl räumlicher als auch zeitlicher Art verbindet. Dies führt beispielsweise dazu, daß die Zeitauf-

---

964 Benoît B. Mandelbrot: Die fraktale Geometrie der Natur. Basel 1987; Ders.: Die fraktale Geometrie, S. 426. Vgl. zum Prinzip der Selbstähnlichkeit auch Heinz-Otto Peitgen, Hartmut Jürgens und Dietmar Saupe: Chaos. Bausteine der Ordnung. Reinbek 1998.

nahme eines Blitzes verglichen wird mit den Baumstrukturen der Blutgefäße oder dem chaotischen Verhalten eines physikalischen Systems, wie es sich in der Phasenraumdarstellung eines chaotischen Attraktors manifestiert.[965]

Es zeigt sich, wie grundlegend die Bedeutung der Strukturanalogie für das szientifische Vorgehen ist, wenn Verhältnisse und Beziehungen zwischen den Dingen und Theorien zu ergründen sind.

Während die *Strukturanalogie* systemische Isomorphien vor dem Hintergrund universaler Relationsbeziehungen erklärt und damit ihren Ausgangspunkt von der *Form* (als Verhältnisbeziehungen/identische Ordnungssysteme/Strukturinvarianzen) nimmt, richtet die *Reihenanalogie* ihren Blick auf das einzelne Glied und damit auf den *Inhalt* der Analogiebeziehung. Bereits in der mathematischen Definition wird hier die Zahl nach ihrem Mehr- oder Wenigersein im Vergleich zu anderen Zahlen betrachtet, wodurch jedes Glied der Reihe und die Reihe selbst eine bestimmte Identität erhält. Damit enthält die Reihe, auch wenn sie per se von einer Reihenform zweiter Ordnung strukturiert wird, nach Volker Schürmann ein substantielles Moment. Denn wird die Zahl in einer Reihe gesetzt und der Fortgang der Reihe durch ein bestimmtes mehr oder weniger definiert, dann ist die Zahl und auch die Reihe nicht einfach durch beliebige Variablen zu ersetzen.[966] Insofern findet sich in der Reihenanalogie ein substantielles bzw. phänomenologisches Moment, das sie für die empirisch orientiere Wissenschaft des 19. Jahrhunderts besonders bedeutsam erscheinen lässt. Denn dort gilt es vor dem Hintergrund der unübersichtlich werdenden Sammlungsgegenstände, die sich aufgrund der Forschungsreisen und Hobbysammler anhäufen, eine Form der Systematisierung zu finden, die die Gegenstände wieder in einen Systemzusammenhang bringt. Denn »[t]he evidence of Experience is nothing, can be nothing, but the evidence of Analogy«, wie der Ökonom und Philosoph John Stuart Mill festhält:

> [A]ll inference from experience, is inference from particulars to particulars, and that all inference from particulars to particulars, is from the resemblance of the one set of particulars

---

965 Hans-Joachim Schlichting: Schöne fraktale Welt. Annäherungen an ein neues Konzept der Naturwissenschaften. In: MNU 45/4, 202 (1992), S. 1–14, hier: S. 4.

966 Volker Schürmann: Die Substanz der Reihe. Notizen zu Ernst Cassirer. In: Zeitschrift für philosophische Forschung 48 (1990), S. 104–116.

> to the other. [...] And if any inference be drawn from this resemblance of relations [...] this is called reasoning by analogy. [...].[967]

Die *Reihenanalogie* betrachtet ihrer Gegenstände durch die Anordnung von Reihen. Dass sich diese Methode für eine empirisch orientierte Wissenschaft anbietet, zeigen die unterschiedlichen Beispiele wie die geologische Gesteinsreihen Abraham Gottlob Werners, die morphologischen Reihen Goethes oder den anatomischen Vergleichsreihen Campers oder Lavaters. Dabei überdenken die Wissenschaftler immer wieder den Zusammenhang von Reiheninhalt und Reihenform. Denn analoge Bezüge scheinen durch ein *tertium comparationis* gestiftet zu werden, ohne das keine Reihe gebildet werden kann. In den Überlegungen Herders zum *Prototyp*, Étienne Geoffroy Saint-Hilaires zu einem *Unité de Plan*, Goethes zu morphologischen *Typen* und *Urbildern* oder Campers zu *Grundform*en zeigt sich deshalb die Durchdringung von erster und zweiter Ordnung. Es gilt um 1800 jedoch keine ikonische Merkmalsähnlichkeit mehr, sondern vor dem Hintergrund einer lebendigen Natur eine grundlegende Übereinstimmung der Organisation. Dass die Analogie dabei jedoch nur vordergründig den relationalen Beziehungsraum aufspannt, die Anschlussstellen aber offenlassen muss, ist Teil einer Überlegung, die sich von einem prinzipiengeleiteten System verabschiedet. Beide Analogieformen werden immer wieder herangezogen, um die Organisation der Wirklichkeit zu begründen. Die Strukturanalogie nimmt ihren Ausgangspunkt von der abstrakten Form und die Reihenanalogie ihren Ausgangspunkt von der phänomenalen Erscheinung, gleichzeitig werden beide aber immer durch die jeweils andere Ebene bestimmt (schließlich lassen sich auch beide Analogieformen mathematisch ineinander umwandeln), sodass sich in der Kombination abstrakte und sinnlich Strukturen in einen Zusammenhang bringen lassen.

War bis zu Beginn der Moderne die Einheit der Wirklichkeit und des Denkens noch verbürgt, scheint dies im Anschluss an die idealistische Krise und die Erfahrungsvielfalt der empirischen Daten nicht mehr möglich. Das erste Mal entzieht sich der Grund des Seins dem Bereich des Denkens und der Sprache, womit er sich zum irrationalen Anderen der Vernunft wandelt.[968] Konnte in der Antike der Bereich des Nicht-Fasslichen durch die verbürgte Einheit des Seins noch integrativ gelöst werden – sodass das Verhältnis von Rationalem und Irrationalem immer noch innerhalb dieser Einheit ausgeglichen scheint –, steht man in der Moderne vor dem Problem, dass sich zwischen Denken, Sprechen und Realität

---

967 John Stuart Mill: Of Induction in General. In: A System of Logic Ratiocinative and Inductive Part II, S. 1101, sowie Ders.: Of Analogy. In: A System of Logic Ratiocinative and Inductive Part I, S. 554, S. 556 und. S. 559.

968 Vgl. Gernot und Hartmut Böhme: Das Andere der Vernunft.

eine unüberwindbare Kluft eröffnet. Anhand der Kantischen Vernunftbegriffe wird zu jener Zeit deutlich, dass man sie sich zwar gedanklich vorstellen könne, sie aber keinen Gegenstandsbezug mehr aufweisen. Wenn Kant in diesem Zusammenhang feststellt, dass sich die irrationale Wurzel $\sqrt{2}$ zwar nicht als endliche Zahl darstellen, aber trotzdem als Strecke veranschaulichen lasse,[969] dann verweist er auf das Zeitproblem der dualistischen Differenz, aber gleichzeitig auch auf den Lösungsansatz der Analogie. Denn dieser wurde bereits in der Antike für eine Vermittlung zwischen den Sphären genutzt, wenn man zeigen konnte, dass die Irrationalzahlen als Bestandteil des Nicht-Wissbaren zum Wissbaren in einem bestimmten Verhältnis stehen. Dadurch ergibt sich zwischen beiden zwar kein identitäres, aber ein relationales Verhältnis. Auch die Moderne laboriert an einem ähnlichen Problem, das zugleich eine andere Logik fordert als die eines durch das Dasein der Dinge begründeten Zusammenhanges. Cassirer setzt diesen Wechsel mit Aufkommen der exakten Wissenschaften des 19. Jahrhunderts fest, wobei diese Entwicklung, wie die Arbeit darlegen konnte, bereits einen Vorlauf im 18. Jahrhundert hat und dabei, wie mir scheint, den von Cassirer postulierten ›Shift‹ von einem Substanzbegriff hin zu einem Funktionsbegriff bereits differenzierter reflektiert und die damit einhergehenden Probleme mit weit umfangreicheren Lösungsansätzen versieht. Die Arbeit kann insofern an gewisse Beobachtungen Cassirers anknüpfen, jedoch müssen sie hinsichtlich der Erkenntnisse der Arbeit eine andere Interpretation erfahren. Cassirers Schrift ist der Überlegung gewidmet, dass es innerhalb der Erkenntniskritik einer grundlegenden Revision der logischen Begriffslehre bedürfe, da diese nicht mehr in der Lage seien, die Inhalte der Mathematik und exakten Wissenschaften zu beschreiben. Die durch Aristoteles geprägte Logik habe nach Cassirer ein intrinsisches Problem, indem ihre Begriffsbildung in letzter Konsequenz nicht rein formal und logisch begründet sei, sondern durch die Struktur des Daseins:

> Die spezifische Fassung der Aristotelischen Logik ist somit bedingt durch die spezifische Fassung seines Seinsbegriffs. [...] Nur an einem festen dinglichen Substrat, das primär vorhanden sein muß, können die logisch-grammatischen Arten des Seins überhaupt ihren realen Halt und Grund finden.[970]

Begriffe sind durch die Vorstellung der Gattung geprägt, die das Sein der Dinge einteilen. Der Logik des Substanzbegriffes trete aber nach Cassirer spätestens seit

---

969 Vgl. Kant: Kant an August Wilhelm Rehberg. Vor d. 25. September 1790. AA IX, S. 207–210.
970 Cassirer: Substanzbegriff und Funktionsbegriff, S. 10. Vgl. zu Cassirers Überlegungen zu Aristoteles Kap. 2.

der Entwicklung der exakten Wissenschaften die mathematische Logik der Funktion gegenüber: »[A]n Stelle der Gemeinsamkeit von Merkmalen ist es jetzt der ›Verflechtungszusammenhang‹ von Elementen, der über ihre Vereinigung zu einem Begriff entscheidet.«[971] Dabei sei dieser Verflechtungszusammenhang als eine Logik zweiter Ordnung zu verstehen, der die sinnlichen Dinge der ersten Ordnung strukturiere. Hinsichtlich Cassirers Argumentation gilt es jedoch mindestens zwei Dinge zu bedenken: Zum einen konnte die Arbeit darlegen, dass auch Aristoteles' Substanzprinzipien nicht allein auf eine begriffliche Abstraktion des Seins zu reduzieren sind, sondern er bereits ein relationales Prinzip für die Verhältnisse der Seinsprinzipien entwickelt. Wenn Autoren des 18./19. Jahrhunderts für ihre Überlegungen zu einem Verhältnis von Sinnlichkeit/Substanz und Theorie/Logik auf die antike Figur der Analogie zurückgreifen, wird deutlich, dass sich der von Cassirer skizzierte Wechsel als weit weniger fundamental darstellt. Zum anderen, so führt Volker Schürmann aus, negiert Cassirer, dass auch seine Annahme reiner Relationsbegriffe von substantiellen Momenten heimgesucht werde. Denn auch wenn die Reihenform als Vorgabe Ähnlichkeiten und Unterschiede zwischen den Dingen allererst generiert und diese den Dingen nicht als Eigenschaft beiwohnt, so zeichnet jede Reihe ein bestimmter Inhalt aus, der ihre Identität festlegt (siehe auch weiter oben).[972]

Um 1800 wird diese Problematik bereits an verschiedenen Stellen reflektiert und mit unterschiedlichen Lösungsansätzen versehen. In Kants Überlegungen zur Zeit wird ersichtlich, dass er den Zusammenhang zwischen einer absoluten Zeit und einer Zeitreihe,[973] die selbst zeitlich und d.h. phänomenal ist, problematisiert. Die absolute abstrakte Zeit ist seiner Ansicht nach nur indirekt per Analogie zu erfassen. Diesem transzendenten Zeitkonstrukt setzt er aber die Bestimmung zeitlicher Relationen entgegen, die durch Beziehungen des Vorher und Nachher oder des Zugleichseins festgelegt sind. Zudem werden die Zeitmomente durch Affinitäten der Erscheinung bestimmt, sodass die absolute Zeit mit Hilfe der empirischen erfassbar scheint. Zwischen beiden besteht eine Analogiebeziehung, wobei nicht eindeutig auszumachen ist, ob die Analogiebeziehung vordergründig (als zweite Ordnung) besteht oder ob sie nur von den Erscheinungen (Zeitrelationen; erste Ordnung) aus hergestellt werden kann. Auch Hardenberg

---

971 Ebd., S. 31

972 Schürmann: Die Substanz der Reihe. Notizen zu Ernst Cassirer. Siehe hierzu auch die Überlegungen weiter oben.

973 Kant wirft damit eines der wichtigsten Probleme der Physik auf, das bis heute nicht eindeutig geklärt scheint. Vgl. hierzu Fußnote 494.

untersucht den Zusammenhang von logischer und substantieller Ordnung in ganz unterschiedlichen Kontexten und es wird ihm mitunter der Vorwurf eines epistemischen Rückfalls gemacht, wenn sich scheinbar hermetisch-ontologische Denktraditionen finden lassen. Dabei konnte die Arbeit zeigen, dass Hardenberg in seiner *Enzyklopädistik* einzelne Wissensgebiete mit Hilfe einer relationalen Metaordnung zu verbinden sucht. Das Relationsschema verweist auf die unendlichen Anschlussstellen der einzelnen Wissensgebiete, womit nicht eine bestimmte Disziplin den anderen vorausgehen kann – wie von der Forschung häufig angenommen –, sondern die Methode der ›Analogistik‹ als verhältnisgenerierendes Instrument die Bezüge herstellt. Insofern operiert die Analogistik zwischen den Ebenen der ersten und zweiten Ordnung, was Hardenberg unter anderem mit der Figur des ›Wechsel‹ auszudrücken versucht. Auch für Goethes *Morphologische Hefte* konnte gezeigt werden, dass seiner Sammlung eine bestimmte Strukturlogik der Beziehungsstiftung zugrunde liegt, die zwar kein geschlossenes System bildet, jedoch auch nicht – wie häufig in den jüngeren Ansätzen dargestellt –, unterhalb der Schwelle jeglicher Beziehungsbestimmung liegt. Dass hierbei der Anordnung der Hefte Goethes morphologische Idee zugrunde liegt, die er auch für seine Naturforschung nutzt und die davon ausgeht, dass zwischen Idee und Erfahrung eine analogische Beziehung vorliegen muss, macht deutlich, dass auch für Goethe zwischen erster (Phänomen-Erläuterung in den Heften) und zweiter Ordnung (Zusammenhang zwischen den einzelnen wissenschaftlichen Erklärungen) ein Verhältnis der Analogie vorliegt. In der Forschung wird auch für Goethe, ähnlich wie für Hardenberg, der Übergang von einer Ordnung zur anderen mit der Form des ›Schwankens‹, ›Schaukelns‹ oder dem ›Sprung‹ umschrieben, wobei Goethe eine Gleichsetzung von erster und zweiter Ordnung durchaus ernst zu nehmen scheint, die im Fall der Wissenschaft zu einem ›Wahnsinn‹ führe, der nur mit Hilfe der Kunst aufzulösen sei.

Der moderne Wissensraum ist, wie Cassirer feststellt, in der Tat nicht mehr über die Identitäten der Elemente, sondern über die Identitäten der Beziehung strukturiert und wird bereits von Autoren rund um die Epochenschwelle um 1800 in ihren szientifischen Arbeiten reflektiert und produktiv verhandelt. Dass hierbei der Analogie eine neue Bedeutung zufällt, muss dann auch Foucault zugeben und in dieser von ihm als verdrängten Wissensfigur schließlich das grundlegende funktionale Strukturmoment des modernen Wissens- und Wirklichkeitsraumes erkennen:

> L'archeologie, elle, [...] étudiera le déplacement des positivités les unes par rapport aux autres (par example, la relation nouvelle entre le biologie, les sciences du langues et l'économie); enfin et surtout, elle montrera que l'espace général du savoir n'est plus celui des identités et des différence [...] mais un espace fait d'organisations, c'est-a-dire de rapport

internes entre des éléments dont l'ensemble assure une fonction; [...] De sorte qu'on voit surgir, comme principes organisateurs de cet espace d'empiricités, l'*Analogie* et la *Succession*: d'une organisation á l'autre lien, en effet, ne peut plus être l'identité d'un ou plusieurs éléments, mais l'identité du rapport entre les éléments (où la visibilité n'a plus de rôle) et de la fonction qu'ils assurent; de plus, s' il arrive à ces organisations de voisiner, par l'effet d'une densité singulièrment grande d'analogies, [...] dans l'espace ne seront que les formes déposées et fixées d'une succession qui procède d'analogie en analogie.[974]

In diesem Zusammenhang scheint es nicht von ungefähr, dass diese strukturelle Art zu denken gerade in jener geisteswissenschaftlichen Strömung des 20. Jahrhunderts wieder an Bedeutung gewinnt, die sich zunächst vehement gegen den Analogiebegriff auszusprechen versucht. Denn wenn sich der Strukturalismus in erster Linie für Verhältnisbeziehungen in einem epistemischen oder sprachlichen Gefüge interessiert, dann scheint eine Auseinandersetzung mit der Analogie – wenn auch nur als implizite – unumgänglich. Dass die strukturalistische Episteme demnach eine geistige Verwandtschaft mit der um 1800 aufweist, zeigt nochmals den modernen Anspruch einer analogen Denkform, die bis heute ihre Wirkkraft in unterschiedlichen Wissenskontexten entfaltet.

6.2 Analogie zwischen Subjekt und Objekt

Ist die Einheit der Wirklichkeit und des Wissens nicht mehr durch das Dasein der Dinge vorgegeben, erhält auch die menschliche Erkenntnis eine neue Aufgabe. Wenn ihr dabei zuvor lediglich eine registrierende Funktion zufiel, so kommt ihr

974 Foucault: Les mots et les choses, S. 230. (»Die Archäologie [...] wird die Verlagerung der Positivitäten in ihrer Beziehung zueinander untersuchen (zum Beispiel die neue Beziehung zwischen der Biologie, den Sprachwissenschaften und der Ökonomie). Schließlich und vor allem wird sie zeigen, daß der allgemeine Raum des Wissens nicht mehr der der Identitäten oder der Unterschiede ist, [...] sondern ein Raum, der geprägt ist von Organisationen, das heißt von inneren Beziehungen zwischen Elementen, deren Gesamtheit eine Funktion sichert. [...] Infolgedessen sieht man als Organisationsprinzipien dieses Raums von Empirizitäten die *Analogie* und die *Folge* entstehen: die Verbindung von einer Organisation zur anderen kann in der Tat nicht mehr die Identität eines oder mehrerer Elemente sein, sondern die Identität der Beziehung zwischen den Elementen (wo die Erscheinung keine Rolle mehr spielt) und der Funktion, die sie ausüben. Wenn es obendrein vorkommt, daß diese Organisationen benachbart sind, etwa durch die Wirkung einer besonders großen Dichte von Analogien [...] werden künftig die gleichzeitigen und gleichzeitig im Raum beobachtbaren Ähnlichkeiten nur die festgelegten und fixierten Formen einer Folge sein, die von Analogie zu Analogie fortschreitet.« Foucault: Die Ordnung der Dinge, S. 270–271.)

nun eine eigene aktive zu, um die Zusammenhänge der Wirklichkeit selbsttätig zu erfassen. So hält Cassirer fest:

> Neben dasjenige, was der Inhalt seinem materialen sinnlichen Gehalt nach ist, tritt dasjenige, was er im Zusammenhang der Erkenntnis bedeutet; [...] denn jetzt ist die Abstraktion nicht mehr ein gleichförmiges und unterschiedsloses Bemerken gegebener Inhalte, sondern sie bezeichnet den einsichtigen Vollzug der verschiedenartigsten, selbstständigen Denkakte, deren jeder eine besondere Art der Deutung des Inhalts, eine eigene Richtung der Gegenstandsbeziehung in sich schließt.[975]

Dass vor dem Hintergrund einer relational-organisierten Naturwissenschaft auch die Kontext-Beobachterabhängigkeit eine Rolle spielt, thematisiert bereits Goethe, wenn er die Aufgabe des Forschers darin sieht, die dynamische Analogie im Spannungsfeld von einer ›tötend-begrifflichen Bestimmung‹ und einer ›überlebendigen Offenheit‹ richtig anzuwenden. Die Herstellung von Analogien geht insofern mit einem Beobachter-Relativismus einher, der den dynamisch-offenen Wissensraum der Moderne mitkonstituiert.

Inwiefern Beobachtung und Beobachtetes in einen Zusammenhang gebracht werden können, der weder in einem Naturalismus des Denkens noch in einem solipsistischen Idealismus mündet, ist Kants großes Anliegen in seiner *Kritik der reinen Vernunft*. Dabei ist für ihn, wie gezeigt werden konnte, die Analogie die wichtigste Vermittlungsfigur, die nicht nur strukturell die Beziehung der Erkenntnisvermögen sichert, sondern auch die zwischen Natur und Vernunft. In seiner Frühschrift *Allgemeine Naturgeschichte oder Theorie des Himmels* versucht er sich bereits der Frage nach dem Verhältnis anzunähern und diese einerseits mit Hilfe einer Strukturanalogie zwischen mechanischen Naturgesetzen und physiologischen Nervenreizungen und andererseits mit Hilfe eines Vergleichs der Vernunft verschiedener Planetenbewohner zu erklären. In diesem Zusammenhang erweist sich Kants Schluss der Frühschrift, in welchem er sich für die Existenz anderer Planetenbewohner interessiert, als weitaus weniger phantastisch als noch Christian Wolffs rechnerische Erfassung der Größe der Jupiterbewohner auf präzise $13\frac{819}{1440}$ Fuß.[976] Versucht Wolff lediglich das äußere Merkmal

975 Cassirer: Substanzbegriff und Funktionsbegriff, S. 32–33.

976 Christian Wolff berechnet die Größe der Jupiterbewohner durch eine Analogie. Er setzt das Verhältnis von Pupillengröße und Auge bei mittäglichen Sonnenstand zum Verhältnis von Augengröße und Körper gleich. Aufgrund einer variierenden Lichtintensität auf dem Jupiter im Vergleich zur Erde glaubt er die unterschiedliche Pupillenverengung als Maßstab für die Körpergröße nutzen zu können: »Quare cum in Jove lux meridiana in eadem altitudine Solis sit debilior, quam in tellure, ob majoram nempe a Sole distantiam inferius independenter ab his ostendendam; pupilla in maxima constrictione, adeoque etiam per se, major esse debet in Jovicolis,

der Größe von Mensch und Jupiterbewohner mit Hilfe einer spekulativen Rechnung zu belegen, trifft Kants Frage nach dem korrelativen Verhältnis unterschiedlicher Vernunftweisen ins Zentrum einer nachaufklärerischen Episteme. Denn mit Hilfe der Analogie schafft Kant eine Außenperspektive auf die menschliche Vernunft, die ihm nicht nur helfen soll, den Bezug des Menschen zu anderen Wesen, sondern auch zur Natur zu klären. Bereits hier erprobt Kant eine Strukturanalogie zwischen den unterschiedlichen Bereichen von unterschiedlichen Vernunftweisen sowie von phänomenaler Welt und Erkenntnis und zeigt damit deren Bedeutung als Vermittlerfigur der Zeit. Wenn, wie Lichtenberg annimmt, »[u]nsere Sinne [...] eine solch Verhältnis zu den Dingen um uns [haben, S.G.] daß bei ihrer Entstehung schon das wichtigste geschehen ist, ehe wir wissen, daß sie da sind [...]«,[977]dann sichert die Analogie den Weltbezug des Menschen.

Zugleich wird die analogische Verbindung zwischen physischer und materieller Welt auch im Bereich der empirischen Psychologie verhandelt, die bereits den Grundstein für heutige kognitionswissenschaftliche Ansätze bildet. Geht Herder davon aus, dass er sich nicht vorstellen könne, wie die »Seele etwas aus sich spinne [...], wie sie etwas außer sich empfinde, wovon kein Analogon in ihr und ihrem Körper sei [...]«,[978] dann zeigt sich bereits jener moderne Ansatz, der

quam in terricolis. Enimvero experentia loquitur, pupillam reliquo bulbo oculi, oculum vero reliquo corpori esse proportionatum, ut nempe animantia oculos majores habeant, quorum pupilla major est & corpore majori gaudeant [...] cui quam proxime convenit longitudo Jovicolarum pedum $13\frac{819}{1440}$.« (»Deshalb, weil bei demselben Stand der Sonne das mittägliche Licht auf dem Jupiter schwächer ist als auf der Erde, nämlich wegen der größeren Distanz des Jupiters von der Sonne, die weiter unten unabhängig von diesen erklärt wird: die Pupille muss (zu diesem Zeitpunkt, Einfügung, S.G) in der größtmöglichen Verengung sein, und es muss sich so auch im Wesentlichen bei den Jupiterbewohnern, wie bei den Erdbewohnern verhalten. Allerdings sagt die Erfahrung, dass die Pupille sich zum restlichen Augapfel in der Tat wie das Auge zum restlichen Körper verhält, sodass nämlich die dort Lebenden sicherlich größere Augen haben, deren Pupille größer ist und sie sich größerer Körper erfreuen. [...] [A]us diesem Grund lässt sich auf eine Größe der Jupiterbewohner von $13\frac{819}{1440}$ Füßen schließen.« Übers. S.G). Christian Wolff: Elementa Matheseos Universae. Tomus III. Halle/Magdeburg 1735, Scholion Nr. 527, S. 576–577. Vgl. hierzu Eberhard Knobloch: Vielheit der Welten – extraterrestrische Existenz. In: Wilhelm Voßkamp (Hg.): Ideale Akademie. Vergangene Zukunft oder konkrete Utopie. Berlin 2002, S. 165–187.

977 Lichtenberg: Sudelbuch Heft A (1765–1770). In: Ders.: Schriften und Briefe in vier Bänden und zwei Kommentarbänden, hg. von Wolfgang Promies. Neuauflage Frankfurt/M. Bd. 1 1971, S. 26, Aphorismus 223.

978 Herder: Vom Erkennen und Empfinden der menschlichen Seele. SWS 8, S. 193, S. 184 und S. 200.

zwischen den »Triebwerken der Seele«[979] und der äußeren Natur eine Strukturgleichheit mutmaßt. Im Bereich der Psychophysik des 19. Jahrhunderts wird er dann eine besondere Popularität erleben, wenn es, gilt subjektiv-psychische und objektiv-physikalische Prozesse zueinander in Beziehung zu setzen. Gustav Theodor Fechner erkennt deshalb in der »Analogie [...] die alleinherrschende Rolle«[980] und Ernst Mach erblickt darin die methodologische Grundvoraussetzung jeglicher wissenschaftlichen Forschung: »Die *sinnlich beobachtete Aehnlichkeit* bedingt schon unbewußt ein ähnliches Verhalten, ähnlich motorische Reactionen gegenüber den ähnlichen Objecten [Herv. S.G.].«[981] Heutzutage spricht die Kognitionswissenschaft von einem *Mapping-Process*, der es erlaubt, bei ähnlichen Wahrnehmungen Übertragungen von gleichen *frames* vorzunehmen, die diese unkategorisierten Daten einordnen.[982] Vorausgesetzt wird dabei die Ähnlichkeit von den relationalen Beziehungen der Objekte und den sie erfassenden *frames*. Inwiefern sich hierbei Idee (frames) und Erfahrung (ähnliche Wahrnehmungen) analog verhalten müssen, wie Goethe feststellt, scheint jedoch zum großen Teil nicht mehr Gegenstand der heutigen kognitionswissenschaftlichen und naturwissenschaftlichen Fragestellungen zu sein. Dabei, so betont Otfried Höffe in seiner Untersuchung zu Kants *Kritik der Vernunft - Grundlegung der modernen Philosophie*, müssen sich diese Wissenschaften auf Antworten der Fundamentalphilosophie verlassen, die allererst zu klären versuchen, wie Wissen und Wissenschaft vor dem Hintergrund der Diskrepanz von Subjekt und Umwelt möglich sind.[983] Die theoretische Fundierung der Analogie als Vermittlerin zwi-

---

979 Johann Georg Sulzer: Von der Kraft (Energie) in den Werken der schönen Künste. In: Vermischte philosophische Schriften. Leipzig ²1782, S. 124–148, hier: S. 133. Dass Herder sich auf Sulzers Vorstellung einer Analogie von äußeren und inneren Kräften bezieht, hat Caroline Torra-Mattenklott in ihrer Studie *Metaphorologie der Rührung* herausgearbeitet (vgl. Kap. 2). Wenn Sulzer dabei von den physikalischen Erklärungen ausgeht, um die dunklen Seelenvorgänge via Analogie zu erklären, dann wird Herder diesen Bereich der ›dunklen Empfindung‹ als Ausgangspunkt seiner ästhetischen Reflexion wählen und von dort aus seine Analogien auf die Welt richten. Insofern stellt er Sulzers Analogiemodell mehr oder weniger auf den Kopf, indem er zwar von Naturkräften ausgeht, jedoch aus einer anthropozentrischen Sicht die menschlichen Kräfte als Garant für die Erkenntnisse dieser annimmt.

980 Wilhelm Max Wundt: Gustav Theodor Fechner. In: Ders.: Reden und Aufsätze. Leipzig ²1914, S. 254–344, hier: S. 336.

981 Mach: Die Aehnlichkeit und Analogie als Leitmotiv der Forschung, S. 10.

982 Gentner: Structure-mapping. A theoretical framework for analogy. In: Cognitive Science 7 (1983), S. 155–170, hier: S. 159.

983 Otfried Höffe: Kants Kritik der reinen Vernunft. Grundlegung der modernen Philosophie. München 2003.

schen Subjekt und Umwelt haben dabei Kant und seine Nachfolger bereits geleistet, wie die vorliegende Arbeit zeigen konnte, sodass heutige Ansätze auf deren Ergebnisse aufbauen (können).

Kant und Hardenberg, so hat die Arbeit dargestellt, nutzen die Analogie, um eine Wissenserkenntnis trotz der dualen Entitäten von Natur und Subjekt, Sinnlichkeit und Verstand, bzw. Gefühl und Denken, zu sichern. Dass bei einer derartigen Verhältnisbeziehung zwischen so heterogenen Sphären die Autoren mit gewissen Erklärungsschwierigkeiten kämpfen, scheint vor dem Hintergrund einer In-Beziehungs-Setzung des Differenten nachvollziehbar. Kant versucht für die dualen Sphären von Natur und Subjekt, denen innerhalb der menschlichen Vernunft die Erkenntnisformen von Sinnlichkeit und Verstand entsprechen, eine genalogische Erklärung zu liefern, wonach beide durch einen gemeinsamen Abstammungsgrund als ›Schwestern‹ zueinander in Beziehung stünden. Dass hierbei gemäß den biologischen Vorstellungen der Zeit, Verwandtschaftsbeziehungen analoge Formausbildungen begründen, nutzt Kant dann für eine analoge Passgleichheit seiner beiden Erkenntnisweisen. Hardenberg, der die dualen Entitäten zwischen Gefühl und Denken aufspannt, versucht sich an einer Erklärung des ›Wechsels‹, der die analoge Verhältnisrelation von *Sein : Darstellen :: Fühlen : Denken* in ein prozessuales Geschehen bindet. Goethe hingegen wird im Gegensatz zu seinen Vorgängern die paradoxe Annahme der Gleichsetzung von Idee und Erfahrung erstmals wörtlich nehmen und den Widerspruch der Verhältnisbeziehung nicht auflösen, sondern lediglich im wechselweisen beschränkenden Prozesse des Erlebens einen Ausgleich zulassen. Foucault stellt zu dieser Art moderner Erkenntnis fest:

> C'est pourquoi la pensée moderne n'a pas pu èviter – et à partir justement de ce discours naïf – de chercher le lieu d'un discours qui ne serait ni de l'ordre de la réduction ni de l'ordre de la promesse: un discours dont la tension maintiendrait séparés l'emperique et la transcendental, en permettant pourtant de viser l'un et l'autre en même temps; [...] La vécu, en effet, est a la fois l'espace où tous les contenus empiriques sont donnés à l'expérience; il est aussi la forme originaire qui les rend en général possible et désigne leur encracinement premier; [984]

984 Foucault: Les mots et les choses, S. 331–332. (»Deshalb hat das modern Denken – und ausgehend genau von jenem naiven Diskurs – nicht vermeiden können, den Ort eines Diskurses zu suchen, der weder zur Reduktion noch zur Verheißung gehört: einen Diskurs, dessen Spannung das Empirische und Transzendentale in einer Trennung aufrechterhielte und dennoch gestattete, gleichzeitig auf beide zu zielen; [...] In der Tat ist das Erlebte gleichzeitig der Raum, in dem alle empirischen Inhalte der Erfahrung gegeben werden; es ist auch die ursprüngliche Form, die

Damit wird deutlich, dass sich in einem modernen Denken das Empirische und das Transzendentale in einer paradoxen Spannung verbindet, die von den drei Autoren auf unterschiedliche Weise mit Hilfe der Analogie ihren Ausdruck und auch ihre Ausbalancierung erfährt. Denn mit Hilfe der Strukturanalogie gelingt es ihnen, beide Sphären trotz ihrer Unterschiedlichkeit aufeinander zu beziehen und als ›korrelatives Verhältnis‹[985] zu fassen, das seither in unterschiedlicher Form philosophische und wissenschaftliche Überlegungen antreibt.

6.3 Analogie als ästhetische Reflexion

Es zeigt sich, dass die Analogie in der Moderne von den Autoren genutzt wird, um den Erfahrungs- und Wissensraum vor dem Hintergrund einer mathematischen Logik relationaler Beziehungen zu erklären. Damit versuchen sich die Autoren von einem ontologischen Begründungsansatz zu lösen, auch wenn sie erkennen, dass sich das substantielle Moment nicht (ganz) verdrängen lässt. Die Verbindung von sinnlich-substantiellen und logischen-abstrakten Ebenen stellt dabei in den theoretischen Erklärungen die größte Herausforderung dar und zeigt, dass hier um Darstellungsweisen gerungen wird, die den Bereich des Logischen überschreiten. Allein Kants Abstammungsgrund für geschwisterliche Erkenntnisweisen deutet bereits auf eine rhetorische Veranschaulichungsstrategie hin, die das schwer Greifbare zugänglich machen soll. Denn

> [d]ie menschliche Vernunft hat das besondere Schicksal in einer Gattung ihrer Erkenntnisse: daß sie durch Fragen belästigt wird, die sie nicht abweisen kann; denn sie sind ihr durch die Natur der Vernunft selbst aufgegeben, die sie aber auch nicht beantworten kann, denn sie übersteigen alles Vermögen der menschlichen Vernunft.[986]

Die Vernunft stellt sich Fragen, die sie selbst nicht beantworten kann, da sie außerhalb der Grenze des Erkennbaren liegen. Fragen nach einer Natur-Einheit

---

jene Inhalte im allgemeinen mögliche macht und ihre erste Verwurzelung bezeichnet.« Foucault: Die Ordnung der Dinge, S. 387.)

985 Edmund Husserl spricht von einer Korrelativität zwischen erkennendem Bewusstsein und objektivem Welt-Gegenstand, vgl. hierzu Edmund Husserl: Cartesianische Meditationen und Pariser Vorträge, hg. von Stephan Strasser. Nachdruck der 2. verb. Aufl. 1992 (Husserliana Band 1). Den Haag 1950, S. 65.

986 Kant: Kritik der reinen Vernunft, AA IV, S. 7.

oder nach einem Zusammenhang von zwei Vernunft-Formen wie Sinnlichkeit und Verstand müssen notgedrungen außerhalb einer unmittelbaren Wahrnehmung liegen. Zwar gibt es gedankliche Begriffe dafür, aber keine sinnliche Anschauung, die sie bestätigen würde. Für die kritische Wissenschaft besteht aber »die Realität und damit der Erkenntniswert eines Begriffes im Aufweis der ihm korrespondierenden Anschauung.«[987] Kant erläutert hierzu:

> Gedanken ohne Inhalt sind leer, Anschauungen ohne Begriffe sind blind. Daher ist es eben so nothwendig, seine Begriffe sinnlich zu machen (d. i. ihnen den Gegenstand in der Anschauung beizufügen), als seine Anschauungen sich verständlich zu machen (d. i. sie unter Begriffe zu bringen).[988]

Wenn Kant den Zusammenhang der beiden Erkenntnisweisen mit Hilfe der Vorstellung eines Geschwisterpaares verdeutlicht, zeigt sich hier eine metaphorische Veranschaulichung des abstrakt unanschaulichen Konzeptes. Es wurde in der Arbeit dargelegt, dass die eigentliche Metapher nach Aristoteles diejenige ist, die auf der mathematischen Strukturanalogie beruht, indem sie Übertragungen zwischen ganz unterschiedlichen Kontexten zulässt. Dabei wird ein weiteres Moment der mathematischen Analogie übernommen, das nicht nur zwischen unterschiedlichen Isomorphien vermittelt, sondern auch den Begriffen eine Anschauung zuführt. So wie die (antike) Mathematik ihre Zahlbegriffe auf ein εἶδος ausrichtet, um einen evidenten Beweis zu liefern, so führt Kant den abstrakten Begriffen ein Sprach-Bild zu, um eine Erkenntnis des theoretischen Gegenstandes zu ermöglichen. Dass diese Zuführung der Analogie zufällt, wird von den drei untersuchten Autoren auch theoretisch reflektiert: Für Kant ist die Hypotypose an eine ›reflektierende Handlung der analogisch verfahrenden Urtheilskraft‹ gebunden, Goethes lebendige Erfahrung stützt sich auf eine ›reine Methode der Analogie‹ und Novalis Gemüthsdarstellung der inneren Welt steht in engem Zusammenhang mit seiner ›analogischen Construction‹. Dass hier die Analogie eindeutig aus ihrer rhetorisch-figürlichen Tradition gelesen wird, zeigt sich nicht nur am Vokabular – Kants Hypotyposen-Begriff entstammt dem rhetorischen Figuren-Arsenal und Novalis und Goethe referieren auf die Redewirkung des *movere* –, sondern auch an ihrer Einordnung in das Inventar von Darstellungsinstrumenten, das durch die Begriffe ›Handlung‹, ›Methode‹, ›Konstruktion‹ den in jener Zeit aktivierten Konnex von Darstellung und Praxis aufgreift.

---

987 Jürgen Nieraad: Art. Darstellung. In: Historisches Wörterbuch der Philosophie, hg. von Joachim Ritter und Karlfried Gründer. Darmstadt 1971ff. Bd. 2, Sp. 11–12, hier: Sp. 11.
988 Kant: Kritik der reinen Vernunft, AA III, S. 75.

Die Übertragung der Analogie wird als Tätigkeit verstanden, die eine geistige Bewegung in Gang bringt, wodurch die Darstellung jene vitale Belebung erfährt, die sie dem lebendigen Naturbegriff nahebringt. In diesem Zusammenhang wird demnach die Bedeutung der Ästhetik in jener Zeit deutlich, die mit den Begriffen von Wissen und Erkenntnis eng verbunden ist. Denn ohne die sinnliche Anschauung wären diese nicht vollständig und ohne die Vorgabe der Begriffe gäbe es keine Reflexion. Dass die Analogie als Übertragungsfigur Begriff und Anschauung zueinander in Beziehung zu setzen vermag, scheint für die Autoren ihre größte Leistung auszumachen. Denn nicht nur ermöglicht die Analogie für Kant ›wahre Erkenntnisse‹, sondern sie verbindet auch für alle drei die Disziplinen der Philosophie, der Naturwissenschaft und der Kunst.

Wenn die Analogie dabei aufgrund ihrer logisch-mathematischen Strukturform Übertragungen zwischen den Bereichen vornimmt, so zeigt sich auch im Bereich der Kunst jene logische Prägung, womit sich Kunst und Wissenschaft nicht als diametral entgegengesetzt, sondern als unterschiedliche epistemische Formen erweisen. Ähnlich der theoretischen Analogieverwendung verbindet die Kunst logische und sinnliche (ästhetische) Momente, wenn sie auf relationale Übertragungsfiguren zurückgreift, die die verschiedenen Sprach-Bilder in Beziehung setzen und die gleichzeitig vitale Gemütsbewegungen erzeugen, die die Übertragung, sinnlich erfahrbar machen. Damit scheint die Kunst für alle drei Autoren jenen Reflexionsraum darzustellen, der problemlos Metastruktur und phänomenale Evidenz vereinigt. Niklas Dommaschk hat in diesem Zusammenhang bereits auf den wichtigen Begriff der ästhetischen Erfahrung aufmerksam gemacht,[989] der eine Möglichkeit bietet, sich der Erfahrungs- und Wissensstrukturen unterschiedlicher Zeiten bewusst zu werden. Bei Kant, Hardenberg und Goethe obliegt es demnach der ästhetischen Rezeption als Form des ästhetischen Vergnügens dem Subjekt seine eigene Erkenntnistätigkeit und Wirklichkeitsstrukturierung zugänglich zu machen. Dabei ist der von den Autoren entworfene ästhetische Reflexionsraum jedoch einer bestimmten Konstruktion zu verdanken, der auf die logische Analogieform zurückgeht, womit sich die Ästhetik nicht als Kompensation einer defizitären Logik erweist, sondern mit ihr in einem engen Dependenzverhältnis steht. Dieses Dependenzverhältnis von Logik und Ästhetik ermöglicht es den Autoren allererst, die Verhältnisbeziehung von Natur und Subjekt bzw. von Natur und Sozietät im ästhetischen Modus mit Hilfe der Vermittlungsfunktion der Analogie logisch zu reflektieren und ästhetisch zu erfahren. Kant thematisiert hierfür die Verhältnisbeziehung der Zeit mit Hilfe musikalischer Zeitverhältnisse, Hardenberg das ›ästhetische Gefühl‹ in seinen *Lehrlingen*

989 Vgl. Dommaschk: Ähnlichkeit und ästhetische Erfahrung.

zu Saïs und das Raum-Zeit-Erlebnis im *Klingsohr Märchen* als Möglichkeit der Begegnung von Subjekt und Natur und Goethe reflektiert in seinen *Wahlverwandtschaften* anhand der Kunst als ›ganzes Verhältnis‹ den Zusammenhang von natürlicher und sozialer Organisation. Die Kunst kann in ihrer Selbstreferentialität ihre Verhältnisbeziehungen sichtbar machen und damit die Anwendung der Analogiefigur zur Darstellung bringen, die sie selbst kennzeichnet.

In den untersuchten Texten agiert die Analogie als mathematische und rhetorische Figur zwischen den Bereichen von Logik und Sinnlichkeit. Sie besitzt dort *sowohl* eine szientifische *als auch* eine ästhetische Funktion und kann vor diesem Hintergrund nicht nur auf Ebene der zweiten und ersten Ordnung Beziehungen zwischen deren Entitäten, sondern auch eine Beziehung zwischen den Ebenen herstellen. Gleichzeitig wird ihre eigene Relationsleistung von den Autoren im Modus einer ästhetischen Veranschaulichung auch zur Darstellung gebracht, womit sie als Teil künstlerischer Praktiken verstanden wird. Sie nimmt hinsichtlich ihrer Wissensgeneration um 1800 sowohl im logischen als auch im ästhetischen Sinne eine Sonderform ein, denn ihr Wissenscharakter ist weder der der eindeutigen Proposition, noch der eines nicht philosophisch einlösbaren ästhetischen Wissens eigener Konvenienz.[990] An Stelle einer eindeutigen Positionierung zwischen den beiden Gebieten findet man sie in jener Zeit genau im Bereich des ›Da-Zwischen‹. Im Bereich der Erkenntnis und des Wissens bemüht sie sich zum einen um die ausgeschlossenen Bereiche des Undarstellbaren oder Unaussprechlichen, zu denen sie mit Hilfe von Referenzsystemen einen Zugang verschafft. Zum anderen wird sie genutzt, um die Grenzen des Wissbaren mit Hilfe eines projizierten Fluchtpunktes im Modus des ›Als-Ob‹ zu überschreiten, um von dort das Wissen als Ganzes in den Blick zu bekommen. Insofern kann die Analogie über den traditionellen Wissensbereich aristotelischer Prägung hinausweisen, was sie einer modernen Vorstellung einer Ästhetik als ›Unverfügbarkeit‹ und ›Sinnüberschuss‹ nahebringt. Gleichzeitig wird ihre intelligible Ausrichtung im Bereich der Kunst als deren epistemischen Fundierung verstanden, sodass man sie nicht im Sinne einer Kunsttheorie des Unbestimmten verorten kann. Die Annäherung an das Unbestimmte findet in den Texten stets auf Grundlage ihrer antiken mathematischen Strukturbestimmung als Verhältnisfigur statt. Insofern

990 Vgl. hierzu die verschiedenen Arbeiten von Mersch. Mersch: Epistemologien des Ästhetischen. Berlin 2015; Ders.: Kritik der Kunstphilosophie. Kleine Epistemologie künstlerischer Praxis. In: Violetta Waibel und Konrad Paul Liessmann (Hg.): Es gibt Kunstwerke. Wie sind sie möglich? München (Fink) 2014, S. 55–82 und Ders.: Kunst ist Kunst als Kunst – alles andere ist alles andere. Einige Überlegungen zur Ästhetik der Avantgarden. In: Kodias/Code. Ars Semeiotica 36 (1/2) (2013), S. 7–22.

beleuchtet die Kunst der Zeit ihre eigenen Verhältnisbeziehungen sowie die der Wirklichkeit stets mit Hilfe des Grundgerüstes eben jener Verhältnisfigur. Die Analogie ist insofern eine Figur, die bereits seit ihrer antiken Definition durch logische und ästhetische Momente bestimmt wird und damit sowohl als logische Metastruktur als auch als sinnliche Analogieformen in Anschlag gebracht wird, ohne je in einer Form aufzugehen. Sie ist immer beides zugleich. Sie steht seit Anbeginn zwischen den verschiedenen Feldern und agiert zwischen diesen. Dass insofern ihre ›Kraft‹ der Vermittlung ›immens‹ erscheint, wie Foucault feststellt, scheint ihren unwiderstehlichen Reiz seit Beginn der Moderne auszumachen und sie auch für künftige Analogieprojekte auszuzeichnen.

Siglenverzeichnis

AA Immanuel Kant: Gesammelte Schriften Herausgegeben von der Preussischen Akademie der Wissenschaften (Bd. 1–22). Deutsche Akademie der Wissenschaften zu Berlin (Bd. 23). Akademie der Wissenschaften zu Göttingen (ab Bd. 24). Berlin 1900ff. [Akademie Ausgabe].

FA Johann Wolfgang Goethe. Sämtliche Werke, Briefe, Tagebücher und Gespräche. 40 Bände (in 45). Herausgegeben von Friedmar Apel u.a. Frankfurt/M. und Berlin 1987–2013 [Frankfurter Ausgabe].

N Novalis Schriften. Die Werke Friedrich von Hardenbergs. Begründet von Paul Klockhohn und Richard Samuel in Zusammenarbeit mit Hans-Joachim Mähl und Gerhard Schulz. Bd. 1 und 2 Stuttgart ^{3}1977/1981; Bd. 3 und 4 Stuttgart ^{2}1983/1975.

NA Schillers Werke. Nationalausgabe. Herausgegeben von Julius Petersen, fortgeführt von Liselotte Blumenthal und Benno von Wiese im Auftrag der Klassik Stiftung Weimar und des Schiller-Nationalmuseums Marbach. Weimar 1943ff.

SWS Herders Sämmtliche Werke. Herausgegeben von Bernhard Suphan. 33 Bände. Berlin 1877–1913.

Abbildungsverzeichnis

Abb. 1: Geometrische Folge. Graphische Bilderstellung Florian Duschl.

Abb. 2: Proportionsverhältnisse. Graphische Bilderstellung Florian Duschl.

Abb. 3: Quadratverdoppelung. Graphische Bilderstellung Florian Duschl.

Abb. 4: Gnomone von Quadratzahlen. Graphische Bilderstellung Florian Duschl.

Abb. 5: Peter Camper: Über den natürlichen Unterschied der Gesichtszüge in Menschen verschiedener Gegenden und verschiedenen Alters; über das Schöne antiker Bildsäulen und geschnittener Steine; nebst Darstellung einer neuen Art. Allerlei Menschenköpfe mit Sicherheit zu zeichnen, hg. von Adrian Gilles Camper, übersetzt von S. Th. Sömmering. Mit zehn Kupfertafeln. Berlin 1792, Kupfertafel 1.

Abb. 6: Peter Camper: Über den natürlichen Unterschied der Gesichtszüge in Menschen verschiedener Gegenden und verschiedenen Alters; über das Schöne antiker Bildsäulen und geschnittener Steine; nebst Darstellung einer neuen Art. Allerlei Menschenköp-fe mit Sicherheit zu zeichnen, hg. von Adrian Gilles Camper, übersetzt von S. Th. Sömmering. Mit zehn Kupfertafeln. Berlin 1792, Kupfertafel 2.

Abb. 7: Johann Caspar Lavater: Des lignes d'animalité. La transition d'une tête de grenouille à celle de l'Apollon. In: Ders.: L'art de connaître les hommes par la physionomie, Bd. 9. Paris 1820, Bild 527 und 528.

https://doi.org/10.1515/9783110986969-007

Abb. 8: Christoph Schreiner: Frontispiz. In: Ders.: Oculus hoch est: fudamentum opticum hoc est: fundamentum opticum, in quo ex accurata oculi anatome, abstrusarum experientiarum sedula pervestigatione. Innsbruck 1619.

Abb. 9: Johannes Kepler: Abbildung zum zweiten und dritten keplerschen Gesetz ohne Titel. In: Ders.: Astronomia Nova ΑΙΤΙΟΛΟΓΗΤΟΣ seu physica coelestis, tradita commentariis de motibus stellae Martis ex observationibus G.V. Tychonis Brahe. Prag 1609, S. 149.

Abb. 10: Ramon Llull: ›Scala intellctûs‹: Hozschnitt. In: Ders.: Raymundi Lullij Doctoris illuminati de noua logica. de correllatiuis. necnon [et] de ascensu [et] descensu intellectus: quibus siquide[m] tribus libellis p[er]breui ac facili artificio nonsolum logicalium inte[n]tionu[m] [et] rer[um] phisicarum: sed et theologaliu[m] co[n]templationum no[n] mediocris habetur cognitio: opuscula ad Archetypos eme[n]data feliciter Introspicicto. Valencia 1512, unpaginiert (Scan zur Verfügung gestellt von der Bayrischen Staatsbibliothek München. URN: https://mdz-nbn-resolving.de/urn:nbn:de:bvb:12-bsb10203463-2)

Abb. 11: Johann Bayer: Detail aus: Pavo, Toucan, Phoenix, Dorado. In: Ders.: Uranometria. Omnium Asterismorum. Continens Schemata, Nova Methodo, Delineata. Aereis Laminis Expressa. Augsburg 1603, Tabula Quadrogesimanona.

Abb. 12: Anonym: Gravure au plérein. In: Camille Flammarion: L'Atmosphère. Mèterologie popul aire. Paris 1888, S. 163.

Abb. 13: Leibniz: Methodus Tanagentium inversa Nr. 22. In: Infinitesimalmathematik 1674–1676. In: Ders.: Sämtliche Schriften und Briefe. Reihe VII. Mathematische Schriften, hg. von der Leibniz Archiv/Leibniz-Forschungsstelle Hannover. Band 5, bearbeitet von Uwe Mayer, Siegmund Probst und Heike Sefrin-Weis. Berlin 2008 [Akademie Ausgabe], S. 185.

Abb. 14: Moderne Proportionsberechnung einer Kurve. Graphische Bilderstellung Florian Duschl.

Abb. 15: Hardenberg: Fichte-Studien, N II, Nr. 451, S. 246. Graphische Bilderstellung Florian Duschl.

Abb. 16: Raphael Urbain Massard: Apoll und Statue Natura Naturata (1807) (Kupferstich nach einer Zeichnung von Bertel Thorvaldsen von 1805). Bildquelle: Klassik Stiftung Weimar: Alexander von Humboldt und Aimé Bonpland: Ideen zu einer Geographie der Pflanzen, nebst einem Naturgemälde der Tropenländer, Widmungsblatt, Goethes Arbeit mit Büchern, zuletzt aufgerufen am 16. August 2022, https://ausstellungen.deutsche-digitale –bibliothek.de/goethes-buecher/items/show/28.

Abb. 17: Erasmus Darwin: Frontispiz: Flora at play with Cupid. In: Ders.: The Botanic Garden. Part II. Containing. The Love of Plants. A Poem with Philosophical Notes. London 1795.

Bibliographie

Abel, Jakob Friedrich: Philosophische Sätze über das höchste Gut. In: Schwäbisches Magazin von gelehrten Sachen auf das Jahr 1778. Erstes Stück. Stuttgart 1778, S. 951–960.

Adler, Hans: Die Prägnanz des Dunklen. Gnoseologie – Ästhetik – Geschichtsphilosophie bei Johann Gottfried Herder. Hamburg 1990.

Adler, Hans: Ästhetische und anästhetische Wissenschaft. Kants Herder-Kritik als Dokument moderner Paradigmenkonkurrenz. In: Deutsche Vierteljahresschrift für Literaturwissenschaft und Geistesgeschichte 68 (1994), S. 66–76.

Adler, Hans: Aisthesis und Totalität im 18. Jahrhundert. Johann Gottfried Herder. In: Hans Adler in Verbindung mit Ulrike Zeuch (Hg.): Synästhesie. Interferenz, Transfer, Synthese der Sinne. Würzburg 2002.

Adler, Hans und Rainer Godel (Hg.): Formen des Nichtwissens der Aufklärung. München 2010.

Adler, Jeremy: »Eine fast magische Anziehungskraft«. Goethes ›Wahlverwandtschaften‹ und die Chemie seiner Zeit. München 1987.

Aichelburg, Peter: Zeit im Wandel der Zeit. Braunschweig 1988.

Aït-Touati, Fréderique: Fictions of the Cosmos. Science and Literature in the Seventeenth Century. Übers. von Susan Emanuel. Chicago 2011.

Al-Taie, Yvonne: Tropus und Erkenntnis. Sprach- und Bildtheorie der deutschen Frühromantik. Göttingen 2015.

Albes, Claudia: Einleitung. In: Claudia Albes und Christiane Frey (Hg.): Darstellbarkeit. Zu einem ästhetisch-philosophischen Problem um 1800. Würzburg 2003, S. 9–29.

Albes, Claudia: Getreues Abbild oder dichterische Komposition? Zur Darstellung der Natur bei Alexander von Humboldt. In: Albes Claudia und Christiane Frey (Hg.): Darstellbarkeit. Zu einem ästhetisch philosophischen Problem um 1800. Würzburg 2003, S. 209–233.

Alison, William Pulteney: Defence of the Doctrine of Vital Affinity, against the Objections stated to it by Humboldt and Dr Daubeny (1852). By Dr Alison. In: Proceedings of the Royal Society of Edinburgh. Bd. III. Edinburgh 1857, S. 105–107.

Allemann, Beda: Zur Funktion der chemischen Gleichnisrede in Goethes Wahlverwandtschaften. In: Vincent J. Gunter, H. Koopmann und J. Krause (Hg.): Untersuchungen zur Literatur als Geschichte. Festschrift für Benno v. Wiese. Berlin 1973, S. 199–218.

Allison, Henry: Causality and Law in Kant. A Critique of Michael Friedman. In: Ders.: Idealism and Freedom. Essays on Kant's Theoretical and Practical Philosophy. Cambridge 1996, S. 80–91.

Aristoteles: Περί Ποεητικῆς/Poetik. Griechisch – Deutsch, hg. und übersetzt von Manfred Fuhrmann. Stuttgart 1982.

Aristoteles: Τῶν μετά τά φυσικά/Metaphysik. Zweiter Halbband. Bücher VII (Z)–XIV (N). Griechisch – Deutsch, hg. von Horst Seidel. Hamburg 1991.

Aristoteles: Τόπικων/Topik. Griechisch – Deutsch, hg. und übersetzt, mit einer Einleitung von Hans Günter Zekl. Hamburg 1997.

Aristoteles: Τεχνῆς Ρητορικῆς/Rhetorik. Übersetzt von Gernot Krapinger. Stuttgart 2007.

Assmann, Jan: Immanuel Kant und Friedrich Schiller über Isis und das Erhabene. In: Sigrun Anselm und Caroline Neubaur (Hg.): Talismane. Klaus Heinrich zum 70. Geburtstag, Basel/Frankfurt/M. 1998, S. 102–113.

https://doi.org/10.1515/9783110986969-008

Anz, Thomas: Goethe, das antike Glück und die teuflische Moderne. Michael Jaegers konservative Revolution des Faust-Bildes zweihundert Jahre nach Erscheinen der »Tragödie erster Teil« (http://literaturkritik.de/public/rezension.php?rez_id=12096)

Appel, Toby A.: The Cuvier-Geoffroy Debate. French Biology in the Decades before Darwin. New York/Oxford 1987.

Ax, Wolfram: Aristoteles (384–322). In: Ders.: Lexis und Logos. Studien zur antiken Grammatik und Rhetorik, hg. von Farouk Grewing. Stuttgart 2000.

Axer, Eva: Was heißt Einheit in der Mannigfaltigkeit? Johann Gottfried Herders Kulturtheorie. In: Blog des Leibniz-Zentrums für Literatur und Kulturforschung (http://www.zflprojekte.de/zfl-blog/2017/05/15/eva-axer-was-heisst-einheit-in-der-mannigfaltigkeit-johann-gottfried-herders-kulturtheorie/#_ftn1).

Bachelard, Gaston: Analogie immédiate et analogie chimique. In: Ders.: Le pluralisme cohérent de la chimie modern. Paris 1929 [1973].

Bachelard, Gaston: La formation de l'esprit scientifique. Contribution à une psychoanalyse de la connaissance objective. Paris 1938.

Bachelard, Gaston: Die Bildung des wissenschaftlichen Geistes. Beitrag zur einer Psychoanalyse der objektiven Erkenntnis, übersetzt von Michael Bischoff, mit einer Einleitung von Wolf Lepenies. Frankfurt/M. 1978.

Bachmann, Manuel: Brücken zu einer vergessenen Denkform. In: Karen Gloy und Manuel Bachmann (Hg.): Das Analogiedenken. Vorstöße in ein neues Gebiet der Rationalitätstheorie. München 2000, S. 11–24.

Bacon, Francis: Novum Organum Scientiarum. Amstelodamum 1660.

Bahr, Petra: Darstellung des Undarstellbaren. Religionstheoretische Studien zum Darstellungsbegriff bei A. G. Baumgarten und I. Kant. Tübingen 2004.

Bark, Irene: »Steine in Potenzen«. Konstruktive Rezeption der Mineralogie bei Novalis. Tübingen 1999.

Bark, Irene: Spur der Empfindung im anorganischen Reiche. Novalis' Poetik des Galvanismus im Kontext frühromantischer Philosophie und Naturwissenschaft. In: Daniel Fulda und Thomas Prüfer (Hg.): Faktenglaube und fiktionales Wissen. Zum Verhältnis von Wissenschaft und Kunst in der Moderne. Frankfurt/M. 1996, S. 93–126.

Barth, Ulrich: Aufgeklärter Protestantismus. Tübingen 2004.

Barth, Ulrich: Der Letztbegründungsgang der ›Dialektik‹. In: Ders.: Aufgeklärter Protestantismus. Tübingen 2004, S. 353–385.

Barthes, Roland: A propos d'une métaphore. In: Ders.: Œvres complètes. Livres, Textes, Entretiens I (1942–1961), hg. von Éric Marty. Paris 1993, S. 136–137.

Barthes, Roland: Le démon de l'analogie. In: Ders.: Œvres complètes. Livres, Textes, Entretiens IV (1972–1976), hg. von Éric Marty. Paris 1994, S. 624–625.

Bärthlein, Karl: Der Analogiebegriff bei den griechischen Mathematikern und bei Platon, hg. von Josip Talanga. Würzburg 1996.

Bartuschat, Wolfgang: Ästhetische Erfahrung bei Kant. In: Andrea Esser und Wolfgang Bartuschat (Hg.): Autonomie der Kunst? Zur Aktualität von Kants Ästhetik. Berlin 1995, S. 49–65.

Bäumer, Änne: Die Entstehung des modernen biologischen Analogiebegriffs im 19. Jahrhundert. In: Sudhoffs Archiv 73 (2) (1989), S. 156–175.

Baumgarten, Alexander Gottlieb: Theoretische Ästhetik. Die grundlegenden Abschnitte aus der »Aesthetica« (1750/58), übers. und hg. von Rudolf Schweizer. Hamburg 1988.

Beck, Lewis White: Die zweite Analogie und das Prinzip der Unbestimmtheit. In: Kant. Zur Deutung seiner Theorie von Erkennen und Handeln, hg. von Gerold Preuss. Köln 1973.
Becker, Oskar: Das mathematische Denken der Antike. Göttingen 1957.
Becker, Ralf Thomas: Eine kurze Geschichte der Erdzeitalter. In: Veronika Jüttemann (Hg.): Ewige Augenblicke. Eine interdisziplinäre Annäherung an das Phänomen Zeit. Münster u.a. 2008, S. 46–69.
Berg, Gunnar: Eröffnung. In: Klaus Hentschel (Hg.): Analogien in Naturwissenschaften, Medizin und Technik. Stuttgart 2010, S. 7–13.
Berger, Jutta: Affinität und Reaktion. Über die Entstehung der Reaktionskinetik in der Chemie des 19. Jahrhunderts. Berlin 2000.
Berger, Jutta: Ideen über die Verwandlung der Stoffe. Chemische Materietheorien und Affinität im 17. und 18. Jahrhundert. Berlin 1998.
Bergman, Torbern: Disquisitio de attractionibus electivis. In: Disquisitio de attractionibus electivis. Vol. II, hg. Johan Edmann. Uppsala 1775, S. 161–250.
Bergman, Torbern: Företal. In: Henrik Teofilus Scheffer: Chemiske föreläsningar, Rörande salter, jordarter, vatten, fetmor, metaller och färgning. Uppsala 1775, S. I–XIV.
Bergmann, Torbern: Dissertatio chemica de diversa phlogisti quantitate in metallis. Uppsala 1780.
Berndt, Frauke: Die Kunst der Analogie. A.G. Baumgartens literarische Epistemologie. In: Andrea Allerkamp und Dagmar Mirbach (Hg.): Schönes Denken. A.G. Baumgarten im Spannungsfeld zwischen Ästhetik, Logik und Ethik. Hamburg 2016, S. 183–199.
Berzelius, Jöns Jacob: Lehrbuch der Chemie, hg. und übers. von Friedrich Wöhler. Leipzig 1836.
Beutel, Albrecht: Lichtenberg und die Religion. Aspekte einer vielschichtigen Konstellation. Tübingen 1996.
Bez, Martin: Goethes »Wilhelm Meister Wanderjahre«. Aggregat, Archiv, Archivroman. Berlin/Boston 2013.
Bhatti, Anil und Dorothee Kimmich (Hg.): Ähnlichkeit. Ein kulturtheoretisches Paradigma. Konstanz 2005.
Bies, Michael und Michael Gamper (Hg.): Nicht-Wissen und Literatur. Historische Konstellationen 1730–1930. Berlin 2012.
Bies, Michael: Darstellung des Zwischenraumes. Vier Passagen zwischen Anschauung und Begriff in Kants Kritik der Urteilskraft. In: Uwe Wirth (Hg.): Bewegungen im Zwischenraum. Berlin 2012, S. 9–26.
Bies, Michael: Im Grunde ein Bild. Die Darstellung der Naturforschung bei Kant, Goethe und Alexander von Humboldt. Göttingen 2012.
Birrell, Gordon: The Boundless Present. Space and Time in Literary Fairy Tales of Novalis and Tieck. Chapel Hill 1979.
Black, Max: Metaphor. In: Models and Metaphors. Studies in Language and Philosophy. Ithaca, NY 1962.
Black, Max: More about Metaphor. In: Dialectica 31 (3/4) (1977) S. 431–457.
Black, Max: More about Metaphor. In: Andrew Ortony (Hg.): Metaphor and Thought. Cambridge 1979, S. 19–43.
Blechschmidt, Stefan: Goethes lebendiges Archiv. Archiv – Mensch – Morphologie – Geschichte. Heidelberg 2008.

Blumenbach, Johann Friedrich: 6. Stück. Den 12. Januar 1786. In: Göttingische Anzeigen von gelehrten Sachen unter der Auffsicht der köngl. Gesellschaft der Wissenschaften. Göttingen 1786, S. 49–56.

Blumenbach, Johann Friedrich: 12. Stück. Den 21. Januar 1813. In: Göttingische Anzeigen von gelehrten Sachen unter der Auffsicht der köngl. Gesellschaft der Wissenschaften. Leipzig 1813, S. 113–120.

Blumenberg, Hans: Die Genesis der kopernikanischen Welt. Frankfurt/M. 1975.

Blumenberg, Hans: Paradigmen zu einer Metaphorologie. Frankfurt/M. 1998.

Böhme, Gernot: Kants Begriff der Materie. In: Ders.: Philosophieren mit Kant. Frankfurt/M. 1986, S. 173 – 196.

Böhme, Gernot: Platons theoretische Philosophie. Stuttgart 2000.

Böhme, Gernot: Goethe und die moderne Zivilisation. In: Goethe Yearbook 22 (2015), S. 133–143.

Böhme, Gernot und Hartmut Böhme: Das Andere der Vernunft. Zur Entwicklung von Rationalitätsstrukturen am Beispiel Kants. Frankfurt/M. 1985.

Böhme, Hartmut: Montan-Bau und Berg-Geheimnis. Zum Verhältnis von Bergbauwissenschaft und hermetischer Naturästhetik bei Novalis. In: Christoph Jamme und Gerhard Kurz (Hg.): Idealismus und Aufklärung. Kontinuität und Kritik der Aufklärung in Philosophie und Poesie um 1800. Stuttgart 1988, S. 59–80.

Bollacher, Martin: Der junge Goethe. Studien zur Geschichte des Spinozismus in der Epoche des Sturm und Drangs. Tübingen 1969.

Bomski, Franziska: Die Mathematik im Denken und Dichten von Novalis. Zum Verhältnis von Literatur und Wissen um 1800. Berlin 2014.

Bomski, Franziska: Zwischen Mathematik und Märchen. Die Darstellung des Zufalls und ihre erkenntnistheoretische Funktion bei Novalis, In: Astrid Braueisen, Stephan Pabst und Achim Vesper (Hg.): Kunst und Wissen. Beziehungen zwischen Ästhetik und Erkenntnistheorie im 18. und 19. Jahrhundert. Würzburg 2009, S. 163–192.

Borgards, Roland u.a. (Hg.): Literatur und Wissen. Ein interdisziplinäres Handbuch. Berlin 2013.

Brandstätter, Ursula: Grundfragen der Ästhetik. Bild – Musik – Sprache – Körper. Köln 2008.

Brandt, Reinhard: Ausgewählte Probleme der Kantischen Anthropologie. In: Hans-Jürgen Schings (Hg.): Der ganze Mensch. Anthropologie und Literatur um 1800. DFG-Symposium 1992. Stuttgart 1994.

Braun, Christina von, Dorothea Dornhof und Eva Johach: Einleitung. In: Dies. (Hg.): Das Unbewusste. Krisis und Kapital der Wissenschaften. Bielefeld 2000, S. 9–27.

Breidbach, Olaf: Der Analogieschluß in den Naturwissenschaften oder die Fiktion des Realen. Bemerkungen zur Mystik des Induktiven. Frankfurt/M. 1987.

Breidbach, Olaf: Goethes Metamorphosenlehre. München 2006.

Breidbach, Olaf: Begriff und Praxis am Beispiel der Elektrizitätslehre um 1800. In: Ernst Müller und Falko Schmieder (Hg.): Begriffsgeschichte der Naturwissenschaften. Zur historischen und kulturellen Dimension naturwissenschaftlicher Konzepte. Berlin 2008, S. 345–365.

Breidbach, Olaf: Analoge Anthropologien. Zur Reanimierung des Mikro-Makrokosmos-Denkens im 19. Jahrhundert. In: Michael Eggers (Hg.): Von Ähnlichkeiten und Unterschieden. Vergleich, Analogie und Klassifikation in Wissenschaft und Literatur (18./19. Jahrhundert). Heidelberg 2011, S. 33–55.

Breidbach, Olaf und Frederico Vercellone: Anschauung denken. Zum Ansatz einer Morphologie des Unmittelbaren. München 2011.

Breitenbach, Angela: Die Analogie von Vernunft und Natur. Berlin/New York 2009.

Brisson, Luc: Platon, Pythagore et les Pythagoriciens. In: Monique Dixsaut und Aldo Brancacci (Hg.): Platon, Source des Présocratiques. Exploration. Paris 2002, S. 21–46.

Brüggemann, Heinz und Günter Oesterle: Einleitung. In: Dies. (Hg.): Walter Benjamin und die literarische Moderne. Würzburg 2009, S. 17–18.

Brüggemann, Heinz und Günter Oesterle (Hg.): Walter Benjamin und die literarische Moderne. Würzburg 2009.

Bubner, Rüdiger: Ästhetische Erfahrung. Frankfurt/M. 1989.

Buchdahl, Gerd: Kant and the Dynamics of Reason. Essays on the Structur of Kant's Philosophy. Oxford u.a. 1992.

Buchenau, Stefanie: Die Einbindung von Poetik und Ästhetik in die Logik der Aufklärung. In: Astrid Bauereisen, Stephan Pabst und Achim Vesper (Hg.): Kunst und Wissen. Beziehungen zwischen Ästhetik und Erkenntnistheorie im 18. und 19. Jahrhundert. Würzburg 2009, S. 71–85.

Bühl, Jill und Antonia Eder (Hg.): Das unnütze Wissen in der Literatur. Freiburg/Br. 2015.

Bühler, Axel: Analogieverfahren bei den empirischen Ärzten der Antike. Der Übergang zum Ähnlichen. In: Lutz Dannenberg u.a. (Hg.): Metapher und Innovation. Die Rolle der Metapher im Wandel von Sprache und Wissenschaft. Stuttgart 1995, S. 22–38.

Bühler, Axel: Art. Analogie. In: Karl-Heinz Leven (Hg.): Antike Medizin. Ein Lexikon. München 2005, Sp. 41.

Bühler, Karl: Sprachtheorie. Die Darstellungsfunktion der Sprache. Stuttgart/New York 1978.

Bunge, Mario: Analogy in Quantum Theory. From Insight to Nonsense. In: British Journal for the Philosophy of Science 18 (1967), S. 265–286.

Bürger, Peter: Die Wiederkehr der Analogie. Ästhetik als Fluchtpunkt in Foucaults *Die Ordnung der Dinge*. In: Christa und Peter Bürger (Hg.): Postmoderne. Alltag, Allegorie und Avantgarde. Frankfurt/M. 1987, S. 114–122.

Burkert, Walter: Weisheit und Wissenschaft. Studien zu Pythagoras, Philolaos und Platon. Nürnberg 1962.

Burnet, John: Die Anfänge der griechischen Philosophie, übers. von Else Schenkl. Leipzig/Berlin 1913.

Callanan, John J.: Kant on Analogy. In: British Journal for the History of Philosophy 16 (4) (2008), S. 747–772.

Camerarius, Rudolf Jakob: De sexu plantarum epistula. Tubingae 1694.

Campe, Joachim Heinrich: Wörterbuch der Deutschen Sprache. Erster Theil. A – bis – E. Braunschweig 1807.

Campe, Rüdiger: Spiel der Wahrscheinlichkeit. Literatur und Berechnung zwischen Pascal und Kleist. Göttingen 2002.

Campe, Rüdiger: Vor Augen Stellen. Über den Rahmen rhetorischer Bildgebung. In: Gerhard Neumann (Hg.): Poststrukturalismus. Herausforderung an die Literaturwissenschaft. Stuttgart/Weimar 1997, S. 208–225.

Camper, Adriaan Gilles: Lebensgeschichte des verewigten Petrus Camper. Aus dem Holländischen übers. von Johann Bernhard Reupp. Stendal 1792.

Canelles, Ángela García: Der Dialog in Novalis' Die Lehrlinge zu Saïs. Zum Fragmentarischen und zum poetischen Ganzen im Werk. In: Revista de Filología Alemana Bd. 8 (2000), S. 143–166.

Canguilhem, Georges: Modèles et analogies dans la decouverte en biologie. In: Études d'histoire de philosophie des sciences. Paris, 1968, S. 305–318.

Cariati, Salvatore und Vincenzo Cicero: τὸ μεταφορικόν. Una interpretazione della definizione aristotelica della metafora. Ferrara 1992.

Carrier, Martin: Die begriffliche Entwicklung der Affinitätstheorie im 18. Jahrhundert. Newtons Traum – und was daraus wurde. In: Archive for History of Exact Sciences 36 (4) (1986), S. 327–389.

Carrier, Martin: Kants Theorie der Materie und ihre Wirkung auf die zeitgenössische Chemie. In: Kant-Studien. Philosophische Zeitschrift der Kant-Gesellschaft 81 (2) (1990), S. 170–210.

Carrier, Martin: Kraft und Wirklichkeit. Kants späte Theorie der Materie. In: Übergang. Untersuchungen zum Spätwerk Immanuel Kants, hg. von Forum für Philosophie. Bad Homburg/Frankfurt/M. 1991, S. 208–230.

Carson, Emily: Kant on Intuition in Geometry. In: Canadian Journal of Philosophy 27 (4) (1997), S. 489–512.

Cassirer, Ernst: Substanzbegriff und Funktionsbegriff. Untersuchungen über die Grundfragen der Erkenntniskritik. In: Ders.: Gesammelte Werke. Band 6, hg. von Birgit Recki. Hamburg 2000.

Cassirer, Ernst: Kants Leben und Lehre. In: Ders.: Gesammelte Werke. Band 8, hg. von Birgit Recki. Hamburg 2001.

Cassirer, Ernst: Philosophie der symbolischen Formen. In: Ders: Gesammelte Werke. Philosophie der symbolischen Formen. Zweiter Teil: Das mythische Denken. Band 12, hg. von Birgit Recki und bearbeitet von Claus Rosenkranz. Hamburg 2002.

Cassirer, Ernst: Kant und Goethe (1924). In: Ders.: Gesammelte Werke. Aufsätze und kleine Schriften (1922–1926). Band 16, hg. von Birgit Recki und bearbeitet von Julia Clemens. Hamburg 2003, S. 471–546.

Cassirer, Ernst: Goethe and the Kantian Philosophy. Kapitel aus: Rousseau, Kant Goethe. Two Essays (1945). In: Ders.: Gesammelte Werke. Aufsätze und kleine Schriften (1941–1946). Band 24, hg. von Birgit Recke und bearbeitet von Claus Rosenkranz. Hamburg 2007, S. 542–579.

Christmann, Hans Helmut: Zum Begriff der Analogie in der Sprachwissenschaft des 19. Jahrhunderts. In: Festschrift Kurt Baldinger 17. November 1979, hg. von Manfred Höfler, Henri Vernay und Lothar Wolf. Tübingen 1979. Bd. 1, S. 102–115.

Cicero, Marcus Tullius: Orator. Lateinisch – Deutsch, hg. von Bernhard Kytzler. München/Zürich 1988.

Cicero, Marcus Tullius: Timaeus De Universitate. Lateinisch-Deutsch, hg. und übers. von Karl und Gertrud Bayer. Düsseldorf 2006.

Clutton-Brock, Juliet: Aristotle. The Scale of Nature and Modern Attitudes to Animals. Social Research (1995) 62 (3), S. 421–440.

Coenen, Hans Georg: Analogie und Metapher. Grundlegung einer Theorie bildlicher Rede. Berlin/New York 2002.

Cohen, Alix A.: Kant on Epigenesis, Monogenesis and Human Nature. The Biological Premesis of Anthropology. In: Studies in History and Philosophy of Science Part C 37 (2006), S. 675–693.

Coles, Peter: The Routledge Companion to the New Cosmology. London 2001.

Cornford, Francis McDonald: Plato and Parmenides. London 1939.

Daiber, Jürgen: Die Suche nach der Urformel. Zur Verbindung von romantischer Naturforschung und Dichtung. In: Aurora 60 (2000), S. 75–103.

Daiber, Jürgen: Experimentalphysik des Geistes. Novalis und das romantische Experiment. Göttingen 2001.

Dannenberg, Lutz: Darstellungsformen in Geistes- und Naturwissenschaften. In: Peter J. Brenner (Hg.): Geld, Geist und Wissenschaft. Arbeits- und Darstellungsformen von Literaturwissenschaft. Frankfurt/M. 1993, S. 99–137.

Danneberg, Lutz: Ganzheitsvorstellungen und Zerstückelungsphantasien. Zum Hintergrund und zur Entwicklung der Wahrnehmung ästhetischer Eigenschaften in der zweiten Hälfte des 18. und zu Beginn des 19. Jahrhunderts. In: Jörg Schönert und Ulrike Zeuch (Hg.): Mimesis – Repräsentation – Imagination. Literaturtheoretische Positionen von Aristoteles bis zum Ende des 18. Jahrhunderts. Berlin/New York 2004, S. 241–282.

Danneberg, Lutz: Der ordo inversus, sein Zerbrechen im 18. Jahrhundert und die Versuche seiner Heilung und Substitution (Kant, Hegel, Fichte, Schleiermacher, Schelling). In: Simone de Angelis, Florian Gelzer und Lucas Marco Gisi (Hg.): ›Natur‹, Naturecht und Geschichte. Aspekte eines fundamentalen Begründungsdiskurses der Frühen Neuzeit (1600-1900). Heidelberg 2010, S. 93–137.

Daston, Lorraine J.: Galilean Analogies: Imagination at the Bounds of Sense. In: Isis 75 (1984), S. 302–310.

Debatin, Bernhard: Die Rationalität der Metapher. Eine sprachphilosophische und kommunikationstheoretische Untersuchung. Berlin/New York 1995.

Diaz-Bone, Rainer: Die französische Epistemologie und ihre Revisionen. Zur Rekonstruktion des methodologischen Standortes der Foucaultschen Diskursanalyse [65 Absätze]. Forum Qualitative Sozialforschung/Forum: Qualitative Social Research, 2000/8(2), Art. 24 http://nbnresolving.de/urn:nbn:de:0114-fqs0702241.

Diaz-Bone, Rainer: Die interpretative Analytik als methodologische Position. In: Brigitte Kerchner und Silke Schneider (Hg.): Foucault. Diskursanalyse der Politik. Wiesbaden 2006, S. 68–84.

Díaz, William: Spiegel, Pflanze und Gewebe. Bilder in der Kritik von Paul Valéry, T.S. Eliot, Walter Benjamin und Rolande Barthes. Berlin 2013.

Dommaschk, Niklas: Ähnlichkeit und ästhetische Erfahrung. Eine Konstellation der Moderne. Kant, Benjamin, Valéry und Adorno. Würzburg 2017.

Dörflinger, Bernd: Das Leben theoretischer Vernunft. Teleologische und praktische Aspekte der Erfahrungstheorie Kants. Berlin/New York 2000.

Dreßler, Hilmar: ›Nach Analogien zu denken ist nicht zu schelten.‹ Studien zu Farbe und Ton in Goethes naturwissenschaftlichem Denken – nebst Paralipomena. Jena 2005.

Dreßler, Hilmar: Chladnis Klang- und Seebecks Farbfiguren in Goethes Vergleich und einige Widerspiegelungsaspekte der Farbe-Ton-Analogien in der Ästhetik der Goethe-Zeit. In: Jahrbuch des Wiener Goethe-Vereins 100/101 (1996/1997), S. 55–68.

Dreßler, Hilmar: Die Farbe-Ton-Analogien im historischen Teil von Goethes Farbenlehre. In: Günter Schnitzler und Gottfried Schramm (Hg.): Ein unteilbares Ganzes, Goethe: Kunst und Wissenschaft. Freiburg/Br. 1997, S. 173–198.

Dreßler, Hilmar: Goethes Ansätze für eine Analogie von Farbe und Ton und deren Bestätigung aus heutiger Sicht. In: Goethe-Jahrbuch 107 (1990), S. 243–252.

Drewer, Petra: Die kognitive Metapher als Werkzeug des Denkens. Zur Rolle der Analogie bei der Gewinnung und Vermittlung wissenschaftlicher Erkenntnisse. Tübingen 2003.

Dreyfuß, Hubert und Paul Rabinow: Michel Foucault. Jenseits von Strukturalismus und Hermeneutik. Frankfurt/M. 1987.

Dück, Michael: Der Raum und seine Wahrnehmung. Würzburg 2001.

Duncan, Alistair: Some theoretical Aspects of Eighteenth-Century Tables of Affinity. In: Annales of Science 18 (1962). Part I, S. 177–194 und Part II, S. 217–232.

Dyck, Martin: Novalis and Mathematics. A Study of Friedrich Hardenberg's Fragments on Mathematics and its Relation to Magic, Music, Religion, Philosophy, Language and Literature. Chapel Hill 1960.

Eckardt, Georg, Matthias John, Temilo van Zantwijk und Paul Ziehe: Anthropologie und empirische Psychologie um 1800. Ansätze einer Entwicklung zur Wissenschaft. Köln u.a. 2001.

Eggers, Michael: Von Pflanzen und Engeln. Friedrich Schlegels Sprachdenken im Kontext der frühen Biologie. In: Erich Kleinschmidt (Hg.): Die Lesbarkeit der Romantik. Material, Medium, Diskurs. Berlin 2009, S. 159–183.

Eggers, Michael: Vom Wissen zur Wissenschaft. Vergleich, Analogie und Klassifikation als wissenschaftliche Ordnungsmethoden im 18. und 19. Jahrhundert – zur Einleitung. In: Ders. (Hg.): Von Ähnlichkeiten und Unterschieden. Vergleich, Analogie und Klassifikation (18./19. Jahrhundert). Heidelberg 2011, S. 7–33.

Eggers, Michael: Vergleichendes Erkennen. Zur Wissenschaftsgeschichte und Epistemologie des Vergleichs und zur Genealogie der Komparatistik. Heidelberg 2016.

Eggs, Ekkehard: Art. Metapher. In Historisches Wörterbuch der Rhetorik. Band 5, hg. von Gert Ueding. Tübingen 2001, Sp. 1099–1183.

Endres, Johannes: »Unähnliche Ähnlichkeit. Zu Analogie, Metapher und Verwandtschaft«. In: Martin Gaier, Jeanette Kohl und Alberto Saviello (Hg.): Similitudo. Konzepte der Ähnlichkeit in Mittelalter und Früher Neuzeit. München 2012, S. 29–58.

Endres, Johannes: Evolution und Erbe. Zur Problemgeschichte der ›Wahlverwandtschaften‹ bei Goethe und Darwin. In: KulturPoetik 9 (2009), S. 45–66.

Engelhardt, Dietrich von: Der chemie- und medizinhistorische Hintergrund in Goethes ›Wahlverwandtschaften‹ (1809). In: Gabriele Brandstetter (Hg.): Erzählen und Wissen. Paradigmen und Aporien ihrer Inszenierung in Goethes »Wahlverwandtschaften«. Freiburg/Br. 2003, S. 279–306.

Engelhardt, Dietrich von: Naturforschung im Zeitalter der Romantik. In: Walther Ch. Zimmerli, Klaus Stein und Michael Gerten (Hg.): »Fessellos durch die Systeme«. Frühromantisches Naturdenken im Umfeld von Arnim, Ritter und Schelling. Stuttgart 1997, S. 19–49.

Engfer, Hans-Jürgen: Philosophie als Analysis. Studien zur Entwicklung philosophischer Analysiskonzeptionen unter dem Einfluß mathematischer Methodenmodelle im 17. und 18. Jahrhundert. Stuttgart 1982.

Engfer, Hans-Jürgen: Empirismus versus Rationalismus? Kritik eines philosophiegeschichtlichen Themas. Paderborn 1996.

Esselborn, Hans: Poetisierte Physik. Romantische Mythologie in Klingsohrs Märchen. In: Aurora. Jahrbuch der Eichendorff-Gesellschaft 47 (1987), S. 137–158.

Euklid: Ευκλειδου Γεομετρια Θεορια Απιθμων. Στοιχειων βιβλια V, VI, VII, VIII, IX, hg. von Ευαγγελου Σ. Σταματη. ΤΟΜΟΣ II. βιβλια V, Athen 1953.

Euler, Leonhard: Vernünftige Gedanken von dem Raume, dem Orth, der Dauer und der Zeit. Quedlinburg 1763.

Euler, Leonhard: Vollständige Anleitung zur Algebra. Erster Theil. Von den verschiedenen Rechnungsarten, Verhältnissen und Proportionen. St. Petersburg 1771.

Euler, Leonhard: Leonhard Eulers vollständige Anleitung zur niedern und höhern Algebra nach der französischen Ausgabe des Herrn de la Grange mit Anmerkungen und Zusätzen herausgegeben von Johann Philipp Grüson. Berlin 1796.

Eusterschulte, Anne: Analogia entis seu mentis. Analogie als erkenntnistheoretisches Prinzip in der Philosophie Giordano Brunos. Würzburg, 1997 (Dissertation. Universität Kassel 1994).

Falkenburg, Brigitte: Kants Kosmologie. Die wissenschaftliche Revolution der Naturphilosophie im 18. Jahrhundert. Frankfurt/M. 2000.

Fehrenbach, Frank: ›Mikrokosmos‹ und ›zweite Natur‹ – Krise einer naturphilosophischen Analogie. In: Hans-Werner Ingensiep und Richard Hoppe-Sailer (Hg.): Naturstücke. Zur Kulturgeschichte der Natur. Ostfildern 1996, S. 42–68.

Fehrenbach, Frank: »Das lebendige Ganze, das zu all unsern geistigen und sinnlichen Kräften spricht.« Goethe und das Zeichnen. In: Peter Matussek (Hg.): Goethe und die Verzeitlichung der Natur. München 1998, S. 128–156.

Feyerabend, Paul: Wider den Methodenzwang. Frankfurt/M. 1980.

Fichte, Johann Gottlieb: Grundriß des Familienrechts (als erster Anhang des Naturrechts). Erster Abschnitt. Deduktion der Ehe. In. Ders.: Auswahl in sechs Bänden, hg. von Fritz Medicus. Band 2. Leipzig 1908, S. 308–322.

Fiedler, Wilfried: Analogiemodelle bei Aristoteles. Untersuchungen zu den Vergleichen zwischen den einzelnen Wissenschaften und Künsten. Amsterdam 1978.

Fink, Elias: Kant als Mathematiker. Frankfurt/M. 1889

Fink, Karl J.: Goethe's History of Science. Cambridge 1991.

Fleck, Ludwik: Erfahrung und Tatsache. Gesammelte Aufsätze. Mit einer Einleitung, hg. von Lothar Schäfer und Thomas Schnelle. Frankfurt/M. 1983.

Flickenschild, Ursula: Novalis' Begegnung mit Fichte und Hemesthhuis. Berltsum 2010. (Dissertation. Universität Kiel 1947).

Förster, Eckart: Goethe and the »Auge des Geistes«. In: Deutsche Vierteljahrsschrift für Literaturwissenschaft und Geistesgeschichte. Volume 75, (2001), S. 87–101.

Förster, Eckart: Die Bedeutung von §§ 76, 77 der Kritik der Urteilskraft für die nachkantische Philosophie. In: Zeitschrift für philosophische Forschung 56 (2002), S. 169–190 und S. 321–345.

Förster, Eckart.: »Zum schauen bestellt« – Goethes Naturreligion. In: Goethe-Jahrbuch 130 (2013), S. 65–75.

Förster. Eckart: Die 25 Jahre der Philosophie. Eine systematische Rekonstruktion. Frankfurt/M. 2011.

Förster, Eckart: Goethe und die Idee einer Naturphilosophie. In: Jonas Maatsch (Hg.): Morphologie und Moderne Goethes ›anschauliches Denken‹ in den Geistes- und Kulturwissenschaften seit 1800. Berlin/Boston 2014, S. 43–57.

Förster-Beuthan, Yvonne: Zeiterfahrung und Ontologie. Perspektiven moderner Zeitphilosophie. München 2012.

Foucault, Michel: Les mots et les choses. Une archéologie des science humaines. Paris 1966.

Foucault, Michel: Die Ordnung der Dinge. Eine Archäologie der Humanwissenschaften. Frankfurt/M. 1971.

Foucault, Michel: Vorwort zur deutschen Ausgabe. In: Ders.: Die Ordnung der Dinge. Eine Archäologie der Humanwissenschaften. Frankfurt/M. 1971, S. 9–17.

Fowler, David H.: The Mathematics of Plato's Academy, Oxford 1987.

Frank, Erich: Platon und die Pythagoreer. Niemeyer 1923.

Frank, Manfred und Gerhard Kurz: Ordo inversus. In: Herbert Anton (Hg.): Geist und Zeichen. Heidelberg 1977, S. 75–97.

Frank, Manfred: ›Unendliche Annährung‹. Die Anfänge der philosophischen Frühromantik. Frankfurt/M. 1997.

Frank, Manfred: Das Problem der »Zeit« in der deutschen Romantik. Zeitbewusstsein und Zeitlichkeit in der frühromantischen Philosophie und in Tiecks Dichtung. München 1972.

Frank, Manfred: Einführungen in die frühromantische Ästhetik. Vorlesungen. Frankfurt/M. 1989.

Frank, Manfred: Lust am Schönen. Schillers Ästhetik zwischen Kant und Schelling. In: Jan Bürger (Hg.): Friedrich Schiller. Dichter, Denker, Vor- und Gegenbild. Göttingen 2007, S. 136–158.

Frank, Manfred: Philosophische Grundlagen der Frühromantik. In: Athenäum 4 (1994), S. 37–130.

Frey, Christiane: Darstellbarkeit. Zu einem ästhetisch philosophischen Problem um 1800. Würzburg 2003.

Friedman, Michael: Explanation and Scientific Understanding. In: Journal of Philosophy 71 (1974), S. 5–19.

Friedman, Michael: Metaphysical Foundations of Newtion Science. In: Ders.: Kant and the Exact Sciences. Cambridge/London 1992, S. 136–165.

Friedman, Michael: Causal Laws and the Foundation of Natural Science. In: The Cambridge Companion to Kant. Cambridge 1992.

Friedman, Michael: Kant and the Exact Sciences. Cambridge, MA/London 1992.

Fries, Jakob Friedrich: Die mathematische Naturphilosophie nach philosophischer Methode bearbeitet. Ein Versuch. Heidelberg 1822.

Fritz, Kurt von: Die Entdeckung der Inkommensurabilität durch Hippasos von Metapont. In: Oskar Becker (Hg.): Zur Geschichte der griechischen Mathematik. Berlin/New York 1971, S. 271–307.

Fritz, Kurt von: Grundprobleme der Geschichte antiker Wissenschaft. Berlin 1971.

Fritz, Kurt von: Platon. Theaetet und die antike Mathematik. Darmstadt 1969.

Fromm, Waldemar: Die Sympathie des Zeichens mit dem Bezeichneten. Ähnlichkeit in Literatur und Sprachästhetik um 1800. In: Gerald Funk, Gert Mattenklott und Michael Pauen (Hg.): Ästhetik des Ähnlichen. Zur Poetik und Kunstphilosophie der Moderne. Frankfurt/M. 2000, S. 35–69.

Früchtl, Josef: Vertrauen in die Welt. Eine Philosophie des Films. München 2013.

Funk, Gerald, Gert Mattenklott und Michael Pauen (Hg.): Ästhetik des Ähnlichen. Zur Poetik und Kunstphilosophie der Moderne. Frankfurt/M. 2001.

Funk, Gerald, Gert Mattenklott und Michael Pauen: Symbole und Signaturen. Charakteristik und Geschichte des Ähnlichkeitsdenkens. In: Dies. (Hg.): Ästhetik des Ähnlichen. Zur Poetik und Kunstphilosophie der Moderne. Frankfurt/M. 2001, S. 7–34.

Futuyma, Douglas F.: Evolutionsbiologie. Basel 1990.

Gabriel, Gottfried: Logik und Rhetorik. Zum Verhältnis von wissenschaftlicher und ästhetischer Weltauffassung. Paderborn/München 1997.

Gaier, Manfred: Kants Welt. Eine Biographie. Hamburg 2005.

Gaier, Ulrich: Herders Sprachphilosophie und Erkenntniskritik. Stuttgart 1988.

Gaier, Ulrich: Krumme Regel. Novalis' »Konstruktionslehre des schaffenden Geistes« und ihre Tradition. Tübingen 1970.

Gamm, Hans-Jochen: Art. Entsagung. In: Hans-Dietrich Ranke und Regine Otte (Hg.): Goethe-Handbuch. Bd. 41/1. Stuttgart 2004, S. 268–280.

Gamper, Michael: Elektropoetologie. Fiktionen der Elektrizität 1740–1870. Göttingen 2009.

Gamper, Michael: Enzyklopädistische Elektropoetologie. In. Ders.: Elektropoetologie. Fiktionen der Elektrizität 1740–1870. Göttingen 2009, S. 122–128.

Gao, Yali: Analogie und Wortbildung. Eine Wortbildungstheoretische Anwendung des Analogiebegriffs Wilhelm von Humboldts. Dissertation. Universität Passau 2000.

Gärtner, Carl Friedrich von: Versuche und Beobachtungen über die Bastardzeugung im Pflanzenreich. Mit Hinweisung auf ähnliche Erscheinungen im Thierreiche. Stuttgart 1849.

Gasché, Rodolphe: Überlegungen zum Begriff der Hypotypose bei Kant: In: Christiaan L. Hart Nibbrig (Hg.): Was heißt »Darstellen«? Frankfurt/M. 1994, S. 152–174.

Gasperoni, Lidia: Die irrationale Wurzel bei Maimon. Ein Problem zwischen Mathematik und Philosophie. In: Christoph Asmuth und Simon Gabriel Neuffer (Hg.): Irrationalität. Würzburg 2015, S. 9–27.

Gattei, Stefano: On the Life of Galileo. Viviani's Historical Account and Other Early Biographies. Princton, NJ/Oxford 2019.

Gatzemeier, Matthias und Helmut Holzhey: Makrokosmos/Mikrokosmos. In: Historisches Wörterbuch der Philosophie. Band 5, L – Mn, hg. von Joachim Ritter, Karlfried Gründer, Gottfried Gabriel. Basel 1980, Sp. 640– 649.

Geisenhanslüke, Achim: Die Philosophie auf der Schwelle zur Literatur. Über Michel Foucault. In: Richard Faber und Barbara Naumann (Hg.): Literarische Philosophie – Philosophische Literatur. Würzburg 1999, S. 169–185.

Geisenhanslüke, Achim: Foucault und die Literatur. Eine diskurskritische Untersuchung. Opladen 1997.

Gentner, Dedre und Michael Jeziorsky: The Shift from Metaphor to Analogy in Western Science. In: Andrew Ortony (Hg.): Metaphor and Thought. Cambridge 1993, S. 447–480.

Gentner, Dedre, Brian Bowdle et. al.: Metaphor is like Analogy. In: Dedre Gentner, Keith J. Holyoak, et. al. (Hg.): The Analogical Mind. Perspectives from Cognitive Science. Cambridge, MA/London 2001, S. 199–255.

Gentner, Dedre: Mechanisms of Analogical Learning. In: Stella Vosniadou und Andrew Ortony (Hg.): Similarity and Analogical Reasoning. Cambridge 1989, S. 199–241.

Gentner, Dedre: Structure-mapping. A theoretical framework for analogy. In: Cognitive Science 7 (1983), S. 155–170.

Geoffroy Saint-Hilaire, Étienne: Philosophie Anatomique. Bd. 2: Monstrousité Humaines. Paris 1822.

Geoffroy Saint-Hilaire, Étienne: Principes de Philosophie Zoologique. Discuté en mars 1830 au sein de l' Academie Royale des Sciences. Paris 1830.

Geoffroy, Étienne-François: Table des différents rapports observes an chimie netre différentes substances. In: Histoire de l'Académie Royale des Sciences avec les mémoires de mathématique et de physique. Paris 1732, S. 202–213.

Gerlach, Stefan: Die Fügung der Welt. Mathematik und Ontologie der Proportionslehre im platonischen Timaios. In: Philosophisches Jahrbuch 115 (II) (2008), S. 21–43.

Gess, Nicola und Sandra Janßen (Hg.): Wissensordnungen. Zu einer historischen Epistemologie der Literatur. Berlin/Boston 2014.

Gess, Nicola, Agnes Hoffmann und Annette Kappeler: Einleitung. Praktiken lebendiger Darstellung um 1800. In: Dies. (Hg.): Belebungskünste. Praktiken lebendiger Darstellung in Literatur, Kunst und Wissenschaft um 1800. Leiden u.a. 2019, S. 1–24.

Gess, Nicola, Agnes Hoffmann und Annette Kappeler (Hg.): Belebungskünste. Praktiken lebendiger Darstellung in Literatur, Kunst und Wissenschaft um 1800. Leiden u.a. 2019.

Geulen, Eva: Urpflanze (und Goethes Hefte zur Morphologie). In: Michael Ott und Tobias Döring (Hg.): Urworte. Zur Geschichte und Funktion erstbegründender Begriffe. München 2012, S. 155–171.

Geulen, Eva: Serialization in Goethe's Morphology. In: Compar(a)ison. An International Journal of Comparative Literature: Comparative Epistemologies of Literature. Bern 2013, S. 53–70.

Geulen, Eva: Funktionen von Reihenbildung in Goethes Morphologie. In: Bettine Menke und Thomas Glaser (Hg.): Experimentalanordnungen der Bildung. Exteriorität – Theatralität – Literarizität. Paderborn 2014, S. 209–222.

Geulen, Eva: Aus dem Leben der Form. Goethes Morphologie und die Nager. Berlin 2016.

Geulen, Eva: Morphologische Reihen. In: Christiane Frey und David Martyn (Hg.): Noch einmal anders. Zu einer Poetik des Seriellen. Zürich/Berlin 2016, S. 105–118.

Geulen, Eva: Morphologie und gegenständliches Denken. In: Goethe Yearbook. Publications of the Goethe Society of North America 26 (2019), S. 3–19.

Giannopoulou, Zina: Plato's Theaetetus as a Second Apology. Oxford 2013.

Giordanetti, Piero: Kant und die Musik. Würzburg 2005.

Gloy, Karen: »Kalkulierte Absurdität – Die Logik des Analogiedenkens«. In: Dies. (Hg.): Rationalitätstypen. München 1999, S. 213–246.

Gloy, Karen (Hg.): Rationalitätstypen. München 1999.

Gloy, Karen: Die Kantische Theorie der Naturwissenschaft. Eine Strukturanalyse ihrer Möglichkeit, ihres Umfangs und ihrer Grenzen. Berlin/New York 1976.

Goldmann, Luzia: Phänomen und Begriff der Metapher. Vorschlag zur Systematisierung der Theoriegeschichte. Berlin/Boston 2018.

Gosztonyi, Alexander: Der Raum. Geschichte seiner Probleme in Philosophie und Wissenschaft. Freiburg/Br./München 1976.

Graczyck, Annette: Die Hieroglyphe im 18. Jahrhundert Theorien zwischen Aufklärung und Esoterik. Berlin u.a. 2015.

Graczyk, Annette: Vom Frosch zu den Engeln. Lavaters Stufenleiter der Wesen. In: Dies.: Die Hieroglyphe im 18. Jahrhundert. Theorie zwischen Aufklärung und Esoterik. Berlin u.a. 2015, S. 185–196.

Grillmayer, Dieter: Schätze der Mathematik. Folgen und Reihen. Norderstedt 2015.

Grunwald, Henning und Manfred Pfister (Hg.): Krisis! Krisenszenarien, Diagnosen und Diskursstrategien. München 2007.

Gumbrecht, Hans Ulrich: Art. Modern. Modernität. Moderne. In: Otto Brunner, Werner Conze und Reinhart Koselleck (Hg.): Geschichtliche Grundbegriffe. Historisches Lexikon zur politisch-sozialen Sprache in Deutschland. Stuttgart 1978, Band 4 Mi – Pre, S. 93–133.

Guyer, Paul: Kant and the Claims of Knowledge und Michael Friedman. Causal Laws and the Foundation of Natural Science. In: The Cambridge Companion to Kant, hg. von Paul Guyer Cambridge 1992, S. 161–199.

Habermas, Jürgen: Der philosophische Diskurs der Moderne. Zwölf Vorlesungen. Frankfurt/M. 1988.

Haering, Theodor: Novalis als Philosoph. Stuttgart 1954.

Hahn, Hans: Die Analogie bei Goethe und Novalis. Zauberstab oder Irrlicht? In: Publications of the English Goethe Society 83 (2014), S. 196–208.

Haider, Michael: Der Stellenwert von Analogien für den Erwerb naturwissenschaftlicher Erkenntnisse. Bad Heilbrunn 2010.

Haller, Albrecht von: Untersuchung von den empfindlich und reizbaren Theilen des menschlichen Körpers. In: Der Königlich Schwedischen Akademie der Wissenschaften neue Abhandlungen aus der Naturlehre, Haushaltungskunst und Mechanik 15 (1756), aus dem Schwedischen übersetzt von Abraham Gotthelf Kästner. Hamburg/Leipzig 1756, S. 14–39 und S. 96–127.

Hamburger, Käte: Novalis und die Mathematik. Eine Erkenntnisstudie der Romantik. In: Romantik-Forschungen. Deutsche Vierteljahressschrift für Literaturwissenschaft und Geistesgeschichte 16 (1929), S. 113–184.

Hansen, Erk F.: Wissenschaftswahrnehmung und -umsetzung im Kontext der deutschen Frühromantik. Zeitgenössische Naturwissenschaft und Philosophie im Werk Friedrich von Hardenberg (Novalis). Frankfurt/M. 1992.

Hänssler, Ernst Hermann: Zur Theorie der Analogie und des sogenannten Analogieschlusses. Dissertation. Basel 1927.

Hardy, Jörg: Platons Theorie des Wissens im »Theaitet«. Göttingen 2001.

Hasse, Helmut und Heinrich Scholz: Die Grundlagenkrise der griechischen Mathematik. Charlottenburg 1928.

Haverkamp, Anselm: Die paradoxe Metapher. Frankfurt/M. 1998.

Haverkamp, Anselm: Metapher. Die Ästhetik in der Rhetorik. München 2007.

Haverkamp, Anselm: Beispiel, Metapher, Äquivalenz. Poetik nach Aristoteles. In: Armen Avanessian und Jan Niklas Howe (Hg.): Poetik. Historische Narrative und aktuelle Positionen. Berlin 2014, S. 15–30.

Hawking, Stephen: Theory of everything. The Origin and Fate of the Universe. Beverly Hills 2003.

Heath, Thomas L: A History of Greek Mathematics. Vol. 1. Oxford 1921.

Heath, Thomas: Mathematics in Aristotle. New York 1949.

Hegel, Georg Wilhelm Friedrich: Vorlesungen über die Geschichte der Philosophie. Dritter Teil: Neuere Philosophie. Schelling. In: Ders.: Werke. Auf der Grundlage der Werke von 1832–1845. Neu edierte Ausgabe. Redaktion Eva Moldenhauer und Karl Markus Michel. Frankfurt/M. 1986.

Hegener, Johannes: Die Poetisierung der Wissenschaften bei Novalis. Dargestellt am Prozeß der Entwicklung von Welt und Menschheit. Studien zum Probelm enzuyklopädistischen Welterfahrens. Bonn 1975.

Heidelberger, Michael: Analogie und Quantifizierung. Von Maxwell über Helmholtz zur Messtheorie. In: Klaus Hentschel (Hg.): Analogien in Naturwissenschaft, Medizin und Technik. Halle 2010, S. 255–279.

Heine, Heinrich: Zur Geschichte der Religion und Philosophie in Deutschland. Drittes Buch. In: Ders.: Historisch-kritische Gesamtausgabe der Werke. In Verbindung mit dem Heinrich-Heine-Institut, hg. von Manfred Windfuhr. 16 Bände. Hamburg 1973–1997, Bd. 8/1.

Heinz, Marion: Sensualistischer Idealismus. Untersuchungen zur Erkenntnistheorie des jungen Herder (1763–1778). Hamburg 1994.

Helfer, Martha B.: The Retreat of Representation. The Concept of Darstellung in German Critical Discourse. Albany, NY 1996.

Henderson, Fergus: Novalis, Ritter and »Experiment«. A Tradition of »Active Empiricism«. In: Elinor S. Shaffer (Hg.): The Third Culture. Literature and Science. Berlin/New York 1998, S. 153– 170.

Hentschel, Klaus: Die Funktion von Analogien in den Naturwissenschaften, auch in Abgrenzung zu Metaphern und Modellen. In: Ders. (Hg.): Analogien in Naturwissenschaften, Medizin und Technik. Stuttgart 2010, S. 13–66.

Hentschel, Klaus (Hg.): Analogien in Naturwissenschaften, Medizin und Technik. Stuttgart 2010.

Herrmann, Britta: Über den Menschen als Kunstwerk. Boston 2018.

Hesse, Marry B.: Models in Physics. In: British Journal for the Philosophy of Science 4 (1954), S. 198–214

Heusser, Peter: Goethes Verständnis von Naturwissenschaft. In: Goethe-Jahrbuch 125 (2008), S. 110–121.

Heydenreich, Aura: Wahl, Verwandtschaft, Versuch(ung): Wissensordnungen und narrative Beobachtungsexperimente in Johann Wolfgang Goethes »Wahlverwandtschaften«. In: Jahrbuch der Deutschen Schillergesellschaft. Internationales Organ für neuere deutsche Literatur 56 (2012), S. 126–154.

Hinske, Norbert: Kants Weg zur Transzendentalphilosophie. Der dreißigjährige Kant. Stuttgart 1970.

Hirschberger, Johannes: Vom Sinn des Analogiebegriffs in der Metaphysik. In: Festschrift der Wissenschaftlichen Gesellschaft an der Johann-Wolfgang-Goethe-Universität. Frankfurt/M./Wiesbaden 1981, S. 165–179.

Hirscher, Horst: Grundlegende Begriffe der Mathematik. Entstehung und Entwicklung. Struktur – Funktion – Zahl. Wiesbaden 2012.

Hoenen, Martinus Josephus Franciscus Maria: Art. Analogie. In: Historisches Wörterbuch der Rhetorik. Band 1, A – Bib, hg. von Gert Ueding. Tübingen 1992, Sp. 498–514.

Höffe, Otfried: Kants Kritik der reinen Vernunft. Grundlegung der modernen Philosophie. München 2003.

Höffding, Harald: Der Begriff der Analogie. Leipzig 1924.

Hofmann, Christoph: »Zeitalter der Revolutionen«. Goethes Wahlverwandtschaften im Fokus des chemischen Paradigmenwechsels. In: Deutsche Vierteljahrsschrift für Literaturwissenschaft und Geistesgeschichte 67 (1993), S. 417–450.

Hofstadter, Douglas R. und Emmanuel Sander: Die Analogie. Das Herz des Denkens, aus dem Amerikanischen von Susanne Held. Stuttgart 2014.

Hofstadter, Douglas R.: Epilogue. Analogy as the Core of Cognition. In: Dedre Gentner, Keith J. Holyoak und Boicho N. Kokinov (Hg.): The Analogical Mind. Perspectives from Cognitive Science. Cambridge 2001, S. 499–531.

Hölderlin, Johann Christian Friedrich: Brief an C.L. Neuffer vom 10. Oktober 1794. In: Ders.: Sämtliche Werke und Briefe, hg. von Michael Knaupp. Band 2. München 1992, S. 550–551.

Holland, Jocely: Zeugung/Fortpflanzung. Distinctions of Medium in the Discourse on Generation around 1800. In: Susanne Lettow (Hg.): Reproduction, Race and Gender in Philosophy and the early Life Sciences. Albany, NY 2014, S. 83–105.

Holyoak, Keith J. und Pauk Thagard: Analogical Mapping by Constraint Satisfaction. In: Cognitive Science 13 (1989), S. 295–355.

Honegger, Claudia: Die Ordnung der Geschlechter. Die Wissenschaft vom Menschen und das Weib 1750–1850. München 2006.

Hoppe, Johann Ignaz: Die Analogie. Eine allgemein verständliche Darstellung aus dem Gebiete der Logik. Berlin 1873.

Horkheimer, Max und Theodor W. Adorno: Dialektik der Aufklärung. Frankfurt/M. 2016.

Horn, Eva: Chemie der Leidenschaft. Johann Wolfgang von Goethes ›Wahverwandtschaften‹. In: Reingard M. Nischik (Hg.): Leidenschaften literarisch. Konstanz 1998, S. 163–182.

Hubig, Christoph: Analogie und Ähnlichkeit. Probleme einer theoretischen Begründung vergleichenden Denkens. In: Gerd Jüttermann (Hg.): Komparative Kasuistik. Asanger 1990, S. 133–142

Humboldt, Alexander von: Ideen zu einer Physiognomik der Gewächse. In: Ansichten der Natur, mit wissenschaftlichen Erläuterungen. Tübingen 1808.

Humboldt, Alexander von: Kosmos. Entwurf einer physischen Weltbeschreibung. Bd. 2. Stuttgart/Tübingen 1874.

Husserl, Edmund: Cartesianische Meditationen und Pariser Vorträge, hg. von Stephan Strasser. Nachdruck der 2. verb. Auflage (Husserliana Band 1). Den Haag 1950.

Irmscher, Hans Dietrich: Beobachtungen zur Funktion der Analogie im Denken Herders. In: Deutsche Vierteljahrsschrift 55 (1981), S. 64–91.

Irmscher, Hans Dietrich: Die geschichtsphilosophische Kontroverse zwischen Kant und Herder. In: Hamann – Kant – Herder, Acta 4. Internationales Hamann-Kolloquium im Herder-Institut zu Marburg/Lahn 1985, hg. von B. Gajek. Frankfurt/M. 1987, S. 111–192.

Irmscher, Hans Dietrich: Zur Ästhetik des jungen Herder. In: Gerhard Sauder (Hg.): Johann Gottfried Herder 1744–1803. Hamburg 1987, S. 43–77.

Irmscher, Hans Dietrich: »Weitstrahlsinniges« Denken. Studien zu Johann Gottfried Herder, hg. von Marion Heinz und Violetta Scholz. Würzburg 2009.

Irmscher, Johannes: Die Analogie. Versuch einer Wortgeschichte. Wissenschaftliche Zeitschrift der Wilhelm-Pieck-Universität Rostock. Gesellschaftswissenschaftliche Reihe 37/2 (1988), S. 4–6.

Jacobs, Wilhelm G: Natur in der Kunst. In: Christian Danz und Jörg Jantzen (Hg.): Gott, Natur, Kunst und Geschichte. Schelling zwischen Identitätsphilosophie und Freiheitsschrift. Göttingen 2011, S. 85–103.

Jaeger, Michael: Global Player – Oder das Verschwinden der Gegenwart. Zur Aktualität Goethes. Berlin 2008.

Jaeger, Michael: Wanderers Verstummen – Goethes Schweigen. Fausts Tragödie. Oder: Die große Transformation der Welt. Würzburg 2014.

Jaszczolt, Katarzyna M.: Representing Time. An Essay on Temporality as Modality. New York 2009.

Johnson, Mark und George Lakoff: Metaphors we live by. Chicago/London 1980.

Jones, Kristin Alise: Revitalizing Romanticism: Novalis' Fichte Studien and the Philosophy of Organic Nonclosure. Doctoral Dissertation. Harvard University 2013.

Jussieu, Antoine-Laurent de: Examen de la Famille de Renoncules. Par M. A. L. de Jussieu. In: Histoire de L'Académie Royale des Sciences. Paris 1777.

Kaiser, Walter: Analogien in Physik und Technik im 19. und 20. Jahrhundert. In: Berichte zur Wissenschaftsgeschichte 12/1 (1989), S. 19–34.

Kant, Immanuel: Kritik der reinen Vernunft, hg. von Wilhelm Weischedel. Frankfurt/M. 1956.

Keller, Werner: Goethes dichterische Bildlichkeit. Eine Grundlegung. München 1972.

Kepler, Johannes: Astronomiae pars optica. Ad Vitellionem Paralipomena. In: Ders. Gesammelte Werke. Band II, hg. von Franz Hammer. München 1939.

Kilcher, Andreas B.: mathesis und poiesis. Die Enzyklopädik der Literatur 1600 – 2000. München 2003.

Kittler, Friedrich A.: Dichter – Mutter – Kind. München 1991.

Klatt, Norbert: »...des Wissens heißer Durst«. Ein literaturkritischer Beitrag zu Schillers Gedicht *Das verschleierte Bild zu Saïs*. In: Jahrbuch der Deutschen Schillergesellschaft 29 (1985), S, 98–112.

Klausnitzer, Ralf: Inventio/Elocutio. Metaphorische Rede und die Formierung wissenschaftlichen Wissens. In: Jürgen Fohrmann (Hg.): Rhetorik. Figuration und Performanz. Stuttgart 2014, S. 81–131.

Klausnitzer, Ralf: Literatur und Wissen. Zugänge – Modelle – Analysen. Berlin 2008.

Kleeberg, Ingrid: Eine Urform aller Gattung. Novalis' »Allgemeines Brouillon« als System des assoziierenden Geistes. In: Michael Bies, Michael Gamper und Ingrid Kleeberg (Hg.): Gattungs-Wissen. Wissenspoetologie und literarische Form. Göttingen 2013, S. 138–162.

Klein, Ursula: Verbindung und Affinität. Die Grundlegung der neuzeitlichen Chemie an der Wende vom 17. zum 18. Jahrhundert. Basel 1994.

Kleymann, Rabea: Formlose Form. Epistemik und Poetik des Aggregats beim späten Goethe. München 2021.

Klinkert, Thomas und Monika Neuhofer (Hg.): Literatur, Wissenschaft und Wissen seit der Epochenschwelle um 1800. Theorie – Epistemologie – komparatistische Fallstudien. Berlin 2008.

Kluxen, Wolfgang: Art. Analogie. In: Historisches Wörterbuch der Philosophie. Band 1, A – C, hg. von Joachim Ritter, Karlfried Gründer, Gottfried Gabriel. Basel 1971, Sp. 214–227.

Knobloch, Eberhard: Analogie und mathematisches Denken. In: Berichte zur Wissenschaftsgeschichte 12/1 (1989), S. 35–47.

Knobloch, Eberhard: Vielheit der Welten – extraterrestrische Existenz. In: Wilhelm Voßkamp (Hg.): Ideale Akademie. Vergangene Zukunft oder konkrete Utopie. Berlin 2002, S. 165–187.

Knobloch, Eberhard: Generality and infinitely small Quantities in Leibniz's Mathematics – The Case of his arithmetical Quadrature of conic Sections and related Curves. In: Ursula Goldenbaum und Douglas Jesseph (Hg): Infinitesimal Differences. Controversies between Leibniz and his Contemporaries. Berlin 2008, S. 171–183.

Knobloch, Eberhard: Analogien und mathematisches Denken. In: Analogien in Naturwissenschaften, Medizin und Technik, hg. von Klaus Hentschel. Halle 2010, S. 309–329.

Knobloch, Eberhard: Leibniz und sein Meisterwerk zur Infinitesimalgeometrie. In: Günter Löffladt (Hrg.): Mathematik – Logik – Philosophie, Ideen und ihre historischen Wechselwirkungen. Frankfurt/M. 2012, S. 245–254.

Knobloch, Eberhard: Leibniz and the Infinite. In: Quaderns d'Història de l'Enginyeria 16 (2018), S. 11–31.

Knörer, Ekkehard: Entfernte Ähnlichkeiten. Zur Geschichte von Witz und ingenium. München 2007.

Knorr, Wilbur Richard: The Evolution of the Euclidean Elements. A Study of the Theory of Incommensurable Magnitudes and Its Significance for Early Greek Geometry. Dordrecht 1978.

Kohl, Katrin: Poetologische Metaphern. Formen und Funktion in der deutschen Literatur. Berlin/New York 2007.

Kolk, Rainer: Professionalisierung und Disziplinentwicklung in der Germanistik. In: Jürgen Fohrmann und Wilhelm Voßkamp (Hg.): Wissenschaft und Nation. München 1991, S. 127–149.

Kölreuter, Joseph Gottlieb: Vorläufige Nachricht von einigen das Geschlecht der Pflanzen betreffenden Versuchen und Beobachtungen nebst Fortsetzungen 1, 2 und 3 (1761–1766). Leipzig 1761.

Konsermann, Ralf: Wörterbuch der philosophischen Metaphern. Darmstadt 2007.

Koopmann, Helmut: Über naive und sentimentalische Dichtung. In: Ders. (Hg.): Schiller-Handbuch. Stuttgart 1998, S. 627–638.

Kopp, Hermann: Die Geschichte der Chemie. Zweiter Theil. Mit dem Bildnisse Berzelius'. Braunschweig 1844.

Kopp, Herrmann: Geschichte der Affinitätslehre und verwandter Gegenstände. In: Ders.: Geschichte der Chemie. Band 2, Braunschweig 1844, S. 264–328.

Köppe, Tilmann (Hg.): Literatur und Wissen. Theoretisch-methodische Zugänge. Berlin/New York 2011.

Koranyi, Stephan: Autobiographik und Wissenschaft in Goethes Denken. Bonn 1984.

Korff, Hermann August: Geist der Goethezeit. Versuch einer ideellen Entwicklung der klassisch-romantischen Literaturgeschichte. Band 3 Frühromantik. Berlin 1974.

Koriako, Darius: Unerweisliche Sätze, erdichtete Begriffe. Kant über den Gebrauch mathematischer Argumente in Philosophie. In: Studia Leibnitiana 30 (1) (1998), S. 24–48.

Koriako, Darius: Kants Philosophie der Mathematik. Grundlagen – Voraussetzungen – Probleme. Hamburg 1999.

Koselleck, Reinhart: Kritik und Krise. Ein Beitrag zur Pathogenese der bürgerlichen Welt. München 1969.

Koselleck, Reinhart: Einleitung. In: Otto Brunner, Werner Conze und Reinhart Koselleck (Hg.): Geschichtliche Grundbegriffe. Historisches Lexikon zur politisch-sozialen Sprache in Deutschland. 8 Bände. Stuttgart 1972–1992, Band 1 (1972), S. XIII–XXVIII.

Koselleck, Reinhart: Art. Krise. In: Otto Brunner, Werner Conze und Reinhart Koselleck (Hg.): Geschichtliche Grundbegriffe. Historisches Lexikon zur politisch-sozialen Sprache in Deutschland. Band 3. Stuttgart 1982, S. 617–650.

Krafft, Fritz: Analogie – Theodizee – Aktualismus. Wissenschaftshistorische Einführung in Kants Kosmogenie. https://researchgate.net/publication/299470260, S. 1–41.

Kranz, Walther: Kosmos. In: Archiv für Begriffsgeschichte. Band 2, Teil 1. Bonn 1955.

Krämer, Sybille: Berechenbare Vernunft. Kalkül und Rationalismus im 17. Jahrhundert. Berlin/Boston 1991.

Kreimendahl, Lothar: Kant – der Durchbruch von 1769. Köln 1990.

Krell, David Farell: Der Maulwurf. Die philosophische Wühlarbeit bei Kant, Hegel und Nietzsche. In: boundary 2, Vol 9/10 (1981), S. 155–167.

Kreuzer, Ingrid: Novalis' »Die Lehrlinge zu Saïs«. Fragen zur Struktur, Gattung, und immanenten Ästhetik. In: Jahrbuch der deutschen Schillergesellschaft 23 (1979), S. 276–308.

Kreuzer, Johann: Die Realität der Zeit. München 2007.

Krohn, Wolfgang: Francis Bacon. München 1987.

Kubik, Andreas: Welches System – welche Systemkritik. Zu Hardenbergs Systemgedanken und zu Violetta Waibels Hardenberg-Interpretation. In: Christian Danz und Jürgen Stolzenberg (Hg.): System und Systemkritik um 1800. Hamburg 2011, S. 383–399.

Kubik, Andreas: Die Symboltheorie bei Novalis. Eine ideengeschichtliche Studie in ästhetischer und theologischer Absicht. Tübingen 2006.

Kuhn, Dorothea: Typus und Metamorphose. Goethe-Studien. Marbach/Neckar 1988.

Kuhn, Dorothea: Zur Naturwissenschaft überhaupt, besonders zur Morphologie. In: Neue Hefte zur Morphologie 4 (1962), S. 120–130.

Kuhn, Wilfried: Ideengeschichte der Physik. Eine Analyse der Entwicklung der Physik im historischen Kontext. Heidelberg 2001.

Kurz, Gerhard: Allegorie, Symbol. Göttingen 1982.

Laberbrink, Bernhard: Der Kantische Begriff einer transzendentalen Analogie. In: Philosophisches Jahrbuch 68 (1969), S. 244–257.

Lachmann, Renate: Die Zerstörung der schönen Rede. Rhetorische Tradition und Konzepte des Poetischen. München 1994.

Lambert, Kevin: The Uses of Analogy. James Clerk Maxwell's ›On Faraday's Lines of Force‹ and early Victorian Analogical Argument. In: The British Journal for the History of Science 44 (1) (2011), S. 61–88.

Langenohl, Andreas: Ähnlichkeit als differenztheoretisches Konzept. Zur Reformulierung der Modernisierungstheorie. In: Anil Bhatti und Dorothee Kimmich (Hg.): Ähnlichkeit. Ein kulturtheoretisches Paradigma. Konstanz 2015, S. 105–129.

Langholf, Volker: Frühe Fälle der »Verwendung« von Analogien in der altgriechischen Medizin. In: Berichte zur Wissenschaftsgeschichte 12 (1989), S. 7–18.

La Rocca, Claudio: Formen des Als-Ob bei Kant, in: Bernd Dörflinger und Günter Kruck (Hg.): Über den Nutzen von Illusionen. Die regulativen Ideen in Kants theoretischer Philosophie. Zürich/New York 2011, S. 29–45.

Larson, James L.: Goethe and Linnæus. In: Journal of the History of Ideas 28 (4) (1967), S. 590–596.

Larson, James L.: Linnæn Analogy. In: Scandinavian Studies 40 (4) (1968), S. 294–302.

Larson, James L.: Linnaeus and the Natural Method. In: Isis 58 (3) (1967), S. 304–320.

Latour, Bruno: Wir sind nie modern gewesen. Versuch einer symmetrischen Anthropologie. Frankfurt/M. 2008.

Lau, Dieter: Metaphertheorien der Antike und ihre philosophischen Prinzipien. Frankfurt/M. 2006.

Lavater, Johann Casper: Physiognomische Fragmente, zur Beförderung der Menschenkenntnis und Menschliebe. Erster Versuch mit vielen Kupfern. Leipzig/Winterthur 1775.

Lavoisier, Antoine Laurent: Traité élémentaire de chimie. présenté dans un ordre nouveau et d'après les découvertes modernes; avec figures, Tomte premiere. Paris 1789.

Leatherdale, William Hilton: The Role of Analogy, Model and Metaphor in Science. Amsterdam 1974.

Lefévre, Wolfgang: Rechensteine und Sprache. In: Ders. und Peter Damerow (Hg.): Rechenstein, Experiment, Sprache. Historische Fallstudien zur Entstehung der exakten Wissenschaft. Stuttgart 1981.

Leibniz, Gottfried Wilhelm: Summi Polyhistoris Godefridi Guilielmi Leibnitii Protogaea. Sive De Prima Facie Telluris Et Antiquissimae Historiae Vestigiis In Ipsis Naturae Monumentis Dissertatio. Göttingen 1749.

Leibniz, Gottfried Wilhelm: Brief an Thévenot, 24. August 1691. In: Ders.: Sämtliche Schriften und Briefe. Reihe I. Allgemeiner, Politischer und Historischer Briefwechsel, hg. von der Leibniz Archiv/Leibniz-Forschungsstelle Hannover. Band 7, bearbeitet von: Günter Scheel, Kurt Müller und Georg Gerber. Berlin 1992, [Akademie Ausgabe], Nr. 171, S. 351–357.

Leibniz, Gottfried Wilhelm: Infinitesimalmathematik 1674–1676. In: Ders.: Sämtliche Schriften und Briefe. Reihe VII. Mathematische Schriften, hg. von der Leibniz Archiv/Leibniz-Forschungsstelle Hannover. Band 5. Bearbeitet von: Uwe Mayer, Siegmund Probst und Heike Sefrin-Weis. Berlin 2008 [Akademie Ausgabe].

Leibniz, Gottfried Wilhelm: Leibniz für Kurfürstin Sophie und Herzogin Elisabeth Charlotte von Orléans. Hannover, Mitte August 1696. In: Ders.: Sämtliche Schriften und Briefe. Erste Reihe. Allgemeiner und historischer Briefwechsel, hg. von der Leibniz Archiv/Leibniz-Forschungsstelle Hannover Band 13. Bearbeitet von: Gerda Utermöhlen und Sabine Sellschop Berlin 2010 [Akademie Ausgabe].

Leibniz, Gottfried Wilhelm: Nouveaux Essais. In: Ders.: Sämtliche Schriften und Briefe. Reihe VI. Philosophische Schriften, hg. von der Leibniz-Forschungsstelle Münster Band 6. Berlin 1990 [Akademie Ausgabe].

Lelgemann, Dieter, Eberhard Knobloch, Andreas Fuls und Andreas Kleineberg: Zum antiken astro-geodätischen Messinstrument Skiotherikós Gnomon. In: ZfV. Zeitschrift für Geodäsie, Geoinformation und Landmanagement 130 (4) (2005), S. 238–247.

Lenoir, Timothy: Kant, Blumenbach and Vital Meterialism in German Biology. In: Isis 71 (1980), S. 77–108.

Lepenies, Wolf: Das Ende der Naturgeschichte. Wandel kultureller Selbstverständlichkeiten in den Wissenschaften des 18. und 19. Jahrhunderts. München 1976.

Lepenies, Wolf: Vergangenheit und Zukunft der Wissenschaftsgeschichte – Das Werk Gaston Bachelards. Einleitung. In: Gaston Bachelard. Die Bildung des Wissenschaftlichen Geistes. Frankfurt/M. 1978, S. 7–37.

Lévi-Strauss, Claude: Das Ende des Totemismus. Frankfurt/M. 1965.

Lichtenberg, Georg Christoph: Vorrede (zu dieser sechsten Auflage). In: Johann Christian Polycarb Erxleben: Anfangsgründe der Naturlehre. Antworten von Johann Christian Polycarb Erxleben. Sechste Auflage. Mit Verbesserungen und vielen Zusätzen von G. C. Lichtenberg. Göttingen 1794, S. XXI–XLVII.

Lichtenberg, Georg Christoph: Sudelbuch Heft A (1765–1770). In. Ders.: Schriften und Briefe in vier Bänden und zwei Kommentarbänden, Band 1, hg. von Wolfgang Promies. Neuauflage Frankfurt/M. 1971.

Lichtenberg, Georg Christoph: Sudelbuch Heft J (1789–1793). In: Ders.: Schriften und Briefe in vier Bänden und zwei Kommentarbänden. Band 1, hg. von Wolfgang Promies, Neuauflage Frankfurt/M. 1971.

Liedtke, Ralf: Das romantische Paradigma der Chemie. Friedrich von Hardenbergs von Hardenbergs Naturphilosophie zwischen Empirie und alchemistischer Spekulation. Paderborn 2002.

Linnæus, Carlus: Præludia Sonsaliorum Plantarum. In: Skrifter af Carl von Linné. Utgifna af Kungl. Svenska Vetenskapsakademien. Band 4, Nr. 1, bearbeitet von Thore Magnus Fries. Uppsala 1908, S. 1–26.

Lloyd, Geoffrey E. R.: Polarity and Analogy. Two Types of Argumentation in Early Greek Thought. Cambridge 1966.

Lobis, Seth: The Virtue of Sympathy. Magic, Philosophy, and Literature in Seventeenth-Century England. New Haven/London 2015.

Loheide, Bernward: Fichte und Novalis. Transzendentalphilosophisches Denken im romantisierenden Diskurs. Amsterdam 2000.

Lovejoy, Arthur O.: The Great Chain of Being. A Study of the History of an Idea. Cambridge, MA/London 1978.

Lubich, Gerhard: Verwandtsein. Lesarten einer politisch-sozialen Beziehung im Frühmittelalter (6.–11. Jahrhundert). Köln u.a. 2008.

Luhmann, Niklas: Das Moderne der modernen Gesellschaften. In: Ders.: Beobachtungen der Moderne. Opladen 1992.

Luhmann, Niklas: Liebe als Passion. Zur Codierung von Intimität. Frankfurt/M. 1982.

Lyttkens, Hampus: The Analogy between God and the World. An Investigation of its Background and Interpretation of its Use by Thomas of Aquino. Uppsala 1952.

Maasen, Sabine und Peter Weingart: Metaphor and Dynamics of Knowledge. London/New York 2000.

Maatsch, Jonas: »Naturgeschichte der Philosopheme«. Frühromantische Wissensordnungen im Kontext. Heidelberg 2008.

Mach, Ernst: Die Aehnlichkeit und Analogie als Leitmotiv der Forschung. Annalen der Naturphilosophie, hg. von Wilhelm Ostwald. Erster Band, Leipzig 1902, S. 5–14.

Magnus, Albert: De Mineralibus. In: Ders.: Ratisbonesis Episcopi, Ordinis Praedicatorum. Liber IV. Operum Tomus Secundum. Lugdunui (Lyon) 1651.

Mähl, Hans-Joachim: Einleitung. Das Allgemeine Brouillon. Materialien zur Enzyklopädistik. In: Novalis Schriften. Die Werke Friedrich von Hardenbergs. Begründet von Paul Kluckhohn und Richard Samuel. Hg. von Richard Samuel (†) in Zusammenarbeit mit Hans-Joachim Mähl und Gerhard Schulz. Historisch-kritische Ausgabe in vier Bänden. Bd. 3: Das philosophische Werk II. Hg. von Richard Samuel in Zusammenarbeit mit Hans-Joachim Mähl und Gerhard Schulz. Stuttgart 1968. 3., von den Herausgebern durchgesehene und revidierte Aufl. 1983, S. 207–241.

Mähl, Hans-Joachim: Novalis und Plotin. Untersuchungen zu einer neuen Edition und Interpretation des Allgemeinen Broullion. In: Jahrbuch des Freien Deutschen Hochstifts. Tübingen 1963, S. 139–250.

Mahonney, Dennis F.: Friedrich von Hardenberg (Novalis). Stuttgart 2001.

Maly, Sebastian: Über die symbolische Erkenntnis Gottes. Berlin/Boston 2012.

Mandelbrot, Benoît B: Die fraktale Geometrie der Natur. Basel 1987.

Martin, Gottfried: Arithmetik und Kombinatorik bei Kant. Berlin 1972.

Martinelli, Riccardo: Vom Ich zur Welt. Formen der Weltbeziehung in Kants Anthropologie. In: Margit Ruffing, Claudio La Rocca, Alfredo Ferrarin und Stefano Bacin (Hg.): Kant und die Philosophie in Weltbürgerlicher Absicht: Akten des XI. Kant-Kongresses 2010. Berlin u.a. 2013.

Matt, Peter von: Versuch, den Himmel auf der Erde einzurichten. Der Absolutismus der Liebe in Goethes ›Wahlverwandtschaften‹. In: Heinrich Meyer und Gerhard Neumann (Hg.): Über die Liebe. Ein Symposium. München 2001, S. 283–304.

Mauthner, Fritz: Art. Affinitas. In: Wörterbuch der Philosophie. Band 1. Leipzig^2 1923, S. 19–20.

Maxwell, James Clark: On Faraday's Lines of Force. [Read Dec. 10, 1855, and Feb. 11, 1856]. In: The Transactions of the Cambridge Philosophical Society 10 (1) (1855/56), S. 27–83.

Maxwell, James Clark: Address to the Mathematical and Physical Sections of the British Association. James Clark Maxwell. [From the British Association Report, Col XL.] [Liverpool. September 15, 1870].

Meads, William: Goethe's Concept of Entsagung. Pacific Coast Philology 8 (1973), S. 34–41.

Meissner, Ludwig (Hg.): Encyclopädie der medizinischen Wissenschaften nach dem Dictionnaire de Médecine frei bearbeitet und mit nöthigen Zusätzen versehen. In Verbindung mit mehreren deutschen Ärzten herausgegeben von Friedrich Ludwig Meissner. Band 4. Leipzig 1831.

Melnick, Arthur: Kant's Analogies of Experience. Chicago/London 1973.

Mendel, Gregor: Versuche über Pflanzen-Hybriden. In: Verhandlungen des Naturforschenden Vereins in Brünn 4 (1866), S. 3–47.

Mengel, Martin: LautBilder. Wenn Augen hören und Ohren sehen. Marburg 2010.

Menninghaus, Winfried: Dichtung als Tanz – Zu Klopstocks Poetik der Wortbewegung. Comparatio. Revue Internationale de Littérature Comparée 2–3 (1991), S. 129–150.

Menninghaus, Winfried: ›Darstellung‹. Friedrich Gottlieb Klopstocks Eröffnung eines neuen Paradigmas. In: Christiaan L. Hart Nibbrig (Hg.): Was heißt »Darstellen«? Frankfurt/M. 1994, S. 205–226.

Mersch, Dieter: Imagination, Figuralität und Kreativität. Zur Frage der Bedingungen kultureller Produktivität. In: Kreativität. XX. Deutscher Kongreß für Philosophie. 26.–30. September 2005 an der Technischen Universität Berlin, hg. von Günter Abel. Hamburg 2006.

Mersch, Dieter: Kunst ist Kunst als Kunst - alles andere ist alles andere. Einige Überlegungen zur Ästhetik der Avantgarden. In: Kodias/Code. Ars Semiotica 36 (1/2) (2013), S. 7–22.

Mersch, Dieter: Kritik der Kunstphilosophie. Kleine Epistemologie künstlerischer Praxis. In: Violetta Waibel und Konrad Paul Liessmann (Hg.): Es gibt Kunstwerke. Wie sind sie möglich? München 2014, S. 55–82.

Mersch, Dieter: Epistemologien des Ästhetischen. Berlin 2015.

Meves, Uwe: Zum Institutionalisierungsprozess der Deutschen Philologie. Die Periode der Lehrstuhleinrichtung. In: Jürgen Fohrmann und Wilhelm Voßkamp (Hg.): Wissenschaftsgeschichte der Germanistik im 19. Jahrhundert. Stuttgart 1994, S. 115–204.

Meyer, Carla, Katja Patzel-Mattern und Gerrit Jasper Schenk (Hg.): Krisengeschichte(n). »Krise« als Leitbegriff und Erzählmuster in kulturwissenschaftlicher Perspektive. Stuttgart 2013.

Michaelis, Christian Friedrich: Ueber den Geist der Tonkunst. Mit Rücksicht auf Kants Kritik der ästhetischen Urtheilskraft. Ein ästhetischer Versuch von Christian Friedrich Michaelis. Leipzig 1795.

Michaelis, Friedrich: Ein Versuch, das innere Wesen der Tonkunst zu entwickeln [1806]. In: Ders.: Ueber den Geist der Tonkunst und andere Schriften, hg. von Lothar Schmidt. Chemnitz 1997, S. 249–260.

Mill, John Stuart: A System of Logic. Ratiocinative and Inductive. Being a Connected View of the Principles of Evidence, and the Methods of Scientific Investigation. Part I (1843). In: The Collected Works of John Stuart Mill in 33 Volumes. Vol. VII, hg. John M. Robson. Toronto 1974.

Mittelstraß, Jürgen: Die griechische Denkform. Von der Entstehung der Philosophie aus dem Geiste der Geometrie. Berlin/Boston 2014.

Mittelstraß, Jürgen: Die Idee einer Mathesis Universalis bei Descartes. In: Perspektiven der Philosophie. Neues Jahrbuch 4 (1978), S. 177–192.

Mohr, Georg: »Die Musik ist eine Kunst des ›innern Sinnes‹ und der ›Einbildungskraft‹«. Affekt, Form und Reflexion bei Christian Friedrich Michaelis. In: Ulrich Tadday (Hg.): Musik-Konzepte. Neue Folge. Sonderband: Musikphilosophie. München 2007.

Molnár, Géza von: The Composition of the Novalis' »Die Lehrlinge zu Saïs«. A Reevaluation. PMLA 85 (1971), S. 1002–1014.

Molnár, Géza von: Goethes Kantstudien. Eine Zusammenstellung nach Eintragungen in seinen Handexemplaren der »Kritik der reinen Vernunft« und der »Kritik der Urteilskraft«. (Schriten der Goethe-Gesellschaft 64), Hermann Böhlaus Nachfolger. Weimar 1994.

Moser, Walter: Poetik der Enzyklopädie. Untersuchung des ›Allgemeinen Brouillon‹ für die Enzyklopädie von Novalis. In: Akten des VI. Internationalen Germanistenkongresses. Basel 1980. T. 4, Bern u.a. 1980, S. 422–431.

Moser, Walter: Romantisme et crisis. Poésie et encyclopédie dans le »Brouillon« de Novalis. Longueuil 1989.

Mülder-Bach, Inka: Im Zeichen Pygmalions. Das Modell der Statue und die Entdeckung der ›Darstellung‹ im 18. Jahrhundert. München 1998.

Mülder-Bach, Inka: Kommunizierende Monaden. Herders literarisches Universum. In: Caroline Welsh, Christina Dongowski und Susanna Lulé (Hg.): Sinne und Verstand. Ästhetische Modellierungen der Wahrnehmung um 1800. Würzburg 2001, S. 41–52.

Müller-Sievers, Helmut: Self-Generation. Biology, Philosophy and Literature around 1800. Stanford 1997.

Müller-Tamm, Jutta: Kunst als Gipfel der Wissenschaft. Ästhetische und wissenschaftliche Weltaneignung bei Carl Gustav Carus. Berlin/New York 1995.

Müller-Tamm, Jutta: ›Verstandenes Lebensbild‹. Zur Einführung. In: Dies. (Hg.): Verstandenes Lebensbild. Ästhetische Wissenschaft. Von Humboldt bis Vischer. Eine Anthologie. Berlin 2010, S. 7–29.

Müller, Klaus-Detlef: Leonardos Tagebuch. Zum Romanbegriff in Goethes Wilhelm Meisters Wanderjahren. In: Deutsche Vierteljahresschrift für Literaturwissenschaft und Geistesgeschichte 53 (2) (1979), S. 275–299.

Murhard, Friedrich Wilhelm August: System der Elemente der allgemeinen Größenlehre nach ihrem Zustand am Ende des achtzehnten Jahrhunderts nebst Literatur und Geschichte. Göttingen 1798.

Neubauer, John: Bifocal Vision. Novalis' Philosophy of Nature and Disease. Chapel Hill 1971.

Neubauer, John: Der Potenzbegriff in der Frühromantik. In: Richard Brinkmann (Hg.): Romantik in Deutschland: Ein interdisziplinäres Symposion. Stuttgart 1978, S. 175–186.

Neubauer, John: Symbolismus und symbolische Logik. München 1978.

Neubauer: Das Verständnis der Naturwissenschaften bei Novalis und Goethe, in: Herbert Uerlings (Hg.): Novalis und die Naturwissenschaften. Tübingen 1997, S. 49–65.

Neubauer, John: Der Schatten als Vermittler von Objekt und Subjekt. Zur Subjektbezogenheit von Goethes Naturwissenschaft. In: Gernot Böhme und Gregor Schiemann (Hg.): Phänomenologie der Natur. Frankfurt/M. 1997, S. 64–85.

Neumann, John: Eine Axiomatisierung der Mengenlehre. In: Journal für die reine und angewandte Mathematik 145 (1925), S. 219–240.

Newton, Issac: Opticks Or A Treatise of the Reflections, Refractions, Inflections and Colours of Light. London: Printed for William Innys at the West-End of St. Paul's 1730.

Nieraad, Jürgen: Art. Darstellung. In: Historisches Wörterbuch der Philosophie Band 2, D – F, hg. von Joachim Ritter und Karlfried Gründer. Basel 1972. Sp. 11–12.

Nowikoff, M.: Das Prinzip der Analogie und die vergleichende Anatomie. Eine Studie über eine Gesetzmäßigkeit in der Biologie. Jena 1930.

Nübling, Damaris in Zusammenarbeit mit Antje Dammel, Janet Duke und Renate Szczepaniak: Historische Sprachwissenschaft des Deutschen. Eine Einführung in die Prinzipien des Sprachwandels. Tübingen 2006.

Oehler, Klaus: Einleitung. In: Aristoteles Kategorien. Übersetzt und erläutert von Klaus Oehler. Aristoteles Werke in deutsche Übersetzung, hg. von Hellmut Flashar. Bd. 1. Teil. 1. Berlin 2006, S. 41–183.

Osten, Manfred: »Alles veloziferisch« oder Goethes Entdeckung der Langsamkeit. Zur Modernität des Klassikers im 21. Jahrhundert. Frankfurt/M. 2003.

Otto, Stefan: Das Wissen des Ähnlichen. Michel Foucault und die Renaissance. Frankfurt/M. 1992.

Owen, Richard: Report on the Archetype and Homologies of the Vertebrate Skeleton. In: Report of the Sixteenth Meeting of the British Association for the Advanced Science, hg. Richard and John E. Taylor. London 1847, S. 169–340.

Paetzold, Heinz: Ästhetik des deutschen Idealismus. Zur Idee ästhetischer Rationalität bei Baumgarten, Kant, Schelling, Hegel und Schopenhauer. Wiesbaden 1983.

Palm, Kerstin: Mit dem »Zauberstab der Analogie«. Romantische Anthropologien der Verachtung. In: Michael Eggers (Hg.): Von Ähnlichkeiten und Unterschieden. Vergleich, Analogie und Klassifikation in Wissenschaft und Literatur (18./19. Jahrhundert). Heidelberg 2011, S. 57–79.

Pannenberg, Wolfhart: Analogie und Offenbarung. Eine kritische Untersuchung zur Geschichte des Analogiebegriffs in der Lehre von der Gotteserkenntnis. Göttingen 2007.

Park, Katharine; Lorraine J. Daston and Peter L. Galison: Bacon, Galileo, and Descartes on Imagination and Analogy. In: Isis 75 (2) (1984), S. 287–289.

Park, Katharine: Bacon's »Enchanted Glass«. In: Isis 75 (2) (1984), S. 290–302.

Parsons, Charles: The Transcendental Aesthetic. In: Paul Guyer (Hg.): The Cambridge Companion to Kant. Cambridge 1992, S. 62–1000.

Peano, Guiseppe: Opere Scelte. Volume III Geometria e Fondamenti Meccanica Razionale. Rom 1959.

Peitgen, Heinz-Otto, Hartmut Jürgens und Dietmar Saupe: Chaos. Bausteine der Ordnung. Reinbek 1998.

Pfaff, Johann Wilhelm Andreas: Der Mensch und die Sterne. Fragmente zur Geschichte der Weltseele. Nürnberg 1834.

Pfaff, Johann Wilhelm Andreas: Einheit und Vielheit der Welten. Fortsetzung (Dienstag, 18. Oktober 1831). In: Morgenblatt für gebildete Leser Nr. 246. Stuttgart/Tübingen 1831, S. 982–984.

Pfleiderer, Christoph Friedrich: Deduktion der Euklidischen Definitionen 3,4,5,7 des V Buchs der Elemente. In: Carl Friedrich Hindenburg (Hg.): Archiv der reinen angewandten Mathematik. Band 2. Leipzig 1798, S. 257–287.

Pieper, Annemarie: Kant und die Methode der Analogie. In: Gerhard Schönrich und Yasushi Kato (Hg.): Kant in der Diskussion der Moderne. Frankfurt/M. 1996, S. 92–112.

Pierer's Universal-Lexikon der Vergangenheit und Gegenwart oder Neuestes encyklopädisches Wörterbuch der Wissenschaften, Künste und Gewerbe. Band 1 A – Aufzwingen. Altenburg 1857.

Pietsch, Lutz-Henning: Reise zur See oder Vermessen der Heimat. Analogische Strategien geschichtsphilosophischer Darstellung bei Herder und ihre Kritik durch Kant. In: Claudia Albes und Christiane Frey (Hg.): Darstellbarkeit. Zu einem ästhetisch-philosophischen Problem um 1800. Würzburg 2003, S. 97–117.

Pikulik, Lothar: Frühromantik. Epoche – Werke – Wirkung. München 1992.

Pikulik, Lothar: Novalis. Die Lehrlinge zu Saïs. In: Ders.: Frühromantik. Epoche – Werk – Wirkung. München 1992, S. 241–257.

Platon: Tίμαος. Timaios.In: Ders.: Werke in acht Bänden. Bearbeitet von Klaus Widdra. Griechischer Text von Klaus Widdra und Auguste Diés, duetsche Übersetzung von Hiernymos Müller und Friedrich Schleiermacher. Darmstadt 1972.

Platon: Πολιτεία. Der Staat. In: Ders.: Werke in acht Bänden. Bearbeitet von Dietrich Kurz. Griechischer Text von Émile Chambry, deutsche Übersetzung von Friedrich Schleiermacher. Darmstadt 1990.

Platzeck, Erhard-Wolfram: Von der Analogie zum Syllogismus. Paderborn 1954.

Pohlmann, Albrecht: Rezension: Hilmar Dreßler: »Nach Analogien zu denken ist nicht zu schelten«. Studien zu Farbe und Ton in Goethes naturwissenschaftlichem Denken - nebst eigenen Paralipomena, Jena 2005. In: Sehepunkte 7 (2) 2007) [15.02.2007], (http://www.sehepunkte.de/2007/02/10548.html.)

Polanski, Igor J.: Die Kunst Natur vorzustellen. Die Ästhetisierung der Pflanzenkunde um 1800. Köln 2004.

Pollack, Howard: Novalis and Mathematics Revisited. Paradoxes of the Infinite in the Allgemeine Brouillon. In: Athenäum 7 (1997), S. 113–140.

Ponzi, Mauro: Zur Entstehung des Goetheschen Motivs der ›Entsagung‹. In: Zeitschrift für Germanistik 7 (2) (1986), S. 150–159.

Popper, Karl: Objektive Erkenntnis. Ein evolutionärer Entwurf. Hamburg 1972.

Pörksen, Uwe: ›Alles ist Blatt‹. Über Reichweite und Grenzen der naturwissenschaftlichen Sprache und Darstellungsmomente Goethes. In: Ders.: Wissenschaftssprache und Sprachkritik. Untersuchungen zu Geschichte und Gegenwart. Tübingen 1994, S. 109–139.

Poser, Hans: Vom Denken in Analogien. In: Berichte zur Wissenschaftsgeschichte 12/3 (1989) S. 145–157.

Pravica, Sandra: Gaston Bachelard. In: Kathrin Busch und Iris Dämmrich (Hg.): Bildtheorien aus Frankreich. Ein Handbuch. München 2011, S. 15–25.

Pross, Wolfgang: »Ein Reich unsichtbarer Kräfte«. Was kritisiert Kant an Herder? In: Scientia Poetica 1 (1997), S. 62–119.

Przywara, Erich: Analogia entis. Metaphysik. Einsiedeln 1962.

Pulte, Helmut: Der Kantische Analogiebegriff und die Theorie der modernen Naturwissenschaften. In: Klaus Hentschel (Hg.): Analogien in Naturwissenschaft, Medizin und Technik. Halle 2010, S. 233–255.

Puntel, Lorenz Bruno: Analogie und Geschichtlichkeit. Freiburg/Br. 1969.

Quintilian: De institutione oratoria. Tomus I. Lipisae 1829.

Radbruch, Knut: Novalis und die Mathematik. In: Ders. Bausteine zu einer Kulturphilosophie der Mathematik. Leipzig 2009, S. 9–30.

Rahden, Wolfert: Revolution und Evolution. In: Forum für interdisziplinäre Begriffsgeschichte 1 (2012), S. 1–20.

Ramge, Thomas: Entscheidungs-Maschinen. Dank großer Datenmengen und Mustererkennung sollen Computer in komplexen Situationen bessere Entscheidungen treffen als Menschen. Stimmt das wirklich? https://www.brandeins.de/magazine/brand-eins-wirtschaftsmagazin/2019/komplexitaet/entscheidungs-maschinen (zuletzt abgerufen am 20.09.2022).

Rapp, Christof: Ähnlichkeit, Analogie und Homonymie bei Aristoteles. In: Zeitschrift für philosophische Forschung 46 (4) (1992), S. 526–544.

Raven, John Earl: Pythagoreans and the Eleatics. Cambridge 1948.

Recki, Birgit: Gefühle in der philosophischen Ästhetik. In: Cornelia Zumbusch und Martin von Koppenfels (Hg.): Handbuch. Literatur und Emotion. Berlin/Boston 2016, S. 62–83.

Recki, Birgit: Ästhetik der Sitten. Die Affinität von ästhetischem Gefühl und praktischer Vernunft bei Kant. Frankfurt/M. 2001.

Rehbock, Philip F.: »Transcendental Anatomy«. In: Andrew Cunningham und Nicholas Jardine (Hg.): Romanticism and the Sciences. Cambridge, MA 1990, S. 145–160.

Rehbock, Theda: Goethe und die ›Rettung der Phänomene‹. Philosophische Kritik des naturwissenschaftlichen Weltbildes am Beispiel der Farbenlehre. Konstanz 1995.

Rescher, Nicholas: Studies in Leibniz's Cosmology. Berlin/Boston 2013.

Rheinberger, Hans-Jörg: Aspekte des Bedeutungswandels im Begriff organismischer Ähnlichkeit vom 18. zum 19. Jahrhundert. In: History and Philosophy of the Life Sciences 8 (1986), S. 237–250.

Richards, Ivor Amstrong: The Philosophie of Rhethoric. New York/ London 1936.

Ricœr, Paul: Die lebendige Metapher. München 1991.

Riedel, Manfred: Historizismus und Kritizismus. Kants Streit mit Georg Forster und Johann Gottfried Herder. In: Kant-Studien 72 (1981), S. 41–57.

Riedel, Wolfgang: Die Anthropologie des jungen Schiller. Zur Ideengeschichte der medizinischen Schriften und der ›Philosophischen Briefe‹. Würzburg 1985.

Ritter, Joachim: Art. Ästhetik, ästhetisch. In: Historisches Wörterbuch der Philosophie, hg. von Joachim Ritter, Karlfried Gründer und Gottfried Gabriel Bd. 1, Basel 1971, Sp. 555–579.

Roberts, Robert J.: Kant and Blumenbach on the Bildungstrieb. A Historical Misunderstanding. In: Studies in History and Philosophy of Biological and Biomedical Sciences Part C 31 (2000), S. 11–32.

Rodgers, Bradley und David Landy: Investigating Rational Analogy in the Spirit of John Stuart Mill. Bayesian Analysis of Confidence about Inferences across Aligned Simple Systems. In: CogSci 2016, S. 1301–1306.

Roggenbuck, Simone: Analogie als Ausgangspunkt für Vergleich und Klassifikation. Mit Beispielen aus der Sprachwissenschaft des 19. Jahrhunderts. In: Michael Eggers (Hg.): Von Ähnlichkeiten und Unterschieden. Vergleich, Analogie und Klassifikation in Wissenschaft und Literatur (18./19. Jahrhundert). Heidelberg 201, S. 79–91.

Rohr, René R. J.: Die Sonnenuhr. Geschichte, Theorie, Funktion. München 1982.

Rolf, Eckhard: Metaphertheorien. Typologie – Darstellung – Bibliographie. Berlin/New York 2005.

Rössler, Reto: Glückliche Konstellation‹? Lehrgedicht, Komet und Versuch, 1744–1747. In: Rudolf Freiburg, Christine Lubkoll und Harald Neumeyer (Hg.): Zwischen Literatur und Naturwissenschaft. Debatten – Probleme – Visionen 1680-1820. Berlin/Boston 2017, S. 136–165.

Rössler, Reto: Das Andere der Differenz. Paradigmen der Ähnlichkeit in der Kosmologie der Aufklärung und um 1800. In: Iulia-Karin Patrut und Reto Rössler (Hg.): Ähnlichkeit um 1800. Konturen eines literatur- und kulturtheoretischen Paradigmas am Beginn der Moderne. Bielefeld 2019, S. 27–63.

Rössler, Reto: Weltgebäude. Poetologien kosmologischen Wissens in der Aufklärung. Göttingen 2020.

Rudolph, André: Figuren der Ähnlichkeit. Johann Georg Hamanns Analogiedenken im Kontext des 18. Jahrhunderts. Tübingen 2006.

Rühling, Frank: Die Deduktion der Philosophie nach Fichte und Friedrich von Hardenberg. In: Fichte und die Romantik (Fichte-Studien) 12 (1997), S. 86–110.

Rühling, Frank: Friedrich von Hardenbergs Auseinandersetzung mit der kritischen Transzendentalphilosophie. Aspekte eines Realitätsbegriffes in den »Fichte-Studien«. Jena 1995.

Rumelhart, David E. und Donald A. Norman: Analogical Processes in Learning. In: John R. Anderson (Hg.): Cognitive Skills and their Acquisition. Hillsdale, NJ 1981, S. 335–361.

Ruse, Michael: The Value of Analogical Models in Science. Dialogue 12 (1973), S. 246–253

Salmen, Christian: Pas de deux (Aggregat, Kollektiv). In: Ders.: »Die ganze merkwürdige Verlassenschaft«. Goethes Entsagungspoetik in Wilhelm Meisters Wanderjahren. Würzburg 2003, S. 53–61.

Sandkühler, Hans Jörg: ›Ex analogia hominis‹ – Theorie der Erkenntnis und des Wissens. In: Hans Jürgen Sandkühler und Detlev Pätzold (Hg.): Kultur und Symbol. Ein Handbuch zur Philosophie Ernst Cassirers, S.70–85.

Saussure, Ferdinand de: Grundfragen der allgemeinen Sprachwissenschaft, hg. von Charles Bally und Albert Sechehaye. Berlin/New York 2001.

Schiller, Hans-Ernst: Ähnlichkeit und Analogie. Zur Erkenntnisfunktion eines mimetischen Vermögens. Berlin 2021.

Scheller, Immanuel Johann Gerhard: Art. Mannus (und darunter manare). In: Ders.: Das Ausführliche und möglichst vollständige lateinisch-deutsche und deutsch-lateinische Lexicon zum Behufe der Erklärung der Alten und Übung in der lateinischen Sprache. Lateinisch-deutscher Theil. Leipzig 1783, Sp. 1481.

Schelling, Friedrich Wilhelm: Von der Weltseele (1798). In: Ders.: Sämmtliche Werke. Erste Abtheilung. Zweiter Band. Stuttgart/Augsburg 1857, S. 345 –583.

Schelling, Friedrich Wilhelm Joseph: Fernere Darstellung aus dem System der Philosophie (1802). In: Ders: Sämmtliche Werke (1800 – 1802). Band IV. Stuttgart/Augsburg 1859.

Schiebinger, Londa: Das Private Leben der Pflanzen. Geschlechterpolitik bei Carl von Linné und Erasmus von Darwin. In: Michael Hagner (Hg.): Ansichten der Wissenschaftsgeschichte. Frankfurt/M. 2001, S. 107–133.

Schiebinger, Londa: Nature's Body. Gender in the Making of Modern Science. Boston, MA 1993.

Schieren, Jost: Anschauende Urteilskraft. Methodische und philosophische Grundlagen von Goethes naturwissenschaftlichen Erkennen. Düsseldorf 1998.

Schindler, Claudia: Untersuchungen zu den Gleichnissen im römischen Lehrgedicht. Lukrez – Vergil – Manilius. Göttingen 2000.

Schittko Martin Paul: Analogien als Argumentationstyp. Göttingen 2003.

Schlaffer, Heinz: Namen und Buchstaben in Goethes »Wahlverwandtschaften«. In: Norbert W. Bolz (Hg.): Goethes Wahlverwandtschaften. Kritische Modelle und Diskursanalysen zum Mythos Literatur. Hildesheim 1981, S. 211–229.

Schlegel, Friedrich: Propädeutik und Logik (1805–1806). In: Kritische Friedrich-Schlegel-Ausgabe, hg. von Ernst Behler unter Mitwirkung von Jean-Jacques Anstett und Hans Eichner. Philosophische Vorlesungen (1800–1807). Zweiter Teil. Abt. II, Bd. 13. München 1964, S. 177–384.

Schleiden, Matthias Jacob: Grundzüge der Wissenschaftlichen Botanik nebst einer Methodologischen Einleitung. Leipzig 1842.

Schlenstedt, Dieter: Art. Darstellung. In: Ästhetische Grundbegriffe. Historisches Wörterbuch in sieben Bänden, hg. von Karlheinz Barck u. a. Band 1: Absenz – Darstellung. Stuttgart/ Weimar 2000, S. 831–875.

Schlichting, Hans-Joachim: Schöne fraktale Welt. Annäherungen an ein neues Konzept der Naturwissenschaften. In: MNU 45/4 202 (1992), S. 1–14, hier: S. 4.

Schmaus, Marion: Entsagung als ›Forderung des Tages‹. Goethes und Hegels Antwort auf die Moderne. In: Werner Frick u.a. (Hg.): Aufklärungen. Tübingen 2003, S. 157–173.

Schmid, Heinz Dieter: Friedrich von Hardenberg (Novalis) und Abraham Gottlob Werner. Tübingen 1951.

Schmidt, Alfred: Goethes herrlich leuchtende Natur. Philosophische Studie zur deutschen Spätaufklärung. München 1984.

Schmied-Kowarzik, Wolfdietrich: Kunst zwischen Natur, Geschichte und Absolutem bei Schelling und Hegel. In: Andreas Arndt, Karol Bal und Henning Ottmann (Hg.): Hegels Ästhetik. Die Kunst der Politik – Die Politik der Kunst. Erster Teil (Hegel Jahrbuch 1999). Berlin 2000, S. 178–185.

Schmitz-Rigal, Christiane: Die offene Kunst des Wissens. Cassirers Epistemologie und Deutung der modernen Physik. Hamburg 2002.

Schmitz, Hermann: Was wollte Kant. Bonn 1989.

Schneider, Thomas: Die Waffe der Analogie. Altägyptische Magie als System. In: Karen Gloy und Manuel Bachmann (Hg.): Das Analogiedenken. Vorstöße in ein neues Gebiet der Rationalität. Freiburg/Br./München 2000, S. 37–86.

Schnyder, Peter: Gewusstes Nichtwissen. Erdgeschichtliche Konjekturen und Hypothesen um 1800. In: Michael Bies und Michael Gamper (Hg.): Literatur und Nichtwissen. Historische Konstellationen 1730 – 1930. Zürich 2012, S. 339–358.

Schock, Flemming: Donnerstrahl und Eisenstangen. Die Debatte über den Blitzableiter in den Journalen der Gelehrtenrepublik. In: Aufklärung 26 (2014), S. 67–99.

Scholz, Erhard: Gottfried Wilhelm Leibniz als Mathematiker. In: Franz Knipping, Sabine Mangoldt und G. Walther (Hg.): Europa und die Wissenschaft. Große Forscherpersönlichkeiten und ihr Werk. Trier 2007.

Schönfeld, Martin: »Allgemeine Naturgeschichte und Theorie des Himmels«. In: Kant-Lexikon. Band 1: A priori/a posteriori – Gymnastik, hg. von Marcus Willaschek, Jürgen Stolzenberg u.a. Berlin/Boston 2015, S. 41–44.

Schönfeld, Martin: Kant's Early Cosmology. In: Graham Bird (Hg.): A Companion to Kant. Oxford 2006, S. 47–62.

Schröder, Gerhart: Die Kunst, anzufangen. Philosophie und Literatur in der Frühen Neuzeit. München 2013.

Schubbach, Arno: Die Genese des Symbolischen. Zu den Anfängen von Ernst Cassirers Kulturphilosophie. Hamburg 2016.

Schubert, Gotthilf Heinrich: Allgemeine Naturgeschichte oder Andeutungen zur Geschichte und Physignomik der Natur. Erlangen 1826.

Schulz, Gerhard: Es wandelt niemand ungestraft unter Palmen – Über Goethe, Alexander von Humboldt und einen Satz aus den ›Wahlverwandtschaften‹. In: Ders.: Exotik der Gefühle. Goethe und seine Deutschen. München 1998, S. 48–74.

Schumacher, Joseph: Antike Medizin. Die naturphilosophischen Grundlagen in der Medizin der griechischen Antike. Berlin 1963.

Schürmann, Volker: Die Substanz der Reihe. Notizen zu Ernst Cassirer. In: Zeitschrift für philosophische Forschung 48 (1990), S. 104–116.

Schwedt, Georg: Goethe als Chemiker. Berlin 1998.

Sedley, David: The Midwife of Platonism. Oxford 2004.

Seeck, Gustav Adolf: Platons Theaitetos. Ein kritischer Kommentar. München 2010.

Seel, Gerhard: Art. Aristoteles. In: Kant-Lexikon. Band 1: A priori/a posteriori – Gymnastik, hg. von Marcus Willaschek, Jürgen Stolzenberg u.a. Berlin/Boston 2015, S. 160–162.

Séguin, Philippe: Von der Philosophie zur *ars combinatoria*. Novalis' Erwartung an die Mathematik und ihre Folgen. In: Andrea Albrecht, Gesa Essen und Werner Frick (Hg.): Zahlen, Zeichen und Figuren. Mathematische Inspirationen in Kunst und Literatur. Berlin/New York 2011, S. 248–267.

Seidengart, Jean: Symbolische Konfiguration und Realität in der modernen Physik. Ein Beitrag zur Philosophie Ernst Cassirers. In: Enno Rudolph und Bernd-Olaf Küppers (Hg.): Kulturkritik nach Ernst Cassirer. Hamburg 1995, S. 197–219.

Shabel, Lisa: Kant on the ›Symbolic Construction‹ of Mathematical Concepts. In: Studies in History and Philosophy of Science 29 (1998), S. 589–621.

Shaftesbury, Anthony: Sensus Communis. An Essay on the Freedom of Wit and Humor. In: Characteristicks of Men, Manners, Opinions, Times. In three Volumes, Vol I, London 1732, S. 37–95.

Sibum, Heinz Otto: Physik aus ihrer Geschichte verstehen. Entstehung und Entwicklung naturwissenschaftlicher Denk- und Arbeitsstile in der Elektrizitätsforschung des 18. Jahrhunderts. Wiesbaden 1990.

Simon, Ralf: Das Gedächtnis der Interpretation. Gedächtnistheorie als Fundament für Hermeneutik, Ästhetik und Interpretation bei Johann Gottfried Herder. Hamburg 1998.

Simon, Ralf: Goethes Denken in Analogien. Zur literarischen Epistemologie der Ähnlichkeiten als Horizontalisierung der Reflexion. In: Iulia-Karin Patrut und Reto Rössler (Hg.): Ähnlichkeiten um 1800. Konturen eines literatur- und kulturtheoretischen Paradigmas am Beginn der Moderne. Bielefeld 2019, S. 63–99.

Snell, Bruno: Gleichnis, Vergleich, Metapher, Analogie. Die Entwicklung vom mythischen zum logischen Denken. In: Ders.: Die Entdeckung des Geistes. Studien zur Entstehung des europäischen Denkens bei den Griechen. Hamburg 1948.

Snow, Charles Percy: The Two Cultures and the Scientific Revolution. Cambridge 1959.

Solger, Karl Wilhelm Ferdinand: Über die Wahlverwandtschaften. In: Karl Wilhelm Ferdinand Solger nachgelassene Schriften und Briefwechsel, hg. von Ludwig Tieck und Friedrich von Raumer. Band 1. Leipzig 1826, S. 175–185.

Spaemann, Robert: Ähnlichkeit. In: Ders.: Schritte über uns hinaus. Gesammelte Reden und Aufsätze. Band 2. Stuttgart 2011, S. 50–57.

Specht, Benjamin: Physik als Kunst. Die Poetisierung der Elektrizität um 1800. Berlin/New York 2010.

Spinoza, Baruch de: Ethica ordine geometrico demonstrata. Postum Amsterdam1677.

Stadler, Ulrich: »Ich lehre nicht, ich erzähle.« Über den Analogiegebrauch im Umkreis der Romantik. In: Athenäum. Jahrbuch für Romantik 3 (1993), S. 83–105.

Stafford, Barbara Maria: Visual Analogy. Conscoiusness as the Art of Connecting. Cambridge, MA 2001.

Stahl, Ernst Ludwig: Darstellung. In: Alewyn Richard, Hans-Egon Hass und Clemens Heselhaus (Hg.): Gestaltprobleme der Dichtung. Bonn 1957, S. 283–298.

Stefan, Willer: Art. Metapher/metaphorisch. In: Ästhetische Grundbegriffe. Historisches Wörterbuch in sieben Bänden. Band 7. Stuttgart/Weimar 2005, S. 89–148.

Stein, Klaus: »Die Natur, welche sich in Mischungen gefällt«. Philosophie der Chemie: Arnim, Schelling und Ritter. In: Walther Christoph Zimmerli (Hg.): »Fessellos durch die Systeme«. Frühromantisches Naturdenken im Umfeld von Arnim, Ritter und Schelling. Stuttgart/Bad Cannstatt 1997, S. 143–203.

Steinmann, Holger: »Die Schlüsse aus der Analogie sind sehr unsicher.« Die offenen Enden analoger Rede in Lichtenbergs Notaten. In: Jens Schröter (Hg.): Analog/Digital. Opposition oder Kontinuum? Zur Theorie und Geschichte einer Unterscheidung. Bielefeld 2004, S. 215–229.

Stengel, Friedemann: Lebensgeister – Nervensaft. Cartesianer, Mediziner, Spiritisten. In: Monika Neugebauer-Wölk, Renko Geffarth und Markus Meuemann (Hg.): Aufklärung und Esoterik. Wege in die Moderne. Berlin/Boston 2013, S. 340–377.

Stephan, Nancy: Race and Gender. The Role of Analogy in Science. In: Isis 77 (1968), S. 261–277.

Stephenson, Roger H.: Goethe's Conception of Knowledge and Science. Edinburgh 1995.

Stevens, Peter F.: The Development of Biological Systematics. Antoine-Laurent de Jussieu, Nature and the Natural System. New York/Chichester, West Sussex 1994.

Stichweh, Rudolph: Zur Entstehung des modernen Systems wissenschaftlicher Disziplinen. Physik in Deutschland 1740–1890. Frankfurt/M. 1984.

Sticker, Bernhard: Naturam cognosci per analogiam. Das Prinzip der Analogie in der Naturforschung bei Leibniz. In: Akten des internationalen Leibniz-Kongresses. Hannover 14.–19. November 1966. Band II: Mathematik–Naturwissenschaften, hg. von Kurt Müller und Wilhelm Totok. Wiesbaden 1969, S. 176– 197.

Stiening, Gideon: Dieser »große Künstler von Blendwerken«. Kants Kritik an Herder. In: Mario Egger (Hg.): Philosophie nach Kant. Neue Wege zum Verständnis von Kants Transzendental- und Moralphilosophie. Berlin/Boston 2014, S. 473–499.

Stockhammer, Robert: Kartierung der Erde. Macht und Lust in Karten und Literatur. München 2007.

Striedter, Jurij: Die Fragmente des Novalis als »Präfiguration« seiner Dichtung. Heidelberg 1953.

Striedter, Jurij: Die Komposition der »Lehrlinge zu Saïs«. Der Deutschunterricht 7 (2) (1955), S. 5–23.

Strowick, Elisabeth: Aggregate von Wahrnehmung. Versuch mit Goethe. In: Dies. (Hg.): Gespenster des Realismus. Zur literarischen Wahrnehmung von Wirklichkeit. Leiden u.a. 2019, S. 21–58.

Strub, Christian: Art. Kette. In: Ralf Konsermann (Hg.): Wörterbuch der philosophischen Metaphern. Darmstadt 32011, S. 25–36.

Struik, Dirk: Abriß der Geschichte der Mathematik. Berlin 1980.

Stuhlmann-Laeisz, Rainer und Wilko Ufert: Art. Logik. Ein Handbuch zu Vorlesungen. In: Kant-Lexikon. Band 2: Habitus – Rührung, hg. von Marcus Willaschek, Jürgen Stolzenberg, u.a. Berlin/Boston 2015, Sp. 1431–1434.

Sulzer, Johann Georg: Von der Kraft (Energie) in den Werken der schönen Künste. In: Vermischte philosophische Schriften. Leipzig [2]1782, S. 124–148.

Sulzer, Johann Georg: Theorie der angenehmen und unangenehmen Empfindungen. Berlin 1762.

Szabó, Árpád: Anfänge der griechischen Mathematik. München/Wien 1969.

Szabó, Árpád: Die Entfaltung der griechischen Mathematik. Mannheim 1994.

Szondi, Peter: Das Naive ist das Sentimentalische. Zur Begriffsdialektik in Schillers Abhandlung. In: Euphorion 66 (1972), S. 174–206.

Takeda, Sueo: Kant und das Problem der Analogie. Den Haag 1969.

Tausch, Harald: Das unsichtbare Labyrinth. Zur Parkgestaltung und Architektur in Goethes Wahlverwandtschaften. In: Helmut Hühn (Hg.): Goethes »Wahlverwandtschaften«. Werk und Forschung. Berlin/New York 2010, S. 89–136.

Teichmüller, Gustav: Ueber das Wesen der Liebe. Leipzig 1879.

Tetens, Johann Nicolas: Philosophische Versuche über die menschliche Natur und ihre Entwickelung, Band 1. Leipzig 1777.

Thöle, Bernhard: Die Analogien der Erfahrung (A176/B218–A218/B265). In: Immanuel Kant. Kritik der reinen Vernunft, hg. von Georg Mohr und Markus Willaschek. Berlin 1998, S. 267–279.

Tieck, Ludwig: Vorrede. In: Novalis Schriften, hg. von Friedrich Schlegel und Ludwig Tieck. Erster Theil. Berlin 1802, S. I–XII.

Titzmann, Michael: Strukturale Textanalyse. Theorie und Praxis der Interpretation. München 1977.

Toepfer, Georg: Art. Analogie. In: Ders.: Historisches Wörterbuch der Biologie. Geschichte und Theorie der biologischen Grundbegriffe. Band 1 A – Ga. Stuttgart 2011, S. 1–12.

Toepfer, Georg: Historisches Wörterbuch der Biologie. Geschichte und Theorie der biologischen Grundbegriffe. Band 1 A – Ga. Stuttgart 2011.

Toeplitz, Otto: Das Verhältnis von Mathematik und Ideenlehre bei Plato. In: Otto Becker (Hg.): Zur Geschichte der griechischen Mathematik. Darmstadt 1965, S. 44–75.

Torra-Mattenklott, Caroline: Metaphorologie der Rührung. Ästhetische Theorie und Mechanik im 18. Jahrhundert. München 2002.

Turner, Joseph: Maxwell on the Method of Physical Analogy. In: British Journal for the Philosophy of Science VI (23) (1955), S. 226–238.

Turner, Mark: Categories and Analogies. In: D.H. Helman (Hg.): Analogical Reasoning. Perspective of Artificial Intelligence, Cognitive Science and Philosophy. Dordrecht 1988, S. 3–24.

Uerlings, Herbert: Friedrich von Hardenberg, genannt Novalis. Werk und Forschung. Stuttgart 1991.

Uerlings, Herbert: Einleitung. In: Ders. (Hg.): Novalis und die Wissenschaften. Tübingen 1997, S. 1–22.

Uerlings, Herbert (Hg.): Novalis und die Wissenschaften. Tübingen 1997.

Uerlings, Herbert: »Die Welt muß romantisiert werden.« Ein Nachwort In: Ders. (Hg.): Novalis (Friedrich von Hardenberg). Gedichte und Prosa. Düsseldorf/Zürich 2001, S. 512–533.

Uerlings, Herbert: Einbildungskraft und Poesie bei Novalis. In: Ders. (Hg.): Novalis. Poesie und Poetik. Tübingen 2004, S. 21–63.

Ulrichs, Lars-Thade: Das sich ewig bildende Kunstwerk. Organismustheorie in Metaphysik und Kunstphilosophie um 1800. In: Jürgen Stolzenberg und Karl Ameriks (Hg.): Ästhetik und Philosophie der Kunst. Aesthetics and Philosophy of Art. Berlin 2007, S. 256–291.

Unruh, Patrick: Transzendentale Ästhetik des Raumes. Zu Immanuel Kants Raumkonzeption. Würzburg 2007.

Vickers, Brian: Analogy versus Identity. The Rejection of Occult Symbolism, 1580–1680. In: Ders.: Occult and Scientific Mentalities in the Renaissance. Cambridge 1984, S. 65–163.

Vickers, Brian: On the Function of Analogy in the Occult. In: Hermeticism and the Renaissance. Intellectual History and the Occult in Early Modern Europe. Washington 1988, S. 265–292.

Vietor, Sophia: Das Wunderbare in den Märchen von Goethe und Novalis. Halle/Zürich 1995.

Vietta, Silvio: Herder und der Entwurf einer Poetik der Moderne. In: Tilman Borsche (Hg.): Herder im Spiegel der Zeiten. Verwerfungen der Rezeptionsgeschichte und Chancen einer Relektüre. München 2006.

Vogl, Joseph: Für eine Poetologie des Wissens. In: Karl Richter, Jörg Schönert und Michael Titzmann (Hg.): Die Literatur und die Wissenschaften 1770–1930. Stuttgart 1997, S. 107–127.

Vogl, Joseph: Einleitung. In: Ders. (Hg.): Poetologien des Wissens um 1800. München 1999, S. 7–16.

Vogl, Joseph: Poetologie des Wissens um 1800. München 1999.

Vogl, Joseph: Kalkül und Leidenschaft: Poetik des ökonomischen Menschen. Zürich 2002.

Vogl, Joseph: Robuste und idosynkratische Theorie. In: KulturPoetik 7 (2) (2007), S. 249–258.

Vogt, Heinrich: Zur Entdeckungsgeschichte des Irrationalen. In: Bibliotheca Mathematica. Zeitschrift für Geschichte der mathematischen Wissenschaft, hg. Gustaf Eneström. Leipzig Folge 3. Band 14 (1913 – 1914), S. 9–29.

Vollhardt, Friedrich: Selbstliebe und Geselligkeit. Untersuchungen zum Verhältnis von naturrechtlichem Denken und moraldidaktischer Literatur im 17. und 18. Jahrhundert. Berlin 2012.

Waibel, Violetta: »Das oberste Princip – ein Frey Gemachtes, ein Erdichtetes, Erdachtes«. Anmerkungen zu Hardenbergs Systemkritik. In: Christian Danz und Jürgen Stolzenberg (Hg.): System und Systemkritik um 1800. Hamburg 2011, S. 357–383,

Waibel, Violetta L.: System der Systemlosigkeit. Erster Teil: Die ›Fichte-Studien‹ Friedrich von Hardenbergs. Denkwerkstatt im philosophischen Kontext von Kant und Fichte. Zweiter Teil: Ein philosophisch-systematischer Kommentar der ›Fichte-Studien‹ Friedrich von Hardenbergs. Paderborn (voraus. 2022).

Walch, Johann Georg: Philosophisches Lexicon. Leipzig 1740.

Walker, Joyce S.: Romantic Chaos. The Dynamic Paradigm in Novalis's ›Heinrich von Ofterdingen‹ and Contemporary Science. In: The German Quarterly 66 (1) (1993), S. 43–59.

Walter Benjamin: Goethes Wahlverwandtschaften. In: Ders. Gesammelte Schriften. Bd. I,1, hg. von Rolf Tiedemann und Hermann Schweppenhäuser. Frankfurt/ M. 1974, S. 123–201.

Wartburg, Walter von: Art. similare. In: Französisches Etymologisches Wörterbuch, Band 11, hg. von R. G. Zbinden. Basel 1964.

Waschkies, Hans-Joachim: Anfänge der Arithmetik im alten Orient und bei den Griechen. Amsterdam 1989.

Weigel, Christian Ehrenfried: Torbern Bergman: Vorrede. In: Herrn H. T. Scheffer vormaligen Directors und Mitgliedes der Königlichen Akademie der Wissenschaften Chemische Vorlesungen, über die Salze, Erdarten, Wässer, entzündliche Körper, Metalle und das Färben, hg. und übers. von Christian Ehrenfried Weigel. Greifswald 1789, S. VII–XXVI.

Weizsäcker, Carl Friedrich von: Große Physiker. Von Aristoteles bis Werner Heisenberg. München 1999.

Wellbery, David E.: Die Wahlverwandtschaften (1809). In: Paul Michael Lützeler und James E. McLeod (Hg.): Goethes Erzählwerk. Interpretationen. Stuttgart 1985, S. 291–318.

Wellmon, Chad: Touching Books. Diderot, Novalis, and the Encyclopedia of the Future. In: Representations 114 (2011), S. 65–102.

Wendt, Angela Maria Coretta: Eßgeschichten und Es(s-)kapaden im Werk Goethes. Ein literarisches Menu der (Fr)Esser und Nichtesser. Würzburg 2006.

Wenzel, Manfred: Goethes naturwissenschaftliche Studien – Gegenstände, Leitgedanken, Zeitbezug. In: Gernot Böhme und Gregor Schiemann (Hg.): Phänomenlogie der Natur. Frankfurt/M. 1997, S. 44–64.

Wenzel, Manfred und Mihaela Zaharia: Schriften zur Morphologie. In: Goethe-Handbuch. Supplemente Band 2. Naturwissenschaften, hg. von Manfred Wenzel. Stuttgart 2012, S. 6–80.

Wenzel, Manfred: Rationelle Empirie. In: Goethe-Handbuch. Supplemente. Bd. 2: Naturwissenschaften, hg. von Manfred Wenzel. Stuttgart/Weimar 2012, S. 608–609.

Werner, Abraham Gottlob, Carl August Siegfried Hoffmann: Mineralsystem des Herrn Inspektor Werners mit dessen Erlaubnis herausgegeben von C.A.S. Hoffmann. In: Bergmännisches Journal (1789), Bd. 1, S. 369–398.

Westerhoff, Armin: Zwischen Ganzheits- und Differenzdenken. Goethes Analogieverständnis mit Blick auf »Wilhelm Meisters Wanderjahre«. In: Hans-Jürgen Schrader und Katharine Weder (Hg.): Von der Pansophie zur Weltweisheit. Goethes analogisch-philosophische Konzepte. Tübingen 2004, S. 129–147.

Whewell, William: Establishment and Development of the Idea of Chemical Affinity. In: Ders.: History of Scientific Ideas. Being the First Part of The philosophy of the Inductive Sciences. Volume II. London 1858, S. 15–29.

Wiesenfeldt, Gerhard und Olaf Breidbach: »Könnte nicht also auch die Erdkugel ein großer Turmalin sein?« Ein Kristall, Lichtenberg und die Polaritätsdiskussion vor 1800. In: Sudhoffs Archiv 96 (1) (2012), S. 95–109.

Willer, Stefan: Art. Metapher/metaphorisch. In: Ästhetische Grundbegriffe. Historisches Wörterbuch in sieben Bänden, Bd. 7: Supplemente, Register. Stuttgart/Weimar 2005

Willer, Stefan: Die Allgemeinheit des Vergleichs. Ein komparatistisches Problem und seine Entstehung um 1800. In: Michael Eggers (Hg.): Von Ähnlichkeiten und Unterschieden. Vergleich, Analogie und Klassifikation in Wissenschaft und Literatur (18./19. Jahrhundert). Heidelberg 2011, S. 143–167.

Wimmer, Friedrich: Flora von Schlesien. Handbuch zur Bestimmung und Kenntnis der phanerogamen Gewächse dieser Provinz, nebst einer gedrängten Einleitung in die Pflanzenkunde. Berlin 1832.

Winchester, Simon: The Map that changed the World. William Smith and the Birth of Modern Geology. New York 2001.

Wirth, Johann Ulrich: Ueber die Affinität als Princip der Bewegung und Gestaltung der Himmelskörper. In: Jahrbücher der freien deutschen Akademie. Erster Band. Zweites Heft, hg. von Dr. Karl Nauwerck und Ludwig Noack. Frankfurt/M. 1849, S. 345–362.

Wolf, Norbert Christian: »Die Wesenheit des Objektes bedingt den Stil‹. Zur Modernität des Erzählkonzeptes in »Wilhelm Meisters Wanderjahren«. In: Goethe-Jahrbuch 119 (2002), S. 52–65.

Wolfahrt, Günther: Zum Problem der transzendentalen Affinität in der Philosophie Kants. In: Akten des 5. Internationalen Kant-Kongresses. Kurfürstliches Schloß zu Mainz 1981. Band 1, hg. Gerhard Funke. Bonn/Berlin 1981, S. 313–322.

Wolff-Metternich und Brigitta-Sophie von: Art. Euler Leonhard. In: Kant-Lexikon. Band 1: A priori / a posteriori – Gymnastik, hg. Marcus Willaschek, Jürgen Stolzenberg, u.a. Berlin/Boston 2015, S. 548–585.

Wolff, Christian: Der Anfangs-Gründe Aller Mathematischen Wissenschaften. Halle 1710.

Wolff, Christian: Elementa Matheseos Universae. Tomus III. Halle/Magdeburg 1735.

Wolff, Christian: Neuer Auszug aus den Anfangsgründen aller mathematischen Wissenschaften. Marburg 1797.

Wolff, Christian: Vernünfftige Gedancken von Gott, der Welt und der Seele des Menschen, auch allen Dingen überhaupt: den Liebhabern der Wahrheit mitgetheilet. Halle 1720.

Wundt, Wilhelm Max: Gustav Theodor Fechner. In: Ders.: Reden und Aufsätze. Leipzig ^{2}1914, S. 245–344.

Wußing, Hans: Vorlesungen zur Geschichte der Mathematik. Berlin 1979.

Wyder, Margrit: Goethes Naturmodell. Die Scala Naturae und ihre Transformationen. Köln u.a. 1998.

Zambon, Nicola: Das Nachleuchten der Sterne. Konstellationen der Moderne bei Hans Blumenberg. München 2014.

Zammito, John H: ›This Inscrutable Principle of an original Organization‹. Epigenesis and ›Looseness of Fit‹ in Kant's Philosophy of Science. In: Studies in History and Philosophy of Science Part A 37 (2003), S. 73–109.

Zammito, John H.: Epigenisis in Kant. Recent Considerarions. In: Studies in History and Philosophy of Science Part A 58 (2003), S. 85–97.

Zammito, John H.: Herder, Kant, Spinoza und die Ursprünge des deutschen Idealismus. In: Marion Heinz (Hg.): Herder und die Philosophie des deutschen Idealismus. Amsterdam/Atlanta 1997, S. 107–145.

Zedler, Johann Heinrich: Grosses vollständiges Universal-Lexicon Aller Wissenschaften und Künste, Halle/Leipzig 1732–1754, Repr., Graz 1961ff.

Zeuch, Ulrike: Die Scala naturae als Leitmetapher für eine statische und hierarchische Ordnungsidee der Naturgeschichte. In: Elena Agazzi (Hg.): Tropen und Metaphern im Gelehrtendiskurs des 18. Jahrhunderts. Hamburg 2011, S. 25–33.

Zeuch, Ulrike: Umkehr der Sinneshierarchie. Herder und die Aufwertung des Tastsinns seit der frühen Neuzeit. Tübingen 2000.

Zhmud, Leonid: Wissenschaft, Philosophie und Religion im frühen Pythagoreismus. Berlin 1997.

Ziche, Paul: Abstrakte Metaphern und anschauliche Begriffe. Indirekte Darstellung, Kants »Regeln der Reflexion« und die Funktion von Metaphern in der Philosophie. In: Philosophisches Jahrbuch 112/II (2005), S. 395–410.

Zimmerli, Walter und Mike Sandbothe (Hg.): Klassiker der modernen Zeitphilosophie. Darmstadt 1993.

Zittel, Klaus: »Truth is the daughter of time«. Zum Verhältnis von Theorie und Wissenskultur, Wissensideal, Methode und Wissensordnung bei Bacon. In: Ders. und Wolfgang Detel (Hg.): Wissensideale und Wissenskulturen in der Frühen Neuzeit. Ideals and Culture of Knowledge in Early Modern Europe. Berlin 2002, S. 213–239.

Zumbusch, Cornelia: Die Immunität der Klassik. Frankfurt/M. 2011.
Zumbusch, Cornelia: The Metamorphoses of Ottilie. Goethe's Wahlverwandtschaften and the Botany of the 18th Century. In: European Romantic Review 28 (2017), S. 7–20.

Namensregister

A

Adler, Jeremy, 307
Aït-Touti, Frédérique, 160–161
Alembert, Jean-Baptiste Le Rond, 199
Alison, William Pulteney, 311
Aquin, Thomas, 60, 82
Archytas von Tarent, 48, 64, 71
Aristoteles, 39, 46, 48, 73, 77, 94, 96–111, 326–327, 335

B

Bachelard, Gaston, 21–23, 26, 29–30
Bacon, Francis, 34–35, 60–61, 111
Bachmann, Manuel, 6–7, 19, 44
Bark, Irene, 203
Barth, Ulrich, 227
Barthes, Roland, 24–27
Bärthlein, Karl, 76
Baumgarten, Alexander Gottlieb, 110–112, 186, 237
Benjamin, Walter, 39, 314
Bergman, Torbern, 169, 306–307, 310
Berthollet, Claude-Louis, 310
Berzelius, Jöns Jacob, 310
Bhatti, Anil, 5, 38–39
Bies, Michael, 271
Black, Max, 99
Blumenbach, Johann Friedrich, 167–168, 171–172, 276–277, 313
Blumenberg, Hans, 41, 122
Bomski, Franziska, 202, 208, 256
Breidbach, Olaf, 35–36, 46, 79, 267, 270
Breitenbach, Angela, 165
Buchenau, Stefanie, 110–111

C

Camerarius, Rudolf Jakob, 312
Campe, Joachim Heinrich, 9
Camper, Peter, 88–90, 276, 312, 325
Carus, Carl Gustav, 36, 280, 312
Cassirer, Ernst, 18, 45, 97, 103–105, 321, 326–328, 330
Cuvier, Georges, 36, 167–168, 276–278

D

Daiber, Jürgen, 41–42, 203, 205–207, 240
Descarte, René, 138
Diderot, Denis, 199
Dommaschk, Niklas, 37, 39–40, 187, 336
Dörflinger, Bernd, 165–166
Dyck, Martin, 213
Diez, Max, 254

E

Eggers, Michael, 19, 34, 88
Endres, Johannes, 307, 316
Epikur, 127–128, 131, 135
Eudoxos von Knidos, 64, 100
Euklid, 48, 64–66, 71–72, 135, 137, 211–212, 282–283
Euler, Leonhard, 145, 211, 238

F

Fichte, Johann Gottlieb, 42, 196, 202–203, 219, 222, 225–229, 233, 255–257
Fleck, Ludwik, 29
Flögel, Carl Friedrich, 111
Fontanelle, Bernard de, 122–124, 156, 160–162
Förster, Eckhart, 269–270, 283
Foucault, Michel, 1, 5, 7–8,2 0–21, 23–28, 44, 48, 51, 53–54, 116, 168, 278, 318–319, 328–329, 333, 338
Frank, Manfred, 196, 225–230
Funk, Gerald, 39

G

Gaier, Ulrich, 40, 240
Gärtner, Carl Friedrich, 313
Geisenhanslüke, Achim, 53–54
Geoffroy Saint-Hilaire, Étienne, 31–32, 36, 167–168, 276–279, 306, 325
Geulen, Eva, 272–273, 290, 293
Gloy, Karen, 46, 63, 71, 75

https://doi.org/10.1515/9783110986969-009

H
Hahn, Hans, 206–207, 275
Haller, Albrecht von, 17, 153, 162, 253
Hamann, Johann Georg, 40–41, 113, 121–122
Hansen, Erk, 218
Haverkamp, Anselm, 103–104
Hawking, Stephen, 125
Hegel, G.W.F. 4, 14–15, 17, 33, 62, 85
Heidegger, Martin, 82
Hentschel, Klaus, 33–34
Herder, Johann Gottfried, 12–18, 33, 40–41, 113–115, 119, 210, 273, 277, 325, 331
Hippokrates von Chios, 64
Hoppe, Ignaz, 17–18, 75–76
Humboldt, Alexander von, 17–18, 115, 236–237, 311
Husserl, Edmund, 334
Huygen, Christiaan, 127, 138, 156, 160–162

I
Irmscher, Hans Dietrich, 33, 40–42, 111–113

J
Jussieu, Antoine, 312

K
Kepler, Johannes, 138, 140, 157, 322
Kluckhohn, Paul, 246
Krämer, Sybille, 80
Kubik, Andreas, 219, 226

L
Latour, Bruno, 5, 22, 38–39
Lau, Dieter, 99
Lavoisier, Antoine Laurent, 170, 310
Leibniz, Gottfried Wilhelm, 87, 119, 132, 138, 147, 161, 200, 215–216, 323
Lévi-Strauss, Claude, 24–27
Lichtenberg, Georg Christoph, 11–12, 36, 113, 285, 331

M
Maatsch, Jonas, 198–199, 203, 271
Mach, Ernst, 86, 119, 332
Mähl, Hans-Joachim, 198–199
Maly, Sebastian, 185
Mandelbrot, Benoît B., 323
Mattenklott, Gert, 39
Maxwell, James Clark, 68, 84–86
Menninghaus, Winfried, 116
Meyer, Ernst Heinrich Friedrich, 292–296
Mill, John Stuart, 57–58, 82, 324
Murhard, Friedrich August, 211–212

N
Neubauer, John, 232, 246
Newton, Isaac, 119, 127, 129–131, 135, 139, 147, 159, 215, 307
Nietzsche, Friedrich, 82

O
Oken, Lorenz, 15, 36
Owen, Richard, 31–32, 167, 204

P
Pannenberg, Wolfram, 103
Peano, Giuseppe, 73
Pfaff, Johann Wilhelm Andreas, 152, 156
Pfleiderer, Christoph Friedrich, 211
Pikulik, Lothar, 246
Platon, 48, 68, 70, 74, 81–82, 94, 102, 114, 145, 245
Polianski, Igor, 267
Pope, Alexander, 148, 159, 162
Pörksen, Uwe, 289, 291

R
Ricœur, Paul, 110
Rousseau, Jean-Jacques, 194
Rudolph, André, 40–42, 96–97

S
Schelling, F.W.J., 14–15, 33, 36, 83
Schiller, Friedrich, 235–236, 239, 288, 291–292, 302–303
Schlegel, August Wilhelm, 206, 233–234
Schlegel, Friedrich, 10, 198, 206, 213, 223, 233
Schleiden, Matthias Jacob, 280–281
Schubert, Gotthilf Heinrich, 84
Shaftesbury, Anthony Ashley Cooper, 302–303

Simon, Ralf, 273–274
Snell, Bruno, 97
Snow, Charles Percy, 7, 47
Solger, Karl Wilhelm Ferdinand, 317
Sömmering, Samuel Thomas, 90
Specht, Benjamin, 196, 203, 254
Spinoza, 269, 282–283
Stadler, Ulrich, 42, 204
Stafford, Barbara Mariam, 80–82
Striedter, Jurij, 240

T
Teichmüller, Gustav, 303
Tetens, Johann Nicolas, 87–88
Torra-Mattenklott, Caroline, 45, 158–159

V
Vogl, Joseph, 47, 301, 316–317

W
Waibel, Violetta, 219
Weigel, Christian Ehrenfried, 307
Weischedel, Wilhelm, 175
Weizsäcker, Carl Friedrich, 125
Wenzel, Carl Friedrich, 289, 310
Werner, Abraham Gottlob, 203, 243, 325
Wolff, Christian, 135, 330

Z
Zedler, Johann Heinrich, 9–10, 18, 301
Ziche, Paul, 183, 188
Zumbusch, Cornelia, 316

www.ingramcontent.com/pod-product-compliance
Lightning Source LLC
LaVergne TN
LVHW010645300926
849161LV00005B/1041
* 9 7 8 3 1 1 0 9 9 8 0 8 5 *